现代生物化学工程丛书

发育生物学基础

王善利 编著

華東理工大學出版社
EAST CHINA UNIVERSITY OF SCIENCE AND TECHNOLOGY PRESS
·上海·

图书在版编目(CIP)数据

发育生物学基础/王善利编著. —上海:华东理工大学出版社,2014.2
ISBN 978-7-5628-3792-3

Ⅰ. ①生… Ⅱ. ①王… Ⅲ. ①发育生物学-高等学校-教材
Ⅳ. ①Q132

中国版本图书馆CIP数据核字(2013)第318306号

现代生物化学工程丛书

发育生物学基础

编　　著 / 王善利
责任编辑 / 焦婧茹
责任校对 / 金慧娟
封面设计 / 王晓迪　裘幼华
出版发行 / 华东理工大学出版社有限公司
地　　址:上海市梅陇路130号,200237
电　　话:(021)64250306(营销部)
(021)64252344(编辑室)
传　　真:(021)64252707
网　　址:press.ecust.edu.cn
印　　刷 / 常熟新骅印刷有限公司
开　　本 / 787 mm×1092 mm　1/16
印　　张 / 20
字　　数 / 507千字
版　　次 / 2014年2月第1版
印　　次 / 2014年2月第1次
书　　号 / ISBN 978-7-5628-3792-3
定　　价 / 45.00元

联系我们:电子邮箱 press@ecust.edu.cn
官方微博 e.weibo.com/ecustpress
淘宝官网 http://shop61951206.taobao.com

前　　言

目前，发育生物学仍处在高速发展的形成过程，该学科的崛起始终伴随在生命科学的进展中并渗透到生命科学的所有分支。虽然相关资料纷繁，还尚未形成人们共识的属于其自身学科的结构体系。由于发育生物学主要研究多细胞生物的个体发育，而多细胞生物的个体发育最终是在漫长的生命衍化中形成的，因此本书试图将个体发育的论述放在多细胞生物衍化进程的背景中，沿着人类生命科学前进的历史走脉，从生物学思想萌芽到发育实验研究中的模式生物的建立，相继展开从其中一步步建立的发育生物学思想形成、基本知识、理论假说，以描述多细胞生物从生殖细胞的发生、受精及胚胎发育过程的基本规律、发育机理、细胞分化机制、基因调控等基本概念，勾勒易于学生理解的简洁且较完整的发育生物学基础理论的建构体系。

全书分为七(篇)部分，共25章。第一(篇)部分(第1章一第4章)主要阐述人类关于世界的理性认知中，一个个科学巨人的思想火花传递，汇成人类生命科学形成的历史走脉，展示由多个生命学科铸就的发育生物学学说的思想轨迹。第二(篇)部分(第5章～第6章)，通过介绍几种经典的发育生物学模式生物及实验研究，相继引导出生物进化背景中关于多细胞生物胚胎发育的一些基本概念、规律、理论假说。第三(篇)部分(第7章～第9章)，从配子发生、受精卵、细胞分化、胚体形成，对多细胞生物的胚胎发育进行系统概述。第四(篇)部分(第10章～第14章)，通过信号分子、位置信息、胚胎诱导，阐述在多细胞生物模式建立过程中多细胞间的信号交流。第五(篇)部分(第15章～第17章)，通过从分子水平揭示细胞分化的机制，阐述胚胎发育中的基因调控网络系统。第六(篇)部分(第18章～第20章)，通过了解细胞运动、细胞迁移在神经系统发育过程中的作用机制，描述胚胎发育的形态发生过程。第七(篇)部分(第21章～第25章)，通过了解激素作用机制、变态机制、性别决定、生物凋亡，描述在个体发育过程中若干重要的发育事件及研究。

本书的编写试图走出单纯的知识讲授，而以发育生物学理论思想形成为载体，传承人类渴望探解未知的趣旨与思想激情，激发学生深潜于自身生命之中的探索热情，并能由此渐渐扩展自己的学识视域，开启自身知识建构的自主过程。

由于编者水平有限，不妥或错误之处恳请读者批评指正。

编者

2013年9月于上海

目　录
CONTENTS

第1篇　发育生物学的思想形成——生命的询问

第2篇　多细胞组成的有机生命体

第3篇 生命发育的基本程式

第4篇 生物模式的建立——细胞间信号交换

第 5 篇 细胞分化的基因调控

第6篇 形态发生——细胞运动

第7篇 发育阶段的若干重要事件

哲学在辨识事物与逻辑，科学在寻找事实与度量……

发育生物学的思想形成

——生命的询问

在莽莽苍苍的大地上,大千气象自出现生命而开始彰显意义。

然而,生命究竟生存了多久?当天地间衍化出了海洋湖泊、丛山峻岭,其间出现了人类古老的身影究竟在多少渺远的时光?

也许,我们可以把目光投向人类悠久的文明,能否逆着它最初形成的荒落影踪去寻觅某些历史记载或证据所显示出的更早时期之前人类已经出现的形迹?

我们的日常生活经验告诉我们,我们永远只能从已知去推寻未知。而我们亲历的和遭遇的所有人类文明记载的经验,都会带着我们去追寻许许多多在人类的远古萦绕,并一直激动在今日的那些对自然、万物、生命的询思……

自然悠悠变迁,万物生生衍化。伴随着体质与智力仍在不断地发生演变、进化着的人类先民们,在经历了世世代代的绵延更替,从初始的混沌里才渐渐浮现意识。散漫游走间,茫茫视野中对周围环境与目标的觉察开始渐渐清晰。当觉察在意识里渐渐聚焦,形成印象与经验,人类的知觉、认知与思维也就在这些自然岁月的印象与生活的日常经验里逐渐清醒、活跃、敏锐起来……

出于生存的需要,人类先民们对其周围自然环境具有的兴趣日益浓厚。与此同时,他们对于自然事物的洞察力也日益敏锐,开始能对周围的事物进行某种相当细致的分类与顺序安排,例如按生和熟、湿与干来进行分类等。对先民们来说,能否区分菠菜与毒漆树植物是非常重要的。而这种可以食用和不可食用的区分,是在经过一定程度的阅历和很多次的试验之后加以认知的。先民们从经验中开始懂得,一系列的制备程序能使事物从一个类别转化为另一类别,如木薯既可做成食物,也可制成毒品。木薯中含有一种亚麻苷,经过其本身所含的亚麻苷酶水解后,可以析出游离的氢氰酸而导致中毒,故木薯中含氢氰酸。木薯需要去毒,即通过浸水、切片干燥、剥皮蒸煮、研磨等才能制成淀粉等。

同样,史前的先民们在日常生活中对于生命及相关事物的认知,对生存至关重要,如医术、农业、畜牧业等,但很少留下记录。在日常生活中发明使用的石器、陶器、武器、玻璃和金属等器物身上所留下的遗迹则留下了当时人类对于自然的认识。先民们在日常生活方面的这些积累,成为人类文化的最初成果。

对于人类的生存和发展来说,人类文化的最初形成最终总是依赖于那些对生命的认知上的。火的发明、言语和抽象思维的形成,伴随着宗教和巫术的产生。人类的先民们在群居中开始具有了社会心理。在与周围的外界环境中的自然力进行的生存周旋中,人类逐渐学会驯养动、植物,形成了以农业生产为生的定居生存状态,并随之形成了一种渐趋稳定的生活方式。

随着一种稳定的生活方式的出现,新的思维模式也出现了,人类出现了新的眼光。先民们怀有的对死者的尊敬和恐惧使得他们开始精心地安排死亡仪式,其中包括尸体在处理中可能被焚化、被埋葬,或者取出某些器官后进行的保存处理。先民们在照顾生老病死或伤者的护理过程中,积累了生命、生理方面的信息,诸如呼吸、心跳、脉搏、血压、体温等,也了解了有关人体致命部位和其他一些部位的解剖知识。

这些对于生命及相关事物的认识,随着人们日常生活经验的丰富积累而渐渐丰富着,并伴随着人类科学意识的渐渐形成而孕育为一门关于生命的学说。

第1章 古老的哲思

我是谁?

人类自诞生以来就一直仰面天地,吞吐着千百世纪的沧桑,注视着莽莽苍苍……这是什么?是怎样的?为什么?所有迷惑困扰着从混沌状态中初醒的人类。

民间传说、神话、占星术、占卜术,是远古的人类开始对自己,对周边的族人、山涧、水流、野林、飞禽、走兽、天、地,以及这些事物之间关系的觉察、认识、理解的描述,也是人类对于依存其间的自身生命的诉求。

先民们在迷迷蒙蒙间寻识着自己,寻识着自然事物,寻识着事物变化的一系列的原因与结果。人类从日常生活技艺的经验积累中,开始慢慢剥离其间渗入的神秘传言,开始依据观察到的周围事物的现象去寻找原因与结果。学识开始在渐渐增长,日常经验在发生衍化,并渐渐地衍化成文明。

……早在五千多年前,人类文明沿着黄河、印度河、尼罗河、底格里斯河-幼发拉底河流域已经开始繁荣起来了。在人类文明发展中,古希腊文明的影响极其深远。公元前2000年前后,位于地中海东部的岛屿区域被希腊人侵占并定居下来后,形成了许多独立城邦。岛屿之间的联系主要通过航海、贸易和神话、语言进行。各地在政治、经济等诸方面都保持着独立。公元前800—公元前100年间,古希腊中许多城邦之间的物质贸易开始频繁并欣欣繁荣,古希腊人广泛进行着航海、贸易等交往活动。出于航海、贸易交往的实际需要,他们思索事物时也往往是顺应自然常情。对于天地的自然变化,他们喜欢用日常生活的经验加以理解说明,以工匠操作的技艺过程来类比思考,而不是沉溺在神秘臆想中。

自然哲学的奠基人泰勒斯(Thales,约公元前640—公元前546年)是人类有史以来最早留名的数学家、天文学家和哲学家。在当时只有神话的古希腊,他最早询问"自然的万物的根源究竟是什么?"面对苍茫的漫漫神秘,他试图开始以民间常识来解答。从民间经验以求索的这一问,惊醒了人类自初世以来一直迷惘着大地和星空的目光。

泰勒斯早年是一个商人,曾游历过不少东方国家,在埃及曾跟当地祭师学习,利用日影来测量金字塔的高度,知道了埃及土地丈量的方法和规则等,并把从古巴比伦带回的几何学知识投入新的实际应用中去。他利用相似三角形的原理,设计出一种测定海上舰船间距离的新方法。在美索不达米亚(底格里斯河-幼发拉底河流域的古文明)旅行时,他学习腓尼基人的天文学,了解到腓尼基人与希伯来人区域(地中海东岸现今的黎巴嫩和叙利亚沿海,希伯来人与腓尼基人在公元前14～公元前15世纪时定居于地中海滨建立的许多城邦)的英赫·希敦斯基(希伯来人)探讨万物组成的原始思想。据说他也曾利用那里的天文学文献,预言过公元前585年的日蚀。这样,他将古代东方的日常知识吸纳进希腊,并把当时人们认为的神秘而可怕的自然界现象转变成了一种试图进行预测的事情。他认为人们可以不必求援于超自然的力量也能够来解释当时已经知道的大多数的自然现象。通过日常观察经验已知,陆地上有河,大陆周围是海洋,地井把地下水提供给人们,天上也降下大量的水,而动植物经腐败最后也都会化成水。于是他指出世界万物都起源于水，水是宇宙的本源，地球是漂浮在水上的圆盘，而天空则是由稀薄的水汽形成的盖子。他认为，宇宙中存在着两种力或两个过程：凝聚和扩张。通过加热，水不断地膨胀变为空气，水(注：不洁净的、含杂质的)也能不断地凝缩而合为一体变为尘土。他由此提出，世界万物都起源于水，世界是由水、土和气雾组成的。

泰勒斯的学生阿那克西曼德(Anaximander，公元前611—公元前547年)由于受到当时铁器铸炼技术的影响，在老师的经验理论上再增加火。但他认为组成世界的水、土、气雾和火并不是万物的本原，例如水可以解释事物的湿性，但却不能解释火的热性。泰勒斯认为水是万物之源，但是他并没有解释为什么水会变成万物，水和其他的物质相比有什么特殊的地方。阿那克西曼德认为水的存在也需要被解释，他进一步思索提出，宇宙中还存在着某种原初物质，并不具有它所形成的水、土、气、火四种元素及其他各种东西的那些具体的、独特的性质。他将这种不确定的原初物质称作"无限"。他认为一切事物都有开端，而"无限"没有开端。万物诞生之源亦为其结束之因。世界从它产生，又复归于它。他认为世界便是由这一种被称为"无限"的不可察觉的物质形成的，这个不可察觉的物质阶段就是处于分离成诸如热和冷、干与湿等对立的性质之前的(因而它也是世界一切现象的最初的统一)。只有当受到冷与热的作用时，这种原始的材料也就形成了组成世界的那四种元素。认为无论是冷或热，都不会永远胜过对方，如同人类的善与恶，在它们之间存在着平衡。阿那克西曼德是第一个用"无限"这个名词来抽象描述的。"无限"不是指某种具体的物质性元素，而是指没有界限、没有限制、没有规定的东西。换句话说，他的"无限"这个概念是对作为本原的某种物质性东西的抽象性说明，指一切存在物的始基和元素。称它作"无限"，原因是如果它不是无限的，它就会在创生万物的过程中消耗殆尽，同时，正是由于作为本原的东西本身没有规定性，它才有可能成为一切有具体特性的事物的来源和基础。显然"无限"比水更具有一般性和普遍性，更易于解释事物的无限多样性。这是阿那克西曼德的一大贡献，他在一定程度上开启了哲学用抽象概念进行思考的先河。他不愿意规定那无限的质料的性质，这表明同他前人思索具体的、感官所知觉的实体相比，他倾向于更抽象的理性思维形式。他还提出了一种关于万物是怎样从本原中产生出来的问题，提出宇宙中存在着某种不确定的原始的力，这种动力导致旋涡的形成。急剧旋转着的旋涡导致元素按照密度大小的不同而分层。因为土是最重的元素，它就趋向于留在宇宙的中心而成为大地。水盖住大地，它的外面包裹着一层雾气。火是最轻的元素，形成宇宙外部的太阳和月亮。由于宇宙中存在的旋涡的活动，使作为本原的"无限"处于永恒的运动中，是这种永恒的运动造成了从这个"无限"体中分离出对立物，如热和冷、干和湿等。他还认为，地球是一个自由浮动的圆柱体，人类只是处于圆柱体的一端表面之上。他比达尔文早23个世纪表示，包括人类在内，所有的陆地动物都是从类似鱼的祖先衍化而来的。他认为最早的生命形态是在原始的温暖与潮湿的互动下自发产生的，第一批生物在类似树皮的外壳保护下，栖息于海底。陆地出现后，有些生物面临必须适应新环境的问题。人类跟其他所有的陆地动物一样，也是自水中生物衍化而来的，只有一点不同：由于婴儿出生时非常无助，因此他推测，他们在有能力于陆地生存前，必然是由其他种类的海洋生物养育的。

阿那克西米尼(Anaximenes，公元前588—公元前524年)是阿那克西曼德的学生。他认为老师宣称的原初物质是不明确的。宇宙的本原不是"无限"，而是具有定质的一种物质"气"。当"气"处于最均匀的状态时，我们看不到它。但是通过冷、热、潮湿(气的不均匀)等的运动，我们(通过它所形成的特殊事物)就能看到它。就像阿那克西曼德提出的"无限"处于持续的旋转运动中一样，"气"的运动有稀散和凝聚两种。稀释时，气变成火。凝聚时，气依次变成风、云、水、土和石头。“气”通过稀释和凝聚的运动产生万物，万物也可转化为气。变化是由运动引起的，而运动是永恒的。阿那克西米尼指出，事物之所以成为它们现在的样子，取决于组成这些东西的气在多大程度（量）上的凝聚和扩张。

毕达哥拉斯（Pythagoras，公元前580—公元前500年）出生在米利都附近的萨摩斯岛（爱奥尼亚群岛的主要岛屿），其父亲是一个富商，九岁时被送到父亲的家乡提尔，学习东方宗教文化，后受教于萨摩斯的诗人克莱菲洛斯门下学习诗歌和音乐，古希腊的诗歌是在乐器伴奏下吟唱的，学习诗歌除了要学习音乐，还要随着韵律和吟唱起舞。公元前551年他来到米利都等地，成为泰勒斯、阿那克西曼德和菲尔库德斯的学生。30岁时，因宣扬阿那克西曼德的物理学原理来解释自然现象引起当地反感，被迫离家。他前往埃及，进入神庙学习。从公元前535年到公元前525年在埃及十年中，毕达哥拉斯对当地语言、历史、数学、神话和宗教有了透彻了解。同时，他通过宣传和讲学也把希腊的神话和哲学介绍给埃及，赢得当地祭司阶层的尊敬和信任。直到波斯人入侵埃及，被俘虏到巴比伦生活了五年，研习了波斯人的拜火教、古巴比伦星相学和数字神话思想。离乡19年后他重回家乡，开始了“数就是神”的研究与神秘讲学生涯，创建了一个充满宗教色彩的学术社团。

毕达哥拉斯出于从小对音乐的体验与理解，认为宇宙的真实结构中包含音乐，并在音乐研究中通过用音乐中三条弦发出某一个乐音（当它在第五度音和第八度音时，这三条弦的长度之比为6∶4∶3）证明了数和物理现象间的联系。他发现了音阶之间的距离可以表现为一种比率关系，这种比率可以用从1到4中的任意整数来表示，这使他产生了宇宙的终极本质是“数”的信念。“数学”一词来源于古希腊语Mathema，意思是“可以学到的知识”，到了毕达哥拉斯这里，这个词就成了“数学”的意思，是“自然数的学问”。毕达哥拉斯断定，数乃神的语言，万物皆数。他坚信导师菲尔库德斯的“轮回转世说”，“首先，灵魂是个不朽的东西，它可以转变成别种生物；其次，凡是存在的事物，都要在某种循环里再生，没有什么东西是绝对新的；一切生来具有生命的东西都应该认为是亲属”。他认为世界中的事物只是匆匆过客，随时都会进入消亡轮回，唯有数和神是永恒的。他将自然数区分为奇数、偶数、素数、完全数、平方数、三角数和五角数等。他指出，数是宇宙事物形成的一个本源，数量和形状决定一切自然物体的形式，数不但有量的多寡，而且也具有几何形状。因此，数是自然物体的形式和形象，成为一切事物的本源。因为有了数“1”，才有几何学上的点，有了“2”才有线（两点成一线），有了“3”才有面，有了“4”才有了立体。而具体事物是立体的，因此依据数字“4”他主张是火、气、水、土这4种元素构成万物。他曾证明球形是最完美的几何体，认为大地是球形的，提出了太阳、月亮和行星做均匀圆运动的思想。他指出，1＋2＋3＋4＝10，故“10”是最完美的数，所以天上运动的发光体必然也有十个。这十个天体到宇宙中央之间的距离，同音节之间的音程具有同样的比例关系，以保证星球的“和谐”，从而奏出天体的音乐。

毕达哥拉斯提出，“数”在物之先，是“万物的本质”，是“存在由之构成的原则”，而整个宇宙是数及其比例关系的“和谐体系”，他相信神用“数”创造了宇宙万物，故透过对“数”的研究就能更了解宇宙的奥秘也就能更接近神。

当时，个人的宗教得自天人感通，神学则得自数学。这两者都可以在毕达哥拉斯的身上找到。毕达哥拉斯始终认为自己真正理解了“数”，“我来这里就只是为了‘观察’和‘理解’这里的一切，而‘观察’和‘理解’就是哲学。”数学与神学的结合开始于毕达哥拉斯，它代表了希腊的、中世纪的，直至近代的宗教哲学的特征：一种宗教（神秘性的）与推理（严谨性的）的密切交织，一种道德的追求与对于不具时间性的事物之逻辑的崇拜的密切交织。这是从毕达哥拉斯开始的,并使得欧洲的理智化了的神学与亚洲的更为直截了当的神秘主义区别开来。毕达哥拉斯告诫,有一个只能显示于理智而不能显示于感官的永恒世界。这个世界是只能借以“数”之杖来丈量的演绎思维里来辨识而感验到的。

数学,是人们信仰永恒与严格的真理的主要根源,也是信仰着有一个“超感的、可知的世界”的主要根源。毕达哥拉斯用几何学来讨论严格的“圆”,但是没有一个可感觉的对象是绝对的圆形。这就提示了一种观点,即有了“可理喻的东西”与“可感知的东西”的区别,可理喻的东西是完美的、永恒的,而可感知的东西则是有缺陷的。并且,一切严格的推理只能应用于与可感觉的对象相对立的理想对象;很自然地被再进一步论证说,思想要比感官更高贵而思想的对象要比感官知觉的对象更真实。

毕达哥拉斯将之前的“世界本原”的询问推进到一个更高的层次,他不再将某种具体的感性事物(无论是“水”还是“气”)当作本原,他放弃了对自然的、“物质性”的实在的追求,而将超越(抽象于)具体感性事物的思维当作实体本身看作是真实的本原(毕达哥拉斯关于时间与永恒的关系的神秘主义,也是被纯粹数学所巩固起来的;因为数学的对象,例如数,如其是真实的,必然是永恒的而不在时间之内。这种永恒的对象就可被想象成为上帝的思想。因此,与启示宗教相对立的理性主义宗教,自从毕达哥拉斯之后,一直是完全被数学和数学方法所支配着的)。

赫拉克利特(Heraclitus,约公元前 530 年—公元前 470 年)出生在伊奥尼亚地区的爱非斯城邦的王族家庭里,原应该继承王位,但是他将王位让给了他的兄弟而隐居起来。他吸收了阿那克西曼德的宇宙本原是一种无定质的“无限”与阿那克西米尼认为的宇宙本原是一种具定质的“气”之实质,并受到毕达哥拉斯的学说的影响。他借用毕达哥拉斯“和谐”的概念,认为在宇宙运动变化的背后有某种程度的和谐。他提出万物的本原是在水、土、气、火等诸元素中最没有形体的“火”。不管烹煮食物,烘制陶器,还是冶炼金属,都能发现火既是一种会变化的元素,又是一种引起变化的过程。因此,火是一切事物的共同元素。“任何事物都是等价地与火交换,万物变成火,火复成万物,正如货物换成黄金,黄金换成货物一样”。而尤其在这些转化与变化的背后是存在着某种程度的“和谐”与“秩序”。“这个有秩序的宇宙对万物都是相同的,它既不是神也不是人所创造的,它在过去、现在和将来永远是一团永恒的活火,按一定尺度燃烧,一定尺度熄灭。”火既是运动的,又能使别的事物运动,由此而“万物皆动”。“一切事物皆存在于变化过程之中,任何事物都不是静止不变的。存在着的事物就好比是河中的水流一样,任何人都不可能两次踏进相同的河水之中”。赫拉克利特认为,万物永在运动,而万物的这种无论是火的燃烧熄灭、万物的生成转化运动,都是按照一定的“逻各斯(Logos,理学、尺度、大小、分寸、比例)”进行的。他告诫说:“不听从我而听从逻各斯,就会一致同意说,一切是一。这就是智慧。”这是赫拉克利特最早将“逻各斯”概念引入哲学,他将“逻各斯”与“一团永恒的活火”的“活”意来隐喻对应变化内在存在的一种指向。他认为,世界受运动支配,只有运动(万物争斗)才使世间的一切都有秩序存在。秩序,就是他说的逻各斯,世间的事物,因为拥有逻各斯,所以才会有序安排。“一切是一”,逻各斯是世间万物变化的一种微妙尺度和准则,这就是一种隐秘的智慧。

恩培多克勒(约公元前 500—公元前 430 年),受到了先期这些哲学思想的影响,进一步认为真实的事物不可能来自虚无的东西,某些原初的统一体不可能随后产生出许多的不同体。世界上绝没有人们所假设的那种原初统一体,而是存在着四种永恒存在的、各自区别的元素物质:土、气、火、水。他认为一切事物都由这些物质的不同组合和排列构成。当这些元素在力的作用下分裂并以新的排列重新组合时，物质就发生了质的变化，将这四种永存的元素以不同比例混合就产生出了各种新事物。创造和毁灭的出现仅仅是事物的基本组成适当的混合和分离的若干变化。这就好比人类的“悲欢离合”，造成这四种元素的运动及改变它们的局部组成变化的力则是宇宙中存在的爱和恨这两股力量。爱与恨的斗争力量是与土、气、火、水同属一级的原始原质，它们被爱结合起来，又被斗争分离开来。宇宙就在创造和毁灭两个阶段之间摆动。他认为，世界上的一切变化是受“机遇”和“必然”支配的。恩培多克勒认为对于寻求真理的哲学家来说，如果他能细心地、有选择性地把各个感官应用于适当的地方的话，那么感官就能成为有效的向导。感官的感知是由于体内的元素识别了体外物体上的相同元素而引起的。同类识别同类。因为体内的元素中有了土，我们看见土；因为体内的元素中有了水，我们看见水。因为体内的元素中有了火，我们看见了烧毁着的火。所有的事物——动物、植物、大陆和海洋，甚至石头、青铜和铁都发射出一种叫做“流射物”的东西。如果这种流射物的大小适当，它就能进入感觉器官的孔，让它与知觉过程必不可少的元素相通，而每种感觉的通道是不同的。因此，一个感官不可能判别另一种感官的对象，因为有些感官的通道是这样宽大，其他许多感官通道又是如此狭窄，以至于有些东西可以畅通无阻地进入，而另外一些却根本无法进入。他用这个理论来解释意识和思想，人不是唯一只有思想的事物，因为“一切事物都有思想”（这里，恩培多克勒第一个在进行宇宙本源的哲学思考与辨识中引入了“思想”之说）。同时，恩培多克勒根据自己的理论，最先描述了生物进化的几个不同阶段。早期的地球没有它现在所具有的若干能力，在那时，产生了各种各样的生物。但早期产生的生物是不完善的，它们是在偶然的情况下，粗糙地形成的。在这个早期阶段，存在着许多“没有头颈的脸，没有肩胛到处游荡的手臂，还有独立的眼睛在四处流浪，寻找着前额”。到第二阶段，这些孤独无伴、游荡徘徊、寻找着联合的肢体趋于结合。但是因为这种结合是杂乱偶然的，所以产生了许多怪物。“有的是两面都有脸和乳房的怪物，有的是具有人脸的牛的子孙”，或者甚至是“人的子孙却有牛头，有的怪物部分是雄性，部分是雌性，再配合了一些不育的个体”。这样一来，在这些极其多样的生物中，有许多生物或者由于畸形残废，或者由于和更强的种类的生物的斗争中被淘汰，或者是缺乏生殖系统部分，它们都不能繁衍自己的后代。在第三阶段，即使结合过程只发生在一些偶然的机会里，但在某些时候，还是产生了一些完全自然的类型。那些结合得很好的生物生存下来了，而其他的生物则灭亡了，或“正在灭亡之中”。所谓“完全自然的类型”，这种类型仍然处于既不属于雄性，也不属于雌性的阶段，它是第三个阶段的特点。由于继续斗争变化，性别最终变得截然不同并相互分离了，这样就进入了下一阶段。在第四阶段，新的生物不再直接从土中或者水中产生，而是通过生殖产生了。这种生殖的方式既包括有性繁殖，也包括生殖这个词的原初含义中所包括的一切方法。所有幸存下来的物种都具有某种特殊的能力、勇气或者速度，成功地保护自己并繁衍后代（这样一幅进化图显然适应于达尔文“适者生存”的观点）。而我们现在所生活的世界正处在这个进化过程的第四阶段。在描述这个阶段时，恩培多克勒对多种科学作了许多评论。这些科学的每一方面在今天都成了一个复杂的专门领域，例如植物学、生物学和胚胎学。在希腊的自然哲学家中，他似乎是第一个以严密的态度讨论植物学的。他认为植物是最先出现的生物，但如同早期的“完全自然的类型”一样，植物中尚没有性的分化。在植物中，火和土并没有像在动物中那样分离开来，因为植物仍然还有根生植在土壤中。一切生物在这个阶段都是元素的混合物，但是各种元素的比例不同。生物根据体内的混合的元素来寻找它们在自然界的位置。树木由于在它们体内有较多的土元素，因此仍然扎根在土壤中；鱼体内则明显地含有较多的水；而鸟的体内含有更多的气和火这两种元素。在植物界，两性结合在同一个个体中，它们通过"卵"进行繁殖，但是人和高等动物则通过有性生殖传宗接代。他认为，胚胎的某些部分来自父亲，而另外的部分则来自母亲。双亲中哪个为孩子提供的特殊的东西多，孩子就像哪个。他解释了形成后代性别差异的根据，认为男孩子怀在子宫比较热的部位，他所含的热量的比例要比女孩子大。恩培多克勒观察到吸入或呼出空气的活动，利用与古希腊的水钟相似的装置(一种在底部装有滤嘴的空圆筒，像移液管一样)。他描述了一个实验，当盖住圆筒上面的口把水钟浸到水中时，没有水从下部的滤嘴中进入容器，因为容器中的空气阻止了外来水分的进入。揭去容器的盖子，允许空气流出，容器外的水就能从滤嘴中进入容器。恩培多克勒证明，空气并不是纯粹空洞无物的空间，显然人们并不能看见它，然而它却具有一种物质实体的性质。他关于空气是物质实体的证明，说明了尽管有些物质是这样的精细微小，以致人们并不能看见它，但这些物质却能产生出巨大的力量。一旦意识到自然能通过那些看不见的物体发生作用，我们就可以克服感觉器官的局限性，认识那些不能直接看到的事物。

阿那克萨哥拉(公元前500—公元前428年)是阿那克西米尼的学生。他是爱奥尼亚人，继承了爱奥尼亚的科学与理性主义的传统。他从爱奥尼亚来到雅典，是第一个把哲学介绍给雅典人的。但他不认为恩培多克勒的"必然"与"机遇"会成为事物的起源，第一个提出"心(Nous)"可能是引起物理变化的首要原因。他把一切运动都归之于心灵(或灵魂)的作用。他认为，心是一切运动的根源。它造成一种旋转，这种旋转逐渐地扩及于整个世界。心是一样的，动物的心和人的心也是一样的善良。阿那克萨哥拉认为，任何一个个别的事物都具有所有事物的一些共性，但是心灵却是纯净的，不和其他任何东西混杂。它又是无限的、自我支配的，它除了由其本身组成外，心灵是"一切事物中最精致最纯粹的。它具有关于一切事物的所有学问，它具有最伟大的能力。心灵能统治一切大大小小有生命的东西"。在混沌初开的时候，由心灵发动运动，它起先在一个小范围内旋转，后来不断地扩大范围，不断地混合，不断地分离。直到分化出世间万事万物。旋转引起了一系列的分离，从稀薄中分出浓厚，从寒冷中分出温热，从黑暗中分出光明，从潮湿中分出干燥。重的物体，例如大地，位于较低的部位，火是最轻的，它就位于较高的部位，而水和空气处于中间。他认为我们的感觉是在两种事物相反的时候发生的，由"冷"才感觉到"热"。这就是说，我们不会注意到相同的事物。例如，某些和我们一样热或一样冷的东西并不会使我们感到热或冷。他假定所有不相同的事物通过对比引起感觉，时间持续太长或者感觉过于强烈就会产生明显的感觉。因此，他对来自感官的证据抱着很谨慎的态度："由于我们的感官能力之微弱，我们不能通过它们来判断真实性。"他以颜色的渐渐变化难以为人们所察觉的现象，来证明他提出的这个告诫。他设想有两个容器：一只盛着白色的液体，而另一只盛着黑色的液体。假如把任何一个容器中的液体一滴一滴地滴入另一个容器中，那么没有滴到一定的数量，我们的眼睛是不会觉察到颜色的任何变化的。这就是说，眼睛虽然告诉我们液体并没有发生变化，但"心"却告诉我们，感官欺骗了我们。所以，他表述"心"能认知一切事物，是独立自由的，是事物中最纯的。"心"是运动的源泉，宇宙各种天体都是由"心"推动的，过去、现在和将来的一切东西都是由"心"安排的。于是，阿那克萨哥拉通过认真的观察，又进一步提出了问题："头发是怎样从不是头发的物质中产生的？肉又是怎样由不是肉的东西形成的？"阿那克萨哥拉认为，必然存在着一些形成所有事物的"种子"，这些"种子"在混沌初开的时候就形成和存在了。我们吃的食物(如面包和水)是简单的，又都是相似的。从这些简单的食品中，我们的身体制造了"头发、静脉、动脉、肉、肌腱、骨头和身体所有的其他部分"。他推论说，"在我们吃的食物中，必定有某些部分形成了血，某些部分形成了肌腱，某些部分形成了骨头,如此等等。"这些部位形成的原因只能这样才可以理解,这些东西必然以某种隐蔽的形式存在于食物之中,在消化的过程中,被分门别类挑选出来,通过物以类聚的自然吸引力分别到达适当的部位,促使身体的各部分生长。他把宇宙中的这些东西称为"种子"。他的体系中的基本元素——"种子",其数量和种类都是无限的。

留基伯(Leucippus,约公元前 500—公元前 440 年)受到泰勒斯、恩培多克勒、阿那克萨哥拉的影响,是第一个提出万物由原子构成的哲学家。约公元前 460 年在阿布德拉(Abdera)创办了学校。他第一个将宇宙的基本元素称为原子,认为无数原子自古以来就存在于虚空之中,既不能创生,也不能毁灭,它们在无限的虚空中运动着而形成了万物。由于原子的结合,事物就形成了,而它们的分离则造成事物的毁灭。

德谟克利特(Demokritos,约公元前 460—公元前 356 年),是留基伯所创办的学校的学生。他一生勤奋钻研学问,知识渊博,在哲学、逻辑学、物理、数学、天文、动植物、医学、心理学、伦理学、教育学、修辞学、军事、艺术等方面都大有建树,并成为奠基者。他还是一个出色的音乐家、画家、雕塑家和诗人。他是古希腊杰出的全才,在古希腊思想史上占有相当重要的地位。他继承并发展了留基伯的原子学说,进一步深入地认为,万物的本原是原子和虚空。原子是不可再分的物质微粒,而虚空则只是原子运动的场所。他指出了宇宙空间中除了原子和虚空之外,什么都没有。原子一直存在于宇宙之中,它们不能被从无中创生,也不能被消灭,任何变化都是它们引起的结合和分离。原子在数量上是无限的,在形式上是多样的。在原子的下落运动中,较快和较大的原子撞击着较小的,产生侧向运动和旋转运动,从而形成万物并发生着变化。原子在本质上是相同的,它们没有"内部形态",它们之间的作用通过碰撞挤压而传递。一切物体的不同,都是由于构成它们的原子在数量、形状和排列上的不同造成的。这里,德谟克利特在接受了运动的概念的同时,进一步提出了存在着"空间"的假设,原子和空间它们都是作为一切事物的物质上的原因。原子在形状、排列和位置状态上的不同,表现出宇宙中所有不同物体的明显改变。德谟克利特认为,原子是如此之小以至于不能直接碰到我们的感官。因为原子里面没有空间,所以它是不可分、不可穿透、紧密结实的。另一方面,混合物是可分的,因为组成混合物的原子之间有空间,原子形态的数量也许是无限的,因为我们没有理由说某个原子只能是这一种形态而不能是那一种形态。宇宙形成中,在一部分原子由于碰撞等原因形成的一个原始旋涡运动中,较大的原子被赶到旋涡的中心,较小的被赶到外围。中心的大原子相互聚集形成球状结合体,即地球。较小的水、气、火原子,则在空间产生一种环绕地球的天体。宇宙中有了空间和原子,数不清的世界就通过机械的方法形成了。这些世界各不相同:有的没有太阳和月亮;有的比起我们所在的世界,太阳和月亮更大,或者多得多。各个世界之间的间隔是不相等的,并且它们所处的形成或消亡的阶段也不相同。有些世界因相互撞击而毁灭;有些世界上有生物而其他一些则缺乏动物、植物或水汽。事实上,这类事情究竟如何发生还不清楚。不过没有什么东西会任意地产生,任何事物的产生都有它本身的原因,而且是必然的,虽然许多事情看起来似乎是偶然的,但是它们只不过是原子间一连串(偶然)碰撞的结果,而德谟克利特认为旋涡就是这种必然。他接受了恩培多克勒的"必然"与"机遇"说法,认为并不存在任何超自然的力,只存在这样的"偶然与必然":同一种类的生物成群结队地一起走来走去,鸽子和鸽子做伴,仙鹤和仙鹤为伍,如此等等。甚至无生命的东西,同样会有这种巧遇,如同我们可以发现,筛子里有种子,海滩上有卵石。他同样受到恩培多克勒的影响,但依据自己的理论这样解释人的感觉:一切可感觉的东西,就是许多原子的各种排列,组成这些排列的这些原子只有形状和大小的差别。我们把某些性质归于这些排列,这些性质被我们称之为颜色、味道、气味、声音、触觉等。但是他说，这些性质不是物体本身的内部，而是这些物体作用于我们感官的一种效应。人们感觉的事物属性，例如甜和苦、热和冷，甚至于颜色仅仅是约定俗成，在自然界只有原子和空间才是真实存在的。因此，一切的感受和知觉，都只是与外部的某种联系或某种接触。人的“生命元气”是由轻的、可灵活易懂的灵魂原子组成的，是生命中最重要的媒介物。尽管这些组成灵魂的非常易流动的圆球形的原子散布在身体的各个部分，但在脑子里则比较集中。当脑中的原子受到某些适当的原子碰撞而处于运动状态时，就形成了思维。因此，从外部事物中不断流溢出来的原子形成的“影像”，是概念和思维的原因，而人的感觉和思想就是这种“影像”作用于感官和心灵而产生的，这就是他的“影像说”。他还依据这些理论区分了感性认识和理性认识。他认为感性认识是认识的最初级阶段，人的感官并不能感知一切事物，例如原子和虚空就不能为感官所认识，当感性认识在最微小的领域内不能再看、再听、再嗅、再摸的时候，就需要理性认识来帮助，因为理性具有一种更精致的工具。对于人，就像对围绕着他的宇宙一样，都是用一种物质的观点来解释的，他认为生命是从一种原始的黏土中发展起来的，一切生命都是如此。人是宇宙的一部分，包含有宇宙中各式各样的原子。人就是一个包含宇宙各种原子的微观宇宙。甚至人的意识、睡眠、生老病死，都能用原子的性质和原子的丧失来加以解释。人的呼吸是不断地把原子从人体中排出去，又不断地从空气中吸入人体，因此呼吸停止，生命便结束了。人的灵魂也是由最活跃、最精微的原子构成的，因此它也是一种物体。生命结束，原子分离，物体消灭，灵魂当然也随之消灭。德谟克利特对于生命和生物尤其感兴趣，据说曾经进行过低等和高等动物的解剖实验。他建立了一些原则(这些原则后来被亚里士多德采用)，即将动物分为两种主要类型：有血动物(脊椎动物)和无血动物(无脊椎动物)。德谟克利特还进行了一系列生理学的研究，撰写过有关人体解剖、生殖、胚胎学、发热、呼吸系统疾病的著作，并且发展了流行病学的理论。他非常重视从感觉中获得的体验，据说，德谟克利特曾经退居到冷僻的地方，例如坟墓中，亲身体验自己的感觉的结果。不幸的是，德谟克利特的大多数生物学著作都失传了，而他的观点主要是在亚里士多德反对这些观点的辩论中提到的。德谟克利特认为大脑是思维的器官，亚里士多德则反辩认为，大脑仅仅起着冷却血液的作用。德谟克利特明确地描述过心脏是勇气的器官，肝脏是欲望的器官。他还评论过关于骡及其奇怪的性不育问题。这个问题后来在遗传上变得非常重要，尤其是在两性对于子代的决定性影响方面(传说柏拉图企图烧掉德谟克利特的全部著作。虽然在亚里士多德反对辩著中出现的德谟克利特及其学说会有部分的曲解，但是他蕴含在其中的一些见解和洞察力还依然显而易见)。

德谟克利特的原子理论虽然存在着错误和不完善，但对后世物质理论的形成仍具有先导作用。即使在今天，他的学说仍具有相应的价值，可以说没有他就没有现代自然科学。因此，德谟克利特被后人誉为第一位“百科全书式”的哲学家。

第2章 生命科学的萌芽

人类最初的文化是神话和宗教，自泰勒斯的自然主义哲学开始，人类思想者就不满足于过去由传统对世界作出的神秘性解释，他们进行理性询问，并试图加以诠释：宇宙从何而来？万物从何而来？万物由什么构成？我们如何而来？如何解释事物的多元性？能否认知自然世界？如何认知自然世界？这些学者们从追问"宇宙本原"开始所提出的一系列问题，成为哲学、数学、科学的基本问题。到了德谟克利特的时代，他将前辈们大都建立在研究大自然上的哲学思索，开始转向社会、转向人，朝向人类方面的许多领域开拓。一种强调将感觉的观察实践与思想的理性思维相辅并行的人类科学的萌芽从此开始增长，成为人们面对世界的认识方式，在追问世界、认识自然的思索过程中逐渐形成了理性主义方式。

2.1 生命医学

希波克拉底（Hippokrates of Kos，约公元前460—公元前377年）出生于小亚细亚科斯岛的一个医生世家，从小就跟随父亲学医。在希腊、小亚细亚、里海沿岸、北非等地一面游历一面行医，成为古希腊著名的医生之一。作为德谟克利特的同时代人，希波克拉底对于德谟克利特相当尊敬，极其重视德谟克利特提出的重视感觉的理念，他根据自己从事的长年医学经验，将医学与巫术及哲学分离，创立了以他为名的医学学派，将医学发展成为专业学科。他被西方尊为"医学之父"。

希波克拉底对德谟克利特在动物机体上的解剖实验产生浓烈兴趣，但当时对人的尸体解剖为宗教与习俗所禁止，希波克拉底勇敢地冲破禁令，秘密进行了人体解剖，获得了许多关于人体结构的知识。在他最著名的外科著作《头颅创伤》中，详细描绘了头颅损伤和裂缝等病例，提出了施行手术的方法。希波克拉底还写了一篇题为《预后》的医学论文，指出医生不仅要对症下药，而且要根据对病因的解释，预告疾病发展的趋势和可能产生的后果或康复的情况。"预后"这个医学上的概念，直到现在还在使用。

希波克拉底根据自己积累的丰富医学经验，提出了著名的"体液学说"，认为复杂的人体是由血液、黏液、黄疸、黑疸这四种体液组成的，四种体液在人体内的比例不同，形成了人的不同气质：性情急躁、动作迅猛的胆汁质；性情活跃、动作灵敏的多血质；性情沉静、动作迟缓的黏液质；性情脆弱、动作迟钝的抑郁质。每一个人，生理特点以哪一种液体为主，就对应哪一种气质。先天性格表现，会随着后天的客观环境变化而发生调整，性格也会随之发生变化。人之所以会得病，就是由于四种液体不平衡造成的，而液体失调又是外界因素影响的结果。所以他认为一个医生进入某个城市首先要注意这个城市的方向、土壤、气候、风向、水源、水、饮食习惯、生活方式等这些与人的健康和疾病有密切关系的自然环境。四体液理论不仅是一种病理学说，而且是最早的气质与体质理论。

希波克拉底根据自己从事的医学范围，对自身及其他生命体的发育发生与生长同样产生探究的愿望。当时人们在实际生活中观察了解到生物在子代繁衍现象中精液在生殖中的作用，认为精液携带了父亲的一切特征，在母亲子宫中受孕后，再传给子女。大多数的饱学之士认为精液产生于脑和骨髓，是人体中最宝贵的东西，产生后通过血管流入睾丸。希波克拉底则对精液的产生持有不同的看法，他认为精液产生于身体的各个器官，并在血液中运行，最后汇集于睾丸。而幼体则是各部分精液凝集而成的，子代的构造每一部分都与亲体身体各部分相同，都有其相对的来源。他持有阿那克萨哥拉和德谟克利特的"种子"学说，认为精液是身体各器官所产生的"种子物质"的汇合物。这就是说，精液中已经包含了未来生命体的每一个器官和每一部分的原型，胚胎发育是这些原型的长大。

希波克拉底的遗传学观点是：①遗传有物质基础，而且是以看不见的颗粒形式("种子")传递的；②认为身体的每个部位都提供了遗传颗粒，遗传物质来自于整个肉体，即泛生论；③后天获得性能够遗传，这些观念其实都是很古老的，泛生论和后天获得性遗传其实是不可分的，如相信后天获得性能够遗传(当时的人或多或少都相信)，只能用泛生论才能来解释。泛生说(Pangensis)在当时相当普遍，他们推测中的生殖物质类似德谟克利特的原子，反映了当时哲学中古朴的原子论思想对于人们形成各种事物的看法所发生的影响。而泛生说也必然导致了预成论(Proformatism)的出现，这是当时哲学界对于生物发育现象的理论所达到的顶点，并随着希波克拉底在医学上的崇高地位一直影响下来。

2.2 生物学

亚里士多德(Aristotle，公元前384—公元前322年)，古希腊斯吉塔拉人。他父亲尼各马科出身于爱奥尼亚的一个以医务为业的世家，尼各马科曾是腓力二世(公元前382—公元前336年)的父亲马其顿王阿明塔斯的御医。受父亲的影响，亚里士多德从小就喜爱医学和生物知识。医学向他显示了生命的奥秘，激发了他强烈的好奇心。17岁时，他到了雅典，师从柏拉图。

亚里士多德的思想成果的形成，可分为三个时期。第一阶段是在柏拉图学园时期(公元前367—公元前347年)，这时的著作在内容和形式上都受到柏拉图的极大影响，坚持理念的超验性。第二阶段是过渡时期(公元前347—公元前335年)，在柏拉图去世后他离开雅典，开始了12年的游历生活。游历的经验，使这时开始从事教学活动的亚里士多德对老师的观点形成一种批评的态度，修改老师的理论，逐渐形成自己的独立见解。第三阶段是自己创办吕克昂学园时期(公元前335—公元前322年)，在此阶段他完成其主要著作而确立了独创的哲学体系。此时除教学外，他还广泛收集各种资料，进行科学研究。因此，亚里士多德创办的吕克昂学园还是一个研究学术的组织。

正是在这个时期，曾在13～16岁间师从亚里士多德的亚历山大继承王位，在辽阔的大地上建立起了一个前所未有的庞大帝国。征战中，他一直关心着老师的教学与研究，提供了数目可观的研究费用，派了成千人员为老师服务，这些人员中有打猎的、捕鱼的、养蜂的、喂鸟的，分布在希腊和亚洲的各个地区，凡发现过去没见过的动物或植物，能取实物的取实物，不能取实物的就绘出图样，附上详细的说明，派专人送到亚里士多德那里。在波斯帝国境内动物园、禽鸟园、鱼塘的监督者，经常提供给亚里士多德以每个地方值得注意的东西。部队遇到珍禽异兽，奇葩异草，也收集起来送到吕克昂学园。亚历山大当时命令人员做这样的安排：凡在亚细亚发现了什么有关新的动物或植物的材料，必须把原物或该物的绘图或详细的描述寄送给亚里士多德。亚历山大的这种关怀使亚里士多德有了一个很好的条件来收集他对自然研究的宝贵资料。正是在亚历山大的帮助下,亚里士多德建立起了一座规模可观的生物实验室,进行了广泛的博物学研究。据说亚历山大还下令为亚里士多德搜集各城邦的法律政制资料,为亚里士多德的政治学研究提供了直接的帮助。因此,在亚里士多德这一生的最后13年,他惊人地组织了对于自然和历史的详细研究,这一研究工作是在弟子们的帮助下进行的,把当时几乎所有的知识都进行了整理,将丰富的材料汇集起来加以系统化,对哲学及其他专门的知识领域都进行了研究,并在很大程度上第一次使涉及如此全面的知识范围成为可能。与此同时,他在自己所建立的学园内讲课,这些讲课构成了现在保存下来的著作的基础。这些著作分为五类:逻辑著作、形而上学著作、自然科学著作、伦理学和政治学著作、美学历史文学方面的著作,形成了一个知识渊博、思想深邃、体系庞大的亚里士多德哲学。

亚里士多德经过长年钻研,几乎掌握了当时所有门科的知识,并且是古希腊第一个对所有知识进行分类的科学家。他认为各门科都是独立的(因此可以分类),又是统一的(有相关性)。

亚里士多德作为科学奠基者的声誉正是由他在生物领域中的大量研究及其著作被确认的。在希腊人中,亚里士多德是比较动物学和系统动物学的主要奠基人,他的生物学理论后来由林耐的植物分类说和达尔文的进化论所发展,直到他死后两千多年其学说才被取代。

亚里士多德在生物领域的研究重点是动物学。在其动物学著作《动物自然史》《动物的组成部分》《动物的繁殖》中,亚里士多德详细地讨论了动物的内在和外在部分;动物所构成的不同成分:血液、骨骼、头毛、各种繁殖方式、饮食、习性、特征等;研究了野牛、绵羊、山羊、鹿、猪、狮子、鬣狗、象、骆驼、老鼠、骡子;描述了燕子、鸽子、鹌鹑、啄木鸟、鹰、乌鸦、画眉、布谷鸟、乌龟、蜥蜴、鳄鱼、毒蛇、海豚、鲸鱼及许多种类的昆虫。而关于海生动物(鱼)、甲壳动物、头足纲动物、有介壳的根足虫类的资料尤其丰富。而且,从人到乳酪中的蛆,从欧洲的野牛到地中海的牡蛎,都研究到了。总之,希腊人所知道的每一种动物都被注意到了,大多数种类都给予了详细的描述。对于某些种类,亚里士多德说明得细致、恰当、精确,简直令人吃惊。在研究中,他意识到他所说的一些内容是人们见过的、熟悉的,所以倍加认真、确切,完全是用一种专业化的讨论。他还对某些动物做了比较,对内部器官做了细致的描绘。他对生物学的研究范围如此广泛,基本覆盖了生命科学的所有分支。亚里士多德认为,真正的哲学家可以从自然中的每一个领域中发现奇迹。他在搜集到的各种生物资料中,对所获得的每一种生物进行认真的观察、解剖。在他那著名的关于海洋生物的研究中,他说科学家必须"兴致勃勃地研究每一种动物,因为研究一种或多种动物都能揭示出真和美"。对大自然所完成的业绩仔细地进行探索,就会发现"它的生成和组合"总具有"一种美妙的形式"。例如,他非常仔细地描述了章鱼,章鱼的触肢既用作脚又用作手,它是两只位于口腔上用来抓食物的东西。后面的触手是非常尖细的,只有一个呈白色并在末梢分叉,朝腕背展开。腕背是吸盘另一侧的光滑的平面,章鱼用它来交配。在液囊前端和触肢的上方有一个空管。它就用这个空管排出摄取食物时从口中进入液囊的海水,并使空管左右移动,来放出墨汁。它按照称为"头"的方向伸开一条腿做斜向游动,当它以这种方式游动时,它能看到前方(因为它的眼睛在顶上)。它的嘴在尾部。只要这种生物还活着,它的头就是坚硬的,好像膨胀了一段。它用触肢的下方捕捉和保存物件,腿脚之间的薄膜是完全伸展开的。倘若它到了沙滩上,就不能再保存它所捕捉到的物件。他又把章鱼与其他头足纲动物,如墨鱼、蝲蛄等,做了比较,并做了认真仔细的解剖,对其内脏做了细致的描绘。他的有些描述,如章鱼的交配方式,直到19世纪才被证实。亚里士多德重视生物体研究的价值,由此开创了一种具有影响力和富有成果的生物学的这种研究方法。他的动物学著作详细地研究了动物的各个部分、繁殖方式、饮食、习性等。其内容广泛,资料丰富,对希腊人所见到的每一种动物都做了研究,并有翔尽的描述。

生物是怎样开始具有生命的?亚里士多德认为,生物的生命并不是它的一部分,而是使它能够进行有机活动的能力。他认为生物是分等级的,有些生物有生命,有些生物无生命,“有些生物拥有灵魂的全部能力,有些拥有部分,有些只拥有一种力量。我们所指的能力包括营养、知觉、欲望、地点变换、思想。植物只具有一种营养能力。另一些生物既拥有营养能力,也拥有知觉能力。如果有知觉的能力,也就有了欲望的能力。欲望是由情欲、嗜好和愿望组成的。所有生物至少具有一种感觉即触觉……除此之外,有些动物还具有位移的能力;另一些生物拥有思想和理智的能力”。显然,在这些不同的等级中,植物是最低等的,它的功能只限于营养和繁殖,没有感觉或知觉的能力。

亚里士多德认为动物发生的不同形式,除了有性生殖外,还假定在某些昆虫和兽类中有自然发生。不过,他把有性繁殖方式看作是最完美的。在这里,雄性与雌性相对而存在。雄性给其子以灵魂,雌性给其子以肉体。有机体在其发展过程中,是从一种蠕虫的形式变成一个卵,而最后达到它的有机构造。但是,就像它们的繁殖方式那样,它们的身体构造、栖息之所、生活方式及运动方式,都有根本的差别。

亚里士多德当时已经了解了有520多种生物的物种,其中他解剖了50多种动物,他认为这只是迈入整个新领域的第一步。亚里士多德从中寻找“事物的共象”,在已经了解的几百种生物中力图找到一个普遍的准则,能对不同的生物加以分类。他进一步采用柏拉图的“种”与“属”概念来描述与区别各种生物的“基本特性”。“种”原先来源于希腊语“形式”,是平常所认为的同样动物或生物,“属”作为同族或近亲的意思。亚里士多德认为是“种”而不是“个体”展现了一个物种的本质。

对于生物分类,老师柏拉图使用的一种简单的两叉式分枝法来划分动物的种类,如陆上动物和水居动物,有翅动物和无翅动物等。这种方法虽然原始,却为分类方法提供了有效的出发点。与柏拉图不同,亚里士多德开始采用了德谟克利特的方法,将动物分为两种主要类型:有血动物(脊椎动物)和无血动物(无脊椎动物),并在有血动物和无血动物下面再分成若干种和属。他又总结出更加精细的层级,可以通过动物的生殖方式和出生发育水平来进行动物分类。亚里士多德进一步认识到,为了确定动物间的亲缘关系,必定要先研究许多性状,人们只有研究动物的结构、生活特性、环境、运动形式及生殖方式,才能对这些动物有所了解,并通过在生物功能与结构多变的情况下,寻找若干特征来估量和确定它们的亲缘关系,以此建立分类系统中自然分类的准则。亚里士多德根据动物出生时的发育程度对动物进行次序分类,排列出了“生物阶梯图”。我们称为哺乳类的动物处在阶梯的顶端,因为这些动物成员都是温暖和潮湿的,没有土性。它们的幼体生下来时就是完善的,就能自己活动,这些幼体由这类动物的雌体哺乳长大。低一级的生物虽然暖气较少,但仍然是潮湿的。这些动物也是一生下来就能自己活动,但它们是由卵发育而成,这些卵在母体内生长发育。再往下一级的是温暖但干燥的动物,它们产出完全的卵,如鸟类和爬行类动物。比它们再低一些的则是那些冷的和土性的动物,它们产的是不完全的卵,例如青蛙。在一切有性生殖的动物中,最低等的形态是蠕虫,它们会产卵。沿着这个阶梯再往下,则是蚤虱了,它们是自然发生的。最低等的是植物,在土中生长和繁殖。这样便形成了一个以植物为底层到以人类为顶点的一个生物阶梯。

同时,亚里士多德认为生物的繁殖主要有三种方式:第一种是自然发生,通常产生蚤类、蚊虫和各种虱子,“有些从落在树叶上的露滴中……有些从污泥和粪秽中,有些从木头(活树或者朽木)中,有些从动物的茸毛中,有些从动物的肌肉中,有些从它们的排泄物中”。第二种是无性生殖，像海星、螟虫、贝类。这类动物就是由这种方式繁殖的。在海洋生物中，较为普通的再生现象也被认为是生殖的一种形式。第三种是有性生殖，即比较高等的动物，其中还包括某些昆虫，例如蝗虫。亚里士多德赞许自然发生论，但根据亚里士多德的观点，即使自然发生也是按照一定的规律进行的，只有在某些特定的软泥里才能产生出某些特定的昆虫和蚤虱。

亚里士多德用现状与潜能及物质与形式的哲学观念来阐述一个新生命是如何产生并且发育、成长的。亚里士多德认为，胚胎不是一个在发育过程中不断扩大的完整实体，而是一种受到物质影响的潜能随着时间的流逝而不断表达的结果。胚胎是渐渐生长变化而成的。在一个新生命产生的过程中，雄性通过精液提供形态的原则(生长和发育的原因)，雌性以精血的形式提供被动的物质。虽然他也认为精液来源于血液，但他并不认为精液就是一种"种子物质"。他认为，精液的唯一功能是传送运动和成型力量，是一种非物质的元质，这些元质使经血变浓而改变其组成，通过这样的制备，使它生成一个由精液决定的胚胎(精子将雌性物质凝集，激发并控制其发育)。在亚里士多德看来，精液好比一个雕塑家，经血则好比被雕塑的粗材，雕塑家将粗材雕成了塑像。塑造形体的要素是能量，而最终的能量将是灵魂，动物灵魂只能从精液遗传下来。而在这一过程中，雕塑家在物质上却并没有什么贡献。

亚里士多德通过观察鸡胚的发生，详细描写了雏鸡在鸡蛋中的早期发育，相当仔细地记录了胚胎在后来的日子中所达到的各个发展阶段。他认为鸡的发生是由简单发展到复杂的，机体整个结构是整体活动的结果。他描述了小鸡在鸡蛋内的发育，观察到最初有一种均质物质，这种物质在形态发生过程中，需要一种模式。发育塑造形体的要素是能量，为了达到物种特异性的结果，形成要素必须拥有一个最终的原因和最终的能量——"灵魂"。亚里士多德反对当时盛行的关于生物的"泛生说"，形成了自己的生物"渐成论"。

亚里士多德的研究涉及他所处时代的一切领域，而且几乎在每个领域都有独到的见解和成就，他是许多学科的创始人，为后人留下大量、内容丰富的科学著作。亚里士多德为科学做出了最根本的范畴分类，并建立了最根本的典范：重视经验事实与强调系统化。后来的科学与哲学正是根据亚里士多德的这一典范，去实现它们种种特殊的要求而得以发展的。人们在不知不觉中运用着他的概念和术语去思考问题，以致连反对他的人也是在用他的语言模式去反对他。

第3章 近代生命科学的兴起

近代科学和哲学大都是从肯定或否定亚里士多德开始的。

3.1 解剖学——人体的结构

安德烈·维萨里(A. Vesalius，1514—1564年)出身于布鲁塞尔的医学世家。他的曾祖父、祖父、父亲都是宫廷御医。维萨里在很小的时候就喜欢解剖老鼠、鼹鼠、猫、狗和其他小动物，青年时代求学于法国巴黎大学。他在学习中不喜欢一味地研究权威著作，而是直接解剖身体，观察结构。他发现当时医学教授们大多只研究权威著作，给学生讲授的东西自己从来也没有亲自观察过。于是他亲自动手做解剖实验进行演示，纠正权威著作中的错误观点。维萨里对学生们强调要重新观察人体，不应依赖于权威的结论。1543年，年仅28岁的维萨里终于完成了按骨骼、肌腱、神经等几大系统描述的巨著《人体的结构》。在这部伟大的著作中，维萨里冲破了旧权威们臆测的解剖学理论，以大量丰富的解剖实践资料，对人体的结构中的骨骼和肌肉的运动及它们和身体内部其他器官的联系进行了精准的描述。他在书中写道：解剖学应该研究活的，而不是死的结构。人体的所有器官、骨骼、肌肉、血管和神经都是密切相互联系的，每一部分都是有活力的组织单位。

《人体的结构》的第一卷致力于描述支持整个人体的骨骼；第二卷描述“运动的执行者”肌肉；第三卷描述了脉管和动脉系统；第四卷描述了神经系统；第五卷描述了腹部内脏和生殖系统；第六卷描述了胸腔器官；第七卷描述了大脑、垂体和眼睛；还包括一卷动物活体解剖供学生练习，锻炼他们做外科医生的手和感觉及如何缝合切口。维萨里的《人体的结构》，在解剖学上澄清了当时学者们主观臆测的种种错误，从而使解剖学步入了科学的轨道，成为现代解剖学建立的重要标志。

3.2 生命化学

与古代民间医学密切相关的是炼金术(还包括星占术)。

古炼金术士常常声称能够用他们的技术创造一种神药来为生命医学服务，而民间医学本身在当时也是处于一种神秘性的和经验性的状态里。在古中国、古巴比伦、古印度等，炼丹士们常常苦心烧炼一种“仙丹”神药。古东方的炼丹(金)术在中世纪后期传入欧洲。欧洲的炼丹(金)术吸收和改进了原始的制作技术。炼丹(金)术士们相信，自然万物都有内在的灵气，都有生长的趋势，都是活的机体，所以人则可以帮助万物转化。当时他们在制作中也发现了一些新物质，例如将酒蒸发，他们发现了一种液体，这种液体可以加工成药酒和提神的甜酒等。

帕拉塞尔斯(Paracelsus，约公元1493—1541年)是苏黎世一名医生，他的父亲威尔汉伦·冯·霍恩海姆是一名医生。他儿时经常随父出诊。1507年离家到巴塞尔、蒂宾根、维也纳、维滕贝格、莱比锡、海德堡、科隆、费拉拉等多所大学求学。1510年在维也纳大学获医学学士学位。但他不习惯大学里学究式的氛围，转而研究炼金术。他学过艺术、哲学。1516年获得费拉拉大学医学博士学位。毕业后在欧洲及中东游历行医多年，广泛接触民间医生，积累了丰富的临床经验。1527年，成为巴塞尔大学医学教授。

帕拉塞尔斯试图把医学和炼金术结合起来成为一种新的医疗化学。他认为，炼金术士能够用他们的技术创造新药来为生命医学服务。他将炼金术定义为：把天然的原料转变成对人类有益的成品的科学。他提出，生理现象基本上是一种化学转化的过程，这种变化是由“生基(Archeus)”即身体内部的“炼金术士”所控制的。疾病是由于“生基”发生了机能错误，而死亡则是由于失去全部的“生基”(疾病是由于体内“炼金师”发生了机能错误的结果，而死亡则是由于完全丢失了体内“炼金师”的缘故)。由此，帕拉塞尔斯提出人体本质上是一个化学系统的学说。这个化学系统由炼金术士的两种元素即硫黄和水银，与他自己提出的第三种元素“盐(矿物质)”所组成。他认为，人的疾病系由这三种元质比例失调所致。他认为每个器官有自己的操纵者，如果它异常，盐(矿物质)、硫黄和水银就会失调。他反对那些医生们认为疾病是由于体液之间的失调所引起的，在他看来，疾病就是由元素之间的不平衡引起的。他指出平衡的恢复可以用矿物的药物。同时，他认为疾病的行为具有高度的特殊性，而且每一种疾病都有一种特效的化学治疗法。对于当时正统医生与药剂师乐意采用复合的昂贵的传统药物处方，这些复合药物一般是多种草药的混合物，其中常含有毒成分，例如毒蛇及其粉末和独角兽角等，他反对滥用复方，强调自然的治疗能力，反对有害的治疗方法。因此帕拉塞尔斯否定旧时的含有许多成分的“万灵药”而主张服用单一的物质作为药剂(这与近代西医一致)。这样一个转变促进了对于专科疾病的研究，并有助于把有益和有害的药物加以区别。在1530年，他著文讨论梅毒，指出口服汞剂有疗效。他指出硅沉着病是吸入金属蒸气所致，甲状腺肿与饮水中的金属(尤其是铅)有关。他将痛风与关节炎称为垢积病，这是根据酒桶里常发生酒石酸沉淀而命名(根据现代医学，这种疾病确实是由于嘌呤代谢失常致使代谢产物尿酸不正常地局部沉积造成的)。他制备过多种含汞、硫、铁或硫酸铜的药物，他用简单而又便宜的药物治疗疾病并取得了良好疗效。他一面行医，一面著书。1536年发表《外科大全》，获得了很大的名声。尽管帕拉塞尔斯的一些理论模糊而又不准确，但在当时用于代谢疾病、饮食失常和某些职业病的治疗上却很有效。

通过提倡应用单一的“纯粹的”物质作为药物而不是应用复杂的不确定的混合剂，帕拉塞尔斯指出了一条合理的化学药理学途径。在提纯药物和毒物时，这需要炼金士们必须知道这些物质的有效成分是什么，多少浓度效果最好，还需要研究化学药品能够少到怎样一种程度，仍然对治病有效。但对这些问题的深入研究，本来可以促进科学的发展，可他们却用占星术的观点来寻求答案，例如七种星球、七种金属要与身体的各部分相符合，寻求新药物也要以占卜所提供的符号为线索。按照这种观念，原本是很好的科学命题就打上了造物主所示符号的烙印而被扭曲。帕拉塞尔斯相信越是严重的病就越需要剧烈的药物，尤其要用金属及其盐类为药物。他们在治疗梅毒时，不用普通流行的但却不见效果的“圣水”，而宁可选用大剂量的“汞”剂。帕拉塞尔斯及其追随者为药理学引进了许多重要的矿物质，如汞、锑、铅、硫、铁、砷、硫酸铜及硫酸钾等。当然，幸好许多用有毒的矿物质配方的药物很快会使病人呕吐，而将这些有毒物质排出体外，否则就会因为吸收了致死剂量而导致死亡。帕拉塞尔斯喜欢用的两种重要药物是鸦片酊和乙醚。乙醚被他称为“甜矾”(由酒和硫酸制得)。那时帕拉塞尔斯已经知道乙醚具有麻醉作用，但是直到19世纪40年代，经过在人与鸡身上的试验以后，才将乙醚作为麻醉剂正式使用于外科手术。

帕拉塞尔斯在当时制造的药物虽然并不纯,而且也不十分有效与安全。然而,与当时的从解剖学的角度来研究生命的学者不同,帕拉塞尔斯是企图从化学的角度来研究生命的最初的人。帕拉塞尔斯声称,用他的这种方法,人类总有一天能治疗所有疾病,预知未来,甚至创造生命。

对帕拉塞尔斯的评价不一,有人认为他是天才,有人认为他是庸医,有人认为他身上综合了魔术与科学,他既医治了许多疑难病症,又蒙骗了不少病人。然而已经不容置疑,帕拉塞尔斯将他的观念建筑在炼金术和占星术基础之上的令人怪异的但也充满着想象力的一种异类的医学思想,在当时和对后世都产生了重大的影响。

3.3 生理学——血液循环

虽然帕拉塞尔斯在人体医学上对于传统的"体液学说"持否定态度,但希波克拉底、亚里士多德与他们的追随者、当时的医学权威盖仑关于生命本质、人体构造与生理功能的学说仍占统治地位。即便是当时维萨里那样具有改革精神的人,仍竭力避免与盖仑的有关生理学理论发生矛盾。

当时,关于心脏与血管的功能,人们普遍接受盖仑理论,认为肝利用食物不断合成的血通过心机体而消耗掉了(即有去无回)。在帕多瓦大学获得医学博士学位的英国医学家哈维(Harvey,1578—1657年)却疑惑为什么体弱不食的病人心脏仍然是充盈着满满的血液在不停运动? 食物通过肝脏到底能制造出多少血液?

哈维提出了一个简单得惊人的问题,即每次心跳到底有多少血液被送往全身? 这个问题是必须用实验和直接的观察来回答的。首先他用实验来度量每次心跳心脏能压出多少血液,测得如果每次心跳泵出70mL血液,那么每分钟心跳70次,按此计算心脏每小时应排出300L血。而哈维在医学解剖教学中发现,动物被宰后心脏仍能继续跳动以排干血液,一般只要保持动脉口敞开15分钟左右就能完成放血任务。所有牛、羊等不同动物的放血实验,都证明计算中心脏每半小时泵出的血液要比整个动物身体内实际所含血量多得多。如此大量的血液是不可能靠血液起源点的肝脏从食物中合成并依靠静脉分配到身体各部分的终点。

哈维从实验入手,结合当时的在放血时绑扎人体上臂血管的实验研究,发现当丝带扎紧人的上臂时,丝带下方的静脉鼓起来,动脉却变得扁平;在丝带另一方,动脉鼓起来,静脉变平。这表明,动脉和静脉中血液流动的方向是相反的:一个从心脏流向肢端,一个从肢端流回心脏。哈维还对动物搏动着的心脏进行了仔细观察,与当时一般解剖学家只解剖死亡动物不同,他采取了比较解剖和活体解剖不同动物的方法,当他用冷血动物和濒临死亡的哺乳动物(用药或人工贫血等方法使其接近死亡)做实验时发现它们心脏跳动变慢而比较容易跟踪观察,由此了解到心脏跳动的实际情况。他发现,心脏的左右两部分并不是同时收缩的。他应用绑带技术证明血液有一条从动脉到静脉的通道,血液"就好像是被通过水泵时的两个瓣阀把水压提高一样",不断地"通过肺进入动脉"。他总结认为,左右心房和左右心室的房室口的瓣膜就同静脉中的静脉瓣一样是单向阀,血液从心脏里面被推送出来后,沿着动脉流到全身,又循着静脉回到心脏,瓣膜起到防止血液倒流的作用。他的研究用实验表明,"是心脏的搏动产生了血液永远不停的循环运动","是心跳维持血流连续循环的"。但在当时学术界一直未能接受哈维的看法。1628年哈维发表了著作《动物心血运动的解剖研究》,再次公开发表这一观点,证明血液是循环的。

毫无疑问，一旦掌握了这个基本视点，许多观察结果就一清二楚了，心脏的收缩，包括动脉搏动，腕部、太阳穴、颈部的脉动，就是促使血液的循环运动。静脉瓣膜的作用也变得一目了然了，它们控制血液流动的方向。血液不断循环的知识很快就被应用于解释临床上的许多现象，为什么被蛇或患有狂犬病的动物在一处咬过以后，毒素或感染会影响到全身；内服药物能被吸收并分布到全身；应该如何解释外敷药能够被吸收并且散布开来这种现象，其中甚至包括解释把大蒜敷在脚底这样一种古怪的疗法。

由此可见，哈维与他的大多数同代人不同，在解决问题时，不是靠思辨和先验的推理，他没有仅仅停留在假设和逻辑推理上，而是独特地把实验和定量方法应用于医学研究上，是靠实验观察基础上的思考。对生物学来说，这是一个显著的进步。因为在当时，即使在物理学领域，定量方法也应用得相当少，而自由自在的推测则极为普遍。

哈维结合了当时17世纪日益普及的机械论哲学，把心脏活动与机器中的各传动轮系统相比较，将机械论的模式成功地应用在了生物学上。在这之后，人们也试图把机械论原则应用于生物的其他系统，如消化系统、生殖系统，或者用于解释神经的功能等。

在血液循环论文发表后的第23年，哈维进行了有关生育的研究，并于1651年发表了《关于动物的生育》，他发现当时流行的亚里士多德的关于动物胚胎发育的理论是错误的。亚里士多德认为，胚胎是来自母体的"质料"和来自父体的"形式"的结合体。这种"形式"从父体"排出"进入子宫。胚是在交配后在子宫中通过凝聚和沉淀作用形成的。母体的血液养育了胚胎。哈维用发育中的鸡蛋及皇家花园中的鹿研究生育问题，他考察了交配季节中和交配季节后的许多母鹿的子宫，仔细做了一系列解剖。但结果显示交配后若干星期在子宫内并没有发现什么东西，他并没有发现在鹿的卵巢中有什么东西与鸡的雌性卵巢中的鸡卵的发育相似(当时缺乏仪器)，这使哈维和一些关注他的实验的人们都感到吃惊。他得出结论说，在胚胎发生过程中鹿的卵巢不起重要作用。虽然雄体并没有提供给胚胎以构成物质，但哈维同时也确认，这不可缺少的精子的受精使得子宫及整个雌体都受到影响而整个都丰满起来了。哈维因此认为，受精过程是散布一种称为"触染素"的东西，这种东西是通过接触传递的。雄体的"种子"用触染素将生殖质传递给雌体，生殖质再使卵、子宫及母体本身产育。如当女人怀孕时并不只是胚发生变化，女人的全部身体都受影响，例如双乳丰满、子宫膨大及其他怀孕的综合表现等。最后，哈维在雌性的子宫中发现了一种处于一定阶段后的、不用放大镜就能看见的胚(卵裂球)，哈维称之为"卵"。哈维将研究领域也扩大到哺乳动物之外的昆虫。而在昆虫中，发育意味着变态(Metamorphosis)，即从已有的形态转化到另一种形态。哈维也将蛹称之为卵。哈维认为，高等动物的发育并不仅仅是变形，还有后天发生的东西，即从均质的物质进行创造性的合成，逐渐形成新的统一体。哈维写道，"尽管出乎人们意料，我们坚持认为所有动物，即使是胎生动物及人类本身，都产生于卵细胞……正如各种植物的种子一样。"于是哈维提出，所有动物均由"卵"产生的观点。

哈维通过对发生发育的仔细研究，确信身体的各个部分是逐渐形成的。哈维几乎成了17世纪后期和大半个18世纪中唯一坚持亚里士多德的渐成论的鼓吹者，但具有讽刺意义的是，由于他自己进行的血液循环研究所凸显的机械论观点，却导致了社会上一种更能符合机械论解释方式的"预成论"的进一步盛行。

3.4 胚胎学

16 世纪时，透镜开始成为一种工业制作产品。在 1625 年，斯泰卢蒂(Stelluti)利用放大镜即所谓单式显微镜来观察研究蜜蜂，人类的视角开始从宏观世界引向了微观世界的广阔领域。

斯泰卢蒂开始的工作主要是用显微镜观察蜜蜂的构造，借助 5～10 倍的放大镜，斯泰卢蒂惊人地、仔细地绘出了蜜蜂各个部分的详尽图解，并由意大利文艺复兴期的林西研究院(即猞猁研究院)的学会发表。以研究肌肉解剖学和生理学闻名的意大利解剖学家 G.A. 鲍列里(1608—1679 年)用显微镜广泛研究了一些生物结构，如血液循环、线虫、纺织用的纤维和蜘蛛卵等。德国学者基歇尔(Kircher，1602—1680 年)用显微镜研究了腐烂和疾病等问题。此外，马尔比基(Malpighi，1628—1694 年)、胡克(1635—1703 年，英国皇家学会首任总干事)、施旺麦丹(Swammerdam ，1637—1680 年)和格鲁(1628—1712 年)、列文虎克(Leeuwenhoek，1632—1723 年)等均用显微镜研究生物，五人相互独立地进行工作。直到 19 世纪中叶以前，他们五个经典显微镜学家在这个领域中所完成的工作，是别人所无法比拟的，并将显微镜术提高到了一个新的水平。

在 17 世纪，虽然显微镜技术已使自然科学家能看到早期胚胎发育的过程，但是由于技术问题，一些粗糙镜片产生的人为赝像被用作了“预成论”的依据，使得观察者与被研究对象之间的关系增加了不确定性。因此，任何人都能通过显微镜观察物体，但是这并不能保证所有观察者对观察到的事物作出相同的解释。深受恩培多克勒的“植物早就存在于还没有发芽的种子中”的观点影响，许多自然学家一再声称他们在还没有孵过的鸡蛋中看到了鸡胚胎的雏形，在未萌发的种子中看到有植株的雏形。预成论者确信“精子里面包含着将要形成的人体的每一部分。在母体子宫内的胎儿已具有了有朝一日要生长的须发的根基。在这一块东西里面，同样已具备了身体的雏形及其他身上应有的后代子孙的一切”。新的个体必是从这已形成的微小物体生长长大而已，而这些微小物体是由上帝创造的。

马尔比基是 17 世纪意大利的解剖学家、医生，毕业于波洛亚大学，除了学习医学，还对哲学有浓厚兴趣。医学和哲学，既重视实践，又重视思辨，两者在马尔比基身上得到了很好的结合。25 岁时马尔比基完成了医学和哲学博士学位后留校任逻辑学讲师，并同时行医，后任医学教授。17 世纪 40～50 年代，马尔比基开始通过显微观察从事解剖学研究。

哈维在 1628 年证实人体血液循环，但哈维的学说为人们留下了一个没有解答的谜，那就是血液是怎样从动脉流回静脉去的呢？哈维猜想，在动脉和静脉之间一定有一个肉眼看不见的起连接作用的血管网。由于当时没有显微镜，因此无法证实这一假说。因此，当时解剖学家们推测血液与空气只是简单地在肺薄壁组织中混合。马尔比基对呼吸生理非常感兴趣，在 1660 年开始研究肺。他借助显微镜对青蛙肺器官的薄壁组织作了深入的研究，观察发现，肺器官的分支结构实际上是由一些薄壁气泡所组成的网状物，由充满空气的有膜的小泡组成，进一步研究又显示血管中的血液并不会从有膜的小泡间隙中渗出到空气中，而是通过这里血管的细位结构(后称为“毛细血管”)从动脉流入静脉。通过显微镜马尔比基能看到气管分支成由薄壁肺泡构成的网，证实了在动脉血管和静脉血管之外，还有无数肉眼看不见的微细血管，正是这些微细血管把动脉和静脉连接成一个密封管道，使血液在其中周流不息。为了证实毛细血管的存在，马尔比基还发明了一些具有独创性的方法。他首先向肺动脉注水，冲淡血管里的血液，使连接肺动脉和肺静脉的肺毛细血管在显微镜下显得更加清晰。同时他还发现，肺中含有气泡，气泡和血液之间由膈膜隔开。这为后人理解肺中气体交换的生理机制奠定了基础。马尔比基通过显微观察发现，人类皮肤的表皮与真皮之间有色素沉积层（现称作马尔比基层），发现了人舌头上有乳头，以及发现人肾脏中的肾小管和肾小球等。

马尔比基的另一项重要的显微研究是关于昆虫结构的。他尤其研究了蚕的结构，将蚕进行解剖，然后在显微镜下观察。他发现，蚕虽然没有肺，但可以利用复杂的遍布全身的气管系统进行呼吸。这些气管排列在蚕身体的两侧，并有一些呼吸孔与外界相通。此外，他还发现了昆虫的其他一些结构特征，其中的一些结构至今仍以他的名字命名，如昆虫的排泄器官——马氏管(Malpighian Tubes)。

马尔比基利用鸡作材料，对鸡胚的发育进行了详尽的观察。他在《论小鸡在卵中的形成》和《未孵化卵中的观察》等有关的书中描述，在鸡胚的早期阶段，产生出一些管子，其中有些管子发育成动脉。绝大部分管子在胚胎发育中逐渐改变或消失。马尔比基成功地揭示了胚胎发育早期阶段中的脉管区域、心脏和鳃弓的发育，背褶、脑的发育，以及对中胚层的原椎、羊膜和尿囊等的描述。他的许多详细观察和记录对胚胎学的发展具有极大影响，成为胚胎学、比较解剖学、生理学、植物解剖学的拓荒者，是当时杰出的显微镜学的伟大先驱。

3.5　生物发生学

生物发生是指生物的繁殖、发育、分化、成长等自然生物的遗传生长现象。

人们种植农作物、给植物进行异花授粉、选择家畜的优良特性、饲养和阉割动物（对动物进行阉割，能使之性情温柔，便以驯用）已经历史悠久了，但关于生物究竟如何发生，古人们的初始认识仍然是丰富而混乱的，局限于民间传说、神话故事。早期开始关注起自然中的生物发生，并开始利用自身观察经验中的现象进行系统性研究之后提出看法，是从亚里士多德开始的。

亚里士多德归纳了千百年来人们逐渐形成的两种发生模式的看法，一种认为微型的个体存在于卵或精液中，通过一定的刺激后就开始长大而成成体。这种看法被称为"预成论"，人们相信上帝或造物主在造物时已经形成了每个物种的所有个体。另一种认为每个胚胎或有机体都是从原始的一团没有分化的物质中逐渐开始的，要经过一系列阶段，不断长出新的部分而逐渐形成的。当时亚里士多德本人倾向于后者的"渐成论"。

18世纪中期，发生了一场由德国胚胎学家卡斯帕尔·沃尔弗(Caspar Wolff，1733—1794年)否定当时欧洲著名的生理学权威冯·哈勒的预成论的重要争议。他们之间关于胚胎发育本质的辩论为研究两种相反观点的科学家在确立自己立场的过程中是如何观察和认识的而提供了非常有价值的资料。

冯·哈勒(1708—1777年)是瑞士杰出的生理学家。哈勒从事了大量的研究，用了十年时间，撰写成八卷本的《人体生理学原理》。该书是概述了各个学科的百科全书，讨论了旧观点，展示了新观点，被认为是医学史上重要的里程碑。哈勒在一生的不同时期支持了三种不同的胚胎发育理论。他开始是接受其导师荷兰临床学之父、解剖学家波尔哈夫(Boerhaave，1668—1738年)阐述的精源论，在18世纪40年代又受瑞士博物学家特朗布雷(Trembley，1710—1784年)的影响。特朗布雷发现淡水中的珊瑚虫(水螅)被切成两半时，每半都可以分别产生完整的新个体。"特朗布雷珊瑚虫的发现"使18世纪的许多自然学家感到迷惑。开始特朗布雷不能确定水螅是一种动物还是一种植物，但当他看到水螅用臂和触角抓住事物放进它中间的腔或胃时，特朗布雷认为它是动物。然而，从形态学看，水螅有着像植物一样的特性，比如不是所有的水螅都有相同数目的臂。动物被砍断后会死去，为了推断水螅到底是动物还是植物，特朗布雷把水螅切成很多段，令他吃惊的是，即使如此它们也都能够变成完整的个体而继续生存。特朗布雷关于水螅的实验被看作是令人兴奋的新发现。

冯·哈勒在思考了特朗布雷的这一发现的意义后改信渐成论。冯·哈勒认为，像水螅那样的动物每半段都能形成新个体，那么新个体中前定的种质不可能在卵或精子中早就存在，新的部分必是逐渐形成的，可能新部分是来自无组织的液体。18 世纪 50 年代冯·哈勒又受到瑞士博物学家邦尼特(Bonnet，1720—1793 年)的蚜虫孤雌生殖研究的影响。1745 年邦尼特出版了《昆虫的特性》，他发现，秋天雌蚜虫与雄蚜虫交配后才产卵，但夏天的雌蚜虫不需要受精就能生出子蚜虫。他用孤雌繁衍方法培育出了 30 代“处女”蚜虫。邦尼特提出，每个雌性动物都包含着所有以它为祖先的这种动物的一切后代的“胚芽”。根据水螅可以再生出失去的部分肢体的实验人们所认为的“胚芽”分散在身体各部分这样一种解释给灵魂和肉体关系的理论带来的麻烦，使虔诚的邦尼特犯难：如果灵魂只有一个，而且是不能分割的，那么当从原有生物的片段和部分中再生出新的个体时，灵瑰又该如何呢？最后邦尼特提出了这样一种理论，认为“胚芽”携带了这个物种原初的印记，而不是个体的印记。它是一个人、一匹马、一头牛等动物的微型画像，而不是这一个人、这一头牛。个体的变异是由外界因素引起的，例如母体的结构及发育生长期间的营养状况等。这个理论不能只因为在显微镜观察中没有发现微型的个体画像而被否定，因为“胚芽”中微型物体是不可能真正被看见的，生长着的有机体只要某个合适的部分吸收了营养，生长就是一个纯机械的过程了(这些观点曾影响了后来的魏斯曼提出“种质”概念)。

冯·哈勒也进一步亲自研究了鸡卵的发育，结果使他相信，在鸡蛋产生的第四天就能见到胚的小肠与囊膜、卵黄之间的连接，他认为在未受精的卵中就已存在着能看见的胚与成熟所必需的所有物质。雄性的精液刺激卵时就发生震动，由心脏内在的激动性引起心脏的跳动，心脏跳动导致液体围绕着透明胚遍体流动，随着胚各部分的膨大与固化，胚从透明变成不透明，于是就成为可见状态。冯·哈勒相信上帝是自然界所有一切包括重力、激动力和磁力等的原动力。这样强大的动力足以满足“预成”的需要，并以此可解释邦尼特的蚜虫孤雌生殖，他认为这是一种卵源性预成现象。

18 世纪中后期，尽管冯·哈勒、邦尼特等都坚持预成论，他们都具有很高的权威性，在当时学术界影响很大，但德国胚胎学家沃尔弗第一个采用新思维模式向预成论和机械论挑战。沃尔弗先在柏林后在哈雷就读医学，1759 年沃尔弗完成其毕业论文《发生的理论》。通过观察鸡的发育过程，沃尔弗证明小鸡的肠子不可能是卵中的一个预成构造，因为它是在胚胎发展的过程中是从一片简单的组织发展起来的，这片组织最初沿着它的长度折起来形成一条沟，然后卷起来形成一根管子。鸡的血管也是逐渐形成的。在这篇有名的《发生的理论》中，沃尔弗指出“生物发生”的定义是：通过身体各部分的产生而形成身体。由于发生的真正机制还没能被揭示，因此沃尔弗便引进了一个抽象的描述性词语，即“内部的生命力”，以此来解释造成变化的原因。沃尔弗认为自然界充溢着一种生命力，它把简单的同质的材料铸制为复杂和分化的结构。

沃尔弗的许多研究都利用了鸡的胚胎，为什么预成论者也正是从这种材料中却找到了他们相反的许多证据？这是由于沃尔弗还特别注意去重视观察植物的发育生长研究。

自 17 世纪开创的显微时代之后，显微镜技术没有再得到更大的改进。在许多情况下，由于缺乏良好的固定染色技术，一般是用植物组织作材料进行研究比较有利，因为在不染色的情况下，植物组织比动物组织更容易观察其构造的细节变化，所以沃尔弗关于胚胎发生的研究更多来自于对植物的观察。沃尔弗论证了叶及花各部分都起源于基本上还未分化的物质。沃尔弗观察认为，植物内在的生命力引起植物向土壤吸取液体，这些液体在茎的生长点积聚，并成为胶冻，当液体蒸发时，形成小囊或小泡，小泡联合成中空管道，最后胶质团块中的管道就形成植物的维管系统。这些在植物生长中所进行的观察，影响了沃尔弗对鸡胚发育的解释。通过观察与比较，沃尔弗认为，鸡也是从未分化的含小囊的团块形成的，这些团块中原来根本没有身体结构或器官部分，后来像植物一样也由此而形成“维管系统”。沃尔弗确是第一个证明鸡的渐成作用的，他通过观察证明鸡囊胚中的血管在孵育开始时并不存在。虽然他在动物的血管与植物的管道之间做了错误的类推，但这也可能导致他把精力集中在对动-植物的相似性研究上。为了给所谓的动-植物相似性提供更多的证据，他集中研究肠、血管和肾脏的发育，因为这些部分最后都形成了中空的管状物。他甚至又把植物的叶子拿来和动物胚胎中所形成的最初简单的组织片相比较，称这些组织片为“小叶”或“层”，用来描述在动物中“肠”(还包括“中枢神经系统”)的形成方式。他认为，它们都是通过一些均质的体层卷曲折叠成管状物的方式所形成。沃尔弗在比较观察中还注意到不同物种的胚胎间比成年动物间要近似得多，且以十分相似的方式发育起来。

在沃尔弗的著作中，已经预示了许多重要的概念，其中最基本的当然是整个关于变化的概念，但是，他还预示了关于动植物在结构上的相似性，并都用胚层来描述它们的胚胎；描述它们胚胎的新结构都是从胚层中发育出来的。他描写的小囊或小泡也许就是细胞。当然他并不是第一个见到细胞的人。

最重要的是，沃尔弗已认识到植物在发育的早期阶段是由很微小的单位所构成的，而这些小单位并不是成体器官的雏形，动物也同植物一样，最终小鸡的血管系统也像植物一样从这种物质中形成。但在这里值得注意的是，与沃尔弗同时代的许多学者在其生物制片中也曾看到沃尔弗所描述的小囊与小泡，而却认为这些球形物可能是人为赝像和臆想。

显然，沃尔弗提出了一种新的考虑发育问题的方法，正如沃尔弗所提示的：“我们可以得出结论说，身体上的各个器官并不始终都是像现在这样存在着，而是逐步形成的，不管形成过程中采用何种方式。我不说它们的产生是由于某些颗粒的偶然结合，或是通过某种发酵过程，或是由于某些机械的原因，或是通过灵魂的活动。我只说它们已经产生了!”正是在对于动植物的胚胎发育过程的观察上，“自然哲学”找到了其最典型的表达方式。

沃尔弗信奉“自然哲学”的观念，他认为，由于发育的实际的机制还不可能被确定，因此对生物发生问题的研究只能作纯粹客观的描述。沃尔弗坚持，无论是动物还是植物在发育早期都由微小单位组成，这些小单位并非是成年器官的雏形。这些小囊能改变成动植物的器官。这些部分在一团未分化的胶冻中是一些次生结构而不是初生单位。他似乎是第一个特别关心研究动植物生长发育和分化的人。沃尔弗可能是第一个特别注意到动植物生长发育中的分化现象的人。

沃尔弗与同时代的许多学者都看到了小囊与小泡却产生了截然相反的观点，不难想象，沃尔弗在发育问题上对于自己的观察结果给以纯粹描述性的渐成论的观点，受到了冯·哈勒站在“宗教哲学”观点上的抨击。

沃尔弗的论文虽被看作是胚胎学发展的里程碑，但沃尔弗活着的时候并没有被认可。与沃尔弗一样后来成了圣彼得堡科学院院士的德国生物学家冯·贝尔(1792—1876年)，同样是由于冯·哈勒的理论而开始研究并最终获得历史性重大成果的。冯·贝尔于1814年在多尔帕特大学医学院获医学博士学位。1817—1834年间在柯尼斯堡大学任解剖学副教授、动物学教授、医学院院长和校长等职,1834年后移居圣彼得堡科学院工作。

冯·贝尔在多尔帕特大学时就是学的冯·哈勒理论,他在自传中声称自己早期胚胎学研究的目的是想弄清楚冯·哈勒用了大量精力来研究的哺乳动物卵的存在。

事情起因于1672年荷兰解剖学家格拉夫(Graaf,1641—1673年)发表的《雌性生殖器官》。格拉夫认为他在兔、母羊与女人的卵巢中发现的大而圆的"卵泡"就是哺乳动物的卵。而列文虎克则认为不是卵,称之为格拉夫滤泡。这些争论引起了冯·哈勒的兴趣。虽然显微镜发明后不久就发现了精子,但比精子大得多的哺乳动物卵的发现却颇费周折。冯·哈勒花了很大精力探索哺乳动物卵的存在,他解剖了大约40只母羊,但在子宫中却没有见到发育着的卵,只有到它们交配17～19天后才在子宫中看到了"卵"。冯·哈勒不知道那实际上已经是幼小的胚了。他研究了完整的格拉夫滤泡、爆破的滤泡、黄体(充满黄色物质的滤泡)、输卵管与子宫等,他认为"卵"必是由一种液体被送到子宫内,在子宫中变得更加黏稠,最后再凝聚或结晶成为卵的。冯·哈勒关于哺乳动物和人类卵形成的这种理论一直被广泛引用。

尽管冯·哈勒有很大的权威性,但当时许多科学家仍有不同意见,当时已有几位科学家发现在输卵管中已有一些微小的实体,并推测这些东西是否就是哺乳动物的卵。冯·贝尔向他的同事要了一只两天后即进入发情期的母狗,想在母狗身上获得即将破裂的完整滤泡,于是将狗解剖。一开始冯·贝尔很失望,因为他发现滤泡已爆破了。可是他注意到了已接近于完全爆破的滤泡中出现了一个黄点。这黄点到底是什么呢?他仔细将黄点挑出用显微镜观察。当他发现是小而界线分明的黄色团块后,他异常兴奋。他进一步观察到在输卵管中与滤泡及它的破碎物质一路前行通过输卵管进入子宫的那些物质中有相似的东西存在。1827年贝尔发表了《论哺乳动物和人卵的起源》,文中写道:"我看到了一个有明显标记的、由一个坚固的薄膜包围着的、按一定规则运动的小球……狗最初的卵就这样找到了。"

贝尔在实验中又发现,在鸡的胚胎发育过程中出现了脊索结构,他又在哺乳动物的胚胎中发现了脊索。他提出脊索存在于脊椎动物的胚胎中,随着发育,脊索逐渐被软骨和骨取代,最后成为脊柱;除了脊椎动物外,其他动物看不到脊索,因此,脊索可作为断定脊椎动物的标志。

贝尔开始进一步观察、比较不同生物体的发育过程,其中包括人类。他将个体发育过程概括总结成胚层理论。沃尔弗从早期胚胎中发现了叶状构造,贝尔的好友潘德尔在1817年从鸡胚胎研究中发现出现有三层叶状构造。潘德尔证明小鸡胚胎的发育过程是通过三个原始的组织层(他也称"小叶")的形成而进行的。从这些层的这一个或另一个层形成了小鸡的各种器官。最里面的一层里发育了食官,正如沃尔弗所证明过的那样,从次一层里产生了肌肉、骨骼和排泄系统,从最外一层里形成了皮肤和神经系统。1829年拉特克(Rathke,1793—1860年)也发现鸟类和鱼类的胚胎经历了像成年的鱼一样具有鳃裂的阶段,当肺发展起来时,这些鳃裂便消失了。

观察研究中,冯·贝尔继续并扩展了他们的研究工作。他证明,在许多种类动物胚胎的生长中,最初出现的是四个组织层,而且在不同动物体内的相同的器官,正是从胚胎中同一特殊组织层产生的。如最外层形成皮肤和中枢神经系统,第二层形成肌肉与骨骼系统,第三层产生主要血管,而最内层则形成食道及附属器官。冯·贝尔把胚胎发育分成三个主要时期。第一,原始的分化或四个层的形成;第二,组织上的分化,即在这些层次之内不同组织的形成;第三,形态上的分化,即不同的组织再进一步构成器官或器官系统。贝尔认为,一般来说,不同动物的相同组织和相同器官，产生于相同的层，因此不同的动物的对应构造可以借比较这些动物的胚胎发育而得到验证。不同动物中具有相同机能的同功结构，如昆虫的气管及鸟类和哺乳类动物的肺，可以从同源结构加以区别，这些结构有相同的起源，但会有不同的功用，如鸟的翼与哺乳动物的前肢。同源结构产生于胚胎的相同部分，而同功结构，除非也是同源的，否则是从胚胎不同部分产生的。贝尔认为，比较解剖学家只研究成年生物，因此他们只“根据一个确定的直觉”而把同功体与同源体相混淆了。例如，比较解剖学家认为哺乳动物的头骨是由四个脊椎节形成的，因此与脊骨是连贯的、同源的。但是，在这一方面，胚胎学家根据胚胎比较却能证明脊椎骨是从胚胎中围绕脊索的分节结构发育起来的，而大多数的头骨则起源于脊索以外的一个不分节的板。

贝尔因此提出，动物的分类及对其所属一般类型的鉴定，最好根据比较胚胎学所提供的证据，而不是根据比较解剖学所提供的证据。他指出，虽然一切动物胚胎都以单个受精卵开始，但以后却发生差异，表现出四个主要发育类型中的其中某一类型。四个主要发育类型为：第一种，表现为双重对称性的脊椎动物胚胎，四个胚层形成两个管子在脊索下面，两个管子在脊索上面；第二种，环节动物的胚胎，在其卵黄中围绕着原纹而变为对称性的；第三种，呈现一螺旋状发育的胚胎，例如蜗牛和其他软体动物的壳；第四种，辐射状发育的胚胎，如星鱼。这四种发育的模式区分为四种主要动物，即脊椎类、环节类、软体类及辐射状类。在某一类之内，所有动物的构造都是根据一个共同的总方案来的，随着动物之间的递变，这个方案在胚胎发育的过程中变得越来越显著了。四个主要的动物类型是相互独立的，虽则不同类型的胚胎在极早阶段都很相似，所有胚胎都以单个的卵开始，并经过一个简单的细胞球阶段。在某一个类型之内，不同的动物的胚胎，在此后的各生长阶段继续相似，只在后期逐渐发生差异，但是它们绝不类似于其他动物类型的分化了的胚胎。

冯·贝尔因此否定了德国自然哲学家迈克尔1811年提出的“生源说”，迈克尔认为高等动物的胚胎经历着生物进化阶梯上成年低等动物相类似的阶段。贝尔否认生物物种形成一条单线的阶梯，并同时否认了它们都是一种动物过渡到另一种动物先后衍化而来的。贝尔认为，物种乃是有一个共同起源的个别产物，有四种主要的不同类型，每一种类型都根据一个共同的总方案来的。为了说明在不同动物的胚胎之间观察到的类似之处，冯·贝尔提出了下面四种发现：①胚胎所属大类的一般特征在发育中比特殊特征出现得早些。②最一般性的构造关系形成之后，才形成一般性较差的构造关系，并依次类推，直至最特殊的构造关系出现。③任何一种动物的胚胎，并不经历其他动物的具体状态，而是由这些状态区别开来。④高等动物的胚胎从来不和其他类型动物的成体相似，只和它的胚胎相似。

冯·贝尔的著作比当时其他人的著作较少有臆测性，他认为自然界生长与发育的主要目的在于产生独立自主和自我运动的个体。他写道：“从全面来看，发育的主要结果在于发育中动物的更大独立性。”这样一个目的或创造思想充溢着整个宇宙。“就是这种思想在宇宙空间里把分散的碎块聚成球体并在太阳系内将它们结合在一起，就是这同一思想从金属性质的行星表面上的雨打风吹的尘埃里产生出各种生命的形态，而这种思想恰恰就是生命形式的本身；而生命表达自己的言词和音节，就是生物的各种不同形式。”

贝尔从实验上、更主要的是从理论上提出，胚层现象的存在是动物界的一条普遍规律。贝尔在胚层理论中认为，动物胚胎发育中最初出现有四个组织层（后称为胚层），由于1845年德国医生R·雷马克(Robert Remak，1815—1865年)认为中间的两个胚层(即贝尔提到的第二和第三胚层)应属于同一胚层，从而将四胚层理论修改为三胚层理论。1855年雷马克又进一步将生殖细胞层的概念加以完善，指出由外胚层产生皮肤与神经系统；中胚层产生肌肉、骨骼和分泌系统；内胚层分化成脊索、消化系统和相关的腺体，脊索是临时性胚性结构，最后发育成脊柱。但在成年脊椎动物中看不到脊索结构(有的鱼例外)。海绵动物属于最简单的动物，仅具有一个胚层。海绵动物虽然具有细胞分化，但不具组织协调的功能。真后生动物等辐射对称动物复杂度更高，具有两个胚层(包含内胚层、外胚层)，双胚层动物可发展出组织层级的构造。而更高等的动物(从扁虫到人类)具有三个胚层，多了内胚层、外胚层之间的中胚层，三胚层动物具有组成器官的能力。

显然，冯·贝尔的工作为胚胎学的进一步研究及比较方法的使用提供了范例。他揭示了胚胎学研究的错综复杂而且也指出了如何去研究的途径。之后的胚胎学家们将贝尔关于胚层的描述性概括，普遍应用于脊椎动物的胚胎发育，把各种门类动物的胚胎发育划分为可以相互比较的几个阶段。它们在某一发育阶段(如囊胚期)彼此的基本结构是相似的。有的门类停留在某阶段上，就生长为成体；有的则向更高级或特化方面进一步发展。胚胎的初期发育可以说是以胚层为中心的，从胚层再形成各种器官原基。发育就是由一般到特殊的衍变过程。同一纲的动物的胚胎发育不仅在早期阶段相似，也在器官发生阶段相似。不同纲的动物则在器官发生阶段出现差异。在一组脊椎动物中，属于所有动物共有的结构总是比用以区分不同种类动物的特征结构优先发生。如脑、脊髓、脊索、体节及主动脉弓等都优先发生；而不同纲的特征结构(如四足类的肢、鸟类的羽毛和哺乳类的毛发)则后发生。鱼类、两栖类、爬行类、鸟类及哺乳类的早期胚胎都很相似，所有脊椎动物只有在通过一个非常相近的胚胎期之后，才发生发育途径的分化，胚胎开始依次具有各纲、目、属的特征，最终具有种的特征所有的脊椎。因此，动物都从生殖层上以基本相同的途径发育而来。胚胎学家将贝尔的胚层概念称为“贝尔法则”。依靠“贝尔法则”，纵的方面可以追溯和贯穿胚体各器官的胚层来源和发育上的经历，横的方面可以联系和比较各类动物胚胎结构在系统发育上的关系。贝尔的胚层学说作为说明动物个体发育和系统发育联系的纽带。

冯·贝尔的工作大大促进了比较方法应用在生物学研究包括胚胎学上的发展。

第4章 发育生物学形成

19世纪中叶，达尔文创立了以自然选择为核心的达尔文进化论，第一次对整个生物界的发生、发展，作出了唯物的、规律性的解释，创造了一个唯物主义的和充满着偶然性的世界。在这个世界中，生物和环境之间的适应，不是上帝设计的，而是在久远的年代里，自然选择对偶然发生的变化起作用的结果。

达尔文的进化理论猛烈并深刻地掀动了社会狂潮，由于激动、分歧和争论，在19世纪上空汹涌着一场思想革命的风暴。达尔文进化理论的热烈追随者海克尔在宣扬进化论思想时说道："关于天国和大地的所有问题都简单明了而令人信服地解决了，引起年轻人烦恼的一切疑问都有了答案。进化论是解答一切问题的钥匙，它能代替正在被抛弃的各种信念和教义"。

没有任何一个科学思潮会像进化论那样激起更多的社会异议，也没有任何一个科学理论会像进化论这样，被各种为自己的理论寻找科学证据的支持者们所运用。同样毫无疑问地，进化论强烈推动了生物学领域的所有研究。

4.1 实验胚胎学

海克尔(Haeckel，1834—1919年)是德国的博物学家，耶拿大学的比较解剖学教授。海克尔对贝尔的"贝尔法则"极感兴趣，对1859年达尔文发表的《物种起源》深信不疑。海克尔在1866年发表的《普通形态学》是世界上第一部关于达尔文进化论的教科书。书中，海克尔以进化的观点阐明生物的形态结构，试图表明所有的多细胞生物均起源于一种像原肠胚(胚胎发育的早期阶段)那样的动物祖先。海克尔学说代表了当时受进化论影响下的形态学研究的一个普遍趋向：在趋异类群之间寻找它们的共同点。海克尔等确信，一切现存的生物体都是由一个或几个基本的模式在以往的发展过程中经历了种种变化而形成的。通过剖析动物或植物形态的恒定特征，可将这种恒定特征与暂时性或适应性特征区分开，可寻找到什么是构成生物形态的基本单位。探索形态基本单位的主要方法就是比较，包括观察生物体从受精卵到成体的整个生活史的各个阶段，并将不同物种或更大的相关类群的同一个阶段的形态结构进行比较(比较解剖学在此时取得了极大发展)。通过对不同类群成体的各种同源器官(结构相同但功能不一定相同的器官)的研究，可以探索出统一的图式，从而寻找到共同的祖先的线索，寻找到将两种(或更多种)趋异生物类群联系起来的原始形态，或现代品系的古老祖先。在《普通形态学》一书中，通过比较胚胎学的详细研究，即从受精卵开始，对胚胎发育的每一个阶段都在显微镜下进行了详尽分析，海克尔以"系统树"的形式，描述出各类动物的进化历程和亲缘关系。海克尔指出研究胚胎发育是建立系统树的一个重要方法。

1868年，海克尔又发表了《自然创造史》一书，他把生命起源和人类演变纳入进化体系之中，进一步用事实论证了人猿同祖论。1874年海克尔又发表了《人类发生或人的发展史》一书，提出了"生物发生律"。他认为，物种新的进化阶段是在已存在的发育阶段的基础上进行的。在这个过程中，一些阶段的成体由于萎缩而消失了，但海克尔却在生物体的胚胎中找到了该生物祖先阶段成体的痕迹，这无疑是一个重要的发现。比如人的胚胎，像所有脊椎动物的胚胎一样地开始，并经历了早期阶段，然后出现了鳃裂和尾，到了鱼的阶段，然后是普通哺乳动物阶段——在这个阶段里，它又和其他的哺乳动物相似；最后胚胎从原始阶段终于发育成一个新生的婴儿，这时才具备了智人种的特征。海克尔认为，这样一个连续的过程表明，人与所有的脊索动物、鱼、哺乳动物及各种灵长类动物都有着共同的祖先；而这种微缩的、短暂的连续过程显示出了人类祖先的整个古生物学记录，由此可以进一步推出，原肠动物是所有多细胞动物的共同祖先(20 世纪人们才发现胚胎本身也是适应自然选择的产物，而任何物种的胚胎发育过程，也许只是体现了形成成体结构的最有效方式。当然，关系密切的物种会具有相似的胚胎发育过程，就如同它们具有相似的成体结构一样，从这个意义上可以说，胚胎之间的关系体现了不同物种在历史上所具有的亲缘关系。因此，人类胚胎发育过程中存在着鳃裂阶段只能表明这些结构是耳咽管和内耳道发育的前身，而未必能够证明人类和鱼类在遥远的地质阶段的某个时期具有直接的、共同的祖先)。海克尔强调了:“个体发生是系统发生的简单而短暂的重演，这种重演是由遗传(生殖)及适应(营养)的生理机能所决定的。”陆生脊椎动物胚胎期的鳃裂及其他一些同类器官的形成，或类缘动物发生初期的相似，都是这方面有力的例证。如蛙发育，首先是蛙卵的阶段代表了生物早期的单细胞时代，蝌蚪是先长出外腮再长出鳃盖，代表鱼类的进化过程，像原始的软骨鱼(鲨鱼)是不具有鳃盖的，而后来的硬骨鱼有鳃盖，然后就是进入更高等的两栖类。总之是从单细胞到多细胞，从简单到复杂，从水生到陆生。海克尔把这种关系，称为“生物发生律”，亦即重演律:个体发育重演着系统发育，即个体的发育过程是物种种系发展过程的缩影。之后，他进一步提出海绵早期胚胎所经历的内陷过程——原肠形成，也发生在多细胞动物中，认为所有多细胞动物都是从一个共同的原始型——原肠祖衍化来的，这就是科学史上有名的“原肠祖说”。海克尔根据系统发生是原样重演还是参加着看不到的新的变化，将发生区别为原形发生和变形发生。

从 1894 年到 1896 年，海克尔又发表了《系统发生学》三卷本的巨著，描述了他对整个动物世界的进化和亲属关系的认识。1899 年他的名著《宇宙之谜》发表，内容涉及生物学、心理学、宇宙学及神学，资料丰富翔实，通俗易懂，充满激情，成为当时 19 世纪末 20 世纪初的世界畅销书。

19 世纪 70 年代时期的胚胎学研究还只是属于描述性研究，研究都以观察为基本方法，主要关心的是如何对正常胚胎发育中所发生的各种现象加以描述。从对受精卵的卵裂、原肠腔形成的过程，观察从一个发育阶段到另一个发育阶段的极为复杂的形态变化。但是，海克尔的学说从两个不同的方面影响了当时胚胎学研究。海克尔感到任何科学的最高目的都是研究原因，海克尔认为，在胚胎发育中，一个阶段先于另一个阶段出现，是因为这个阶段在种系演化史上就出现得较早，后来的阶段则顺势地附加在前一个阶段的末尾。而历史顺序也就可以解释其中的因果关系。例如，后来的结构由先前的结构所引起，仅仅是因为在每个胚胎发育中，先前的结构是在后来的结构之前形成的。但从另一方面，海克尔认为，原因与结果同时存在于运动着的物质中，而研究运动中的物质的唯一正确的方法就是物理学家和化学家所使用的方法。海克尔提出，生理学方面的知识及物理-化学方法在生物学研究中具有重要作用，在生物学中应尽可能地使用实验技术，一个好的生物学家或形态学家就必须将生物体看作一个力学和化学的系统。

当 19 世纪后期的胚胎学的研究最后完全归入海克尔的胚胎进化思想与结构中时，海克尔的学生威廉·鲁(Wilhelm Roux,1850—1924年)作为一个年轻的生物学家,采用实验技术,在一次重复老师海克尔早年曾做过的一个青蛙胚胎实验中,获得了极有价值的成果。1888年,鲁用一根热的、消过毒的针来戳刺双细胞时期蛙胚的一个分裂球,被戳刺的细胞死掉了,余下的一个分裂球却能进一步继续发育,之后形成了半个胚胎。把鲁得到的半个胚胎放在显微镜下观察,则可以看到一边的细胞发育正常且有部分已经发生了分化,而另一边的细胞却杂乱无章,并且不能分化。鲁借助这些结果分析指出,有机体与一台复杂的机器相似,发育只不过是将机器的各部分分配到相应的子细胞中去而已。他坚信,每一个细胞都可以独立于邻近的细胞而正常发育,而整个胚胎的发育则是各个部分分别发育的总和。当姊妹细胞被杀死后,剩下的分裂球之所以不能发育成一个完整的胚胎,是因为这种胚胎中仅含有一半遗传颗粒。

虽然特定的环境条件,包括引力、光线、地磁和电力的变化,都可能刺激卵进行正常的发育(某些极端的条件确实在大体上会影响着胚胎的发育),但鲁却认为没有证据可以证明这些因素中的哪些决定了卵的哪一部分产生眼睛,哪一部分生成神经沟或其他任何特殊的部分。鲁相信,在发育过程中,卵的这些外部因素是可以忽略不计的。鲁进一步着手开始研究卵内具有形成作用的关键因素:到底是卵内所有的部分都必须共同作用才能形成正常的发育呢,还是各个分开的部分都可以独立地发育?

受到老师海克尔的影响,鲁相信,研究胚胎的发育,不能仅仅运用描述和比较的方法,还要进行一种新的实验性的探索。鲁在亲自创办的一份杂志《有机体发育机制研究资料汇编》里提出:"描述性的工作已经足够了,为进一步获得关于发育过程的知识,现在是采取新步骤的时候了。"鲁的实验方案要求把发育过程转为机能过程,而这些机能过程又应该进一步还原到它们的组成成分上,最后也许可以用物理和化学的语言来阐明。

鲁把胚胎的"发育"重新定义为:"可感觉到的多样性的产物"。将"发育"当作"产生可以察觉的产物"来研究,而"发育"究竟是由于"自我分化"方式还是由于"依赖分化"方式进行的("自我分化"可界定为卵或胚的任一部分各自独立地进行分化,分化与外界因子或邻近部分无关。"依赖分化"可界定为卵或胚的某部分的分化是依赖于外界刺激或胚其他部分)?鲁认为,这些都用可操作的实验来证明其真伪。最后,关于发育的古老问题的解决,从自古以来的臆想的争论,最终转变成采用实验来判定的这样一种方法。

通过实验分析与判定,在他的著作中提出了一个有关胚胎分化机理的理论"镶嵌学说":细胞分裂时,其中的遗传颗粒是以数量上不均等的方式从卵分配到胚胎中的。每一次细胞的分裂结束时,分裂的两个细胞便会含有不同的遗传潜能,细胞继续分裂下去,每个细胞的潜能就变得越来越有局限性。最后,一个细胞只表现出一种主要的遗传特性,即成为某特定组织类型的一员。鲁在实验中用针刺死蛙胚双细胞期中一个裂球,余下一个发育成半个胚,这一结果使鲁坚信,整个胚胎的发育是所有细胞发育总和的结果。

鲁的实验和他的"镶嵌学说"促成了当时胚胎学研究采用实验进行判定的热情,其他的科学家们用不同动物在不同情况下,重复了鲁的著名实验,但出现了截然相反的结果。

汉斯·杜里舒(Hans Driesch,1867—1941年)是最早重复鲁的实验胚胎学工作的一位学者,他与鲁两人都在海克尔门下一起学习过。19世纪80～90年代,杜里舒在那不勒斯动物实验站工作期间,利用另一种生物——海胆的卵,来检验鲁的学说。杜里舒并不像鲁那样用热的针杀死最初两个分裂球中的一个,而是振荡含有双细胞胚的海水;这样不用杀死,两个分裂球就可以彼此分开。然后,杜里舒使这些分开的分裂球继续发育并进行观察。令他奇怪的是,两个分裂球都产生出一个较小但是正常的幼体,他称这样的海胆幼体为长腕幼虫。杜里舒的实验结果与鲁的镶嵌学说刚好相反。由此他提出证据反对鲁的镶嵌发育的模式，他认为，假如每一个分裂球，即使在胚胎中与其他细胞分开，也能继续发育为一个完整的成体，那么就不存在鲁所设想的遗传物质不等量地分配给子一代细胞的情况。但杜里舒又发现，如果两个分裂球一同留下，那么它们将发育成胚胎的不同部分。换句话说，如果让双细胞阶段正常发育，则每个细胞将发育成为成体中性质根本不同的组织。杜里舒认为，一个分开的细胞可以产生出一个完整的胚胎，而当联系在一起时也可以产生出一个完整的胚胎，细胞可能有一种适应不同环境的能力，也就是说，分化可能是细胞对内外条件都发生反应的结果。杜里舒提出，胚胎是一个由许多细胞结合起来而形成的具有自我调节能力的整体，他称之为"协调等能系统"。最初两个分裂球的两个核中，并非各自都包含着整个受精卵决定因子的一半；而是每个核都包含着含有受精卵的全部发育所需的信息。

杜里舒与鲁的实验结果不同，原因在于他们两人所用的实验材料不同。杜里舒用棘皮动物海胆的卵，在把卵分开时仅采用摇动的方法就能将它们分开，彼此不受损伤。而鲁是用蛙胚，要分开其组成细胞较困难，强力分开时容易使细胞受伤；故鲁分离蛙胚细胞时，要杀死旁边的一个胚细胞(若干年后，有些胚胎学家发现，如果鲁将青蛙被戳刺的分裂球同所接触的另一个正常分裂球脱离，那么那个正常的分裂球便会发育成为完备的、能够生存的胚胎。受损害的分裂球与正常分裂球之间的接触，在一定程度上会改变发育过程)。杜里舒在改进其技术后的实验结论中认为，机器的一部分是不能再生出整部完整的机器的，而且，机器的一部分必然比原先的完整机器更为简单。因此不能把胚胎看作是一架复杂的机器，因为一个新的有机体可从胚胎的一个部分再生出来，于是他把发育中的卵看成是相互协调的、具有同样潜在能力的系统。胚胎所有部分都具有一致性。发育过程是相互协调的，因为尽管每个单独部分都可以独立地形成一个新的个体，但在正常情况下整个胚胎是由各个部分共同发育而形成一个正常个体的。杜里舒比较了在各种条件下，对胚胎上各个部分(即通常实际形成的部分)设想的重要性及其可预期的潜力(即它可能会形成的部分)。实验证明，细胞预期的潜在能力比所设想的重要性要大得多。因此，一个特定细胞的命运，就是它在整个胚胎中相对位置的"函数"。这函数应从数学意义上来理解，"就像是在解析几何的坐标系统里一样"。

杜里舒本是受了鲁的影响将胚看作机器，在用不同的动物材料重复并想证实鲁的机械论观点时，看到的结果却是相反的，这使他寻找对发育机械解释的希望破灭了。杜里舒无法想象胚胎发育中的各个部分可以相互替代，而当这各个部分共存一体时，各部分又能相互协调作用成一个完整的胚结构。从杜里舒的逻辑上，这样一种系统中的分化必有非物质的因素启动。杜里舒断定胚胎发育不服从自然界的物理学规律。他认为，对生命的物理-化学的解释在胚胎发育这里已超出了它的极限。在胚胎中，同样在其他生命现象中，有一种根本不同于所有物理-化学力的因素在起作用，它是按照预期的目的指导生命活动。杜里舒引用亚里士多德的概念，将这种"具有自身内在目的"的因素，即从正常发育中和实验上加以扰动的发育中产生出典型的有机体，称之为"有目的的实现——灵魂"。这个原理针对他此时的任何疑难问题都能立刻迎刃而解，至 1894 年以后，杜里舒终于渐渐转变为信奉生机论了，他最终放弃了实验胚胎学的研究与思考，将自己沉浸在哲学探讨中，陷入了一种完全是超心理学与玄奥主义的探索之中。

而在这同时，其他的科学家们也用不同动物在不同情况下，重复了鲁与杜里舒的著名实验，从不同的结果中，他们发现了发育的不同形态，一些物种像鲁的结果一样产生了半个幼虫，有些像杜里舒的结果一样形成了完整的个体，如赫特维希在 1891 年应用处于几个细胞时期的海胆做实验，把它的几个细胞个别分开，这些细胞都存活了，并且都发育成完整的动物。然而，还有一些生物学家的实验结果是两种形态的混合。

鲁、杜里舒及其他实验胚胎学先驱者的工作揭示了对胚胎发育机制的逐步认识。从更深层的意义上说，鲁和杜里舒之间的分歧在于认为分化的原因究竟是内因还是外因。鲁强调内因，认为胚胎内部包含着决定其生物学组成的成分，这些成分导致胚胎按照一定的顺序进行有规律的发育；各个发育过程是一种自我决定的过程。相反，杜里舒则认为，胚胎的生物学过程，特别是分化中的各个特殊阶段，是外界条件对胚胎细胞强烈影响的结果。在杜里舒看来，胚胎是一种能接受外界刺激并引起反应的、一个协调的等能系统。在环境条件刺激下，胚胎总是在调节着，因而也在不断改变着。诸如一个细胞在胚胎中的位置，它们与外界接触的程度，与其他细胞接触的次数，以及重力的作用等，所有这些，在杜里舒看来，都是引起发育的重要动因。发育过程的规律是胚胎对各种外界变化连续调节的结果。位于内部的细胞行为与位于外部的细胞行为是不同的，这些不同的行为反应，转化为分化的不同途径。正因为胚胎总是对变化的条件——这种变化既可以产生于其自身的生长，又可以来自于外界的影响——进行着调节，才导致了它的分化，这就是杜里舒对分化现象的解释。与鲁不同，杜里舒认为分化并不是一种固定不变的、连续的程序编制现象，而是整个胚胎生命体对各种生活条件的反应。在杜里舒看来，用镶嵌学说来解释发育过程中隐含的一系列复杂的现象，实在是太简单了。杜里舒最后抛弃了分化现象能够从物理-化学的角度去合理地理解的想法，主张胚胎作为整体有不断的调节能力，与将胚胎还原为小物质来寻找其分化的原因是大相径庭的。杜里舒最后的结论是，胚胎发育是一种无法用实验来分析或描述的力量造成的。

但是，鲁却从这些中发现了他自己的结论与一贯受重视的生理化学和实验的研究相近吻合。鲁在1888年到1900年之间，成了以实验、机械论的方式研究生物学的主要推动者。鲁于1894年创办了一份名叫《发育力学报告》的杂志。在该杂志第一卷的序言中，鲁阐明了观点："各篇报告中所谈及的发育力学或生物体的因果形态学，是有关器官形成原因的学说，因此也是这些器官起源、保留和退化原因的学说。形态制约了生命的表现，反过来，这种形态的发生又是为了适应这种生命表现，从这点上说，内部和外部的形态代表了生物体最本质的属性。"显然，关键是原因。像老师海克尔一样，鲁对发育过程中尚未阐明的变化的原因特别感兴趣。海克尔认为胚胎发育结构变化是"系统发育史"使然，鲁进一步认为导致特定胚胎结构发生的原因是其中的物理-化学事件，鲁强调了他的机械论观点："还因为物理学和化学能将所有的现象，甚至是诸如磁、电、光和化学的那些种类繁多的现象还原为其各组成部分的运动，或试图做这种还原，使得物理学家心目中那种旧的、太受限制的作为物质运动原因学说的力学概念，扩展为与机械论哲学概念相一致，包括了所有受因果条件限制的现象。这便使得'发育力学'这个词与物理学和化学的现代概念相吻合，可以用来说明所有形成过程的现象。"鲁从胚胎的大量组成成分中寻找其力学原因，来解释复杂的分化问题。

鲁的研究激发了整个新一代研究者的想象力，尤其使马萨诸塞州的伍兹霍尔海洋实验室在1894年以鲁的"宣言"（取自《发育力学报告》第一卷）作为其闻名而受欢迎的周五系列讲座的开场白。当时实验室的领导人C.O.惠特曼（C.O. Whitman）用鲁的青蛙实验作为他引用的主要范例，来提倡发展"生物生理学"。惠特曼认为其中的实验方法是这种新成就中最重要的东西，他认为这样做可以推动生物学沿着新的、更富有成果的道路前进，即探索形态与功能统一的整体生命。"形态学与生理学的合作扩大了双方的视野，"他写道，"而且使不完备的观点完备了。"正是在海洋生物实验室，"发育力学"实验胚胎学派第一次在美国得到了极大的发展。

这些学者探索着导致细胞分化的各种物理和化学因素，他们利用种种因素来影响许多物种的胚胎发育(绝大多数是海洋无脊椎动物，因为这些动物容易采集，也容易在实验室培养)，例如将胚胎压在玻璃板之间(杜里舒)，或者将胚胎进行离心处理(鲁、勒布和摩尔根)，或者将胚胎放在缺乏钙、镁离子的海水里(赫伯斯特)，或者在卵的阶段将细胞结扎成两部分(汉斯·施佩曼)。观察这些处理的胚胎是否仍能正常地发育或发生了异常的发育，以弄清究竟是鲁的内因决定分化？还是杜里舒的外因决定分化？此后生物学界的实验思想，正如E·B·威尔逊在19世纪90年代中期写道的，"发育力学"统治了生物学界，就如同早先达尔文的学说一样。

至20世纪，这种新的实验思想及伴随着实验进展的这种物理-化学倾向，在原来只是描述性的研究领域迅速传播开来了。"发育力学"为胚胎学引入了一种实验方法，鲁通过对普通形态学领域中较复杂的发育原因的独特研究而促进了实验胚胎学的形成。

4.2 实验胚胎学的进展

19—20世纪之交，鲁、杜里舒和发育力学学派提出了大量需要解决而仍然没有解决的问题。在这些问题中，多数问题都涉及胚胎分化，但是它们的形式却不尽相同。①分化是由胚胎内部的因素引起的，还是由胚胎外部的因素调控的(即鲁所说的非依赖型分化和依赖型分化)？②如果分化是由外部因素引起的，那么这些因素是什么？③如果分化是由内部因素引起的，那么这些因素具有什么样的性质？例如，它是否是胚胎细胞分裂过程中，不同的遗传物质分配到不同的分化细胞中去的结果？或者，是由于某些内部机制的作用，从而使有些细胞表达某些性状，而其他细胞则表达其他性状？从这些问题中，可以推出对于胚胎学家来说非常有意义的一个问题是：在从受精卵到成体的过程中，是什么控制着胚胎发育中各具特征的事件按照精确而连续的顺序出现？

德国的施佩曼、美国的哈里森都是鲁、杜里舒的同时代的人，受鲁、杜里舒的实验技术吸引，在改进实验胚胎学的基础技术方面都再一次扮演着特别重要的角色，作出了巨大的贡献。这些基础技术包括离析、移植和组织培养，并建立了怎样对自己的假说提出实验计划以鉴别其真伪的理论。

19世纪90年代，哈里森(Harrison，1870—1959年)在研究两栖动物的生长和再生实验中，发明了组织移植的器械，能观察到胚胎移植的效果。他移植了一种青蛙的幼虫的头到另外一种青蛙幼虫身上，依靠使用不同颜色的物种，研究移植组织的发育情况。他又在实验中发现，若将将来能形成左肢的两栖动物的胚胎组织，移植到胚胎的右侧，则以后该组织便形成了右肢。这一发现不仅建立了脊椎动物的不对称法则，而且证实了动物的肢体起源于胚胎的中胚层。后来胚胎学的研究大量采用他的方法做了许多重要实验。1902年在约翰斯·霍普金斯大学的解剖系，他开始研究分离组织的生长，成功地用体外培养方法观察到活的神经纤维。他将蛙胚髓管部的小片组织，培养于蛙淋巴凝块中，在无菌条件下移植的组织，在体外能存活数周，并有神经轴索从细胞伸展出来。他于1910年发表了这一出色的实验结果；这是组织培养法的真正开始。此试验不但解决了当时关于神经轴索起源问题的争论，同时还开辟了体外培养活组织的广阔前途。他的组织培养技术已用于肿瘤研究及脊髓灰质炎疫苗的研制。由于他在动物组织培养上的杰出贡献，1917年诺贝尔委员会曾推荐他为诺贝尔生理学或医学奖金的获得者，后因欧洲大战而未发奖。

施佩曼(1869—1941年)在1891年进海德堡大学学习医学期间，对比较解剖学与胚胎学深感兴趣，最后他获得机会到维尔茨堡大学的动物学院继续学习，一年后获博士学位。1897年他在德国的实验室，根据鲁的工作开始了一系列实验。他不用蛙或海胆而采用蝾螈作材料，开创了分离早期胚细胞并进行重新排列的方法，其研究结果用题为《蝾螈卵的发育生理学研究》的系列论文形式发表于 1901—1903 年。论文中介绍了如何对卵进行操作，并用幼儿头发对卵结扎等方法，施佩曼发现蝾螈卵如果不是完全被扎紧，就可能获得两个头、一个躯干和一个尾巴的蝾螈。1919 年施佩曼到弗莱堡大学担任动物系主任，成了弗莱堡的动物学教授，并一直担任此职。施佩曼研究的蛙眼中晶状体形成的发育过程，晶状体本身是由外胚层组织（胚胎的最外层）发育来的，晶状体正好位于视杯的外侧，并与视杯相邻，而视杯则是从脑组织中产生出来的。施佩曼通过一系列实验，表明视杯的存在与由外胚层表层而来的晶状体的形成之间，存在着直接和依赖性的关系。假如视杯在与外胚层表层接触之前就被移去，那么从外胚层表层就不能发育出晶状体；反过来，如果将分化的视杯组织移植到在正常情况下并不发育的胚胎区域（例如，放在预定成为尾区的外胚层之下），便会使外胚层表层（正常情况下发育成皮肤组织）分化成晶状体。通过这项工作，施佩曼得出结论，视杯引起它所接触的任何外胚层组织分化成晶状体组织。视杯的影响一定是以某种方式从自身传播到邻近的组织，并引起该组织分化的。施佩曼将这一因果过程称作诱导。施佩曼看到，在任何复杂器官的发育过程中，不止有一个诱导阶段，而是一系列诱导阶段在起作用。例如，在眼睛的形成过程中，头部的中胚层诱导脑的形成，脑的中间区诱导视神经和视泡的形成，而视泡又诱导晶状体的形成。在每个序列中，每一个阶段诱导出来的组织又成了下一个阶段的诱导物。因此，诱导过程就成了分化中各事件有次序地发生的一种机制。

施佩曼利用已经掌握的显微解剖技艺，在几乎四分之一的世纪中，与同事们进行了一系列实验。在对两栖类卵裂过程中的结扎切割实验中，他用亚麻色的婴儿头发把处于两细胞期的分裂球在第一分裂沟处分开。实验结果使施佩曼相信，即使在两细胞时期，胚胎背部的一半与腹部的一半在性质上也是不同的。背部一半能够形成一个胚胎，而腹部的一半则缺乏正常发育所必需的某种性质。在进一步的研究中，他把一个胚胎的某个特定部分移植到另一个胚胎的某个特定部位。他用的是不同种类蝾螈的胚胎，这样，不同种的不同颜色就能显示出被移入部分在这新环境中的发育过程变化情况。施佩曼注意到，移植到宿主胚胎上的背唇，趋向于形成一个新的胚胎。然而，下列问题仍然没有解决，即：发育到底是取决于自我分化还是取决于诱导？还是两者都有作用？

施佩曼的学生希尔德·曼戈尔德（Hilde Mangold）的实验使这个问题得到最后的回答有了可能。1921 年他分派学生希尔德做背唇的移植实验，把一个物种胚胎的背唇移植到另一个物种的胚胎宿主上，这两种胚胎细胞所含的色素量不同，所以深浅有差异。实验中将一种无色种的背唇区嫁接到有色种（即受体）的侧面，3 天后，在受体胚上出现几近完整的次生胚，次生胚是镶嵌型的，既有供体的细胞也有受体的细胞。次生胚的镶嵌性质表明受体与供体的组织均等地参与次生胚的形成，由于供体胚的背唇可以引起新胚的形成，所以称背唇为“组织者”区。实验中，试验的几百个胚胎中仅有几个存活了下来，存活得最长的胚胎也只能发育到尾芽时期。但这些实验对动物发育的研究具有深远的影响，这个实验表明，移入的背唇部分和宿主的胚胎都参与了形成第二胚胎的过程，发育过程中的一个步骤是下一个步骤的必要条件，并且导致产生原先没有的部分。1924 年施佩曼发表了题为《不同物种组织者的种植对胚性原基的诱导》论文。尽管成功的实验数目很少，但是“组织者”成为在现代胚胎学研究中最重要的实验之一。（施佩曼关于组织者的发现及诱导观念在许多方面都代表着鲁与杜里舒方法的深度融

合。1935年，他从弗莱堡大学退休，并因发现胚胎发育中组织者诱导效应而获得诺贝尔生理学或医学奖）

20世纪20年代是胚胎学中令人激动和充满希望的时期，在这期间，从组织者概念衍生而来的大量特定的问题被提了出来并进行了分析。施佩曼的组织者概念提出后，最直接也是最典型的一个问题就是组织者本身的性质是什么，是什么机制使背唇或其他诱导物能够产生这样的影响。正如施佩曼所指出的那样，20世纪20年代得到的证据明显地表明，存在着化学成分从诱导物散发到被诱导的组织中。于是胚胎学家立刻投入分离和分辨“组织者物质”的工作中去。在这项工作中，运用了许多生物化学和生理化学的技术，并促使产生出一门新的学科——生化胚胎学。

一些年轻而热情的研究者，对组织者的概念尤为感兴趣，因为可以利用化学分析的方法来研究这个概念。1928年，施佩曼另一个学生何夫拉特(Holtfreter，1901—1992年)用实验试图确定组织者影响宿主细胞的发育路径。他通过加热、晒干、冰冻或酒精等方法来使组织者失活后，发现杀死后的组织者物质仍能诱导发育并能诱导次生胚的产生。何夫拉特尝试使用一种经过消毒的特殊的盐溶液而成功地诱导了次级胚。在这些试验中所用的平衡盐溶液就被称为“何夫拉特介质”。

之后大量的事实被发现，组织者的组织(来自背唇)经过热处理后，依然可以诱导外胚层组织产生分化。虽然只要认为有诱导效应的特殊分子在加热情况下是稳定的，不会受温度的影响，也能解释这个现象；然而却发现，经过热处理和化学处理的背唇组织，在不同的胚胎区域具有不同的诱导能力。如经过热处理的组织者的组织几乎失去了所有的诱导中胚层组织分化的能力，但却保留着诱导外胚层分化的能力。从这种现象看，来自背唇的诱导物显然不只是一种，而每一种物质诱导着特定的胚层区域。进一步研究发现，如无机化合物、成体的肝或脾小块、类固醇、脂肪酸、糖类、离子浓度和pH值的变化，甚至地板上的灰尘，都能够引发胚胎发育中发生组织者式的反应。显然，组织者物质具有两种情况：①不是单一的物质；②性质很普通。因此推定，特定诱导过程的特异性则依赖于其他因素，然而当时人们对此还知之甚少。

施佩曼早先几乎只重视背唇组织在诱导次级胚胎形成中的显著功能。但是随着时间的推移，施佩曼，特别是他的学生，认识到诱导和组织化并不只是背唇组织作用的结果，也依赖于受体组织的性质。事实上，当发现了相关性——即被诱导的组织与诱导物之间的相互影响后，让施佩曼及其他人认识到分化是整个系统作用的结果，而不是哪个独立的部分(比如背唇)作用的结果。最初的诱导使得一些受体组织做出反应，这种反应又影响了诱导物后来的功能。胚胎系统并不是单向的阶梯体系，而是由许多相互关联的效应组成的多向系统。

20世纪20—30年代，正是以机械论方式研究生命的鼎盛时期，施佩曼提出组织者产生了一些特殊的化学物质，通过这种物质，组织者表现出其效应。但到了晚年后又指出：“具有不同潜力的胚胎片段的反应……与普通的化学反应不同，而是……像所有生命过程一样……我们对其并不了解，就像我们不了解我们非常熟悉的心灵的生命过程一样”。不同于鲁等的简单机械论，施佩曼的胚胎系统里可能开始具有了更多的整体论成分。

这一切，又引起了在生物学界关于“生命活力论”的激烈争论，也导致了许多生物学家从生物学不同领域和方向寻解生命的神秘“活力”。

4.3　现代遗传学

1838—1839年细胞学说提出之后，1879年德国生物学家弗莱明（Flemming，1843—1915年）观察并系统地描述了正常的细胞分裂（有丝分裂）中细胞核内染色质变化的行为。1900年人们发现了奥地利植物学家孟德尔（Mendel，1822—1884年）在1866年根据他的豌豆杂交实验结果发表了《植物杂交试验》的论文，揭示了“孟德尔遗传定律”。当1902年美国科学家萨顿指出染色体的行为与遗传性状的行为完全平行时，以美国的摩尔根（Morgen，1866—1945年）为代表的一批遗传学家们在20世纪20—30年代揭示了为千百年来的胚胎学家们一直迷惑其中并苦苦寻找的那种驱动着胚胎发育的神秘力量所在。

从孟德尔提出生物的遗传变异的基本单位——“遗传因子”概念以来，基因概念就不断地改变着其形式和内容。早期的基因只是遗传学研究的一种抽象的符号及逻辑推理的产物。自摩尔根等揭示了基因是位于染色体上的念珠状颗粒，它是突变、重组、功能的“三位一体”的最小单位之后，遗传学与物理学、化学、数学、工程学科相互渗透，遗传学研究不断向分子、量子等层次深入，分子遗传学得到了迅猛的发展。在对核酸、蛋白质等生物大分子的结构和功能的深入了解基础上，确定了基因的化学本质，证明了基因就是DNA分子，它是在染色体上占有一定空间的实体。同时，搞清了遗传信息怎样在DNA分子中储存和复制，信息又怎样传递给RNA，并最后指导蛋白质的合成。

遗传学发展至今日，形成了现代遗传学的研究视域。生物学中很少有其他的分支像遗传学这样对人类的思想和人类事物具有如此深刻的影响。现代遗传学正从三个方面进一步拓展它的视界。第一是在人类遗传性疾病的诊断方面，也涉及遗传资源的收集等。人类遗传病反映出机体代谢失调，英国医生加洛得早在1902年就指出遗传疾病尿黑酸病是由于某一代谢途径被阻遏引起，这阻遏又是因为某种特异性酶的先天缺陷所致。加洛得的观点对之后的生理遗传学的发展起了重要作用。早就知道某些人类疾病可能是由遗传原因引起的，因为它们往往发生在家族之中。现代已经了解到人类有几百种遗传病，在很多病例中也已经确定出突变基因位于哪一个染色体上。

现代遗传学第二个重要方面是它关注那些具有某种非正规遗传方式的表现型情况。如目前已经相当清楚与精神分裂病直接有关的基因或基因组具有低“外显率”，这就是说一个人尽管具有所必需的遗传因素但可能并不表现。具有低外显率的基因在果蝇中很普遍，但一些社会学原因使得关于人类这方面的研究有待深入。一些其他基因的表达强度是可变的（例如糖尿病基因），研究这样的基因同样可以提高对遗传方式的认识。目前，遗传学思想对现代人影响最深远的是，渐已认识到几乎人类的一切性状都可能有其遗传学基础，不仅限于体质而且也包括智力或行为特征。遗传素质对人类非体质性性状（特别是智力）的影响是目前争议最多的生物学和社会学问题。

现代遗传学的第三个方面是它在动植物育种上的重要价值。比如，奶、蛋的工业化生产已经成为动物遗传学家所取得的辉煌成就。而农业生产中的抗病作物的育种、杂交玉米、短茎作物的培育，转基因作物以及作物产量的成倍增加等也成为农作物学家的研究成果。远古人类在成千上万年过程中努力于提高作物产量所办不到的事而现代遗传学却能在极短的时间里就能办到。

遗传学经历了从19世纪50—60年代到今天所进行的艰难研究而形成现代遗传学，其研究领域揭示了越来越丰富的事实并建立了大量重要概念。

(1) 直到19世纪50年代之前完全超乎想象的、最值得重视的发现是由DNA构成的遗传物质本身并不参与新个体的躯体塑造而只是作为一个蓝图，作为一组指令，称为“遗传程序”。

(2) 密码（借助于它将程序译入个体生物）在生物界是完全相同的，从最低等的微生物到最高等的动、植物。

(3) 一切有性繁殖的二倍体生物的遗传程序（基因组）是成双的，由来自父本的一组指令和另一组来自母本的指令所组成。这两个程序在正常情况下是严格同源的，共同作为一个单位起作用。

(4) 程序由DNA分子构成，在真核生物中它与某些蛋白质（如组蛋白）相连；这些蛋白质的详细功能还不清楚但显然协助调节不同细胞中不同基因座位的活性。

(5) 由基因组的DNA到细胞质的蛋白质的代谢途径（转录与转译）是严格的单行道。躯体蛋白质不能诱发DNA中的任何变化。因此获得性状遗传在化学上是不可能的。

(6) 遗传物质（DNA）从一代到下一代是完全固定不变的，除了非常罕见（百万分之一）的“突变”（即复制失误）以外。

(7) 有性繁殖生物中的个体在遗传上是独特的，因为几个不同的等位基因在某个种群或物种中可能在成百上千个座位上表现。

(8) 这种遗传性变异的大量储存为自然选择提供了无限的素材。

4.4 发育生物学——实验的、定量分析的综合模式

当生物学的发展历史进入19世纪末期，胚胎学家们已经遵循鲁的镶嵌理论在试图寻找胚胎发育的内部机制的途径上，沿胚胎发育的路径向初始点追溯，从机体个别部分（器官）到细胞组织到分裂球，最终追溯到生殖细胞上，集中对其细胞行为的研究上。1887年，鲁指出细胞分裂的重要过程是染色体的一分为二。19世纪90年代，胚胎学家贝内登（Beneden，1846—1910年）、赫特维希（Hertwlg，1849—1922年）、鲍维里（Boveri，1862—1915年）等相继发现并描述了生殖细胞在分裂时的染色质变化特征。至此，实验胚胎学朝向遗传学方向形成了最初的学科渗透。

20世纪早期，胚胎学家们将注意力集中在发育力学，强调胚胎内部包含着决定其生物学组成的成分，这些成分导致胚胎按照一定的顺序进行有规律的发育，试图从细胞和分子的问题上确定某一化学过程对发育的确切影响。发育力学带有浓厚的机械论色彩，采用了还原论的方法，试图将生物体分割成各个组成部分，并对各个部分进行分别的研究。伴随施佩曼的工作而兴起的新胚胎学学派，汲取了大量生物化学的最新知识，转而从细胞以上的组织水平上研究发育过程。最初受到机械论影响的施佩曼，之后却认识到发育分化（胚胎系统）并不是单向的阶梯体系而是由许多相互关联的效应组成的多向系统作用的结果，而走向了整体唯物论。这又引发了包括遗传学家在内的生物学界重新探讨“生命活力”，从展开的生物学研究的不同方向寻找答案。

遗传是发育的基础，而发育是遗传的实现。两者之间的关联性已经成为胚胎学家和遗传学家共同关心的问题。

早先的德国动物学家魏斯曼（Weismann，1834—1914年）已试图建立发育和遗传的统一理论，他假定全部发育过程是受细胞核控制的，卵裂过程中核内遗传物质的不等分配是胚胎分

化的主要原因。这一理论提出的问题吸引了几代生物学家的继续探讨。美国细胞学家威尔逊1928年在《发育和遗传中的细胞》一书中提出基因在细胞水平上的活动是发育的根本原因这一论点，认为发育是“遗传特性按一定时、空秩序的表现”。基因论的创建人美国遗传学家兼实验胚胎学家摩尔根在他晚年的著作《胚胎学和遗传学》一书中也强调遗传学和胚胎学统一的重要性，并宣称“遗传学与实验胚胎学已经很密切地交织在一起，现在这两个学科在某种程度上可以属于同一学科”。摩尔根在描述了卵子、精子和染色体结构成熟过程中的主要事件后，提到当时的中心问题：在发育中，不同的基因如何在不同的时间表现出不同的作用，以至于有些细胞按照这种方向分化，而有些则按照那种方向分化。他认为这是由于最初卵细胞质中的区域性差异为基因的作用提供了不同的开关。

于是，胚胎学研究也重新回到还原论方法，从细胞和亚细胞水平上来寻找与解答分化问题。放射性示踪元素、电泳和层析（用于分离和鉴别细胞的化学成分）及显微外科（用于移植核酸和细胞质片段）等新技术的出现，使得胚胎学家能与遗传学家一样地进行单个细胞（胚胎细胞或卵）的实验研究。美国的罗伯特·布里吉斯和托马斯·金、英国的约翰·格尔登曾经运用显微外科技术，试图确定在分化过程中胚胎细胞核酸潜能的约束是可逆的还是不可逆的。他们的基本方法包括，从一个两栖物种的未受精卵中移去细胞核（核酸），然后用一个受精卵中的核酸或同一物种或不同物种体细胞中的细胞核（核酸）取而代之，再观察新胚胎生长过程中分化的状态和所发生的异常现象。此外，格尔登及其他人开始关注早期胚胎中分子的变化，特别是核糖核酸RNA的变化，以确定分化过程与遗传学家眼中的基因活动有什么可能的联系。

1944年艾弗里等证明了肺炎球菌转化因子DNA是遗传物质。1953年沃森和克里克提出了DNA的双螺旋结构。20世纪中叶，分子生物学上的革命提供了新的技术，通过从生物化学层次上对于基因如何发挥其作用获得了新的理解，使得胚胎学和遗传学完全结合而趋向学科的综合。从发育理论、遗传学和分子生物学的综合发展中，人们逐渐明白，作为遗传物质的DNA中含有以密码形式存在的指令，发育是按照在遗传物质里以某种方法制定好的指令而进行的，最终使得一个细胞或某些细胞群正好在特定的时间和位置发生分化的。

在这里，从分子水平上解释问题过程中，胚胎学家与遗传学家是面临不同问题的。遗传学家在利用细菌及单细胞的原生生物（微生物）进行的研究中，不论环境条件怎样变化，单细胞的细菌都必须保持着它们的同一性。而胚胎学家研究的后生生物的胚胎则不同，它必须把带着相同遗传信息的细胞转化为结合紧密、彼此协调、既保持有同一遗传共性又分化成为有特异个性的细胞群体。

从亚里士多德开始，许多学者都十分重视研究生物的发育现象。但当时仅限于观察研究生物的形态变化。在研究工具等新技术发展下，随着细胞学说的建立、受精现象的发现和对胚胎发生的深入观察，至20世纪中后期，遗传学、生物化学、分子生物学、信息理论等介入个体发育的研究，彻底改变了关于个体发育的生物学研究进程。当聚焦点逐渐从个体的有机整体研究而转向细胞水平、亚细胞水平，最后到分子水平时，实验胚胎学、遗传学、细胞学、生物化学、分子生物学等多学科从开始的渐渐渗透到最终完全融合，即在以往胚胎学（形态变化描述）的基础上诞生了一门跨学科领域研究的全新学科——发育生物学。

发育生物学已从发育中形态结构变化的研究到进一步深入这些变化的机制和本质的研究。发育生物学指出，有机体一般都从单细胞（即受精卵）开始，受精卵通过细胞分裂生长最终产生有机体，构成有机体的每个细胞都具有相同的遗传组成。此外，相同遗传组成的细胞又可分化为不同类型的细胞、组织和器官。细胞不仅沿着不同途径发育，而且这种不同途径是由其谱系，尤其它在有机体中的不同位置决定的。不同类型的细胞都与其他细胞有着不同的谱系关系与位置关系，这种关系主要是通过基因及其产物的相互作用实现的，最终产生特异的三维结构，例如叶与花等器官的不同形状，所以发育基本上就是构成有机体的各细胞中的基因差别表达的问题。生物的个体发育是按程序进行的，这个程序编织在基因组中。

回顾生物学的历史，显然看到，生物学研究经历了从开始到逐渐向各个分支领域学科的深入发展，至此，生物学又开始重新走向统一。以发育生物学作为生物学中各个分支领域研究的最终综合，人们越来越认识到，所有的生物学现象都是相互关联的。以胚胎学和进化论为中心开始聚集形成的新的综合，包括遗传学、细胞学、生物化学、分子生物学等相关学科共同呈现出一种实验的、量化分析的关于生命系统的统一理论。

发育生物学的理论思想来自于生物学的各个学科领域，又深植于生物学的各个学科领域的基本要素之中。因此，发育生物学成为21世纪的前沿学科，其研究范围正在不断地扩展和深化，从胚胎发生、生长、成熟至衰老、死亡的生命过程中所发生的变化和规律，到基因及基因产物对细胞增殖、分化和凋亡的调节，进而阐明机体形态和功能变化的机制。发育生物学的研究将回答生命科学中许多关键性的基本问题：配子怎样发生？精子和卵子怎样相互作用形成合子？胚胎怎样由一个单细胞发育为成体的形态多样的细胞类型？器官如何形成系统？不同发育阶段基因如何表达与调控进而构建新的个体等。发育生物学的最大特征是通过对一种生物模型（模式）规律和现象的研究，来加深对其他生物的认识。从这种意义上来说，发育生物学不仅是现代生命科学的重要基础学科，而且已成为与人类生活密切相关的应用科学。

发育生物学作为一门研究生命的综合学科，展现了生命研究的宽泛而深秘的视域。透过发育生物学的历史，我们跟随着人类探索的目光去了解生命及其形成的生物学机制，也从中去感受与理解生命的真实内涵。更为重要的是，让我们领悟智慧，从科学中，尤其在文化上，端正对于生命、对于人类、对于我们自身的审视态度。

多细胞组成的有机生命体

地球上，大自然中存在的所有自然物质均具有自身的自然特性，或称物理学性质。在经历了亿万年的自然演化，地球上的无机物质渐渐衍化着，形成了有机物质，有机物质又经历了长年的演化而衍生出的单细胞生物，也仍然具有它们的自然属性，如趋光、趋磁等自然感应特性。正是物质的这些物理学趋性(物质具有化学特性的基础)，使得地球上从无机自然状态逐渐衍化生成丰繁茂盛的有机形态，产生出了复杂的生命体。

早在100亿至200亿年前，宇宙中一些高度浓集在一起的物质开始迅速分离，这就是科学家们所谓的大爆炸，温度极高，物质只能以极微小的粒子等形式存在。大爆炸产生的一些气体云受万有引力的影响，互相碰撞并叠合成无数星系。

当地球温度降低，粒子聚集成各种不同的原子、分子乃至材料。经数百万年的增长，地球外层的岩石中放射性元素释放出巨大的能量，使内部岩石熔化成黏稠的液体，较重的元素沉积在内部，形成了主要由铁、镍等元素构成的核心，半径接近3 700km。围绕核心是由含硅物质等构成的厚约3 000km的外套，外套之外是由较轻物质构成厚约40km的地壳，但某些大洋底部下面的地壳厚仅5km。

从地球的外套和地壳逐渐释放出二氧化碳、氮气等较重的气体，由于地心引力的作用，这些气体围绕着地壳表面而分布，逐渐发展成大气层。当时的大气层主要由甲烷(CH_4)、二氧化碳(CO_2)、氨气(NH_3)、氢气(H_2)、氮气(N_2)和水蒸气(H_2O)等所构成。随着地壳温度的降低，水蒸气液化为水最终汇集于地表低洼处形成海洋。地球原始大气中的N_2、NH_3、CH_4、CO_2在高温、强紫外线或放电(雷、电)条件下形成含碳化合物和生物大分子的前体物质，如氨基酸、核酸碱基等(这些有机物只在还原条件下才能产生)。当时地球上的有机物质在原始海洋中逐渐积聚，浓度越来越高，然后通过聚合形成复杂的生物大分子。多聚化大多由小分子浓缩和脱水而成，需要吸收能量，大分子一旦形成就比较稳定。在原始海洋中大分子越积越多。从无机物到有机物进一步到大分子是地球化学进化的重要历程。由于碳原子具有特殊的性质，化学进化是以“C”为中心进行的。

之后，原始海水中出现了大分子的复合物，称为团聚体或类蛋白小体。随着核酸物质的出现，发生了包在核酸物质周围的“周质”。“周质”可以伸出伪足捕攫食物来“自足”。再往后，若干核酸物质颗粒在“周质”体内集合起来，形成了原始核和“泡状核”，渐渐地出现自身繁殖的细胞——原核生物。一旦细胞形成后，新细胞就由已有的细胞分裂产生。

从化石记录可以确定原核生物在距今30亿—35亿年前即已出现，先于真核生物。早期的原核生物仍然依靠地球形成初期火山喷发在大气中的甲烷和硫化氢分子为生。原核细胞内的DNA量少且分散，储存的信息不多。这种原始的生命是厌氧的(在今天某些无氧环境如岩石缝隙中依然存在)。早期的这种原始生命持续了20多亿年，停留在无性生殖阶段。它们的单细胞体积很小、自主生活，主要分布在海洋中。因为生命物质核酸非常容易吸收阳光中的紫外线，从而破坏自身的结构甚至杀死细胞，而海水可滤去大量紫外线，保护单细胞生物免受伤害。分布在海洋中的原始生物体一直维持着单细胞状态，它们能从周围环境中捕捉、加工和转化不同形式的物质、能量和信息。同时，生物的进化也是沿着获取外界不同形式的物质、能量和信息使本身结构和生化反应多样化而进行的。

至今10亿多年，地球上出现了最为关键的两件事——光合作用的发生与有性过程的形成，这奠定了生物多样性的基础。

最初，生物只能利用电能或化学能(来自于海底热泉的化学能)维持生命活动。而在25亿年前，有些原核生物就能利用日光能来启动自身的新陈代谢，它们也从周围环境获取化学物质，而使化学物质发生变化的能量却来自日光，这就是最早的光合作用。发展到今天，光合作用已经完善起来，通过 H_2O 光解产生 H 以还原 CO_2 形成有机物，而 H_2O 中的 O_2 则被释放到大气中。光合作用由许多化学反应所组成，如此错综复杂的化学过程可能不是突然进化形成，而是多次变化积累起来的，这种积累在原核生物阶段即已完成(光合作用也许起源于细菌，海藻进化出一种吞噬细菌的方法，最终进化出叶绿体细胞器。在一种宿主和共生体细胞之间的快速转变的关系可能在光合作用演化过程中起着关键作用)。

由于进化过程中的细胞是在缺氧条件下形成的，因此初期细胞是厌氧的。生命的发展需要能量，原始生命从周围化合物尤其有机物所含化学能中摄取，后来发展到利用太阳光能。现存生物中人们发现有三类具光合作用的厌氧原核生物，即绿色硫细菌、紫色硫细菌和紫色非硫细菌，它们生活在缺氧的水体沉渣中，游离氧对它们是有害的，属于孑遗古生物。这些细菌体内含有叶绿素，但其结构与现今植物中的不完全相同，称为细菌叶绿素，有 a、c 和 d 三种。此外在细菌膜复合体内还含有黄色和红色的类胡萝卜素，它们吸收一定波长的光，并将光能转化为化学能，产生一种富含高能的化合物——三磷酸腺苷(ATP)。这些细菌在 34 亿年前的地球上十分普遍，现在还能在煤层中找到它们的踪迹。

光合作用需要以电子(氢原子)来还原二氧化碳，许多具有光合作用的原核生物都利用光能来产生 ATP 和还原型烟酰胺腺嘌呤二核苷酸磷酸 $NADPH+H^+$，后者是一种电子载体用于还原 CO_2。至于光合作用排出何种废物，主要取决于提供氢原子的化合物的种类。绿色硫细菌和紫色硫细菌从当时地球大气中普遍存在的 H_2S 获得氢原子，故产生的废物是硫；而紫色非硫细菌则是利用乙醇、乳酸和丙酮酸等或直接由氢气获得氢原子，其产生的废物种类较多。

地球上最早进行放氧光合作用的生物，是由细菌进化而来的。一类能进行光合作用的细菌，如蓝细菌。蓝细菌在 10 亿多年前的地球上占有优势，地层中的叠层石就是它们大量繁殖的遗骸所形成的化石，现今地球上尤其含有机质较多的地方(如污水、粪池等)有大量蓝细菌分布，在少数盐浓度极高的地方也能生存和繁殖。

蓝细菌获得裂解水的能力无疑是生物进化史中一次巨大的成功，水裂解后的氢用于还原 CO_2，形成有机物质，其中储存的化学能是地球能量的重要来源。生物就利用这些能量来合成 ATP，ATP 是一切生物通用的能量“货币”。而之中产生的游离氧释放到大气中。

光合作用也消耗了大气中大量 CO_2，使地球温度趋于稳定。而游离氧也形成了臭氧(O_3)，臭氧越积越多，在大气上层逐渐形成一道屏障，隔绝太阳光中紫外线射入地表，可免 DNA 受损害，生物才得以正常进化。

游离氧的出现，促进了物质的氧化反应，也提供给生物呼吸产生能量，呼吸作用是生物获取能量的主要途径，一切好氧生物的呼吸都需要 O_2。地球上游离氧的大量积累，既活跃了物质世界的运动变化，也为生物本身的继续进化提供了新的条件。

大气中氧浓度的增加可能是真核细胞形成的重要条件。原核细胞通常体积较小，相应表面积较大，在氧浓度很低的情况下尚能通过扩散作用使细胞获得氧；若细胞体积增大，相对表面积缩小，氧的供应就显得不足。真核细胞比原核细胞体积大得多，这就需要大气中有较高浓度的氧。15 亿年前，随着大气中氧浓度的增加，为大细胞的产生创造了条件。

大原核细胞常以吞噬小原核细胞为生，经吞食后偶尔出现未被消化的小原核细胞留在大原核细胞体内，形成了一种共生细胞。也许，真核细胞的各部分就是分别起源于几种共生的原核生物，即由“几个原核生物造成一个真核生物”。也许线粒体是从原来营自由生活的需氧细菌，被一种大型的营异养生活的厌氧原核生物吞噬转变为细胞内共生而演变来的。真核细胞的叶绿体可能是通过同样方式从内共生的蓝藻演变来的。而中心粒、基粒及鞭毛、纤毛等细胞的运动器则可能从内共生的类似螺旋体的原核生物演变来的。所有真核细胞都是需氧的并含有线粒体，可能真核细胞进化的第一步是线粒体的共生，然后才是光合器和运动器的共生。

20世纪70年代末期，人们才发现一类特殊的原核生物——古细菌，它们是在现代少有的孑遗。它们的许多分子生物学特性，如16S rRNA，5S rRNA的一级结构、蛋白合成所用的起始氨基酰tRNA、对白喉素及一系列抗生素的反应、细胞壁的组成等，均与真核细胞相近，而与一般的真细菌有很大差别。此外，在对各类低等真核生物的5S rRNA与原细菌类的5S rRNA一级和二级结构的比较，发现在某几点上同原细菌类最接近的是变形虫。这意味着变形虫类可能比其他各类低等真核生物如绿藻、真菌等都更为原始。涡鞭毛虫类的细胞核表现出原始特性，最初发生的最原始的单细胞真核生物或许是一种具有涡鞭毛虫式的细胞核的变形虫。

由"几个原核生物"形成的这类共生细胞，历经演变成为真核细胞。真核细胞的特点是遗传物质(基因和染色体)外有特殊的核膜包被构成细胞核；而且有些细胞器外也有膜包被如叶绿体与线粒体等，这些细胞器中也含有DNA。比起原核细胞来，真核细胞要大得多，机能也要复杂得多，在此基础上功能得以进化。

原始单细胞生物，起初每一个细胞只有一组染色体，称单倍体，它们以"一为二"分裂进行无性繁殖，其子代细胞的遗传性状与母细胞几乎完全一样。自然界中的生命循环是在宿主相与食肉相之间转换的。也许受到环境压力的影响，细胞之间在摄食中突然发生了"被吞噬"的细胞融合现象。如像水绵这样的植物，通常是用细胞分裂的方式繁殖，偶尔也出现"准有性生殖"的融合方式，两条水绵丝并在一起，相对的细胞互相融合，产生新的细胞，然后"并丝"解体使细胞散开，各自长成新的水绵丝。但此时单细胞并没有雌雄之分，相互融合的两个细胞是平等的。然而也许这种在某一时刻两个单倍体细胞的融合；或者一个细胞可能在复制其DNA之后没能分裂等情况的出现，总之二倍体细胞出现了，每一细胞中增加了一组染色体(如一些真菌也经历过这种二倍体阶段)。

显然，接合只是有性生殖最原始也是最基本的一种形式。两个细胞互相靠拢形成接合部位并发生原生质融合而生成了"接合子"，由接合子经过减数分裂又一次重新生成了新个体(即发生"接合"生殖方式，如盘基网柄菌的有性生殖时，吞噬相邻的单倍体细胞融合成双倍体细胞，再经减数分裂产生单倍体细胞)。细胞的一个新的二倍体阶段的组合增加了真核生物在复制它们的DNA的时候出现致命错误的风险，即一个染色体有可能与任何其他有类似序列的染色体联合起来，它们将在重组过程中交换同一基因的各种版本。这种风险驱使着一种新的防御机制的进化。在早期真核生物的一个或更多的世系中，同源染色体在细胞分裂之前开始相互紧密排列起来，现在重组可以安全进行了。如果一个染色体与另一个染色体交换了它的一些基因，它就会拿回某些版本的同样基因。于是，减数分裂就作为一种减少重组配对失误造成的损害的方式而进化了出来。细胞从多数为单倍体的存在转变到在生命周期的大部分都是二倍体，之间经过了许多年，而且，也许只是偶尔产生了今天有性生殖必需的单倍体细胞。

有观点认为，"有性生殖"是随着环境的压力的增加才出现的，如当温热、湿润下寄生的繁衍使得寄生者与宿主之间竞争激烈，也许宿主身上出现的有性生殖方式(而出现变异)得到了自然选择才能排斥寄生者侵害。这种有性生殖过程变得越来越复杂，两性细胞的接合使遗传物质数量倍增。接合与减数分裂的循环使细胞内不同遗传物质重新组合与配置，这使有性生殖后代的性状发生重组性的变异，极大地增加了变异的频率，促使进化速度加快。

多细胞生物体是由遗传性状同一的单细胞群集而成的。在某些条件下，一些细胞集群具有融合成一个单位的能力(H.Oka在1971年发现,如果被囊动物菊海鞘属Botryllus的两集群中至少有一个共同的"识别"基因,那么它们就会结合。当把一个集群一分为二,并把它们并排放在一起时,它们就毫无困难地融合了,因为集群是遗传上相同的动物无性繁殖系。由于所有集群都是杂型合子,可用AB和DC等表示。如果接触中的集群有共同的识别基因,如AB与BD接触或BC与AC接触,那么就会发生融合现象)。通过这种融合现象,在构成多细胞生物体的过程中,这些同一的单细胞会逐渐发生分工而出现多种结构和功能不同的细胞类型(细胞的分工现象在单细胞生物中就已有发生,例如某些细菌在环境不良时能改变结构成为芽孢;常见的蓝藻-蓝细菌异型胞也是一种细胞分化现象)。这些集群的单细胞可从数量上以2个到数千亿个不等的方式,聚集、分化、衍化成各种类型的多细胞有机生命体。

多细胞动物起源于单细胞动物这一论断,从进化学说的观点来看是无需怀疑的,但多细胞动物究竟起源于哪类单细胞动物,目前还没有直接证据。根据胚胎学研究,学者们提出不同学说来阐明这个问题,重要的有德国科学家海克尔(Haeckel)的原肠虫和俄国学者梅契尼柯夫的实球虫或吞噬虫两种理论。海克尔的原肠虫学说认为多细胞动物最早的祖先是由类似团藻的一层球形样细胞群体,一端的内陷形成了多细胞动物的祖先。这样的祖先,因为和原肠胚很相似,有两胚层和原口,所以海克尔称之为原肠虫Gastraea。团藻样动物被作为鞭毛虫群体祖先的原型,从现有的原生动物看,这些具有似植物细胞的自养型鞭毛类动物形成群体的能力较强,如果原始的单细胞动物群体进一步分化,群体细胞严密分工协作,形成统一整体,这就发展成了多细胞动物。但是单细胞动物群体多种多样,有树枝状、扁平和球形的,前两者其个体在群体中的连接一般较疏松。从多细胞动物早期胚胎发育的形状看,球形群体类似团藻形状与之一致。因此,群体学说认为由球形群体鞭毛虫发展成为多细胞动物符合于生物发生律。此外,从具鞭毛的精子普遍存在于后生动物,具鞭毛的体细胞在低等的后生动物间也常存在,特别是在海绵和腔肠动物中,这些也可作为支持鞭毛虫是后生动物的祖先的证据。但俄国生物学家梅契尼柯夫观察了很多低等多细胞动物的胚胎发育,他发现一些较低等的种类,其原肠胚的形成主要不是由内陷的方法,而是由内移的方法形成的。同时他也观察了某些低等多细胞动物,发现它们主要是靠吞噬作用进行细胞内消化,很少为细胞外消化。由此推想最初出现的多细胞动物是进行细胞内消化,细胞外消化是后来才发展的。梅契尼柯夫提出了吞噬虫学说,他认为多细胞动物的祖先是由一层细胞构成的单细胞动物的群体,后来个别细胞摄取食物后进入群体之内形成内胚层,结果就形成二胚层的动物,起初为实心的,后来才逐渐地形成消化腔,所以梅契尼柯夫便把这种假想的多细胞动物的祖先叫做吞噬虫Phagocitella。梅契尼柯夫所说的吞噬虫,很像腔面动物的浮浪幼虫,它被称为浮浪幼虫样的祖先Planuloid Ancestor。低等后生动物是从这样一种自由游泳浮浪幼虫样的祖先发展而来的。而根据多数低等多细胞动物的早期胚胎发育、原肠胚形成规律、营养方式及动物的机能和结构统一关系等,梅契尼柯夫的实球虫理论更易为多数人接受(参阅第6.1节"单细胞集群"的生物模式)。

多细胞有机生命体从其形成开始到成熟的变化过程,在生物学上称为发育。发育的两项主要功能是使细胞多样化和使细胞变化次序程序化,以保证多细胞有机生命体从一代传向下一代,世世代代繁衍不息。当多细胞有机生命体的繁衍在进化上从无性繁衍出现有性生殖时,受精卵即是有机生命体发育的起点,成为新生命的开始。受精卵通过细胞增殖生成多细胞、多细胞各自分化及形态发生,逐渐融合演变成为具有特定形态的幼体。在这一过程中,细胞定时、定向地在形态和功能上发生分化,担负各自的职责,共同按照时间和空间顺序参与构成复杂形态结构的多细胞有机体。

第5章 个体发育的基本概念

发育是指多细胞的自我构建和自我组织一个个体的生命发展过程。生物的整个生命周期都处在动态的发育中，这种生命现象是一个相对缓慢和逐渐变化的过程，称为个体发育。多细胞有机体的个体发育一般开始于一个单细胞，即受精卵，或称为合子。生殖细胞的精子和卵子，或称为配子，精卵通过融合的受精过程形成合子。精子和卵子均为单倍体，各向合子提供一套染色体，精子中的这套染色体称为父本染色体，而在卵子中则称为母本染色体。通过受精激活发育的程序，受精卵开始胚胎发育：发生快速的分裂产生了有机体的所有类型细胞，产生的细胞聚在一起形成胚胎，共同构建基本结构组成新生命。

在整个动物王国中，由于各种动物的形态不同，其卵子也有不同的类型，胚胎发育的模式是多种多样的，不同器官、系统形态发生的图式也各不相同。有些动物的个体发育经过受精、卵裂、原肠胚形成、神经胚形成和器官形成等几个主要的胚胎发育阶段后直接发育形成成体，被称为直接发育。有些动物的个体发育产生的最初形态是幼体，还必须经历变态（如两栖类必须经历尾部退化、四肢生长和呼吸系统改变等显著的变态发育）才能发育成为新的成体，被称为间接发育。在间接发育中，幼虫发育过程中通常只发生很不起眼的变化，这之后再经过显著的变态发育成为新的表现型成体。成体和幼体的生态小环境有显著差别，两者分别利用环境中不同的资源。当动物的个体发育在成体达到性成熟时生命就到了顶峰，其生殖细胞将生命传递到下一代。性成熟之后是老化，多细胞生命的终点是死亡。

一般来说，动物的发育经历胚胎期、幼体期、变态发育期和成体期。

5.1 卵细胞

卵子内部结构具有非均向的不对称性，这种内部结构被称作卵的极性结构。卵的极性结构与卵的细胞核的位置有关。卵母细胞的二倍体细胞核通常位于细胞外周表面部分，减数分裂产生卵子过程中，极体从这个部位形成并被释放。在卵细胞体表面，极体释放的端位被称作“动物极”（极体是卵细胞的微型姐妹细胞，将会退化）。卵细胞中“动物极”对应的另一端点称作“植物极”（图 5 - 1）。在发育期中，“动物极”附近往往形成动物的眼睛或中枢神经系统器官；“植物极”附近将形成动物的原肠或掺入原肠腔中，形成动物体消化食物的营养器官。从“动物极”通过卵细胞中心延伸至“植物极”的这条中心轴，称作动-植物卵轴。

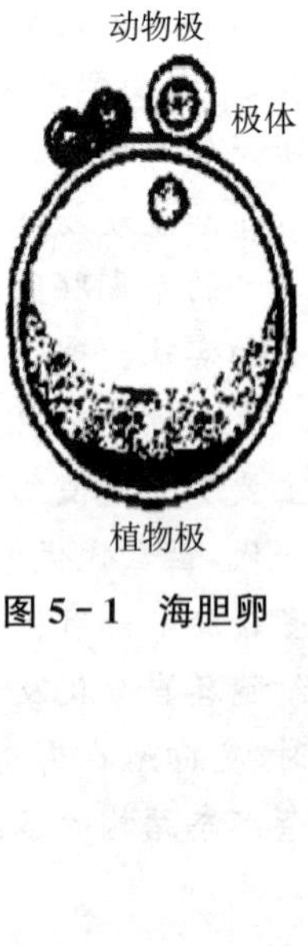

图 5 - 1 海胆卵

卵细胞表面有一层稳定的非细胞物质，称作“卵黄膜”，在哺乳动物中则称为“透明带”，其最内层是由糖蛋白所组成的。

5.2 卵裂

卵子与精子融合,受精卵即开始发生迅速分裂,通过多次的有丝分裂将大量的卵细胞中的细胞质分配到子代的无数个较小的、具核的细胞中去。卵裂阶段的子代细胞被称为卵裂球。与其他细胞增殖时不同,卵裂时,受精卵以一分为二的方式进行分裂(图5-2),卵裂中的细胞周期 P 只包括DNA复制和细胞分裂期,而没有细胞生长期。因此,核的分裂是以一种极其快的速度进行着,并随之将受精卵中的所有细胞质分配到数目在不断增加的子代细胞中,而不伴随子代细胞的体积和物质的增加。分裂后的子细胞体积以受精卵的1/2、1/4、1/8比例减少,细胞的数目越来越多,个头越来越小。卵裂期细胞的这种迅速分裂的结果导致子代细胞中核与细胞质的比值迅速增大。

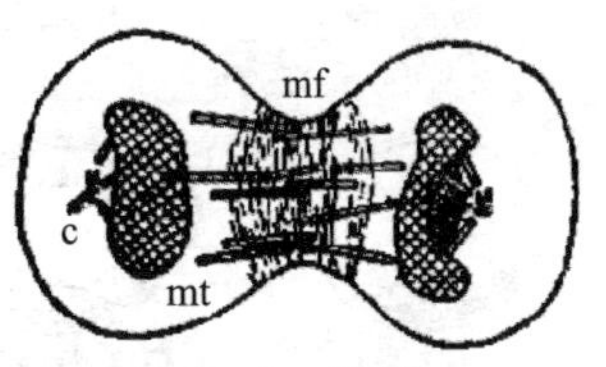

图5-2 卵裂

胚胎的卵裂方式,是根据各种卵细胞中卵黄含量的不同及其分布的空间结构而具有不同的卵裂类型和卵裂模式。

卵裂类型有以下两种。

(1) 全裂。含卵黄相对少的受精卵的卵裂,卵裂沟通过整个卵,卵子完全地分裂成单个细胞;在全裂中,按照第一代子细胞的大小是否相同,卵裂又可分为均裂和非均裂。产生大小相同的卵裂球,称为均裂;产生大分裂球和小分裂球,称为非均裂。

全裂模式时期,受精卵开始发生分裂时,由有丝分裂纺锤体的中心体介导、第一次沿动-植物轴切割,始于“动物极”,止于“植物极”。第二次仍然沿动-植物轴从“动物极”至“植物极”切割,但切割平面与第一次垂直,这两次称为经线卵裂。此时,达到4细胞期,第三次卵裂在赤道板进行,称为中纬卵裂,基本模式如图5-3所示。胚胎达到8细胞期后,各种动物的发育开始出现不一致,通常发现有三种卵裂模式:辐射型、螺旋型、对称型(图5-4)。

(2) 不全裂。卵黄含量高的受精卵采用不全裂的方式,只有部分卵质分裂,分裂沟不陷入卵黄部分,卵子不完全分裂成单个细胞。

不全裂又可分为盘状裂和表面裂。选择哪一种不全裂方式,取决于卵黄是分布于受精卵的一端(称为端卵黄)还是分布于受精卵的中央(称为中央卵黄)。

卵裂类型与卵裂模式见表5-1。

表5-1 卵裂类型与卵裂模式

卵裂方式	卵裂位置	卵裂的对称性	代表性动物
完全卵裂	稀疏和均匀	辐射状对称	棘皮动物、文昌鱼
	分布的卵黄	螺旋状对称	大多数的软体动物、环节动物、扁虫及线虫
	中度卵黄	两侧对称	海鞘
		交替旋转对称	哺乳动物
		辐射状对称	两栖类
不完全卵裂	端卵黄	两侧对称	头足纲、扁虫
		圆盘形	爬行类、鱼类、鸟类
	中央卵黄	表面的	大多数节肢动物

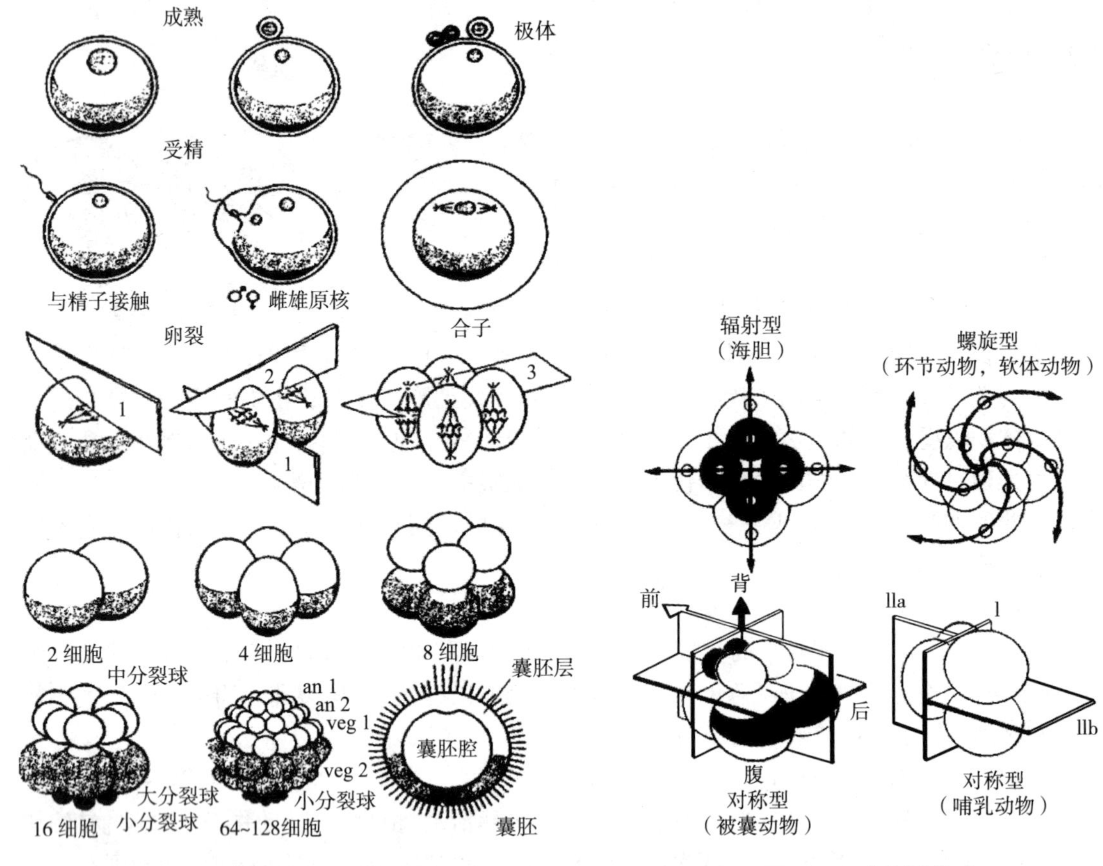

图 5-3 动物发育的基本模式

图 5-4 全卵裂模式

5.3 原肠期

当受精卵迅速分裂生成的大量细胞形成囊胚时，卵裂期结束。

囊胚是由多细胞构成的一个空心状球，内部充满液化的卵黄。由细胞组成的上皮样壁称为囊胚层，胚层内部的空间称为囊胚腔。

形成囊胚时，组成囊胚的细胞彼此之间的位置是由受精卵在卵裂期间的迅速分裂过程中建立起来的。形成囊胚后，这些囊胚细胞在发生持续分裂增殖的同时开始进行高速有序的运动，细胞间的位置发生剧烈变动，形成胚胎细胞间位置的重新组合。这种细胞运动，称为原肠作用。这一原肠作用时期，称为原肠形成期。在原肠形成期，囊胚细胞开始彼此运动，向内迁入囊胚球的空穴内：将来形成内胚层和中胚层器官的细胞转移到胚胎内部；将来形成皮肤和神经系统的细胞在胚胎表面扩展。通过原肠作用，胚胎形成三层细胞构成的结构：位于外面的外胚层、位于内部的内胚层和介于内外两胚层之间的中胚层（图 5-5）。此时，发育细胞中的 RNA 快速转录，开始恢复丰富的遗传信息。重新占有新位置的这些胚胎细胞在彼此之间开始了相互作用，细胞从尚未分化进入开始分化为三个胚层并决定各器官原基的关键时期。原肠期标志着增殖迁移的这些细胞在分子水平上开始出现个体特征，即细胞未来各自的发育途径已开始被决定。

整个动物界原肠作用方式变化多样，原肠形成期间这种细胞运动在总体上可概括为五种典型的方式，而这五种运动方式是互相结合着发生的。

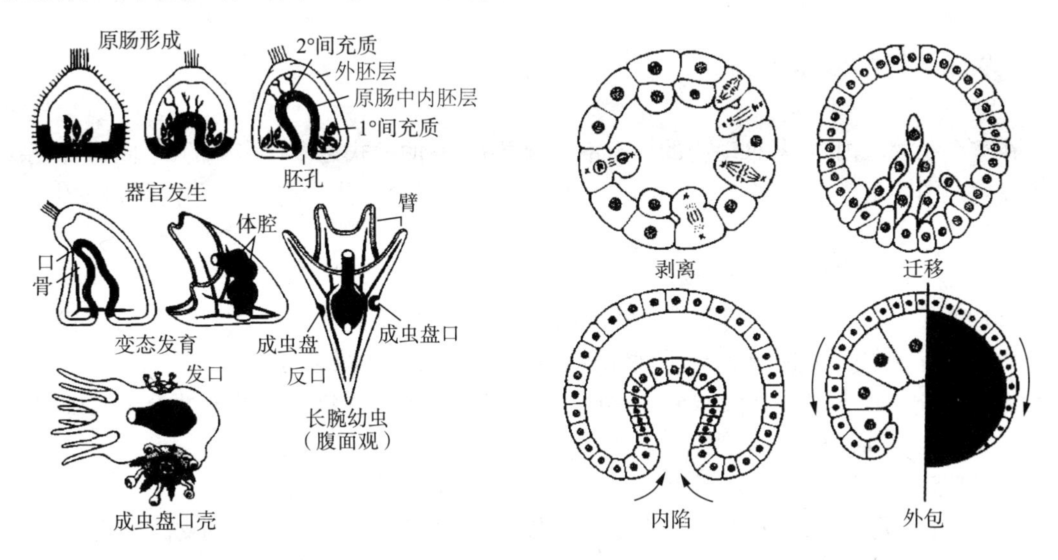

图 5-5　从原肠期到变态发育开始　　图 5-6　原肠期模式

剥离：细胞由有丝分裂纺锤体方位直接内置入腔内，脱离囊胚；

迁移：细胞做阿米巴运动（向极运动）；

内陷：细胞通过在囊胚壁某处曲线边缘做内折运动而向内扭曲；

外包：囊胚上皮表层细胞向外生长，扩散覆盖住其他的细胞或卵细胞未分裂的部分；（以上四种典型方式如图 5-6 所示）

增殖：细胞的有丝分裂，释放出的子细胞进入胚胎空穴内。

5.4　能自主的有机体

从受精卵发育成为能自主的个体，实际上是从一个全能细胞通过一系列的细胞分化产生有机体全部细胞表型的过程。发育经历多细胞的分化，由此出现细胞形态结构、生化组分和功能的差异。多细胞分化的结果是形成各异的细胞表型，如血细胞、肌肉细胞、皮肤细胞等。细胞分化是逐渐变化的过程，一般从开始分化到形成终末分化而产生终末细胞，期间要经过多次有丝分裂。人的受精卵卵裂产生的多细胞通过细胞分化至少产生 250 种以上的细胞。生殖细胞与体细胞的分化是动物发育过程中第一次最典型的细胞分化。在卵裂中拥有特殊卵质成分——生殖质的分裂球，可以分化产生具有生殖功能的配子的前体——生殖细胞。而其他不包含生殖质的细胞可分化产生整个有机体的其他细胞，但不能产生生殖细胞，被称为体细胞。由于生物有机体对不同类型的细胞需求不同，为了控制各种细胞的数目和各种器官按一定的比例发育，有机体必须对细胞分裂进行精确的控制，因而在发育过程中的部分细胞又必须经历程序性死亡。

胚胎发育的最终结果是形成动物的幼体，成为具有生物结构和生理特异性的能自主的有机生命体，随后幼体进一步变态发育成成体。幼体与成体具有不同的生存环境。由胚胎先形成幼体，再形成成体的发育，叫做间接发育；由胚胎直接形成成体的发育，叫做直接发育。在成体动物中，发育和分化仍未停止，随着发育的继续进行，成体细胞逐渐衰老、死亡，最终引起有机体个体发育的终止，即死亡。

5.5 发育过程的发生事件

在整个动物王国中，各种动物的形态不同，胚胎发育的模式是多种多样的，不同器官、系统形态发生的图式也各不相同。但多细胞有机体的个体发育在发育过程中会相同地发生以下事件。

（1）细胞增殖：反复的细胞分裂。

（2）细胞分化：细胞分裂时获得了特异性遗传信息、保持了特异性发育途径的分裂能力而按照一定的时空顺序发生，并指导子代细胞沿着各自的发育途径进行。

（3）终末分化：经过多次细胞分裂（分化），衍生出的细胞最终获得特异性分子基础、特异性形状及功能，从而丧失了分裂能力。

（4）细胞的迁移：细胞的阿米巴运动。

（5）细胞决定：由于细胞的不对称分裂与之后细胞相互间作用所产生的支配影响。

（6）镶嵌型发育：依赖于储存的母体分子决定物质的胚胎发育（母体基因提供母体信息，它在卵子发生时作为胞质决定物质位于卵中并由卵裂进入胚胎）。

（7）调节型发育：细胞通过信号进行相互交流而使各种细胞发育依赖于邻近细胞间相互作用的胚胎发育。

（8）程序化细胞死亡：细胞在发育过程中的特定阶段死亡。

（9）模式形成：不同表型细胞对应构建不同组织（胚轴、体节、肢节）和器官原基的过程。

（10）图式形成：胚胎细胞的模式形成（胚轴、体节、肢节和器官原基）并形成不同组织、器官和构成有序空间构象的发生过程。

第6章 模式生物

19世纪末20世纪初，人们开始认识到，如果把关注的焦点集中在相对简单的生物上则发育现象的难题是可以得到部分解答的。由于这些生物更容易被观察和实验操作，因此，在针对生物生长过程的发育形态变化的研究中获得了非常广泛的应用，如线虫、果蝇、非洲爪蟾、蝾螈、小鼠等。

生物学家通过对选定的生物物种进行科学研究，用于揭示某种具有普遍规律的生命现象，这种被选定的生物物种就称为模式生物。由于进化的原因，许多生命活动的基本方式在地球上的各种生物物种中是保守的，这是模式生物研究策略能够成功的基础。选择什么样的生物作为模式生物首先依赖于研究者要解决什么科学问题，然后寻找能最有利于解决这个问题的物种。

在生命科学研究中的物种被用来作为模式生物，一般具有以下一些基本共同点。

1) 有利于回答研究者关注的问题，能够代表生物界的某一大类群；

2) 对人体和环境无害，容易获得并易于在实验室内饲养和繁殖；

3) 世代短、子代多、遗传背景清楚；

4) 容易进行实验操作，特别是具有遗传操作的手段和表型分析的方法。

6.1 复合管水母——“单细胞集群”的生物模式

管水母目(Siphonophora)均为较大型的营漂浮生活的水母型群体。身体是由几种变态的水螅型及水母型个体被共肉茎联结在一起，个体间紧密聚集，彼此分工组成一大型群体。

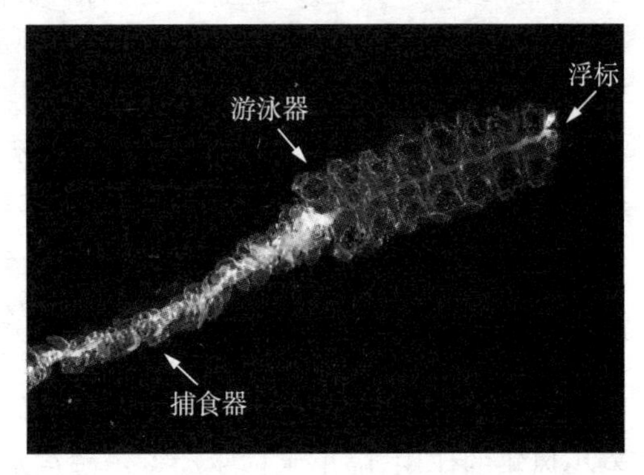

图6-1 管水母

在北冰洋发现了一种深海管水母(Marrus Orthocanna)(图6-1)。它是一大群细小动物的集合。它们没有强大的颚，无尖锐的牙齿，也不具有威胁性的鳍，但它们却是海洋中最残暴的掠食者之一。这种群居的生物能展开麻痹猎物的有毒触手。如将这种由许多各司其职的单元组织而成的超级有机体比拟为一列火车，最前方的火车头负责推进，后方挂吊着的车厢负责生殖、摄食及防卫(图6-2)。这个群落中的成员分享同一个传递营养物的管状茎(深色)。当管水母移动时，火车头会将浮球灌满气体，后方的车厢便会集合并一起移动。它们的合作比蜜蜂更亲密无间，它们之间的亲缘关系也更近，所有聚集在一起的都是由同一颗受精卵发育而来的，它们的基因100%相同。管水母是很原始、简单的动物，但凭借精诚合作，它们各自扮演不同的器官，构造出精密复杂的集合体。

1. 管水母的结构

复杂的管水母由水母型及水螅型个体被共肉茎联结在一起，其中包含四种基本的水母体及三种基本的水螅体。

四种基本的水母体为：游泳个体、漂浮个体、保护个体和繁殖个体。

游泳个体——游泳器（图 6－2 中“小坛子”），基本上是由水母伞状体变异而来的，变异程度不大，只是比普通的水母少了下面的触手。有些管水母具有规则排列的泳钟，靠着肌肉的节律收缩推动管水母转圈移动。

漂浮个体——浮囊，位于游泳器部分的顶端，里面充满了气体（成分接近于普通空气），本身不移动，负责让管水母漂浮在海面上或悬浮在一定深度。

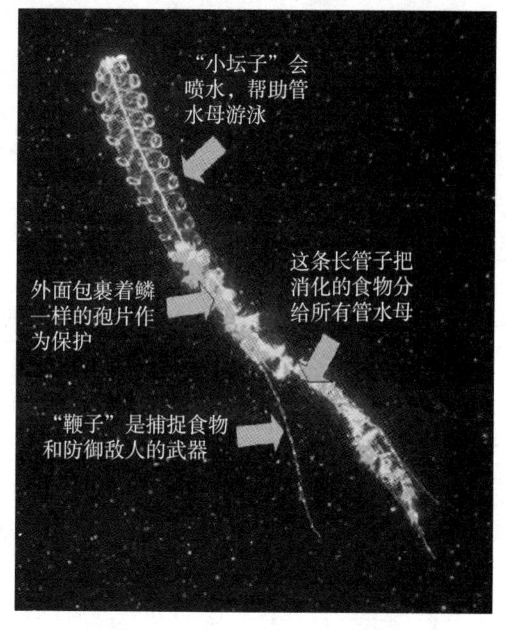

图 6－2 复合管水母集群（由许多各司其职的个体所组织而成的超级有机体）

保护个体——又称覆盖器官或孢片，是变异得最奇特的结构。它们通常是平的，像一面棱镜或一片叶子，形态和功能都与水母体大相径庭。所以，如果没有跟踪观察它们的生长历程的话，完全不会想到它们是由水母体变异而来。

繁殖个体——可以分裂出无性繁殖芽体。少数几种水母的芽体可以独立漂浮在海里，但是它们既不能捕食，命也不长，一旦释放出精卵细胞就死掉了。但是大多数管水母的芽体并不脱离母体，而是附着在母体上释放精卵细胞，就像生殖器官一样。

三种基本的水螅体为：进食个体、捕食个体、生殖个体。

进食个体，又称虹吸管，是一种管状结构，每根管都有一个独立的胃和喇叭状口。一个浮囊（漂浮的水母）体下面能附着大量的虹吸管。

捕食个体，又叫指状个员，是细长的触手，负责捕捉小动物并把它们送进虹吸管里。有的僧帽水母的触手超过 15m 长，上面长有刺丝囊细胞（简称刺细胞），触手交织成网，诱捕猎物。

生殖个体，也负责繁殖后代。通常是短而简单的管状结构，没有口，也不会动，但是可以分裂出芽，产生的水母体的精卵自行结合，生成下一代的管水母群体。

2. 生活习性

栖息于热带海洋中，营浮游生活，以微小的生物及有机物为食。

复合管水母就是一个由许多独立的管水母个体组成的集群。复合管水母的顶端充满气体的浮标是一个变化了的个体管水母，该个体给系在其下面集群的其余部分以浮力。游泳器起着小风箱的作用，喷出水柱驱动着集群在水中游动。通过改变这些游泳器开口的形状就可以改变水柱的方向，从而改变集群的游动方向。通过这些游泳器的协同动作，可使管水母集群灵活运动，可在任何角度、任何平面运动。在主干下方，有如囊状游动孢子的芽状体称为触管和胃游动孢子，它们特化成消化食物，并把营养分发到集群其余部分的器官。长的分支触手是作为触管和胃游动孢子的器官而产生的，它用来捕获猎物，也许还用来保护集群。这些特化者（Specidists）是通过有性的类水母体完成的，即这些类水母体通过常规的配子形成和受精产生新的集群，并且类似鳞状的游动孢子的苞片（无活动能力），像扁砾石样地固定在主干上，显然有助于保护主干免受物理损伤。在游泳器区段的两端生长区，通过芽殖也可产生新的游动孢子。

3. 管水母集群的行为和协调

游动孢子作为独立单位有一定程度的行动自由,但它们也受到集群其他成员相当程度的控制。例如,每个游泳器有自己的神经系统,该系统决定着游泳器收缩的频率和水柱喷射的方向。但是,游泳器只有在受到来自集群其余部分的刺激时才会活动。当触碰集群的后部时,则前部的游泳器就开始收缩,随即其余的游泳器也收缩。试验表明,这种协调是由连接各游泳器的神经通路引发的。当触碰集群的浮标时,各游泳器就反转其喷水柱的方向,使集群向后退。这后一种协调动作,不是通过神经通路而是通过上皮敏感细胞引发的。若干个胃游动孢子在捕获和消化猎物时可进行协作,但是它们的运动和神经活动全然是相互分离的。胃游动孢子和触管(辅助的消化器官)把消化食物喷出到集群主干的其余部分,甚至没有食物的胃游动孢子也参与蠕动,其结果是使消化食物更快地沿着集群主干来回流动。但是,在其他方面,它们的行动仍是相互独立的。

复合管水母作为集群而非个体,集群中的每一个体管水母均来源于单个受精卵。这一合子经多次分裂而形成具纤毛的浮浪幼虫。随后,加厚外胚层并芽殖出浮标、游泳器和其他游动孢子的雏形。复合管水母既是个体又是集群,如某些物种形成一种基本类型:首先充分形成一些彼此独立的个体(生殖体),而这些个体仍然用一生殖根连接在一起。随着一定程度的特化,游动孢子的体壁有融合现象。当游动孢子间发生功能分化时,某些个体(生殖体)丧失了繁殖能力,而有繁殖能力的个体(生殖体)又丧失了捕食和保卫自身的能力。结果,在进化成高级的物种中,集群就萎缩成一高度整合的单位。

研究表明,在低等无脊椎动物中,集群化的一个独有特征是:在某些条件下,某些无关的集群具有融合成一个单位的能力。H·奥卡发现:如果被囊动物菊海鞘属(Botryllus)的两集群至少有一个共同的"识别"基因,那么它们就会结合。当把一个集群一分为二,并把它们并排放在一起时,它们就毫无困难地融合了。这一结果被认为是,集群是遗传上相同的动物无性繁殖系。

然而,管水母究竟是作为个体还是作为集群?管水母的这一难题没有答案。唯一的回答就是:也许我们问错了问题。也许这一问题的前提违反了自然规律,因此问题本身就没有意义。我们生活在一个有一定结构的宇宙中,但既然这个有结构的宇宙是逐渐衍化出来的,那么当中必定呈现出一些缺乏明确界限的事物,有些事物是层层相套的。如果坚持万物都是可以归类的,这也许仅仅是人类喜欢遵循传统思维习惯的缘故。

许多从事无脊椎动物研究的生物学者,多年来在对微生物和低等动物的研究中,已经将单细胞形成多细胞生物体的过程,认为是许多物种在30亿年的进化中衍化出的"集群生物"现象,即单细胞生物融合在一起的"集群社会"超级生命体现象。而一个有机个体也同样可以看作是多细胞超级体。因此,生物学家们也在试图回答这些问题:在什么基础上,我们可以把无脊椎动物集群中极端变异的游动孢子与多细胞构建的后生动物的(分化)器官区分开来?这些问题也直接指向了发育生物学中的理论问题:在进化中,单细胞可以创造出多细胞的复杂后生生物的所有可能方式的初始胚及其生物学机制是什么?

6.2 盘基网柄菌——多细胞的社会性分化假说

盘基网柄菌是一种简单的真核微生物,外形像阿米巴虫。网柄菌属(Dictyostelium)黏霉菌或黏菌(细胞黏霉菌类中被研究得最透彻的成员)明显的生活周期,提供了一个单细胞生物发育成多细胞生物的模型系统。单细胞生物是指整个生物个体就只有一个细胞的生物。自然界中的单细胞生物种类很多,其中单细胞动物就有 3 万多种,例如酵母菌、衣藻、眼虫藻、草履虫、变形虫等,都是单细胞生物,也称原生动物。

盘基网柄菌,它的细胞膜纤薄,由于细胞质流动,使身体表面产生出无定形的指状、叶状或针状突起,称为“伪足”,盘基网柄菌的身体即借此而移动。它的伪足不仅能使虫体运动,还会包围细菌等外物作为食物消化吸收。盘基网柄菌,或阿米巴虫,作为一个单细胞生物的典型代表,虽然只由一个细胞构成,但它们却是一个个独立生活的个体,由于它们的结构简单,生理功能也相应简单,尚无专门的生殖结构,通过身体“一分为二”的有丝分裂繁殖下一代。

1. 繁殖方式

盘基网柄菌通常是无性生殖,从子实体(母体)的孢子膜中释放出单个单倍体细胞(单倍体阿米巴),通过有丝分裂繁殖新的单倍体阿米巴。

但是,只有在非正常条件(食物危机)压力下,便会产生有性生殖,通过吞噬相邻的单倍体细胞,两个细胞融合并扩大成一个被包裹在囊内的双倍体细胞。然后再经过减数分裂生成两个单倍体阿米巴,之后才又开始进行有丝分裂,繁殖单倍体细胞。

2. 生活习性

盘基网柄菌生活在含丰富有机物的土壤中。当潮湿时,子实体接种的孢子释放单倍体细胞,这些细胞呈现阿米巴虫的外形和生活方式。它们生活在水膜中,吃细菌,并通过细胞有丝分裂的方式无性生殖。只有当食物供给已经耗尽或食物呈现有干掉的危险时,成百上千的单细胞才会集合。相邻的单细胞开始聚集并形成集体迁移,在某个区域点上集合成一个聚集体(图 6-3)。这个聚集体吸收所有不同地方来的细胞,最后形成一个多细胞组成的“蛞蝓”。“蛞蝓”被包在一种黏质的、非细胞物质中,能像一个真的蛞蝓生物那样移动到一个明亮的地方,变成子实体。子实体由一个基板和一个支持球形新孢子聚集于顶端的茎组成。基板和茎由体细胞构成。体细胞形成由纤维素组成的壁,最后死亡。孢子细胞作为生殖细胞而存活,并最终释放新的单倍体细胞。

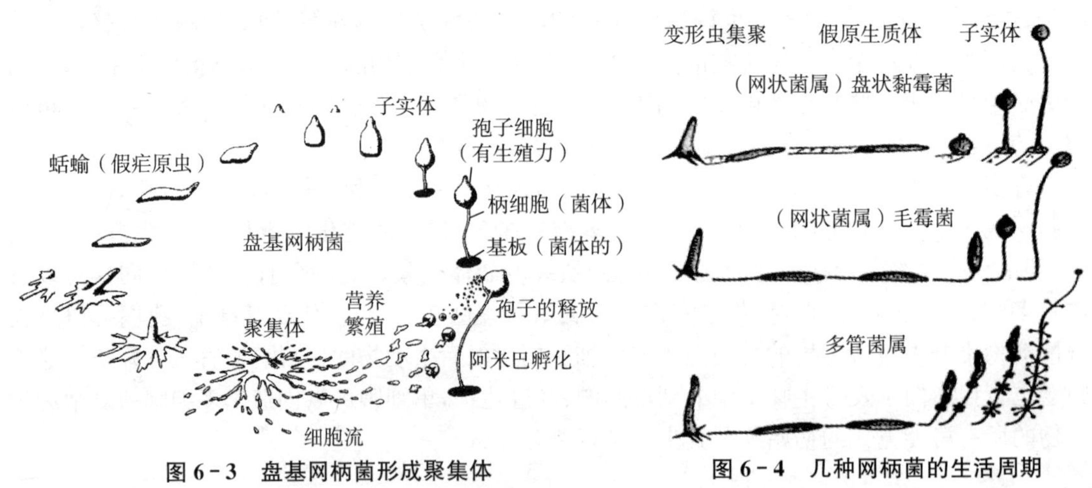

图 6-3 盘基网柄菌形成聚集体

图 6-4 几种网柄菌的生活周期

详细观察几种网柄菌的生活周期(图 6-4),可看到具有相似性,它们都以孢子落在土壤、落叶层或朽木上作为开始标志。它呈现的细胞是单细胞的,其行为如同变形虫;它们在液膜上蠕动、吞噬细菌并以不同的间隔时间进行分裂。只要有足够的食源,这些细胞便会彼此完全独立。但当食源短缺时,就会发生戏剧性的变化。某些变形虫(细胞)成为吸引中心,而群体中其他的变形虫都流向它。不久,这种随机序列就变化成变形虫缨子,而这些缨子由于变形虫不断迁入而具有一隆起中心和若干个辐射状臂。当这种集聚进一步发展时,就表现为在长度上平均为$\frac{1}{2}$～2mm 的腊肠形状,被称为"蛞蝓"的新整体,像多细胞生物。它分头端和尾端,能使头朝光方向缓慢运动。直到一周或两周后,蛞蝓(假原生质体)转化成子实体。部分变形虫成为子实体基部或梗,其余的在顶端成为子实体的携带孢子的球。每一物种的细胞菌都有其生活周期中这一最后的、也是最为复杂阶段的不同变异形式。这一生活周期的适应意义不难解释。由于变形虫很小而表面积与体积之比最大,所以当环境条件变得有利时,它们的摄食和繁殖能力都会变得最强。当局部环境恶化时,它们就从最大分散状态变化到集聚状态并进行迁移。

同样,黏球菌与细胞黏霉菌的生活周期具有紧密相似性。黏霉菌这种真菌是真核生物,而黏球菌这种细菌是原核生物。在趋同进化中,这两类微生物是处在所有进化中最大歧化的两支,其歧化程度甚至超过诸如单细胞真核原生动物和更为原始的多细胞动物间的歧化。然而,这两类微生物的生活周期在许多细节上却彼此相似。该属的"黏球菌"实际上是直径为 50μm 或稍大一些的小胞囊,而每个胞囊内都有数千个细菌。当胞囊裂开时,聚在其内的杆状细菌,像一条龙从口中射出一样。这些细菌然后在黏液迹径表面滑行、吸收营养并按常规裂殖进行繁殖。大量的细菌成群滑行,后面的细菌沿着前面细菌的路径滑行,像行军蚁中的觅食集群那样,它们首先往一个方向,随后往另一方向运动。有时还做扇形展开,仿佛是在寻觅新食源。偶尔,各群还收缩成坚实的聚集体。不仅各单个细菌进行分裂,而且来自不同胞囊的细菌团块还能相互结合,以致运动中成片细菌的面积很快就会变得很大。当食物短缺,或更正确地说,当环境中某些氨基酸含量降低时,细菌就凝结形成特定的子实体。子实体的梗是由变硬的黏液支持的,而类胡萝卜素的累积则为子实体增添了红色、粉红色、紫色或黄色的美丽色彩。

3. 社会聚集:信息-中转系统

在盘基网柄菌中,引起阿米巴虫聚集的物质称为集胞黏霉菌素,并经鉴定为:腺苷-3,5-环状-磷酸盐(环状 AMP)。当这些阿米巴虫缺少食物时,就进入分化期(称为间期),持续 6～8h,然后释放出的环状 AMP 量急剧增高,从开始的 10^{-12}g 分子到随后 6h 的峰值 10^{-10}g,两者相差 100 倍;阿米巴虫对环状 AMP 的敏感性也成百倍地增强。问题是,当一个阿米巴虫在局部浓度梯度的高点时,它是如何沿着集胞黏霉菌素梯度运动的呢? 答案是:在这个过程中各阿米巴虫不断地向对方重复发出信号。环状 AMP 以脉冲形式释放,而这些脉冲明显地受到随后的集胞黏菌酶的释放的影响而迅速下降(因这种酶使环状 3′,5′-AMP 转化成 5′-AMP)。约 15s 后,这些阿米巴虫自己发射一些脉冲以对这些脉冲做出回应,然后指向原来的信号源运动经约 100s。在环状 AMP 脉冲和对其反应脉冲之间的间隔期约为 300s;运动时,阿米巴虫对进一步的信号没有反应。由于每一阿米巴虫是作为一个局部信号源而发生作用,所以总体来说,群体总是指向其最近的邻近个体运动,这样一开始就形成了一串串的聚集流。在这些聚集流内,运动仍继续指向原来的信号源,这样最终就形成了总的聚集中心。1972 年罗伯逊(Robertson)等通过电泳以适当速度从微电极释放出环状 AMP 可以诱发出上述全过程,培养皿中的阿米巴虫都很顺从地往微电极的尖端处聚集。

综合表明,在移走食物供给 6～8h 后,由饥饿的细胞以每 15min 的同步化脉冲发射一种引诱的化学信号环腺苷单磷酸(cAMP),将邻近饥饿的细胞引向一个中央位置。这个信号能被一个有几个跨膜结构区的表面受体蛋白接收到(这与动物细胞中其他受体蛋白类似,与 PI

信号传导系统的通路偶联）。为了加速信号传播并增大信号范围，相邻的阿米巴虫在表面受体接受到信号后，以释放自身的 cAMP 作为应答，细胞局部 cAMP 浓度增高，信号扩增，扩散加快(形成了一个中转信号的信使系统）。为了保证信号确实从前方脉冲中心散发到外周聚集区(不是往后)，每个阿米巴虫对于进一步的 cAMP 脉冲有一个不应答期。这种暂时性的“聋”，防止了细胞受自身信号的干扰和相邻细胞发射的信号的干扰。只有当信号脉冲已到达听不见的地方，阿米巴虫才对来自中心的新信号脉冲敏感。

每次 cAMP 脉冲都会诱导一个往中心方向的痉挛性波动。每一个脉冲波到达时，阿米巴虫就推进一步。虽然群体中每个细胞都能独立到达聚集地点，但它们常常合成一个旅行队迁移。细胞一个连一个形成“溪流”，“溪流”汇成更大的细胞河，最后都聚集于中心。细胞数量可达 10 万多个。

4. 发育实验：细胞分化和模式形成

在迁移运动期间，细胞团块中的阿米巴虫经历着分化：前部$\frac{1}{3}$的阿米巴虫要比后部$\frac{2}{3}$的变形虫更大一些，用某些类型染料染色则它们的着色程度也不同。这两部分的区别是很明显的，并且预示着即将形成子实体。迁移结果是，假原生质体滚成一个球状体。较大的阿米巴虫一端仍生长得较大，并往球体内部陷入，它们开始形成子实体的梗。当另一端变形虫堆积时使梗加长，同时把较小的后部阿米巴虫细胞抬举到空中而形成圆形囊。不久后，后部的细胞就转化成孢子了。这种劳动分工是很奇特的，因为这意味着：借助于梗部分细胞的自我牺牲，可以使得某些细胞作为孢子而求得永生。

这些细胞在遗传上是相同的，这一过程与后生动物个体的组织分化基本上没有什么不同。细胞聚集至蛞蝓形成，遗传性一致的细胞群就分离成几个亚群细胞：位于迁移着的蛞蝓的顶端的前孢子细胞；形成蛞蝓后部的将聚集成茎细胞的细胞和形成未来基板的细胞。

用手术移去蛞蝓的前部或后部细胞，剩余细胞又会重新发育和分配。切除剩余的前部，其末端的细胞将成为茎细胞；切除剩余的后部，其末端的细胞将成为袍子细胞或基板细胞。在细胞分化变得不可逆转之前，子实体在发育中重新的数量调控是可以进行的。

关于盘基网柄菌聚集体细胞分化的事实的解释，存在有以下两种观点。

(1) “位置信息假说”：细胞在蛞蝓中的“位置”决定着它的命运；

(2) “分类假说”：细胞在聚集时或聚集前就已分化并根据其未来的作用寻找位置。

5. 发育与分化中的化学分子

进一步实验表明，单细胞聚集期间，存在着细胞的积累。只有当有足够形成一个子实体的细胞时，发育才能开始。因此，单细胞聚集的启动，除饥饿细胞散发一种引诱的化学信号外，还需要分泌一种小分子量信号物质。这种小分子量信号物质能在数量上控制细胞分化和在数量上控制各种细胞类型的积累。实验发现，在蛞蝓顶端存在高浓度的 cAMP 和分化诱导因子(Differentiation Inducing Factor，DIF)。在低浓度氨(NH_3)的条件下，DIF 诱导细胞成为茎细胞。DIF 属芳香族，有一个苯酚组分，也是由饥饿和聚集的阿米巴释放的。细胞分化为前茎还是前孢子细胞，关键取决于 DIF、cAMP、NH_3 的相互抑制平衡。在茎细胞合成纤维素细胞壁时，氨基酸转换成纤维素，释放 NH_3。在迁移中的蛞蝓顶端上的 cAMP 产生腺苷酸，抑制了该位置上孢子细胞的形成。另一方面，蛞蝓顶端的 NH_3 的蒸发又有利于茎细胞的形成。

实验显示：在协调细胞群体中的发育事件中，更多的低相对分子质量物质被释放用以传播信息。而化学和物理的条件都在决定细胞分化的方式和特异性细胞类型产生的位置。但是，一个单细胞在群集过程中成为头部或中段部或尾基部时的位置究竟是由什么决定和怎样被决定的?

由于盘基网柄菌的发育过程在单细胞生物-原生动物中更进了一步,存在着聚集、细胞分化、模式形成等的细胞社会化特征,可作为高等真核生物-多细胞生物发育形成中相似事件的事例。构成一个生物体中的细胞多了,生物体的结构自然也就复杂并多样化了,功能也就随之专一和多样化了。组成生物体的细胞越多,生物的功能越精细,这一特点就越加突出。盘基网柄菌已成为关于多细胞生物-后生动物的形成中信号周期发射、信号中转、趋化性和细胞通过细胞黏附分子建立接触的研究模式。

6.3　水螅——集群细胞(细胞类型和数量)的增殖协调系统

水螅(Hydra)属后生动物中较低等的腔肠动物门水螅纲螅形目动物。水螅大小一般只有几个毫米,需要在显微镜下研究。

水螅是淡水或海洋养生的腔肠类动物,即开始出现了原始消化腔的动物。腔肠动物是构造比较简单的一类多细胞动物。腔肠动物的身体由内胚层和外胚层组成,因其由内胚层围成的空腔具有消化和水流循环的功能而得名。腔肠动物是真正的双胚层的多细胞动物,所有高等的多细胞动物,都被认为是经过这种双胚层结构而进化发展生成的。

腔肠动物具有的细胞中有一种叫刺细胞。刺细胞是一种可以放出刺丝,具有捕杀猎物和防御敌害功能的细胞。刺细胞是腔肠动物所特有的,它遍布于体表,触手上特别多,因此腔肠动物又被称为刺细胞动物。腔肠动物门的动物身体呈辐射状对称,体内有原始消化循环腔(兼具消化及循环功能),有口,无肛门,口兼具进食及排放食物残渣的功能。腔肠动物口周围有触手,触手表面有刺细胞,以作猎食及防卫之用,大致可以分为水母纲、水螅和珊瑚纲。腔肠动物开始分化出简单的组织,具有原始的肌肉结构和神经系统,但尚无呼吸、排泄和循环等器官;能进行有性生殖,也常进行分裂和出芽的无性生殖。大多数腔肠动物具有构造相当复杂的刺细胞,遍布于体表,并多集中于触手上,是攻击和保卫的武器。

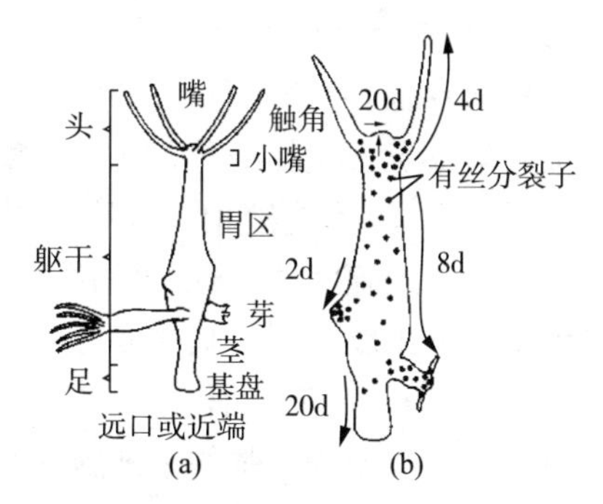

图6-5　有芽普通水螅

(a)水螅身体结构;(b)沿着动物的点指示细胞分裂的位点,箭头指示上皮细胞被替换的方向。上皮细胞的移位是因为两个事件:①在端区,年老的细胞经历细胞死亡,被吞噬或脱落;②在两端之间的躯体区产生新的细胞。多余的细胞以出芽形式排出。一旦一个芽已形成一个头和一只足,它就孵化出成为一个新的、独立的个体独立生活,它与其父母在遗传上是完全相同的

全世界腔肠动物约9 000种,全部水生,绝大多数生活在海洋中,可分为座生(固着生活)的水螅型和适于漂浮的水母型两种类型。有些种类在生活史中水螅型与水母型交替出现(在腔肠动物门内已经出现了真正可以证明的集群进化的等级。虽然各个体全都保持着基本的二胚层身体结构,但它们之间的关系表明,其间存在着极大的差异:从单独个体的真水母、水螅和海葵,经过实际上的分级发展到与个体几乎不能区分的、充分整合在一起的一些集群。某些集群是座生的形式,而另外一些集群是类似水母那样的可游动的组合体)。

1. 繁衍方式

水螅是腔肠动物门的代表动物(图6-5),生殖分为有性和无性两种。水螅在优良环境条件下进行出芽生殖。体

壁向外突出逐渐长大而形成芽体。芽体的消化循环腔和母体相连通，芽体长出垂唇、口和触手，最后基部收缩与母体脱离，附于他处营独立生活。由出芽繁殖成的水螅后代群也可称为无性系(Clone)。然而有研究表明如水温、光照、pH值、水中氧和二氧化碳的含量及食物等的恶化，都可使水螅进行有性生殖(此外，由于水螅内在的周期性因素，无性繁殖几代后，水螅通常进行一次有性生殖来增强群体的整体竞争力)。当在秋季或水温变化的压力下，有的水螅躯体上长出了精巢，有的水螅躯体上长出了卵巢。当精巢里的精子成熟后，离开精巢在水中游动，被生长成熟的卵巢摄入，与卵巢中的卵子结合。之后的受精卵在卵巢中进行卵裂(全裂)，以分层法形成实心的原肠胚，并围绕胚胎分泌出一硬壳。之后胚胎随卵巢一起从母体上脱落沉入水底，度过严冬或干旱等条件。等环境好转时，才完成其发育而生长成一只支小水螅。无疑，有性生殖是其保存种族延续的最佳手段。一般认为水螅有性生殖的发生是对生活条件变化的反应。

2. 生活习性

在生活周期中大多数物种具有螅体阶段，其中绝大多数为集群。集群由单个合子发育而成，形式上随物种变化很大。所有集群至少有两类个体(游动孢子)：一类用作捕获和消化食物(胃游动孢子)；一类用作繁殖(生殖游动孢子)。大多数集群是座生、呈枝状形式。在少数物种中，集群漂浮在海面上如同水母；在管水母目，这一趋势发展到了极端，一般也是无脊椎动物集群性的极端。某些水螅类物种具有真正的水母阶段，但都为单生独立的。

3. 机体发育

水螅体主要由两类细胞组成：上皮细胞与间质细胞。上皮细胞包括头和足部的那些上皮细胞都来自体柱中间的上皮干细胞，形成两个相邻的上皮层：外胚层和内胚层。由其产生的细胞一部分朝嘴迁移，逐渐整合成生长着的触角或嘴圆锥；其他细胞向足部转移，到达身体各个末端进行终末分化。上皮细胞形成了管状样身体的壁，相继经过终末分化后最后死亡、脱落或被相邻细胞吞噬。而间质细胞则位于上皮细胞间隙，来源于间质干细胞，这些干细胞保持着分化成不同细胞的能力，包括感觉神经细胞、神经节神经细胞、四种刺细胞、一种腺细胞、配子和所有这些类型的细胞的干细胞，归类为多能细胞(图6-6)。水螅体内的不断新生的细胞的数量和类型都受到精确调控。其多余的细胞会从胃部以出芽方式长出，与身体分离后完成自我克隆。至今其体内还没有发现肿瘤或别的癌畸变的现象。因此水螅及其他腔肠动物作为有一个非常有效的增生控制系统而被研究。

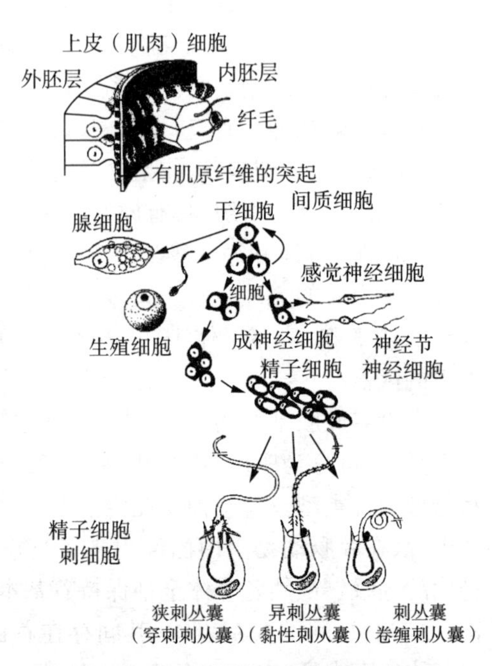

图6-6 水螅的基本细胞类型

由于水螅总是只在逆境或有压力的环境条件下才能产生少量的配子，而且水螅卵外有一层硬的、不透明的膜包裹，所以难以观察胚胎发生。因此对胚胎发生(从卵到浮浪幼虫)或变态(从浮浪幼虫到水螅)，研究者们把目光转移到它的海洋亲戚——具刺水螅(Hydractina)。这种群体生活的水螅长期隐居生长在蟹壳里，分布在北欧海岸和北美的大西洋海岸。

4. 发育实验

在具刺水螅(图 6 – 7)中人们积极寻找和鉴别与细胞增生、分化控制相关的信号分子。发现一种PAF(Proportion – Altering Factor)因子作为比例改变因子,能显著改变胚胎发生和变态模式。

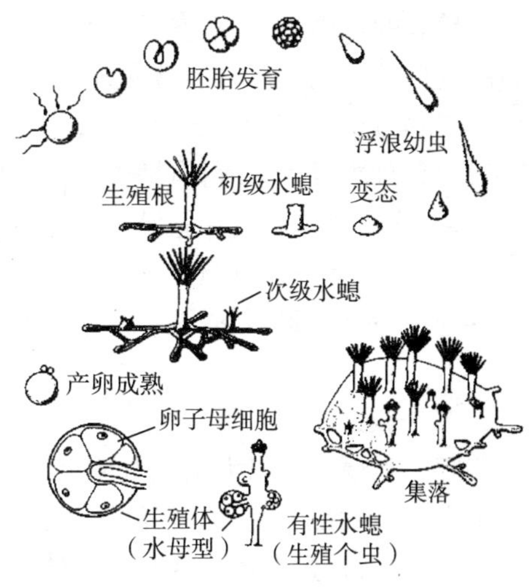

图 6 – 7 具刺水螅

变态开始时,神经多肽 Lys – Pro – Gly – Leu – Trp – NH,作为一个内部信号激活因子使浮浪幼虫能同步转变成初级水螅。另外发现认为它可能参与控制变态和变态后模式形成并含可转移的甲基基团的几种低相对分子质量物质,有 *N* –甲基吡啶甲酸和 *N* –甲基一烟酸。糖蛋白 SIF(生殖根诱导因子)从生殖根(与脉管系统相似的管网络)上释放及诱导生殖根分叉,就像脊椎动物中血管生成因子诱导毛细血管分叉一样。在水螅及具刺水螅中,花生四烯酸和其他花生酸参与发育调控过程,花生四烯酸能诱导多余头的形成。

水螅是一个具有植物-动物两重性的生物,既能移位捕食(动物性)又能营养再生(植物性)。水螅还像是一个永久的胚胎,尽管已形成身体各部分的终末分化细胞也在死亡,但细胞团体总在更新。水螅能通过永生的干细胞产生替代任何老化或已完成使命的细胞。所有细胞都被更换,细胞增生、分化和迁移总在不停地发生。研究显示,水螅能很容易替换身体失去的部分,包括头、足和管状体的其他任何部分。实验中,水螅被分成单个细胞沉到盘底,能像阿米巴虫一样爬行,与其他细胞重新建立接触而形成细胞团(重聚集)。开始时,重聚集是无序的,难以辨认。几天或几周后,这个聚集体自组形成一个新的、有生存力的水螅。在将水螅头部与尾部位组织细胞分离后再混合进行的“重聚集”实验中(图6 – 8),新长出的组织里原先头部位的细胞组织长出头部性状而原先尾部位的细胞组织长出尾部性状。可见,不同的位置决定了该细胞在“重聚集”再生中表现位置行为的潜能,也随之决定了该细胞在集群中的位置。然而,一个细胞当在集群中时所具有的“位置”性状是如何被规定的?

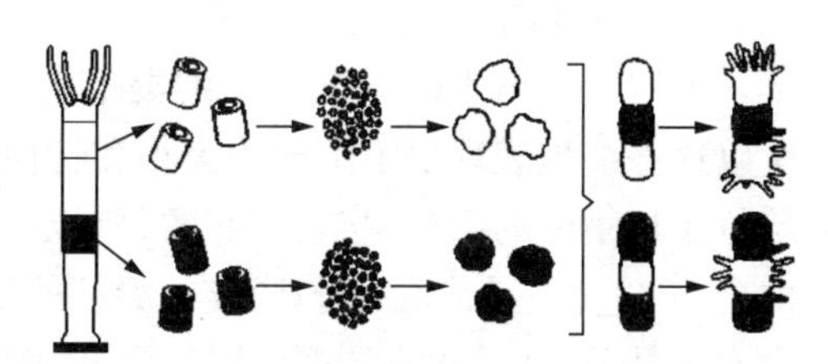

图 6 – 8 水螅的分散细胞实验(从两个不同水平的水螅柱状体切下片段分散成单细胞制备成凝集块,是两种组合排列,结果触手由来自相对具有最高位置值的细胞优先形成)

6.4 海胆——胚胎细胞间的能级梯度

海胆是海洋里一种古老的生物,在地球上已有上亿年的生存史。海胆属棘皮动物类。棘皮动物体形多种多样,有星形(如海星)、球形(如海胆)、圆柱形(如海参)或树状分枝形(如海蛇尾)等。无论哪种形状,它们的身体基本上都呈辐射对称,且多为五辐射对称。

棘皮类的口不是来源于胚胎的原口(胚孔),而是在原口相反的一端发育成为幼体的口,原口则变为成体时的肛门,这类动物称为后口动物。所有的脊索和脊椎动物都属于后口动物,因此,棘皮动物被认为是进化地位较高的无脊椎动物。

棘皮类的骨骼是由中胚层产生的，和其他无脊椎动物的贝壳或外骨骼的来源根本不同。这种骨骼有的极微小(如海参类)；有的成为许多骨片，相互排列成一定的形式，或愈合成一个完整的壳(如海胆类)。骨骼常向外突出成棘，因此称为“棘皮”动物。

1. 繁殖方式

海胆是雌雄异体，进行有性生殖，雌体可终年怀卵，一年排卵数次。生长3年海胆到达性成熟阶段，开始繁殖后代。它们是群居性动物，在繁殖上，它有一种奇特的现象，就是在一个局部海区内，一旦有一只海胆把生殖细胞(无论精子或卵子)排到水里，就会像广播一样把信息传给附近的每一个海胆，刺激这一区域所有性成熟的海胆都排精或排卵。这种现象被形容为“生殖传染”。

2. 发育模式

海胆卵和精子可以大量地获取，卵子很小且是透明的，包裹在透明而易于剥离的膜里，可以在水中和显微镜下发育。但海胆世代的周期很长，而且在实验室中很难使幼虫通过变态期。因此，海胆成为在显微镜下观察研究体外受精、卵激活、卵裂和原肠形成等胚胎发育过程的最好系统。

(1) 卵裂

海胆卵被一层有弹性的卵黄膜包裹(图5-1)。精子核进入卵内激活了卵子，卵子开始卵裂。海胆卵以同步、放射状的全裂方式分裂，一直到囊胚期。卵裂时，受精卵卵核中的染色体迅速加倍，细胞每20～30min就分裂一次，很快通过2-、4-、8-、16-、64-和128-细胞期。随着发育的继续，在胚胎不同区域，细胞周期长短和细胞分裂不再同步，胚胎内渐渐出现一个充满液体的腔，细胞排列构成包裹着中间腔的外上皮壁：胚胎进入囊胚期(图5-3)。

(2) 原肠期

海胆囊胚由1 000个左右单层细胞构成，这些细胞的细胞质分别来自受精卵不同的区域，所以这些细胞表现出了不同的大小和特性，并因此具有了各自不相同的发育命运(预定的中胚层位于植物极的中央，与它相邻的是预定内胚层区，预定内胚层区至动物极均为预定外胚层)。由这1000个左右单层细胞构成的囊胚的壁称为胚盘，中间腔称为囊胚腔。胚盘的外表面渐渐生出了纤毛，纤毛的协调摆动引起囊胚在膜内做旋转运动。在动物极，最初形成一束长长的、不动的纤毛，称为顶簇，这是第一个幼虫感觉器官。

在植物极，圆形囊胚的植物极一侧开始变厚变平，成为植物极板(图5-3，图5-5)。在植物极板中央有一群含丰富核糖体的小分裂球。小分裂球开始发生变化：小分裂球的子代细胞变成瓶状，并在其细胞的内表面进行有节奏的抖动，即不断伸出和收缩被称为线状伪足的细长突起，主动与囊胚腔壁连接，又主动脱离连接。然后，这些细胞摆脱了外透明层和相邻细胞的黏附，脱离了表面单层细胞，像阿米巴虫那样，一个个移入囊胚腔，随机地沿着囊胚腔内表面运动，最后进入囊胚腔。内移至囊胚腔的初级间质细胞被大量胞外物质包绕，进入囊胚腔后便沿着囊胚腔壁的胞外基质伸出线状伪足，向前迁移，沿动植物极轴分布的纤维决定了细胞迁移的方向。进入囊胚腔的这些细胞叫做初级间质细胞，海胆胚胎内约有64个初级间质细胞，全部来自第4次不对称卵裂所形成的4个小分裂球。这些初级间质细胞最终占据囊胚腔预定腹侧面，重新聚集融合形成索状合胞体，最终形成幼虫碳酸钙骨针的轴，将通过分泌不可溶的、结晶成闪烁的骨针的碳酸钙，形成幼体的骨骼。

同时，当囊胚腔的植物极板中央的小分裂球在植物极区域形成初级间质细胞环时，仍然保留在植物极板上的细胞也在发生变化。这些细胞彼此之间及与卵子透明层之间仍然保持联系，并移动、填补由初级间质细胞内移而形成的空隙。由此，植物极板进一步变扁平，并发生内陷。内陷是原肠形成的方式，绕动-植物轴呈放射对称状。当植物极板内陷深及囊胚腔的$\frac{1}{4}$～$\frac{1}{2}$时，内陷突然停止。所陷入的部分称为原肠，原肠在植物极的开口称为胚孔。

在此期间，原肠顶端开始形成了次级间质细胞。次级间质细胞维持在原肠顶端，它细胞上的线状伪足伸长并在胚盘内表面四周移动、探测，穿透囊胚腔液直达囊胚腔壁内表面，与囊胚腔壁某一预形成嘴的位点相连接。然后线状伪足缩短，牵拉原肠延伸。此间，原肠大幅度拉长，又粗又短的原肠变成又细又长的管状结构。然而，在此期间并没有新细胞形成。原肠的拉长是通过细胞重排，使一个细胞迁移后正好搭在另一个细胞上，原肠周长内细胞数目大为减少，并使细胞变扁平来实现的。当次级间质细胞线状伪足接触到特定靶位而不缩回时，指引正在延伸的原肠顶端接触到囊胚腔壁并连接后，原肠顶端的次级间质细胞减少伪足和分支，分散进入囊胚腔。它们在囊胚腔中分裂，最终形成围绕肠四周的肌肉细胞及一些其他细胞类型的中胚层器官。囊胚腔壁接触到原肠顶端的位置最终形成口，与原肠最顶端形成一连续相通的消化管。海胆作为后口动物，其胚孔位置最终形成肛门。

(3) 幼虫

在海胆的胚胎发育中，当细胞进入和卷入囊胚腔后，并没有形成完全的胚层。随即幼虫发育，体腔囊(原囊胚层)开始增殖增厚(囊胚层向腔内的增殖部分作为原肠向外延伸部分)，增厚部分与体腔囊分离才形成中胚层，原肠则构成内胚层。当幼虫孵出时，胚胎发生即宣告结束。海胆幼虫被称为长腕幼虫，利用其纤毛摆动将微型食物漩入口中。

(4) 变态

从自由游动(浮游)的、双侧对称的幼虫转化成五聚体海胆，需要一个基本的重构建过程。重构建从参与胚胎发生但被储存起来的一群细胞开始，这群细胞称为成虫盘(参阅果蝇部分)。

3. 具有影响的实验

(1)“位置信息”

汉斯·杜里舒进行了如下的经典实验：在海胆卵卵裂的2-细胞期将两个分裂球彼此分开，每个分裂球均能生成一个完整的幼虫，它们是同一单合子的孪生子，其大小只有正常幼虫的$\frac{1}{2}$。如果分裂球在4-细胞期分开，则形成四胞胎。将在原肠形成之前的囊胚沿动-植物极切开，能产生相同的孪生幼体。在海胆卵卵裂的8-细胞期开始，以垂直角度从赤道板上将囊胚一分为二，结果是：靠近动物极那一半发育成一个囊胚样的空卵裂球，但不能形成原肠；而靠近植物极那一半则能形成原肠，但生成的幼虫出现无嘴或手臂短等缺陷(图6-9)。

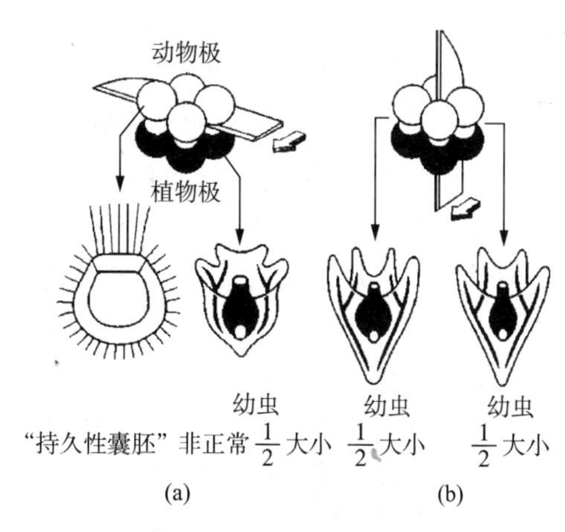

图6-9　在8-细胞期将一个早期海胆胚胎一分为二

(a) 在垂直于动-植物极卵轴的赤道板上将胚胎一分为二；(b) 沿着动-植物极卵轴一分为二产生两个大小为正常个体一半的正常幼虫

根据实验，汉斯·杜里舒提出：不同的细胞质成分负责不同的发育潜能。一个细胞的未来命运，依赖于它在整体中所处的位置。

(2) 梯度理论

关于细胞在胚胎整体中所处的位置与它未来的发育潜能的关系，Sven Horstadium 进行了这样的研究实验(图 6-10)。从海胆卵裂期中的 64-细胞期胚胎(参见图 5-3 中"64～128 细胞")沿动-植物轴不同位置横切分离出成排的细胞，然后并列放置。

如果在 64-细胞期通过显微操作分离出 an1 细胞层动物极帽，此帽则生成一个不能形成原肠的空球。这个囊胚样球上不是形成顶簇，其顶簇长纤毛而是遍布于整个囊胚。在 an2 细胞层(其子代正常时只具有短纤毛)在分离后发育成一个覆盖大量长纤毛的囊胚，这样它形成一个顶端器官的能力在空间上被扩大了。这种动物半球结构特征被夸大的现象叫动物化。形成夸张性动物结构的趋势随着与动物极距离的增加而减少。

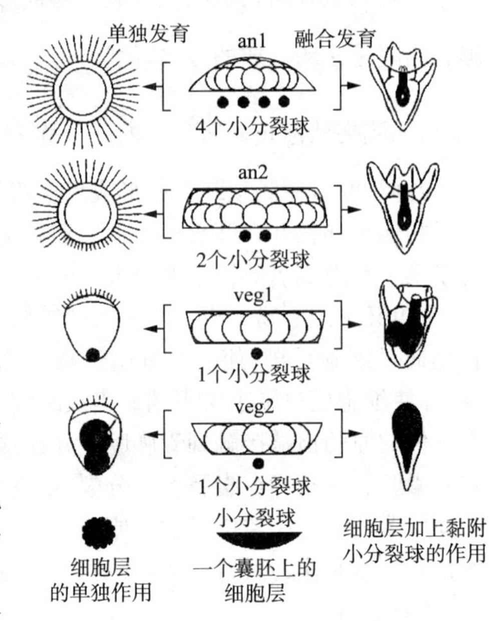

图 6-10 梯度假说实验

从 64-细胞期囊胚中分离出的细胞层并观察其发育潜能：

an1：长纤毛遍布整个囊胚的空球；

an2：长纤毛大量覆盖囊胚，仍不能形成原肠的空球；

an1+4 小裂球：可发育成正常幼虫，但矮小；

an2+2 小裂球：可发育成正常幼虫；

veg1+1 小裂球：发育成卵形幼虫，手臂短等；

veg2：发育成退化的、长腕幼虫样组织；

veg2+1 小裂球：发育成比身体大的肠

而当加入 4 个小分裂球时，an1 细胞层的细胞可正常发育成正常幼虫，但大部分都矮小。让 an2 细胞层的细胞正常发育，放 2 个小分裂球就够了。而使 veg1 细胞层的细胞正常发育，一个分裂球就够了，但由于动物成分弱，所产生的幼虫具有手臂短等缺陷。当 veg2 细胞层的细胞在分离后会发育成一个退化的、长腕幼虫样组织，加入一个小分裂球而失去了形成手臂的能力，形成一个与身体其他部位相比过大的肠，因而这个肠不能内陷到内部腔内，成为外原肠胚。

实验表明，推动胚胎发育细胞向动物特性发展的"动物化"影响物质在动物极顶部；推动胚胎发育细胞向植物特性发展的"植物化"影响物质在植物极顶部。这相反的两种影响物质彼此中和，每种影响物质的力量随着与它起源点的距离的增加而减小。

胚胎发育细胞沿动-植物轴趋向"两极化"的两种生理行为存在着镜像双梯度。形成这种双梯度模式的相反两种影响物质，或称为形态生成素。局部发育图式正是由这两种形态生成素的比率决定的。

进一步的其他实验发现，Li^+(锂离子)具有了小分裂球所具有的影响，加入 Li^+ 能驱使动物半球的细胞层发育正常，但 Li^+ 浓度过高将使其发育过于"植物化"而成为外原肠胚。

(3) 镶嵌理论与顺序诱导作用

加州理工学院的 Eric Davidson 以检测海胆卵中的发育因子为目的，找到了拥有 DNA 结合区的蛋白，抽提出了编码这些蛋白质的 mRMA，发现海胆的未受精卵含有在卵子发生过程中转录和储存用的母源 mRNA，它们至少编码 10 个不同的转录因子。这些母源成分以一种嵌合形式存留在卵中，卵裂时，不均匀地分配到分裂球中，使在分裂球中的分布也不同。它们作为"细胞质决定因子"起作用。这些进一步验证了鲁的镶嵌理论。

实验发现，受精卵第六次分裂后，囊胚分成 5 个主要区域(图 6-11)：①此部位由局部决定因子导向形成口区域的外胚层上皮和沿臂扩展的纤毛带；②第二个区域形成远口外胚层；③第三个区域形成植物板，后形成原肠；④第四个区域构成骨骼的材料；⑤第五个区域主要形成诱导原肠内陷的小分裂球。

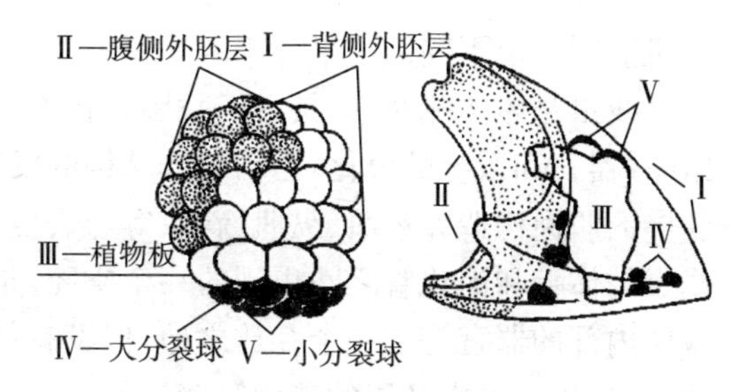

图6-11　囊胚分布区域

卵裂中分配到上述五种不同区域的母源转录因子不能自动发育(第5区域除外)，需要不同区域的细胞相互交换信号，而引起一种顺序诱导相互作用，促使不同区域的所有这些虽然在核内都拥有全套的遗传信息但因受自身含有的不同等母源胞质决定因子物质影响的细胞中一些基因表达增强，另一些基因表达受到抑制。

将Eric Davidson的发现与杜里舒及Sven Horstadium的实验及假说相互联系并统一起来，则可认为：胚胎细胞发育过程中类似沿动-植物轴形成双梯度模式的相反两种影响物质，这些形态生成素能自由穿过细胞膜从一个细胞扩散到另一个细胞，介导相互作用的有关信号可能只在细胞之间的间隙中扩散或暴露在细胞表面并直接展现在相邻细胞上。而在这两种情况下的信号分子都必须有受体接受。通过这种细胞间的相互交换信号，进一步使细胞发育的决定状态得到协调、逐步趋于稳定，从而形成各种特异类型细胞。

这样，导致了一些胚胎细胞具有这种形态生成素，而另一些胚胎细胞具有那种形态生成素。然而，卵中含有的不同的“细胞质决定因子”在卵裂时分配到不同分裂球中的过程是怎么发生与作用的？

6.5　线虫——胚胎细胞的恒定社会谱系

自1965年起，分子生物学家Syndey Brenner提出对小的、透明的线虫应加强研究，秀丽隐杆线虫成为了发育生物学研究中众所周知的模式生物。秀丽隐杆线虫(Caenorhabditis Elegans)是一种很小的蠕虫，其成体长仅1mm，全身透明，居住在土壤中，以细菌为食物，所以在实验室中极易培养。又因为全身透明，研究时不需染色，即可在显微镜下看到线虫体内的器官如肠道、生殖腺等；若使用高倍相位差显微镜，还可达到能观察到单一细胞的分辨率。

线虫的优点主要表现在：①生命周期短(一般为3～4d)，胚胎发育速度快(在培养温度为25℃时，胚胎发育期为12h)，便于不间断跟踪观察每个细胞的演变；②可用培养皿进行实验室内培养，便于遗传突变筛选，并可冷冻保存，常温下复苏后继续研究；③个体小，只要把线虫浸泡到含有核酸的溶液中，就可以实现基因导入；④体细胞数量少，通体透明，便于观察单个细胞的分裂和分化过程，并可观察发育过程的细胞凋亡现象。因此，线虫成为了目前唯一一个身体中的所有细胞都能被逐个盘点并各归其类的多细胞生物。

线虫类是假体腔动物中最大的一门，假体腔的出现，是动物进化上的一个重要特征。线虫体壁围成的体腔称原体腔，又称假体腔(Pseudocol)，是由胚胎发育时的囊胚腔发展形成的。原体腔只有体壁中胚层，不具有体腔膜，无脏壁中胚层。假体腔中充满体腔液，体腔液内没有游离的细胞，但有体腔细胞固着在肠壁及体壁上，体腔液除了担任输送营养物及代谢物(在生理上有类似循环的功能)之外，还有抗衡肌肉收缩所产生的压力，起着骨骼的作用。由于原体腔内充满了体腔液，致使虫体鼓胀饱满，身体难以任意伸缩，只能依靠纵肌收缩，沿背腹向弯曲，做波状蠕动。线虫具有完善的消化管，消化系统比腔肠动物进了一步，即有口有肛门，使消化机能因部位不同而产生分工。

线虫身体两侧对称，具有三胚层。在外胚层和内胚层之间出现了中胚层，而引起了一系列组织、器官和系统的分化，为动物体结构的发展和各器官生理的复杂化提供了条件。来源于中胚层的肌肉构造如环肌、纵肌、斜肌等与表皮互相紧贴，组成了称为“皮肤肌肉囊”的体壁。在线虫的体壁和消化管之间出现的一个空腔，是动物界最早出现的一种体腔。这种体腔使动物身体内部的器官有了一个存放之地，但没有任何孔道与外界相通。假体腔外面以中胚层的纵肌为界，里面以内胚层的消化管壁为界。线虫的排泄器官属于原肾型，但结构不典型，无纤毛和焰细胞（焰细胞遍布体内，是排泄的一个小单位。从周围收集多余的水分和液体废物，纤毛摆动驱使这些液体由毛细管到达排泄管，由排泄孔排出体外），来源上由外胚层形成，从结构与机能上看，类似于原肾系统，因此可看成是一种独特的原肾管。

线虫类全球已知有1万多种。自由生活的种类广泛分布于海洋、淡水及潮湿的土壤里，如在耕作土壤中有丰富的线虫，又如动植物体内的寄生虫等。

1. 繁殖方式

线虫绝大多数为雌雄异体（图6-12）。某些陆生小杆线虫和许多植物线虫为雌雄同体。还有的线虫只有雌虫，未发现雄虫，营孤雌生殖。而秀丽隐杆线虫只有雌雄同体和雄性个体两种生物型。雌雄同体自体受精的结果可产生高度纯合的基因型，后代多为雌雄同体，仅有约0.2%的雄性个体。

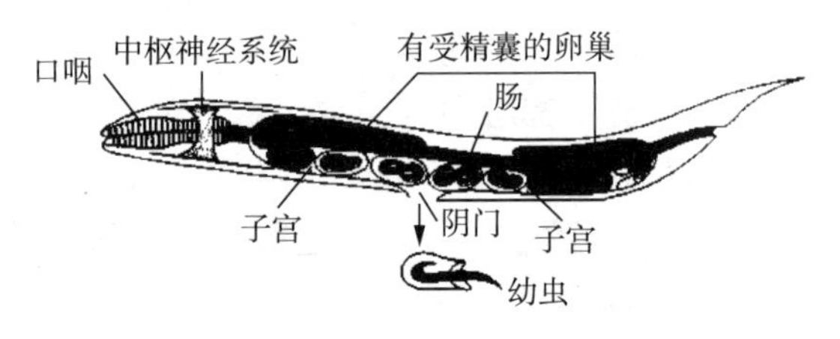

图6-12 线虫结构示意图

雌雄同体线虫从外形和解剖学上看似雌性，有XX性染色体，不但能产卵，而且其管状生殖腺能产生精子。自体受精导致亲近繁殖。反复杂交的结果，突变基因（新等位基因）在F2代就能成为纯合基因，很适合基因研究。

由于线虫精卵不分体分离，X染色体偶尔不分离的结果才会产生0.2%的缺一条X染色体的XO雄性体，而相应产生多一条X染色体的XXX胚胎不能存活。如XO雄性体与两性体交配，此时的两性体扮演真正的雌性体。因此，在线虫中，存在自体受精与交叉受精两种情景。在交叉受精中，新等位基因可以被引入。雄性个体可与雌雄同体个体交配产生后代，从而增加基因重组和新等位基因引入的机会。

秀丽隐杆线虫的生殖系统是2条或1条连续的管。雄性管，从末端到生殖孔，可分为精巢、输精管、储精囊和具有肌肉的射出管，射出管与消化道末端相连，又称为泄殖腔；雌雄同体的性管道通常是双管形，即每一管从末端到生殖孔均为2条，依次为卵巢、输卵管、藏精器、共用一子宫。子宫相合口即为阴门。

2. 生活习性

线虫的自然生长环境是土壤，像盘基网柄菌一样食细菌。它们的生命周期很短（3.5d），胚胎发生持续约12h（25℃）或者18h（16℃）。

线虫由卵孵化出幼虫，幼虫发育为成虫。线虫的生活史很简单，卵孵化出来的幼虫形态与成虫大致相似。所不同的是生殖系统尚未发育或未充分发育。幼虫发育到一定阶段就蜕皮一次，蜕去原来的角质膜而形成新的角质膜，蜕化后的幼虫大于原来的幼虫。每蜕化一次，线虫就增加一个龄期。线虫的幼虫一般有4个龄期。垫刃目线虫的第一龄幼虫是在卵内发育的，所以从卵内孵化出来的幼虫已是第二龄幼虫（图6-12）。此时幼虫开始侵染寄主，也称侵染性幼虫。经过最后一次的蜕化形成成虫,这时雌虫和雄虫在形态上已明显不同,生殖系统已充分发育,性器官容易观察。雌虫可经过交配后产卵,雄虫交配后随即死亡。有些线虫的雌虫可以不经与雄虫交配也能产卵繁殖,这种生殖方式称孤雌生殖。在一些定居性的植物寄生线虫(如包囊类线虫和根结线虫等)的生活史中,当寄主植物的营养条件和环境条件适宜时,往往进行孤雌生殖(卵细胞未经受精,直接发育成新个体的一种无融合生殖方式)。因此,在线虫的生活史中,一些线虫的雄虫是起作用的,有的似乎不起作用或作用还不清楚。

3. 发育模式

(1) 结构特征

线虫的消化管分为前肠、中肠和后肠3段。前肠包括口、口腔、咽(食道),是外胚层由原口的部分内陷而成;中肠紧接前肠的下端,是消化和吸收的主要场所,由内胚层组成;后肠包括直肠和肛门,由身体后端外胚层向内陷而成。线虫的消化管有口有肛门,为完全消化系统,食物经口、咽、肠、直肠,再由肛门排出,使消化和吸收后的食物不再与新进入的食物相混合,这比不完全消化系统更完善、更高度分化,在进化上有很大的意义。

线虫的排泄器官为原肾细胞或排泄细胞,无纤毛或鞭毛,由一种腺细胞组成,分为两种类型:一类是腺型;另一类是管型。腺型是原始类型,如海产自由生活的种类,可以由1个或2个腺细胞组成,位于咽和肠交界处,开口于神经环附近的排泄孔;管型通常为营寄生生活的种类,如钩虫其2个腺细胞还各向后伸出一条长管,而两细胞之间又互有管道相连,并由共同的排泄孔通于体外。由此可见管型的排泄器官也是由腺型演变而来,它们都是由外胚层细胞形成的,也可以把它作为一种原肾。

(2) 发育(卵的不均等分裂)

线虫的发育分为卵、幼虫和成虫三个阶段。卵多为卵圆形。刚排出的卵,其发育成熟程度常随种类而异,如蛔虫卵刚排出时只是在单细胞期,钩虫卵则已为4个细胞期,猪肾虫则为多细胞期。还有一些种类,如醋线虫、丝虫、旋毛虫等,从母体生殖孔产出已是幼虫了,即所谓卵胎生。

秀丽隐杆线虫母体和胚胎是透明的,线虫的胚胎发育在靠近生殖腺管一半长的地方首先进行的,该地称为子宫。细胞分裂往往是不对称的,即由一个前体细胞有丝分裂产生的两个子细胞继承的遗传信息是均等的,但细胞质成分不均等,因此,它们的命运不同。

在秀丽隐杆线虫中,胚胎发生是以一种精确、忠实重复、代代相传的特异遗传模式进行。通过仔细的观察发现:每个体细胞都可重建其个体发生,每一代细胞谱系具有高度精确性,每个个体发育到相等细胞数量后会终止发育,使得细胞数量保持不变。

秀丽隐杆线虫幼体出生时有556个体细胞和2个原始生殖细胞。经过4个蜕皮分裂而进入幼虫期,此时期持续3d。若是雌雄同体,发育结束时,成熟成虫有959个体细胞和大约2 000个生殖细胞;若是雄性成虫,则有1 031个体细胞和约1 000个生殖细胞。神经系统由302个神经细胞组成,这些细胞来自407个前体细胞,所以可推测这些前体细胞中有105个细胞发生程序性死亡(凋亡)。

在发育中,由于细胞分裂是不对称的,细胞质成分并不均等的两个子细胞的发育命运是不同的。从中能观察到种质颗粒——P颗粒(线虫的生殖质)的传递及生殖细胞的发生过程。胚胎发育细胞分裂时,种质颗粒不对称分配,经4次分裂后,P颗粒全部分配到一个种系细胞P_4内(图6-13)。线虫的生殖系(Germ Line)特别引人注目。从种系细胞P_0至P_4的细胞均被赋有一种特殊传代物的特征:不对称细胞分裂把细胞质中的P颗粒只分配到P-生殖细胞中,而不分配到注定要成为体细胞的姐妹细胞中。由此形成了线虫的生殖系:从受精卵到原始生殖细胞，包括所有能够形成配子的细胞。线虫生殖系上的细胞被命名为 P_0、P_1、P_2、P_3 和 P_4。最后一个 P-细胞 P_4 为原始生殖细胞。在蛔虫(Ascaris)中，只有生殖系细胞保持染色体完整性，而体细胞经不对称分裂后失去一些染色体物质(染色质消减)。鲍维里于 1910 年叙述并分析了这种现象，指出丢弃的染色体对于生殖系的发育可能很重要。时至今日，消减 DNA 的功能仍是一个值得探索的问题。线虫的染色体消减尚不清楚。

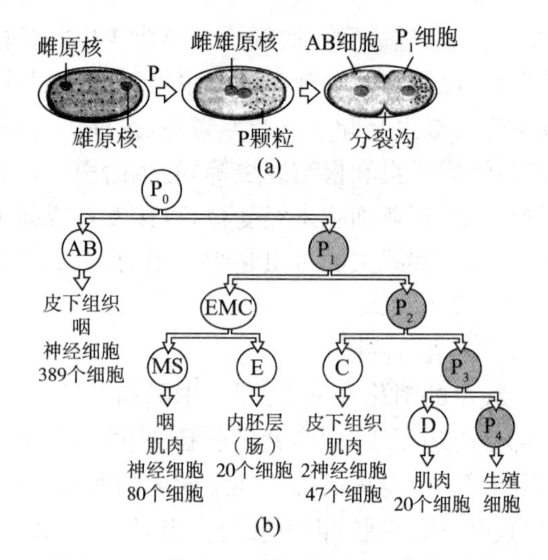

图 6-13　线虫 P 颗粒对最初细胞分化的影响

(a)线虫的 P 颗粒均匀分布于整个未受精卵的卵质中，受精后集中位于预定胚胎的底部，第一次卵裂形成一个 AB 细胞和一个含有 P 颗粒的 P_1 细胞；(b)线虫卵裂时 P 颗粒和 P_1E-1 蛋白全部分配到 P 细胞中，由 P_4 细胞产生全部生殖细胞

通过对线虫细胞谱系的分析揭示，由几种创立者细胞(Founder Cell，在对线虫的描述中避免用"干细胞"这个词，因为在孵出的成虫中，具有自我更新能力的子细胞不存在，所以用"创立者细胞"这个词)产生一种组织：只有分裂球 E 能单独产生唯一的肠。这是唯一的特殊现象。这种特殊性并不是一种规律。正常时，相同谱系沿着胚胎纵轴产生一类以上的多类型细胞，而大多数组织是由几种创立者细胞分化而来的，同时这些组织反过来又产生其他组织。由几种创立者细胞产生的这些组织具有多克隆起源性，例如起源于其后代的神经细胞也能参与肌肉生成的细胞；另一方面肌肉细胞起源于三种多能创立者细胞，因此除肌肉外，分裂球 C 也产生神经和真皮细胞。

通过对大量突变体及手术除去创立者细胞的研究和分析引出这样一种观点：每个细胞的命运不仅由早期胚胎发生时所分配的细胞质成分(如 RNA)决定，很大程度上也取决于早期相邻细胞间的相互作用。现在认为线虫的发育遗传控制由约 1 600 个基因完成，其中许多是所谓的"选择基因"或"主导基因"。

4. 实验研究

用一种追踪细胞命运图谱的方法，即在胚胎中注入永久标志物如荧光染料、标记抗体或报道基因等，不仅使注射的分裂球被标记，而且它们的子代也能被标记。通过对显示干扰细胞谱系的大量突变体的研究能补充对线虫原来描述的细胞谱系的分析。

实验观察表明，AB 创立者细胞，经分裂和进一步分化产生包括皮下细胞、神经细胞、咽肌细胞、分泌腺细胞和 1 个体肌细胞在内的共 389 个细胞；EMS 细胞经分裂为 MS 细胞和 E 细胞，其中 MS 细胞再经分裂和分化后形成体肌细胞、咽肌细胞、神经细胞和分泌腺细胞在内的共 80 个细胞，E 细胞则形成构成肠子的 20 个细胞；创立者细胞 C 经分裂和分化产生包括皮下细胞、体肌细胞和 2 个神经细胞在内的 47 个细胞；创立者细胞 D 则全部用于形成运动系统的 20 个体肌细胞；而此时种系细胞 P_4(原始生殖细胞)才分裂出 2 个生殖细胞 Z_2 和 Z_3。到产生原始生殖细胞时，幼虫发育已经就绪：556 个体细胞已经完全从创建者细胞形成，可以从母体产出了。通过把分子中带有不扩散高分子葡萄糖的荧光染料注入创立者细胞，幼虫中每个部位细胞的家族史立刻昭然若揭。

由于线虫恒定的细胞分裂及其恒定的细胞谱系模式，在探寻其身体不同部分的起源至不同创立者细胞时,对线虫在4-细胞期的分裂球D及其后代4d细胞不对称细胞分裂进行跟踪研究,发现4d细胞是原始中胚层及中胚层内部器官的创立者细胞。

在对4-细胞期的分裂球D的跟踪研究中看到,在卵裂过程中,卵植物极细胞质的一个显著部分会以一种极叶(聚集状)的形式游移于细胞质液(图6-14)。如果植物极细胞质的这一个显著部分以一种极叶(聚集状)的形式游移出细胞质液之后用一根微管将它移走,胚胎就不能发育出背腹轴。该极叶的形式在卵裂过程中会被周期性地释放。细胞分裂时,该极叶始终黏附在正分裂成两个子细胞的其中一个上,待胞质彻底分裂后而进入这一个子细胞中时,该极叶释放,被这一子细胞的胞质所吸收。在下一次分裂前又被聚集与释放排出。最后该极叶被细胞D的胞质所吸收。该极叶含有未来中胚层形成必需的未知组分。如将极叶切除并与细胞A融合,细胞D就失去产生中胚层的能力,相反,细胞A能产生中胚层。

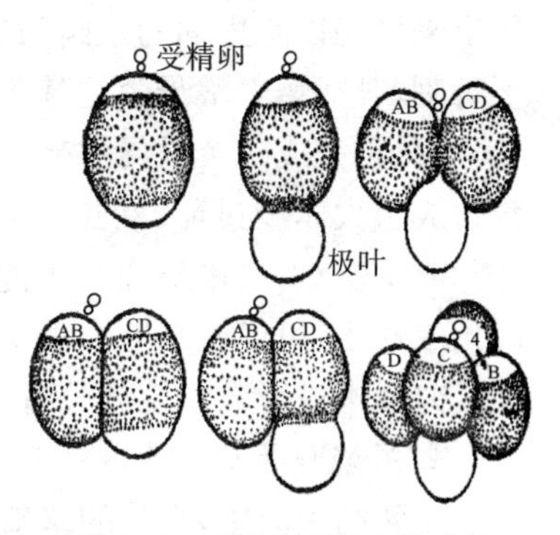

图6-14 卵裂过程中极叶的聚集排出与吸收

通过线虫的胚胎发生,了解到一种精确的、忠实重复的、代代相传的特异遗传模式,了解到细胞分裂的不对称性,从而能够更好地解释一个有着特定组织和器官的多细胞生物体是如何从一个单一的细胞发展而来的。同样,发育初始细胞分裂的不对称性是如何形成的?导致两个子细胞不同的发育命运的细胞质成分并不均等的分配如何发生?

6.6 果蝇——胚胎发育模式的构建基因

果蝇是双翅目昆虫,成蝇体长约0.5 cm。广泛用于遗传学研究的果蝇为黑腹果蝇(Drosophilamelano-Aster)。关于果蝇的遗传资料收集得比任何动物都多。用果蝇的染色体,尤其是成熟幼虫唾腺中最大的染色体,研究遗传特性和基因作用。20世纪初,摩尔根选择黑腹果蝇作为研究对象,建立了遗传的染色体理论,并开创利用果蝇作为模式生物的先河。1927年,他的学生缪勒(Muller)发现放射线可以导致遗传损伤和突变,从而可以进行人工诱变。由于它们繁殖迅速、染色体巨大且易于进行基因定位,果蝇成为经典遗传学家揭示遗传规律的经典生物。虽然20世纪40年代后的30年中,更易进行分子生物学操作的大肠杆菌、酵母菌和噬菌体等微生物一度取代了它的辉煌地位,但从1970年开始人们发现果蝇在胚胎发育图式的构建中具有特殊优点:果蝇胚胎发育初始的体轴决定由母源基因控制,由14个体节构成的躯干完全对称,一套基因控制了这些体节从上到下的发生过程。后来的研究证明,这套基因普遍存在于从昆虫到人的基因组中,是决定机体左右对称布局形成的最基本因素。由此,果蝇再次引起科学家们的高度关注。

1.繁殖方式

果蝇大多进行有性生殖,体内受精。雄个体较小,腹部有3条环纹,第一对足上有性梳(在显微镜下可看清)。雌个体较大,腹部有5条环纹,无性梳。

新羽化的雌性成虫大约8h之后即可进行交配,交配之后大约40h开始产卵,第4～5d出现产卵高峰。性成熟的雌性果蝇生殖能力很强,产卵初期每天可达50～70枚。成虫不经过交配而产卵,则孵化的后代均为雌性。

2. 生活习性

果蝇的食物不是果实里的糖蜜，而是以果实腐烂后上面生长的酵母菌、真菌为食。幼虫孵化出来后是以吃里面的果肉为生的。实验室里，果蝇的饲养条件并不苛刻，凡能培养酵母菌的基质都可作为其养料。果蝇的生命周期十分短暂，完成一个世代的交替平均只需要2周左右。果蝇由卵发育为成虫大体经过卵、幼虫、蛹和成虫4个阶段，属完全变态发育(图6-15)。1只雌果蝇一生能产下400～600个卵，卵经1d即可孵化成幼虫，组成一个庞大的家族。如此众多的后代，足以作为一个研究样本进行数理统计分析。

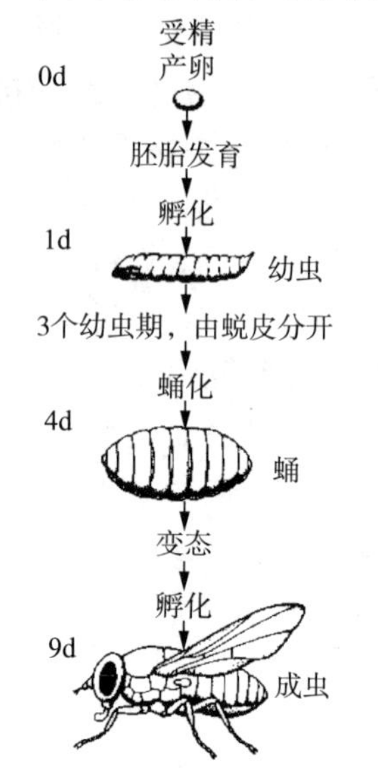

图6-15 果蝇的生命周期

3. 果蝇作为模式生物的特点

短暂的生活史，高效的繁殖及极快的胚胎发育速度和完全变态等特点都是其他实验动物无可比拟的。果蝇的性状表现极为丰富，突变类型众多，而且具有许多易于诱变分析的遗传特征。果蝇的复眼性状可分为白眼、朱砂眼、墨黑眼、砖红眼和棒眼等；果蝇的体色可分为黄身、黑檀身和灰身等；果蝇的翅膀可分为长翅、残翅、小翅、卷翅和无横隔脉翅等。由于其表型的多样性，在研究果蝇的杂交等试验时，对其亲本的组合的选择也可多种多样。

果蝇的染色体数目极少，只包括4对同源染色体，其中一对为性染色体。果蝇幼虫期的唾腺细胞很大，其中的染色体称为唾腺染色体。这种染色体比普通染色体大150倍，因而又称为巨大染色体。唾腺染色体处于体细胞染色体联合配对状态，处于细胞分裂的间期，每条核蛋白纤维丝都处于伸展状态，DNA经过多次复制而并不分开，每条染色体大约有1000～4000根染色体丝的拷贝，所以又称多线染色体。多线染色体经染色后，出现深浅不同、密疏各别的横纹，这些横纹的数目和位置往往是恒定的，代表着果蝇等昆虫的种的特征。如染色体有缺失、重复、倒位、易位等，很容易在唾腺染色体上识别出来。在基因表达时，染色体上相对应的纹带中形成一个疏松的“泡”；基因不表达时，疏散的“泡”又紧缩成可辨的明显的纹带。在果蝇幼虫的不同发育阶段，基因选择性表达，染色体上的“泡”的数目和形态也随着细胞的分化状况而发生改变。其中每一个“泡”可能是一个正在转录的区域，可产生大量的信使RNA的前体。组织化学的特异性染色法可对多线染色体的DNA和RNA进行选择性染色，根据不同的染色方法可以准确地观察到DNA和RNA在染色体上的变化情况。结合不同发育阶段的细胞中的染色体结构变化及功能的变化，可组合成一个动态的胚胎发育过程，构建不同基因活动与细胞分化之间的发育谱。果蝇唾腺染色体已广泛应用于研究染色体的结构，如染色体的重复、缺失、倒位和易位的细胞遗传学特征及其产生的遗传学效应，可以将和某一特定性状相关的基因准确定位在染色体上。果蝇唾腺染色体也同样被广泛用于种内系统发生和种间亲缘关系的研究中。

4. 生命周期

卵：羽化后雌蝇，一般在12h后才开始交配，两天以后才能产卵。卵长约0.5mm，为椭圆形，腹面稍圆，背面扁平，在背面的前端伸出一对触丝，它能使卵附着在食物或瓶壁(图6-16)上，不至于深陷到食物中去。卵受精后，胚胎发生只需1d，即形成幼虫。

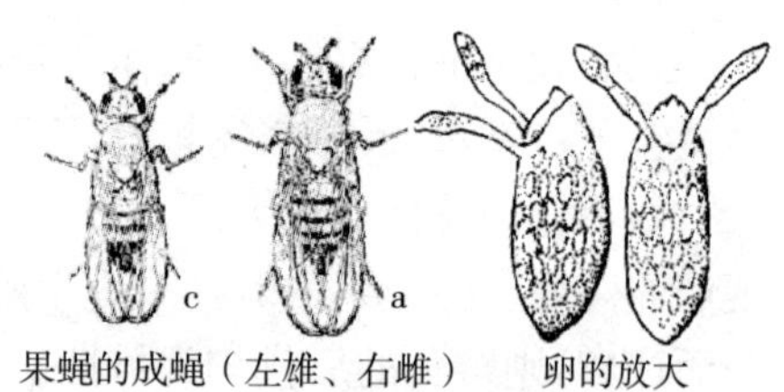

图6-16 果蝇的卵与成虫

幼虫：幼虫从卵中孵化出来以后，经过两次蜕皮，第3天到了三龄，体长可达4.5mm，肉眼可以看到，头部稍尖且有黑点（口器），幼虫活动力很强，贪食。

蛹：第4天，幼虫从培养基中爬出并附着在瓶壁上，形成一个核形的蛹。起初颜色较浅（淡黄）而柔软，逐渐硬化变为深褐色，这表明要羽化了。

成虫：第9天，刚从蛹中孵化出来的果蝇，虫体较大，翅膀尚未展开，体表尚未几丁质化，故呈半透明白色，透过腹部体壁，可以看到黑色的消化系统。不久，蝇体变为粗短圆形，翅展开，体色加深。

5. 果蝇的胚胎发育

1）卵子发生

果蝇卵在称为卵巢管的管中形成。卵巢管由横向的壁分成许多小室，构成卵巢管管壁（图6-17）。围绕未来卵细胞的细胞叫做滤泡细胞，与脊椎动物卵巢中的卵泡细胞类似。每个小室中有一个雌性原始生殖细胞，即卵原细胞，是生殖系干细胞。每个生殖系干细胞分裂一次产生一个干细胞和一个成胞囊细胞（Cystoblast），一个成胞囊细胞经过4次不完全的有丝分裂形成一个16细胞的胞囊（Cyst）。细胞之间通过细胞质桥相互连接构成合胞体，16个细胞中其中只有2个细胞与4个姊妹细胞相连，这2个细胞中的位于胞囊后端的一个细胞将形成卵母细胞，其余15个细胞则形成滋养细胞。滋养细胞的核DNA经过多次复制，形成多倍体的核，而卵母细胞为双倍体核，后来在减数分裂过程后变成单倍体；由于滋养细胞多倍体核的高转录活性，可合成和提供卵子发育所需的大量的核糖体、包裹在核糖体蛋白（RNP）颗粒上的mRNA、蛋白质，这些母源性产物在卵子发生中转运到卵母细胞中去，是由滋养细胞排出并经合胞体运输进入卵母细胞的，供正在发育的卵使用，使这些卵能迅速通过胚胎发生期。胞囊内卵母细胞经过减数分裂形成单倍体的卵子，被胞囊外由体细胞起源的滤泡细胞所包围着，由滤泡细胞产生卵黄膜和壳膜。胞囊连同包围着它的滤泡细胞形成的小室称为卵室，卵室与卵室之间的相连，呈现出芽状的卵巢管结构。

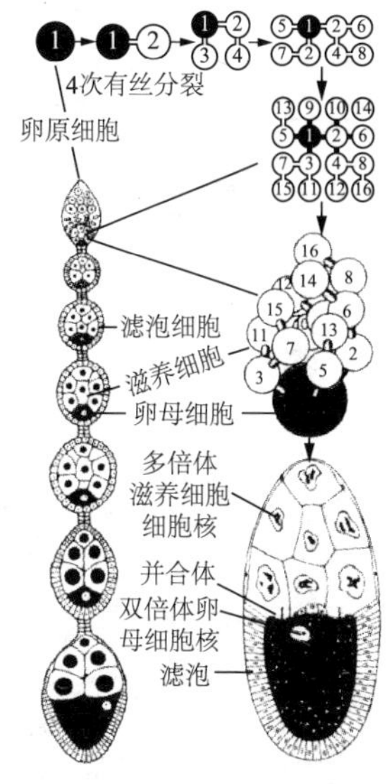

图6-17 果蝇的卵子发生

果蝇的卵子发生比较特殊，既不经历转录活跃阶段也没有灯刷状染色体，大量的RNA都在滋养细胞中合成，然后转运到卵母细胞中。在卵子发生后期，滤泡细胞帮助营养卵母细胞，介导大卵子的主要成分——卵黄的供给。果蝇的卵黄蛋白不是在卵母细胞中合成的，而是在卵巢中的脂肪体细胞中以卵黄原蛋白和卵黄高磷脂蛋白的形式合成的。这些脂蛋白和磷蛋白被释放到中间体腔液中，被卵巢中的滤泡细胞收集再传递给卵母细胞，卵母细胞接受这些物质后，把它们储存于卵黄颗物中，作为构造氨基酸、磷酸和能量的储藏物质。

母源滋养细胞、滤泡细胞和脂肪体细胞利用自身的基因和细胞资源制造所有输入卵母细胞中的物质。果蝇成熟卵中的全部物质都是母体基因组的产物，并携带母源信息。这些在卵子发生过程中表达并在卵子发生及早期胚胎发育中具有特定功能、影响着卵子胚胎发育的基因称为母源影响基因，或称为母体效应基因（Maternal-effect Gene）。

最后，滤泡细胞提供包裹卵子的卵黄膜，并分泌多层绒毛膜，或称壳膜。卵壳前端一个称为卵孔的管道保持开放，允许精子在卵子离开母蝇前进入（在交配时，精子储存在受精囊中供母蝇终生使用）。和陆栖脊椎动物一样，果蝇的受精在卵巢最后部位进行，该部位行使输卵管的作用。

2) 胚胎发生

(1) 卵裂

果蝇的胚胎发育在产卵后立即开始,并在一天内形成幼虫。卵裂为表面卵裂。细胞核以只间隔 9min 的高频率复制,卵子的细胞核成倍增加,而卵子只成为一个合胞体(图 6－18)。在第 9 次卵裂后,合胞体内在含有 256 个细胞核时期,核开始移至卵的外周,定居皮质层。首先到达皮质层的是移到卵后部末端的核。该区域已有含几种 RNA 的极颗粒在积累。从卵母细胞和胚胎早期就开始移植到后部的极颗粒-极细胞质,能介导合胞体内任何位置中的早期胚胎细胞形成生殖细胞。由此,在卵的后极,迁移来的核和极颗粒首先被细胞膜包裹,形成完整的细胞——极细胞,并随后从定居皮质层上排出而开始迁移。这第一批胚胎细胞即是原始生殖细胞。在原肠形成时,这些极细胞迁移,穿过中肠上皮到达胚胎生殖腺。

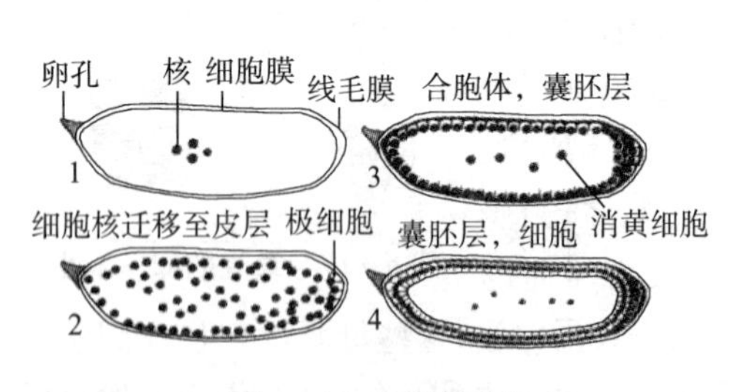

图 6－18 果蝇卵裂

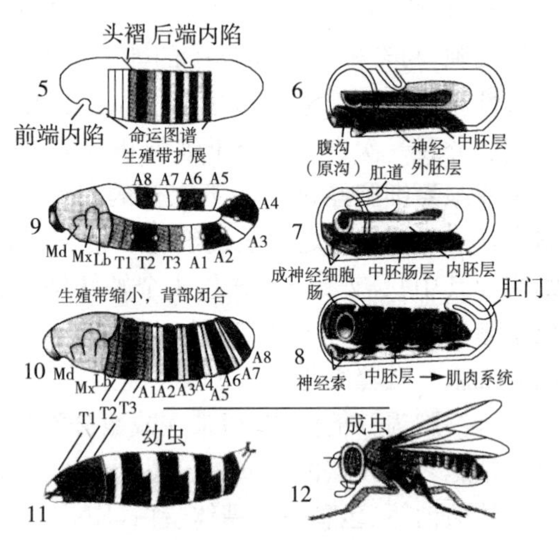

图 6－19 果蝇原肠形成

而其他的核仍在卵皮质中排成一单层,此时,卵到达合胞体胚盘期。直至经过第 13 次卵裂后约有 6 000 个核出现时,合胞体的细胞质膜开始沿核与核之间内陷,最后细胞质环绕每个核封闭成一个个小室,形成了细胞。卵发育到达细胞胚盘期。随后在细胞胚盘的腹部渐渐构成生殖带,逐渐产生胚胎胚层。

(2) 原肠形成(图 6－19)和早期胚胎发生

果蝇胚层的形成是从胚盘腹部中线形成生殖带开始的,并发展到卵背侧。原肠形成主要由内胚层形成和中胚层(腹神经索)形成这两个独立的事件展开:

① 内胚层形成:内胚层由细胞胚盘的前下部和后上部内陷形成。两者内陷深入内部,彼此朝细胞胚盘中央靠近,最后融合形成中肠。当囊胚层的这两个凹入口加深时,囊胚层的这两个位点缩起形成原口,将产生前肠(口)和后肠(肛门)。

② 中胚层和腹神经索的形成:沿胚盘腹侧的一条宽细胞带——生殖带,在细胞胚盘内纵向扩展至其尾部将接近头部,然后生殖带又缩小。经过连贯的、形态发生的运动,胚盘腹部的细胞变形,形成一个上皮凹口的腹沟(图 6－20,图 6－21)。腹沟加深、内陷并在卵内部沿胚盘腹侧形成一个带状中胚层,和伴随在带状中胚层两侧形成的两束细胞带(含神经生成细胞)。不久,这两侧的两束细胞带在中胚层带的外延层沿卵内周包绕延伸而愈合成为胚胎的外圆层。同时内层的这条中胚层带也沿卵内周包绕延伸在腹面愈合,成为双圆层细胞的里层。外圆层

就是以后的外胚层；里层进一步分化为中带与侧带，前者成为内胚层，后者成为中胚层。而神经生成细胞从外圆层的外胚层上的成表皮细胞中分离成单个细胞，分层进入中胚层与外胚层之间生成成神经细胞团。这些成神经细胞团衍生成腹神经索。

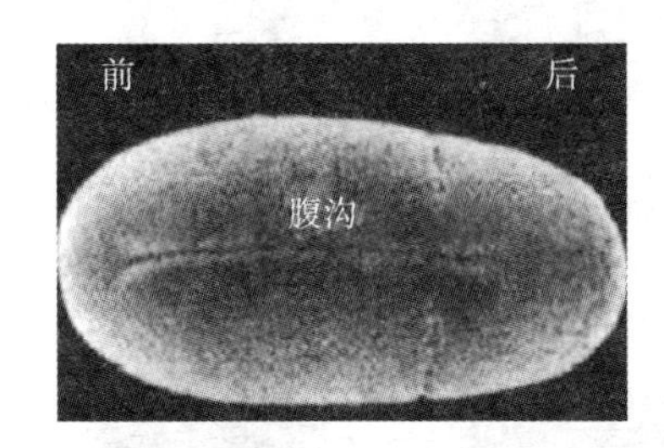

图6-20 腹沟

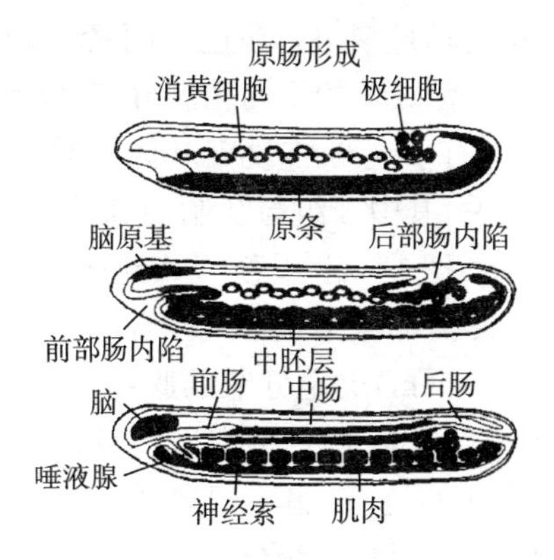

图6-21 在果蝇原肠形成早期，在原沟前面和后面局部内陷产生前肠和后肠，两者延伸到内部接近

这之后，分层的成神经细胞又介导囊胚层的前端局部加厚，形成视叶原基，并内陷，分层的成神经细胞构建脑。此时，外胚层的背部边缘和内部器官的边缘朝背部卵黄中心生长直至彼此相遇并沿背中线融合(背部闭合)。

(3) 分节和基本身体模式

与上述事件同时发生，分节开始。身体开始分成周期性重复的单位。从基因表达水平上分，分节开始于合胞体囊胚层期；形态上看，只有当中胚层被分裂成方块体，原沟在细胞胚盘腹侧的外层外胚层上皮出现时才看得见；外表上，果蝇形体模式的形成沿前-后轴显示有规律的分节，即从前到后分为头节、3个胸节和8个腹节这3个解剖区及幼虫的前后两末端所特化的原头和尾节。由此，身体模式便可区分出14节(Mb、Mx、Lb、T1、T2、T3、A1—A8)，前部末端顶节与后部末端尾节不属于完整的体节。开始时这14节很一致，后来就变得不一样了。

胚胎发育至幼体阶段，用眼即可见到幼虫具有原头、3个胸节、8个腹节和原尾(图6-22)。前端顶节和头部体节(Mb、Mx、Lb)融合后形成头，幼虫的头缩入体内。从外观上看，幼虫的身体从三个胸体节并始：T1为前胸节，T2为中胸节，T3为后胸节。成年果蝇中，前胸节承受一对足，中胸节承受一对翅膀，后胸节曾经是第二对翅膀但后来演变、缩小成称为平衡棒的振荡体，它是一个装备有感觉器官，用以控制飞行中风引起的扭转的结构。果蝇的腹部由它的幼虫的8个腹部体节组成(从A1到A8)。

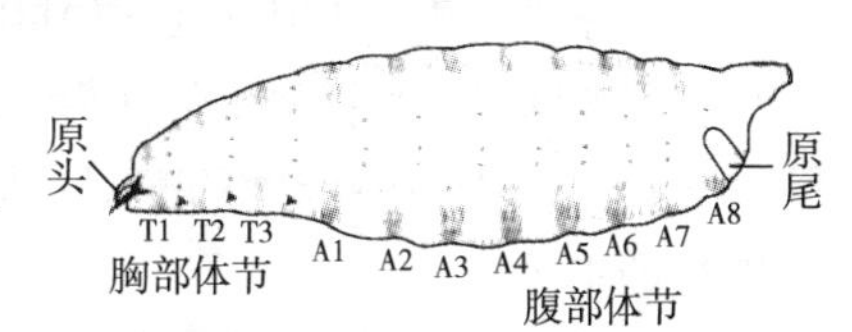

图6-22 果蝇1龄期的幼虫

6. 躯体图式形成的控制基因

20世纪初期，鲁的"镶嵌理论"使得胚胎学家们开始注意到很多动物定位于受精卵中特定部位的细胞质与胚胎某些特定部位的发育有关。在果蝇研究中，研究者们利用果蝇进行了这方面的研究。研究发现，如果在果蝇卵子的前极刺一小孔，使少量的细胞质流失，发育成的胚胎将缺失头部和胸部。但果蝇卵后极的极质流失时，胚胎最后端的尾节不受影响，而腹部却缺失。果蝇卵子其他部位细胞质的少量流失都不会影响形体模式形成。这一研究结果表明，果蝇卵子前、后极的细胞质中含有与果蝇前-后侧与背-腹侧形成有关的信息。

大量的基因实验研究发现,果蝇的卵、胚胎、幼虫和成体都具有明确的前-后轴和背-腹轴。与其他两侧对称的动物相同,果蝇形体模式的形成初始正是沿着卵细胞的前-后轴和背-腹轴开始进行的。在果蝇卵子发生卵裂之后,果蝇早期胚轴形成过程中,涉及一个由母性影响基因产物构成的位置信息网络。在这个网络中,一定浓度的特异性母源性RNA及其蛋白质沿卵子的前-后轴和背-腹轴的不同区域分布,以激活初始胚胎基因组的程序。

研究发现,有4组母体效应基因与果蝇胚轴形成有关,其中3组与胚胎前-后轴的决定有关,即前端系统(Anterior System)决定头胸部分节的区域,后端系统(Posterior System)决定分节的腹部,末端系统(Terminal System)决定胚胎两端不分节的原头区和尾节,另一组基因决定胚胎的背-腹轴,即背腹系统(Dorsoventral System)。在卵子发生中,这些母体效应基因的mRNA由滋养细胞合成后迁移进卵子,分别定位于一定区域。这些mRNA编码转录因子或翻译调控蛋白因子,它们在受精后立即翻译且分布于整个合胞体胚盘中,激活或抑制一些合子基因的表达,调控果蝇胚轴的形成。这些母体效应基因的蛋白质产物或称为形态生成素(Morphogen)(图6-23)。

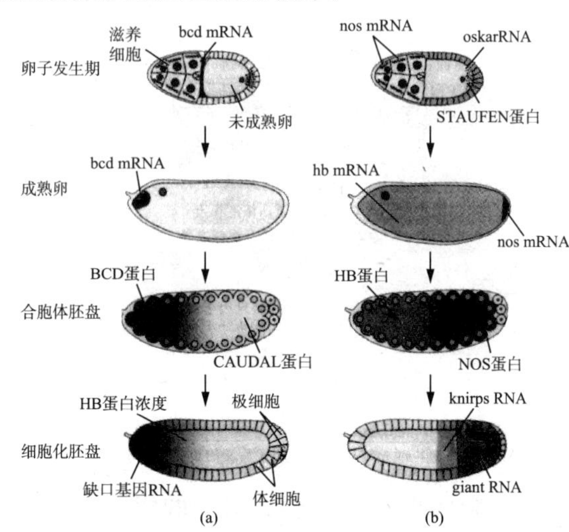

图6-23 调控果蝇胚胎前-后轴形成的两种系统

(a)在卵子发生中bicoid的mRNA在滋养细胞中转录并转运至卵细胞中,定位于卵子前极,受精后迅速翻译,BCD蛋白在前端积累并向后端弥散,形成一种稳定的浓度梯度,该浓度梯度激活靶基因hb的表达,使HB蛋白形成从前向后的浓度梯度,控制胚胎头和胸的发育;(b)nanos mRNA定位到卵子后极,其翻译产物NOS蛋白形成从后向前的浓度梯度,调控靶基因knirps和giant基因的表达,进而控制胚胎腹部的发育

然而,果蝇形体模式的形成则是由以下三类基因控制发育的(图6-24):

(1) 母体效应基因:决定体轴并诱导缺口基因表达。

(2) 分节基因。其中有缺口基因、成对控制基因、体节极性基因。缺口基因是限制分节范围,并启动成对控制基因;成对控制基因是预置未来体节位置的配对;体节极性基因是将体节再分节成更小的单位。

(3) 同源异形基因:最终界定体节的个体一致性。

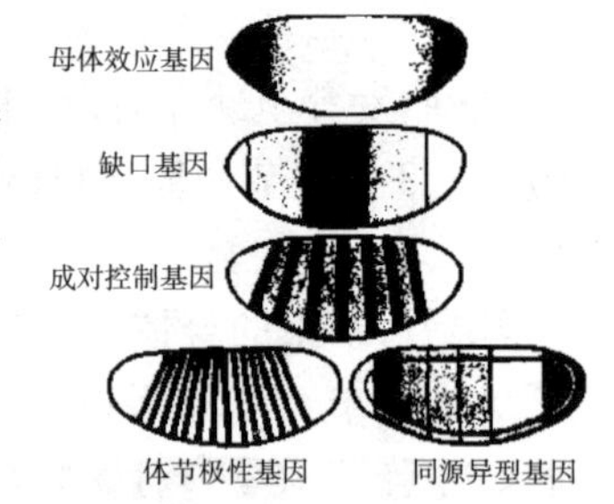

图6-24 果蝇控制胚胎模式形成的三类基因

研究发现,果蝇受精卵进入发育,是受到这些基因的一系列调控的,这些基因在发育过程中,通过自身产物建立相互间协调调控的基因网络,最终指导胚胎细胞分化、发育形成幼体。

7. 幼虫变态

果蝇胚胎发育经历一个幼虫期之后,变态成成体。幼虫具有与成体非常不同的特点,在发育中其形态和构造经历明显的阶段性变化,其中有一些器官退化消失,有些得到改造,有些新生出来,从而结束幼虫期,建成成体的结构,这种现象即称为变态(图6-25)。变态中幼虫特有的构造形式常常是与某种功能相联系的,如海胆的长腕幼虫能在海洋中随水流移动,而成年的海胆具有固着的生活方式;蝴蝶和蛾的幼虫是为摄食而特化的,故而具有口器,而它们的成虫是为飞翔和繁殖而特化的,成虫通常缺少口器。通过变态,不仅成体的形态结构得以建立,同时其生理特性、行为、活动方式和生态表现与幼虫期明显不同。这些变化不仅是形态结构的变化，而且在生化分子水平上也发生明显的变化。

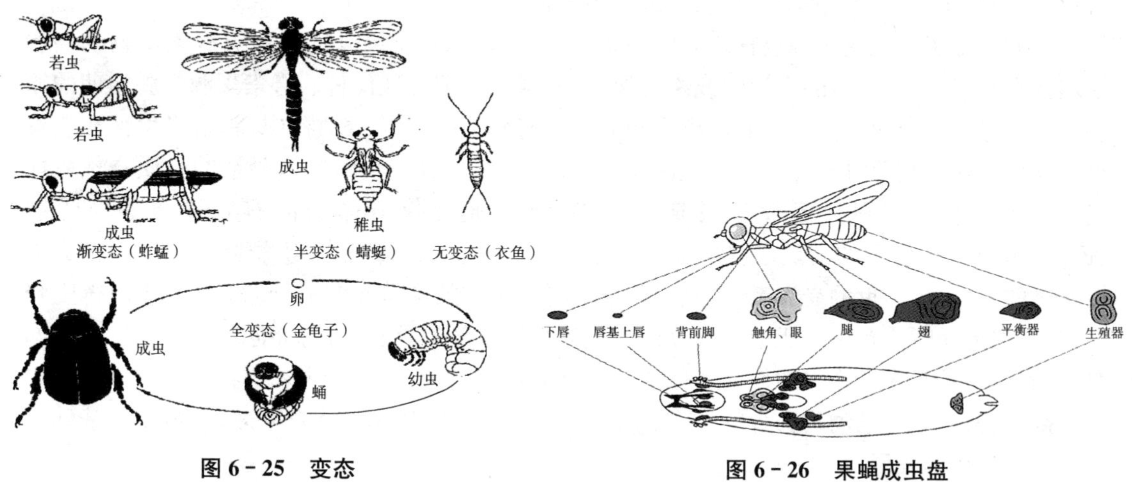

图6-25 变态

图6-26 果蝇成虫盘

果蝇囊胚层发育到幼虫期时，大多数体细胞成为多倍体或具有多线染色体，而只有少部分细胞保持着双倍体。这些双倍体细胞的特定作用是构建成虫盘。在幼虫扁平内腔的位于幼虫肠的区域中，可以发现由腹部薄薄的表皮包裹着的圆圆的物体，即由成组织细胞的成虫细胞形成的呈现局部增厚的表皮状，称为成虫盘。此外，还有其他一些成组织细胞群中的单个成虫细胞分散到内部器官中，如肠或马氏管，它们将来形成成虫果蝇的内脏器官。果蝇具有10对主要的重建整个成体(除腹部)的成虫盘和1个形成生殖结构的生殖盘(Genital Disc)。成虫盘在变态过程中通过外凸并扩展而脱离包裹层，一块块组成外成虫。最终幼虫体内的这些尚未分化的细胞团会逐渐发育为果蝇的腿、翅、触角和躯体的其他部分的结构(图6-26)。

随着现代分子生物学技术的日臻成熟，果蝇卵的体轴决定、身体分节及躯体图式形成的基因控制等研究，逐渐揭示了基因控制胚胎发育的分子机制。2003年3月，果蝇全基因组测序工作基本完成。果蝇的基因组中编码蛋白质的基因有13 000多个，其数量比线虫少，但功能更为复杂多样。在这些基因中约有一半与哺乳动物编码蛋白质的基因具有较高的同源性，超过60%的人类疾病基因在果蝇的基因组中有直系同源物。其中人类的肿瘤、神经疾病、畸形综合征等有关基因与果蝇基因同源的可能性相当大。因此，通过对果蝇的研究来揭示胚胎发育的机理的同时，以果蝇为模式的研究在人类的疾病的发病机制有非常重要的意义。而且，在果蝇的行为上，果蝇的神经系统相对于人类而言简单得多，但同样表现出与人类相似的复杂的行为特征，如觅食求偶、学习记忆、休息睡眠等。当代科学家们更关注怎样使果蝇的研究能更好地为人类生命服务。

6.7 海鞘——卵质隔离与细胞定型

海鞘(Ctyela Clava)属于脊索动物门、海鞘亚门，具有脊索、背神经管和咽鳃裂以区别脊索动物和无脊椎动物的最主要的3个基本特征。此外，还有三胚层、后口、存在次级体腔、两侧对称的体制、身体和某些器官的分节现象等。这些共同点表明脊索动物是由无脊椎动物进化而来的。

没有脊椎的脊索动物在进化中有很重要的意义，它们也被称为原索动物，无真正的头和脑，又称无头类(Acrania)，它们是脊索动物门原始的一群。幼体或成体保留着脊索。脊索具有弹性，能弯曲，不分节，是构成骨骼的最原始中轴。

脊索是位于消化道和神经管之间的一条棒状结构，具有支持功能。所有脊索动物的胚胎期均具有脊索，但在以后的生活中或终身保留，或退化并被脊柱代替。脊索来源于胚胎期的原肠背壁，经加厚、分化、外突，最后脱离原肠而形成脊索。低等脊索动物中，脊索终生存在或仅见于幼体时期。高等脊索动物只在胚胎期间出现脊索，发育完全时即被分节的骨质脊柱所取代。而无脊椎动物则缺乏脊索或脊柱等内骨骼，通常仅身体表面有几丁质等外骨骼(Exoskeleton)。脊索的出现在动物演化史上具有重要意义。表现在：①脊索(及脊柱)构成支撑躯体的主梁，是体重的受力者，也是内脏器官得到有力的支持和保护。②运动肌肉获得坚强的支点，在运动时不致由于肌肉的收缩而使躯体缩短或变形，因而有可能向“大型化”发展。同时，脊索的中轴支撑作用也能使动物体更有效地完成定向运动，对于主动捕食及逃避敌害都更为准确、迅速。③脊椎动物头骨的形成、颌的出现及椎管对中枢神经的保护，都是在此基础上进一步完善化的发展。

尾索动物(如海鞘)是脊索动物中最低级的类群，身体包在胶质或近似植物纤维素成分的被囊中。幼体时期脊索在尾部。变态后脊索消失，背神经管退化成神经节，鳃裂仍存在。成体具被囊(Tunic)，大多营固着生活，体呈袋形或桶状。除个别种类外，受精卵都先发育成善于游泳的蝌蚪状幼体，再行变态发育。

海鞘成体的外形像茄子或花朵，常附着在舰船底部、海底礁石上。它们长年累月固着在一个地方，一动不动，粗略一看，根本不像动物，而像个植物。海鞘又叫“海水枪”，在它的顶部有一个小口叫“入水孔”或“呼吸孔”，不断地向里吸水；侧部还有一个口，叫“出水孔”或“泄殖孔”，不断向外排水(图6-27)。若用手指戳它一下，海鞘受到刺激后，小孔里能射出相当有力的水流，其形状就像用水枪向外喷水，故名“海水枪”。这种像植物的动物既不游动，也不摄食，而是通过其出水孔和入水孔不停地吸水和排水，由鳃摄取水中的氧气，由肠道摄取其中的浮游生物和有机物来吃，从而维持生命。

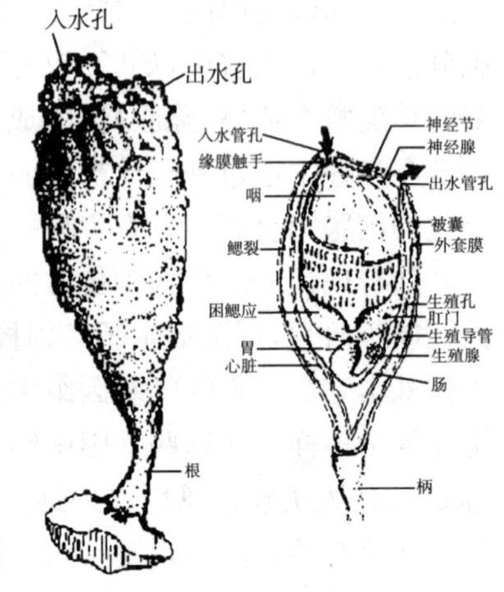

图6-27 海鞘结构示意图

海鞘的大小不一，有的种类身体很小，仅有千分之一英寸大，甚至肉眼都看不到；有的却很大，身体直径可达到2英寸或更大。

1. 繁殖方式

海鞘属雌雄同体，异体受精，有性生殖。生殖腺位于肠环间和外套膜内壁上。精巢大，呈分支状；卵巢长管状，内含许多圆形的卵细胞。两者紧贴重叠，分别以单根生殖导管将成熟的性细胞输入围鳃腔，后经出水管孔排至体外，或在围鳃腔内与摄入的另一海鞘的生殖细胞相遇受精。海鞘雌雄同体，却不能自体受精，因为它自身的精卵不在同时成熟，必须由两只海鞘，一只提供精子，另一只提供卵子，才能形成受精卵。

但海鞘还可进行无性生殖，一旦海鞘成熟，它们就可以进行出芽生殖，像树枝分杈一样，大海鞘长出一个小芽，小芽逐渐成熟又长成一个大海鞘，然后脱离母体成为独立的海鞘。不过，通过“发芽”而长出的第二代海鞘必须经过交配才能产生下一代，而下一代的海鞘又会“发芽”。

这种隔代无性生殖的方式，使海鞘能够遍布全世界，却同时又使自己保持在很低的进化水平上。

海鞘在生物学上具有极高的研究价值。海鞘的幼虫尾部有脊索，这是脊索动物的重要特征之一。同时它不仅可做协调运动，而且还有原始的振动感受器（相当于耳）和原始的光感受器（类似于简单的眼）。事实上海鞘有一种雏形的脑。

2. 生活习性

海鞘的幼体外形酷似蝌蚪（图 6－28），幼体长约 0.5mm，尾内有发达的脊索，脊索背方有中空的背神经管，神经管的前端甚至还膨大成脑泡，内含眼点和平衡器官等；消化道前段分化成咽，有少量成对的鳃裂；身体腹侧有心脏。

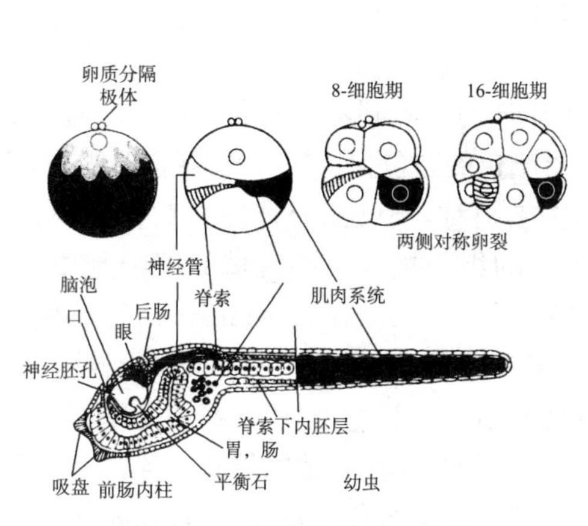

图 6－28　被囊动物——海鞘

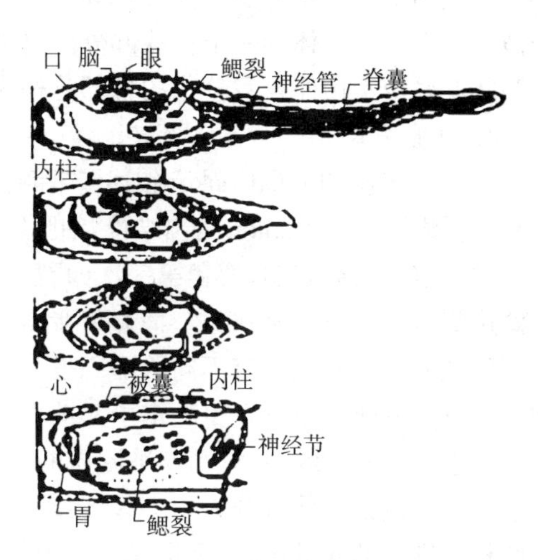

图 6－29　海鞘的变态过程

幼体经过几小时的自由生活后，就用身体前端的附着突起黏着在其他物体上，开始其变态（图 6－29）。在变态过程中，海鞘幼体的尾连同内部的脊索和尾肌逐渐萎缩，并被吸收而消失，神经管及感觉器官也退化而残存为一个神经节。与此相反，咽部却大为扩张，鳃裂数急剧增多，同时形成围绕咽部的围鳃腔；附着突起也为海鞘的柄所替代。附着突起背面因生长迅速，把口孔的位置推移到另一端（背部），于是造成内部器官的位置也随之转动了 90°～180°的角度。最后，由体壁分泌被囊素构成保护身体的被囊，使它从自由生活的幼体变为营固着生活的海鞘。海鞘经过变态，失去了一些重要的构造，形体变得更为简单，这种变态称为逆行变态（Retrogressive Metamorphosis）。

海鞘成体的形态结构与典型的脊索动物有很大差异，并改变了生活方式，开始贴在岩石上，靠过滤海水为生，不再四处漫游。身体前部长出了突起，体内发生了变化，脊索消失了，其他的一些重要器官也消退或萎缩，也产生出被囊等，还耗竭了自己的脑。在进化上，它不是前进而是倒退了。它从有脊索变为无脊索，这种“逆行变态”现象，在动物界是罕见的，因此，海鞘在研究和解决脊索动物的起源问题方面有非常重要的价值。

3. 胚胎发育——镶嵌型模式

卵受精后，完全卵裂。海鞘第一次卵裂面形成的左右对称，使随后两边裂球的发育完全相同。至 8－细胞期，裂球的发育命运就已被决定。8－细胞期时，背面 4 个较小，腹面 4 个较大。至形成一囊胚后，由大裂球一边内褶为原肠胚，在背面形成神经板，内部发生中胚层体腔及脊索等构造。

幼体似蝌蚪状。口孔在前背部，后背部有一共泄腔孔。待变态时，尾部脊索和神经管全部退化，前部由固着乳头附着，口和共泄腔孔移至另一端，逐渐变为成体。

由于海鞘胚胎卵裂期和囊胚期裂球数目相对较少，并且容易辨认，可以容易地根据裂球大小、形状和位置将裂球彼此区分开来。因此，利用这一特点可以较为容易地跟踪确定海鞘胚胎中每个细胞的来源及其发育的命运。

法国学者 Laurent Chabry 通过在被囊动物胚胎的分裂球上穿刺，对产生的畸形胚胎进行研究。1887 年 Chabry 的海鞘胚胎实验显示，如果在海鞘胚胎发育早期将一个特定裂球从整体胚胎上分离下来，它就会形成如同其在整体胚胎中将会形成的结构一样的组织，而胚胎其余部分形成的组织中将缺少分离裂球所能产生的结构，两者恰好互补。Chabry 得出结论：每个分裂球负责生成身体的一个特殊部分。也由此发现，海鞘的每个分裂球都是可以自主发育的，海鞘胚胎好像是由能自我分化的各部分构成的镶嵌体。

4. 卵质隔离

1905 年美国的 E.G.Conkin 叙述了带颜色的原生质如何分配到不同的卵裂球中。通过追踪这些卵裂球的命运，Conkin 得出结论：细胞质的每个带颜色的区包含特异性的“器官形成物质”。

进一步的研究表明，海鞘第一次卵裂面形成的左右对称，与幼虫身体左右对称面吻合，以后两边裂球的发育完全一致。海鞘胚胎卵裂时，不同的细胞接受不同区域的卵细胞质成分。不同区域的卵细胞质含有不同的形态发生决定子(Morphogenetic Determinant)，能够使细胞朝一定方向分化。形态发生决定子又被称为胞质决定子(Cytoplasmic Determinant)或称为形态生成素。图 6-28 中，海鞘卵细胞质的不同区域具有不同的颜色，如柄海鞘的受精卵的细胞质根据所含色素不同可分为 4 个区域：动物极部分含透明的细胞质；植物极靠近赤道处有两个彼此相对排列的新月区，一个呈浅灰色的灰色新月区和一个呈黄色的黄色新月区；植物极的其他部分含灰色卵黄，为灰色卵黄区。卵子受精分裂时，卵中不同区域的细胞质便自然被裹入该区域的分裂球中，能非常容易地辨认该分裂球发育的命运。通过跟踪研究发现，不同区域的卵细胞质分别与未来胚胎特定的发育命运相联系：黄色新月区含有黄色细胞质，称为肌质，进入分裂球后该裂球子代细胞将来形成肌细胞组织；灰色新月区含有灰色细胞质，将来形成脊索和神经管；动物极部分含透明细胞质，将来形成幼虫表皮；灰色卵黄区含大量灰色的卵黄，将来形成幼虫消化道。

海鞘卵所包含的这些不同细胞质成分，最初时几乎是均匀地分布于卵子中的，在海鞘卵受精后与卵裂前，经过一个卵质隔离(Ooplasmic Segregation)的分类过程，才开始以一种独特的空间模式排列。卵质隔离，即指在卵细胞质中呈一定形式分布的形态发生决定子，受精时发生运动而重新分布隔离成一定区域并在卵裂时被定向分配到特定的裂球中而决定该裂球的发育命运的现象。这一现象又被称为胞质定域(Cytoplasmic Localization)、胞质隔离(Cytoplasmic Segregation)或胞质区域化(Cytoplasmic Regionalization)或胞质重排(Cytoplasmic Rearrangement)。

5. 细胞决定与自主发育

通过卵质隔离过程，海鞘第一次卵裂面所形成的两个分裂球具有完全相同的内部细胞质组分，由第一次卵裂面便确定了海鞘的左右对称面。

1946 年意大利学者 G.Reverberi 等将海鞘 8-细胞胚胎的裂球分成 4 对，4 对中的每对左右两裂球是等同的，发现如同卵子命运决定图谱所预期的一样，植物极后面一对裂球(B4.1)形成内胚层、间质和肌肉组织(图 6-30)。可见，海鞘裂球的发育命运在 8-细胞期就已经被决定了,此时的裂球分离后能够进行细胞的自我分化。细胞在分化前期,内部会发生一些变化而使细胞逐渐具有朝特定方向发育的能力。这一过程被称为细胞定型(Commitment)。

显然,在海鞘发育过程中,海鞘胚胎细胞的定型主要是通过卵质隔离来实现的。海鞘受精卵最初卵裂时,受精卵内特定的细胞质分离到特定的裂球中,裂球中所含有的特定细胞质决定了它发育成哪一类细胞。海鞘细胞命运的这种定型方式又称为自主特化(Autonomous Specification),细胞发育命运完全由内部细胞质组分决定。这种以细胞自主特化为特点的胚胎发育模式称为自主发育。

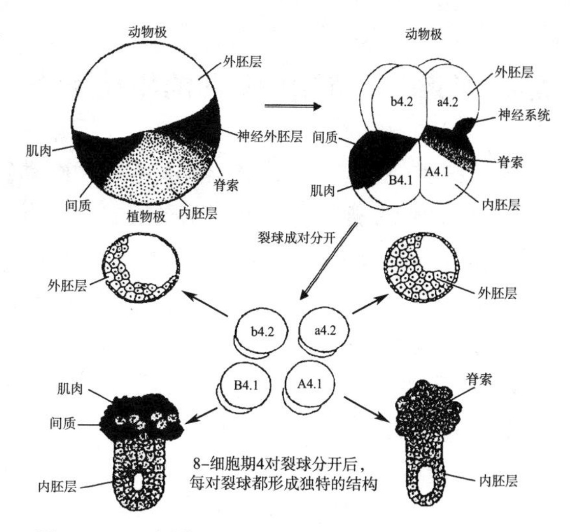

图6-30 海鞘8-细胞期胚胎裂球的命运决定

Chabry的海鞘胚胎实验也显示,整体胚胎好像是自我分化的各部分的总和。Whittake曾用玻璃针反复挤压海鞘B4.1裂球,使分裂沟退化。随后,在更靠近植物极的区域重新形成分裂沟。用玻璃针沿新形成的分裂沟将裂球切割下来,部分肌质即黄色新月区胞质便转移到动物极b4.2裂球中,本来预定只形成外胚层的b4.2裂球接受肌质后,也能产生肌肉。Deno等用显微注射方法也证明了将B4.1裂球中的肌质移植到顶定非肌细胞后,顶定不形成肌肉的细胞即能产生肌肉。1977年董第周等完全从另一个角度证明,在海鞘卵受精后20min,如把受精卵一分为二,其中一个无核卵块用作受体,分别把原肠胚或尾芽期幼虫的外胚层、中胚层和内胚层细胞的细胞核移植到受体中,结果是无论移植的细胞核来自三胚层中哪一胚层,所形成幼虫的组织结构总是和无核卵块所含有的细胞质组分有关。由此可见,卵细胞质中存在某些形态发生决定子,能够决定细胞朝一定方向分化,形成一定的组织结构。海鞘胚胎细胞发育命运正是由其所含有的细胞质决定子所决定的,与细胞核无关。海鞘属于典型的自主发育胚胎。

研究发现,海鞘卵中黄色的原生质包含一个启动肌肉特异性发育的成分,该成分是成肌素(myoD/myogenin)转录因子家族的一个成员,因为它与这些因子一起具有释放肌肉细胞分化程序的能力。这种海鞘因子在胚胎64-细胞期分离进入腹-后部8个细胞中,这些细胞获得预示肌肉细胞生成的分子成分(如乙酰胆碱酯酶、F-活化素、肌球蛋白等),它们生成幼虫尾的有交叉条纹的肌肉组织。虽然在与其他细胞分开后,含肌质的这些细胞能自动继续发育成为肌肉细胞。然而研究发现,只有在创立者细胞已与邻近细胞接触才能产生第二个肌肉细胞。

同样,在海鞘胚胎的神经系统的发育中,整体胚胎中神经细胞是从动物极前面一对裂球(a4.2)和植物极前面一对裂球(A4.1)中相继产生的。但当这两对裂球被分离下来单独培养时却都不形成神经组织,可是两者配合后,却又形成脑和触须组织。事实上,1959年Ortolani证明了海鞘外胚层细胞直到64-细胞期时尚未定型发育成神经组织。

上述这些说明,即使在海鞘这样严格的自主发育胚胎中,裂球之间也还存在着必须通过胚胎细胞间的细胞-细胞相互作用来补充。如海胆胚胎发育中细胞间的相互影响起着细胞发育命运的渐进决定作用,对于单个细胞命运更详细的分配,这种相互作用是需要的,只是在脊椎动物胚胎中是更显著的。

6.8 爪蟾——胚胎细胞间的相互诱导

爪蟾属(Xenopus)是脊索动物门、脊椎动物亚门、两栖纲,广泛分布于非洲撒哈拉沙漠以南,又名非洲爪蟾。它的形态特征有:眼小,位于头背上方,无眼睑,无舌。后肢粗壮,趾蹼极发达,内侧3趾末端有"爪",故名爪蟾。成体雌性长约12.5cm,而雄性体长只有雌性的一半。其幼虫蝌蚪头扁,口角各有一细长触须,无角质颌和角质齿。

非洲爪蟾属于比较原始的蛙类,是实验胚胎学常用的实验动物,早先用于诊断早期妊娠(孕妇的尿注入爪蟾腹腔后,5～20h以后,爪蟾即可排卵或排精)。在胚胎学研究中,非洲爪蟾的优势在于取卵方便,在实验室条件下,它可以常年产卵,如在计划排卵前一天给雌性爪蟾注射约600IU的人促性腺激素,给雄性爪蟾提前2天注射300IU人促性腺激素,第二天再注射一次,即可采集到爪蟾的卵细胞和精细胞。非洲爪蟾的成熟卵子具有明确的植物极和动物极,受精作用引起皮质运动。爪蟾胚胎经过卵裂、囊胚、原肠胚、神经胚、尾芽期等阶段,在24℃下受精后2d左右可孵化成蝌蚪,蝌蚪到两个月时完成变态。成体要生长1到2年才能达到性成熟。由于非洲爪蟾的卵子和胚胎个体较大,很方便进行实验胚胎学研究,如显微注射、胚胎切割和移植等。但它由于生命周期长很难进行遗传学研究。同时,它是四倍体,多数基因存在四个拷贝,很难进行遗传突变实验。据报道,目前研究学者已成功引进了一种新的热带爪蟾(Xenopus Tropicalis),在演化上为非洲爪蟾的近亲,其外形与非洲爪蟾类似,但体形却只有一半,且发育周期只需半年。最重要的是,它们是爪蟾属下唯一拥有二倍体基因组的爪蟾,现作为爪蟾在遗传学上的模式生物。美国国家卫生院及其他机构已着手进行它的基因组译码计划。

两栖动物代表着脊椎动物发育的原始模式。爪蟾的发育模式和调控机制与人类等高级动物极为相似。从两栖动物模式中还可以演绎出爬行动物、鸟类和哺乳动物的不断改善的发育进程。

1. 卵子发生

如果没有对爪蟾的卵子发生进行透彻的研究,人类就很难搞清楚人的卵子发生。1958年牛津大学的研究者们发现了一个突变体细胞,这个细胞虽是双倍体,但其细胞核中只含一个核仁而非野生型那样的两个核仁。核仁是制造核糖体的工厂。这一异源合子突变体,描述为1-nu,能存活是因为它有一套核糖体基因,能制造出所需的核糖体。但1-nu×1-nu杂交后产生出的纯合子2-nu、异源合子1-nu、纯合子0-nu/0-nu之比,按孟德尔比率应是1∶2∶1。缺两个核仁的0-nu/0-nu子代应该不能存活很长时间。然而,令人惊讶的是,0-nu/0-nu子代胚胎发育能正常进行,且胚胎甚至能发育到蝌蚪期,然后死亡。这个惊人的发现表明,卵母细胞在发生减数分裂之前就可能已经提供了产生核糖体蛋白的核糖体RNA等信息物质。这使0-nu卵子和0-nu精子生成的胚胎能在不利用自身的、缺乏相应基因的基因组情况下制造核糖体。也许,0-nu/0-nu胚胎产生的卵母细胞中,生产核糖体的信使在减数分裂至单倍体阶段前已转录。在减数分裂完成前,0-nu/0-nu母体的卵母细胞中,除突变染色体之外还存在一条正常染色体;减数分裂后,突变染色体保留在卵母细胞中,而正常染色体被分配到极细胞中。对该现象的分析使对卵子发生有更深刻的理解,即两栖动物卵子具有一种能力:即使合子自身基因组没有任何参与,胚胎也能发育。但一般情况下,合子的正常转录活动是在原肠形成开始前不久的"中期囊胚转换"时期(参见6.9节斑马鱼)就开始的。

显然,0－nu/0－nu胚胎产生的卵母细胞的发育实验表明,在两栖类动物发育中,卵子的发生过程除了形成具有母本全套遗传信息的单倍体细胞核之外,还要建立一个由酶、mRNA、细胞器和代谢产物等所组成的细胞质库、具备起含有启动发育和维持代谢所需要的全部元件的复杂的细胞质体系。所以,卵母细胞才有一个很长的减数分裂前期,以使卵母细胞能充分生长。

爪蟾的卵子发生早在胚胎期就开始了。胚胎发育中的原生殖细胞进入胚胎卵巢后分化成为卵原细胞,通过几次有丝分裂才进入第一次减数分裂而形成初级卵母细胞。减数分裂前期进入双线期时,中断很长一段时间。在此期间,卵母细胞发生剧烈生长。因为卵子需负责发育的启动和指导早期发育,在卵质中积累和储存着大量物质,包括能源、细胞器、酶、核酸、结构蛋白和蛋白质合成前体分子及卵黄等。卵质中的这些物质主要在减数分裂前期的过程中产生和积累。体内孕酮能够引起已停滞的减数分裂的继续。当完成第一次减数分裂时,紧接着排卵。随着卵从卵巢中释放出来,第二次减数分裂发生。此时的成熟卵处于第二次减数分裂的中期(图6－31)。

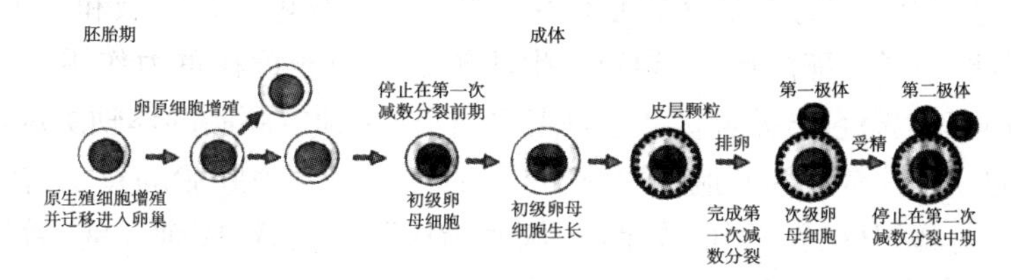

图6－31　原生殖细胞进入胚胎卵巢后分化成为卵母细胞经历了减数分裂

2. 受精卵与体轴决定

两栖类动物卵与果蝇卵不同,没有来自母体那种能完全预决定未来双侧体构造的遗传特性。两栖类胚轴的形成机制中,胚轴的形成不仅与定位于囊胚期大量分裂球中的各种决定因子相关,更重要的作用机制则存在于以后的发育阶段,发生在邻近细胞之间的一系列相互作用。两栖类胚胎的背-腹轴和前-后轴的建立是由受精时卵质的重新分布而开始的。在两栖类动物卵的卵裂开始前,也开始发生一些建立卵子空间坐标(即建立双侧对称)的发育事件。

爪蟾卵的外形具有一个黑色动物半球和一个白色植物半球这样一个旋转对称的色素模式(图6－32)。爪蟾卵受精时,精子随机地附着在动物半球的某一点。当精子进入后,刺激卵外层的卵膜成为举起的"受精膜",使卵内细胞质外的皮质层有了旋转的空间;受精子诱导和重力影响,卵子内部所有成分以不同程度、朝不同方向不均匀地移动。储积于植物半球区域的相对密度较重的含丰富卵黄的内部细胞质团在重力作用下转向下沉并保持稳定。"受精膜"下的卵

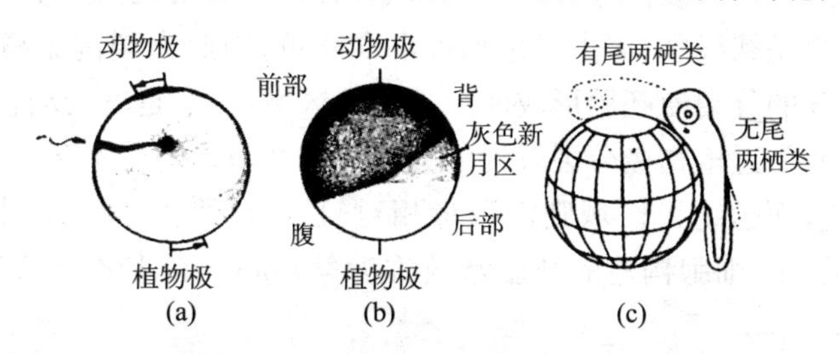

图6－32　两栖动物卵双侧对称的决定

(a)精子穿入点;(b)受精子诱导和重力影响,卵形成灰色新月区域;(c)未来的背部后端们点(尾)与精子穿入点相对,该图表示原肠形成期间胚胎在相对卵球上的投射

细胞质外的皮质层却朝精子进入点方向，相对于下沉稳定的内部细胞质团移动约 30°，使得卵子表面的中心轴(动-植物极轴)与细胞质内部的中心轴(动-植物极轴)相差 30°。这样，卵子内部的活跃移动导致卵成分不对称重排，细胞质外的皮质层相对于内细胞质团的这种旋转也造成动物半球色素颗粒的重新分配。在蛙卵中，旋转后重新分配引起卵相对于精子进入点的反向对角位置上，原白色植物半球连接的黑色动物半球边缘区域减少部分色素，形成一个新月形的色素减少后的灰色区域，称为灰色新月(Gray Crescent)。灰色新月(爪蟾卵中看不到灰色新月区，但此处与之功能上相当)含有若干重要的母源形态发生决定子，决定了该处成为原肠形成和囊胚孔形成的开始区域，即胚孔的位置。同时也决定了该处的附近区域(沿动物极方向)成为胚胎将来背部的位置。从灰色新月经过动物极再到精子进入点位置画一条线，刚好与胚胎将来的尾芽(灰色新月)开始延伸背部(动物极附近)至头部(精子进入点)的躯体线吻合。在此命运图式的发育进程中，动物极和灰色新月之间的物质在原肠形成时将大量被置换到内部，灰色新月周围的细胞化卵物质将转移到头部区域，植物极附近的物质将逐渐移至尾区。

在受精过程中发生的细胞质旋转导致了母源形态发生决定子的分离和模式化，特别是母源 RNA 编码的“诱导因子”的重新分配可能使这些成分在灰色新月区域和精子所在区域中的含量更丰富。因此，精子入卵的影响，导致发生卵子皮质与卵黄在重力作用下的相对移动，使精子入卵处的对面产生有色素差异的灰色新月区，标志了预定胚胎的体轴决定:随着原肠胚的形成，精子进入的一侧发育成为胚胎的腹侧，相反的一侧发育为胚胎的背侧;在动物极附近的背侧形成头部，而与其相反的一侧形成尾部;从而形成胚胎的背-腹轴和前-后轴。此时，卵由原来的辐射对称转变为双侧对称结构，左-右轴或对称轴随着脊索的形成而确定。

3. 卵裂和原肠形成

(1) 卵裂

两栖类受精卵是辐射状完全卵裂，由于两栖类卵中的卵黄含量较高，主要集中于植物极，成为卵裂的障碍。因此，第一次卵裂开始于动物极并慢慢延伸入植物极，如蝾螈的动物半球卵裂沟的延伸速度为 1mm/min，当卵裂沟分隔灰色月牙区后，在植物极延伸的速度仅为 0.02～0.03mm/min。而对于蛙受精卵，当第一个卵裂沟正试图分裂植物极储积卵黄的卵质时，第二个卵裂沟已于动物极开始形成。第二次卵裂与第一次卵裂成直角而且都是经线裂，第三次是纬线裂，但由于植物极富含卵黄，因此卵裂沟紧靠动物极一端(图 6-33)。这种不均等速度的分裂使胚胎形成两个不同的区域，一个是靠近动物极的迅速分裂的小卵裂球区域，另一个是靠近植物极分裂较慢的大卵裂球区域。随着不断的分裂，在动物极区域堆积了无数小的细胞，而植物极区域则由数量相对较少、体积大、富含卵黄的大卵裂球形成。两栖类由 16-细胞至 64-细胞构建的胚胎常被称为桑葚胚。在 128-细胞阶段，囊胚腔形成，因而称为囊胚。

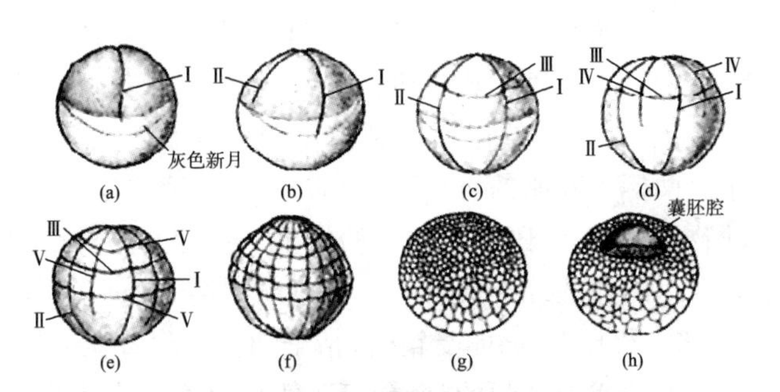

图 6-33 蛙卵的卵裂(罗马数字表示出现的次序)

囊胚腔的形成可以追溯到第一次卵裂，从非洲爪蟾看，第一次卵裂的近动物极卵裂沟较宽，沟内形成了一个分裂球与另一分裂球间的小腔，该腔通过细胞间的紧密连接而与外界隔离。在以后的卵裂过程中，该腔不断扩大而形成囊胚腔。囊胚腔具有利于原肠形成时细胞迁移，和防止上下层细胞间不成熟地过早接触的功能。如从囊胚腔顶部动物极处取出胚胎细胞置于囊胚腔底部富含卵黄的植物极细胞旁边时，该动物极细胞将发育形成中胚层而不是外胚层。囊胚细胞在分裂时，产生大量细胞黏着分子并与之结合在一起，其中有母源 mRNA 编码的蛋白。若这种蛋白缺失，囊胚期细胞间的黏着会显著降低而使囊胚腔缺失。

（2）原肠形成

囊胚的原肠形成，包括内陷和外包的过程。随着原肠形成的开始，囊胚中所有当时仍处于相对静止状态的细胞开始发生剧烈运动，这一剧烈运动的过程可以通过活体染色技术进行观察。1929 年德国的 Walter Vogt 将带有活性无毒染料的琼脂片贴到两栖类动物囊胚表面，使接触到琼脂片的胚胎细胞染上颜色，然后跟踪着色细胞在原肠作用时的迁移运动，从而确定原肠运动时各部分细胞的运动情况。1975 年 Lovtrup 等用活体染色技术证实了爪蟾囊胚中位于表层和深层的卵裂球分别具有的不同的发育命运（图 6－34）。在爪蟾中，预定的中胚层只存在于胚胎深层细胞中；内胚层和外胚层前体细胞则存在于胚胎表面细胞中，这一点与其他两栖类动物差别较大，在其他两栖类动物中，胚胎的表面和深层都存在中胚层前体细胞。

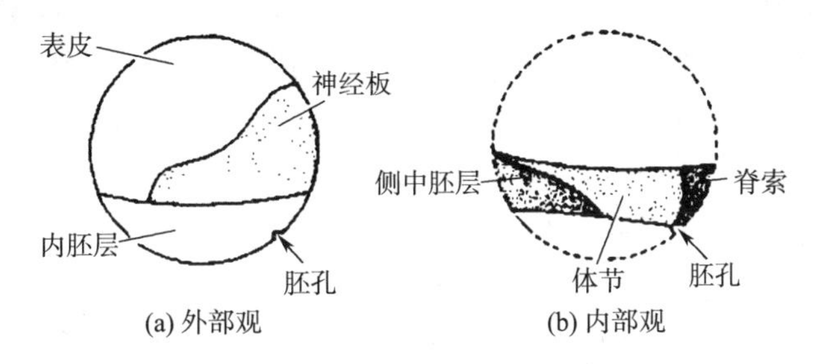

图 6－34 非洲爪蟾囊胚外层细胞（a）和内部细胞（b）的发育命运图谱

非洲爪蟾的原肠形成不像海胆那样是在最靠近植物极处开始内陷，而是在植物半球和动物半球汇合的赤道附近——靠植物半球边界的区域，即称之为缘区（Marginal Zone）的区域，即是从灰色新月区的中央区开始的。此处的一群预定内胚层细胞下陷而沉入胚胎，表面形成狭缝状一道沟，并沿邻近拉动其他细胞，形成胚孔。内陷细胞形状发生剧烈变化，移动细胞的主体部分向胚胎内部移动，但后体部分仍通过与胚胎外表面相邻细胞的互相牵引而形成细长的瓶颈样结构。这些细胞看似花瓶，故称为瓶状细胞（图 6－35），它们沿最初的原肠排列。受胚孔周围区发散的信号吸引，囊胚层细胞包绕式地汇聚向胚孔移动，胚孔处靠背部扇形面称为上胚孔唇（Upper Blastopore），组成该背唇的细胞不断改变。蛙类囊胚中这一类细胞的下陷而引发了原肠形成。原肠作用的下一个时期包括缘区细胞的内卷以及动物半球细胞的外包和向胚孔处集中。迁移中的缘区细胞到达胚孔的背唇时，转向内部沿着外层细胞的内表面运动，因此构成背唇的细胞在不断更换。最初构成背唇的细胞为内陷形成原肠前缘的瓶状细胞，它们最后发育为前肠咽部的细胞。随着瓶状细胞进入胚胎内部，从背唇内卷进

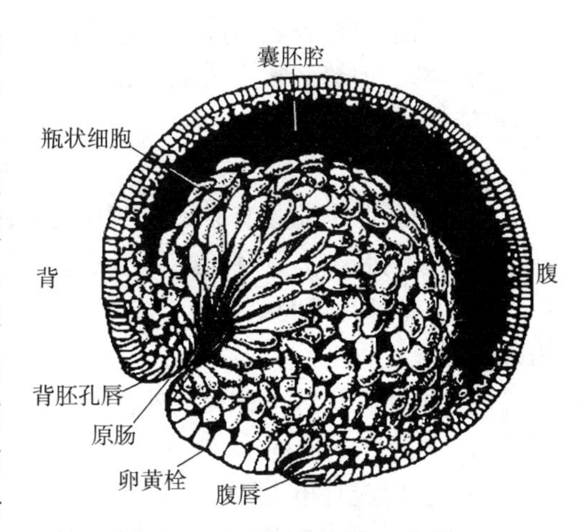

图 6－35 两栖类原肠胚形成

入胚胎发育依次为头部中胚层前体细胞、将形成脊索的脊索中胚层细胞，脊索是一个临时的中胚层“脊柱(Backbone)”，它对诱导神经系统的分化起重要作用。随着新细胞进入胚胎，囊胚腔被挤压到与背唇相对的一侧。细胞一旦进入胚胎，细胞就朝前成片移动并沿整个囊胚内表面扩展，形成原肠。内卷和滑行是细胞黏附变化的部分结果，并受到位于前沿细胞形成的叶足支持。随着胚孔处瓶状细胞的形成和背唇内卷的继续，胚唇同时向侧面和腹面延伸，形成新月状的结构。新月状胚孔进一步延伸，先形成侧唇，再形成腹唇。通过侧唇和腹唇，位于外胚层细胞中的中胚层和内胚层细胞继续内卷，随后胚孔的新月形沟逐渐沿侧唇与腹唇向圆周拉长，使胚孔逐渐形成一个包绕圆周的环形[图 6－36(a)]。通过这样活跃的移动，动物半球的细胞和环绕赤道周围缘区的细胞带区的细胞最终穿过环形唇，并受沿囊胚层腹部的内胚层细胞牵拉，最后包绕在含丰富卵黄的内胚层细胞周围；这些内胚层细胞仍然暴露在植物极外面，形似栓状，故称为“卵黄栓(Yolk Plug)”[图 6－36(b)]。最终，当卵黄栓也被包入内部时，所有内胚层细胞至此都已进入胚胎内部。外胚层细胞包被胚胎表面，而中胚层细胞则位于内胚层和外胚层之间。所有这些细胞都参与形成原肠腔与腔外组织，原肠变成主要的腔。差不多有一半的囊胚壁细胞从表面迁移入内部。但囊胚整个表面周围仍保持不变，因为保留下来的外壁细胞通过分裂增殖(外包)扩展加以补偿。

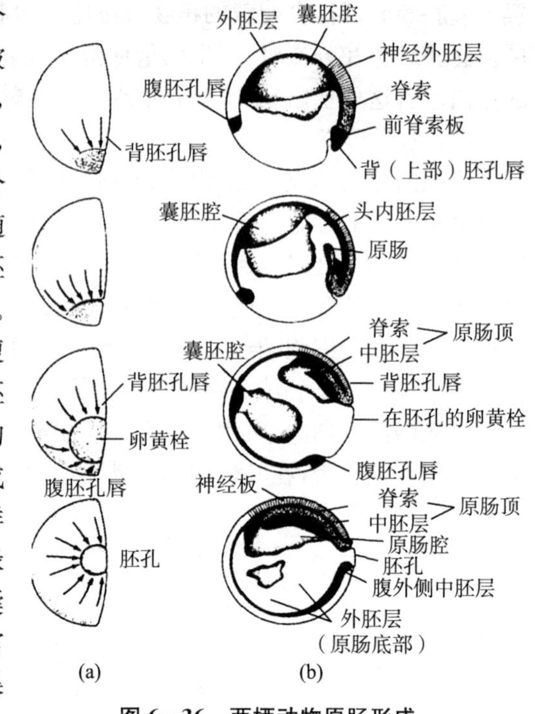

图 6－36　两栖动物原肠形成

4. 胚层形成

两栖类胚胎的原肠有时又叫“中内胚层”，因为它产生中胚层和内胚层。原肠腔顶部的腔外组织与原肠腔分离，原肠顶部腔外组织形成中胚层(也叫脊索中胚层)；与顶部腔外组织分离后，剩余的原肠顶部腔壁便填补增厚原来室顶的原肠壁，原肠便成为内胚层；而囊胚的外壁成为外胚层。

囊胚的动物极区也称神经外胚层，因为它将形成神经系统。

(1) 神经胚形成

神经胚形成是指由原肠胚中预定的神经外胚层细胞形成神经管的过程。由原肠作用产生的一个有内部的内胚层、中间的中胚层和外部的外胚层组成的三胚层胚胎，在胚胎背部的中胚层和覆盖在上面的外胚层之间的相互作用中，使预定的神经板细胞从其周围预定形成表皮的外胚层中分化出来而形成柱状神经板细胞，成为一个与其他外胚层细胞明显不同的区域，使预定神经区上升到周围外胚层的上面，由此形成神经板(Neural Plate)区域，即在原肠腔顶部待分离的腔外组织上方所形成的钥匙孔形神经板[图 6－37(b)]。其界线由像汹涌的波浪一样起伏的神经褶划出，神经褶沿胚胎背中线会聚，彼此黏附、融合形成空的神经管。经过这些过程的胚胎叫做神经胚。神经管逐渐形成同时沉入胚胎内部并与表面分离。有时神经管闭合不完全，留下前后开放的神经孔。

在神经管上方，外胚层重新闭合外壁，神经管扩展的前半端将形成脑，而后半端将延伸形成脊髓。沿神经管两侧分布的细胞群叫“神经嵴细胞”，神经嵴细胞将形成脊神经节和自主神经系统，成为中枢神经系统的辅助系统。

(2) 中胚层器官

原肠的原肠腔顶部腔外组织与原肠腔分离后，顶部腔外组织形成脊索中胚层组织。在脊索中胚层组织指导上方的外胚层形成中空的神经管的同时，它又同步渐行自组，在自组过程中自身再依序与内胚层融合形成各种器官。

(a) 中胚层组织前部的头部间质。内陷后产生的脊索中胚层组织的前头第一个中胚层，将形成头部的面部结缔组织和肌肉。

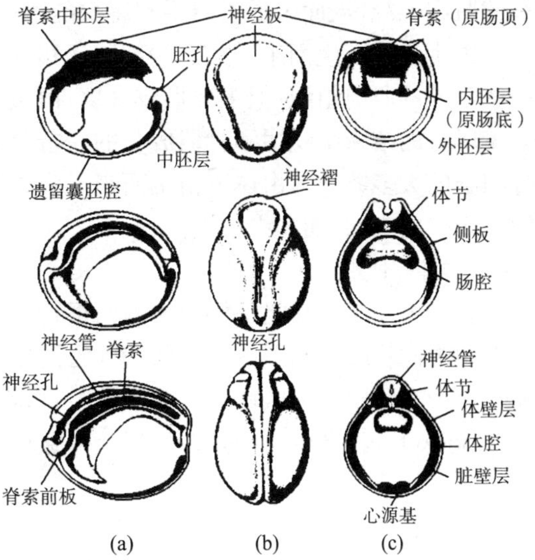

图 6-37　两栖动物神经胚形成

(a)沿前后体轴切面；(b)神经板俯视图；(c)沿背腹轴横断切面

(b) 脊索，紧接头部中胚层之后。脊索中胚层组织诱导其上层组织沿中线形成神经管，同时与其上层组织渐行分离并与周围其他组织分离，此区域逐渐独立而形成脊索。脊索呈棒状、从头基部延伸到尾部[图 6-37(a)(c)]。脊索是组织中枢神经系统和脊柱发育所需的暂时性结构。

(c) 轴旁中胚层。与脊索形成同时，是在脊索两边加厚的中胚层带，然后逐渐从脊索分离，称为轴旁中胚层，或称为体节中胚层，形成体节和神经管两侧的中胚层细胞，将来产生背部许多结缔组织(骨、肌肉、软骨和真皮)。

(d) 中段中胚层。轴旁中胚层沿腹侧所毗连着的部分即是中段中胚层，该区域将形成泌尿系统和生殖器官。

(e) 侧板中胚层。中段中胚层两边外侧再毗连着的部分，再沿左右两侧朝腹部扩展，伸入侧面和腹部的内胚层与外胚层之间的间隙中形成的两片区域，形成一个新的体腔。体腔再分成心周腔(包裹心脏)和大体腔。在哺乳动物中，大体腔再分成胸膜腔(包裹肺)和肠四周的腹膜或内脏空隙。

发育潜力最大的当属体节。体节是暂时性结构，但构成体节的细胞不会消失。它们分成两个群体：生骨节和生肌生皮节。生肌生皮节进一步分成生肌节和生皮节(图 6-38)。

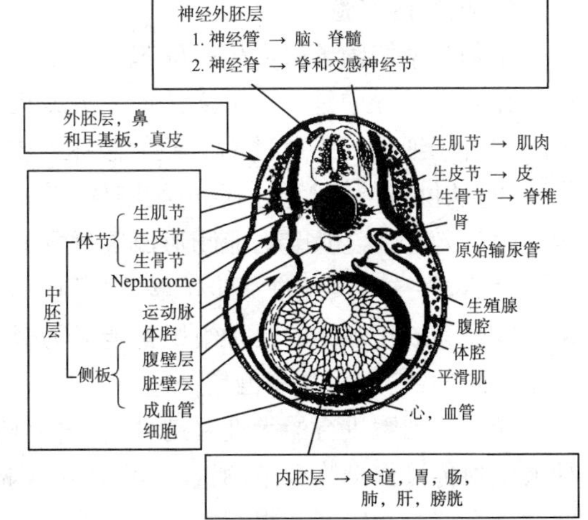

图 6-38　两栖类动物神经胚形成后的胚层发育的结果

生骨节细胞相互失去联系，迁移，聚集在脊索周围，后来成为构成脊椎体的软骨细胞。大多数围绕脊索的细胞死亡，剩下的细胞形成椎间盘的神经元。

生肌节的方块体延展并生成躯体的交叉条

纹的肌肉系统,从而占据了躯干和尾部的最大空间。

由生皮节衍生而来(分裂)的细胞迁移并广泛扩展、黏附到外胚层的内表面。它们将生成一些额外的肌肉组织,但主要形成真皮,而覆盖真皮的外胚层外层将形成表皮。

所有的结缔组织团和骨骼成分的完全分化是复杂的。构成软骨和身体骨骼的软骨细胞和骨细胞的大多数前体由体节衍生而来。头腹部和咽部的骨骼成分统称内脏骨骼,是由神经嵴细胞衍生而来的,而非中胚层。

(3) 内胚层器官

胚胎内胚层的功能是构建体内两根管道的衬里。即贯穿于身体全长的消化管(肝、胆囊和胰腺即由此管凸出而形成)与呼吸管(由消化管向外生长而形成,它最终分叉形成肺)。消化管和呼吸管在胚胎前端区域具有共同的腔室,称为咽(Pharynx),而咽向外凸起形成的上皮外囊(Outpocket),就产生扁桃体、甲状腺、胸腺和甲状旁腺。咽的顶部前叶,腺垂体参与脑下垂体的形成。

5. 幼体与变态

通过卵裂、原肠形成等过程的胚胎发育,形成了透明的幼体小蝌蚪。

两栖类的变态是由具尾的幼体形态过渡为成体的形态。如在爪蟾的变态期间的外部形态上可见(图 6-39),从蝌蚪后肢芽出现开始进入前变态期(Prometamorphosis),在后肢发育基本完善后开始前肢的发育,在四肢生出后,进入变态顶峰期(Metamorphic Climax)。在此期间,蝌蚪的尾被不断分解、吸收、逐渐变短,最后完全消失。同时一些细微结构和其内部结构也经历了剧烈的变化,几乎每个器官都是修饰改造的对象。如退化的变化包括蝌蚪角质齿的脱落,口加宽,颚肌和舌肌发达,以适应从撕裂植物到扑食飞虫的摄食活动的改变。同时感觉器官发生变化,随着蝌蚪的侧线系统退化,眼和耳的结构发生一系列变化。眼球更加突出并移向背部,形成瞬膜和眼睑。

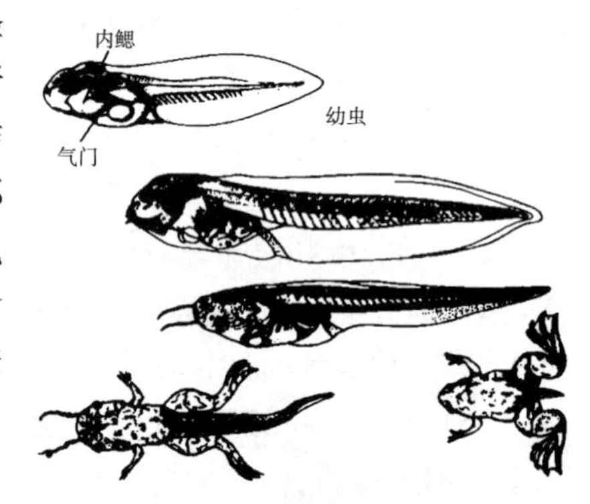

图 6-39 爪蟾幼体的变态

6. 两栖动物上著名的胚胎学实验

1) 核移植实验

生物学家们为了研究生殖细胞与体细胞中遗传物质的变化情况,在检测体细胞核的遗传信息在发育过程中是否不可逆转地丢失或灭活时,实验中,从激活的爪蟾卵细胞中,用一根微管移去合子细胞核或通过 UV 照射破坏细胞核内 DNA。同时从蝌蚪的小肠中找到合适的供体组织,从供体的体细胞中取出细胞核,并将这一细胞核用一根微管转移到爪蟾卵的去核的卵中。之后,使之经历卵裂、原肠形成等过程的胚胎发育及变态,最后形成了正常的爪蟾成体。

之后,将这一实验进一步扩展,除了在蝌蚪的小肠中找到用于实验的合适的供体组织,后来又发现其成年动物的几种组织都能成为合适的供体组织。所有子代(克隆动物)遗传上与供体是一致的,它们相互间也是一致的。

通过体细胞进行的无性繁殖,以及由无性繁殖形成的基因型完全相同的子代组成个体,这种人工遗传操作动物繁殖的过程叫“克隆(Clone)”。通常是利用生物技术由无性生殖产生与原个体有完全相同基因组织的后代。

而自然克隆,传统上称为无性生殖,是从植物和无脊椎动物中了解到的,是以有丝分裂为增殖基础。有丝分裂产生的细胞是遗传一致的。有性生殖中,当受精卵分裂早期的 2-细胞期、4-细胞期或8-细胞期时的卵裂球，通过实验操作将其相互分开时，就会产生由同一的单合子产生的2、4、8个个体，形成了遗传一致的克隆生物体。

2）双胞胎和嵌合体实验

早在1920年，汉斯·施佩门做了用婴儿头发制成的环将早期两栖动物胚胎（从2-细胞期到原肠开始形成）分离成两半等的胚胎实验。实验结果是，如果结扎面将灰色新月区不平均分割，则含有灰色新月区的部分将正常发育，而不含有灰色新月区的那部分发育异常；如果沿动-植物轴分割，每一半都供给有灰色新月物质，则产生单合子的同卵双生子（图6-40）。

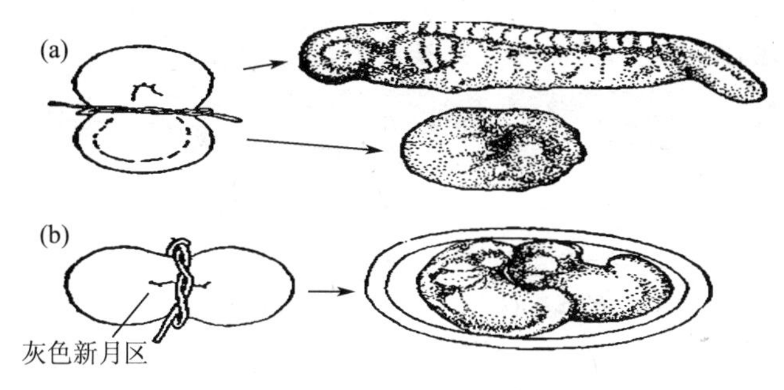

图6-40 Spemann的结扎实验

如果把蝾螈Triturus Cristatus和Triturus Vulgaris的两个分裂中的胚胎压在一起，就获得由完全不同的细胞嵌合组成的嵌合体。嵌合体是由不同父母来源的两个或两个以上细胞，也即由不同遗传组分的多细胞组成的一个嵌合生物体。由不同种类的两栖动物的2-细胞期至囊胚期的早期胚胎相互融合后，能识别自己，形成一个巨大的，但均匀的、活的囊胚，并发育成一个嵌合个体。

3）位置信息实验

通过显微外科手术从供体胚胎中取下数块组织插入宿主胚胎不同位置，实验目的是找出这些组织块是按照它们（新的）位置信息重新编程发育，还是按照其原有的遗传特性继续发育，后者意味着它们的命运已不可逆转。实验是在青蛙囊胚中取一块尚未决定的、未来的腹部表皮移植到蝾螈未来的口腔区。实验结果是，这块移植的蛙组织按照其新的位置整合到宿主口腔区并形成了口腔组织的嘴和牙，却又根据供体遗传的特征长出了青蛙固有的角质牙，而不是蝾螈那样的本质牙（图6-41）。

由此可见，位置信息不是物种特异的，而是共有的。但细胞接受的位置信息只能按照该细胞自身的遗传编程来解释。

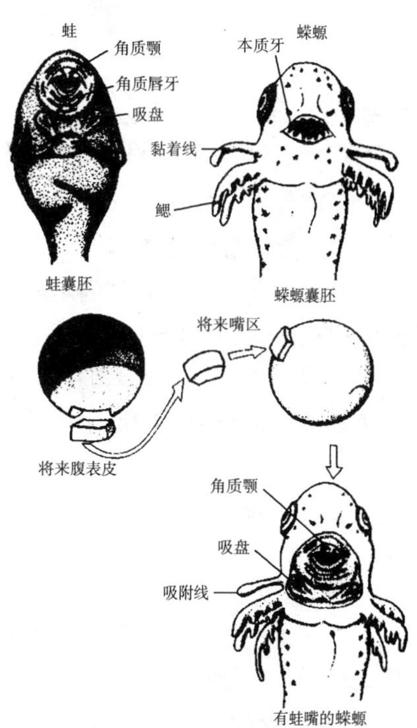

图6-41 Spemann经典的两栖动物移植实验

4）胚胎诱导实验

（1）诱导

将蝾螈Triturus Taeniatus含黑色素的上胚孔唇移植到蝾螈Triturus Cristatus白色囊胚的囊胚腔的腹外胚层或任意地方。结果是，当恰好插入腹外胚层时，它开始内陷，接着出现一个轴器官（脊索，体节）和一个头，最后形成一个完整的连接在宿主胚胎上的第二个胚胎，成为一个联体双生子；而当插入的上胚孔唇掉到内腔中，它在周围宿主组织中开始启动原肠形成。当宿主胚胎进一步发育时，发现移植物插入那一侧出现了一个额外的轴器官系统，生成部分或完整的额外的胚胎。因为使用的是黑色供体胚胎和白色宿主胚胎，所以，很容易鉴别出由宿主及供体组织组成的这些黑白色的胚胎组织。其中的额外胚胎中最大的部分组织事实上是白色组织,即是由宿主制造的。可见宿主细胞(白色组织)被诱导参与第二个胚胎形成(图 6-42)。

上胚孔唇因此被称做“组织者”,它诱导宿主细胞改变其命运,并能释放一个完整的、协调的发育程序产生一个组织良好的、完整的胚胎。

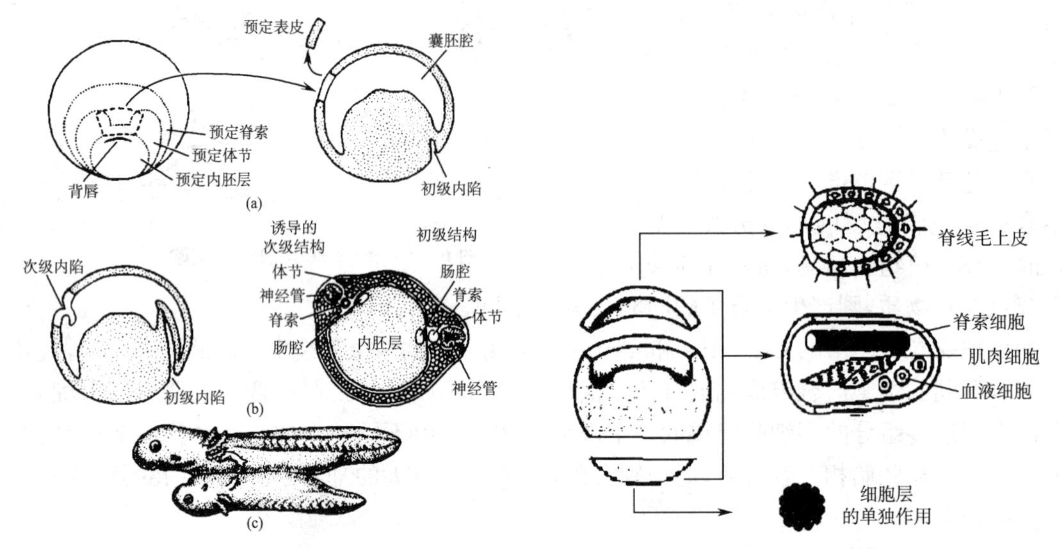

图 6-42 背唇组织的自我分化

(a)早期原肠胚的背唇移植到另一早期原肠胚的腹部表皮区;(b)组织内陷形成次级原肠和次级胚轴。在次生胚胎神经管、脊索和体节中,既有供体(黑色)组织又有受体(白色)组织;(c)最终形成连体胚胎

图 6-43 动物极块在植物极碎块的作用下形成中胚层

(2) 诱导事件的顺序

分离中期和晚期囊胚的不同部分,经不同的组合重新连接、培养,在显微镜下分析结果(识别限定已分化的细胞并运用分化的细胞的抗体有助于结果的分析)。这类实验中的一个具有历史性意义的例子是分离的、未被诱导的动物帽与含卵黄的植物极细胞碎块的结合。动物帽和植物碎块自身都不能产生中胚层结构,但当两者结合时就可以。这个植物极组织使动物帽的后代发育成中胚层细胞,如脊索细胞、肌肉细胞和血液细胞(图 6-43)。

这些实验表明,植物极区域细胞能诱导动物极区域细胞产生中胚层。通过在不同时期把胚胎的不同部分结合在一起,来揭示相互作用时诱导事件发生的顺序。

(3) 诱导因子

通过这些形式的各种诱导实验,将能产生出各种诱导现象的胚胎组织或培养细胞进行生化处理,提取及纯化其中的各种“因子”,并进一步鉴定其功能。通过这些生化技术及分析方法,首先纯化出了一种被证明是 TGF β家族一员的中胚层诱导因子。随后,更多的中胚层诱导因子被发现。至今所有被鉴定出的诱导因子都是蛋白质。如:

① FGF 家族

包括碱性和酸性成纤维生长因子,即 bFGF 和 aFGF。bFGF 诱导“腹中胚层”即血液细胞、间充质和一些肌细胞。

② TGF β家族

包括转化生长因子 TGF β和活化素。活化素是由 α 部分和 β A(活化素 A)部分或 α 和

βB(活化素B)部分组成的异源二聚体。中胚层诱导因子XTC-MIF是由爪蟾胚胎衍生的一个细胞系分泌的,作为TGFβ家族中的一员已被分离出,最后鉴定为一种活化素。TGFβ家族的另一个成员是骨形态发生因子4(BMP4),在胚胎前腹部表达,介导表皮(而非中胚层)分化。然而,除激起表皮发育外,BMP4还与中胚层形成因子协同作用赋予中胚层结构以腹部的特征。例如,形成腹中胚层的心脏等。

③ WNT家族

包括WNT-1和WNT-8,这个家族的成员显示出与果蝇基因一致的非随机序列。在未卵裂的卵中,可以找到编码这些诱导因子的母源mRNA。卵子一旦细胞化,这些mRNA可能被分配到不同的分裂球中。这些细胞转译这些信使并把制造好的因子分泌到间质隙中,因子从该处通过扩散传播到达相邻细胞。

7. 胚胎诱导假说

诱导是通过组织进行的一个复杂的过程,即是通过一系列信号分子(全体信号分子)同时涉及或顺序发生所产生的效应。诱导过程中的诱导因子扩散,导致了诱导因子浓度梯度的建立。分泌的因子扩散在间质液中移动,浓度梯度的空间随发源地的距离增加而增加,分泌的因子结合到受体上。浓度梯度致使胚胎区域化。实验已经显示,如活化素对体外培养的动物帽就存在有剂量依赖作用:低浓度引起动物帽分化成表皮;但随着浓度增高,将产生肌肉细胞、心脏搏动特异性肌肉细胞和脊索;高浓度的活化素B或WNT家族的一些强中胚层形成因子可以导致外植的囊胚动物帽形成“背中胚层”,即脊索前头中胚层(头部肌肉的前体)、脊索和交叉条纹肌肉细胞(体节生肌节的衍生物)。因此,浓度梯度也导致诱导效应的不同区域化。

研究表明,诱导作用在受精或甚至卵子发生时就已开始。

在受精过程中,爪蟾卵的背-腹特化是通过卵皮质的旋转和细胞质内部成分的置换完成的。编码信号分子和受体的母源mRNA(其中许多其他蛋白质)以一种独特的模式局部化,并整合到囊胚细胞中。不同分布区域的不同mRNA种类使胚胎不同区域的细胞能产生并接受不同类型的信号分子。重要的母源信息集中在灰色新月或相当于灰色新月的区域。

细胞之间相互诱导作用始于早期囊胚的中胚层形成过程中。诱导信号最初从囊胚的植物极细胞扩散并产生一个围绕赤道的环状带(将来变成中胚层区缘带)。这一区缘带细胞被诱导而开始表达如Xenopus Brachyury基因,此为中胚层前体细胞的标志。而在原肠形成期间,这一区缘带迁移到内部,形成将来产生脊索、体节和侧板的原肠顶。

爪蟾胚胎发育的诱导事件分几步发生。

1) 中胚层诱导

在早期32-至64-细胞囊胚期,在前灰色新月区下面的一小团卵裂球接受、整合某些母源信息,从而使自身含有已被激活的背部化决定子,这一小区域的植物极细胞称为Nieuwkoop中心。这些植物极细胞的子代开始释放第一套信号,这些信号可能是如Vg1和活化素一类的因子,诱导它上面的细胞开始表达goosecoid基因,从而帮助组织上面邻区建立形成被称为Spemann组织者的区域(图6-44)。

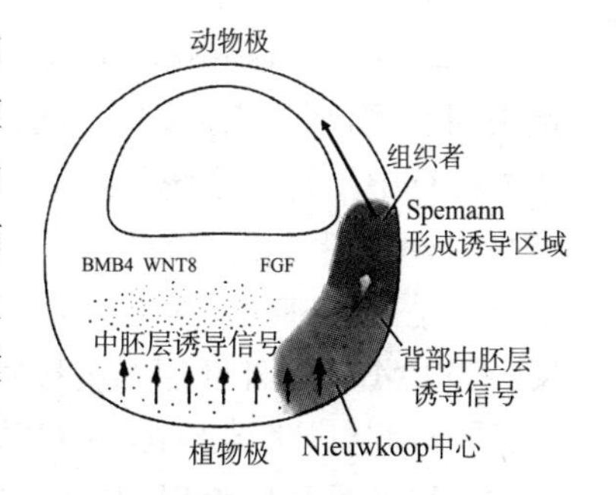

图6-44　中胚层诱导

2) 背部化-头尾化(神经)诱导

被Nieuwkoop中心激活的上面细胞表达goosecoid基因。goosecoid编码的是一种DNA结合蛋白,不但能够激活背唇细胞的迁移特性(内卷和集中延伸)而使细胞发生造型运动,它们开始形成背胚孔唇(原肠形成开始了)。而且表达GOOSECOID蛋白的细胞也能自主决定形成头部内胚层和背部中胚层,并能使goosecoid的表达细胞诱导周围细胞参与背轴形成:①GOOSECOID激活noggin、chordin等系列基因,产生NOGGIN、CHORDIN等系列分泌因子,并与它们共同形成Spemann组织者;②GOOSECOID、NOGGIN、CHORDIN等系列因子诱导启动原肠形成,形成胚孔,并使将成为中胚层的细胞流向胚孔,诱导形成背部中胚层;③卷入的胚孔唇细胞持续对途经的上方外胚层组织传递NOGGIN、CHORDIN等信号,诱导形成神经板;④卷入的胚孔唇前缘组织开始合成FRZB(诱导头部结构产生)与脊索后端组织开始合成的FGF(诱导后端化结构产生)为信号源,形成双梯度,对神经板组织进行诱导;⑤NOGGIN、CHORDIN、FRZB等背部化因子与BMP4、WNT-8、FGF等中胚层因子的正负调控影响,在正出现的神经板和原肠顶上诱导出一个前-后、背-腹非对称,使中胚层形成头部肌肉(背)和心脏(腹)、尾部肌肉(背)和肾脏(腹)。

3) 神经形成诱导

NOGGIN和CHORDIN蛋白的表达不仅限于胚孔唇,而是继续至脊索。这种图式反映了中枢神经系统的诱导也是分几个步骤。

(1) BMP4的表达图式使动物帽形成表皮区与神经板区(能力的获得)

沿赤道的区缘带细胞一旦被诱导将成为中胚层,就放射信号进入动物半球,使得动物帽偏离原来生成表皮的方向,而获得形成神经组织的能力。神经外胚层再分成一个将形成表皮的区和一个围绕动物极,将形成神经板的区(图6-45)。神经外胚层的这种再分化显示出了BMP4骨形成蛋白(Bone Morphogenetic Protein,BMP)表达图式的变化。BMP4是分泌因子,属TGF β家族成员,在未来的表皮中,BMP4持续表达,介导表皮发育;而未来的神经板里,其表达则被抑制。

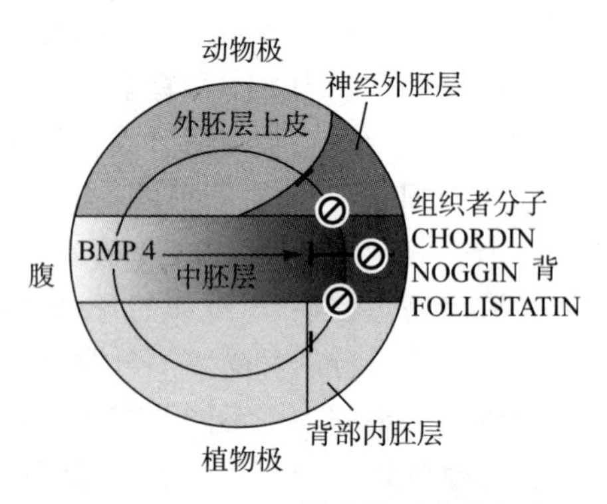

图6-45 BMP4梯度使形成表皮区与神经板区

如爪蟾动物帽细胞层与下部囊胚组织之间的连接被分离时,动物帽便开始发育成神经细胞(神经元和神经胶质),而不是形成表皮。这种现象被称为"自主神经形成"现象。这是由于动物帽细胞层免除了来自下部囊胚中非组织者区的中胚层细胞合成和分泌的BMP4诱导。在胚胎中,FOLLISTATIN等可能抑制BMP4功能。

GOOSECOID在细胞核中直接或间接地激活一些基因,而这些基因产物是调控细胞进行背-腹轴和前-后轴分化功能的可溶性蛋白因子。组织者的功能是分泌抑制诱导作用的可溶性蛋白因子,而不是直接诱导中枢神经系统发生。也就是说,当外胚层细胞在未被诱导的情况下才能进行中枢神经系统的发生,而在有效诱导的状态下外胚层细胞将分化为上皮。其诱导因子是BMP4,由非组织者区的中胚层细胞合成和分泌,是最重要的上皮分化和腹侧化诱导因子。但是对于神经发生而言,它是抑制因子或抗神经化因子,其功能与组织者的作用正好相反。当BMP4与外胚层细胞接触时激活max1等基因表达,后者进而激活上皮特异性基因表达,同时抑制产生神经表型的基因。在中胚层中,BMP4激活Xvent1等基因,这些基因的表达使中胚层显示腹侧表型。另外,进行神经发生的外胚层和组织者能分泌一些可溶性蛋白因子阻碍BMP的作用,已知NOGGIN、CHORDIN、Nodal-相关蛋白-3、FST等基因蛋白均能防止BMP与靠近组织者的外胚层和中胚层接触。NOGGIN是首先从组织者分离的一种可溶性蛋白因子，noggin mRNA 首先出现在胚孔背唇区域，以后在脊索组织中表达。NOGGIN 是分泌蛋白，能够完成组织者的两种主要的功能，即诱导背部外胚层形成神经组织和使中胚层细胞背部化。NOGGIN 能与 BMP2 和 BMP4 结合，可抑制它们与受体的结合。另一个组织者蛋白是 CHORDIN，其 mRNA 最初也定位于胚孔背唇区域，以后在脊索和背中胚层组织中表达，与 NOGGIN 相同，CHORDIN 能与 BMP2 和 BMP4 直接结合，抑制它们与受体形成复合物。此外，Nodal-相关蛋白-3(XNR-3)由组织者表面的细胞合成，对 BMP4 也有抑制作用。第四个组织者分泌蛋白是 FST，它能结合和抑制辅肌动蛋白(ACTIVIN)和其他相关蛋白。利用原位杂交的方法可显示 fst mRNA 在胚孔背唇和脊索组织中。

(2) 按照“双信号模式”区域化

第一套信号为“神经形成诱导子(Neuralizing Inducer)”，即为上述 BMP4 的抑制因子 NOGGIN、CHORDIN、FST 所启动的神经发育至形成前端神经组织(图 6-46)。

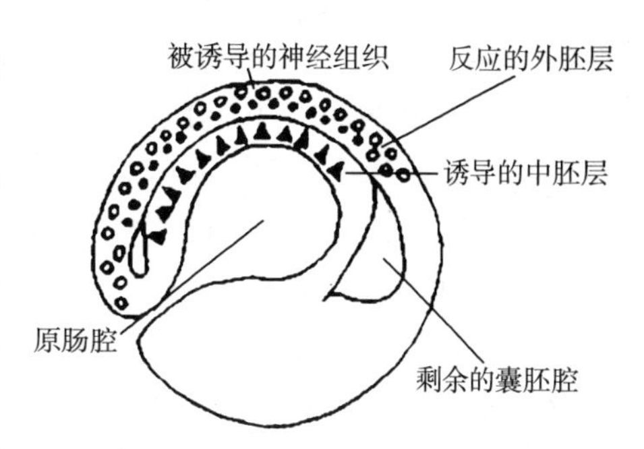

图 6-46 第一套信号(垂直)启动内陷卷入胚孔并持续对上方传递信号，诱导启动神经发育

当中胚层移入囊胚腔并在原肠形成期间移至动物帽的内表面上时，它继续朝上方的动物外胚层释放促使神经形成的信号分子 NOGGIN、CHORDIN、FST 等。并在中胚层沿外胚层内表面朝上移动时，这些“垂直信号”诱导启动神经发育形成神经管，再赋予神经外胚层渐序的浓度区域差别，负责诱导神经管前端神经组织(前脑和中脑)形成，导致了不可逆转的神经特化。其诱导子被认为是索前头中胚层和索中胚层产生的。

研究表明，中枢神经组织由组织者诱导产生。脊索的最前端组织相当于组织者，但是在头和脑的最前端下方并没有脊索组织，而是咽鳃区内胚层和头部中胚层，由这种内-中胚层组织构成胚孔背唇的前缘。这些细胞不仅能诱导最前端的头部结构，而且能够阻滞 WNT 信号传导途径。生长分化因子 WNT 家族成员的 WNT-8 能够抑制神经诱导。WNT-8 由除背唇区以外的所有边缘带中胚层细胞合成，与 BMP4 的功能类似是由非组织者中胚层分泌的另一个抗神经化蛋白因子(Anti-neuralizing Protein)。在组织者中存在的这些蛋白因子能够与 WNT-8 蛋白结合，从而阻滞 WNT-8 功能。

在外胚层中控制神经分化表型的关键蛋白是 NEUROGENIN(NRG)。neurogenin(nrg)基因表达与否决定于外胚层中是否有 BMP 信号。当 BMP 信号缺乏时，转录因子可引起 nrg 基因表达；当外胚层中存在 BMP 信号时，由 BMP 诱导产生的转录因子如 MSX1 等抑制 nrg 基因表达。而 NRG 本身也是个转录因子，能够激活一系列编码控制神经特异性蛋白的基因。正是在各种正负调节因子的共同调控下，背部外胚层才可避免向上皮方向分化而转入神经板组织的分化和发育成神经管。进一步发生神经结构的区域性特化形成前脑、后髓和脊髓的过程中，同样依赖于前述组织者分泌的这些蛋白因子的诱导。

第二套信号为“中胚层形成诱导子(Mesodermalizing Inducer)”，是把第一套信号诱导的神经组织转变成逐渐后端化的神经组织类型(如后脑和脊髓)，故又称为“后端化因子”(图 6-47)。这些信号被认为需要以诱导的前端神经组织作为底物，而不能直接作为未诱导的外胚层的神经诱导子起作用。第二类信号作用方式是一种逐渐的方式，随着浓度增高，逐渐往后特化神经模式。如信号分子 FGF，尤其是 bFGF。

随着前端神经系统的区域性特化神经管,后端开始进行分化。后端的分化由胚胎后端产生后端化因子(Posteriorizing Factor)进行调控,如 bFGF、WNT3a 和视黄酸(Retinoic Acid,RA)都是后端化因子,在后端导致尾部神经系统出现更多后端化特征。如用微量 RA 处理爪蟾神经胚,前脑和中脑的发育能力将削弱;RA 对中胚层和外胚层细胞的分化都有一定影响:用来源于 RA 处理的原肠胚背中胚层前端组织进行移植,不能诱导寄主胚胎产生头部结构;用 RA 处理的外胚层也不能对正常原肠胚前端中胚层的诱导作用发生应答;RA 能激活靠后端的 Hox 基因表达。WNT3a 出现在早期神经胚的神经外胚层中,是爪蟾的一个尾端化因子,如果给爪蟾胚胎注射 Xwnt3a mRNA,使 WNT3a 过表达,将发育成为没有前端特征的胚胎。后端化的这三种因子既可以在胚胎的不同区域发挥不同的作用,又可以协同作用。RA 主要作用于后脑的图式形成,FGF 对于脊髓的分区最为重要,WNT3a 不仅抑制前端控制基因的表达,对于其他两种蛋白质的功能有协同作用。

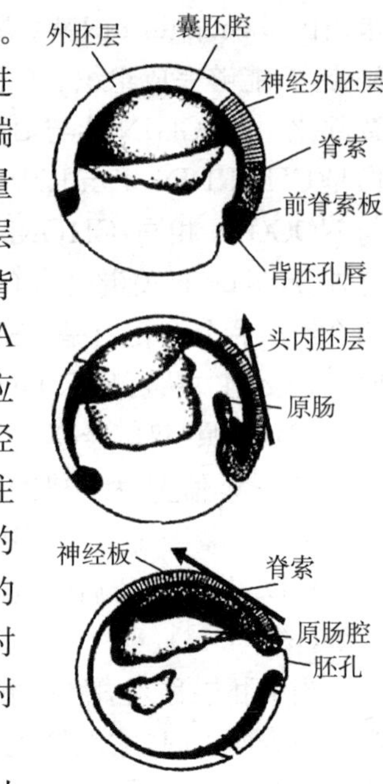

图 6-47 bFGF 将以诱导的前端神经组织为底物,沿外胚层面以浓度梯度,往后特化诱导神经组织后端化(后脑、脊髓)

从不同的实验获得的结果和解释也显示了在上述胚胎发育过程中的同一个分子所具有的不同的作用机理。如 NOGGIN 和 CHORDIN,它们可能不仅作用于背部化诱导,而且可能作用于神经诱导。其原因可能是:①连锁反应。一个因子可能先诱导背中胚层,反过来再诱导神经组织形成。②细胞对相同的因子反应不同,取决于因子的浓度及细胞以前的历史。当 NOGGIN 或 CHORDIN 在囊胚腹侧异位表达时,它们可能诱导一个完整的第二轴的发育,包括中胚层和神经元结构。然而,当加入足够高浓度的 NOGGIN 或 CHORDIN 到有能力的动物帽中时,细胞表达前脑特异的标记物不需要通过中胚层细胞介导。③可能存在不同量的更多的信号分子修饰这些反应。

现在发现,这样的修饰信号分子是 HEDGEHOG 家族成员。例如,脊索不仅分泌 NOGGIN 和 CHORDIN,而且也分泌 SONIC HEDGEHOG。这种分泌因子被认为朝神经管的腹部扩散,由此诱导脊髓底板产生。其他的分子如蛋白 FOLLISTATIN 和类胡萝卜素脂视黄酸 RA。RA 是维生素 A 的一种衍生物。

至此,Spemann 组织者区域细胞诱导毗连的中胚层变成背部中胚层(脊索中胚层),并通过脊索中胚层诱导背部外胚层形成神经组织。

8. 诱导过程中的同源异形框基因

同源异形框基因是指都含有一段 180 bp 的保守序列结构的基因。这一段 180 bp 的保守序列结构称为同源异形框(Homeobox),含有同源异形框的基因统称为同源异形框基因(Homeobox Gene)。同源异形框具有的这一种高度保守的 DNA 基本序列,也称 HOM 序列,它为自身所编码的蛋白质提供了一种称为同源异形结构域(Homeodomain)的结构,即此蛋白可形成与 DNA 特异性结合的螺旋-转角-螺旋结构。这种同源异形结构域对于决定整个蛋白质的调节专一性起重要作用。如,在果蝇的 HOM-C 基因中,把 DFD 蛋白含有同源异形结构域的 66 个氨基酸改用 UBX 蛋白的相应序列(ubx 基因的同源异形框)替代,结果产生的这种嵌合蛋白不再具有 DFD 蛋白的调节功能,却可以调节 Antp 基因的转录,而 Antp 基因是 UBX 蛋白的靶基因之一。ANTP 与 SCR,ANTP 与 UBX 蛋白同源异形结构域的互换实验同样说明了同源异形结构域的重要性。现已发现同源异形框广泛地存在于真核生物调节基因中,许多动物,甚至在植物、真菌中都发现同源异形框基因。

在爪蟾原肠形成期间,不同类型细胞中所含同源异形框的基因,统称为 Xhax,以时空方式表达,勾画并定义未来结构(脊索、体节和神经板),通过显示由同源异形框基因 goosecoid 编码的转录子和蛋白质可以看到 Spemann 组织者的建立。

9. 二级和三级诱导

在诱导事件中,第一个诱导产生后,会出现后续的连锁诱导相互作用,称"二级"和"三级"诱导。

如在神经胚发育中视小泡诱导晶状体表皮帮助完成眼形成的过程里,当神经胚中的第一个诱导信号到达未来晶状体起源的区域持续向上面的外胚层发射诱导信号形成了视小泡;视小泡再诱导晶状体表皮形成了晶状体基板;晶状体基板形成后,接着又进行三级诱导:晶状体再诱导其上方的表皮,形成透明角膜等其余的眼视组织(图 6-48)。

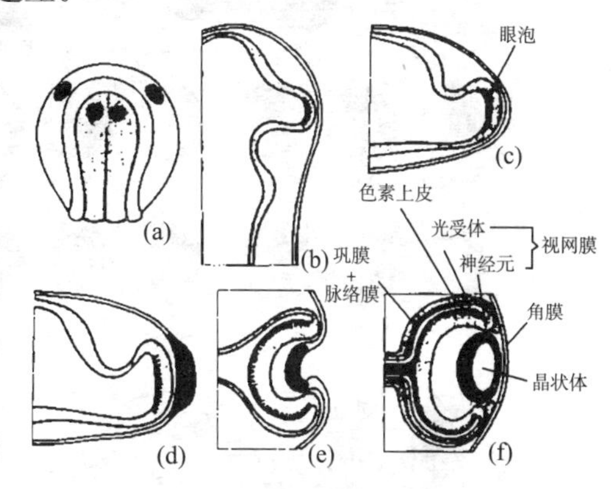

图 6-48 两栖动物眼晶状体的诱导

(a)神经胚的俯视图,深色点指示着未来晶体起源(a,d)的区域和第一个诱导信号到达的地方;在一些物种中,早期诱导是足够的,在另外一些物种中,眼泡(b,c,d)的产生必须持续向上面的外胚层发射诱导信号,使晶状体不可逆地被决定;这晶状体(深色部分在 d,e,f)反过来诱导角模的形成(f)

6.9 斑马鱼

斑马鱼(Danio Rerio)是在印度和巴基斯坦河里发现的一种热带鲤鱼,因体侧具有像斑马一样纵向的暗蓝与银色相间的条纹而得名(图 6-49)。斑马鱼作为模式生物,主要优点表现在:①个体小,繁殖能力强。幼鱼孵出后三个月可达性成熟,成熟的雌鱼每隔一周可产几百粒卵子,便于大规模养殖,持续提供大量分析材料,用于人工诱变和突变体的筛选。②卵和胚胎透明,体外受精,体外发育,而体外受精又克服了子宫遮掩,极易观察胚胎的形态变化。胚胎发育速度快,24h 便可完成从受精卵到形成主要组织器官的发育过程,便于进行细胞发育命运的连续跟踪观察和细胞谱系的分析。也使得研究者不仅能跟踪观察每一个细胞的发育命运,而且可观察到像原肠期的细胞运动、脑区的形成和心跳等的发育事件。③卵子直径 0.6mm,比一般哺乳动物卵子大十倍,外源物质包括外源基因容易导入胚胎中。斑马鱼的精子可通过冷冻来保存,给遗传操作和人工诱变提供了极为有利的条件,加之胚体透明,发育异常的突变体很容易被鉴定出来。④遗传研究中,用突变遗传试剂可以产生隐性突变:让雄鱼在含诱导突变剂,如乙基-亚硝基-脲的点突变液中游泳即可。用于大规模研究时,将已遗传突变的雄鱼与正常雌鱼交配,其 F1 和 F2 代再杂交,F3 代就会出现纯合突变体。用于小规模研究时,可以通过 UV 照射精子(使精子中 DNA 变性失活),然后,孤雌激活卵得到遗传突变的雌鱼来获得纯合后代。相关胚胎学和遗传学操作技术成熟,基因组全系列测定已经完成。⑤斑马鱼基因与人类基因的相似度达到 87%,从它得到的药物实验结果多数情况下也适于人体,因此它受到生物学家的重视。可用来建立筛选治疗人类疾病药物的模型,用于化学物品和毒理学研究。

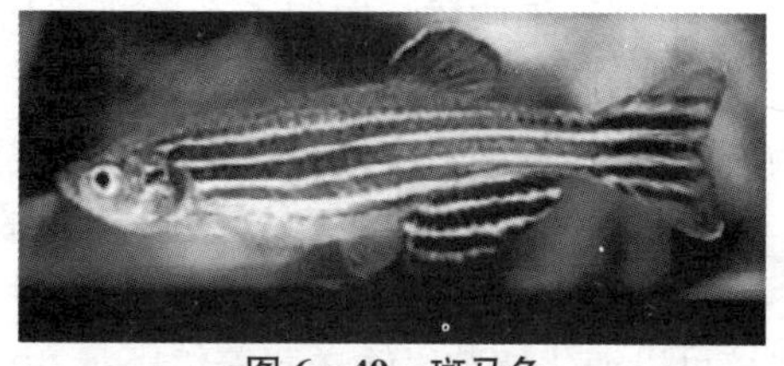

图 6-49 斑马鱼

斑马鱼胚胎发育反映出硬骨鱼在进化路线中与两栖动物和陆地脊椎动物不同的个体发育

的独特性。

1. 斑马鱼的胚胎发育

斑马鱼的胚胎发育如图 6-50 所示。

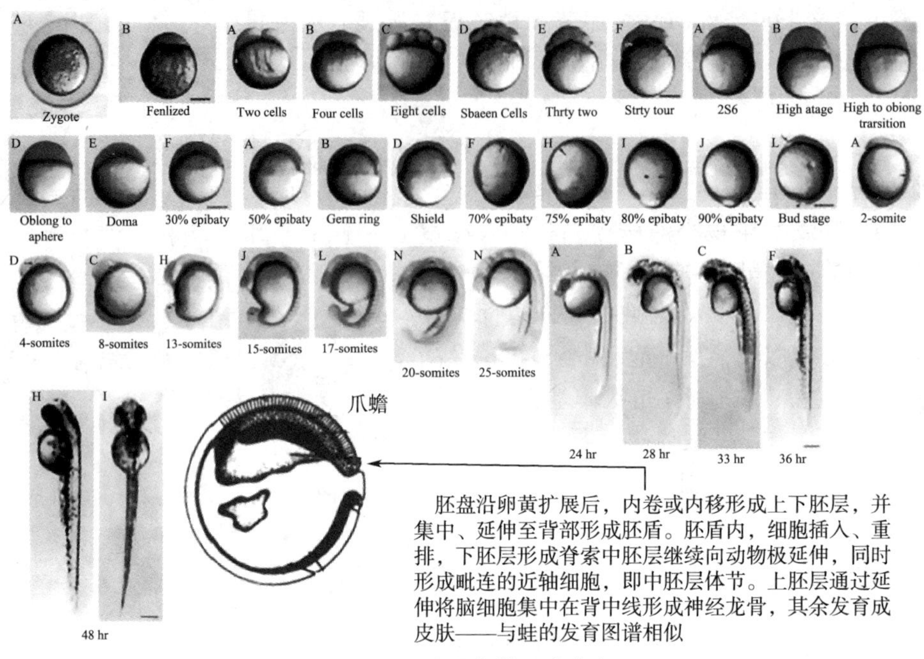

图 6-50　斑马鱼的胚胎发育

受精后，细胞质流向卵子动物极并形成一个有清晰物质的帽，配子核整合入内。在其下面，卵黄物质积累在卵子腹部，卵子旋转，而且通常卵子的动植物轴是垂直方向。头将位于动物极区域，动物的背中线将沿最高子午线延伸。

受精后 40min 卵裂开始，呈圆盘状部分卵裂，导致形成一个帽状囊胚，叫胚盘。胚盘约有 2 000 个细胞，高高停驻在非细胞化的、球形的卵黄团上（由于胚盘提供一些核给卵黄，利用这些核可以消化卵黄以输送营养给胚盘，由此卵黄成为合胞体）。随着细胞分裂的继续，胚盘变扁平，胚层延伸并扩展至卵黄球上。根据胚层边缘的位置，人们称之为$\frac{1}{4}$、$\frac{1}{2}$，或$\frac{3}{4}$外包。

在斑马鱼第 10 次卵裂期间，细胞分裂就不再同步，新的基因开始表达，此时细胞获得了运动性，这种现象称为“中期囊胚转换（Midblastula Transition，MBT）”时期。MBT 似乎受染色质和细胞质之间的比例控制，如单倍体鱼类囊胚较正常二倍体鱼类囊胚晚一个分裂周期进入 MBT，而四倍体鱼类囊胚比正常二倍体鱼类囊胚早一个分裂周期进入 MBT。

鱼类胚胎中最早的细胞运动即是胚盘细胞沿卵黄四周下包。初始阶段，胚盘内层细胞向外周迁移，插入表层细胞中。随后，表层细胞沿卵黄表面下包，直到将卵黄全部包围起来。沿卵黄表面下包的表面细胞层称为包被层。包被层细胞的下包运动，并非由分裂球主动启动引起，而是由卵黄合胞体层自动扩展引起的。卵黄合胞体层是位于胚盘下面卵黄表面含有多个细胞核的一层细胞质层。包被层和卵黄合胞体层紧密相连，卵黄合胞体层的自动扩展必然拉动与之相连的包被层细胞向下移动。随着下包运动的进行，卵黄合胞体层和包被层之间产生的空隙由胚盘深层细胞所填充，卵黄合胞体层的扩展拉动包被层细胞向下运动这一点，可以通过切断卵黄合胞体层和包被层两者之间的联系来证明。当卵黄合胞体层和包被层两者之间的联系被切断后，胚盘细胞会反弹缩回到卵黄顶部，而卵黄合胞体层则继续包绕卵黄扩展。卵黄合胞体层的扩展受其中的微管系统控制,用辐射或药物处理阻断微管聚合就能抑制下包。

原肠形成的过程与两栖动物中看到的有点相似(图 6-50)。当斑马鱼胚盘细胞包绕一半的卵黄时(卵黄较多的鱼会更早些),胚盘细胞开始一边向边缘移动一边沿边缘内卷,转向朝上即朝动物极移动,形成包被层四周的边缘区开始加厚,这个加厚的区域叫做胚环,也称生殖环(Germ Ring)。胚环的内表层细胞,即边缘的表层细胞向里内卷(近贴卵黄合胞体层)而向动物极迁移的这层细胞在迁移中形成了下胚层。生殖环即由这下胚层与包被外表层下的上胚层构成(图 6-51)。下胚层一旦形成后,上胚层和下胚层间的深层细胞都会向将来发育成为胚胎背部的未来头-背-尾线部位聚集,形成一个集聚加厚的条形区域,称为胚盾或原条(图 6-52)。胚盾在功能上相当于两栖类的背唇,此处将形成原始轴器官。如果将它移植到宿主胚胎中,能够诱导形成次级胚轴。

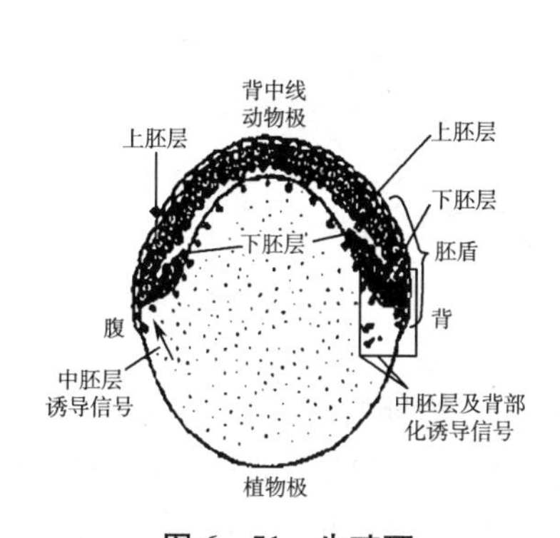

图 6-51 生殖环

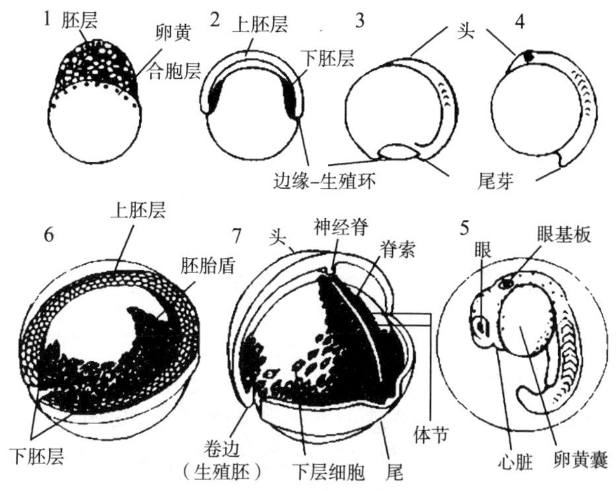

图 6-52 胚层-上胚层-下胚层-胚胎盾的形成

(1~5 为侧视简图;6~7 为俯视立体图)

当细胞沿卵黄下包时,这些细胞继续在边缘内卷,并朝背部和前端两个方向向胚盾集中。随着外包的继续,胚层扩展到将整个卵黄团包起来时,原条增长并延伸至动-植物极,即上胚层细胞同时在背中线上集中和延伸的同时,位于胚盾的下胚层细胞再向前端集中和延伸,最终沿背中线变成一窄条,它就是脊索中胚层,即脊索的原基,而与脊索中胚层毗连的细胞为近轴细胞,是中胚层体节的前体。这一区域的进一步发育包括发育成神经外胚层(上胚层)和中胚层(聚集的下层细胞),但不出现神经褶,而出现一个从上胚层上脱离的实心神经龙骨脊(Neural Keel)。在神经龙骨脊下,聚集的下层细胞自组形成脊索和体节。后来到达的下层细胞通过形成外侧板补充中胚层。中胚层的下方形成内胚层上皮层。其余的上胚层细胞发育成鱼类的皮肤。可见,斑马鱼的发育图谱与爪蟾的发育图谱并无很大区别。

从上胚层上分离的神经龙骨脊进一步转变成神经管。管的前端变宽生成脑。鱼胚胎的透明性使活鱼眼的发育及由耳基板发育成内耳,甚至脊神经的生长可能被观察到。

2. 应用实验

(1) 斑马鱼具有多达 6 000 多种的遗传突变种,这些突变种的表征包含胚层分化、器官发育、生理调适与行为表现等多方面,可提供进行发育机制上的研究。

(2) 斑马鱼在环境毒理学中的应用,可作为一种水生生物,位于食物链的上方,为毒性试验的标准实验用鱼。用于研究环境毒物暴露下对斑马鱼的胚胎发育毒性、生殖毒性、行为毒性和基因突变毒性的影响(图 6-53)。

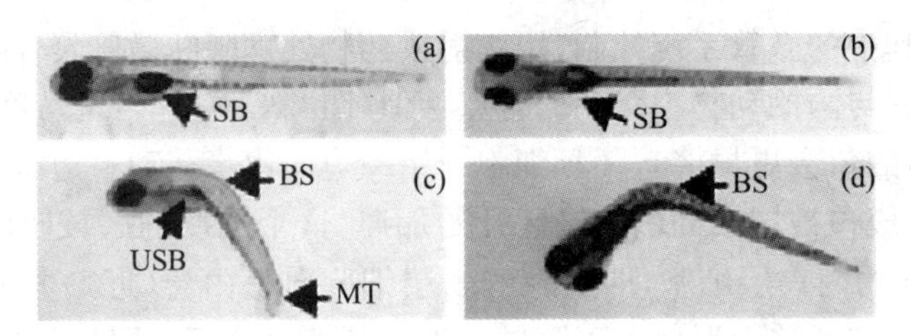

图 6-53 水生态检测中，全氟辛烷磺酸(PFOS)在斑马鱼胚胎发育中的毒性：对照组[(a)(b)]和 PFOS 暴毒组[(c)(d)]典型畸形照片(c)脊柱后凸侧面观；(d)脊柱侧凸背面观；SB：游囊；BS：脊柱弯曲；USB：游囊关闭；MT：尾部畸形

6.10 鸡、鹌鹑(鸟类)

与两栖动物相比，爬行动物及鹌鹑等鸟类已经具有了某些使它们能完全生活在陆地并省去幼虫期的进化特征。鸡、鹌鹑等鸟类卵巨大，卵黄丰富。鸟类卵细胞本身是一个由具有防御作用的、非细胞的、有弹性的、半透明的卵黄膜包裹的卵黄球，周围是清蛋白，整体被包裹在一个更大的膜中，包括外层钙化壳。而且，在壳内发育中的胚胎被充满液体的囊包围，这个囊被称为羊膜(Amnion)。爬行类、鸟类和哺乳动物都被称为羊膜动物(Amniotes)。

1. 胚胎发育

(1) 卵裂

鸟卵从卵巢中释放后在输卵管受精。受精后，受精卵的卵裂在输卵管中立即开始。

和斑马鱼一样，鸟类受精卵的卵裂也是部分卵裂(图6-54)，呈圆盘状。动物极区域的逐渐细胞化导致了胚盘的产生。和鱼胚一样，胚盘的边缘是一个尚未细胞化的环形合胞体区。由于持续的细胞分裂，胚盘向周边扩展，而在胚盘的这个中心下面，形成了胚下腔。

鸟类胚盘中央细胞被胚下腔及腔下的卵黄分开，看起来透明，因此胚盘中央被称为明区(Area Pellucida)，相比之下，明区边缘(胚盘周围的边缘细胞)由于和卵黄相连接着，看起来不透明，因此被称为暗区(Area Opaque)。

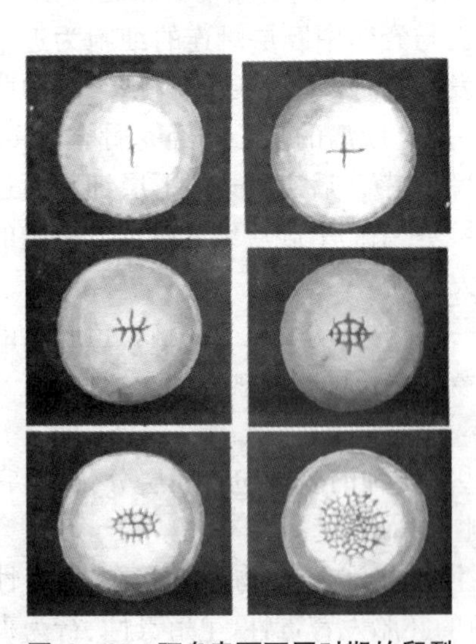

图 6-54 胚盘表面不同时期的卵裂

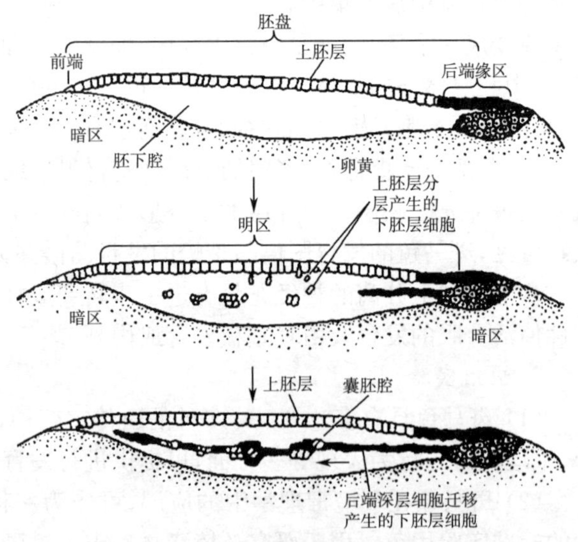

图 6-55 鸟类双层囊胚的形成

腔的细胞化的顶部称为上胚层，当大多数细胞仍然维系在顶部表面形成上胚层时，某些细胞单个地迁移到胚下腔中，形成多点内陷小岛，即初级下胚层，每个小岛由 5～20 个细胞构成。此后不久，胚盘后缘有一层细胞向前迁移，并与多点内陷小岛汇合，形成次级下胚层(Secondary Hypoblast)。由上胚层和下胚层组成的双层囊胚在暗区边缘连接在一起，两层之间的空间即为囊胚腔(图 6－55)。因此，鸟类囊胚结构和两栖类、海胆的囊胚结构并无不同。

鸟类胚胎发育主要局限于上胚层。下胚层对正在发育的胚胎本身没有任何实质性贡献，它们只形成部分胚胎外膜、卵黄囊，和连接卵黄与消化管的基柄(Stalk)。胚胎本身所有三个胚层和大量胚胎外膜都由上胚层所产生，随着下胚层细胞向前迁移，上胚层细胞在后端聚集而形成原条。

(2) 原条的形成

鸟类、爬行类和哺乳类原肠作用的主要特征性结构是原条，原条首先见于胚胎后端上胚层细胞层的加厚处。这种细胞加厚是来自上胚层的未来中胚层细胞内移进入囊胚腔及来自上胚层后端两侧细胞向中央迁移所致。随着加厚部分不断变窄，它不断向前运动，并收缩形成清晰的原条。原条延伸至明区长度 60%～75%处，成为胚胎前后轴的标志。伴随着细胞集中，形成的原条在中央又渐渐出现一凹陷，称为原沟。原沟与胚孔作用相似，迁移的细胞通过原沟进入囊胚腔。因此，原沟与两栖类的胚孔同源。在原条的前端口细胞在加厚，原条前端的这一细胞加厚区叫原结(Primitive Knot)或亨森氏结(Hensen's Node)。在亨森氏结的中央又有一个烟囱柱样的凹陷，叫原窝(Primitive Pit)。细胞又可以通过原窝进入囊胚腔。亨森氏结在功能上相当于两栖类的上胚孔唇，具有类似的诱导能力。

原条一经形成，上胚层细胞便开始向原条边缘迁移，向原沟涌来、下沉，这些细胞一旦进入囊胚腔内，它们就像阿米巴或鱼胚中的下层细胞一样单个迁移，移入合适的地方。最大的可移入的自由区就是位于原沟前方的亨森氏结处(图 6－56)。

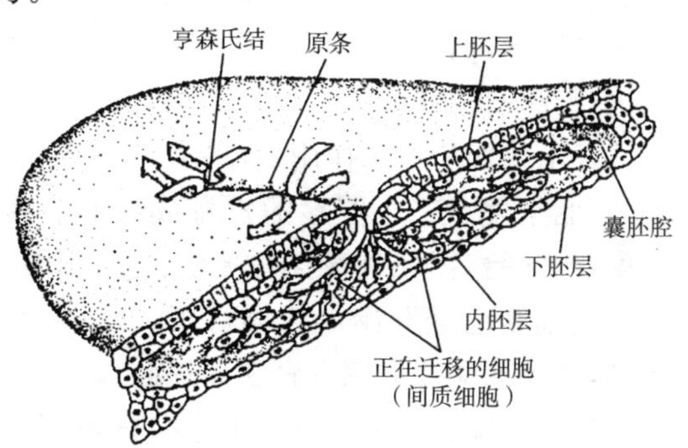

图 6－56　鸡胚原肠作用立体图解

像两栖类的胚孔一样，原条的细胞组成也在连续不断地变化，通过原条两侧部分进入囊胚腔的细胞形成大部分内胚层和中胚层组织；通过亨森氏结进入囊胚腔的细胞则向前端迁移，形成前肠、头部中胚层和脊索。与非洲爪蟾中胚层以细胞层的形式迁移进入囊胚腔不同，进入鸟类囊胚腔的细胞是以单个细胞为单位的。因此，内移的细胞并不形成紧密联系的细胞层，而只形成松散联系的间质细胞。不仅如此，鸟类原肠胚中并不产生真正的原肠。

在时间上，细胞进入原条与次级下胚层细胞向前端移动可能同时进行的。次级下胚层细胞从胚盘后缘向前移动的同时，原条也渐渐形成并相继向胚胎未来头部区域延长，而当胚胎后部细胞还在继续迁移入内部进行原肠作用时，前端的细胞已经开始形成器官了。

(3) 内胚层、中胚层和外胚层的形成

最早通过原条迁移的细胞是预定发育成前肠的细胞，这一点又与在两栖类中看到的情形相似。这些细胞一旦通过原条进入囊胚腔，就向前如阿米巴一样迁移，最后把胚胎前区的下胚层细胞推向旁边，并迁移深及腹部而特化形成前肠内胚层；而被前肠内胚层细胞推开的下胚层细胞就被局限在明区前部的一个区域里，它所构成的区域被称为生殖新月(Germinal

Crescent)，此处不形成任何胚胎本身结构，但它含有生殖细胞前体，这些生殖细胞前体以后将通过血管迁移到生殖腺中。

接着通过亨森氏结而进入囊胚腔的细胞也向前迁移，但它们不似前肠内胚层细胞那样迁移深及腹部，而是保持在内胚层和上胚层之间，将来形成头部中胚层和脊索中胚层细胞。

通过原条迁移和亨森氏结内移的细胞全部都向前运动，向上推举上胚层前端中线区域，形成头突(Head Process)。同时，通过原条两侧继续向内迁移进入囊胚腔的细胞，又分成两部分：一部分细胞向更深层迁移，继续将下胚层中线处的细胞挤走，并取而代之；另一部分细胞在整个囊胚腔中扩散，大致在上、下胚层之间的中间位置形成松散的细胞层。向更深层迁移的细胞发育成胚胎内胚层器官(及大部分胚胎外膜)，而扩散到整个囊胚腔的细胞则发育成胚胎中胚层部分(及胚胎外膜)。

随后，原肠作用进入一个新时期。在中胚层细胞继续内移的同时，原条开始回缩，大致位于明区中央的亨森氏结也向后回缩。在原条回缩留下的痕迹上出现了胚胎头突和背轴，随着亨森氏结继续向后回缩，脊索后端部分开始形成。最终，亨森氏结回缩到最后端区域，将来形成肛门(图 6－57)。

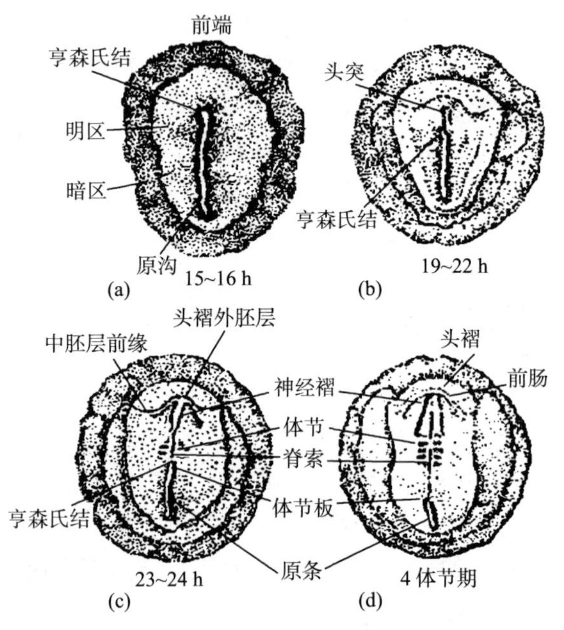

图 6－57 鸡胚内、中胚层的形成

至此，上胚层完全由顶定外胚层构成；胚胎孵育 12 h 后，大部分预定内胚层细胞已经进入胚胎内部，而预定中胚层细胞还要继续向内迁移很长时间。

经上述两步原肠作用后，鸟类(还有哺乳类)胚胎呈现出一个明显的发育成熟的前后梯度：当胚胎后部细胞还在进行原肠作用时，前端的细胞已经开始形成器官了。随后，数天内，胚胎前端比后端发育更为提前。

当预定中胚层和内胚层细胞向囊胚腔内运动时，预定外胚层细胞也仍在分裂，并迁移离开胚盘，通过下包包被卵黄。卵黄膜是外胚层细胞扩展不可或缺的。但只有缘区细胞(也就是暗区细胞)和卵黄膜紧紧相连，其他多数胚盘细胞即使和卵黄膜相连，连接也很松散。外胚层包被卵黄大约需要花 4 天多时间才能完成，其间包括连续不断地产生新细胞及预定外胚层细胞沿卵黄膜下方迁移。因此，鸟类原肠作用结束时，外胚层已将卵黄包被起来，内胚层已经取代了下胚层，而中胚层则已迁移到内外两胚层之间。

(4) 胚胎形成

与细胞迁移、原条形成同时，胚胎就在原沟前面(亨森氏结)形成：迁移中的细胞分流成了两支，一支通过原条后朝前进入腔底，将下胚层细胞推向旁边。这些向深处移动的细胞特化形成严格意义上的内胚层，即将生成消化道基底(Lining of the Gut)；另一支通过亨森氏结后而流向上胚层与内胚层之间的空隙，变宽形成中胚层薄片。随着中胚层从原沟继续朝前扩展，它与不断移入的细胞整合并致密地聚集在一起。在原沟前面和中胚层中线，细胞结合形成中胚层轴器官。胚胎发育到达原条生成期。

器官原基大规模的精细分化方式与两栖动物类似。从外观看，神经褶在原沟前和诱导中的中胚层上方出现。神经褶沿胚胎中线合并，形成神经管(图 6-58)。

同时，中胚层自身又分成脊索、体节和外侧板。覆盖卵黄球的内胚层开始形成靠近脊索的纵向褶，然后，内胚层褶闭合成一个管：原肠形成。

至此，胚胎已形成了它的基本形状。当外胚层已将卵黄包被起来时，由内胚层、中胚层、上胚层(外胚层)的逐渐生长而覆盖住的卵黄被称为卵黄囊，它与原肠相连，并共用一个消化道基底。胚胎逐渐从卵黄囊表面鼓起，此时，卵黄囊与胚胎身体之间产生了部分分离，并在之后变成有限连接；胚胎仍通过一个逐渐闭合的内胚层管道的通道，与卵黄囊保持联系(这些联系逐渐由后来形成的血管所保持)。由于液状卵黄被原肠吸收，为胚胎利用，卵黄囊逐渐减小。

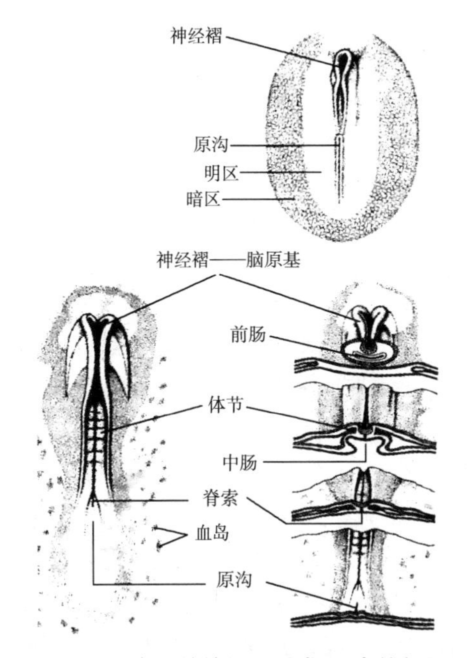

图 6-58 鸟胚的神经胚形成(胚盘俯视图)

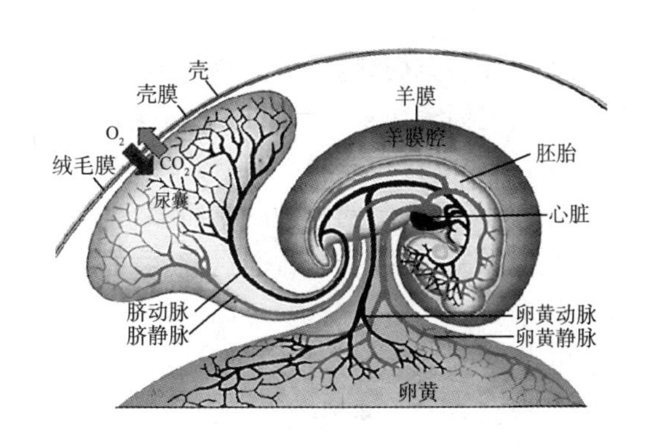

图 6-59 鸡胚胎通过一内胚层管道与卵黄囊相连

内胚层(后肠处)形成的第二个通道(即尿管)，与一外凸的部分相联系，这一外凸的部分称为尿囊或称为胚胎尿膀胱。包在壳里的卵，通过生成不可溶的尿酸晶体(而非尿)储存在尿囊来排出蛋白分解的废物和氧化代谢形成的水(直至孵化)。尿囊不仅储存废物，还作为胚胎的呼吸器官。生长的尿囊伴随着血管并与盲端的气室建立联系(图 6-59)。

当神经管形成时，真皮褶从周围的胚外上胚层伸出至胚胎上方即称羊毛褶，褶的游离边缘结合在一起，最后胚胎被具双层壁的羊膜腔完全包围。为了保护娇嫩的胚胎，羊膜腔充满液体，液体由腔的内壁分泌出来；这层内壁代表羊膜本身。羊膜腔成为一个隔绝的池。因此，陆地动物的胚胎发育仍然在水中进行。羊膜腔里的液体和尿囊里的相似，当鸡孵化出来且这些胚外容器的薄壁破裂时，液体喷涌而出。

2. 鸡胚实验

对于鸡胚的发育研究，集中于下面三类实验中。

(1) 鸡的胚胎发育的调控作用

如果将一个前原条切成几段，大多数片段能产生尽管有点小但很完整的胚胎。当原沟已经形成，整体调控能力被限于含亨森氏结的部分。

(2) 神经褶细胞的分化潜能

利用鸟类发育的独特特点和神经褶细胞的分化潜能,所有脊椎动物中出现的一群极易变动的细胞在鸡中已得到成功的分析研究,搞清了它们的迁移路线及它们在构建交感神经系统和生产色素细胞中的作用。为了追踪游弋的神经褶细胞及其他移动的胚胎细胞的命运,从鹌鹑胚胎中取下小块组织移植到鸡胚中,鹌鹑细胞能够存活而嵌合进入,并且参与这一嵌合体的构建,但又可以很容易与宿主细胞区分并识别开来,因为鹌鹑细胞的细胞核含相当多的致密异源染色质。

研究发现,当神经板内卷形成神经管并从外胚层脱离时,神经褶细胞从两侧离开。这些细胞既不整合入神经管,也不被吞入外胚层;而是开始迁移,逐渐集中到躯体的各个区域,并分化产生大量不同类型的细胞、组织和器官。

(3) 肢芽的模式形成

为了有效地研究骨端芽的模式形成,利用肢芽(翅膀)作为体内和体外模式系统正在研究视黄酸和分泌的生长因子在形态发生中的作用和同源异形框基因的意义。

6.11 小鼠

在遗传分析方面,哺乳类动物的研究进展不及果蝇及线虫属动物,原因一方面在于哺乳类动物基因组规模大而复杂且其进化历程较长,另一方面还在于哺乳类动物胚胎的发育比较缓慢。另外,即使同样在营养丰富且具保护性的母体内生长,小鼠胚胎的处理要比非洲蟾蜍类胚胎、鸡胚或斑马鱼胚胎的处理困难得多。但是,哺乳类动物的基因如何控制其胚胎生长及分化也是一个富有挑战性的问题,通过它,我们可以了解人的结构如何产生及如何从简单有机体逐渐发展而来。从实用角度讲,可以了解到突变和化学制剂如何导致人的先天畸形、先天性疾病及青少年早期癌症等,同时,通过基因突变可以建立一些疾病的动物模型及治疗模型,还可提供如何提高农业动物养殖率等多方面的资料。更为重要的是,可以帮助我们加深对人类自身的了解。早在19世纪初期,对不同毛色家畜遗传特征的研究,就已涉及哺乳动物发育的基因调控问题。从那时起,小鼠就成为人类最早用于实验研究的哺乳类动物,所以其基因信息的积累要比包括人类在内的其他脊椎动物的数量多。目前,由于各种基因技术在小鼠基因研究中的广泛应用,又使其基因信息量迅速增加。人类与小鼠的基因组之间有着广泛的联系及同源性,所以两者基因图谱的研究可以相互促进。尤其是近年来已对小鼠基因进行了广泛而详细的研究,包括各种突变、染色体的缺失及染色体重排等。

在早期遗传学家们进行研究的哺乳类动物中,小鼠就以其体型小、抗感染力强、产仔多且发育速度相对较快等特点成为首选。另外小鼠突变基因的变化会直接反映到毛色及行为上,而这种外在表现又易于辨别,也是小鼠成为首选的原因之一。Albino 鼠就是其中的一种变异鼠,英国的 Bateson、法国的 Cuenot 及美国的 Castle 等用该种鼠第一次实验性地说明了小鼠的孟德尔遗传规律。

与鸟类一样,小鼠等哺乳类是由爬行类衍化而来,因此,哺乳类发育模式和鸟类及爬行类相似。但哺乳动物是胎生的,它们的发育与鸟类及其他脊椎动物的发育相比有了很大的改变。小鼠等哺乳类卵子为少黄卵,而其胚胎仍保留着为适应多黄卵而进化形成的鸟类和爬行类胚胎的原肠作用运动方式。哺乳动物的胚胎大多在母体内发育,胚胎直接从母体获取营养,而不是从卵子所储备的卵黄获取营养。哺乳动物的这一进化导致母体解剖结构发生巨大变化,如输卵管膨大形成子宫,以及专司吸收母体营养的胎儿器官的出现。吸收母体营养的胎儿器官即称胎盘，主要由胚胎滋养层细胞和内细胞团形成的中胚层细胞发育而来。哺乳类的内细胞团可以看作是坐落在想象的卵黄球顶部的胚盘，它按照与其祖先爬行类相似的模式发育。

研究发现，小鼠的生命规律与其他哺乳动物及人类的发育极其相似，因而小鼠胚胎发育模型也是人体胚胎发育研究中最好的研究模型。小鼠和人的卵子发生、前植入期，以及发育的总体图是基本相似的，只是时间长短上的不同。

1. 小鼠发育

(1) 卵子发生和排卵

幼雌鼠出生后5d，体内的卵子就已经复制了染色体，为减数分裂做准备，其卵进入减数分裂前期Ⅰ，在双线期被阻断，此阶段可看到灯刷染色体和多核仁。最初出现的卵母细胞，其中至少有50%死亡，保留下来的约有10 000枚。在小鼠出生第六周达到性成熟。它们的排卵周期很短：每4天一次，8～12个卵母细胞完成第一次减数分裂，排出第一极体。卵子需要受精时精子的激活才能进入第二次减数分裂。

(2) 胚胎发育

卵子受精时，卵黄膜（透明带）会突然膨起，卵子被激活，第二极体被排出，表示第二次减数分裂的完成。哺乳动物卵裂很慢，历时数天，在受精后约18h开始，此时合子基因的早期转录也已完成。已知哺乳动物中没有“中期囊胚转换”现象。

直至8-细胞期，卵裂球仍具全能性。如果将它们一一分离，可以产生8个遗传一致的小鼠。在过渡到16-细胞期中，凝聚发生，卵裂球通过细胞黏附分子（桑葚胚黏着蛋白Uvomorulin）紧密地凝聚在一起。胚胎成为桑葚胚（图6-60）。在64-细胞期出现囊胚腔，生成囊胚泡（图6-61）。此时在桑葚胚内出现一个腔，腔内细胞发生了第一个不可逆的分化事件：腔内壁的上皮层外层细胞，经过“核内复制”（扩增自己整个基因组）成为多倍体的滋养外胚层。胚胎到达囊胚泡期，滋养外胚层包围着一个腔，即囊胚腔，其内部有一个偏离中心位置的内细胞团，这些内细胞团细胞则保持双倍体。

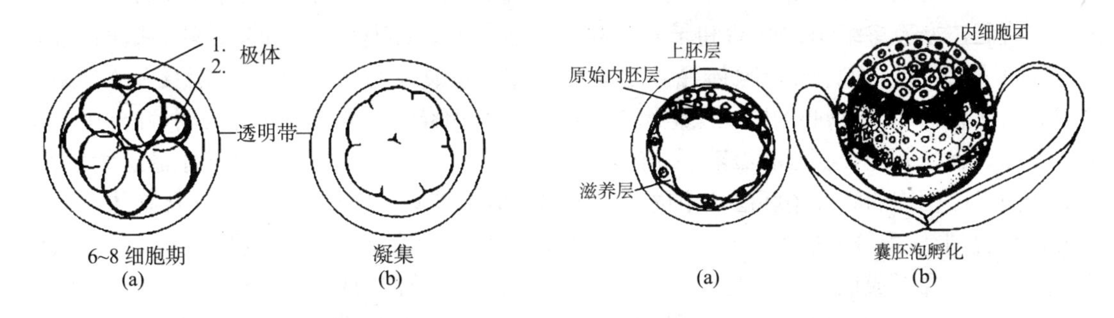

图6-60　16-细胞期凝聚形成桑葚胚　　**图6-61　64-细胞期出现囊胚腔，生成囊胚泡**

胚泡与外膜（卵子透明带）脱离后，植入子宫上皮（着床）。植入后，滋养外胚层形成巨大细胞，构成合胞体滋养层（图6-62）。此时在囊胚腔中的内细胞团的细胞分化是从下胚层（又称为原始内胚层）的形成开始的。下胚层细胞由内细胞团分离出来，排列在囊胚腔周围，整个囊胚腔被下胚层环抱，此时由下胚层环抱的腔称为卵黄囊，下胚层也就形成卵黄囊内胚层（如同在鸟类胚胎中一样，卵黄囊内胚层细胞不参与形成新生机体的任何组织）。位于下胚层之上的内细胞团此时称为上胚层。因此，此时的内细胞团可以看作是坐落在类似鸟类的卵黄球顶部的胚盘(内细胞团通过下胚层细胞分割形成原始的卵黄囊与鸟类胚胎相似的双层胚盘)。这一属内细胞团内的上胚层细胞与囊胚腔内壁的上皮层外层细胞(即滋养外胚层)出现缝隙而隔开。缝隙最后扩展开来,形成了羊膜腔。随着羊膜腔出现,上胚层分裂形成羊膜外胚层(包绕羊膜腔)和胚胎上胚层,并最终把胚胎上胚层和形成羊膜腔壁的上胚层隔开。羊膜腔一旦形成,内部便充满称为羊水(Amniotic Fluid)的分泌物。羊水可以防止失水,减缓冲撞,保护胎儿。

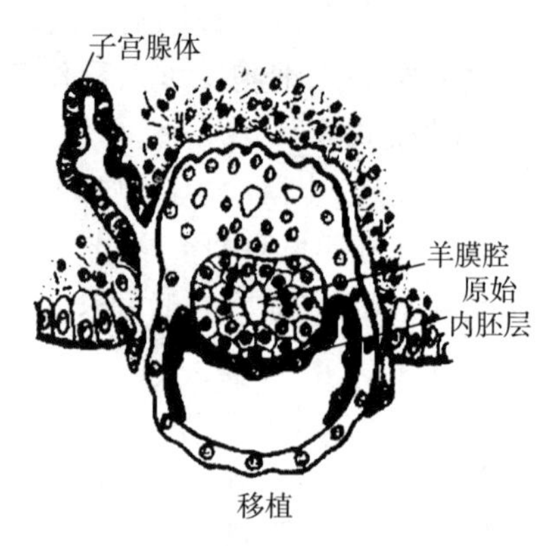

图 6-62 侵入性胚泡植入子宫壁

哺乳类胚胎上胚层包含所有形成胚胎本身的细胞,它在许多方面和鸟类上胚层相似。和鸡胚一样,哺乳动物的中胚层和内胚层细胞同样通过原条迁移,当它们进入原条时,上胚层细胞停止表达将细胞凝集在一起的黏着蛋白(Uvomorulin),让中胚层和内胚层细胞各自独立迁移。哺乳动物脊索也由通过亨森氏结迁移的细胞形成,但脊索形成方式和鸟类不同。例如,形成小鼠脊索的细胞整合到原肠内胚层中,这些细胞构成一条从亨森氏结向吻端延伸的细胞带。该细胞带由小而具纤毛的细胞组成,它们向中线处集中,再从原肠顶壁向背部隆起折叠形成脊索。

哺乳类胚胎外胚层位于已充分延伸的原条前端,和鸡胚中的外胚层位置相似。但是,鸡胚中胚层由原条最后端的细胞形成,而小鼠胚胎中胚层则由原条前端的细胞形成。哺乳动物胚胎在上胚层时期,细胞系尚未彼此分离。胚胎在发育 14～15d 时,下胚层细胞被迁移来的内胚层细胞所取代,而形成中胚层的细胞直到发育 16d 才开始迁移。

在胚胎上胚层细胞迁移的同时,胚外细胞则正在形成使胎儿在母体内生存的哺乳类独特的组织。小鼠最早的滋养层细胞看起来很正常,但它们在分裂时只发生核分裂,细胞质不分裂,形成多核细胞。因此,最早的滋养层细胞构成细胞滋养层(Cytotrophoblast),而经分裂不久后增殖形成的多核细胞则构成合胞体滋养层(Cyncytiotrophoblast)。开始时,细胞滋养层首先通过一系列黏着分子附着到子宫,并重塑子宫血管,使胎儿血管浸泡在母体血管中。随后形成的合胞体滋养层组织使胚胎和子宫的联系更进一步。细胞滋养层的水解酶活性在妊娠 12 周后消失,接着,子宫向合胞体滋养层发出血管,并最终与合胞体滋养层接触(参阅图 6-73)。此后不久,原肠胚的中胚层组织向外扩展。对猕猴胚胎的研究结果表明,胚外中胚层来源于卵黄囊。胚外中胚层和滋养层上的突起相连接,产生血管,把营养由母体输送给胎儿。胚胎和滋养层相连的胚外中胚层狭窄的基柄最终形成脐带(Umbilical Cord)。合胞体滋养层充分发育后,形成由滋养层组织和富含血管的中胚层构成的器官——绒毛膜(Chorion)。绒毛膜和子宫壁融合形成胎盘。因此,胎盘既含有母体成分(子宫内壁),又含有胎儿成分(绒毛膜)。绒毛膜和母体组织有时候可能紧密接触,但很容易分开;有时候两者也可能紧密连接,以至于不损伤母体和胎儿不能将两者分开(如包括人在内的多数哺乳类的脱落胎盘)。

与其他哺乳动物比较,小鼠发育显示出某些独特性。如小鼠胚胎外形是一个“卵圆筒形”;胎盘滋养层部分呈现“外胎盘锥”;几个胚外腔的位置;胎儿发育过程中,其头-背-尾线极度弯曲,使胚胎有时出现一个不正常的凹背等(图 6-63,图 6-64)。

在妊娠 19～20d 后,母鼠产下胎儿。

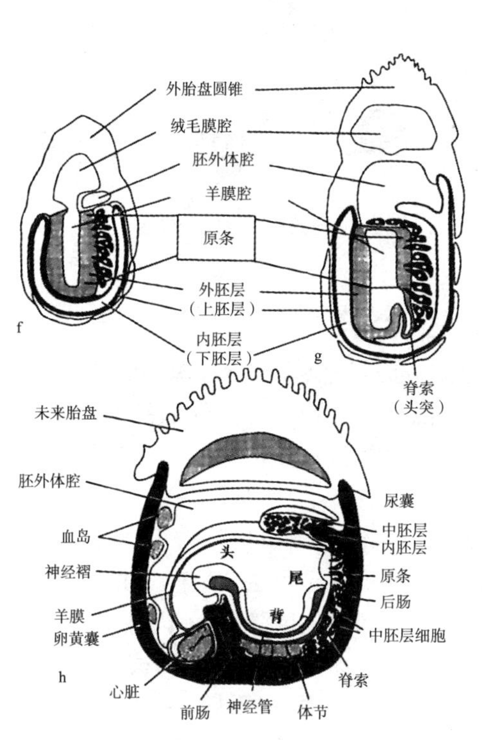

图6-63 小鼠原肠形成

中胚层细胞(深黑色)通过原沟迁移到外胚层和内胚层的间隙中,脊索由关闭一个暂时性脊索管的脊索突-"头突"而形成,(h)神经胚形成晚期:胚胎是弯曲的,它的腹侧极大开放,尿囊和血岛位于胚胎的外部,腹侧滋养层(绒毛膜)溶解,在背侧有绒毛的绒毛膜(图上方)将形成胎盘。

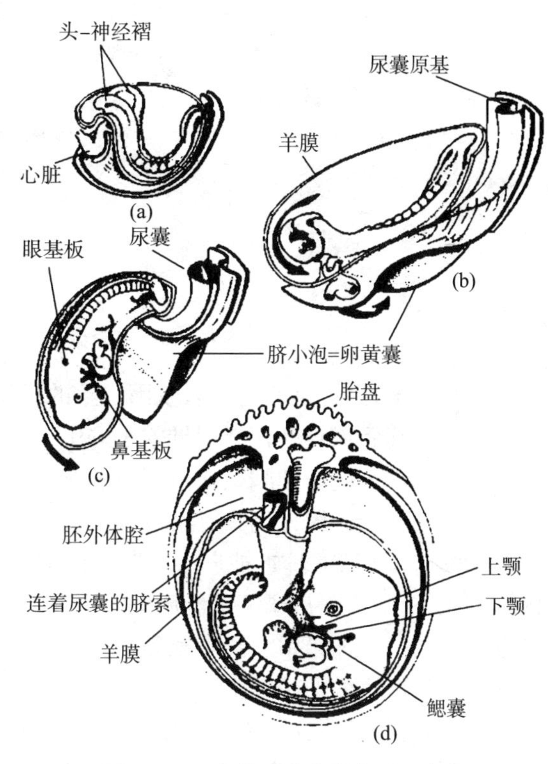

图6-64 小鼠胚胎背线由凹面弯曲转换成凸面弯曲及胎盘形成

2. 小鼠实验

(1) 孤雌生殖

卵子偶尔会不经过受精就开始发育,这种情况可以发生在输卵管乃至卵巢中。在输卵管里发育的孤雌激活的胚胎,也不一定就是单倍体,有时是可能没有发生第二次减数分裂,或是极体(而非精子)细胞与卵子融合的结果。这样的双倍体,仅仅是缺少父亲基因组的母源卵细胞,也可以发生卵裂、着床、进入子宫,甚至发育到肢芽出现时期。到这一时期,有时甚至更早些,胚胎就死亡了。到目前为止还没有经孤雌激活发育的小鼠出生。相应地,仅仅是父源基因的胚胎也没有存活的。虽然这种孤雌激活现象似乎表现出某种潜能,但现有证据表明,小鼠发育需要父源基因与母源基因的共同参与。当然,父母双方基因也并非等同奉献,而存在着母亲基因组和父亲基因组不等价交换的基因组印记现象。

(2) 克隆鼠

利用凝集前的2-细胞至8-细胞时期的卵裂球的细胞核,移植到去核卵子中后,宿主卵转移到注射了促性腺激素、准备接受卵子的母亲体内。通过这种方法而获得克隆鼠(图6-65)。这种方法还成功克隆了羊、牛、猪、兔等。

1997年英国爱丁堡Roslin研究所的科学家向全世界宣布:用一种新的不同的步骤克隆苏格兰绵羊。去核的超排卵母细胞(指通过注射激素促使卵母细胞成熟而获取的卵)与取自供体囊胚的完整的胚胎干细胞融合。在进行移植实验之前,全能胚胎干细胞(ES细胞)经过培养,

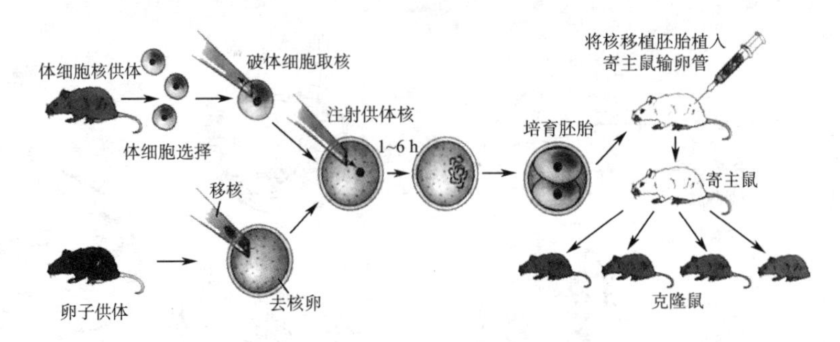

图 6-65 克隆鼠(哺乳动物)的技术路线示意图

多次传代扩增,因此可获得许多基因一致的供体细胞。通过提供许多含外源核的卵细胞,移植后产生的桑葚胚或囊胚转移到母羊子宫中,生出的羊羔外观一模一样。他们已通过将成年绵羊的乳腺上皮细胞的细胞核移植到成熟卵母细胞中,成功生下了绵羊“多利”,首次证明已分化的成年体细胞的细胞核仍具有发育成完整个体的能力。

2008 年报道称,日本神户市发育生物学中心的科学家们利用一只死去 16 年的冷冻雄鼠的脑细胞,成功克隆出了一些健康的小老鼠。这只普通的雄鼠已死去 16 年,它的尸体一直被储存在−20℃的冰箱中。科学家先从死鼠身上取出一些脑细胞,并剥离出脑细胞内的核子,然后又对一只母鼠的卵子细胞进行处理,取出卵细胞的核,最后将死鼠脑细胞的核子注射进母鼠卵子中。几天后,将这个克隆胚胎植入了一只代孕母鼠的子宫中,三周后,一只克隆小老鼠就健康地诞生了。据悉,克隆老鼠都非常健康,它们和普通的雌鼠交配后,都能正常繁育后代。

这是自克隆羊多利出生后的又一克隆研究新成果。此前科学家们虽然成功克隆了各种动物,但他们始终都是采用动物的活细胞进行克隆。有人认为,冰晶破坏了冰冻细胞的 DNA,使它们丧失机能。但是,日本科学家们利用的是冷冻动物的大脑细胞,他们认为大脑的高脂肪及头骨可以有效地保护脑细胞,减小被冰晶破坏的可能性。

然而,这项克隆技术也引发了巨大的科学伦理争议,批评者认为这项科技将把人类带入“人造人”时代,它意味着人们将来也可以利用这项技术克隆已故的亲人,让去世很久,但遗体却被低温保存的亲人通过克隆方法重新“复活”。

(3) 嵌合体鼠

嵌合体鼠是由不同的两对父母来源的细胞,即也是由不同遗传组分的细胞组成的一个嵌合生物体(图 6-66)。

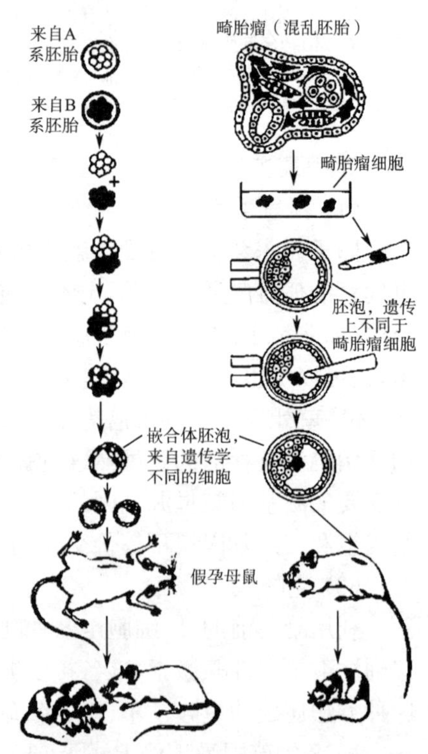

图 6-66 嵌合体鼠是由来源不同的两对父母的细胞组成

用具白色和黑色皮毛的两个不同杂交系的小鼠囊胚进行实验,两个囊胚去膜(透明带)后融合,融合的产物植入事先注射了激素准备受孕的母鼠子宫内,产生了有四个父母的小鼠,显示有黑白花纹的皮毛。

两个早期胚胎相互融合,它们(2-细胞期至囊胚期)能识别自己并互相识别,最后形成一个大的、独立协调的、活的囊胚，并能发育成一个嵌合生命个体。这是胚胎诱导的作用，是细胞与细胞间发生相互诱导的发育过程。然而，这样的嵌合体是不能杂交出新物种、种系甚至杂种的。因为由A细胞和B细胞组成的嵌合体虽然是能生育的，但由于这两个基因组保持完全分离，它们的卵细胞或精子细胞也将由A或B细胞派生而来，因此，其配子不含A和B基因的混合基因。

(4) 转基因鼠

与嵌合体鼠不同，如果一个不同供体的遗传物质导入一个卵细胞的细胞核中，那么就可以产生出具真正遗传信息嵌合的基因嵌合体。

转基因鼠是真正的基因嵌合体。利用小鼠中胚胎干(ES)细胞自身整合到宿主囊胚中的能力，将感兴趣的外源基因(转基因)导入ES细胞中，转基因连在一段称为启动子DNA序列上，使它在受体中控制表达。这个转基因的ES细胞注入宿主囊胚中，囊胚被移植到代理受孕的母鼠子宫内。当转基因的ES细胞参与胚胎形成时，它们的某些后代就可以产生原始生殖细胞并最终形成生殖细胞。如果在交配中，转基因配子参与受精，后代可以携带这个转基因，F1代将是异源合子。这些异源合子通过反复交配，就可以产生一个对导入位点来说是同源异形框子的小鼠品系，这个外源基因此时变成了宿主品系基因组的一部分，并且代代相传。

例如，如果提前克隆的一个人类基因被导入供体ES细胞中(通过DNA注射，电穿孔或反转录病毒载体)，那么宿主胚胎就可能拥有包含并复制这个人为导入的人基因的区域。假使那些转基因区产生原始生殖细胞并最终形成生殖细胞，那么整个转基因小鼠，其所有细胞中都携带这个人基因，并可出现在后代中。如果这个人基因只被随机整合到供体ES细胞中，它可能只在两条同源染色体上的一条中出现，通过杂交，可以获得纯合子动物。因此，利用转基因小鼠，可以研究一个基因对一种遗传疾病的贡献。

(5) 畸胎瘤

如果在第一次减数分裂开始前，发育就提前在卵巢中开始，那么胚胎将是双倍体。不过，其发育是不正常的，将产生一个肿瘤样生物体，称为畸胎瘤。

畸胎瘤是失败的、组织无序的胚胎。它们或由精巢或卵巢中的未受精的生殖系细胞衍生而来；或偶尔生殖系细胞过早开始胚胎发育；或是未被输卵管送入子宫，而在腹腔任何地方着床的受精卵；或来自流产的胚胎(但并不是流产的胚胎都可以发育成畸胎瘤)。实验中，小鼠畸胎瘤是通过从子宫里取出囊胚并把它们种植在腹腔里产生的。畸胎瘤可能发育成恶性畸胎瘤，肿瘤甚至可以转移。畸胎瘤细胞(如被广泛使用的小鼠3T3或F9细胞)往往是永生的，很容易经过细胞培养扩增。

实验发现，畸胎瘤细胞差不多仍然是遗传完整的，如果移植到正常囊胚中，它们可以自然而然地整合到新的周围环境中，并参与新动物的构建。在这些实验中，由于移植的畸胎瘤细胞和宿主囊胚细胞的遗传背景通常是不同的，因此，生成的后代将是嵌合体(图6-66)。

用一根毛细管将外来细胞注射到宿主囊胚腔中，就可以生产出具外源基因组织(不同基因来源的组织)的嵌合鼠。这些外来细胞不是采自供体囊胚内细胞团就是采自畸胎瘤，并称为ES细胞。

除了流产的胚胎外，从畸胎瘤上分离的活细胞，相当适用于从形态学、组织化学、分子和遗传学角度的研究，提供一些有关哺乳动物的一般发育特性和人的发育的独特特征的信息。

6.12 人类

在进化过程中,哺乳动物的发育呈现出了新与旧集合的特征。由于哺乳动物的胚胎接受来自母亲子宫的营养,胚胎获得了使其能利用母体资源的一个新特征:胎盘,所以卵黄变得多余了,它在哺乳动物卵子中的存在已无意义。因此人卵直径约 0.1mm,又退回到海胆卵的大小,但人胚可以长大。哺乳动物胚胎是唯一的在胚胎发育期间生长的胚胎。

也由于卵黄的消失,哺乳动物卵又回到完全的全裂方式,但它接下来的发育过程为以前卵黄的存在提供了充分的证据,在许多方面也与爬行动物和鸟类的不完全卵裂的卵子的发育相似,也可以看到原沟、原条、卵黄囊、羊膜腔和尿囊。

1. 卵子发生

人类的卵子发生的过程除了形成单倍体的细胞核之外,还要建立一个由酶、mRNA、细胞器和代谢产物等所组成的细胞质库,具备十分复杂的细胞质体系。因此,卵母细胞需有一个很长的减数分裂前期,使卵母细胞得到充分生长。

女性还处在胚胎发育早期时,在早期胚胎体内就产生了原始生殖细胞(卵原细胞)并被储存起来(这在胚胎发育的第三周,可在未出生的雌胚中鉴别出来)。到这个时候,原始生殖细胞通过阿米巴运动开始从卵黄囊迁移到生殖嵴。胚胎至第五个月,雌胚卵巢内有约 700 万个卵原细胞,至第七个月,大多数死亡,存活的 70 万~200 万个卵原细胞在进行有丝分裂之后,成为初级卵母细胞,并进入减数分裂前期Ⅰ,停滞在双线期。之后间隔持续 12 至 40 年。在此期间,存在于卵母细胞核内的灯刷染色体和多个核仁,发生着许多转录,产生很多核糖体。在女性童年期间,更多的卵子死亡,至青春期约剩 4 万个。

在成年女性的卵巢中,每个卵母细胞都被一个初级卵泡包裹,初级卵泡是由单层滤泡上皮细胞和无规则的间质壁细胞构成的。一批初级卵泡阶段性地进入卵泡生长阶段,即由体内肝脏提供卵黄物质通过血液运输,并从卵泡细胞传递给卵细胞而使卵母细胞体积增大,在这个阶段,卵母细胞的体积由此增长 500 倍。随着卵母细胞的生长,滤泡细胞的数目也增加,围着卵母细胞形成多层同心圆。在卵泡形成过程中,卵泡中形成一个由滤泡细胞围成的腔,其中充满蛋白质、激素、cAMP 和其他分子的混合物(图 6-67)。发育到一定阶段的卵泡只有在适当的时间受到促性腺激素的刺激之后,卵母细胞的成熟过程才能继续。

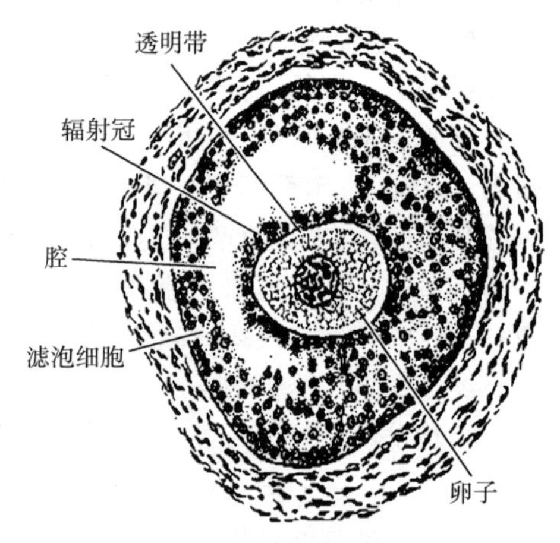

图 6-67 成熟卵泡

成熟女性的卵子成熟和排卵的阶段性称为月经周期(约 29.5d)。月经周期是以下三个方面活动的综合表现:①卵巢周期使卵子成熟和排卵;②子宫周期为发育中的胚泡着床提供合适的环境;③子宫颈周期使精子只能在某一适当的时间进入女性生殖道。这三个周期是通过垂体、下丘脑、卵巢所释放的激素综合协调控制的。

女性至青春期,体内卵巢受垂体促性腺激素卵泡生成素(FSH)刺激,每个卵巢周期出现 5 到 12 个卵母细胞开始成熟。此后,卵泡暴露于另一种促性腺激素——黄体生成素(LH)中,这些激素给卵子发出恢复减数分裂和启动成熟卵从卵巢中释放的信号。一般而言,一个卵巢的周期持续28～30d，只有一个卵泡到达成熟的格拉夫氏卵泡状态。绝大多数卵泡不能发育成熟，它们在发育的不同阶段停止生长并退化。退化的卵泡称为闭锁卵泡。

在月经周期中间(上一次月经后约14d)，其中一个卵子排出第一极体，完成第一次减数分裂，从卵巢中释放出来。人类卵的第二次减数分裂只有在精子已与卵细胞接触后才能完成，第二极体直到卵受精后才排出。

卵子在受精前被截留在输卵管口。

2. 精子发生

男性胚胎中原始生殖细胞通过阿米巴运动开始迁移到生殖嵴，在发育中的生殖腺原基进入性索，在那里直到成熟。在成熟过程中，性索发育成为生精小管，其管上皮细胞分化成支持细胞。精子发生的过程在支持细胞的深凹处进行，支持细胞起滋养和保护作用(图6-68)。

当原始生殖细胞到达发育中的生殖腺之后，分裂形成精原细胞A1(Type A1 Spermatogonium)。精原细胞Al位于紧邻性索外的基膜附近，比原始生殖细胞小，具有圆形的细胞核，核内包含与核膜相连的染色质。以后精原细胞A1分裂，形成另一个精原细胞A1和一个着色较浅的精原细胞A2。因此，精原细胞A1是能够分裂复制自身并产生另一类细胞的生殖干细胞。精原细胞A2分裂形成精原细胞A3，后者经分裂形成精原细胞A4。由精原细胞A4分裂形成过渡型精原细胞(Intermediate Spermatogonium)。这些过渡型精原细胞分裂形成精原细胞B。精原细胞B通过有丝分裂产生初级精母细胞(Primany Spermatocyte)，初级精母细胞将进入减数分裂。从精原细胞的分裂开始，在以后的生殖细胞分裂过程中，细胞质的分裂是不完全的。多个细胞形成合胞体，细胞之间通过直径1μm的细胞质桥沟通。持续的分裂产生相互间连接的细胞克隆，并且细胞间离子和分子能通过细胞质间桥而相互影响，因而每群细胞同步成熟(图6-69)。

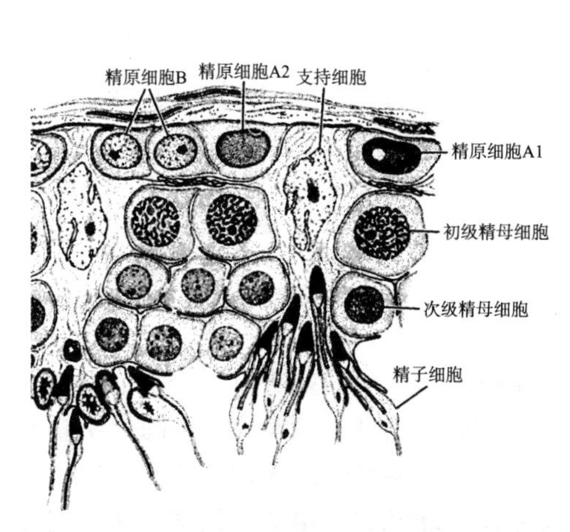

图6-68　哺乳动物生精小管横切面模式图

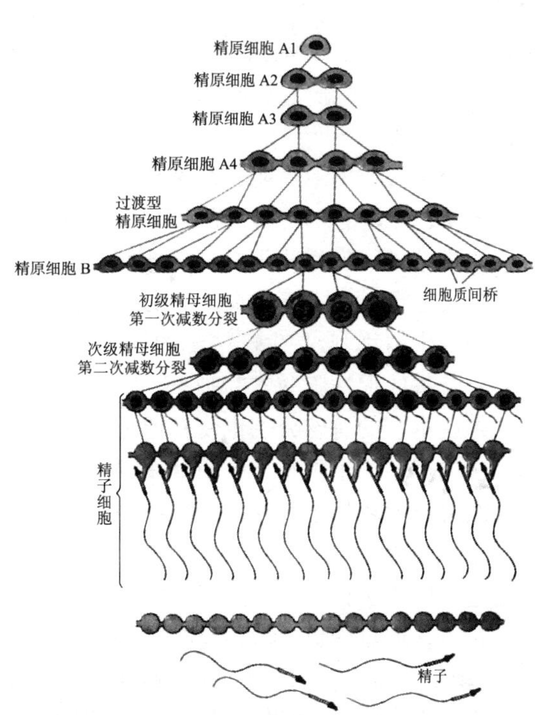

图6-69　哺乳动物精子发生过程

初级精母细胞通过第一次成熟分裂形成次级精母细胞(Secondary Spermatocyte),再经过一次成熟分裂完成减数分裂。经减数分裂形成的单倍体细胞称为精子细胞(Spermatid)。精子细胞间仍然通过细胞质间桥而相互连接。这样连接的精子细胞虽然只有单倍体的核,但事实上具有双倍体类似的功能,因为在一个细胞中产生的基因产物容易弥散到邻近细胞的细胞质中。从精原细胞 Al 到精子细胞的分裂过程中,细胞不断远离生精小管的基膜,接近生精小管的管腔。因此,在管腔的不同层次能见到不同分化时期的细胞。精子细胞位于管腔的边缘,在那里失去它们之间的细胞质连接,进一步分化成精子。

单倍体的精子细胞是圆形、无鞭毛的细胞,形态上与成熟精子有很大区别。精子细胞还必须经过精子形成的分化过程才能成为成熟的精子。通过精子形成,使精子具备运动能力和与卵子相互作用的能力。

哺乳类精子的分化过程的第一步是顶体的形成。顶体是由高尔基复合体构建成的囊状结构,似一个"帽子"覆盖在精子核顶部。随着"帽子"的形成,精子核发生旋转,使顶体面向生精小管的基腹。这种旋转是必须的,因为在精子核的另一边由中心粒构成鞭毛的过程正在开始,而鞭毛将延伸入管腔内。

精子细胞的形成过程分几个阶段(图 6－70):①精子细胞核染色质高度浓缩,核变长并移向细胞的一侧,构成精子的头部。②高尔基复合体形成顶体泡,它逐渐增大并凹陷为双层帽状覆盖在浓缩核的头端,成为顶体。③中心粒微管迁移到细胞核的尾侧(顶体的相对侧),发出轴丝,随着轴丝逐渐增长,精子细胞变长,形成尾部(或称鞭毛)的中轴结构。④胞质内散在的线粒体从细胞边缘汇集到微丝近段周围,围绕微丝排列成螺旋状形成线粒体鞘(中段)。⑤在细胞核、顶体、微丝的表面仅覆有细胞膜及薄层细胞质,多余的细胞质逐渐汇集于尾侧,形成残余胞质,残余体最后脱落。

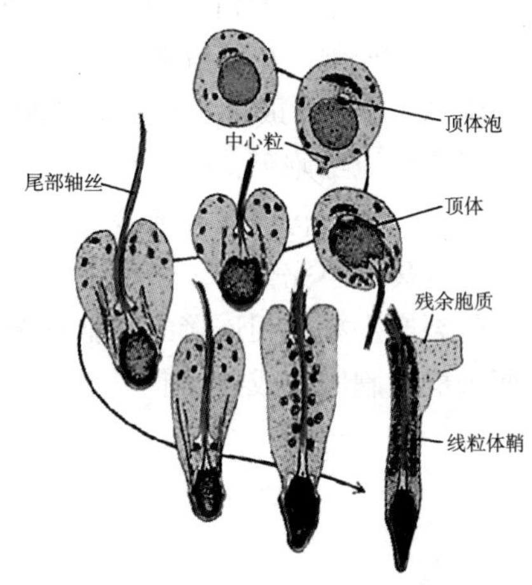

图 6－70 精子细胞形成

在精子形成的最后阶段细胞核染色质凝集,大部分细胞质成分被抛弃,线粒体环绕鞭毛基部形成环状。形成的精子进入管腔。

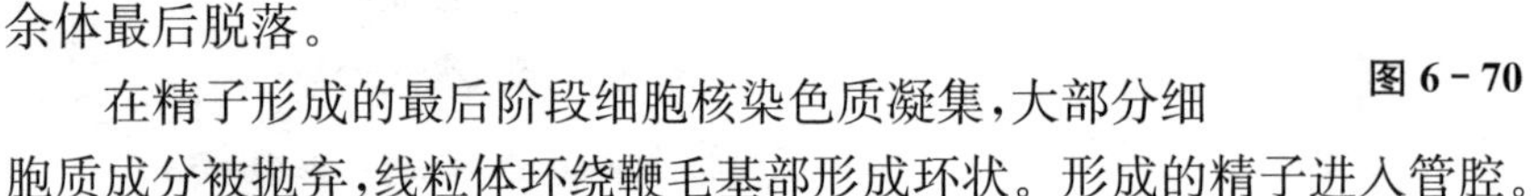

人类精子的发育约需要 74d 才能完成,由于精原细胞 A1 是生殖干细胞,所以精子的发生能够持续进行。人类精子在成年男性的主要性腺——睾丸中产生。在睾丸内部,有数千条弯弯曲曲的生精小管,是生产精子的场所,精管上皮由精原细胞及支持细胞构成。到了青春期,睾丸受脑垂体促性腺激素的刺激,精原细胞开始启动。青春期男性睾丸不断产生精原细胞,而精原细胞本身的有丝分裂也使精原细胞不断增殖,从而使精子产生具有了储备能力。成熟男性体内的睾丸每个重约 10～20g,每克睾丸组织一天约可产生精子 1 000 万个。精子的产生是男性发育成熟的标志,持续于整个成年期。

3. 精卵结合

包在卵巢中格拉夫氏卵泡里的成熟卵子释放并被输卵管摄入在输卵管口。

精子在通过阴道、子宫和输卵管的长途旅行中,精子细胞经过了获能(即受雌性分泌物的影响,精子获得受精的能力或能量)到达输卵管口。卵子外有一层坚硬的膜,称透明带,以及一个黏性物组成的冠,叫做放射冠。这两层膜都是由卵巢的卵泡产生的,精子必须穿透这两层膜才能进入卵内。只有一个精子成功地进入卵细胞,其他精子通过释放顶体酶帮助溶解卵膜。

越来越多的研究表明，种属间的精卵识别与精子质膜及卵透明带中所含糖蛋白有直接关系。在精卵识别中存在着精子受体和卵透明带(Zona Pellucida，ZP)配体相互作用的糖类识别机制。对于精子质膜与卵子质膜的糖蛋白识别，卵子表面受精相关的糖蛋白主要是ZP1、ZP2、ZP3。与卵子表面糖蛋白相比，精子表面参与精卵识别的糖蛋白种类较多，如SP56、SP95、PH-20、FA-1、甘露糖结合蛋白、顶体素、Fertilin蛋白等。

体外观察到，当活泼游动的精子与卵膜接触5～15s后，精子尾部摆动就突然减慢，接触15～25s以后精子完全失去了运动能力。精子与卵子接触3min时，即可见卵子膜上的微绒毛将精子头抱合，并使之定向地躺在卵膜表面(图6-71)。卵子表面大量微绒毛在融合过程中有重要作用，它可使精子头定向与卵子膜贴合。由于它的曲率半径小，可以克服两层膜之间同性相斥的作用而有利于融合。顶体反应后暴露出来的顶体内膜并不与卵膜融合，顶体内膜流动性很差，而顶体后膜的流动性极大，膜的流动性是发生膜融合的先决条件。观察发现，融合发生于卵子膜与精子的顶体后膜之间。在融合的同时，卵细胞浆伸出舌样突起覆于精子头部上方，然后以吞噬的方式将精子全部包入卵子胞浆内，此时约为受精开始后15 min。

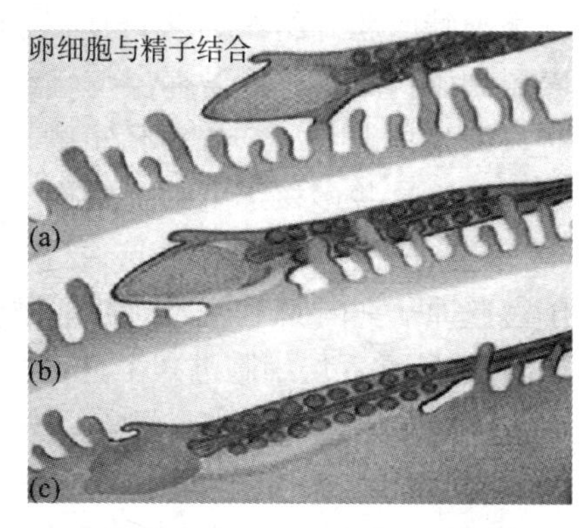

图6-71　精子头定向与卵子膜贴合

值得指出的是，精子与卵子膜的融合无严格的种属特异性，而精子与卵子透明带的识别则有严格的种属特异性。

4. 卵裂期

受精、第二极体形成和卵裂均发生在输卵管中。受精卵受精24h后即开始细胞分裂。受精卵从输卵管分泌的液体中吸取营养和氧气，不断进行细胞分裂。同时通过输卵管的蠕动，受精卵逐渐向子宫腔方向移动(图6-72)。

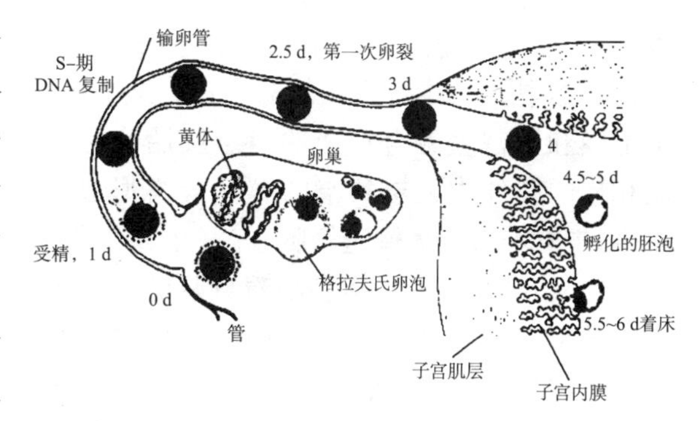

图6-72　人类受精卵从排卵到着床

受精卵进入缓慢卵裂期，此时伴随着合子基因开始了早期转录。受精卵直到第三天才到达桑葚胚的12-至16-细胞期。桑葚胚是多细胞动物全裂卵的卵裂期、卵裂球形成团块状时期的胚胎，卵裂腔几乎没有或者很小(因其外形与桑葚相似而得名)。桑葚胚时期被称为桑葚期。受精卵到第四天到达囊胚泡期，胚胎中才开始出现了囊胚腔，此时生成囊胚泡(图6-60，图6-61)。生成囊胚泡后，腔内细胞凝聚后黏附到腔壁。哺乳动物中没有囊胚内陷等细胞运动迁移的中期囊胚转换过程，胚胎直接发育于囊胚泡内。在囊胚泡期，发生的第一个不可逆的分化事件，使得腔壁的上皮层外层细胞分化成为多倍体滋养外胚层；多倍体滋养外胚层内包围着的内腔中，含着保持双倍体的内细胞团。其中，多倍体滋养外胚层，这是一个胚外器官，将来植入母体子宫壁，吸收母体营养和排出废物。而内细胞团是一群偏离中心、集中在"滋养层"下方、保持双倍体，并最终生成胚胎本身的成胚细胞。

在囊胚泡期，胚胎到达子宫腔。一旦到达子宫，进入囊胚期的胚胎就从膜(透明带)里孵化出来，其细胞滋养层附着在子宫壁上，此时胚胎开始侵入子宫壁。

5. 胎盘

孵出胚泡后，囊胚附着于子宫壁上，陷入子宫壁，这个过程称为着床或植入(图 6-73)。

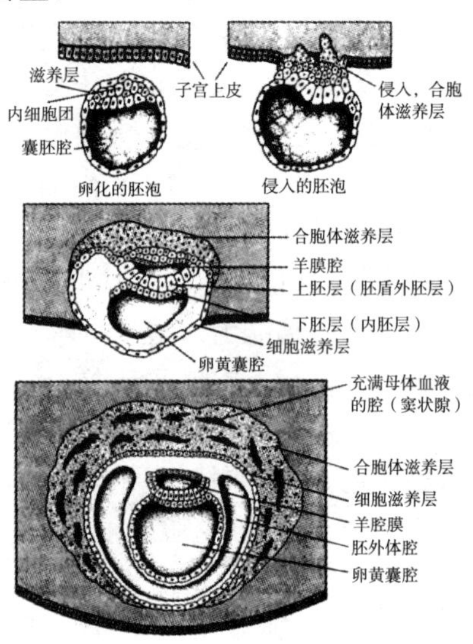

图 6-73　人胚胎的着床、羊膜和卵黄囊

[由卵衍生的“胚胎外”组织或器官-滋养完成对子宫壁的侵入。滋养层显示终末分化的特征，包括多核性，通过溶解细胞膜，侵入的滋养层形成合胞体。羊膜腔不是由羊膜褶形成的(如鸟类那样)，而是由于内细胞团的细胞分离形成的。下胚层(内胚层)细胞围绕卵黄囊腔形成(空的)卵黄囊。但此时胚胎主体还没有形成，它是通过与鸟类原肠形成(原条形成)的高度保守的过程，由上胚层和下胚层形成]

植入中的囊胚，开始形成使胎儿在母体内生存的哺乳类独特的胚外组织。多倍体滋养外胚层中，最早的滋养层细胞构成了细胞滋养层。继续分裂的细胞则在分裂时只发生核分裂，细胞质不分裂，因而渐渐形成了多核细胞。而这些多核细胞则开始构成合胞体滋养层。

这一过程中，细胞滋养层通过一系列黏着分子附着到子宫壁即子宫内膜上。人的细胞滋养层细胞含有蛋白水解酶，能使滋养层细胞进入子宫，并重塑子宫血管，使胎儿血管浸泡在母体血管中。滋养层外层增殖并进入子宫组织时，同时转化为合胞体滋养层(滋养层显示终末分化的特征，包括多核性，通过溶解细胞膜，侵入的滋养层形成合胞体-嵌和体组织)；滋养层内层，即细胞滋养层，保持细胞特性并闭合成胚腔。而合胞体滋养层组织则使胚胎和子宫的联系更进一步。细胞滋养层的水解酶活性在妊娠 12 周后消失。接着，合胞体滋养层加固并得到从胚胎迁移过来的中胚层细胞的补充。这些补充来的胚外中胚层来源于卵黄囊。胚外中胚层和滋养层上的突起相连接，产生血管。合胞体滋养层充分发育后，形成了由滋养层组织和富含血管的中胚层共同构成的器官——绒毛膜。绒毛膜和子宫壁融合形成胎盘。胚胎和滋养层相连的胚外中胚层狭窄的基柄最终形成为脐带，把营养由母体输送给胎儿。

在人 6 周胚胎中，很容易看到从绒毛膜外表面伸出许多微绒毛，其中包含进、出绒毛膜的血管(图 6-74)。从绒毛膜外表面伸出的微绒毛不但含有血管，而且扩大了绒毛膜和母体血管接触的面积。因此，虽然胎儿和母体血液循环系统一般并不汇合，但是可溶性物质很容易通过微绒毛扩散。正是通过这种扩散方式，母体给胎儿提供营养和氧气，而胎儿把代谢废物(主要是 CO_2 和尿素)排入母体循环系统。

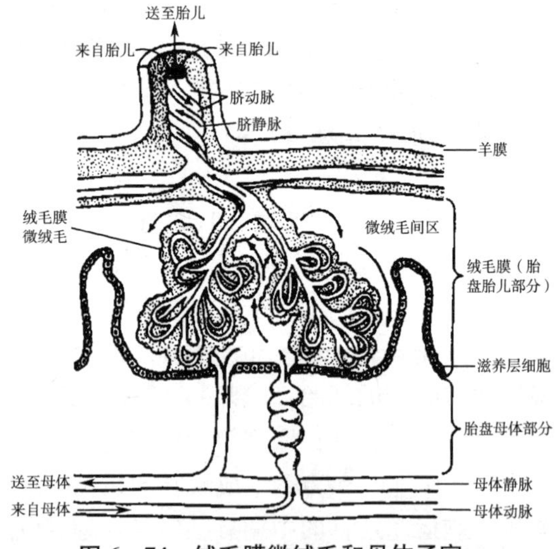

图 6-74　绒毛膜微绒毛和母体子宫血管之间的关系

绒毛膜的微绒毛血管由进入细胞滋养层组织凸起(称为初级微绒毛)的胚外中胚层形成。当胚外中胚层细胞进入细胞滋养层组织凸起后即形成次级微绒毛，这在妊娠第 2 周发生。至妊娠第 3 周末，部分胚外中胚层已形成血管，于是次级微绒毛变成三级微绒毛。营养和氧气由母体输送给胎儿就是通过三级微绒毛进行的。

研究表明，绒毛膜还有保护胎儿免受母体免疫系统伤害的功能，绒毛膜在抑制排斥胎儿的免疫反应中起重要作用。绒毛膜不但能分泌阻止抗原产生的可溶性蛋白，而且也能促进抑制子宫内正常免疫反应的淋巴细胞的产生。细胞滋养层细胞中包含一种胎盘特有的组织相容性抗原，可以保护胚胎不被母体的免疫系统认出。

因此，胎盘不仅起物理上的支撑和营养交换作用，而且参与母体和胎儿之间的内分泌和免疫调控。

6. 胚胎发育

人的囊胚，像大多数哺乳动物的囊胚一样，在胚胎发育前，为即将来临的胚胎已做了一些有益的准备。在胚胎发育的原肠作用中，出现了一系列密切协调的细胞运动，由此使卵裂阶段产生的裂球重新排列，并与其毗邻的新细胞发生相互作用，使顶定内胚层和中胚层的细胞迁移到胚胎内部，而顶定外胚层细胞包被在胚胎外表面。包括人胚胎在内的哺乳类胚胎，虽然与海胆、两栖类、鸟类的原肠作用有所不同，但是它们具有共同的原肠作用机制；虽然每种动物卵子的卵黄数量、分布及发育条件各不相同，但都进化出一种发育的保证机制。

人胚胎发育到第九天，羊膜腔诞生，卵黄囊形成。羊膜腔以一条裂缝的形式出现在内细胞团中间，这里的羊膜腔不是像鸟类胚胎那样由羊膜褶形成，而是由于内细胞团的细胞分离而出现。从内细胞团分出一个称为下胚层的上皮层。上皮层扩展，沿中央腔排列并形成体壁内胚层或卵黄囊（但它不含卵黄）。

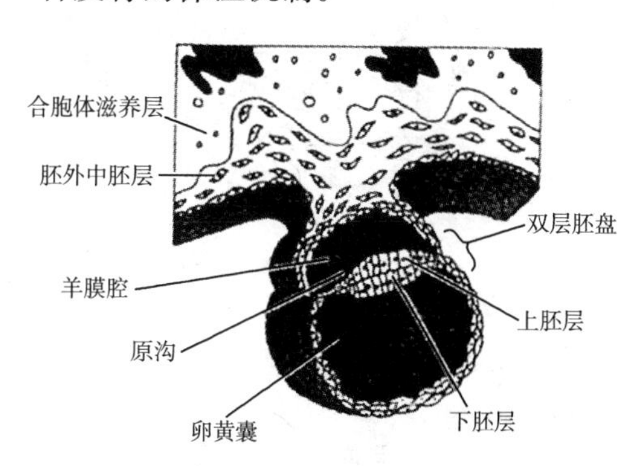

图6-75 人的15d胚胎和子宫之间的关系

胚胎本身是由两个致密的上皮区域形成的：即羊膜腔底部（称为上皮层），与卵黄囊的顶部（称为下胚层）。这两个区域连合在一起，一个在另一个上面，就形成了双层胚盘（图6-75）。

从这点起，实际上胚胎的产生沿着我们非哺乳动物祖先铺设（由上胚层和下胚层形成胚胎主体，通过与鸟类原肠形成、原条出现的高度保守的过程）的路走。原肠形成、胚层形成和神经胚形成在很多方面都与爬行类和鸟类胚胎发育相似。在原肠形成中，上胚层细胞朝原沟移动并穿过原沟，占据了上胚层与下胚层之间的裂缝。在原沟前方，原条出现了。在其下方，脊索向前推进并与将产生头部肌肉和口膜的脊索前板接触。最初（而且也是短暂的），脊索是空的，脊管开始于靠近亨森氏结的原沟上的一个开口，终止于卵黄囊上的另一个开口。在爬行动物和某些鸟类中发现类似的脊管（神经肠沟）。

当神经褶合并到脊索上方形成神经管时，这根神经管前后端口也保持开放，具两端前后开放端孔的神经管凸卧于羊膜腔中。在胚胎发育中，循环系统早在形成神经胚的发育中就建立起来了（图6-76）。当时，扩散作用不再能充足地给胚胎供应营养和氧气，循环系统是第一个功能性系统，而心脏是第一个功能性器官。当心脏跳动及视杯、耳基板和咽囊等大部分体节清晰可见时，神经孔才完成连接而闭合。

发育到第28d时，血管已扩增并散布到胚胎内外。胚胎循环通过脐带与胎盘连接。胎盘即指整个绒毛区，是锚定胚胎的器官，通过它实现胚胎与母体的物质交换（图6-77）。胚胎本身在产生胎盘中，扩大和改善与子宫壁紧密相连部分的滋养层上的绒毛膜绒毛的面积和接触，绒毛与子宫壁的连接通过绒毛上的赘疣（指状）突起变得更为紧密，这些突起将从结合到脐部血管的分支中再穿入子宫壁的凹入处。

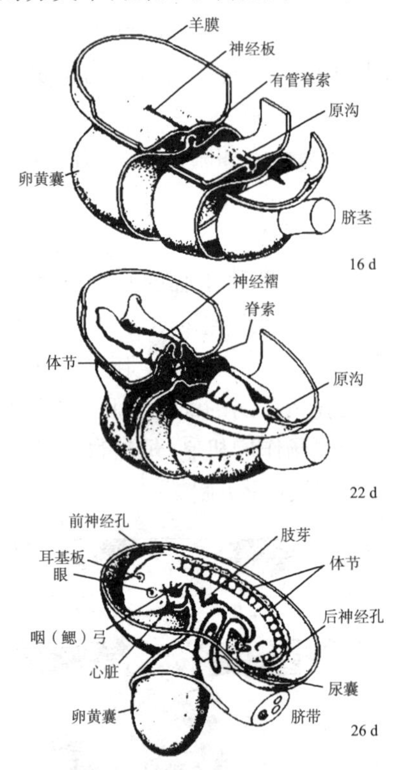

图 6－76 人的神经胚形成和器官发生

移除裹着的膜(滋养层和绒毛层)，暴露出羊腔膜，显示出胚盘。原沟前面形成神经褶，就像鸟胚一样。原肠的顶部形成背索。在背索形成的中间阶段，管状背索闭合了脊索管。原基尿囊与卵黄囊合并成脐带。在这整个发育过程中胚胎长度增加约 1～5mm。

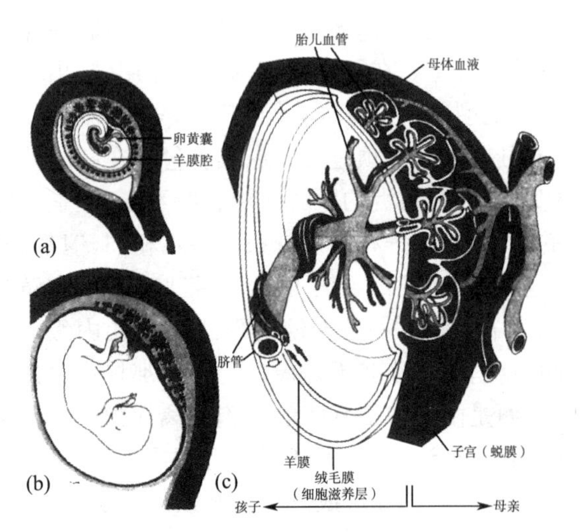

图 6－77 人胎盘形成

(a)一侧绒毛膜绒毛(黑色树状结构)减少，而面向母体子宫壁的一侧扩大。(b)绒毛有血管(脐管)供应并与之一起构成胎盘的主要部分。(c)母体子宫内膜部分溶解，以被动的方式对胎盘起作用。产生的空隙(腔隙)充满母体血液。胎儿胎盘的绒毛膜绒毛浸入母体血液中

当发育中的胚胎在原沟前面形成了神经褶(就像鸟胚一样)时，原肠的顶部形成背索，在背索形成的中间阶段，管状背索闭合了脊索管。此期间，原基尿囊与卵黄囊合并成脐带。未来胎儿脐的地方延伸出两根血脉，穿过羊膜腔分支进入绒毛区。绒毛区内，细小的初级绒毛被较大的次级绒毛替代，最后由三级绒毛替代。分支的树样绒毛生长至子宫壁的腔里，并血管化。至子宫壁的腔里，两根血脉分别形成脐动脉和脐静脉，分别往返胚胎，从母体中为胚胎提供营养和氧气，并将废物(如二氧化碳和尿)穿过绒毛转移给母体。

母体通过排除自身和胎儿之间的血液屏障帮助正在生长着并不断有所需求的胎儿。胎儿需要营养物和氧气，而且试图排除二氧化碳和尿素。因此，完全消除这些屏障将有助于满足胎儿的需求；另一方面，血液屏障的逐渐消除，胎儿与母体免疫系统的接触变得越来越紧密。在人类，几乎所有屏障都消除了。胎儿与母体循环系统的连接异常紧密，在母体那边，所有组织层都消除了，甚至包括血管内皮细胞。胎儿的胎盘绒毛直接并深深地浸入母体血液腔隙里。

母体通过子宫内膜部分溶解(包裹胚胎的子宫壁外层)的方式创造出绒毛膜分支可以生长的腔隙。腔隙指母体毛细血管开放进入这些腔里，腔隙充满母体血液。胎儿胎盘的绒毛膜绒毛浸入母体血液中，使胚胎与母体血液之间形成血液循环流动系统。

胚胎的脐静脉血液不到达肺，母体子宫腔隙内的含氧丰富的血液通过脐静脉进入胚胎未

分开的心脏，再分配到胚胎全身，又通过胚胎脐动脉收回并被胚胎心脏泵回到胎盘绒毛。像鱼一样，胎儿有一个单循环系统，其胎盘绒毛起鳃弓的作用。因为胎儿的肺还没有功能。但出生时，它的这个循环系统将快速转换成一个双循环（身体和肺）系统。

7. 胎盘激素

胚胎或胎儿为保证妊娠继续，在未成熟前不被母体月经中断，防止母体为急于排斥任何异体做出的免疫防御，胚胎释放出许多信号分子（其中只有少数是已知的）。在发育早期，滋养层开始释放激素，向母体发出已开始着床的信号，至少有三种激素传递给母体：绒毛膜促性腺激素、孕酮（两者引导维持妊娠状态）、绒毛膜生长催乳激素（刺激母体乳房产奶）。

8. 分娩

在妊娠38周（266天）后，胚胎发育成一个成熟的胎儿，准备出生。

胎儿循环系统的建立已经为胎儿突然转向呼吸空气做好了准备。胎儿，都通过脐静脉获取营养物和空气；并通过脐动脉清除相应的二氧化碳。脐静脉导入右心，在那儿，血液在胎儿出生后导入肺部。但胎儿出生前肺部是塌陷的，它不起作用。由于胚胎需要引导来自脐静脉的富氧血液流向脑部和躯体，血液必须从右心脏入左心脏，两个心脏间的通道称为卵圆孔（Foramen Ovale）。出生时，由于脐血管断开，两个心脏间的通道将被关闭，导致进入肺部的血液路径开通，肺部被立刻膨胀。

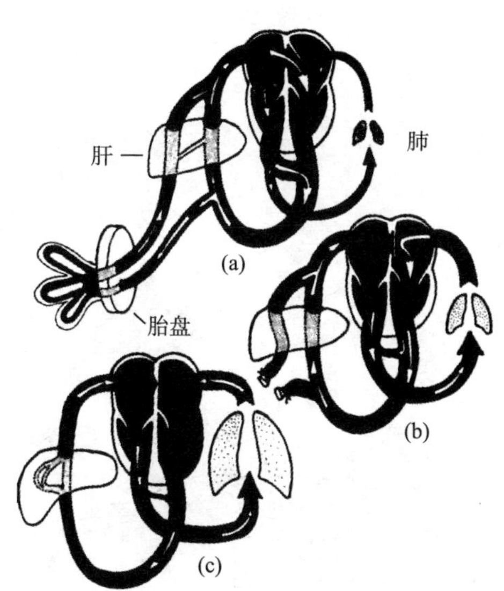

图6-78　出生时血液循环从单循环到双循环系统的转换

母体分娩时，胎盘绒毛从母体子宫上撕落下来（会引起母体血液从腔隙中大量流失）；胎儿在出生的一瞬间，肺部迅速充气，血液即刻被胎儿心脏泵进肺里。如图6-78所示，在未出生的胎儿里，肺部循环实际上不起作用；两个心房间的心壁有孔相通，而且，心脏好像仅有一个心房和一个心室起作用，血液被泵进具有鳃功能的胎盘里，并流回心脏，体腔（以肝脏作代表）仅获得部分充了氧的血液[6-78(a)]。出生后，肺循环建立起来并与较大的循环交叉相连[6-78(b)(c)]。胎儿的血液循环系统从单循环系统快速转换成一个由心脏连接着身体与肺的双循环系统。

生命发育的基本程式

多细胞有机体的个体发育一般开始于一个单细胞——受精卵。生殖细胞——精子(配子)和卵子(配子)融合,其融合过程称为受精,形成为合子。通过受精而激活发育的程序,受精卵开始胚胎发育。

第7章 配子的发生

配子是指生物进行有性生殖时由生殖系统所产生的成熟性细胞。

配子分为雄配子和雌配子，动物的雌配子通常称为卵细胞，而将雄配子称为精子。精子相当小，但能够运动，呈蝌蚪状进入卵细胞，而卵细胞体积相当大，并且是不可游动的，如海胆的卵细胞体积是精细胞的 10 000 倍。尽管雌雄配子的体积不同，但它们为子代提供的核 DNA 是等量的，即各提供一套基因组。不过，由于卵细胞的体积大，子代细胞的细胞质结构和细胞质 DNA 基本都是由卵细胞提供的。

7.1 原始生殖细胞

在胚胎发育中，大部分细胞是构成新个体中的体细胞的，还有一些细胞是作为原始生殖细胞(Primordial Germ Cells, PGCs)被储存起来。这些原始生殖细胞只有经过迁移，进入发育中的生殖腺原基(Genital Anlage)——生殖嵴(Genital Ridge)后才能分化成为生殖细胞。

原始生殖细胞的起源可追溯到胚胎发育阶段相当早期的卵细胞。在动物卵母细胞中存在的生殖质(Germ Plasm)是具有一定形态结构的特殊细胞质，主要由蛋白质和 RNA 构成。随着卵裂进行，生殖质逐渐地被分配到某些细胞中，这些具有生殖质的细胞将分化成为原始生殖细胞。原始生殖细胞的形成在各类动物中不一致。

在观察马蛔虫胚胎卵裂过程中的染色体时，发现这些染色体的异常行为。这种线虫只有两对大染色体，在第一次卵裂后，其中一个分裂球中的染色体会断裂成为许多碎片，这些碎片中的许多会消失。这种染色质消失现象发生在将要参与构成体细胞的那些细胞中，而形成生殖细胞的任务则由另一个分裂球完成，这个细胞内的染色体保持完整。在紧接下来的分裂中，会出现同样的情况，只有将要成为原始生殖细胞的细胞才保留全部的染色体。而将要形成体细胞的那些细胞都会有染色质的部分丢失。通过实验干扰手段，如离心，证实了在生殖细胞中存在着定位于局部的“细胞质决定因子”用以防止染色体破碎；此外，这些细胞质因子被认为能保证其所在细胞成为生殖细胞。这些细胞质因子在线虫中被称为 P-颗粒(图 7-1)。

在果蝇中，原始生殖细胞是胚胎中最早形成的细胞，它们出现在卵的后极，又被称为极细胞(图 7-2)。当这些极细胞形成时，它们包含了许多极粒，这些极粒是含有大量蛋白和 RNA 的纤维颗粒，其中也含有生殖细胞决定因子。这些颗粒中的一种特殊成分是从线粒体起源的 RNA，即它是由线粒体释放的。然而这种线粒体 RNA 自身很可能并不是细胞决定因子，真正的决定因子是来自母方的活性基因 oskar 或者是在 oskar 的作用下而被配置于卵的后极。注射 oskar 产物到卵的前极下方会引起胚胎前端的极细胞产生异位发育。但是这种作用并不能使这些发生异位发育的细胞形成性腺，只有位于后极的极细胞才能最终形成性腺。

在线虫细胞谱系中存在着一种机制，这种机制使每个细胞继承了上一代细胞的发育特性。因此，即使在高等得多的脊椎动物中，原始生殖细胞系也可追溯到未分裂的卵中。如在爪蟾中，用某种染色方法证实了在紧邻植物极的区域含有特殊的“生殖质”——颗粒状胞质组成物（图 7-3）。正像果蝇的极位上的细胞质一样，这个区域存在包含 RNA 的颗粒。

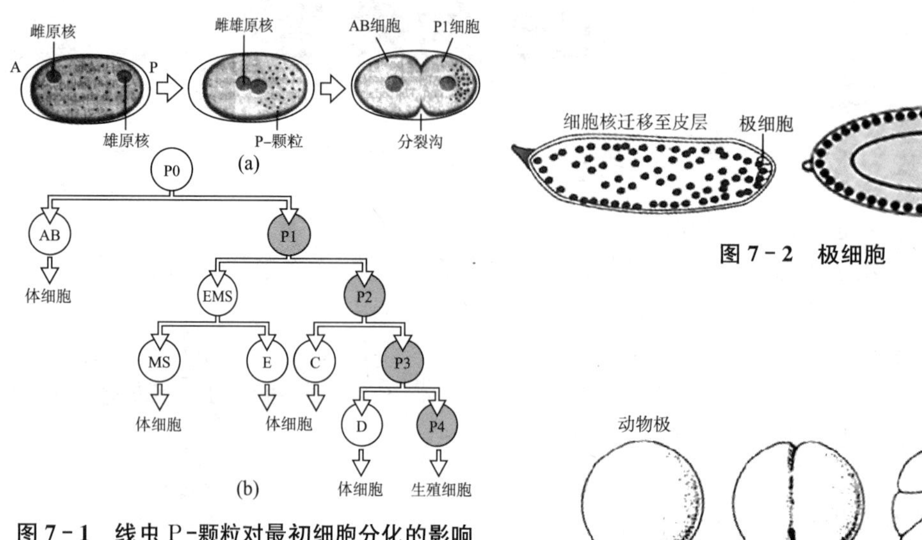

图 7-1　线虫 P-颗粒对最初细胞分化的影响

(a)线虫的 P-颗粒均匀分布于整个未受精卵的卵质中，受精后集中位于预定胚胎的后部，第一卵裂形成一个 AB 细胞和一个含有 P-颗粒的 P1 细胞；(b)线虫卵裂时 P-颗粒等物质全部分配到 P 细胞中，由 P4 细胞产生全部生殖细胞

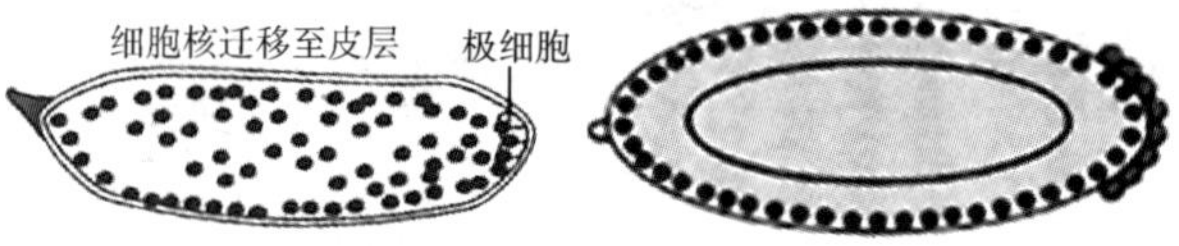

图 7-2　极细胞

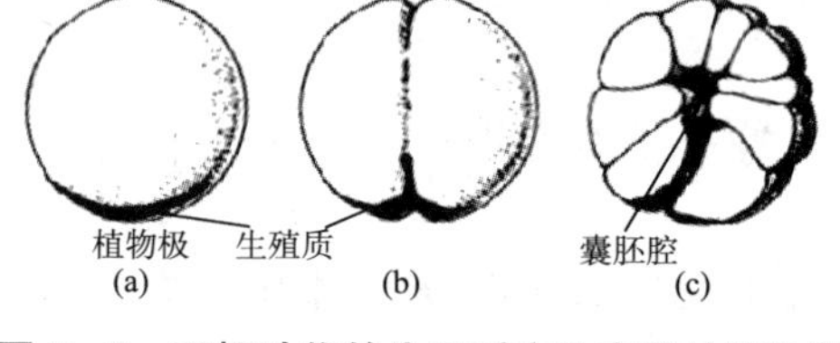

图 7-3　两栖动物的生殖质定位在卵的植物极

在人类中首先出现的原始生殖细胞分散在后卵黄囊，胚胎发育的第 3～4 周，卵黄囊脏壁胚外中胚层细胞衍化形成原始生殖细胞。至胚胎发育第 6 周，从这里它们开始迁移，沿后肠背系膜迁移至生殖腺嵴的初级性索。

在发育早期的原始生殖细胞没有特殊的形态特征。通常被发现形成于胚胎的后肠，并沿肠系膜（悬挂肠的器官）迁移至生殖腺原基——生殖嵴后才能分化成为生殖细胞。在迁移过程中，原始生殖细胞不断增殖。

不同动物在生殖腺原基发生时，原始生殖细胞以不同的迁移方式进入生殖腺原基，在那里进行生殖细胞的分化。有些种类的动物生殖细胞的发生开始于卵裂早期，而多数脊椎动物生殖细胞的发生开始于胚胎发育较晚的时期。

7.2　原始生殖细胞的分化——卵子和精子

免疫组织化学方法显示，小鼠原始生殖细胞最初来源于原肠作用中胚胎的外层，于胚胎发育第 7 天在原条后部的胚外中胚层中有 8 个原始生殖细胞，这些细胞体积较大，碱性磷酸酶染色呈阳性反应。如果用物理方法分离去除该区域，胚胎将缺乏生殖细胞；而分离的这部分细胞经培养可发育成大量的原始生殖细胞。哺乳动物原始生殖细胞先在尿囊与后肠交接处附近聚集，然后迁移到卵黄囊附近再分成两群，沿卵黄囊的尾部通过新形成的后肠，然后沿背侧肠系膜向上迁移，分别进入左、右两侧生殖嵴（图 7-4）。大多数原始生殖细胞在受精后第 11 天到达发育中的生殖腺。在迁移过程中，原始生殖细胞不断增殖，在第 12 天的生殖腺中原始生殖细胞的数目已由最初的 8～100 个增加至 2 500～5 000 个。

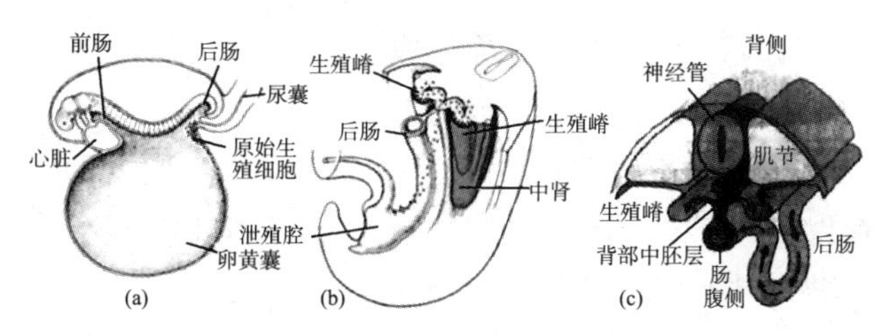

图 7－4　哺乳动物生殖细胞迁移的途径

(a)PGCs 先在尿囊与后肠交接处聚集；(b)PGCs 沿卵黄囊的尾部通过新形成的后肠，然后沿背侧肠系膜向上迁移，分别进入左、右两侧生殖嵴；(c)小鼠胚胎原始生殖细胞迁移的路线

原始生殖细胞进入生殖腺原基就立即进入性索，不断地进行有丝分裂，产生生殖干细胞后代。

生殖细胞于最后一次有丝分裂之后，核 DNA 继续合成并复制一次，因此在减数分裂开始前的细胞中，核内 DNA 的含量是正常体细胞的 2 倍，每条染色体内都有两条由中心粒相连的姐妹染色单体。在第一次减数分裂中，同源染色体配对，然后分离并分配到两个子细胞中，每个子细胞含有由两条姊妹染色单体组成的一条同源染色体。第二次减数分裂则把每条染色体中的两条姐妹染色单体分别分配到两个子细胞中去。结果由减数分裂形成的四个细胞都只含每条染色体的一个单拷贝(图 6－31)。

对于大多数动物，迁移进生殖腺原基的原始生殖细胞具备两种发育潜能，由生殖腺内的微环境决定。而在脊椎动物的早期性腺中，迁移而来的原始生殖细胞进入周围的“雌性”皮质层和内部的“雄性”髓质。此时胚胎的性别还未明确。在雄性中，在 Y 染色体上的主导基因 sry 指导下，性腺发育成睾丸，皮质层的原始生殖细胞死亡，而在髓质的原始生殖细胞分化成精原细胞。在雌性中，由于无 Y 染色体，也就没有 sry 基因，在此情况下，性腺发育成卵巢，只有在皮质内的原始生殖细胞存活，并发育成为卵原细胞(图 7－5)。

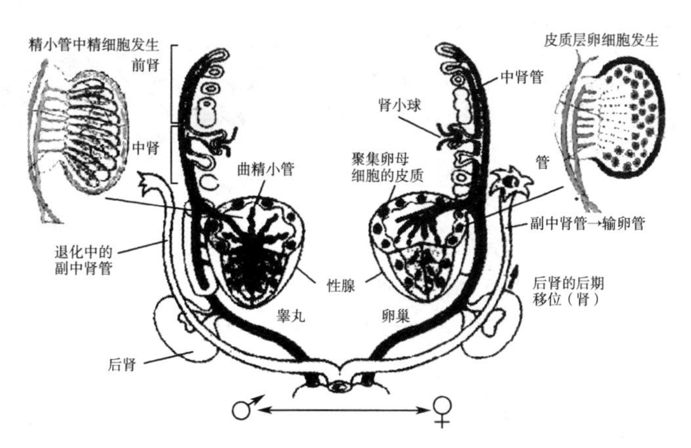

图 7－5　早期性腺中生殖细胞的发生

7.3　卵子

当性腺发育成雌性卵巢，其中的生殖干细胞则分化为卵原细胞。卵原细胞先经过一个有丝分裂的增殖时期。当增殖进入结束终期时的生殖细胞叫卵母细胞。

人类雌性胚胎在母亲妊娠 2～7 个月间，卵巢中的卵原细胞由 1 000 个左右迅速分裂达到约700万个,其中大约有50万个已进一步分化成卵母细胞。但在第7个月以后胚胎卵原细胞的数目急剧下降(图7-6),大多数的卵原细胞死亡。期间其卵母细胞也停止个数增殖。在青春期开始时,已经有大约90%的卵母细胞死亡了。

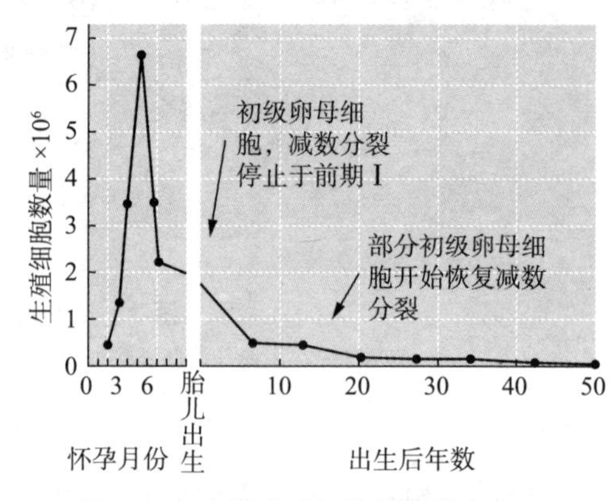

图7-6 人类生殖细胞数量的变化

女性胎儿发育3~7个月时,其卵母细胞就已经开始进入第一次减数分裂,染色体在S期早期已复制完成,阻断在前期的双线期。这种阻断的情况一直维持到青春期。随着青春期的开始,一批又一批的初级卵母细胞阶段性地恢复减数分裂。因此,人类女性卵母细胞减数分裂在胚胎阶段就已经开始,而直到12岁左右才获得恢复减数分裂的信号。事实上有些卵母细胞阻断于减数分裂前期长达约50年。

即使在青春期开始后,卵母细胞仍在继续不断死亡。在出生时大概已有几百万个初级卵母细胞,在女性一生中大概只有400个卵母细胞能够继续完成成熟分化。

卵母细胞两次减数分裂的成熟分裂都并非是均等分裂。初级卵母细胞在第一次减数分裂终期产生两个子细胞:一个几乎不含细胞质的小细胞和另一个几乎拥有所有细胞质成分的大细胞。大细胞称为次级卵母细胞,小细胞称为第一极体。由次级卵母细胞进行第二次减数分裂,产生一个拥有大部分卵质的成熟卵子和一个第二极体(图7-7)。

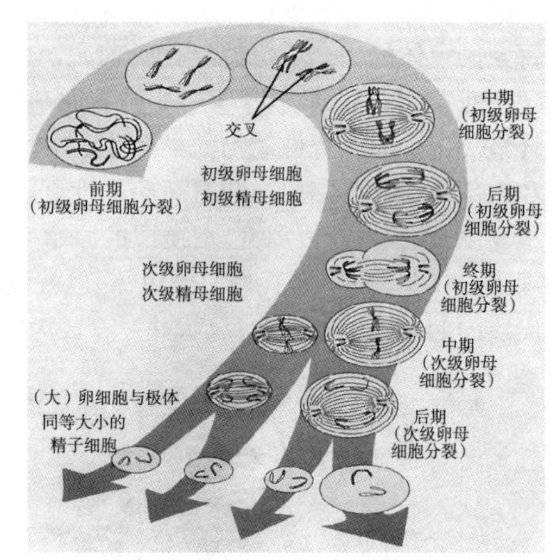

图7-7 卵母细胞经两次减数分裂后产生一个大卵细胞与三个极体细胞

有些动物种群卵子发生中减数分裂发生明显的变异,以至于产生二倍体的配子,不需要受精就能够发育,这种繁殖方式称为孤雌生殖。如果蝇在第二次减数分裂后,其中产生的一个极体作为精子,与卵子结合"受精"。其他昆虫(如 Moraba Virgo)和蜥蜴在减数分裂前,卵原细胞的染色体数目增加一倍,通过减数分裂,染色体正好恢复成为双倍体。蚱蜢的生殖细胞通过两次有丝分裂形成双倍体的卵子,却不经历减数分裂的过程。其他有些动物单倍体雄性生殖细胞的发生,不仅仅为了进一步繁殖,而且作为性别决定的一种机制。如膜翅目动物蜜蜂、黄蜂、蚁的单倍体未受精卵发育为雄性个体,而双倍体受精卵发育为雌性个体(这类单倍体雄性个体的精子发生不经历第一次成熟分裂而直接经过第二次成熟分裂产生两个精子)。

1. 卵母细胞的成熟

由于卵子需要负责发育的启动和指导早期发育,在卵质中积累和储存着大量物质,包括能源、细胞器、酶、核酸、结构蛋白和蛋白质合成前体分子及卵黄等。卵质中的这些物质主要在第一次减数分裂前期Ⅰ的过程中产生和积累。前期Ⅰ又可分为卵黄形成前期和卵黄形成期。减数分裂的特殊过程主要发生在前期Ⅰ,通常它又被划分为5个时期:细线期、偶线期、粗线期、双线期、终变期。

鱼类和两栖类的卵子由卵原细胞分化而来，每年产生一群新卵子。豹蛙卵子发生持续长达3年时间，在这期间卵母细胞可以得到充分的生长和进行物质积累。前两年卵母细胞的体积缓慢地长大，到了第三年，由于卵黄的迅速积累，卵母细胞的体积迅速增大。每年有一批卵子成熟。当卵母细胞到达减数分裂前期的双线期时，卵黄发生开始，这也是卵母细胞核灯刷状染色体迅速合成RNA的阶段。卵黄是提供胚胎营养的一种混合物。卵黄的一个主要成分是相对分子质量为4.7×10^5的卵黄蛋白原，这种蛋白质主要在肝脏中合成，通过血液循环进入卵巢，再经过卵巢滤泡细胞间转运和借助胞饮作用进入卵母细胞。在成熟卵中，卵黄蛋白原被裂解成两种蛋白质——卵黄高磷蛋白和卵黄磷脂蛋白，两者包装一起，进入膜结合的卵黄小板。卵黄中的糖原颗粒和脂质体分别储存糖类和脂肪成分。

在卵子发生中，由于卵质内含物质的不均匀分布，大多数的卵子是高度不对称的。在有的动物成熟卵中，植物极卵质中卵黄的浓度是动物极的10倍，但是卵子的整个表面质膜对卵黄蛋白原的摄入是均一的，产生不均匀分布的原因是卵黄小板在卵内的移动，如非洲爪蟾卵母细胞，见图7-8。在动物半球形成的卵黄小板向细胞的中心方向移动，而在植物极形成的卵黄小板运动不活跃，停留于卵子植物极的胞质下很长一段时间，并且体积不断增大。随着新的卵黄蛋白原由细胞表面不断摄入，许多新的卵黄小板慢慢从皮质中转移到细胞中心和植物极。由于卵黄小板在细胞内运动的差异，植物极卵黄慢慢地积累。非洲爪蟾成熟卵中75%的卵黄位于植物极。随着卵黄的积累，细胞器也形成不对称的排列方式，这是由高尔基体转变成皮质颗粒的过程开始的。起初皮质颗粒随机分散在整个细胞质内，以后迁移到周围细胞质。此时线粒体复制也已开始，分裂形成大量的线粒体，以供卵裂时分配到不同的子细胞中去。非洲爪蟾在原肠胚形成开始之前不再形成新的线粒体。随着卵黄发生接近结束，卵质开始分层，皮质颗粒、线粒体和色素颗粒主要位于周围的细胞质中，形成卵的皮质。在内层的卵质中也出现不同的梯度分布，当卵黄小板在植物极开始积累和浓缩的同时，糖原颗粒、核糖体、脂质体及内质网等都往动物极移动。储存mRNA的蛋白颗粒开始在卵内定位。

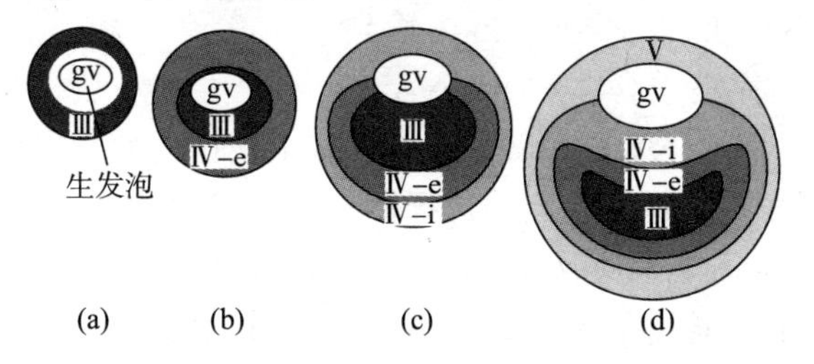

图7-8 非洲爪蟾卵母细胞卵黄小板动-植物极性的建立

(a)第Ⅲ期晚期的卵母细胞(直径约600μm)，卵黄蛋白质在整个卵表面均一摄入；(b)(c)随着卵母细胞的生长，卵黄蛋白原继续在整个卵表面均一摄入和形成卵黄小板。同时动物极的卵黄小板向植物极转运，而植物极形成的卵黄小板保持在原位不动；(d)最初形成的卵黄小板(Ⅲ)已全部位于植物半球，卵母细胞中约占75%的卵黄小板集中到植物半球中。图中罗马数字Ⅲ表示第Ⅲ期卵黄小板；Ⅳ-e和Ⅳ-i分别表示第Ⅳ期早期和晚期卵黄小板；Ⅴ表示第Ⅴ期卵黄小板；gv表示生发泡。

非洲爪蟾减数分裂的细线期持续3～7d，偶线期5～9d，粗线期约为3周，而双线期则能持续几年，但是仅有一部分双线期卵母细胞进入卵黄发生阶段。在卵黄发生结束后，使核膜破裂的信息产生，是通过丘脑下部、垂体、滤泡细胞之间的激素相互作用进行调控的。当丘脑下部接收到交配季节来临的信号后，释放促性腺激素释放素，促进垂体释放促性腺激素，后者进入血循环并促进滤泡细胞释放雌激素，雌激素指导肝合成并释放卵黄蛋白原。在雌激素的刺激下肝细胞发生急剧的变化。这些变化通常于每年的交配季节产生，但在非交配季节给成年蛙（无论雌雄）注射雌激素，也同样能够引起这种变化并释放卵黄蛋白原。在雌激素释放之前，肝中检测不到卵黄蛋白原 mRNA；雌激素作用后，每个肝细胞中约含 50 000 个卵黄蛋白原 mRNA，占细胞总 mRNA 的一半。同时，雌激素还能特异性地提高卵黄蛋白原 mRNA 的稳定性，使其存活的时间由原来的 16h 提高至 3 周。这种效应是雌激素直接作用的结果，雌激素通过转录和翻译水平的调控来控制卵黄蛋白原的合成和积累。

绝大多数动物的卵，包括脊椎动物的和海胆的，都是圆形的。但在它们的内部结构中存在动物极和植物极之分：卵黄小板和糖原颗粒集中在植物极；传统上被称为生发泡的卵母细胞的巨大的核位于动物极。这种卵母细胞内组成部分的不均一分布对后面发育具有极大的影响。

最后的卵母细胞是被一层非细胞的有强化作用的卵黄磷脂蛋白和另外一种由多种成分组成的包被所包围。在哺乳动物中这些包被层被称为透明带和辐射区。在爬行类和鸟类中，蛋清和蛋壳是在卵受精后在输卵管包裹而形成的。

2. *卵母细胞核中灯刷状染色体*

人类女性胎儿发育 3 个月到 7 个月时，其卵母细胞就开始进入减数分裂的前期。染色体在 S 期早期已复制完成，在前期的双线期，同源染色体中的每一条都包括两个染色单体，它们沿长轴配对，由联会丝复合物相连。值得注意的是，此时，前期被阻断。这个阻断将持续相当长的时间，在人类可持续 12～40 年。在此过程中，染色体保持配对，但是解凝聚而形成侧环，看起来像灯刷(图 7－9)。

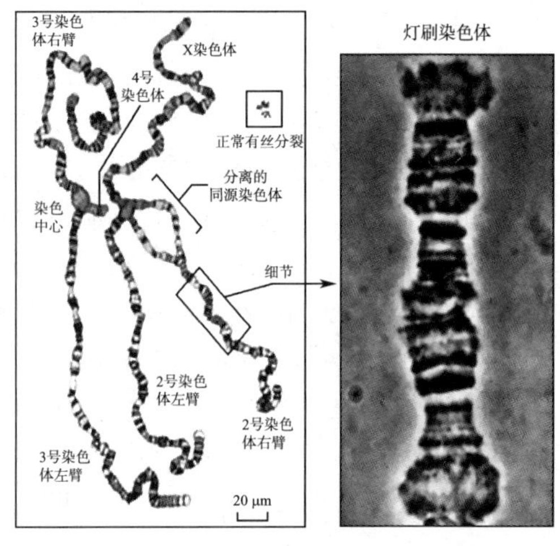

图 7－9　灯刷染色体

从配对的减数分裂中的染色体上突出的侧环是大部分已解螺旋而展开的 DNA，使染色体形同灯刷状，这个结构表明了有高水平的 RNA 合成，转录产物被组装成核糖核蛋白（RNP），再运输到胞质中，最终卵母细胞内充满包含多种 mRNA 的核糖核酸蛋白颗粒，为早期的胚胎发育做好准备。多个核仁的大量出现，表明核糖体大量地产生。它们的出现显示了早期核糖体基因的选择性扩增（rDNA 的扩增）。

在爪蟾的基因组中，18S、5.8S 和 28S RNA 的基因是集中在一个单一的转录单位中。在进化过程中，这一转录单位通过基因复制而得到多拷贝，甚至在卵细胞产生时的额外扩增之前，复制的 rDNA 基因纵向排列，其拷贝数已可多达 450 份了。这种排列有时被称为核仁组织中心，因为产生核糖体的工厂是沿染色体这个区域建立的。通常在体细胞中，因为核仁组织中心分别存在于体细胞的一对同源染色体上，因此每个核中可以看到两个核仁（对于二倍体）。因为一般爪蟾是四倍体，所以在其体细胞上应可看到四个核仁，然而在其卵母细胞中远不止四个核仁。这是因为有其他扩增发生。在选择复制的情况下，以业已存在的四个中心（×450）中的拷贝数为基础，通过 DNA 的滚动复制，每一中心产生 450 份拷贝。结果，有另外 1 000 份 rDNA 产生，每一份 rDNA 拷贝都从编码 RNA 链上分离，闭合成环状，并装备了蛋白质，这样就产生 1 000 个生产核糖体的工厂。1 000 个核仁中的每一个都有 450 份三种核糖体基因（18S、5.8S 和 28S RNA）。5S rRNA 是从正常基因组中线性扩增的 24 000 个 5S 基因拷贝中获得的。这 24 000 个 5S 基因拷贝聚集在另一个染色体上，是在进化过程中增殖的。在这附加的1 000个核仁里各产生了1 350个核糖体。如果没有基因的这种增殖，爪蟾所需的不是几个月而是500年，才能产生同样数量的核糖体。由于爪蟾卵具有大规模合成蛋白质的能力，它已做好了进行快速发育的准备。

3. *激素信号的启动*

在哺乳动物中，卵泡(图6-67)中的卵母细胞在减数分裂前期的双线期能停留长达几年之久。被阻断的减数分裂的恢复和完成是由激素控制的。在脑内生物钟的促进下(或者在有些哺乳动物中如家兔，在交配的刺激下)，下垂体先分泌促性腺激素FSH(促滤泡激素)，在这个激素的作用下，正在发育中的卵泡受FSH刺激进一步生长和进行增殖，同时FSH也引起卵泡中的滤泡颗粒细胞表面上表达出第二种促性腺激素LH(促黄体激素)的受体的形成。在滤泡开始生长后不久，垂体就又释放LH，在LH的刺激下，卵泡中的滤泡细胞才又开始释放孕酮。孕酮能促进卵母细胞减数分裂进一步继续(图7-10)。在孕酮刺激6h后卵母细胞核膜破裂，核仁消失，灯刷状染色体上向外伸出的DNA环也缩回而使染色体凝集，并迁移至动物极开始分离，接着第一次减数分裂发生。直到完成第一次减数分裂，形成一个卵子和一个极体，两者都包在透明带内。此时卵被排出卵巢，此时的成熟卵处于第二次减数分裂的中期。

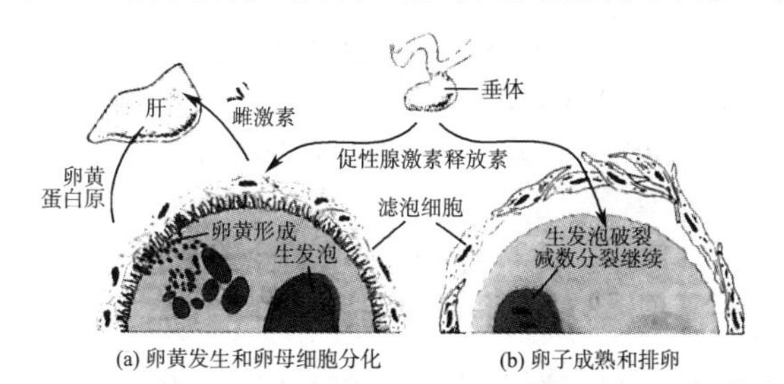

图7-10 雌激素和孕酮对两栖类卵母细胞生长和成熟的调控

(a)促性腺激素促进滤泡细胞释放雌激素，雌激素指导肝释放卵黄蛋白；(b)卵黄发生期之后，促性腺激素促进滤泡细胞释放孕酮引起生发泡破裂，完成减数分裂并排卵

LH引起卵泡中胶原酶、纤维蛋白溶原酶活化因子和前列腺素浓度的升高。前列腺素可能引起卵巢内部平滑肌的收缩而导致压力增加，胶原酶和纤维蛋白溶原酶活化因子对卵泡细胞外基质的疏松和消化作用产生重要影响。这些结果所带来的效应是增加卵泡的压力和降解卵泡壁，在卵将要排出的位置处消化卵泡壁形成洞孔以便排卵。排卵后即开始黄体期，卵泡破裂的残余细胞在LH的持续影响下形成黄体。由于FSH能促使这些残余细胞形成很多LH受体，故能持续对LH作出反应。黄体除了释放激素之外，主要释放孕酮，后者能促进子宫壁增厚及其中血管的生长，为胚泡的着床做准备。孕酮还能反过来抑制FSH的产生进而抑制更多卵泡和卵的成熟。

如果卵子没有受精，黄体将退化，孕酮释放也停止，子宫内膜脱落。随着血清中孕酮水平的下降，垂体重新开始合成FSH，月经周期又重新开始。如果卵子受精，滋养层释放的催乳素能维持黄体的活性，使血清FSH维持在高水平。

FSH、LH、孕酮、雌激素等激素之间形成的反馈调节反应，导致排卵前激素水平有规律而激烈地变化，不仅使人类的卵子阶段性地成熟和排卵，同时还使子宫发育成为能养育胚胎的器官。

在两栖类中，孕酮在打破卵子休眠中起决定性作用；在人类中，经过多年的减数分裂阻滞后，LH会使10～50个卵母细胞在月经周期中的前半段恢复减数分裂。但是，只有一个卵母细胞最终成熟，排卵发生在两次月经之间(图7-11)。

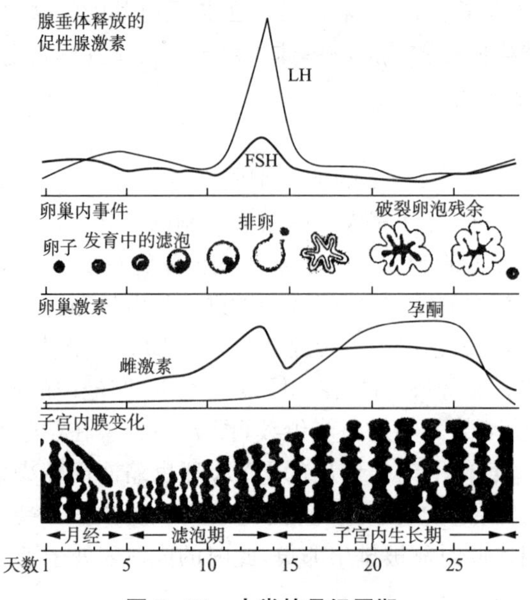

图 7-11 人类的月经周期

(卵巢内的事件和子宫内膜周期的协调是由垂体和卵巢的激素调控的。在滤泡期,当卵泡内的卵子成熟时,子宫内膜已做好接纳胚胎的准备。成熟大约在第 14 天释放。如果胚胎没有着床,子宫内膜开始脱落,引起月经来潮)

7.4 精子

在雄性胚胎早期,当性腺在 Y 染色体上的主导基因 sry 指导下发育成睾丸,在性腺髓质的原始生殖细胞渐渐分化成精原细胞。

进入生殖腺索的脊椎动物的原始生殖细胞在成熟过程中,生殖腺索发育成为生精小管,其管上皮细胞分化成支持细胞。精子发生的过程就在曲细精管(支持细胞)睾丸网中支持细胞的深凹处进行,支持细胞起滋养和保护作用(图 6-68)。支持细胞为生精细胞提供营养,但它们随着生殖细胞变为精子而退化。

原始生殖细胞在睾丸的精细管中成为精原细胞。精原细胞是保持分裂能力的干细胞,分裂后一个细胞仍然是干细胞,另一个则成为精母细胞。干细胞排列在精细管的内壁上,而分离开的精母细胞沿精细管的管腔迁走。随干细胞与精母细胞连续分裂增殖,来自同一个干细胞的精母细胞们相互保持着联系并同时发育。精母细胞在停止有丝分裂(增殖)后,体积只增大一点,这一点与卵母细胞不同。在个体成熟时,精母细胞进行减数分裂,每个精母细胞产生四个相同的精细胞,经过终末分化形成四个单倍体精子(图 7-12)。在整个发育过程中,原始生殖细胞的后代通过胞质桥相互联系。分化完全的精子相互分开,在精细管中央聚集,管壁上的干细胞会提供新鲜补充。这种补充可以是连续的(如人类),也可以只发生在交配期。

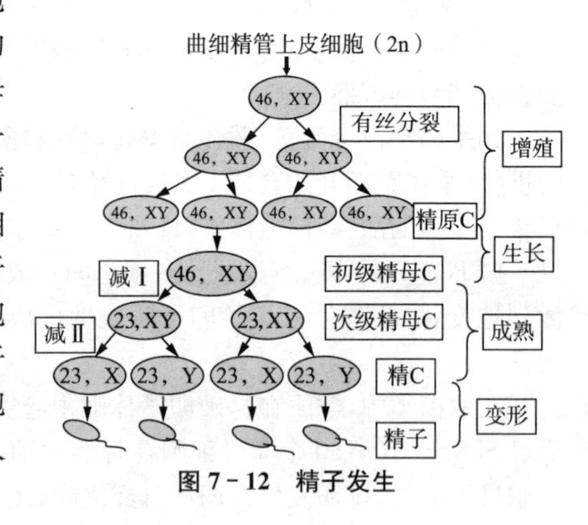

图 7-12 精子发生

1. 精子形成

精子细胞需经过复杂的形变、分化过程才转变为精子，这个过程称为精子形成(图 6-69，图 6-70)。

小鼠从生殖细胞到成熟精子的全部发育过程约需 34.5d。精原细胞阶段持续 8d，减数分裂持续 13d，精子形成需要 13.5d。人类精子的发育约需要 74d 才能完成。由于精原细胞 A1 是生殖干细胞，所以精子的发生能够持续进行。

一个典型的动物精子，如海胆的精子，在它的头部下有顶体囊，或称为顶体；在其后部依次为高度浓缩的细胞核、在颈部的一对中心粒、中段中含有大量能量供给站的线粒体和最末的有推进作用的鞭毛。这时候的精子已具备了运动和受精的能力，作为带有动力装置的基因组。

7.5　从卵和精子中获得的特征性甲基化修饰模式

由卵子提供的母本基因组和由精子提供的父本基因组对新个体特征的程序性控制并不总是起相同的作用。例如，小鼠胚胎中，父本基因组决定胚胎外结构(滋养层、胎盘)，母本基因在胚胎内部则起到更重要的作用(人体中，如果一种常染色体显性遗传先天疾病是从父亲遗传下来的，chorea huntington 基因的表达会更强烈)。这种现象被称为基因印迹的现象，是由于卵子和精子中 DNA 的不同甲基化修饰方式所造成的。

通常，精子中的 DNA 和卵子 DNA 的甲基化修饰方式是不同的。甲基化修饰方式影响(抑制)了配子的基因表达。在哺乳动物中，卵子的甲基化程度要低于精子。在下一代的配子发生中，部分的甲基化被消除，会有新的甲基化方式形成。而精子中的 DNA 比卵子 DNA 有更广泛的甲基化修饰。

7.6　种系遗传

生殖细胞可以把经过百万年进化而积累的遗传信息传到下一代。只有当突变(或基因操作)影响到种系时，这种变化才会遗传到下一代。

通过研究多细胞有机体的个体发生，可勾勒出从卵到生殖细胞的一个细胞系列(如线虫的细胞谱系)，这个生殖细胞系被称为种系。是否所有生物都像线虫一样存在种系细胞，从而严格地把体细胞与未来的原始生殖细胞分离开，这是一个有待研究的问题。然而，即使体细胞能转化为原始生殖细胞，在生殖细胞和卵子之间也存在着一系列复杂的 DNA 复制关系。只有在种系中发生突变(或进行基因操作且基因能被引入种系中)，下一代才会得到某一信息，即遗传。

第8章 生命的起始

在生命周期中，生命是连续的。因此，总是难以精确确定生命的起点。然而，受精和死亡是每个生物体都有的两个分界点。精子和卵子都不具备独立发育成个体的能力。一旦它们从睾丸或卵巢中释放出来，它们的生命只能维持几分钟或数小时。只有当精卵融合形成合子时，它们才具备发育成为一个新个体或新一代的潜能。生物学术语中，人的一生是指从受精到死亡。其间的任何一个发育阶段都不能被忽略。

精子在睾丸的曲细精管内生成以后，从形态上来看，已形成蝌蚪状精子。但经实验证明，睾丸内的精子并不具备受精能力。睾丸精子还需在附睾内经历精子成熟过程，以及在雌性生殖道内经历获能过程。精子在4～6m长的附睾内运行过程中经历了一系列复杂的变化。精子在成熟过程中，体积略变小，含水量减少。最明显的改变是未成熟精子体部的胞浆小滴向后移动，并最终脱下。在一些不育病人的精液中，可看见大量未脱下胞浆小滴的未成熟精子。

在精子成熟过程中，精子膜的通透性发生改变，如对钾离子的通透性增加，出现了排钠的功能，这对酶活力及代谢有重要的影响。精子在附睾运动过程中表面负电荷增加，这可使精子在附睾内储存时，由于电荷同性相斥的作用，而不至于凝集成团。此时，附睾的一些分泌物覆盖于精子表面，其中有一种含唾液酸的糖蛋白。种种迹象表明，转移到精子表面的唾液酸有着重要的生理机能。

刚离开体内的精子表面附着有附睾和精囊腺分泌的一种去能因子，使得精子无法穿透卵子的透明带，不能达到受精的目的。当精子遇到卵子时，精子头部的“顶体”先要脱掉，这一过程称为顶体反应，此时精子的“顶体酶”才能释放出来。顶体酶中含有多种物质，能使卵细胞的放射冠和透明带溶解，从而使精子进入卵细胞而达到受精的目的。而精液中含有的这些由许多已知和未知物质组成的“去能因子”，它们大多含有糖蛋白。这些“去能因子”是顶体酶的抑制物，它们抑制精子的顶体酶活性。然而当精子进入女性生殖道后，精子开始离开精液，经宫颈管进入子宫腔及输卵管腔。而女性生殖道中恰好存在一种“获能因子”。这些“获能因子”含有α-淀粉酶和β-淀粉酶成分，它们可以水解由糖蛋白组成的“去能因子”。同时顶体膜结构中胆固醇与卵磷脂比率和膜电位发生变化，降低了顶体膜的稳定性，从而使精子的顶体酶系统从被抑制状态下恢复活性。所谓“获能”过程即为去除精子表面这种因子并获得受精能力的过程。

在精子获能过程中，由于去除了糖链末端的唾液酸，可使精子的膜结构发生显著改变，表现为膜内蛋白重排成簇现象，这可能与精子和卵子识别有密切关系。精子与卵子透明带结合后也发生顶体反应，释放顶体蛋白酶，分解透明带，逐步穿入。其中一个精子与卵细胞膜靠近，精子顶体内膜与卵细胞膜相互融合，最终雄性原核和雌性原核合二为一，完成了受精过程。

因此，当精子获能以后，精子膜的不稳定性增加，并去除了抑制顶体反应的因子，精子才可能发生顶体反应。当然，在精子的“获能”过程中存在着极为复杂的形态学、生物化学变化，有些变化过程甚至在目前仍未搞清。但是总的结果是“获能”使精子具有更强的活动能力，各种酶得以释放，以便于精子穿入卵子。

精子在阴道中并不能获能，只有当精子穿过宫颈时，才阻挡了精液中大量的“去能因子”和其他一些酶抑制剂，这对“精子获能”起了重要的促进作用。子宫是“精子获能”的主要部位，输卵管的分泌物也参与了“精子获能”。在“精子获能”的同时，氧消耗量增加。输卵管能刺激精子的氧化磷酸化过程，以给精子提供能量，从而使精子迅速地向前运动，加速游向卵子。

精子的获能过程：①去除精子表面的覆盖物，暴露出精子膜表面与卵子相识别的位点；②增加精子活力，改变膜的通透性；③使精子头部出现流动性不相等的区域，为精子膜与顶体膜融合做好准备；④使精子顶体后区膜的流动性加大，以准备与卵膜结合。

之后，精卵才相遇。受精是指使精卵相遇，精卵质膜融合的过程。经过形态、代谢及运送的准备，精子与卵子在输卵管壶腹部发生受精作用。受精本身是一个严格有序的生理过程，包括精子与卵子的识别、顶体反应、精子与卵子膜的融合、两性原核的形成与融合。

整个过程如下。

(1) 精子与卵子的识别　精子膜表面及卵子透明带表面均存在特殊的识别装置。精子在长途运送过程中，其识别装置被遮掩及(或)未完全完善，只有经过获能以后才暴露出完善的识别装置，得以与卵子相互识别。

(2) 顶体反应　精子获能后，精子膜不稳定性增加，并去除了抑制顶体反应的因子，精子就开始经历顶体反应。最初精子顶体外膜与其相贴的精子细胞膜发生众多的点状融合，这样就形成许多膜围小泡，由于顶体外膜的破坏，顶体内容物外溢，直至将顶体外膜完全暴露。顶体反应完成的标志是顶体内膜与精子细胞膜的完全融合。

(3) 精子与卵子膜的融合　当精子与卵子接触时，即可见卵细胞以吞噬的方式将精子头部全部包入卵子胞浆内(图6-71，图8-1)。

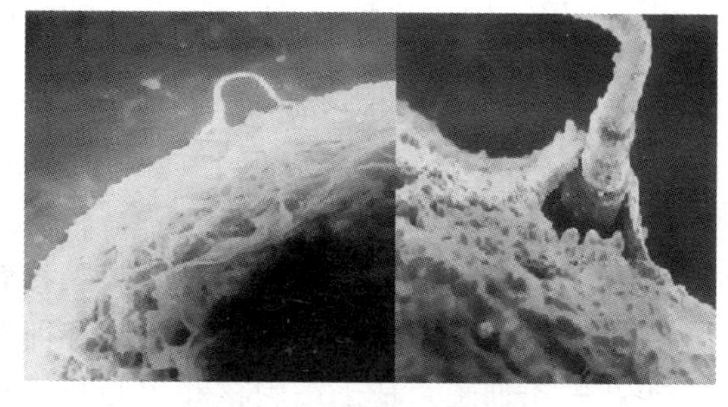

图8-1　精卵相遇、受精

(4) 两性原核的形成与融合　精子进入卵黄后，即有第二极体形成，排出第二极体后，卵细胞的染色质松散分开。继而在松散的染色质周围出现一些小囊泡，这些小囊泡逐步融合成核膜，这样就构成了雌性原核。雌性原核从不规则逐步变为球形。卵细胞内存在一种因素可以促使精子解聚并形成雄性原核。形成的两性原核大小相似，各含核仁。然后两性原核逐步靠拢接触。接触部位的原核膜变为指状，互相交错对插，直至完全融合。随后染色体开始浓缩，原核膜破裂，继而两者的染色体与微管相连，发生第一次卵裂。至此受精已告完成。

显然，受精之前是授精。对于那些在卵子完成减数分裂之前精子进入卵子的生物体而言，区分授精和受精是有意义和必要的。哺乳动物和线虫类中的马蛔虫都属于这种情况，在受精可以正常发生前，单倍体的精子细胞核首先必须等待直到卵子细胞中的第二极体形成，排出第二极体后，卵子细胞核也成为单倍体时，两性原核形成才可能融合。

但通常情况下，从精卵最初接触到精卵细胞核融合这整个过程都属于“受精”。受精是卵子和精子融合为一个合子的过程。它是有性生殖的基本特征，普遍存在于动植物界，但人们通常提到最多的是动物。动物受精过程在细胞水平上包括了精卵识别、顶体反应、卵子激活、质膜融合、两性原核融合等几个主要阶段。

8.1 精子的顶体反应

对受精过程研究得最透彻的是海胆的受精。

精子的顶体是覆盖于精子头部细胞核前方、介于核与质膜间的囊状细胞器(图 6-70)。顶体内的结合素(卵结合蛋白,Bindin)可识别特异的糖基序列,以保证精子与卵的种特异性结合。顶体中含有顶体酶系统,它是一个复合酶系。包括:①透明质酸酶,它的主要作用是溶解卵丘细胞间透明质酸,使卵丘细胞分散,精子得以通过这些细胞间隙;②放射冠分散酶,能使放射冠的细胞松解;③顶体素(精子头粒蛋白,Acrosin)以酶原形式存在于顶体内,称为前顶体素,只有经过顶体反应才激活形成顶体素,它具有溶解卵透明带的作用;④芳基硫酸酯酶有溶解卵黄膜的作用。此外还含有酯酶、唾液酸苷酶等。

顶体反应包括顶体受体的激活、顶体外膜与精子质膜在许多位点的融合(并形成许多小囊泡状结构)、顶体外膜的破裂、顶体内各种酶的释放和顶体内膜的暴露、卵细胞外被(透明带)的水解等,最终导致精细胞质膜与卵细胞质膜的融合。

一般认为,卵丘细胞和透明带是诱发产生顶体反应的主要因素。体外培养条件下,Ca^{2+}、K^{+}及高蛋白培养液能诱发及促进顶体反应。在受精过程中,精子头部与卵子膜(透明带)成分接触诱发顶体反应。精子细胞头部的顶体小泡开放并释放如蛋白酶、糖苷酶等酶类及其他生化物质。精子具有一个化学钻头,与卵子接触时,能通过酶解作用溶解出一条穿过卵子的胶状层和卵黄膜的通道。如在海胆精子中,这个钻头从开放的顶体小泡底部拉长成一个钻孔杆或手指样结构即顶体微丝,顶体微丝穿过经酶解作用形成的通道后插入卵子的胶膜(透明带)内。顶体微丝的伸展是在向外翻时通过球状 G 肌动蛋白分子快速聚合成 F 肌动纤维来完成的。

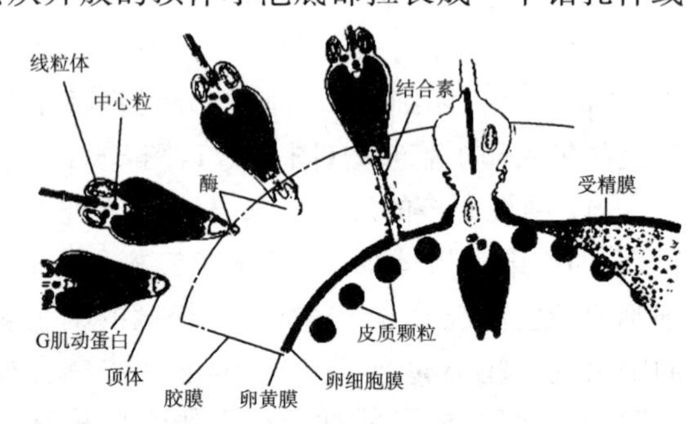

图 8-2 海胆受精:精子与卵膜接触诱导顶体反应

在海胆受精过程中,精子与卵子胶膜接触诱导顶体反应:一根顶体微丝穿过胶膜和卵黄膜,开出一条通道。精子细胞核和中心粒被注入卵细胞中。随着皮质小泡排出(皮质胞吐),开放的小泡中膨胀的内含物消失并使卵黄膜膨胀。此时的卵黄膜称为受精膜(图 8-2)。

8.2 卵膜上的物种特异性受体

在自然海洋环境中,几种类型的海胆精子可以接触一个卵子,而几种型类的精子都可以黏到卵的胶膜上并钻出一条穿过卵子外膜的通路。但不同类型卵的这层胶膜中却含有触发相应类型精子顶体反应的成分。作为最后一道关卡,精子和卵子通过显示它们的“身份证”互相识别:顶体微丝外层表面上的结合素分子起识别作用。不同种类精子的结合素结构不同。如果精子表面上存在正确的结合素,它就能亲和结合到卵膜上对应的结合素受体上(这个受体可能整合在封闭卵细胞的卵黄膜区域)。这种精子或结合素受体以一种跨膜糖蛋白的二硫键四聚体存在。结合素和结合素受体允许相互的、物种特异性识别:只有同种精子可以与同种受体建立密切的接触并进一步与卵细胞膜建立密切的接触。

哺乳动物的卵子的胶膜(透明带)上含有物种特异的“精子结合蛋白”,称为 ZP1、ZP2、ZP3。ZP3 蛋白被认为是主要的精子-捕捉分子,它是一种糖蛋白。只有未受精的卵子的透明带中的 ZP3 才能与精子头部结合(受精后,透明带的结合精子能力丧失)。透明带上的精子结合蛋白(尤其 ZP3),不仅检查精子种类,而且触发顶体反应(在海胆中,有两种不同的卵细胞膜分子分别具有诱导顶体反应与种类特异控制、结合的能力)。然而,透明带上的精子捕捉蛋白包括 ZP3 并不是膜整合蛋白,因此,它不是最终的精子受体。而具有最终的精子受体的作用的是一种具内源性酪氨酸激酶活性的跨膜蛋白(根据目前的假说),即哺乳动物的精子首先与 ZP3 联系,ZP3 黏在精子头部上并刺激顶体小泡的胞吐。由于这一运作,一种顶体内层蛋白(其最后功能相当于海胆中的结合素)暴露于精子顶部。这种新暴露的蛋白质(跨膜蛋白)是精子细胞与精子受体偶联的配基,它使精卵细胞膜得以融合。

图 8-3 所示为哺乳动物受精过程,随着与卵膜(透明带)的 ZP3 蛋白接触,顶体膜穿孔。穿孔的顶体小泡释放透明带融合酶,消化出一条裂缝使不断转动的精子由鞭毛推动运动。前进中的精子与卵细胞建立接触,精子膜与卵子膜融合,开辟出了一条精子细胞核和线粒体进入卵子的通道。在卵细胞内的精子的线粒体被认为受到破坏并退化。类似于在海胆卵中出现的皮质反应提供了一个阻止其他精子进一步进入卵细胞内的受精膜。

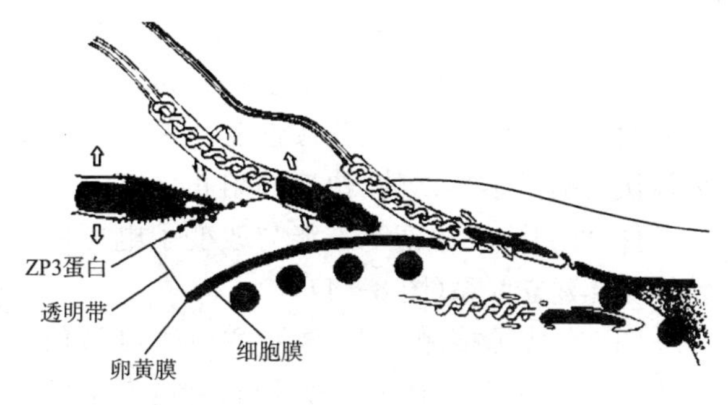

图 8-3　哺乳动物受精过程

8.3　识别受体的失活

当精卵细胞膜融合时,其他精子的进入即被阻止。“受精”过程中存在两种不同的阻断多个精子进入的机制。一种是通过使卵子上的精子结合受体失活,从而阻止更多的精子黏附,这称为初级、快速阻断多精进入机制;另一种是通过卵黄膜的迅速膨胀形成了受精膜(图 8-2)来实现的次级、永久阻断多精进入的机制。在卵子激活时两种阻断机制均被启动。

对大多数动物来说,多精进入会导致胚胎早期死亡。然而,两栖类和鸟类似乎允许多精进入,但多余的精子在卵内被破坏。

8.4　母本线粒体的遗传

在哺乳动物受精中,精子随着与卵膜(透明带)的 ZP3 蛋白接触,顶体膜穿孔。穿孔的顶体小泡释放酶,从消化出的一条裂缝,精子与卵细胞接触,精膜与卵膜融合后,精子含有的自身线粒体随精核进入卵细胞中后,但立即受到破坏并退化。遗传分析表明只有母本线粒体存活。因此,线粒体基因只在雌性谱系中遗传。这种母本线粒体遗传的唯一性可期待更深入的研究。

8.5　卵子的激活

成熟的卵母细胞原是处于休眠状态的,表现为代谢降低。蛋白和核酸的合成大幅度降低,其中 DNA 的合成完全停止。在受精过程中一经精子刺激，成熟卵从休眠状态即进入活动状态，这一过程称为卵子激活(Activation)。

卵子激活可视为新个体发育的起点，主要表现为卵质膜通透性的改变，皮质颗粒外排，受精膜形成等；在卵子激活之后，卵内发生调整，这是确保受精卵正常分裂所必需的卵内的先行变化；之后，两性原核融合起保证双亲遗传的作用，并恢复双倍体。卵受精不仅启动 DNA 的复制，而且激活卵内的 mRNA、rRNA 等遗传信息，合成出胚胎发育所需要的蛋白质。

未受精的卵子细胞中，转录、蛋白质合成和细胞呼吸活动处于(或几乎处于)零的水平。当精子的顶体微丝与卵子的卵黄膜一旦接触则即刻引发一连串事件。

(1) 精卵细胞膜在接触处融合，通过由精子注入卵子的一种激活因子建立了一条通道。接着，精子的细胞核、中心粒和线粒体通过这条通道直接进入卵子中。

(2) 卵膜电性的去极化。去极化波从精子进入的点上开始，并以动作电位形式传播至卵膜表面。在海胆中，电压依赖性变化的结合受体被认为提供了早期的、快速的阻止多精进入的条件：即到达晚的精子不能与改变了电压的精子受体建立联系(图 8-4)。

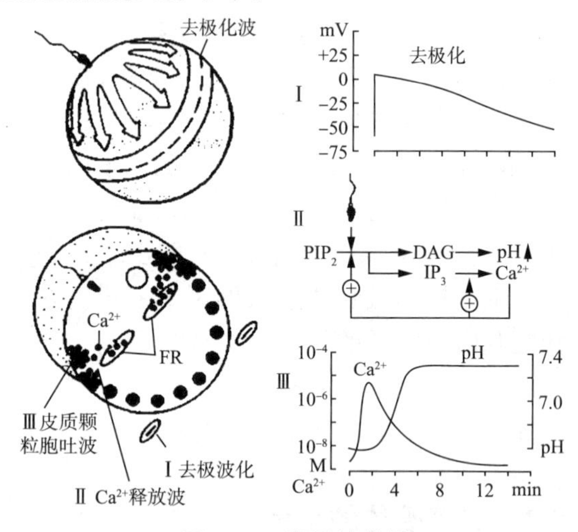

图 8-4　卵子的激活

Ⅰ—卵膜电性的去极化——早期、快速地阻止多精进入；Ⅱ—信号传导通路被启动：PIP2→IP3+DAG；Ⅲ—IP3 促钙离子从 FR 中释放，卵内 pH 值升高，皮质颗粒大量胞吐——次级、永久阻断多精进入

(3) 在精子接触点上，磷脂酰肌醇(PI)信号传导通路被启动(图 8-5)，数秒钟内产生第二信使三磷酸肌醇(IP3)和二酰甘油(DAG)。其他第二信使如环鸟苷酸(cGMP)和环腺苷二磷酸-核糖可瞬间出现。因为受精是发育的一个必不可少的前提，可能存在许多的机制以保证信号传导和卵子激活。

(4) 第二信使 IP3 和环腺苷二磷酸-核糖或精子提供的激活因子，导致钙离子从内质网(FR)中释放到胞浆中。正反馈回路导致游离钙猛增：Ca^{2+} 释放引起邻近 ER 中 Ca^{2+} 的进一步释放。储存在 ER 中的钙分别作为独立的分隔成分起作用。从第一个分隔体释放的钙，刺

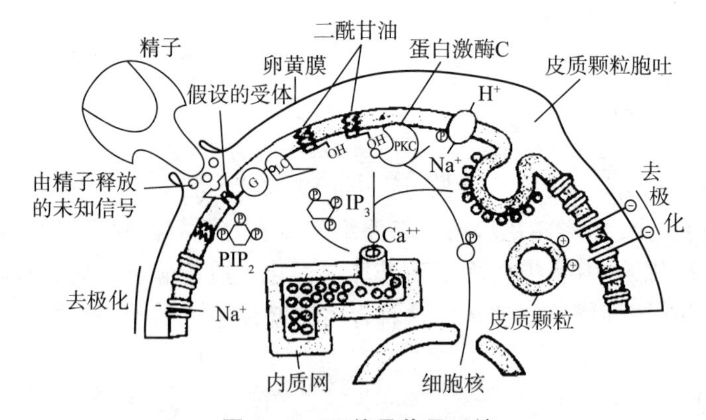

图 8-5　PI 信号传导系统

PI-PKC(磷脂酰肌醇-蛋白激酶 C)系统的激活导致精、卵核内 DNA 复制的启动

激第二个分隔体中钙的释放，依次类推。钙释放的过程爆发性的传播至整个卵子。因为被释放的钙很快被泵回 ER 中，所以一个 Ca^{2+} 波总能以循环的、增殖的形式从精子进入点开始，最后穿越至卵子对面的极点。

在豚鼠和小鼠中，第一个 Ca^{2+} 波出现后接着一连串钙振荡；反复出现的 Ca^{2+} 波每隔 1～10min 发生一次。

(5) 钙波引起皮质小泡(也称皮质颗粒)大量胞吐。卵膜下有数以千计的皮质小泡。受钙离子的激活，这些小泡释放其内含物到卵细胞膜和卵黄膜之间的空隙中。释放的这些物质有非常强的膨胀能力。受小泡释放出来的物质的高渗透压驱使，水急速通过卵黄膜向周围涌出。另一方面，卵黄膜具有高伸缩性和非常强的伸展能力，像一只气球或一个空气袋一样。这个打足气的气球称为受精膜，它起次级、永久阻断多精进入的作用。

在哺乳动物中，皮层颗粒的爆发产生不仅释放游离的、膨胀的凝胶状物质，而且也释放破坏透明带上精子结合蛋白的酶类。以上任何一种情况都能使膨胀的卵黄膜丧失精子结合能力。

卵激活过程中，皮质反应似乎最为显著，皮质反应的生理意义在于改变卵质膜和透明带的特性，阻止多精受精，以确保胚胎正常发育。皮质反应是一个 Ca^{2+} 依赖的反应过程，其调控机制类似于精子的顶体反应。

(6) Ca^{2+} 信号刺激卵子的新陈代谢活动，这种代谢活动也受 DAG 调控，尽管它存在于卵膜内。一种蛋白激酶 C(PKC)从胞浆中转移到膜上与 DAG 联系并被激活，然后，PKC 通过把磷酸盐转变成反向转运的丝氨酸和苏氨酸残基来刺激卵膜上的 Na^+/H^+ 反向转运。通过这种离子交换，H^+ 被排出细胞外，Na^+ 被摄取进来，卵内胞浆中 pH 升高。目前假说认为离子交换和 pH 升高创造了使储存在核糖核蛋白颗粒中的 mRNA 释放和转译的条件。新生成的蛋白质中有多种组蛋白，它是卵裂过程中染色体复制所必需的物质。

(7) 另一连串事件发生从激活 PKC 开始，最后导致 DNA 复制的启动。DNA 复制在单倍体的精、卵细胞核中开始，至两核相遇融合前完成。精核直接进入卵子中，然后解聚集，称为雄原核。它由从中心粒发射的微丝引导，向雌原核方向迁移。

在哺乳动物中，雌原核在与雄原核融合前首先必须完成第二次减数分裂。第二极体的排出是减数分裂完成的标志。随着雌、雄原核相遇和融合，受精结束。

这一连串事件之后，紧接着第一次卵裂开始前，为了组织微管来构造纺锤体，就需要中心体。一般中心体含一对中心粒。在某些卵子中，中心体由精子复制提供，某些是母体提供的，还有一些是由父母双方的中心体共同指导和完成复制的。至此第一次细胞分裂开始了。

*8.6 PI 信号传导系统

生物体最基本的特性之一是具接受刺激的能力——接受外来信息并作出反应。从单个细胞角度看，其他的细胞发出的支配信号也属外界刺激的范畴。在组织细胞通信中，传播信息的信号控制，决定着细胞分裂和末期分化，或指导细胞移动。

一个细胞对一个特殊信号分子作出反应的能力依赖它具备的特殊触角，这个触角被称为受体。它是由多肽组成的。许多受体是固定于膜上并暴露于细胞外层表面。受体通过与对应信号分子(配基)结合来收集信息。例如，生长因子或诱导子必须被放大并穿过细胞膜转送到细胞里面。在细胞内该信息被转变成第二信使，第一信使是细胞外信号本身。通常产生或从库里释放一种以上第二信使——大多数情况下是钙离子。这些第二信使被导入细胞内不同细胞器中,如内质网或细胞核。经过一连串次级事件,往往是磷酸化反应,这些信号就分布到各种靶分子上,如细胞膜上离子通道、细胞骨架和各种酶类及转录调节因子。动物细胞装备着信号传导系统以传递信息。

在发育过程及成年组织生理学中,磷脂酰肌醇(Phosphatidylinositol,PI)与蛋白激酶 C(Protein Kinase C,PKC)组成的信号传导系统起着多种特殊作用。PI-PKC 系统的作用过程如下(图 8-5)。

外来信号分子结合到嵌合于细胞膜且暴露于表面的受体上。通常每个多肽受体含 5～7 个跨膜区,受体通过一种分子开关,即一种三联体 G 蛋白,偶联到位于细胞表面内层的一种酶上。在 PI 基本系统中,这种酶通常是 PLC(磷酸酯酶 C)。当受体与配基偶联时,PLC 被激活并且将一种特殊的、与膜有关的磷脂,即二磷酯酰肌醇 PIP2 裂解成两个第二信使。一个是具强亲水性和带电荷的三磷酸肌醇 IP3;另一个是脂质二酰甘油。这些第二信使为启动下列两类事件服务。

(1) 极性、水溶性的 IP3 扩散到胞浆中,结合到沿内质网分布的 IP3 受体上,刺激钙离子从 ER 中释放到胞浆中。反过来,钙离子调节许多下游反应。

(2) 非极性的 DAG 仍整合到膜上并连接一种特殊关键酶,该酶称为 PKC(蛋白激酶 C)。PKC 从胞浆中易位到膜上,通常情况下,它以失活态存在,受 DAG(和 Ca^{2+})刺激后变成激活态。被激活的 PKC 将 ATP 的磷酸盐转移到大量靶蛋白的特异的丝氨酸和苏氨酸的残基上。

细胞膜上门控离子通道是其中潜在的靶蛋白,这些靶蛋白装备了磷酸盐。它们包括:K^+ 通道、Na^+/K^+ ATPase 和 Na^+/H^+ 反向转运。其他基质是细胞骨架的成分和一系列其他蛋白激酶。这些蛋白激酶调节许多磷酸化反应。类似的一条通路通向细胞核,在各种动物细胞核中出现第三信使。例如,由 c-fos 原癌基因编码的转译因子。有些细胞对第三级信使的反应是进行 DNA 复制和细胞分裂,而其他细胞则进行细胞分化。

第9章 胚胎发育

受精的过程仅仅是个体发育的第一步。不少实验胚胎学家认为个体发育的起点应是卵。卵子与精子融合成为合子,即受精卵。受精卵在获得了新的遗传物质和进行了细胞质的重排之后,便开始多细胞体的形成过程。一个新个体就此开始。

9.1 卵裂

卵子与精子融合后,受精卵开始发生迅速分裂,而不伴随体积和物质的增加。细胞的数目越来越多,个头越来越小。这一发育时期称为卵裂。卵裂时期,受精卵通过不间断的分裂将大量的卵质分配到子细胞中去。卵裂阶段的细胞被称之为卵裂球。

在大多数种类的动物中,受精后早胚细胞分裂的速度及各卵裂球所处的位置都是由储存在卵内的母型 mRNAs 和蛋白质所控制的。通过有丝分裂分配到卵裂球中的合子基因组,在早期卵裂胚胎中并不起作用,即使用化学物质抑制转录,早胚也能正常发育。直到卵裂较晚的时期,早胚才大量转录合成 mRNAs,实现由母型向合子型过渡的调控胚胎发育的机制。大多数物种在卵裂时,胚胎的体积并不增大。这与其他细胞增殖时有区别,其他细胞通常在两次有丝分裂之间有一个生长期,使分裂后的子细胞保持原有体积,这种生长的过程使细胞的核质比例维持恒定。然而早胚卵裂时,细胞体积不增加,而是将受精卵的大量卵质分配到数目不断增加的较小的细胞中。受精卵是以二分裂、四分裂和八分裂的方式进行的,两次分裂之间无生长期,而核的分裂却以一种前所未有的速度(甚至在肿瘤细胞中也不存在的速率)进行。例如,一个蛙受精卵在 43 h 内可分裂成 37 000 个细胞;而处于卵裂阶段的果蝇,每 10 min 完成一次有丝分裂,这种状况可持续 2 个多小时。卵裂期细胞数目的增加速度与其他发育阶段相比要快得多,这种迅速分裂的结果导致核与细胞质的比值迅速减小。在多种生物的胚胎中,核质比值的成倍减小是决定某些基因定时开始转录的因素。在非洲爪蟾胚胎中,直到第 12 次卵裂后才开始转录 mRNA,届时卵裂的速度减慢,卵裂球开始运动,合子基因组开始转录(中期囊胚转换)。由于这种转化(合子型基因的打开)的时间能通过改变每个细胞核中染色质的量而改变,因而认为新合成的染色质能感受卵内一些因子的量的变化。胚胎细胞中染色质含量越高,这种转化发生越早。如果核内染色质是正常情况的 2 倍,这种转化将提前一个周期发生。因此于受精后开始的受母型调控的卵裂,将于核质比例达到一个新平衡点而终止。

9.2 卵裂的精确调控

受精卵从单细胞发育到多细胞个体,在非胎生动物中,这个过程尽可能快速以避免食肉动物吞噬胚胎。受精卵可利用胞质中储存的物质进行跳跃式的细胞分裂。通常,在原肠胚形成之前,胚胎发育不需要转录遗传信息,因为受精卵胞质的核糖核蛋白(RNP)微粒中已储存有发育所需的全部 mRNA,因此,可直接用于指导蛋白质的翻译,不需要从染色体水平开始指导蛋白质的合成。此时胚胎发育的细胞周期是连续的 S 期 DNA(复制和染色体加倍)和 M 期(有丝分裂)的交替。但是,哺乳动物受精卵的发育不遵从这一规律,在受精后约 18h(此时伴随着合子基因的早期转录)后开始卵裂,它们的卵裂周期相对较长。而海胆卵、爪蟾卵等是同步快速卵裂的。

由于在受精卵中储存了大量拷贝的组蛋白和其他染色体蛋白的 mRNA,能快速供应染色体复制所需的蛋白,所以染色体复制得以在 20～30min 内完成,紧接着染色体凝集成适合有丝分裂时移动的形状。故早期胚胎细胞周期仅有 S 期和 M 期。爪蟾胚胎在发育到囊胚期时细胞周期才出现 G1 期和 G2 期,此时需要合子基因新的转录,这一时期称为中期囊胚转换。此后细胞周期变长,细胞开始不同步分裂,而且细胞周期的调控也逐渐依赖于外界因素。

研究表明,在胚胎的早期发育中存在一种内源性的振荡子,利用相同的分子复合物,即称为分裂促进因子振荡子,控制所有的细胞周期事件。如蛋白激酶 $p34^{cdc2}$ 和蛋白周期素 B 主要参与细胞分裂的起始,为使细胞分裂发生,两者必须结合形成分裂促进因子(Maturation Promoting Factor,MPF)(图 9－1)。蛋白激酶 $p34^{cdc2}$ 在细胞中是持续存在的,而蛋白周期素 B 是细胞有丝分裂周期性地产生的,周期素 B 随细胞周期同步地积累和降解。因此,卵分裂从 S 期和 M 期的这些振荡并非在所有时刻都存在。

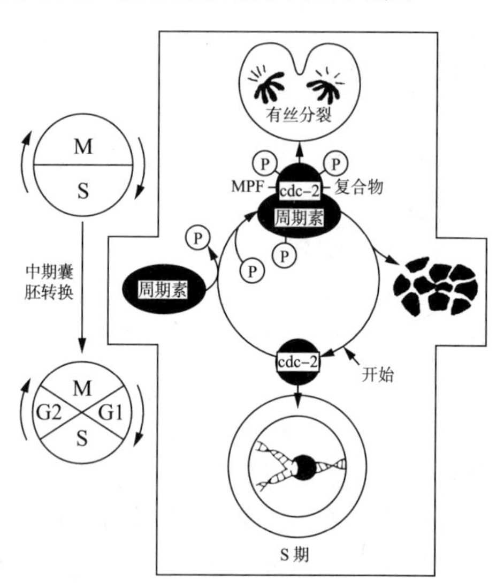

图 9－1　胚胎细胞周期(左)分裂促进因子(MPF)振荡子

蛋白激酶 $p34^{cdc2}$ 和蛋白周期素 B 的结合导致一系列磷酸化和去磷酸化作用,以环状 P 表示。蛋白质有很多磷酸化位点是在苏氨酸、丝氨酸和酪氨酸上。MPF 复合物(cdc2＋周期素)的活化同时需要 cdc2 部分 161 位苏氨酸的磷酸化和 14 位苏氨酸和 15 位酪氨酸的去磷酸化(在 S 期 cdc2 是与周期素 A 偶联的)。因此,MPF 受蛋白质磷酸化和去磷酸化修饰调节。

在卵子活化(精卵融合)时就开始进行周期素 B 的合成,新合成的周期素 B 和胞内早已存在的 $p34^{cdc2}$ 结合形成 MPF。但是这样的复合物没有活性,只有在 DNA 合成结束后才能被激活,MPF 通过改变其自身的磷酸化模式介导自身活化:$p34^{cdc2}$ 上第 161 位的苏氨酸残基被磷酸化(正激活),而第 14 位和第 15 位上磷酸化的苏氨酸和酪氨酸残基则被去磷酸化(去抑制),只有这样 MPF 才有活性,才成为真正的分裂促进因子。分裂结束后,周期素 B 就被蛋白酶降解。

分裂期是整个细胞周期中一个很短的时期,在完整的细胞周期中,DNA 复制在 G1 期准备,并在随后的 S 期完成;G2 期则为 M 期做准备,细胞周期是有一定顺序的。例如:在 DNA 复制未完成之前不能进入分裂期。而在细胞周期中又存在着一些关键的事件来正确调控细胞周期的进程,在这些决定性的调控点上,周期素和周期素依赖的蛋白激酶(CDKs)再次发挥着重要的作用。周期素和周期素依赖的蛋白激酶都有很多亚类(异构体)。周期素 E 和 CDK2 的结合被认为控制 DNA 复制的起始(该点在酵母中称为起始点,在动物细胞中称为 R 限制点)。在 S 期和 G2 期,周期素 A 只有与 cdc2 和 CDK2 相结合,才能使上述 MPF 的活化得以进行。

细胞周期的振荡机制中的很多细节还需要进一步的研究，完整的振荡机制还应包括许多其他组分：一系列的激酶、磷酸酶及其辅助因子。它们按一定的顺序相互作用导致MPF周期性地构建和降解、一系列相应的细胞周期事件顺序发生。这样，应使染色体复制总是在细胞分裂之前就已完成。

9.3　卵裂的方式

精卵融合后的受精卵开始迅速分裂，形成大量的子细胞。早期卵裂是在母源影响基因调控下进行的极其协调的过程。每个物种的卵型方式是由两个因素决定的：①卵质中卵黄的含量及其分布情况；②卵质中影响纺锤体方位角度和形成时间的一些因子。卵黄的量和分布，决定卵裂发生的位置和卵裂球的大小。卵裂的速度在卵黄含量低的一极快于卵黄含量高的一极。卵黄含量丰富的一极是在植物极，而动物极的卵黄含量相对较少，而受精卵的核往往向动物极移动。通常情况下，卵黄对卵裂具一定的阻抑作用，含卵黄相对少而均匀分布的和含卵黄中等程度的受精卵的卵裂为完全卵裂（均裂），而卵裂沟能通过整个卵（如海胆）。卵黄含量高的受精卵采用偏裂的不完全卵裂的方式，只有部分卵质分裂，分裂沟不陷入卵黄部分。偏裂又可分为盘状裂（如鸟卵）和表面裂（如果蝇卵），选择哪一种分裂，取决于卵黄是分布于受精卵的一端（端卵黄）还是分布于受精卵的中央（中央卵黄）等。

卵黄是胚胎在没有外源食物的情况下得以发育的进化上的一种适应性选择。没有大量卵黄的卵（如海胆卵等），通常采用迅速形成能自我生存的幼虫的阶段，然后再继续发育。哺乳动物的卵也缺乏卵黄，于是采用生成胎盘的形式来获取所需的物质。胚胎的一部分细胞形成胎盘，为胚胎发育提供食物和氧气。

而昆虫、鱼类、爬行类和鸟类的卵的大部分由卵黄占据。由于在这些动物的发育过程中既没有幼虫阶段，也不存在胎盘结构，因此卵黄是胚胎发育所必需的。在一些蛙类中，也可见大量卵黄与缺乏幼虫阶段的相关性。某些热带蛙，如卵齿蟾属（Eleutherodactylus）和小节蛙属（Arthrotepcella），没有蝌蚪阶段，它们的卵中卵黄含量极高。由于没有蝌蚪阶段，所以它们的卵没有必要产在水中。

然而，卵黄只是影响物种卵裂方式的因素之一，一些遗传下来的卵裂方式可能与卵黄的分裂抑制影响相叠加，这可以在只有少量卵黄的均黄卵中观察到。在卵黄较少的情况下，可发现有4种主要的卵裂形式：辐射状卵裂、螺旋状均裂、双边均裂和旋转型均裂。

9.4　胚胎细胞谱系

受精卵在卵裂期间从单个细胞快速分裂形成一个多细胞体，产生出了各种类型的细胞。

许多动物受精卵的分裂按严格的格式进行。在此过程中各分裂球生成的迟早、顺序和所在空间位置都被严格规定。从受精卵的卵裂开始，按裂球的世代、位置和特征给予系统的认定，以表明它们彼此之间和前后代裂球之间的相互关系。这种细胞间在发育中世代相承的亲缘关系犹如人类家族的谱系，故称为细胞谱系（图9－2）。细胞谱系的研究对于了解卵质不均等分布和裂球发育命运的关系，以及比较不同种类动物早期发育之间的演化关系，都有重要作用。

细胞谱系，揭示了裂球从第一次卵裂时起直到最终分化为组织和器官细胞时为止的发育史。

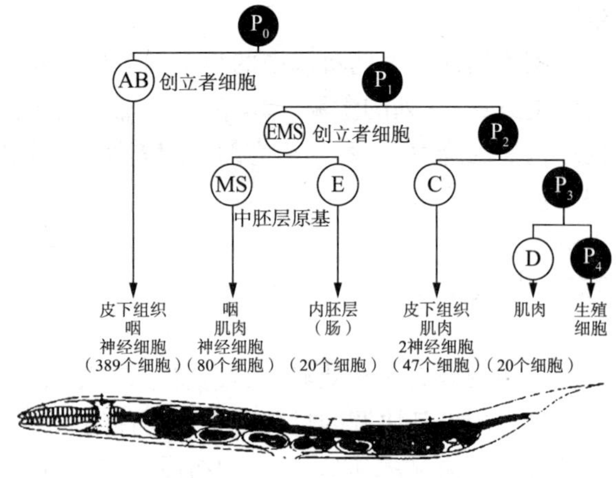

图 9-2 线虫的细胞谱系

9.5 特定的时空次序

一些细胞谱系能形成特定的细胞、组织或器官。例如，在线虫胚胎中，P 谱系的细胞总是最终形成原生殖细胞 P4；在螺旋虫胚胎中，D 谱系形成原中胚层 d4，而原中胚层 d4 又进一步发育形成所有的中胚层组织；在海鞘胚胎中，一些细胞系能形成尾部的肌肉，而另一些细胞系则形成脊索。因此，在对一些小生物体的胚胎发育进行详细研究时发现，它们的细胞分裂有严格的固定的时空顺序。

然而，除了细胞分裂有严格的固定的时空顺序、在细胞分裂和随后的细胞分化过程中存在着精确和严格的控制外，即使在线虫的恒定细胞谱系中，大多数的细胞组织还都存在了多克隆起源的机制。如，所有的肌细胞都不是来源于同一个或同一家族的细胞祖先；所有的神经细胞原是来自不同种类的家族细胞。

从受精卵开始卵裂，最初开始形成的是各类创立者细胞，再进一步分化形成各种类型的细胞家族，进而形成组织，由组织形成器官、系统（图 9-3）。

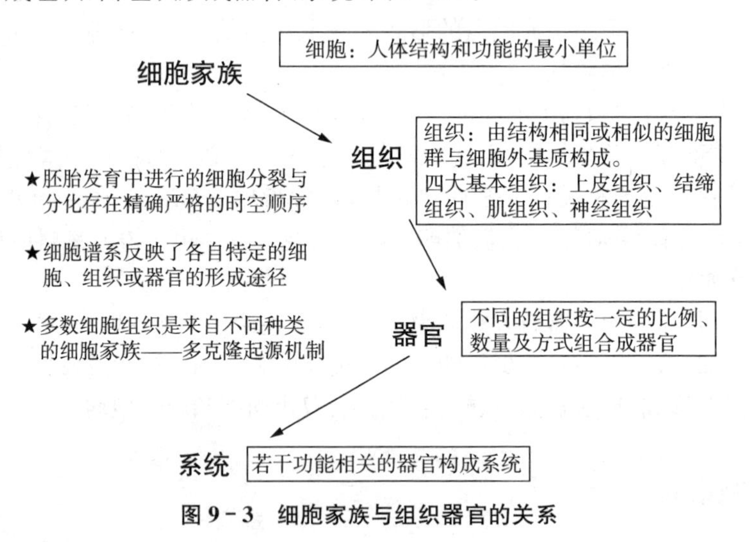

图 9-3 细胞家族与组织器官的关系

9.6 原肠形成

卵裂后期，大量细胞形成囊胚时卵裂期结束。原肠作用是胚胎细胞剧烈的高速有序的运动过程，通过细胞运动实现囊胚细胞的重新组合。原肠形成期间，囊胚细胞彼此之间的位置发生变动，重新占有新的位置。通过原肠作用，胚胎首先建立起内胚层、中胚层、外胚层。其次，为重新占有新位置的胚胎细胞之间相互作用奠定了基础（图 9-4）。

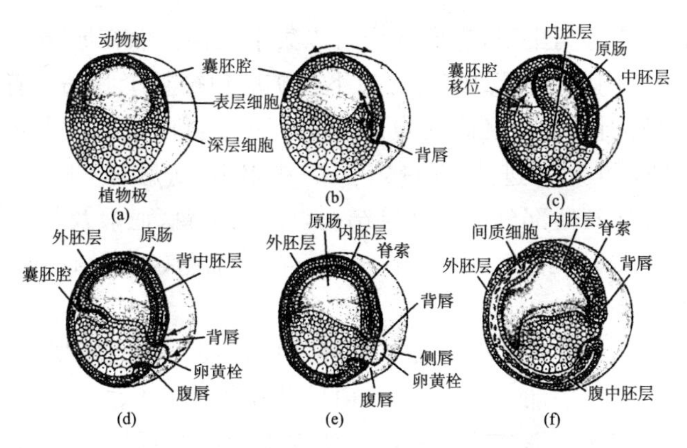

图9-4　两栖类原肠作用时的细胞运动

(胚胎沿中线切开,植物极朝向下方。主要的细胞运动用箭头指出。原来位于动物极半球表面的细胞以深色表示)(a)囊胚;(b)原肠作用开始;(c)背唇细胞内卷,囊胚腔壁下方形成原肠,原肠挤压囊胚腔;(d)、(e)细胞通过背唇、侧唇及腹唇内卷,外胚层细胞向植物极半球迁移。卵黄栓成为表面唯一可见的内胚层细胞;(f)原肠作用继续,直至整个胚胎被外胚层包围,内胚层进入内部,而中胚层位于内、外胚层之间

原肠作用的细胞运动涉及整个胚胎,原肠胚一部分细胞的移动必然和同时发生的其他细胞的运动紧密配合,表现为多种样式:①表层细胞(通常指外胚层细胞)整体而不是以单个细胞为单位向外周扩展包绕胚胎深层细胞的细胞运动;②一个区域内的细胞同时向内凹入,很像一个皮球被用力一戳之后形成的凹陷;③正在扩展的外层细胞向内运动,并沿外层细胞内表面扩展;④胚胎表层细胞单个地向内部迁移;⑤一层细胞分裂形成两层或多层相互平行的细胞层。

不同类型胚胎的原肠作用时,迁移运动单位迁移或是依靠单个细胞的运动,或是细胞层部分或全部细胞的运动。局部性细胞迁移特性可能完全受胞质因子控制,且控制局部性迁移的胞质因子并不需要细胞分裂就能发挥作用。例如 Lillie 用人工方法诱导�虫(Chaetopterus)卵子激动但又抑制其卵裂,这时早期发育过程中的许多事件在这个人工激动的卵细胞内照常发生:细胞质隔离到特定的区域及在卵子适当部位分化出纤毛。最有趣的是,卵子最外层透明细胞质沿植物极区域向下迁移,好似正常发育过程中动物极半球细胞下包一样。不仅如此,最外层透明细胞质向下迁移发生的时间也和正常胚胎原肠作用时动物极细胞下包时间一致。

并且,在细胞层扩展或折叠运动中,存在着内因与外因的影响。如细胞层的扩展或折叠可能是由细胞层的内部因子决定的,也可能是由外部力量拉伸或扭曲造成的。即,内卷细胞可能对正在下包的细胞有一个向内的拉力,也可能是内卷细胞与正在下包的细胞两者是彼此独立的细胞运动。这些细胞层整体或部分运动原肠作用是整个胚胎组织主动扩展运动,还是运动的前沿细胞扩展,由此拉动其余部分细胞层被动运动等的影响因素,影响着原肠作用期间受着附着力牵引的细胞的运动性和形状改变的结果。

总之,原肠作用的胚胎细胞发生了剧烈的高速有序的运动,当深层细胞运动到达胚唇时,内卷缘区(Involuting Marginal Zone,IMZ)包括原表层的预定原肠顶壁细胞(IMZs)和深层的预定脊索中胚层细胞(IMZd)卷入胚胎内部,且沿中侧轴(Mediolateral Axis)集中延伸。其中所有的中胚层细胞合并起来,形成窄而长的中胚层带。中胚层带前端向动物极迁移,牵拉附在上面的表面细胞(包括瓶状细胞)向动物极运动,形成原肠顶壁。随着中胚层细胞运动的继续进行,集中延伸使得正在内卷的缘区变窄变长。在原肠作用进行到三分之一时,正在扩展的中胚层片层向胚胎中线集中,并使中胚层带进一步变窄。至原肠作用将要结束时,位于中间的脊索中胚层与其两侧的体节中胚层分离,细胞独自拉长。中胚层的集中延伸似为一自主过程,因

为把中胚层细胞从胚胎中分离出来，它们同样可以集中延伸。而在原肠作用期间，动物极极帽(Animal Cap)和不内卷缘区(NIMZ)细胞通过下包扩展包被整个胚胎。背部区域的NIMZ细胞扩展速度比腹部区域的快，使得胚唇向腹部移动。通过背唇进入胚胎内部的中胚层形成背轴中胚层，而通过侧唇和腹唇进入胚胎内部的中胚层则形成中胚层套膜(Mesodermal Mantle)，将来发育成身体其他部分的中胚层结构，如心脏、肾、血液及骨骼等。

内胚层细胞来源于IMZs细胞和胚孔下方的植物性细胞(Subblastporal Vegetal Cell)，后两者分别形成原肠的顶壁和底壁。

外胚层细胞则在胚胎内卷的同时也在整个胚胎中扩展。在原肠早期，细胞进行3次分裂使动物半球的深层细胞数目增加。与此同时，由好几层细胞构成的大量深层细胞完全合并为单层细胞。最表层的细胞通过细胞分裂和自身变扁平而进行扩展。背、腹缘区细胞扩展的机制可能和动物极细胞相同，只不过细胞形态变化在背、腹缘区细胞扩展中要比在动物极细胞扩展中所起的作用更为突出。扩展的结果使动物极极帽的表层细胞和深层细胞及非内卷的缘区细胞沿胚胎表面下包(如前所述，大多数的缘区细胞内卷参与形成胚胎内部的中胚层带)。

原肠作用是数个独立事件和谐的组合：囊胚在准确的时间和精确的位置内陷、细胞通过胚唇进行内卷形成原肠、内卷细胞沿胚孔顶壁内表面迁移中的预定脊索中胚层通过在胚胎背部集中延伸变窄变长，而预定外胚层细胞通过细胞分裂和数层细胞合并为单层细胞而向植物极下包。这些细胞运动的结果是把内、中、外三个胚层细胞置于适当的位置，为它们分化成不同的器官做准备。

同时，在原肠形成期间，发育细胞中的RNA快速转录，开始恢复丰富的遗传信息，重新占有新位置的这些胚胎细胞在彼此之间开始了相互作用，胚胎细胞从尚未分化进入开始分化为三个胚层并决定各器官原基的关键时期。原肠期标志着增殖、发育、迁移的这些细胞在分子水平上开始出现了个体特征，即细胞未来各自的发育途径已开始被决定。

9.7 外胚层——神经胚形成

所有脊椎动物的发育都存在一个共同的模式：三个胚层形成动物不同的器官。三胚层所形成的器官衍生物是恒定不变的。外胚层形成皮肤和神经；内胚层形成呼吸道和消化管；中胚层形成结缔组织、血细胞、心脏、泌尿生殖系统及大部分内脏器官。

1. 中枢神经系统的形成

神经系统发育的核心包括所有神经细胞的发生、增殖过程，以及在这些过程中细胞的分化决定。神经系统的主要成分来源于胚胎处于神经胚阶段的三个部分：神经管、神经嵴、外胚层板。在形态发生中，神经管和神经嵴是神经胚形成的两个产物；外胚层板是由胚胎头部特定区域的外胚层增厚单独形成的。

胚胎在形成神经管(中枢神经系统原基)的作用时期称为神经胚形成，而正在进行神经管形成的胚胎称为神经胚。在神经胚形成过程中，神经胚形成方式取决于其神经管的构建方式，主要分为两种方式：初级型神经胚形成和次级型神经胚形成。

初级型神经胚形成是指由脊索中胚层诱导覆盖于上面的外胚层细胞分裂、内陷并与表皮层脱离形成中空的神经管。而次级型神经胚形成是指外胚层细胞下陷进入胚胎形成实心细胞索，接着再产生空洞形成中空的神经管。

胚胎在多大程度上依赖于初级型或次级型的神经管构建方式又取决于脊椎动物的种类。

鱼类神经胚形成是属完全次级型的。而鸟类前端部分神经管构建属初级型,后端部分(后肢以后)神经管构建却属次级型。在非洲爪蟾等两栖类中,蝌蚪绝大部分神经管通过初级型神经胚形成产生,只有尾神经管通过次级型神经胚形成产生。在小鼠(可能包括人类)中,在第35体节水平以后的神经管通过次级型神经胚形成产生。

1) 初级型神经胚形成

脊椎动物原肠作用产生一个由内部的内胚层、中间的中胚层和外部的外胚层组成的三胚层胚胎。胚胎背部的中胚层和覆盖在上面的外胚层之间的相互作用是发育中最重要的相互作用之一,因为它启动器官形成,即特异性组织和器官的产生。在这种相互作用中,脊索中胚层指导上方的外胚层形成中空的神经管,它将来分化成脑和脊髓。

初级型神经胚形成过程中,最初的外胚层被分成三种类型的细胞:①位于内部的神经管细胞,将来形成脑和脊髓;②位于外部的皮肤表皮细胞;③神经嵴细胞,它从神经管和表皮连接处迁移出来,将来形成周围神经元和神经胶质、皮肤的色素细胞和其他细胞类型。

蛙的初级型神经胚形成过程中,外胚层预定形成神经组织的第一个标志是细胞形状的改变:中线处的外胚层细胞变长,而预定形成表皮的细胞变得更加扁平。背中线处外胚层细胞的变长使预定神经区上升到周围外胚层的上面,由此形成神经板(图6-37)。据估计,神经板中的外胚层细胞约占整个外胚层细胞的50%。神经板形成后不久,边缘加厚,并向上翘起形成神经褶。在神经板中央出现的U形沟即神经沟,它将胚胎未来的右边和左边分开。神经褶向胚胎背中线迁移,最终合拢形成神经管,上面覆盖着外胚层。神经管最靠背面部分的细胞变成神经嵴细胞。

身体不同区域的神经管形成方式略有不同。头部、躯干和尾部等每一部分神经管的形成方式都反映出脊索和上面覆盖的外胚层之间的关系。头部和躯干部分神经管形成主要以初级型神经胚形成方式进行,略有变化。其过程可以分为彼此独立但在时空上又相互重叠的5个时期:神经板形成;神经底板形成;神经板的整形;神经板弯曲成神经沟;神经沟闭合。

(1) 神经板形成

一般认为,神经板作为一个与其他外胚层细胞明显不同的区域,是由下方背中胚层(与胚胎其他区域合作)发出信号指导其上方外胚层细胞发育成柱状神经板细胞而形成的。作为这种神经诱导的结果,预定的神经板细胞从其周围预定形成表皮的外胚层中分化出来。

神经板细胞和表皮细胞都能发生固有运动(Intrinsic Movements)。如果把神经板周围的表皮细胞分离下来,它们会发生向心运动(朝神经板所在区域运动);如果把神经板细胞分离下来,它们会集中并延伸形成薄板,但不能卷成神经管。神经板和表皮细胞的运动导致神经管的形成。外胚层首先扭结,随后预定表皮开始向神经板上面覆盖(把含有神经和表皮两种组织的"过渡区域"分离培养,就会形成小的神经褶)。这种协调一致的运动最终引起神经管举起和交叠。

(2) 神经底板形成

以前认为只有神经板中线处细胞才能形成神经管底板。也就是说,当神经板闭合形成神经管时,位于神经板中间的大部分细胞竖立于神经管底部,而外缘部分和神经褶则构成神经管最靠背面的部分。头部神经底板形成方式可能也是这样。但是,新近证据表明:躯干神经管底板具有独立起源,即由亨氏结一部分细胞"插入"神经板中央形成。

1995年Catala等用鸡-鹌鹑镶嵌体去跟踪单个亨氏结细胞运动,把1.5d鸡胚的亨森氏结和正在延伸的脊索尾端去掉,用鹌鹑对应部分取代。这样,胚胎在移植部位的脊索和底板都由鹌鹑细胞构成,而神经管壁则由鸡神经板构成。底板和脊索细胞两者都与位于尾部的神经板相连而不是与亨森氏结本身相连。因此,亨森氏结包含形成尾部底板和脊索所必需的细胞。

神经板细胞开始与背面外胚层中央相连。到后来,在脊索和底板之间形成一层基膜,延伸把两者分隔开来。因此,神经管细胞有两个不同的来源:外胚层细胞和亨森氏结细胞。

(3) 神经板的整形和弯曲

神经板的整形与神经板细胞内在力量直接有关。随着细胞变成高柱状,导致神经板变窄。但是,神经板最主要的整形作用是通过紧位于脊索上面的神经板中线细胞来形成的。在鸟类和哺乳类,神经板中线细胞称为中间铰合点(Median Hinge Point,MHP)细胞,它们由亨森氏结前端中线细胞衍生而来。在两栖类和羊膜类中,神经板通过数层细胞互相插入形成几层细胞构成的细胞层而集中伸展,使神经板变长、变窄。接着,神经板随着自身整形而开始弯曲。

(4) 神经管闭合

当左右神经褶被牵引到背中线结合到一起时,神经管随即闭合。神经褶先互相黏贴在一起,接着两侧神经褶细胞合并。在某些动物中,神经褶连接处的细胞形成神经嵴细胞。

在鸟类,直到神经管在背区闭合后,神经嵴细胞才从背部区域迁移出来;但在哺乳类,早在神经褶举起来时,头部神经嵴细胞就开始迁移(即先于神经管闭合),而脊髓区域神经嵴细胞直到神经管闭合后才迁移。

神经管的形成并非在整个外胚层同时发生。这在体轴的伸长先于神经胚形成的脊椎动物如鸟类和哺乳类中清楚可见。对于24h鸡神经胚来说,当其尾部区域仍在进行原肠作用时,头部神经管已明显形成。神经管的区域化也随神经管形状变化而发生。在头部末端(形成脑的部位),神经管壁又宽又厚。在这里出现一系列膨胀和收缩,从而界定大脑的各个分区。但是,头区至尾部神经管仍维持简单的管状,并向尾部方向逐渐变细。神经管前端和后端的两个开口分别称为前端神经孔和后端神经孔。

2) 次级型神经胚形成

次级型神经胚形成包括髓索(Medullary Cord)形成及其随后空洞化成为神经管。在蛙和鸡胚中,通常在腰椎和尾椎形成时能观察到这种类型的神经胚形成。在上述两种情况下,次级型神经胚形成都可以看作是原肠作用的继续。不过,背唇细胞并不卷入胚胎内,而是在腹面不断生长。胚唇端部不断生长的区域称为脊索神经铰合(Chordoneural Hinge),包含神经板最后端和脊索后端部分(图 9-5)。脊索神经铰合区的生长把大致呈球形的非洲爪蟾原肠胚(直径 1.2 mm)转变成长为 9 mm 的蝌蚪,其尾端是背唇的直接衍生物,而排列在胚孔内四周的细胞则形成神经肠管(Neurenteric Canal)。神经肠管末端部分与肛门融合,而远端部分成为室管膜腔(Ependymal Canal)即神经管腔。在鸡胚中,位于刚闭合神经孔后端的组织称为尾芽。和蛙尾芽一样,鸡尾芽也是一团未分化的细胞。但早期尾芽细胞命运已经决定。如同在非洲爪蟾中一样,鸡胚胎中也存

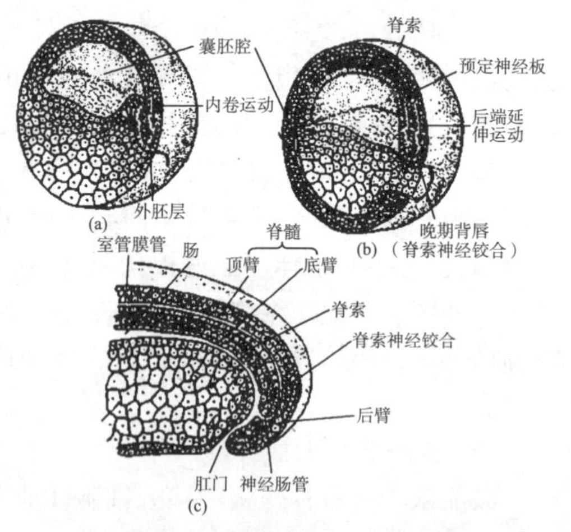

图 9-5 非洲爪蟾次级神经胚形成时的细胞运动

(a)中期原肠胚时中胚层的内卷;(b)晚期原肠胚或早期神经胚时背唇的运动,此时内卷停止,晚期胚孔的外胚层和中胚层向后运动;(c)早期蝌蚪中,胚孔衬里细胞形成神经肠管,其一部分形成神经管腔

在脊索神经铰合,它包含分裂形成脊索和髓索的细胞,这些细胞都向后运动。神经管随着髓索形成的小腔彼此融合而形成。

3) 脑区形成

神经管同时在三个层次水平上分化成中枢神经系统的不同区域。在解剖学水平,神经管及其管腔膨胀和收缩而形成脑室和脊髓的中央管。在组织学水平,神经管壁细胞发生重排形成脑和脊髓不同的功能区域。在细胞学水平,神经上皮细胞本身分化成身体中不同类型的神经元和神经胶质。

大多数脊椎动物脑的早期发育都是相似的。哺乳类早期神经管是一个笔直的结构。但是,早在神经管后部形成之前,神经管的最前端部分已在发生剧烈的变化。在前部区域,神经管膨大成三个原始的脑泡:前脑、中脑和菱脑。至神经管后端合拢时,次生膨大眼泡已从正在发育的前脑两侧面凸出来(图 9-6)。

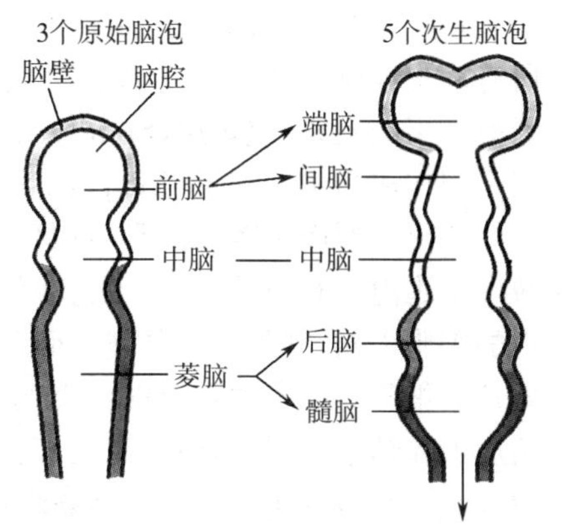

图 9-6 人脑早期发育

前脑再细分为前端的端脑和稍后的间脑。端脑最终形成大脑两半球,间脑形成丘脑和下丘脑及接收来自视神经输入端区域。视网膜本身也是间脑的衍生物。中脑不再细分,其腔最终形成大脑导水管。菱脑又细分成后部的髓脑和稍前端的后脑。髓脑最终形成延髓,其神经元发出神经支配呼吸、胃肠道和心血管的生理活动;后脑形成小脑,即负责调整运动、姿势和平衡的部分。菱脑发育呈节段性模式,规定某些神经发生的区域。称为菱形节的周期性膨大将菱脑分成更小的区域,菱形节代表一个单独发育的"区域",因为每个菱形节的细胞都能在节内自由混合,但不能与相邻菱形节的细胞混合。再者,每一菱形节都有不同的发育命运。这在鸡胚中的研究最为广泛。鸡胚最初的神经元出现在偶数的菱形节:r2、r4 和 r6。来自 r2 神经节的神经元形成第 5 对(三叉)脑神经;来自 r4 神经节的神经元形成第 7 对(面部)和第 8 对(前庭)脑神经;第 9 对(舌咽)脑神经来自 r6。

早期胚胎脑的膨大是异乎寻常的,这不仅表现在其膨大速度和程度,而且表现在膨大主要是腔的增加而不是组织生长的结果。鸡胚脑体积在 3～5d 的发育中扩大 30 倍。据认为:这种迅速膨胀是由神经管里的液体挤压管壁而产生的正向液压造成的。或许可以预计脊髓将使液压消散,但这似乎并没有发生。相反地,当预定脑和脊髓之间的神经褶合拢时,背部周围组织向内推挤使神经管在脑基部收缩。这种收缩(在人脑也出现)有效地将预定脑区和未来脊髓分开。假如将闭合神经管前端部分的液压去掉,鸡脑变大的速度大为减慢,且所含有细胞数与正常对照大为减少。神经管已闭合区域在脑室开始迅速扩大后又重新打开。

2. 神经嵴

神经嵴尽管来源于外胚层,但是,由于其重要性而有时被称为第四胚层。有人曾夸张地说"脊椎动物唯一令人感兴趣的东西就是神经嵴"。神经嵴细胞起源于神经管最靠背部的区域。把鹌鹑神经板移植到鸡胚非神经外胚层区的移植实验表明:把上述两种组织并置在一起能诱导神经嵴细胞形成,且预定神经管和预定表皮两者都能形成神经嵴细胞。神经嵴细胞广泛迁移,产生各种类型的分化细胞,主要包括:①感觉、交感和副交感神经系统的神经元和神经胶质;②肾上腺中产生肾上腺素(髓质)的细胞;③表皮色素细胞;④头骨和结缔组织成分。神经嵴细胞的命运很大程度上取决于其迁移和定居的位置。神经嵴可以分成上述 4 个主要的功能部分。

3. 表皮和皮肤结构起源

1) 表皮细胞起源

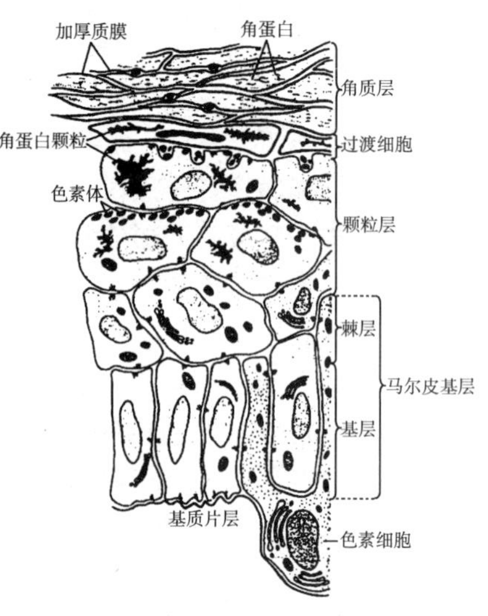

图 9-7　人表皮图解

(基层细胞进行活跃有丝分裂。表皮外层充分角质化的细胞不断死亡脱落。位于基部的色素细胞突起将色素颗粒转移到角质细胞中)

神经胚形成之后覆盖胚胎表面的细胞构成预定表皮。开始,表皮只由一层细胞组成,但在多数脊椎动物中,表皮很快成为两层结构(图 9-7)。外面一层形成胚皮(Periderm),胚皮是临时性结构,一旦底层细胞分化成表皮,胚皮便脱落。内面一层细胞称为基层(Basal Layer)或生发层(Stratum Germinativum),它是能形成所有表皮细胞的生发性上皮。生发层细胞分裂产生外面另一层细胞,构成棘层(Spinous Layer)。棘层和生发层一起构成马尔皮基层(Malpighian Layer)。马尔皮基层细胞再分裂产生表皮的颗粒层(Granular Layer)。颗粒层细胞内含有角蛋白颗粒,它和仍保留在马尔皮基层内的细胞不同,细胞不再分裂。而开始分化成表皮细胞即角质细胞。随着颗粒层细胞成熟并向外迁移,细胞内角质颗粒越来越明显,最终角质细胞形成角质层。角质层细胞变成包含角蛋白的扁平囊状细胞。角质层厚度不同区域不一样,但一般为 10～30 层细胞厚。角质层细胞的细胞核都被挤到细胞的一侧。角质层细胞生成后不久便脱落,并被由颗粒层新形成的细胞所取代。整个生命过程中,死亡的角质化细胞不断脱落,并不断被新细胞所取代。取代角质细胞的细胞来源是马尔皮基层细胞的有丝分裂。由神经嵴细胞形成的色素细胞也存在于马尔皮基层中,它们把色素体(Melanosome)转移给正在发育的角质细胞。

2) 皮肤附属物

表皮和真皮在特定区域相互作用形成汗腺和毛发、鳞或羽毛等皮肤附属物。在特定位置形成毛囊最早的迹象是表皮基层细胞聚集。基层细胞的聚集受下面真皮细胞的影响,并发生在胚胎不同位置和不同时间。基层细胞变长、分裂并陷入真皮。真皮细胞通过表皮栓(Epidermal Plug)下面形成真皮乳突(Dermal Papilla),对表皮基层细胞的内移作出反应。真皮乳突随后推挤并刺激基层干细胞更快分裂,产生有丝分裂细胞,将来分化成角质化毛干(Hairshaft)。表皮细胞中的成色素细胞分化成色素细胞,并把色素转移给毛干。与此同时,在毛囊边上开始形成两个上皮凹陷。下面凹陷的细胞仍保持为干细胞,能在毛干脱落后周期性地再形成毛干。上面凹陷的细胞将形成皮脂腺(Scbaccous Gland),产生脂类分泌物皮脂(Sebum)。在包括人在内的许多哺乳类中,皮脂和脱落的胎皮细胞混合,形成乳白色的胎儿皮脂(Vernix Caseosa)。胎儿皮脂在出生时包围在胎儿周身(图 9-8)。

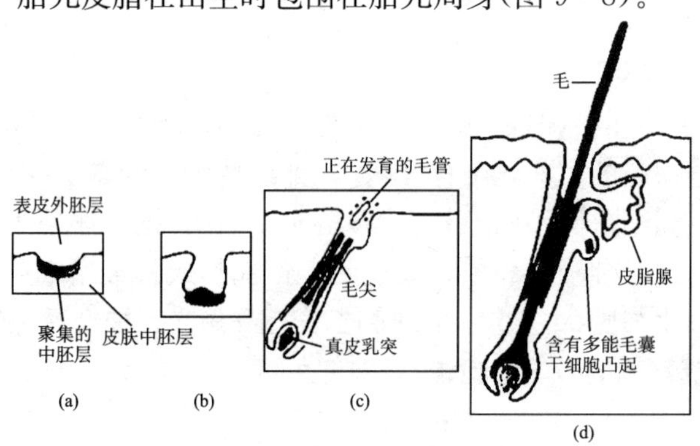

图 9-8　人胎儿中毛囊的发育

人胚胎最早的毛发细而致密，称为胎毛。这种类型的毛发通常在出生前脱落，并被短丝状毫毛取代，毫毛保留在人身上许多被认为是无毛的部分，如前额和眼睑，而在身体其他部位，毫毛则让位于“终端”毛发。在人的一生中，某些产生毫毛的毛囊后来能产生终端毛发，最后又能变回再产生毫毛。例如，婴儿腋窝就具有直到青春期还能产生毫毛的毛囊。到青春期时，终端毛干出现。相反地，正常男性秃顶就是由于头皮毛囊变回去，形成无色素极细毫毛所致。毛发、羽毛、鳞片和汗腺的位置及图式都与真皮和表皮相互作用有关。正像存在多能神经干细胞其后代能分化成为神经细胞和神经胶质一样，也存在多能表皮干细胞，其后代能发育成为表皮、皮脂腺或毛干。

9.8　中胚层

神经胚期中胚层可分成 5 个区域，第一个区域位于胚胎背面中央的脊索中胚层，形成脊索。脊索是一种诱导神经管形成及前后轴建立的临时器官。第二个区域是轴旁中胚层，又称背部体壁中胚层，形成体节和神经管两侧的中胚层细胞，将来产生背部许多结缔组织(骨、肌肉、软骨和真皮)。第三个区域是中段中胚层，形成泌尿系统和生殖器官。第四个区域是离脊索稍远的侧板中胚层，形成心脏、血管、血细胞及体腔衬里和除肌肉外四肢所有中胚层成分(图 6－38)。此外，侧板中胚层也形成一系列的胚胎外膜，胚胎外膜在给胎儿输送营养物质中起重要作用。最后一个区域是头部间质，形成面部结缔组织和肌肉。

1. *脊索和体节分化*

1) 轴旁中胚层(背部体壁中胚层)

中胚层和内胚层器官的形成并非发生在神经管形成之后，而是同步发生。脊索呈棒状，从头基部延伸到尾部；在脊索两边是加厚的中胚层带，即轴旁中胚层。轴旁中胚层带在鸟类被称为体节板，在哺乳类称为不分节中胚层。随着原条退化和神经褶开始在胚胎中央合拢，轴旁中胚层分隔成细胞模块(图 6－57)，称为体节(轴旁中胚层又称体节中胚层)。尽管体节是临时结构，它们在组建脊椎动物胚胎的分节模式中极其重要。体节能决定神经嵴细胞的迁移路径和脊髓的神经轴突。体节产生构成脊椎和肋骨、背部皮肤真皮和骨骼肌及体壁与四肢骨骼肌细胞。

2) 体节小体和体节形成

第一对体节在胚胎前端形成。新体节以规则的间隔从吻端轴旁中胚层“萌发”。由于胚胎发育速度略有差异，因此，体节数目通常是发育进程的最佳指标。所形成体节总数具有种的特异性。

对鸡胚的研究显示，体节板细胞组织形成轮状，称为体节小体。随着最前端的体节小体变成致密结构，体节小体便转变成体节(图 9－9)。从松散的体节小体转变成上皮性体节。新形成的正常体节细胞先随机组织，但很快形成一个由柱状上皮细胞构成的球形结构，其中间很小的体腔内充满松散连接的细胞。柱状上皮细胞通过紧密连接相互联系。

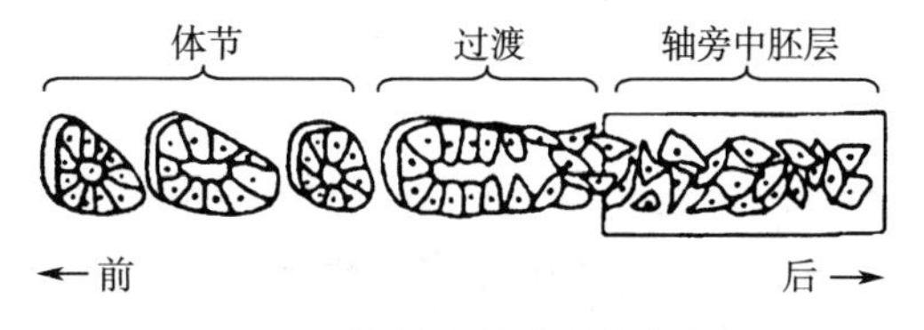

图 9－9　体节小体转化成体节

3) 体节细胞分化

当体节最初形成时，任何体节细胞都能变成所有体节衍生的结构。但是，随着体节成熟，体节各区定型只能形成一定的细胞类型。体节腹中部细胞(离背部最远、离神经管最近的细胞)经过有丝分裂,失去圆形上皮细胞特征,再度变成间充质细胞。产生这些细胞的体节部分被称为生骨节,这些间充质细胞最终变成脊椎的软骨细胞。软骨细胞负责分泌软骨特有的胶原和硫酸软骨素等。这些特殊的软骨细胞将负责构建轴性骨骼(脊椎、肋骨、软骨和韧带)。体节侧面细胞(离神经管最远的区域)也分散开,形成四肢和体壁肌肉前体。通过移植鹌鹑部分体节到鸡胚体节中来跟踪这些细胞变化,鸡和鹌鹑细胞可通过核仁的形态辨别。他们发现,即使供体细胞来自体节腹中部,离神经管最远的体节细胞都迁移形成体壁和四肢肌肉。

一旦生骨节细胞和体壁及四肢肌细胞前体从体节中迁移出来,最靠近神经管的体节细胞向腹面迁移,保留下来的体节上皮形成双层实心上皮,称为生皮肌节。生皮肌节的背层称为生皮节,产生背部皮肤的间充质结缔组织,即真皮(身体其他区域真皮由另外的间充质细胞形成,并非来自体节),而其内层细胞称为肌节,产生横跨脊椎使背部能够弯曲的脊椎肌肉。因此,体节对身体背部的形成至关重要。而在为早期胚胎提供完整的体轴和诱导背部神经管形成之后,大部分脊索退化,在脊椎之间,脊索细胞形成椎间盘的组织即髓核(Nuclei Pulposi)。

体节特化是通过几种组织相互作用而完成。体节腹中部由脊索和神经管底板分泌的因子尤其是 Sonic Hedgehog 蛋白诱导形成生骨节。如部分脊索被移植到体节相邻的另一区域,则受体区域也将变成生骨节细胞。这些生骨节细胞表达一种新的转录因子 Paxl。Paxl 能激活软骨特异性基因表达,它的存在对于脊椎的形成是必要的。

4) 肌肉生成:骨骼肌的分化

骨骼肌细胞是含多细胞核的大而长的细胞,常称为肌管。20 世纪 60 年代中期,发育生物学家曾就骨骼肌细胞是由几个单核肌前体细胞即成肌细胞融合而成(融合模型),还是由单个成肌细胞经历核分裂但胞质不分裂而成(分裂模型),争论不休。骨骼肌成肌细胞融合形成多核肌管的最关键证据来自嵌合体小鼠。嵌合体小鼠是由 Tarkowski 和 Mintz 于 20 世纪 60 年代初首先培育出来的,他们分别将黑色小鼠和白色小鼠的 8-细胞胚胎从母体中取出。除去透明带,将两者并合,再放回养母鼠子宫内,最终产生黑白相间的嵌合体小鼠。同工酶分析表明,嵌合体小鼠骨骼肌除产生亲本双方特有的同工酶外,还产生集双亲特点于一体的"杂交"型同工酶。这表明,不同表型的成肌细胞在体内彼此融合形成了多核的肌管(杂交细胞)。因此,肌管肯定是由多个成肌细胞融合形成的。

Konigsberg 于 1963 年发现,从鸡胚分离出来的成肌细胞能在涂有胶原蛋白的培养皿中增殖。不过,大约两天后,成肌细胞停止分裂,并开始与邻近的细胞融合形成伸长的肌管,合成肌特异性蛋白。在所形成的多核肌管中,看不到 DNA 的合成和细胞核分裂。成肌细胞融合是发生在成肌细胞表面一系列复杂生物化学事件协调统一的结果。成肌细胞融合第一步似乎是细胞退出有丝分裂周期。只要培养基中存在特殊的生长因子(特别是成纤维细胞生长因子),成肌细胞就只增殖而不分化。当培养基中生长因子耗尽时,成肌细胞即停止分裂,分泌纤连蛋白到胞外基质中,并通过纤连蛋白主要受体"α5β1"整连蛋白结合到胞外基质上。如纤连蛋白和胞外基质结合被阻断,肌肉发育就不能发生。显然,整连蛋白和纤连蛋白连接对于启动成肌细胞分化为肌细胞至关重要。融合第二步是成肌细胞排列成链状。这一步受细胞膜糖蛋白,包括几种细胞选择蛋白和细胞粘连分子(CAMs)调控。只有当两个细胞都是成肌细胞时,细胞之间才能彼此识别和并列在一起。只要都是成肌细胞,不管是鼠的或是鸡的,都能发生融合。成肌细胞融合第三步是融合事件本身。像多数质膜融合一样,钙离子是必需的,融合甚至可以由钙离子载体如 A23187(它能携带钙离子穿越细胞膜)激活。细胞融合还受一组被称为融素(Meltrin)的金属蛋白酶调控。融素蛋白质是在寻找成肌细胞中和受精素(Fertilin)同源的蛋白时发现的。受精素参与精卵质膜融合,而α-融素在成肌细胞中的表达与融合开始时间大致相同;α-融素信使反义RNA加到成肌细胞中能抑制融合。

5) 骨发生

体节中胚层衍生的最明显的结构是骨骼。有三种不同的生骨细胞谱系:生骨节产生中轴骨;侧板中胚层产生四肢骨;头部神经嵴产生鳃弓和头面部骨。骨发生有两种主要方式,且两者都与预先存在的间充质转变成骨组织有关。由间充质组织直接转化成骨组织称为膜内骨化,主要出现在颅骨发生中;而其他情况下,间充质细胞先分化成软骨,软骨后来被骨取代。先形成过渡型软骨再被骨细胞所取代的骨发生过程称为软骨内骨化。

(1) 膜内骨化

膜内骨化是扁平颅骨形成的特有方式。来自神经嵴的间充质细胞与头部上皮细胞胞外基质相互作用形成骨。如间充质细胞不与胞外基质接触,骨便不能形成。1983年Hall等分离出头部间充质细胞,并放到培养皿中培养。如培养皿表面未覆盖胞外基质,细胞仍维持为间充质细胞。但是,如培养皿表面被头部上皮细胞分泌的胞外基质覆盖,则细胞分化成骨细胞。

间充质细胞转化成骨细胞的机制尚不清楚。最近有证据表明,上皮和间充质连接处有些特殊分子可能参与间充质细胞转化成骨。从成体骨中分离出骨形态发生蛋白,注射到胚胎肌肉或结缔组织中,结果能在肌肉或结缔组织中形成软骨,接着软骨被骨细胞取代。

在膜内骨化过程中,间充质细胞增殖,并凝结成致密的结节。其中一些细胞发育成毛细血管,而另一些细胞改变形状,变成成骨细胞即能分泌骨基质的细胞。成骨细胞分泌的胶原纤维——蛋白多糖基质能和毛细血管带来的钙盐结合。就这样,基质被钙化。在多数情况下,成骨细胞通过分泌一层前骨质或类骨质与钙化区分开。偶尔,成骨细胞会被埋在钙化基质中变成骨细胞。随着钙化进行,骨针从骨化开始的中央辐射而出。接着,钙化骨针的整个区域被形成骨膜的致密间充质细胞包围。骨膜内表面的细胞也变成成骨细胞,且在与已形成骨针平行方向上不断添加骨基质。脊椎动物正是以这种方式形成多层骨。

来自神经嵴的间质细胞聚集形成成骨细胞,成骨细胞产生骨基质沉积。成骨细胞沿骨基质钙化区排列,被骨基质包埋的成骨细胞变成骨细胞。

(2) 软骨内骨化

软骨内骨化包括由间充质细胞聚集形成软骨组织和随后的软骨组织被硬骨组织所替代两个过程。软骨组织构成将要形成的骨组织的模型。脊柱、盆骨和四肢骨的骨架组成首先由软骨形成,随后才变成骨,这一过程将软骨发生和骨生长两者有机地协调起来。这样,骨可以同时承受重量,对局部的压力作出反应和增加宽度。形成软骨组织的细胞表达转录因子为Scleraxis。据认为,Scleraxis蛋白能激活软骨特异性基因表达(Cserjesi等,1995)。因此,Scleraxis不但在生骨节中表达,而且在先形成软骨再变成骨的面部间充质及四肢的间充质中都表达。Scleraxis蛋白直到软骨开始被骨组织所替换时才失去活性。

软骨形成可分三个时期:间充质增殖、前软骨间充质浓缩及软骨细胞分化。当正在分裂的前软骨间充质细胞开始表达使它们聚集成结节的细胞外基质蛋白时,软骨发生便开始了。前软骨间质细胞一旦聚集起来,便成为软骨细胞,并开始分泌软骨细胞特异性的细胞外蛋白多糖和胶原。

在人类中,胚胎肢芽的“长骨”由骨形成区中形成结节的间充质细胞形成。这些细胞变成软骨细胞,并分泌软骨细胞外基质,而位于软骨细胞周围的间充质细胞则成为骨膜。软骨“模型”形成后不久，模型中央部分的细胞显著变大，并开始分泌基质，其中含有不同类型胶原、大量纤连蛋白和少量蛋白酶抑制剂。体积显著变大的细胞即肥大性软骨细胞，其基质更易于被来自骨膜的血管细胞侵入。然后，来自骨膜的毛细血管侵入从前没有血管的软骨骨干中央。随着软骨基质退化，肥大性软骨细胞死亡。同时，由血管带入的成骨细胞开始在部分退化的软骨上分泌骨基质。最后，所有的软骨都被硬骨取代。

随着模型软骨中央部分转化成骨，在新形成的骨和保留的软骨之间形成一个骨化前沿。骨化前沿软骨一侧包含肥大性软骨细胞，而硬骨一侧包含埋在骨基质中的成骨细胞。随着更多的软骨转化成骨，骨化前沿从中央由两个方向向外扩展。如果仅有这些，那么人就不会生长，人的骨将仅有最初软骨所构成的模型那么大。但是，实际并非如此，当骨化前沿接近软骨模型边缘时，靠近骨化前沿的软骨细胞在变成肥大性软骨细胞之前先增殖，这使骨的软骨边缘向外推出，从而提供新的软骨。长骨末端新生的软骨区被称为骺生长板。骺生长板包括三个区：软骨细胞增生区、成熟软骨细胞区和肥大软骨细胞区。随着软骨肥大和骨化前沿进一步向外扩展，骺生长板中保留的软骨增生成为骨生长区。因此，由于新软骨细胞不断形成，经历肥大、血管进入和随骨基质沉淀而死亡，骨能保持不断生长。只要骺生长板能产生软骨细胞，骨就能继续生长。骺生长板细胞对激素是非常敏感的，生长素和类胰岛素生长因子能刺激骺生长板细胞增殖。生长素能刺激骺生长板中软骨细胞产生类胰岛素生长因子 I(IGF－I)，且骺生长板软骨细胞在生长素影响下增殖。当把生长素加到幼年小鼠的胫骨生长板(其垂体已被去除，所以自己不能制造生长素)时，便刺激增殖区中软骨细胞形成 IGF－I。生长素和 IGF－l 联合提供极强的有丝分裂信号。显然，IGF－I 对于激发青春期的正常生长是必不可少的。激素也与生长停止有关。在青春期末，高水平的雌激素或雄激素导致骺板软骨过度增殖。过度增殖的软骨细胞生长、死亡，并被硬骨替代。之后，软骨不再生长，骨生长也随即停止。

随着新骨质从骨膜内表面不断添加到骨周围，内部区域空泡化形成骨髓腔。骨组织的这种破坏作用是由通过血管进入骨的多核破骨细胞(Osteoclasts)引起的。破骨细胞可能与血细胞来自同一前体，能溶解骨基质的无机物及蛋白质部分。破骨细胞伸出许多细胞突起进入骨基质，把破骨细胞中的氢离子泵到周围的基质中，因此，使骨基质酸化溶解。血管也输入造血细胞，它们终身停留在骨髓中。

2. 侧板中胚层

与轴旁中胚层毗连的是中段中胚层。中段中胚层细胞索发育成前肾管，即肾和生殖管道前体。中段中胚层每边的外侧即为侧板中胚层。

侧板中胚层在水平方向上分成背部位于外胚层下方的背部体节中胚层和腹部位于内胚层上方的脏壁中胚层。体节中胚层和脏壁中胚层之间是体腔，从未来颈区延伸到身体后部。在胚胎发育后期，右边和左边体腔融合，并从体节中胚层伸出皱褶，将体腔分成分离的腔。在哺乳类，体腔又细分成分别包裹胸、心脏和腹部的胸腔膜、围心腔和腹膜腔。产生中胚层体节和身体衬里的机制在整个脊椎动物的进化中几乎没有改变，鸡胚中胚层的发育可与蛙胚的类似时期相比较。

1) 胚外膜的形成

在爬行类、鸟类和哺乳动物中，胚胎发育出现了新变化。爬行类进化出一种机制，把卵产到干燥的陆地上，使它们能自由地探寻远离池塘的生态环境。爬行类胚胎发展四种胚外膜，用以调节胚胎和环境之间的关系，实现在干燥陆地发育。虽然多数哺乳动物进化出胎盘，取代蛋壳，但胚外膜的基本图式仍保持不变。在正在发育的爬行类、鸟类和哺乳动物中，胚胎本身和胚外区域之间起初并无明显差别。但随着胚体逐渐成形，边缘上皮不均等分裂，产生体褶

(Body Fold)，把胚胎和卵黄分开，并勾画出胚胎本身和胚外结构的轮廓。

体褶是由位于中胚层上的外胚层和内胚层上皮扩展而成的。外胚层和中胚层混合体常被称为体壁层，形成羊膜和卵膜；内胚层和中胚层混合体被称为脏壁层，形成卵黄囊和尿囊。内胚层或外胚层组织作为功能性上皮细胞发挥作用，而中胚层的功能则是形成进出内胚层和外胚层上皮的血液。

产于陆地的卵子遇到的第一个问题是干燥。如果不存在适当的水环境，胚胎细胞会很快干死。羊膜即提供了这样一种环境。羊膜细胞分泌羊水，因此，产于陆地的卵其胚胎仍然在水中发生。这个进化是如此有意义，以至于爬行类、鸟类和哺乳动物都利用这种结构进行发育，并因此被归入一大类，即羊膜类脊椎动物。第二个问题是气体交换。这是通过卵膜即最外层胚外膜实现的。在爬行类和鸟类中，卵膜黏到蛋壳上，使卵和环境之间能进行气体交换，而在哺乳类，如前所述，卵膜已进化成胎盘。胎盘除呼吸作用外还有其他的功能。

尿囊存储尿废物并调节气体交换。在爬行类和鸟类中，尿囊变成一个大囊，为正在发育的胚胎提供保存有毒新陈代谢副产物的场所。尿囊膜的中胚层常和卵膜的中胚层接触，并与之融合，产生绒膜尿囊膜。绒膜尿囊膜有极其丰富的血管，对于鸡胚发育至关重要，它负责把钙从蛋壳输送到胚胎中，用于骨形成。在哺乳类中，尿囊大小和胎盘排出含氮废料的效率高低有关。在人类中，尿囊仅是一个残存的囊，而在猪中则是一个体积大且功能重要的器官。

卵黄囊是形成的第一个胚外膜，它为正在发育的爬行类和鸟类胚胎输送营养。卵黄囊由内胚层细胞在卵黄上生长，并把卵黄包裹起来，通过一个开放管道即卵黄导管与中肠相连接。所以，卵黄囊壁和消化管壁是连续的。在脏壁中胚层内的血管把营养物质从卵黄输送到胚体。胚体并不直接通过卵黄管吸收卵黄。但是，内胚层细胞能把蛋白质降解成可溶性氨基酸，而氨基酸能进入卵黄囊周围的血管。维生素、离子和脂肪酸等其他养分存储于卵黄囊中，并被卵黄囊输送到胚胎循环系统中。通过这些方式，四种胚外膜使胚胎能在陆地正常发育。

2）心脏

形成循环系统是侧板中胚层的最大功能之一。循环系统由心脏、血细胞和复杂的血管系统组成，为正在发育的脊椎动物胚胎提供营养。循环系统是正在发育的胚胎中第一个发挥功能的系统，心脏是第一个发挥功能的器官。脊椎动物的心脏起源于脏壁中胚层的两个区域，这两个区域与邻近组织相互作用决定心脏发育。心脏形成细胞迁移到腹中线位置，并融合成一个由能收缩的肌细胞构成的管状心脏。管状心脏扭曲后形成具有单个心房和单个心室的s形结构。随着心脏继续发育，心室形成层状结构，并以比心房更快的速度增殖，膈膜把心腔隔开，形成瓣膜。

（1）心原基的融合

在两栖类中，预定的两个心脏发生区最初处于中胚层套膜的最前端位置。在神经胚形成时，两个心脏发生区在胚胎腹部区域聚合，形成普通的心包腔。在鸟类和哺乳类中，心脏也由成对原基融合形成，但两个原基的融合直到发育后期才发生。在这类羊膜脊椎动物中，胚胎呈扁平盘状，侧板中胚层并未完全包裹卵黄囊。其预定心脏细胞在早期原条中发生，具体位置紧随亨森氏结之后，向下大约延伸到原条长度的一半。预定心脏细胞通过原条迁移，在亨森氏结侧面同一水平面形成两组中胚层细胞。在18～20 h鸡胚中，预定心脏细胞在内胚层和外胚层之间向胚胎中部移动，并与内胚层表面保持紧密接触。当预定心脏细胞到达消化管向胚胎前区延伸的位置时，迁移停止。预定心脏细胞迁移的方向性似乎由内胚层决定。如果转动胚胎心区内胚层的位置，预定心脏中胚层细胞迁移方向就会改变。据认为，内胚层与心区细胞运动有关的成分是由前到后呈梯度分布的纤连蛋白。纤连蛋白抗体能阻止心脏细胞迁移，而其他细胞外基质的抗体则不能阻止心脏细胞迁移。

内胚层还能导致预定心脏细胞发育成心肌。在鸡及两栖类中，前端内胚层能引起非心脏中胚层细胞表达心脏特异性蛋白质。心肌细胞的分化在两个心脏原基细胞彼此相对迁移时独立发生。鸟类和哺乳类的预定心脏细胞形成一个双壁管，里面一层为心内膜，外面一层为心肌外膜。心内膜形成心脏内层衬里；心肌外膜形成心脏肌肉层，为机体终身泵血。

随着神经胚形成不断进行，脏壁中胚层向内形成皱褶将前肠包裹。脏壁中胚层向内形成皱褶的运动将心脏两个双壁管带到一起，最终心肌外膜合并成一根管。两个心内膜短时间内位于同一腔内，但它们终将融合在一起。至此，原先成对的体腔合并成一个，心脏位于其中。心脏的两侧对称起源可以通过手术阻止侧板中胚层合并来证明。阻止侧板中胚层的合并将导致发生心脏断裂，即在身体两侧形成分离的心脏。心脏形成的下一步是心内膜管融合，形成单个心房。心内膜管的融合在鸡胚中大约发生在第 29 小时，在人中则发生在妊娠第 3 周。心内膜后端未融合部分成为卵黄静脉进入心脏的通路。卵黄静脉从卵黄囊输送营养物到静脉窦。血液通过瓣膜进入心脏的心房区。动脉干的收缩使血液加速流入主动脉。

当成对原基还在融合时，心脏已开始搏动。心脏收缩的起搏器是静脉窦。收缩在静脉窦开始，然后肌肉收缩波传播到管状心脏。这样，心脏即使在复杂的瓣膜系统形成之前就能泵血。心肌细胞本身也具有内在节律收缩能力。从第 7 天的大鼠胚胎或鸡胚中分离出来的心肌细胞，在培养皿中仍能继续搏动。在胚胎中，心脏收缩受延髓发出的迷走神经的电位变化调节。鸡胚发育到第 4 天时，其心电图已与成体的相似。

(2) 心腔的形成

在第 3 天的鸡胚和第 5 周的人胚中，心脏是具有一个心房和一个心室的双腔管。在鸡胚中，肉眼即能看到血液进入较低的一个腔内，并由主动脉泵出。当心肌膜细胞产生一种因子(可能是转化生长因子 β3)导致毗邻的心内膜细胞脱离并进入两者之间含有丰富透明质的心胶质时，心脏双腔管分隔成不同的心房和心室。在人胚中，由心内膜脱离的细胞导致心内膜垫的形成，把心脏双腔管分成左、右房室管。与此同时，原始心房被向腹面心内膜垫生长的两个膈膜分隔开。不过，膈膜上有孔，因此，血液能从一边流向另一边。血液的两边对流对于胎儿在肺功能循环建立之前是必需的。但是，一旦第一次呼吸出现，膈膜上的孔即闭合，左、右循环回路完全建立起来。心室的分隔是由向心内膜垫生长的心室膈膜完成的。伴随着心室分隔(人胚通常在第 7 周出现)，心脏变成 4 个腔的结构，肺动脉连接到右心室，主动脉连接到左心室。

心脏开始形成时左右对称，但后来出现左右极性，或者说，心脏的左边不同于右边。对具双左侧或双右侧畸形心脏胎儿的研究表明，脾的存在和心脏的左侧存在关联。多脾(身体左边和右边各有一个脾)与双左侧心脏相联系，而无脾则与双右侧心脏相联系。目前，对心脏出现左右不对称性的机制还在进一步了解。不过，在胚胎发育早期，细胞外基质蛋白弯曲素不对称沉淀可能导致心脏的一侧发育有别于另一侧。

3) 血管的形成

(1) 对血管形成的限制

有三种因素能限制血管构建。第一种限制因素是生理性的。新生机体早在发育进行过程中就需要进行正常功能运转，胚胎细胞在消化管形成前就必须获得营养，在肺形成前必须获得氧，在肾形成前必须排除废物等。因此，正在发育的胚胎的循环生理不同于成体动物的循环生理，其循环系统存在下述差异：食物不是通过消化管吸收，而是通过卵黄或胎盘吸收；呼吸系统不是通过鳃或肺进行，而是通过卵膜或羊膜进行。因此，胚胎主要血管需要服务于有关胚外结构。

第二种限制因素是进化性的。哺乳类的胚胎虽然没有卵黄，但仍将血管延伸到卵黄囊上。不仅如此，离开心脏的血液在前肠上方构成回路，形成位于背部的主动脉。6对主动脉弓在咽上方形成回路。在原始鱼类中，主动脉弓持续存在，使鳃给血液充氧。在成年哺乳类或鸟类中，由肺给血液充氧，同样的6对主动脉弓存在并没有什么实际意义。但是，鸟类和哺乳类胚胎在最终形成单一主动脉弓前还是形成6对主动脉弓。因此，即使身体不需要这样一种结构，但胚胎发育还是反映了进化历史。

第三种限制因素是物理性的。根据流体运动定律，流体通过大管传输最有效。随着血管半径 r 越变越小，流动阻力 r^{-4} 逐渐变大(Poiseuille 定律)。如果一个血管的直径只有另一个血管的一半，那么阻力将增加16倍。但是，只有当血液缓慢流动并接近细胞膜时，营养的扩散才可能发生。所以，这是一个两难的问题：营养扩散要求血管小，而按水力学定律血液流动要求血管大。有机体通过进化形成大小不同的血管等级系统解决了这个两难问题。血管系统在发育早期就已形成，例如，在第3天的鸡胚中就能看到血管。在狗中，大血管(主动脉和腔静脉)血液的流动比在毛细血管中快100倍。通过大血管专门用于运输，小血管专门用于扩散，营养和氧气都能运达正在发育机体的每个细胞。但是，这还不是全部。如果在常压下液体从一个大管直接流到小管，流速必然增加。针对这一问题，机体进化形成许多分支小血管，所有分支小血管集合形成的横截面积比分支前血管的横截面积大。血管和小血管分支之间的关系用 Murray 定律表示，即母血管半径的立方大约等于子血管半径的立方总和。任何循环系统的构建都是生理限制、物理限制和进化限制协调统一的产物。

(2) 血管形成：血岛血管形成

由中胚层形成血管称为血管形成。在肠、肺和主动脉及排列在卵黄囊内层的脏壁中胚层中，毛细血管网均在各自组织内单独形成。在这些情况下，毛细血管都不是由心脏形成主血管越变越细伸长的结果，而是由每个器官中胚层所包含的称为成血管细胞的细胞自身排列而形成。这些器官特异性毛细血管网最终连接到主血管延伸的小血管上。

在鸡胚中，存在两种成血管细胞。首先，脑轴旁中胚层提供形成头部血管的成血管细胞，而躯干部体节轴旁中胚层包含的成血管细胞则迁移形成体壁、四肢、肾和主动脉背部的血管。第二种成血管细胞来自脏壁中胚层。脏壁中胚层中的成血管细胞移居到内脏器官、肠和主动脉基底部。移居后的成血管细胞实质上是血管和血细胞生成细胞，不仅产生血管内皮衬里，而且提供血细胞前体。

脏壁中胚层细胞的侵入是羊膜发育的关键一步，因为沿卵黄囊成簇排列的血管生成细胞即血岛形成卵黄(脐肠系膜)静脉，向胚体输送营养，并负责气体进出交换。在鸡胚头褶发生阶段，即原条充分延伸的时候就能在暗区中看到血岛细胞。它们排成细胞索，很快空泡化成为类似于心脏的双壁管：内壁细胞变成血管的扁平内皮细胞；外壁细胞变成平滑肌。在衬里和平滑肌两层壁间是基膜，包含某些血管特异性胶原。据认为，基膜能启动血管中细胞分化为不同类型。血岛中央的细胞分化成胚胎血细胞。随着血岛生长，它们最终融合形成毛细血管网，逐渐消失于卵黄静脉中，而卵黄静脉把食物和血细胞输运到新形成的心脏中。

有三种生长因子可能参与启动血管形成。第一种是碱性成纤维细胞生长因子(FGF2)，为中胚层细胞形成成血管细胞所必需。鹌鹑胚盘细胞分散培养，不会形成血岛或内皮细胞。但是，把 FGF2 加到培养物中，不但形成血岛，而且血岛能形成内皮细胞。FGF2 在鸡胚绒膜尿囊膜中合成，并与该组织血管化有关。第二种是血管内皮生长因子（Vascular Endothelial Growth Factor，VEGF）。VEGF 蛋白好像能特异性地促进成血管细胞分化，并促进成血管细胞分裂增殖，形成内皮管。在血岛和其他 VEGF 活性区域都已发现存在 VEGF 受体。如果小鼠胚胎缺乏编码 VEGF 的主要受体，即 Flkl 受体酪氨酸激酶的基因，则卵黄囊血岛就不能形成，血管也不能生成。缺乏 VEGF 第二个受体基因的小鼠，能分化形成内皮细胞和血岛，但这些细胞不能组成血管。第三种是血管生成素（Angiopoietin－1），能调节内皮细胞和平滑肌之间的相互作用。血管生成素或其受体突变导致血管畸形，通常是包围血管的平滑肌有缺陷。

（3）血管的迅速生长

血管形成并非生成血管的唯一途径。在肢芽、肾和大脑等器官中，现存血管能迅速生长（类似植物发芽一样），并把内皮细胞送到正在发育的器官中。这种由原先存在的血管增殖而形成新血管的血管形成方式称为血管生长。如在前肢肢芽中，毛细血管网由主动脉的细胞迅速生长形成。在前肢毛细血管网中，中央静脉（后变成下腔静脉）形成主要的供养血管。血液由构成前端和后端毛细血管形成的边缘静脉返回到身体。据认为，前肢器官形成区分泌血管生成因子，促进器官形成区内皮细胞的有丝分裂，并迁移到器官形成区。VEGF 也能促进内皮细胞从器官表面现存血管中迁移到前肢器官中。四肢血管化程度和肢芽中 VEGF 水平相关，VEGF 表达的时空模式与血管进入肾和大脑的时间和地点非常一致。

有些器官可以自己制造血管生成因子。胎盘的功能依赖于现存血管改变路线返回本身。当胎盘形成之初，它分泌增殖素（Proliferin，PLF）诱导血管生成。PLF 是一种类似于生长素的因子。当胎盘血管建立起来（小鼠是 12d 之后）时，胎盘分泌增殖素相关蛋白（Proliferin－related Protein，PRP），即一种抑制血管生长的多肽。正在发育的骨骼是另一种将血管改变路线返回本身的器官。

如前所述，除毛细血管侵入生长板，将软骨转化成骨之外，软骨一般是一种无血管组织。肥大软骨（成熟或正在分裂的软骨除外）分泌一种 $M_r 1.2\times10^5$ 血管生长因子。有趣的是，只有当早期肥大软骨细胞暴露到维生素 D 时，才合成 $M_r 1.2\times10^5$ 血管生长因子。这可能有助于说明佝偻病病人的骨骼变形。

血管生长对任何组织的生长，包括肿瘤的生长都是至关重要的。肿瘤只有在使血管改变方向进入自身时，才是“成功”的肿瘤，因此，肿瘤分泌血管生长因子。抑制血管生长因子的形成极可能有助于阻止肿瘤生长和转移。

（4）胚胎血循环

进出鸡胚及其卵黄囊的胚胎循环系统中，由背主动脉泵来的血液通过主动脉弓下行进入胚胎。其中，有些血液通过卵黄静脉离开胚胎进入卵黄囊。营养物质和氧气被吸收后，血液通过卵黄静脉返回，由静脉窦到心脏。哺乳类胚胎从胎盘获得营养物质和氧气。因此，尽管哺乳类胚胎有类似卵黄静脉的血管，但营养物质和氧的供应主要来自将胚胎与胎盘连接的脐静脉。在鸟类中，将含氧和含营养物的血液送回胚胎的脐静脉由右卵黄静脉衍生而来，而将废物带回胎盘的脐动脉则由尿囊动脉衍生而来。脐动脉从主动脉尾部伸出，沿尿囊行进，然后进入胎盘。

血液进入哺乳动物胚胎心脏之后，被泵进包绕咽部并将血液带到背部的一系列动脉弓中。哺乳动物第 4 对动脉弓的左支是唯一残存到达主动脉的动脉弓，其右支变成下腔动脉的根部。第 3 对动脉弓改变形成共同的颈动脉，为大脑和头部供应血液。第 6 对动脉弓改变形成肺动脉，而第 1、2、5 对动脉弓退化。因此，主动脉和肺动脉在胚胎发育大部分时间都具有一个共同的开口通向心脏。最后，在动脉干中形成膈膜，产生两个不同的血管。只有当新生命出现第一次呼吸，象征肺已能够处理血液充氧作用时，心脏才发生改变，把血液分别泵到肺动脉和主动脉。

3. 血细胞的发育

在血岛形成血管的过程中，血管内皮衬里的细胞形成为血细胞前体。

1）干细胞的概念

在体内，很多细胞仍然保持胚胎细胞特性，能不断增殖。如身体内每天丢失并替补的红细胞和小肠细胞大约有 10^{11} 个，都来自干细胞群。干细胞是能够大量增殖，产生更多的干细胞（自我更新）和更多的分化细胞的细胞。实际上，干细胞是胚胎细胞群，它们在成年机体内连续不断地经历进一步的发育变化。血细胞、小肠隐窝细胞、上皮和雄性精母细胞都是细胞形成与细胞丢失处于平衡态的细胞类群。在大多数情况下，当平衡受到损伤或环境胁迫时，干细胞能调整产生更多的干细胞或产生更多的分化细胞（这可由身体缺氧时产生大量红细胞观察到）。干细胞存在于前面提到的所有组织中，但是，最容易研究且研究最多的干细胞是血细胞的发育。

有些干细胞锁定在 G_0 期，是非周期性潜在的干细胞，而另一些干细胞则处于活跃的细胞周期中。处于细胞周期的干细胞通常分裂产生更多的干细胞，但它们也能产生过渡性的中间态干细胞类型（T1）。Tl 细胞自己能再生，但通常产生第二种类型的过渡性细胞 T2（在某些情况下，如干细胞群严重减少，T1 干细胞能形成原来的干细胞）。T2 细胞也能再生，但通常分裂产生 T3 细胞。最终，过渡性细胞类型变成总是形成分化细胞的细胞类型。因此，脊椎动物身体保留干细胞群，它们既能产生更多的干细胞又能产生进一步经历发育变化的细胞类群。

干细胞后代进入的发育途径依赖于它所处位置的分子环境。有证据显示：红细胞、白细胞和血小板，以及淋巴细胞具有共同的前体——多能造血干细胞。

2）多能造血干细胞和造血微环境

(1) CFU－S

多能造血干细胞可以产生白细胞（中性粒细胞、嗜碱性粒细胞、嗜酸性粒细胞）、血小板、肥大细胞、单核细胞、巨噬细胞、成骨细胞和 T 淋巴细胞、B 淋巴细胞（图 9－10）。

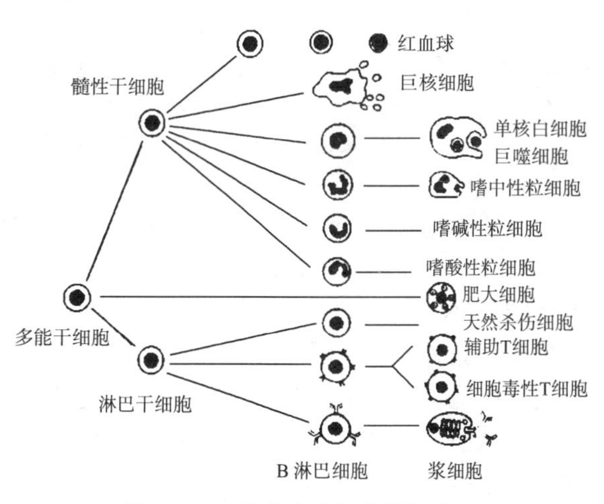

图 9－10 造血产生的多种细胞

Tili 和 McCulloch 于 1961 年证实了多能造血干细胞的存在。他们将骨髓细胞注射到经致死剂量照射的同一品系小鼠中（照射杀死宿主的造血细胞，以便能观察到供体小鼠中新的细胞群），发现供体的某些细胞在受体小鼠脾中形成明显的结节。显微观察表明，这些结节是由红细胞、粒细胞和血小板前体组成的。因此，来自骨髓的单个细胞能够形成许多不同类型的血细胞。能担负起这种功能的细胞称为 CFU－S，即脾细胞群落形成单元（Colony－forming Unit）。染色体标记研究进一步证明，群落内不同类型的细胞由相同的 CFU－S 形成（图 9－11）。首先，骨髓细胞照射后基本不能存活，而存活下来的许多细胞具有异常染色体，可用显微镜辨别。当经过照射的 CFU－S 细胞被注射到造血干细胞已被毁坏的小鼠中时，脾细胞群落的每一个细胞，不论是粒细胞还是红细胞前体，都具有同样异常的染色体。干细胞概念的一个重要内容是要求干细胞除形成分化细胞外,还能够形成更多的干细胞。实际情况的确如此。当单个 CFU - S 衍生的脾群落悬浮液注射到另一只小鼠时,出现许多脾细胞群落。因此,显而易见,单个骨髓细胞不但能形成大量不同类型的细胞,而且还能够自我更新。换言之,CFU - S 是一个多能的造血干细胞。

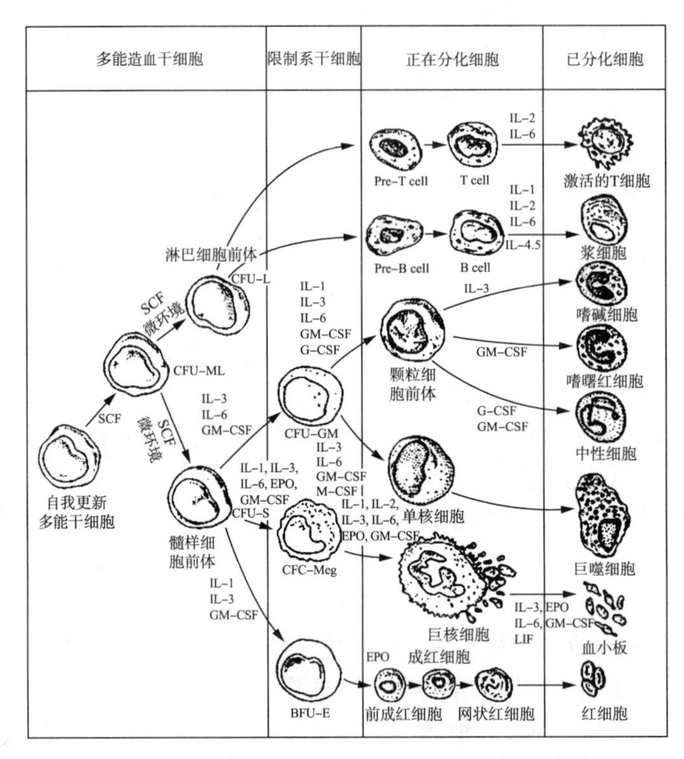

图 9 - 11 哺乳类血细胞和淋巴细胞的起源模型

EPO—红细胞生成素;G - CSF—粒细胞群落刺激因子;GM - CSF—粒细胞-巨噬细胞群落刺激因子;IL—白细胞介素;LIF—白细胞介素抑制因子;M - CSF—巨噬细胞群落刺激因子;SCF—干细胞因子

前述数据表明,尽管 CFU - S 能产生许多类型的血细胞,但它不能形成淋巴细胞。1977 年 Abramson 等证明,CFU - S 和淋巴细胞都来自另一种多能造血干细胞 CFU - M,L,即骨髓淋巴细胞群落形成单元。把照射过的骨髓细胞注射到血细胞形成有遗传缺陷的小鼠中,发现脾群落细胞和正在循环的淋巴细胞显示同样的染色体异常。再者,把病毒注射到骨髓细胞中,它便随机地整合到细胞 DNA 中,结果发现,同样的病毒基因存在于淋巴细胞和血细胞基因组相同区域中。1995 年 Berardi 等分离出一部分可能是人类的 CFU - M,L 细胞。分离的细胞用细胞分裂素(Cytokine)处理诱导分裂,再把分裂细胞全部杀死。最后,在最初每 10 000 个骨髓细胞中可以获得 1 个有核细胞。这些细胞既能形成血细胞谱系,又能形成淋巴细胞谱系。

(2) 血细胞及淋巴细胞谱系

最早的多能造血干细胞是 CFU - M,L。CFU - M,L 的发育取决于转录因子 SCL。缺少 SCL 蛋白的小鼠将死于血细胞及淋巴细胞缺乏。SCL 可能决定腹部中胚层发育成血细胞,或者与 CFU - M,L 细胞的形成和维持有关。CFU - M,L 细胞能产生 CFU - S 细胞(血细胞)和 CFU - L 细胞(淋巴细胞)。CFU - S 和 CFU - L 也是多能干细胞,因为它们的后代能分化成大量不同类型的细胞。不过,CFU - S 形成的直接后代是限制系干细胞,每个细胞除更新自己外只能产生一种类型的细胞。例如,幼红细胞突发形成单元(Burst - forming Unit,BFU - E)是从 CFU - S 形成的。除复制自己以外,BFU - E 只能形成一种类型细胞,即幼红细胞群落形成单元 CFU - E。CUF - E 能对激素促红细胞生成素(Erythropoietin)发生反应,形成红细胞系最早可识别的分化细胞前成红细胞(Proerythroblast)。促红细胞生成素是一种糖蛋白,能迅速诱导珠蛋白 mRNA 合成。促红细胞生成素主要在肾中产生,其合成对环境条件敏感。如果血液含氧量下降,促红细胞生成素合成便增加,结果导致产生更多的红细胞。随着前红细胞成熟,它变成成红细胞(Erythroblast),合成大量血红蛋白,最终,哺乳动物成红细胞把细胞核排出,成为网状细胞(Reticulocyte)。网状细胞不能再合成珠蛋白 mRNA,但还能将现有珠蛋白 mRNA 翻译成珠蛋白。分化的最后阶段是红细胞阶段。在最后阶段,既无细胞分裂,又无 RNA 合成和蛋白质合成,红细胞离开骨髓,承担运送氧到周身组织的功能。同样,也存在血小板限制系干细胞和粒细胞(中性粒细胞、嗜碱性粒细胞和嗜酸性粒细胞)及巨噬细胞限制系干细胞。

有些造血生长因子可以刺激较原始干细胞的分裂和成熟,因此使所有类型的血细胞数量增加,另一些生长因子(如促红细胞生成素)则只能刺激特定的细胞系细胞分裂和成熟。细胞对生长因子发生反应的能力取决于细胞表面是否存在生长因子受体。一般来说,受体含量都很低。CFU - E 每个细胞表面大约只有 700 个促红细胞生长素受体分子,其他干细胞表面生长因子受体分子数量都差不多。但是,巨噬细胞群落刺激因子(Colonystimulating Factor)M - CSF(也称为 CSF - 1)的受体是个例外,每个干细胞表面受体分子可达 73 000 个。

(3) 诱导造血微环境

有些造血生长因子是由骨髓自身的基质细胞(成纤维细胞和其他结缔组织细胞)产生的。另一些生长因子通过血液循环,被基质细胞的细胞外基质所截留。在脾中,干细胞主要定型发育成红细胞。在骨髓中,粒细胞发育占优势。多能干细胞的后代所采取的发育路径取决于它们所遇到的生长因子,而这又由骨髓基质细胞决定。基质细胞和干细胞之间的短程相互作用决定干细胞子代的发育命运。Wolf 和 Trentin 于 1968 年把骨髓栓(Plugs of Bonemarrow)放到脾中,再注射干细胞,发现脾形成的群落主要是幼红细胞,骨髓栓中形成的群落主要是粒细胞,而跨越边界两边的群落明显地表现出位于脾中的是幼红细胞,位于骨髓中的是粒细胞。决定幼红细胞和粒细胞发育命运的区域称为诱导造血微环境(Hematopoietic Inductive Microenvironment,HIM)。

骨髓基质细胞和造血生长因子结合创造出诱导造血微环境。粒细胞和巨噬细胞群落刺激因子 GM - CSF 及多系(Muhilineage)生长因子 IL - 3 两者都能和骨髓基质的硫酸乙酰肝素氨基葡聚糖结合。不仅如此,生长因子在结合之后仍有活性。这样,生长因子便分隔浓集于一个区域内,刺激干细胞分化形成同一种类型细胞,而另一个区域相同的干细胞则分化成另一种类型的细胞。没有生长因子,干细胞也就死亡。

3) 生长因子与破骨细胞发育

如前所述,干细胞受大量造血生长因子影响。然而,生长因子本身又受身体激素环境影响。这对绝经后发生的骨质疏松(Menopausal Osteoporosis)尤为重要。绝经后的骨质流失和破骨细胞分裂增加有关。而据认为破骨细胞是与巨噬细胞及粒细胞共同来源于同样的干细胞 CFU - GM 的。生长因子白细胞介素 6(Interleukin 6,IL - 6)能刺激破骨细胞形成。不过,IL - 6 的产生能被雌激素抑制。当把雌激素添加到培养的小鼠骨髓细胞中,IL - 6 和破骨细胞的产生均被抑制。1992 年 Jilka 等证明,切除小鼠卵巢导致 CFU - GMs 数量增加,促进破骨细胞发育，使骨中破骨细胞数量增加，所有这些变化可以通过给小鼠注射雌激素或 IL－6 抗体而避免。这表明雌激素能抑制雌性哺乳动物 IL－6 的产生。

9.9 内胚层

1. 咽

胚胎内胚层的功能是构建体内两根管道的衬里。第一根管道是贯穿于身体全长的消化管。肝、胆囊和胰腺即由此管凸出形成。第二根管道即呼吸管，由消化管向外生长形成，它最终分叉形成肺。消化管和呼吸管在胚胎前端区域具有共同的腔室。消化管和呼吸管具有共同腔室的区域称为咽。咽向外凸起形成的上皮外囊(Outpocket)，产生扁桃体、甲状腺、胸腺和甲状旁腺。

呼吸管与消化管均起源于原肠。随着内胚层向胚胎中央挤压，出现前肠和后肠区域。起初口端由被称为口板或原口的外胚层堵塞。最终(人大约在胚胎发育 22d 后)原口破裂，从而形成消化管开口。这个开口本身由外胚层细胞衬里。这种排列很有趣，因为口板外胚层与大脑外胚层接触，而大脑外胚层向胚胎腹部弯曲。这两个外胚层区域彼此相互作用，口区顶盖形成颅颊囊(Rathke's Pocket)，并成为垂体的腺垂体部分，间脑底部的神经组织形成漏斗状突起，成为垂体的神经垂体部分(参阅图 20－9、图 21－9)。因此，垂体具有双重起源，功能也明显反映出了其双重起源性。

消化管和呼吸管的内胚层部分开始于咽。在咽部，哺乳动物胚胎产生 4 对咽囊，咽囊已改变适用于陆生环境。在水生脊椎动物中，咽囊结构产生鳃。如前所述，头部神经嵴细胞移居到咽囊中，形成软骨或间充质部分。咽囊之间是咽弓(Pharyngeal Arches)。第 1 对咽囊变成中耳的听腔及其相连的咽鼓管，第 2 对咽囊形成扁桃体壁，第 3 对咽囊衍生成胸腺，在后期发育过程中决定 T 细胞分化，第 3 对咽囊还形成一对甲状旁腺，而另一对甲状旁腺则是从第 4 对咽囊产生的。除咽囊之外，咽底部的第 2 对咽囊之间还形成一个小的中央盲管。这个由内胚层和间充质构成的盲管从咽部凸出，向下迁移到颈部，形成甲状腺。

2. 消化管及其衍生物

在咽后部，消化管紧缩形成食管，其后依次为胃、小肠和大肠。内胚层细胞只产生消化管的衬里及其腺体，而中胚层间充质细胞包围消化管，产生用于蠕动的肌肉。

胃由靠近咽部的膨大区域发育而成。胃后形成肠。最终，肠和卵黄囊之间的连接断开。在小肠的尾侧，内胚层和上面覆盖的外胚层相遇之处形成一个凹陷。在凹陷中，有一层薄的泄殖腔膜将内胚层和外胚层两种组织分开。凹陷最终破裂，形成肛门的开口。

(1) 肝、胰腺和胆囊

内胚层还形成紧位于胃后的三种附属器官的衬里。肝盲囊是从前肠向周围间充质中伸出的内胚层管。间充质诱导内胚层细胞增殖、分支并形成肝的腺 E 皮。肝盲囊的一部分(最靠近消化管的区域)作为肝的引流管继续行使功能。由引流管产生一个分支形成胆囊。

胰腺由背部盲囊和腹部盲囊融合形成。背部盲囊和腹部盲囊两种原基由紧位于胃后的内胚层产生。随着两个盲囊生长，它们越来越靠近并最终融合。在人类中，只有腹部的导管存留，把消化酶运送到小肠，在其他动物(如狗)中，背部和腹部导管均通入小肠。和其他内胚层器官一样，胰腺是通过上皮及其相邻的间充质相互作用而形成。这两种组织都存在一个由位置决定的特征。如果胰腺上皮放在缺乏中胚层的环境中培养，它几乎完全分化成分泌胰岛素和胰高血糖素的胰岛细胞，不产生胰泡(分泌胰凝乳酶或淀粉酶)或导管结构。这表明胰腺上皮的“未受诱导”状态是产生内分泌激素，消化(外分泌)功能特有的分泌细胞和导管的形成则是胰腺上皮与间充质相互作用的结果。pdx－1 基因似乎能使胰腺上皮对间充质作出反应。不具有 pdx－1 基因的小鼠缺乏胰腺，尽管其上皮的确分化成合成少量胰高血糖素和胰岛素的前胰岛细胞。因此，胰腺上皮具有自主内分泌能力，只有与间充质相互作用后才能形成外分泌细胞，以及把分泌物送到十二指肠的导管。

(2) 呼吸管

肺虽然不起任何消化作用，但却是消化管的衍生物。在咽底部中央第 4 对咽囊之间，喉气管沟(Laryngotracheal Groove)向腹部延伸。然后，喉气管沟分支形成两个管，其中一个形成一对支气管，另一个形成肺。喉气管内胚层成为气管、两个支气管和肺泡囊(肺泡)的衬里。这些内胚层管的分支取决于它与不同类型的中胚层细胞相互作用。

肺在进化上是一种较新的结构，是哺乳动物器官中分化最充分的器官。肺在婴儿进行第一次呼吸时，必须能吸收氧。肺泡细胞向浸润肺的液体中分泌一种表面活化剂(Surfacant)，以保证婴儿第一次呼吸时就能吸进氧。表面活性剂由鞘磷脂和卵磷脂等磷脂组成，在妊娠末期才分泌，一般在妊娠第 34 周左右才达到生理上的有效水平。表面活性剂能使肺泡相互接触而不粘在一起。因此，通常产儿呼吸困难，不得不被放在呼吸器中直到产生表面活性剂的细胞成熟。

9.10　能自主的有机体

由上述可见，通过原肠胚形成，胚胎细胞分化成为三个胚层的细胞逐渐获得不同的发育潜能，分化产生不同类型的细胞并由这些细胞建立各种组织和结构(图 9－3)。通常，囊胚的内胚层形成动物的消化道上皮(胃、肠管)和消化腺(肝、胰)等器官；囊胚的外胚层形成动物的表皮(皮肤外层)、感觉器官和神经系统等；而中胚层具有多能性，将形成心脏、肾脏、性腺、血细胞、血管、肌肉、结缔组织、囊胚内的上皮内衬、骨骼等器官，并向其他种类细胞提供对应这些结构发生的遗传信息。胚胎在建立三个胚层之后随即开始进入神经胚形成阶段，形成脑和脊髓的原基——神经管。神经管是在一系列细胞相互作用下由胚胎背中部的细胞形成的。之后，各种器官原基相继形成，多数器官由一种以上的胚层细胞构成。在器官形成的过程中，血细胞、色素细胞和生殖细胞等一些细胞必须经历长距离的迁移才能到达最后的位置。

胚胎细胞形成不同组织、器官和构成有序空间结构的过程称为图式形成。最初的图式形成涉及多细胞生物形体模式的建立。模式建立或称为模式形成，主要包括胚轴形成、体节形成、肢芽和器官原基形成等事件。胚轴主要指从胚胎前端到后端之间的前-后轴和背侧到腹侧之间的背-腹轴。动物胚轴的形成与受精卵内 RNA 和蛋白质的不均匀分布密切相关，并且涉及一系列早期发育的事件：卵裂将不同的信息分配给不同的分裂球；在原肠形成中胚胎细胞迁移，含不同信息的细胞间发生相互作用并形成三个胚层；随着神经管发生，中胚层细胞开始分化，进而胚胎的背-腹轴形成；神经管的分化，从原脑分节开始整个躯体分节，进而胚胎前-后轴形成；沿前-后轴进行体节分化，三个胚层细胞进一步分化并构建不同组织和器官原基；形体模式逐渐建立。

胚胎发育的最终结果是获得了生物结构和生理特异性的能自主的有机生命体——幼体。随后幼体进一步变态发育成成体。而在成体中，随着发育的继续进行，成体细胞也逐渐衰老、死亡，最终引起有机个体的死亡。

生物模式的建立

——细胞间信号交换

受精卵在卵裂中对拥有的各种类型卵质成分进行精确的控制，被不同地分配到子细胞中，指导决定细胞的分裂分化，所有细胞最终获得各自的特异性分子基础、特异性形状及功能。

第10章 信号分子

10.1 形态发生决定子

从胚体发育的细胞谱系发现，发育胚胎中特定的结构来源于特定的裂球，特定的裂球来源于受精卵精确的卵裂方式下含有卵子一定区域的细胞质的卵位部分。这些卵位部分的细胞质中所含的特定卵质成分我们称为形态发生决定子。广泛存在于动物卵子胞质中的形态发生决定子是执行位置信息的信号分子。形态发生决定子是指在卵细胞质中的这些特异性蛋白质或mRNA等生物化学分子物质，它们可以激活或抑制某些基因表达，从而决定细胞分化的方向。在受精卵产生各种类型细胞的细胞发育分化过程中，形态发生决定子起着关键性作用。

而信号分子又统指生物体内的一些化学分子，既非营养物，又非能源物质和结构物质，而且也不是酶，它们主要是用来在细胞间和细胞内传递信息，如激素、神经递质、生长因子等，它们的唯一功能是同细胞受体结合，传递细胞信息。多细胞生物中有几百种信号分子在细胞间传递信息，这些信号分子中有蛋白质、多肽、氨基酸衍生物、核苷酸、胆固醇、脂肪酸衍生物及可溶解的化学分子等。

10.2 胞质定域

胞质定域是指形态发生决定子在卵细胞受精时发生运动，被分隔而成的区域，这些区域具有了最终的发育命运，称为胞质定域。

根据Conklin等对海鞘胚胎细胞谱系的研究，8－细胞期只有植物极后面一对裂球B4.1含有肌质，能形成肌肉组织(图10－1)。将B4.1两裂球分离下来单独培养时，同样可形成肌肉组织，而其余6个裂球发育的胚胎无肌肉组织。不过，Deno等和Nishida先后证明海鞘动物极后面一对裂球b4.2和植物极前面一对裂球A4.1在完整胚胎中也能形成肌肉，但这只能在完整胚胎中发生。当分离培养时，无论是b4.2还是A4.1都不能形成肌肉组织。据此，Meedel等认为，非B4.1裂球来源的肌肉组织是由诱导形成的。这再次说明，即使在海鞘这样典型的镶嵌型发育的胚胎中，也存在着由细胞之间相互作用决定细胞发育命运的渐进决定作用。

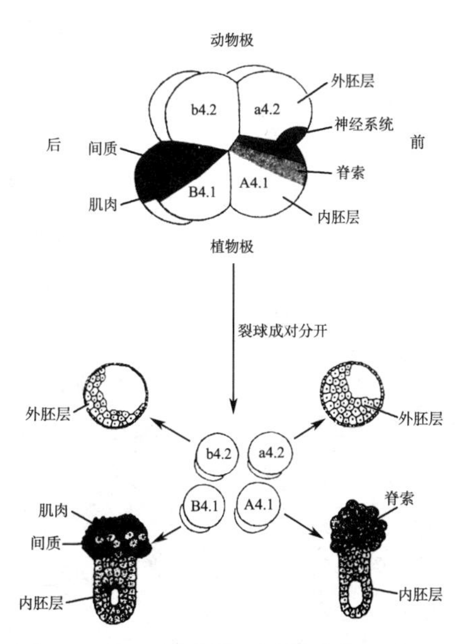

图10－1　8－细胞期4对裂球分开后，每对裂球都形成独特的结构

Whittaker于1973年用组织化学方法检测海鞘胚胎

中乙酰胆碱酯酶(Acetylcholinesterase,ACHE)的发育情况。ACHE只存在于海鞘幼虫肌肉组织中,使幼虫肌肉能对神经刺激发生反应。细胞松弛素B(Cytoehalasin B)能和微丝(Microfilament)结合抑制细胞质分裂(Cytokinesis)。当用细胞松弛素B处理海鞘不同时期胚胎时,细胞质分裂停止但细胞核分裂(Karyokinesis)正常进行。对经细胞松弛素B处理的胚胎进行ACHE活性测定后发现,2-细胞期时2裂球都能产生ACHE;4-细胞期时只有后面2裂球能产生ACHE;而8-细胞期时只有植物极后面2裂球能产生ACHE。另一方面,根据海鞘细胞谱系,2-细胞期时2裂球均含有肌质;4-细胞期时只有后面2裂球含有肌质;而8-细胞期时只有植物极后面2裂球含有肌质。可见,在经细胞松弛素B处理的胚胎中,含有ACHE的裂球和据细胞谱系推测出的含有肌质能产生肌肉组织的裂球完全吻合。此外,在经细胞松弛素B处理的胚胎中产生ACHE的时间也和正常胚胎完全一致。因此认为,海鞘卵中的肌质在卵裂时分配到预定中胚层细胞中,并控制肌肉组织的发育分化。那么,肌质等形态发生决定子是如何发生作用的?前面讲述的细胞质移植实验证明,将海鞘胚胎裂球中的肌质移植到预定非肌肉细胞中,可使本来不形成肌肉的裂球产生肌肉。而1977年童第周等进行的细胞核移植实验则证明,无论供体核是取自海鞘原肠胚的外胚层、中胚层还是内胚层,只要受体卵块所含细胞质相同,那么所发育的胚胎结构就相同。因此,可以推测,肌质等形态发生决定子可能选择性地激活(或抑制)裂球中某些特定基因的表达,从而决定裂球的发育命运。已有实验证明,把海鞘受精卵中的黄色新月物质移植到预定形成表皮的a4.2裂球中,能够诱导a4.2裂球中肌肉特异性蛋白——乙酰胆碱酯酶的基因表达。

海鞘的肌肉、内胚层、表皮三种组织的形态发生决定子在卵细胞受精时发生运动,被分隔到不同区域,并在卵裂时分配到此区域的裂球中,决定裂球的发育命运(图10-2)。

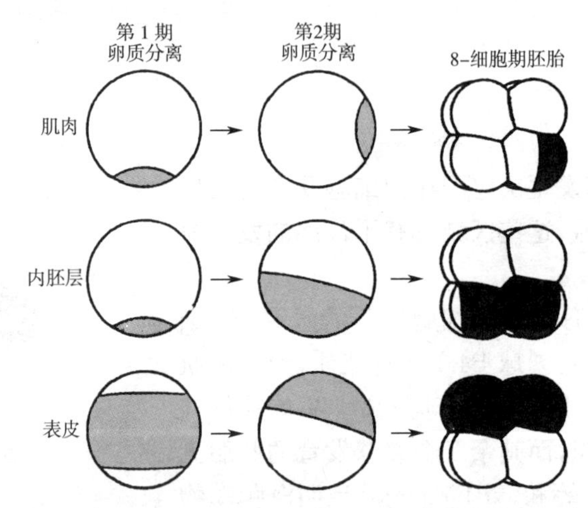

图10-2 肌肉、内胚层和表皮三种组织的胞质决定子运动比较

第11章 细胞分化模式的渐进形成

11.1 位置信息

胚胎发育中多细胞系统的各个细胞在整体中的所在位置上所遭遇的环境的信息称为位置信息(Positional Information)。如细胞所处环境中的胞外信号分子所形成的浓度梯度。细胞外信号分子在周围形成的浓度梯度,是为细胞的模式形成建立的诱导区域,指导细胞根据其位置来决定怎样进行分化的信息。

在胚胎中,某些生物化学分子所坐落的特定位置,其定位本身就可能是遗传的一种信息。如在卵细胞质中形态发生决定子所呈现的一定形式分布——胞质定域,即是遗传的一种信息。

胚胎细胞是根据它所处的这种特定位置来表现其行为的。在这个位置,它们构建神经系统;在另一个位置,它们形成肌肉。在此处,它们协同形成骨骼的组成成分和特定的形状,而在另一个位置,有些细胞必须自杀而产生一个腔。细胞如何得知自己在哪里?它们的基因如何告诉它们每个瞬间所处的位置?核内的DNA不可能告诉它,因为核里不含有胚胎整体结构图,胚胎细胞不能依据其核内信息来确定自己的位置。无论如何,细胞依赖于它们所处的位置而开始它们的分化过程。

从单个受精卵开始,细胞一方面以时间为主轴有序地进行分化,形成不同类型的细胞,另一方面又严格按照形态建成所预定的整体构造蓝图进行增殖、迁移、排列及和其他类型细胞组合,生成各种组织和器官,直至最后形成成熟的个体。因此在不断分裂和移动中的细胞需要根据自己所处的瞬间空间位置来决定分化方向或调整移动路径。

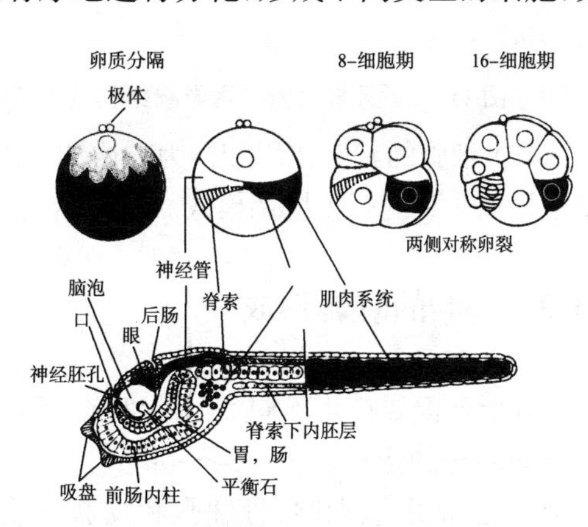

图11-1 海鞘胚胎发育(每个分裂球负责生成身体的一个特殊部分)

胚胎发育中细胞的命运是由自身所含的形态发生决定子决定的,并受细胞间的相互作用诱导。但它能获得哪些形态发生决定子及身后命运如何,则是由它在整个胚胎中所处的这一“位置”确定。“位置”决定着细胞的“命运”,受精卵中的“胞质定域”构成了胚胎中各位置上细胞的“命运图谱”(图11-1),导致了其后期的特定形态发生。

11.2 位置信息(信号)的起源

胚胎细胞必须根据其位置(所处环境)表现其行为,而不同类型细胞的位置形成是受制于环境的。位置信息的影响因素包括:

(1) 位置的信息来自外界环境,譬如地球引力或光,其可能是决定方位的诱因。

(2) 由卵细胞中母本形态发生决定子的分布模式所决定。

其中,母本细胞质中形态发生决定子(以 RNA 或蛋白质的形式存在)分布于卵细胞的不同部位,而使该部位细胞被由此规定了自身发育的路线和目的地。这种分布次序的产生,可能有两种机制:①在卵子发生期间,细胞质中的形态发生决定子,由卵母细胞自己合成或由邻近的滋养细胞提供,储存在卵子的不同部位(图 11-2);②受精后卵细胞质发生分类和内部模式化,即发生卵质分隔,或称为胞质隔离。

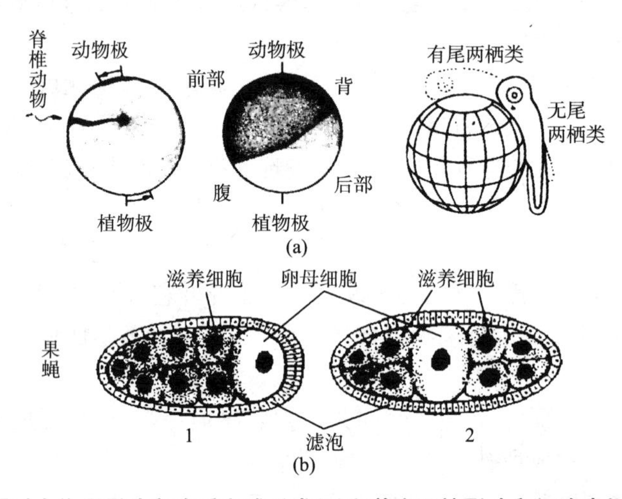

图 11-2 外界引力作用影响卵胞质定域形成(a)和养育环境影响卵细胞内极性轴的形成(b)

(3) 细胞的相互作用和行为的协调。细胞与它们的邻接细胞之间,通过相互的空间排列,相互采取一致的行为协调模式。

11.3 胚胎的胚轴形成

胚胎不但要产生不同类型的细胞,而且要由这些细胞构成功能性的组织和器官并形成有序空间结构的形体模式(Bodyplan)。如人的手臂和腿,都由肌细胞、骨细胞和皮肤细胞等多种细胞构成,这些同样的细胞在手臂和腿的图式形成过程中却被构成具有显著差异的有序空间结构。在动物胚胎发育中,最初的图式形成主要涉及胚轴(Embryonicaxes)形成(图 11-3)及其一系列相关的细胞分化过程。胚轴指胚胎的前-后轴和背-腹轴。所有多细胞

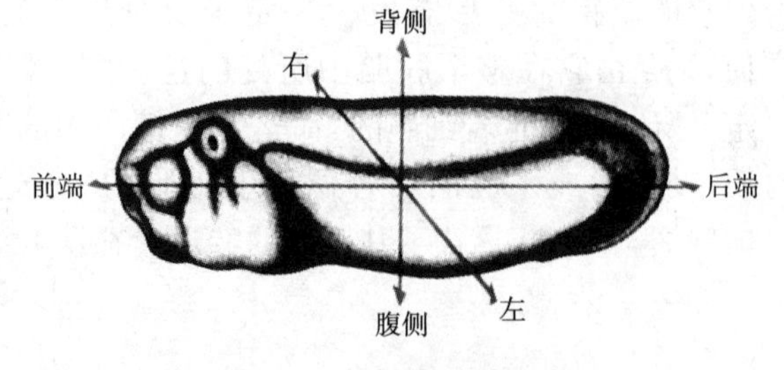

图 11-3 两栖类胚轴形成

机体至少具有一种主要的胚轴，两侧对称的动物还具有中侧轴或左-右轴，由于这些轴之间互相垂直，可作为形态描述的坐标。胚轴的形成是在一系列基因多层次、网络性的调控下完成的。关于形体模式建立机制，目前了解得最清楚的是果蝇，基本阐明其胚轴形成的分子机制是20世纪后期发育生物学取得的最大成就之一。

果蝇可以很容易地获得一系列突变体，而且果蝇幼虫体表的角皮又提供了很好的位置极性标志，利用果蝇突变体的表型对于胚轴形成相关基因比较容易进行鉴定。经过许多学者的努力，现已筛选到与胚胎前-后轴和背-腹轴形成有关的约50个母体效应基因和120个合子基因。通过对这些基因的研究，使我们对果蝇胚轴形成的调控机制已有了一个较为清晰的认识。在果蝇最初发育中，由母体效应基因构成位置信息基本网络，激活了合子基因表达来控制果蝇形体模式建立。

果蝇的卵、胚胎、幼虫和成体都具有明确的前-后轴和背-腹轴。与其他两侧对称的动物相同，果蝇形体模式的形成是沿前-后轴和背-腹轴进行的(图11-4)。沿前-后轴果蝇胚胎和幼虫显示有规律的分节，由于这些分节属于3个解剖区，又可从前到后分为头节、3个胸节和8个腹节。在幼虫的两末端又特化为前面的原头和后端的尾节。在早期胚胎发育中，沿背-腹轴分化为4个区域，即背部外胚层、腹侧外胚层、中胚层和羊浆膜。

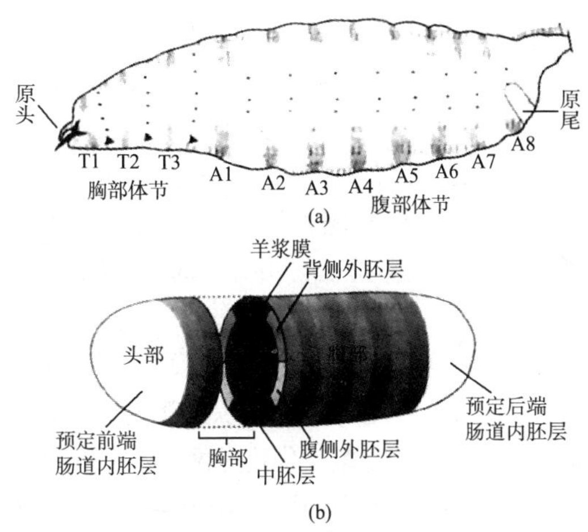

图11-4　果绳形体模式的形成

关于果蝇胚胎的极性如何产生，研究发现，如果果蝇卵的细胞质流失，发育成的胚胎将缺失头部和胸部。这种情况与以后发现的bicoid基因突变体的表型非常相似。以后的研究发现，果蝇早期胚轴形成涉及一个由母体效应基因产物构成的位置信息网络。在这个网络中，一定浓度的特异性母源性RNA和蛋白质沿前-后轴和背-腹轴的不同区域分布，以激活胚胎基因组的程序。有4组母体效应基因与果蝇胚轴形成有关，如前端系统(Anteriorsystem)决定头胸部分节的区域，后端系统(Posteriorsystem)决定分节的腹部，末端系统(Terminalsystem)决定胚胎两端不分节的原头区和尾节，背腹系统(Dorsoventralsystem)决定胚胎的背-腹轴(参阅图6-23)。

11.4　细胞的分化

从单个全能的受精卵产生各种类型细胞的发育过程叫做细胞分化，即在个体发育中，由一个或一种细胞增殖产生的后代，在形态结构和生理功能上所发生的稳定性的差异的过程。细胞分化是一种持久性的变化，它不仅发生在胚胎发育中，而是在一生中都进行着，以补充衰老和死亡的细胞，如，多能造血干细胞分化为不同血细胞的细胞分化过程。一般来说，分化了的细胞将一直保持分化后的状态，直到死亡。

正常情况下，细胞分化是稳定、不可逆的。一旦细胞受到某种刺激发生变化，开始向某一方向分化后，即使引起变化的刺激不再存在，分化仍能进行，并可通过细胞分裂不断继续下去。

1. 细胞定型

细胞分化贯穿于生物体整个生命进程中，在胚胎期达到最大程度。而分化过程中的胚胎细胞在显示特有的形态结构、生理功能和生化特征之前，需要经历一个称作决定的阶段。在这一阶段中，细胞虽然还没有显示出特定的形态特征，但是内部已经发生了向这一方向分化的特定变化。

细胞决定的早晚，因动物及组织的不同而有差异，但一般情况下都是渐进的过程。例如，在两栖类动物中，把神经胚早期的体节从正常部位移植到同一胚胎的腹部还可改变分化的方向，不形成肌肉而形成肾管及红细胞等。但是到神经胚晚期移植体节，就不能改变体节分化的方向。可见，这时期体节的分化已稳定地决定了。

因此，细胞在分化之前所发生的这些隐避的、渐进的变化而使细胞朝特定方向一步一步发展的这一渐进过程，被称为定型(Commitment)。已定型细胞和未定型细胞从表型上看不出任何不同，但前者发育已受到严格限制。而一个已定型的特定组织有时是已决定的组织，有时又是未决定的组织。所以，将定型又分为特化(Specification)和决定两个时相。在渐进的定型过程中，当一个细胞或者组织只能在中性环境，如培养皿中可以自由分化时，可以认为这一细胞或组织已经“特化”，即细胞在中性环境中能稳定业已存在的发育定向。而当一个细胞或者组织被放在胚胎的另一部位仍然可以自由分化时，就认为这一细胞或组织已经“决定”，即细胞在异源环境中仍能稳定保持已存在的发育定向。

已“特化”的细胞或组织的发育命运是可逆的。如果把已“特化”细胞或组织移植到胚胎不同部位，它就会分化成不同组织。相比之下，已“决定”的细胞或组织的发育命运是不可逆的。在细胞发育过程中，定型和分化是两个相互关联的过程。实验胚胎学已经证明：在胚胎早期发育过程中，某一组织或器官的原基(Anlage)必须首先获得定型，然后才能向预定的方向发育，也就是分化，形成相应的组织或器官。

而在胚胎发育中，不同的物种及它们具有的不同类型的细胞，在不同的发育环境里，或处在不同的发育时间中，这些细胞所获得的定型状态(程度)是不同的，只能依据实验来确定它们的特异性。

2. 细胞的早期决定

在胚胎发育过程中，卵细胞质中形态发生决定子呈现着一定形式形态分布，是遗传的一种信息，其发生过程是由母本提供的。在受精时这些形态发生决定子进行了有秩序的空间排列(卵质分隔)，导致卵细胞内部分化模式的最初形成。早期决定是指受精卵在卵裂中这些形态发生决定子被有差别地分配到分裂球中(卵子的子代细胞)，由此形成的子代细胞的最初定型。

卵裂时，受精卵内特定的形态发生决定子被分离到特定的裂球中，从而决定了这个裂球发育成哪一类细胞。因此，细胞命运的这种定型方式也称为自主特化，细胞发育命运完全由内部细胞质组分——形态发生决定子所决定。

3. 细胞的晚期决定

受精卵发生卵裂，卵裂过程中由于两个以上的细胞一旦出现，随即出现了这些相邻细胞(两个以上细胞)之间的相互作用。因此，这些子细胞在随后的发育期的分化，在受到自身内部形态发生决定子的作用的同时，又受到了周围细胞之间或胞外基质的作用，其继续分化模式便同时受到细胞之间或细胞与胞外基质相互作用的影响。晚期决定是指细胞分化模式的形成受细胞之间相互的信号交换所诱导决定。

初始阶段，细胞可能具有不止一种分化潜能，但是，和邻近细胞或组织的相互作用逐渐限制了它们的发育命运，使它们逐渐只能朝一定的方向分化。细胞命运的这种定型方式称为有条件特化(Conditionalspecification)或渐进特化(Progressivespecification)或依赖型特化(Dependentspecification)，细胞发育命运开始取决于其所处的环境条件如邻近的细胞或组织作用。

4. 镶嵌型发育和调整型发育

胚胎细胞的定型过程主要是细胞的不对称分裂和细胞间相互作用渐进影响的结果。

如果在发育早期将一个特定裂球从整体胚胎上分离下来，它就会形成如同其在整体胚胎中将会形成的结构一样的组织，而胚胎其余部分形成的组织中将缺乏分离裂球所能产生的结构，两者恰好互补。胚胎发育完全由这种特定裂球的发育命运决定。受精卵内特定的发育决定因子，由于细胞的不对称分裂被不均匀地分配到子细胞中，决定了这一细胞将发育成为某一类的细胞。此时，细胞命运的决定和相邻的细胞没有关系，细胞发育的命运完全由内部细胞质组分——形态发生决定子决定。以细胞这种自主特化为定型特点的发育模式，称为镶嵌型发育(Mosaicdevelopment)，或自主发育。镶嵌型发育中，整体胚胎好像是自我分化的各部分的总和。

但是，对细胞呈现出有条件特化的胚胎来说，如果在胚胎发育早期将一个裂球从整体胚胎上分离下来，那么剩余的胚胎细胞可以改变发育命运，填补分离掉的裂球所留下的空缺，仍形成一个正常的胚胎。

胚胎发育初期，每个细胞均具有发育成任何类型细胞的潜力，这不仅是由于每个细胞均有相同的基因组，也或多或少由于它们包含的发育决定因子的相对的等值。随着胚胎的发育，与相邻细胞或组织之间的相互作用，逐渐限制了这些细胞的发育方向，使它们只能朝一定的方向分化。这种细胞定型方式称为有条件特化。以细胞这种有条件特化为定型特点的发育模式，称为调整型发育(Regulativedevelopment)，或依赖性发育。

实际上，胚胎细胞的定型过程主要是由细胞的不对称分裂和细胞间相互作用决定的。而任何动物胚胎发育过程中，细胞定型的两种方式在一定程度上都发生作用，只是程度不同而已。在多数无脊椎动物胚胎发育过程中，主要是细胞自主特化在发生作用，细胞有条件特化次之；而在脊椎动物胚胎发育过程中则相反，主要是细胞有条件特化在发生作用，细胞自主特化次之。一般来说，胚胎发育过程具有由自主发育(镶嵌型)倾向朝依赖型发育(调节型)倾向渐进转化的过程。

海鞘、线虫和海螺的细胞决定发生得很早，因此，当胚胎受到损伤时，它的调节能力很差，移走的细胞不能被替代或者补偿。实验发现这些动物的发育决定因子是镶嵌分布的，因而这种发育为“镶嵌型”发育。进一步的研究发现，即使在这些胚胎中也存在着细胞间的相互作用，而且这种作用也发生得很早。

水螅、水母、海胆和脊椎动物的胚胎中，胚胎细胞的决定主要依赖于细胞间相互作用，其细胞的程序化分化过程很长，因此，胚胎的调整能力强，能持续较长的时间。但研究发现，在这些动物的卵中也存在着许多的母体编码基因产物(形态发生决定子)，接受同样这些物质的细胞也常能发育为同一种细胞。

因此，在不同的物种中，细胞的镶嵌型发育和调整型发育只是在决定的早晚时间顺序上不同。

11.5 胚胎细胞的渐进分化模式

包括胚胎的极性产生过程，卵细胞质中的形态发生决定子可能仅仅是细胞进入早期决定的诱因。之后，细胞在分化过程中进入晚期决定则是细胞之间或细胞与胞外基质间的相互作用的过程。虽然，产生这些介导细胞相互作用的分子需要遗传信息。例如，基因决定了能暴露于细胞表面的或分泌到周围环境的信号分子和能接受和识别这种信号分子的受体。然而，所有这些相互作用主要也是由非遗传的定律，如扩散的物理学定律，或黏附物理力所决定。

根据经典的实验假设，胚胎细胞决定的若干步骤为：首先细胞命运的规定和定型是由细胞质中的形态发生决定子来完成。在卵子内部分化模式形成过程中，这些形态发生决定子进行了有秩序的空间排列，称为卵质分隔；并有差别地分配到分裂球中。发育后期的分化模式形成和定型是根据不同细胞之间的信号交换而定的(图 11-5)。

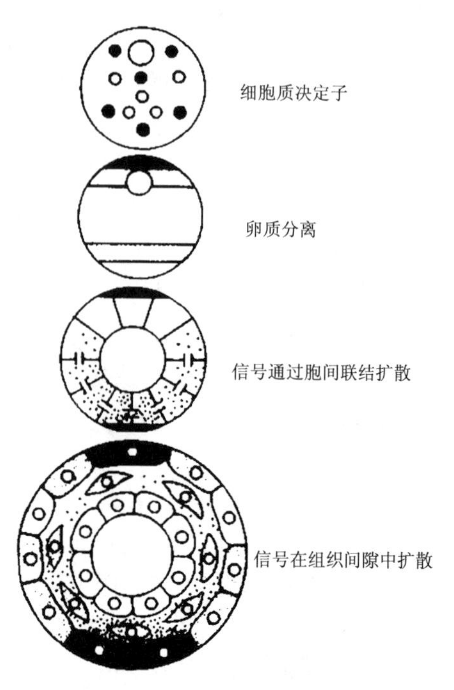

图 11-5 胚胎细胞决定的若干步骤

1. 早期分化

细胞的早期分化是细胞早期决定的结果。卵细胞胞质中的形态发生决定子的再分布——卵质分隔，以及卵裂时子细胞胞质的再分配，导致胚胎中特定位置获得了特定信号分子。早期分化是卵子内部模式的初始形式。如，海鞘卵中的肌质在卵裂时分配到预定中胚层细胞中，并控制肌肉组织的发育分化。

2. 晚期分化

细胞的晚期分化依赖于细胞的晚期决定。随着第一次卵裂的完成，自一个卵细胞产生了两个分裂球之后，开始出现了细胞的邻间关系。此时，分化模式形成开始逐渐过渡到依赖于细胞之间信号的交换。例如，果蝇胚胎的晚期分化是随着细胞化囊胚的形成而开始的，果蝇复眼由大约 800 个小眼组成。每个小眼由 20 个细胞组成，包括 8 个光受体 R1～R8。R8 首先发育，其表面提供信号，而相近 R7 细胞应有受体——一种跨膜的酪氨酸激酶。如果 R8 由于突变不能提供一正确信号，或 R7 不能识别这种信息，R7 细胞将不能正常发育成光受体细胞而形成一晶体。因为果蝇小眼的模式形成和决定是以细胞短距离的相互作用来进行的(图 11-6)，只有当 R8 细胞表达 $boss^+$ 基因时，光受体 R7 才形成，此时 R7 表达 $sevenless^+$ 基因。由这些基因编码的蛋白暴露在细胞表面上，并呈献给邻近的细胞。如果这两个基因的产物没有或缺失，则 R7 便被其他晶体细胞所取代。如果光受体的程序没有被打开，透镜状细胞的形成就是错误程序启动的结果。

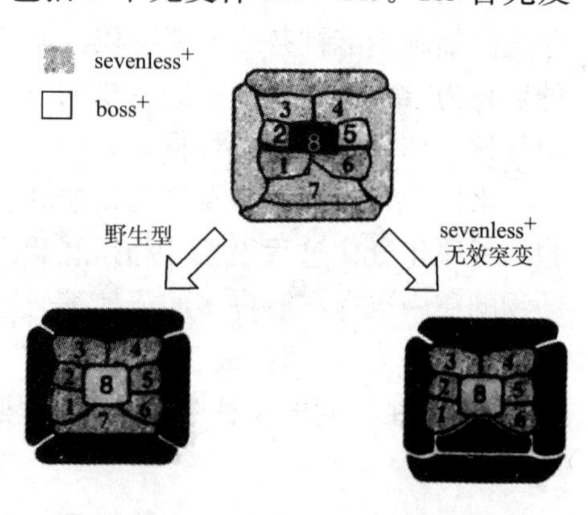

图 11-6 果蝇小眼的模式形成

第12章 胚胎诱导——细胞分化的调控方式

受精卵产生各种类型细胞的发育过程是由早期分化向晚期分化模式渐进地形成的过程。而在晚期分化过程中，胚胎诱导则是决定胚胎细胞分化方向的一个极重要的调控方式。

胚胎诱导现象是施佩曼(Spemann)1924年在两栖类原肠胚和实验中首先发现的。之后的多种动物胚胎实验表明，胚胎诱导是动物胚胎发育过程中的一个普遍现象。在动物胚胎发育过程中，存在一部分细胞对其邻近细胞的形态发生产生影响，从而决定其分化方向的现象。也就是细胞组织分化的决定性信号是来自与之密切接触的另一群细胞。脊椎动物皮肤发育是研究诱导的理想材料，不同部位的皮肤可产生不同的附件，如齿、毛、羽、鳞片和腺体等。

胚胎诱导是指：在胚胎发育过程中，一个区域的组织与另一个区域的组织相互作用，引起后一种组织分化方向上变化的过程。诱导是指诱导者通过发射可扩散的信号使反应组织接收信号从而采取一特定的发育途径的事件。因而，产生影响并引起另外的细胞或组织分化方向变化的这部分细胞或组织称为诱导者；接受影响并改变分化方向的细胞或组织称为反应组织。

诱导者的作用可能是激活那些对细胞分化所必需的特异蛋白质编码的基因。而反应组织则必须具有感受性(Competence)，才能接受诱导者的刺激，从而发生分化的变化。在动物胚胎的发育过程中存在着大量的和连续的诱导作用，其中原肠胚的脊索中胚层诱导其上方的外胚层形成神经系统这个关键的诱导作用，传统上称之为初级胚胎诱导。初级胚胎诱导的产物——神经管(如视杯)又可作为诱导者，诱导表面覆盖的外胚层形成晶状体，这称为次级胚胎诱导。而晶状体和(或)视杯又作为诱导者诱导表面的外胚层形成角膜，此为三级胚胎诱导。

在胚胎发育过程中，诱导是逐级依次进行的，一种结构被诱导出来以后，它又可作为次级诱导者诱导邻近其他结构的产生。从胚胎诱导的层次顺序上可分为：①初级诱导，原肠胚的脊索中胚层诱导其上方的外胚层形成神经板，神经板形成神经管。②次级诱导和三级诱导，各器官原基形成的早期均有诱导现象，而且可出现连续的诱导。

12.1 初级胚胎诱导

在两栖类进行的一系列移植实验中发现，早期原肠胚的胚孔背唇能诱导次级胚胎的形成，并将胚孔背唇称为组织者(Organizer)。它建成了胚体的中轴结构，并为此后的器官的形成奠定了胚胎发育的基础。经典的实验胚胎学认为，在原肠形成时脊索中胚层诱导其表面覆盖的外胚层形成神经板的现象为初级胚胎诱导。根据近二十年来的研究认为，过去经典实验胚胎学中所描述的初级胚胎诱导，实际上是神经诱导，它只是初级胚胎诱导过程中的一个阶段。初级胚胎诱导可分为以下几个阶段：第一个阶段发生在卵裂期，为中胚层的形成而分区；第二个阶段才是背部外胚层被脊索中胚层诱导转变为神经系统的神经诱导；第三个阶段是中央神经系统的区域化。

施佩曼等证明：两栖类早期胚胎胚孔的背唇不但是唯一能自我分化的区域，而且能诱发原肠作用,并影响周围细胞的发育分化。他们选择两种具有不同色素的蝾螈胚胎,即色素较深的Triturustaenzatus和色素较浅的Trituruscristatus的胚胎,进行种类间移植实验,很容易根据色素的深浅区分受体组织和供体组织。将Triturustaenzatus早期原肠胚的胚孔背唇(背部缘区)移植到Trituruscristatus同期胚胎预定形成腹部表皮的位置时,被移植的早期原肠胚胚孔背唇不像被移植的早期原肠胚的其他部分根据在胚胎中所处的新位置发育成表皮,而是如同其在原有位置一样向内陷入,并自我分化成脊索中胚层及其他中胚层结构(图6-42)。这些结构都是供体在原位本该形成的组织。随着所移植胚孔背唇形成脊索中胚层,受体细胞开始参与形成一个新的胚胎,并发育成正常情况下从未形成的组织。因此,经常可以看到肌节一部分是浅色的(来自受体),而另一部分是深色的(来自供体)。更有趣的是,供体形成的脊索中胚层能诱导上面覆盖的外胚层细胞形成完整的神经组织,结果是所移植的胚孔背唇能诱导产生一个和受体胚胎面对面并列的次生胚胎(图6-42)。已有资料还表明:胚孔背唇在文昌鱼、圆口动物和各种两栖类胚胎中都能组织次生胚胎的形成。鸟类和哺乳类发动原肠作用的区域原条前端即亨森氏结亦能组织一个次生胚胎的形成。

1. 中胚层诱导

初级胚胎诱导作用第一阶段发生在受精时(图12-1)。未受精卵围绕动植物极呈辐射对称状态;精子入卵,导致相对于卵子皮层的卵子内层细胞质旋转,打破了卵子的辐射对称性,由此形成两侧对称。

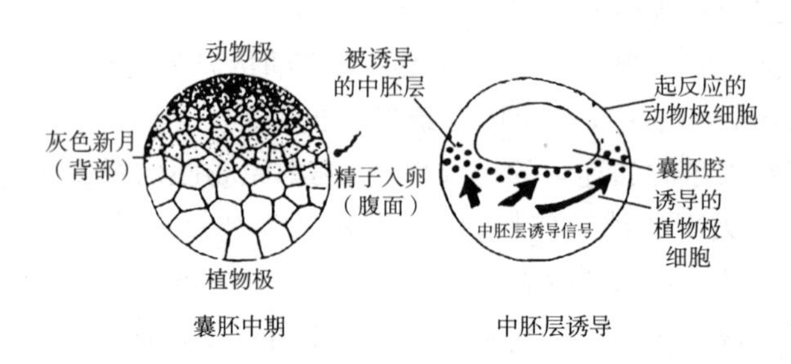

图12-1 初级胚胎诱导作用第一阶段——中胚层诱导

动物极帽和植物极帽组合时,动物极帽细胞便被诱导形成中胚层结构(图6-43),因此当卵受精导致相对于卵皮层的内层细胞质旋转,使动物极和植物极细胞质的混合,导致裂球内产生了激活效应。即在囊胚赤道板有一条宽的环状的细胞带,被来自植物极部位的信号因子所激活,而将发育为中胚层组织。原肠形成期间,这条边缘带将迁移到内部,形成将来产生脊索、体节等中胚层组织的原肠顶部区域(参阅图6-44)。

2. 背部化诱导

由于动物极和植物极细胞质的混合,精子入卵点对面的植物极裂球中,也导致了内部背部化决定子激活。这些含有已激活的背部化决定子的植物极细胞称为Nicuwkoop中心。因此,在初级胚胎诱导作用第二阶段,背部化的植物极细胞的子代诱导它上面的细胞形成Spemann组织者。其余的植物极细胞诱导上面的缘区细胞形成侧面和腹部中胚层。

3. 神经化诱导

在初级胚胎诱导作用第三阶段,与背部化诱导同时开始了神经化诱导。上胚孔唇Spemann组织者富含诱导信号,这些信号常称为背部化诱导子,但也有人把它叫做神经化诱导子。Spemann组织者把毗连的中胚层变成背部中胚层,同时通过从胚孔内卷入的背部中胚层诱导背部外胚层发育成神经组织(图 12-2),并使被诱导的神经组织出现区域性特征(前脑、后脑和脊髓等)。

实验表明,内胚层细胞能诱导上面的细胞成为中胚层。不仅如此,内胚层的极性也能转移给中胚层细胞。Nieuwkoop 把囊胚赤道部分细胞除去,结果发现无论动物极极帽还是植物极极帽的细胞都不能产生中胚层组织。但是,把动物极极帽和植物极极帽组合起来时,动物极极帽细胞便被诱导形成如脊索、肌肉、肾细胞和血细胞等。该诱导作用的极性即动物极极帽细胞是形成脊索还是形成肌肉等取决于内胚层细胞团的背腹极性。能诱导产生背部中胚层的因子被 Gerhart 等称为 Nieuwkoop 中心。在非洲爪蟾中,Nieuwkoop 中心位于囊胚背面最靠近植物极细胞中。背面最靠近植物极细胞诱导中轴中胚层(脊索和肌节)形成,腹部和侧面植物极细胞诱导中段中胚层(肌肉和间质)与腹中胚层(间质、血细胞和前肾)。

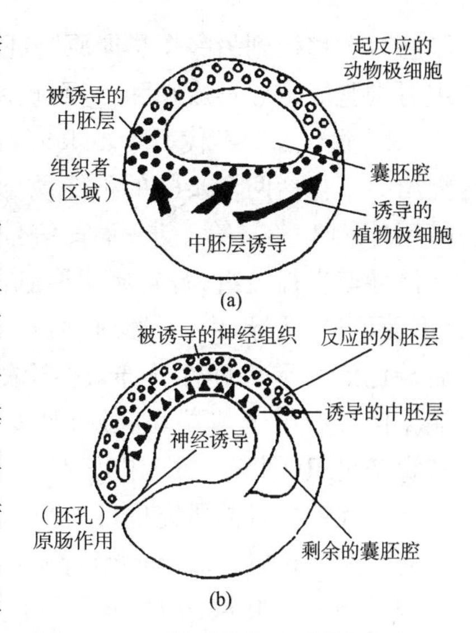

图 12-2　外胚层发育成神经组织

业已发现,许多诱导作用都归因于分泌一些可溶性的因子。这些因子是由母源 RNA 所编码的。在早期胚胎中,它们是由植物半球的细胞产生的。这些因子被认为是通过胞吐释放进细胞间隙。用动物帽进行的生物活性检测已证明了几种蛋白家族具诱导能力:背部化诱导因子如 NOGGIN、CHORDIN;中胚层诱导因子如 FGF 家族、TGF β 家族,包括 VG1、几种活化素的衍生物和 BMP(骨骼形态发生蛋白)。

最早在哺乳类组织中发现,但也存在于爪蟾,上述几种因子甚至有能力去模拟活体上胚孔唇的诱导能力。当在适当的位置注射到囊胚内,它们就会诱导两个轴,最后引起或多或少完整的第二个胚胎的发育。这些结果说明,自然的诱导不是由一个因子来完成,而是由一群增效因子共同来完成的。

背部化诱导因子 NOGGIN 和 CHORDIN,它们大概还需要辅助因子。这两个分泌蛋白也被提出作为神经诱导因子。这种双重的身份反映了背部化和神经的诱导在空间和时间上有重叠,两者的活性从 Spemann 组织者散发出来,然后神经的诱导又由原肠顶部脊索中胚层所散发出来的信号继续诱导,形成了双信号进行同步神经诱导,开始形成神经板和以后在外胚层上形成中枢神经系统。此外,从上胚孔唇发出的 planar 信号,沿着将来的神经板游走,其梯度分布,导致中枢神经系统的区域分化:脑区和脊髓。

神经诱导最有趣的现象之一就是神经结构出现区域特异性,神经管前脑、后脑和脊柱尾部区域由前向后排列井井有条。因此,组织者不但诱导神经管而且对神经管区域进行规划。这种区域特异性诱导作用是 1933 年由 Mangold 发现的。她将刚刚完成原肠作用的蝾螈胚胎表面的神经板剥除,把露出的原肠顶壁取下来,从前到后切成 4 块,分别移植到早期原肠胚的囊胚腔内,结果表明:①最前面一块原肠顶壁诱导产生平衡器和部分口器;②紧接着的一块原肠顶壁诱导产生各种头部结构,包括鼻、眼睛、平衡器和听囊;③第三块原肠顶壁诱导产生后脑结构;④最后一块原肠顶壁诱导产生背部躯干和尾部中胚层。Bijtel(1931)和 Spofford(1945)也都证明了脊索后端对背部中胚层的诱导作用:神经板后端$\frac{1}{5}$产生尾部肌节和前肾后端部分,把蝾螈早期原肠胚背唇移植到另一个早期原肠胚中,也能诱导形成一个次生头部。而把晚期原肠胚背唇移植到另一个早期原肠胚中，则诱导形成次生尾部。这意味着最早进入胚胎内的组织者细胞能诱导形成脑和头，而晚期原肠胚背唇的细胞则诱导上面细胞成为脊髓和尾。

20 世纪 50 年代，Nieuwkoop 及 Toivonen 提出一个包括两个步骤的神经诱导区域特异性模型(图 12－3)：第一步(垂直信号)诱导，组织者诱导产生神经组织，它属于原脑组织；第二步(平面信号)诱导，由后端化信号产生诱导作用。后端化信号呈梯度性分布，尾部浓度最高。后端化信号作用于前端外胚层，使其转变为后脑和脊髓组织(图 6－46，图 6－47)。有关人工组织特异性诱导者的研究也得出和 Nieuwkoop 相同的结论。豚鼠(Guineapig)骨髓(Bonemarrow)能诱导产生中胚层结构，而其肝则能诱导产生原脑结构。1955 年 Toivonen 把豚鼠骨髓和肝一同移植到早期原肠胚的囊胚腔，发现可以诱导产生前脑、后脑、脊髓和躯干中胚层，比单独用骨髓或肝诱导时多出后脑和脊髓两个组织。因此，神经诱导的区域特异性好像也受一个相互对抗的双梯度系统调控。这个双梯度系统一端是前脑诱导物浓度最大，另一端是脊髓诱导物浓度最大。把前端神经外胚层和不同数量后端背中胚层混合培养，其实验结果进一步证实了双梯度假说。因此，整个神经组织先是决定成为原脑，接着通过尾部物质以梯度方式使神经组织后端化。目前多数神经诱导模型都认为神经诱导作用包括激活和转化两步：第一步的激活使细胞获得发育成为原脑的能力；第二步，后端中胚层的物质梯度使神经组织特化，逐渐出现后端结构。据认为，神经诱导分子 Chordin、Noggin 和 Follistatin 每一种都能诱导产生前端(前脑型)神经组织，而视黄酸、胚胎型 FGF 和 Wnt3a 则属于神经组织后端化或尾部化分子。

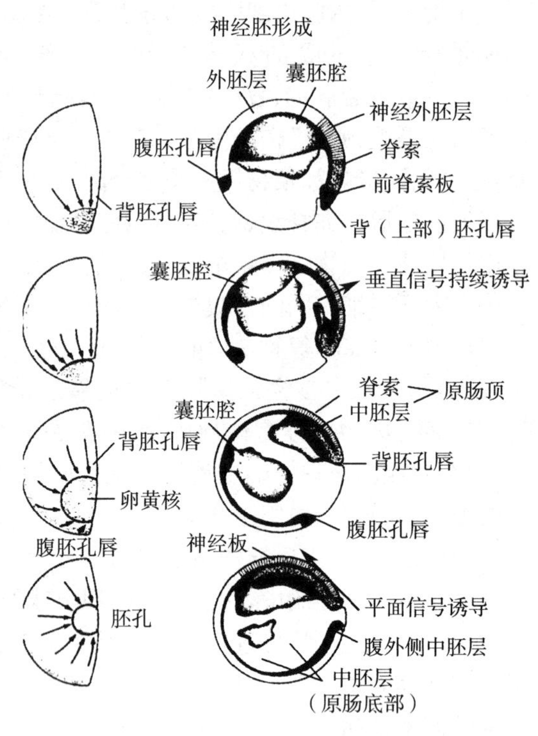

图 12－3 神经诱导区域特异性模型

12.2 二级诱导和三级诱导

初级诱导的相互作用虽然很复杂，但尚不能构筑整个胚胎。然而神经管、背部中胚层和咽内胚层及其他组织的形成急剧到来的大量的诱导事件创造了条件。通过一种组织与另一种组织的相互作用，特异地指定它的命运称为次级诱导(Secondaryinduction)。次级诱导的产物又可作为诱导者，通过与相邻组织的相互作用进行三级诱导(Tertiaryinduction)。例如，爪蟾的神经胚形成，初级胚胎诱导是原肠胚的预定外胚层受脊索中胚层的诱导形成神经板的过程；神经板形成神经管后又作为诱导者诱导表面的外胚层形成次级结构，这是次级胚胎诱导；次级胚胎诱导的产物又作为诱导者，诱导其他组织的形成，即三级诱导。因此，一旦一种组织被诱导，它就能再诱导其他组织。而两栖类的眼的发育也能进一步说明其中一系列的诱导关系。

1. 眼的发育

眼的发育开始于原肠胚形成时期，内卷的内胚层和脊索中胚层向前移动到头部。来自这两种组织的诱导刺激，使头部外胚层产生一种形成晶状体的倾向（图 6－48，图 12－4，图 12－5）。潜在的形成晶状体能力的激活和头部外胚层中形成晶状体的精确定位是由视泡完成的。而视泡是由原肠顶的前端诱导前脑向两侧突出而成的，即间脑侧壁（神经管前端，图 12－4）的两个突起，并以视柄与间脑保持连接。当视泡与头部外胚层预定晶状体相接触时，它们相互作用，预定晶状体外胚层增厚形成晶状体板，而视泡外壁内陷，形成双层壁的视杯。晶状体板形成后内陷形成晶状体窝（Lens Pit），继而脱离表皮形成晶状体泡（Lens Vesicle），最后分化为外侧的晶状体上皮和内侧的晶状体纤维。同时，视杯外层的细胞产生色素，发育为色素视网膜。内层的细胞迅速增殖并分化为各种光感受器、胶质细胞、中间神经元和神经节细胞，它们共同构成神经视网膜。而当晶状体泡与表皮脱离之后，视网膜和晶状体泡诱导覆盖的表皮形成透明的角膜。视杯边缘部分的色素上皮向晶状体扩散形成虹膜和睫状体的上皮。

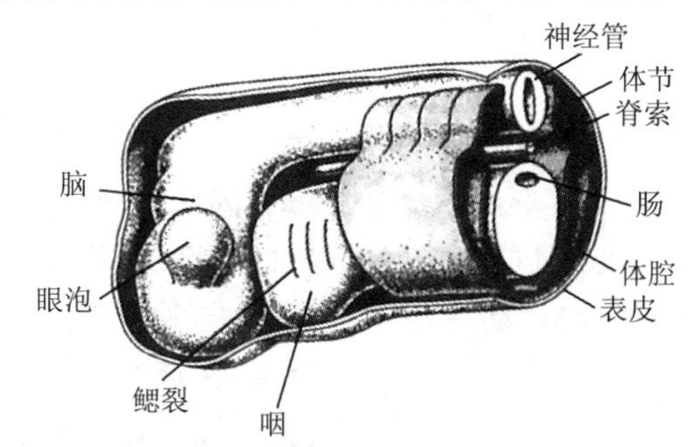

图 12－4　两栖动物在神经胚形成期

（脊神经管、脊索、脑、眼泡等）

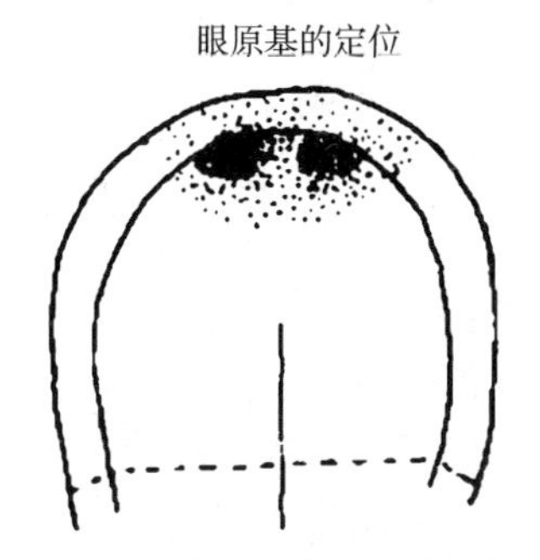

图 12－5　两栖类动物的眼原基最初位于神经板的最前端

（呈卵圆形。彼此相近地排列在中线两侧。图中黑点的密度代表从神经板的不同区域发育为眼的频率的高低）

2. 系列诱导事件

（1）眼发育受原肠顶部散发初级诱导因子所启动，经眼泡产生视杯（神经管）。

（2）视杯（神经管）刺激外胚层形成晶体基板。

（3）当晶体基板与外胚层脱离，便被周围外胚层的表皮所包围，从晶体发出三级信号引起外胚层上皮转化成透明的角膜。

可见，视泡是由原肠顶的前端诱导前脑向两侧突出而成。视泡形成后又诱导其上覆盖的外胚层形成晶状体。晶状体和（或）视泡又诱导晶状体表面覆盖的外胚层形成角膜。神经管是由初级诱导者诱导而成的。其前端的衍生物（视泡）又诱导出次级结构（晶状体），故神经管又称为次级诱导者（Secondaryinductor）。随后次级诱导的产物（晶状体）又诱导三级诱导产物（角膜）的形成，故晶状体又被称为三级诱导者（Tertiaryinductor）。

类似的诱导系统也见于鼻、耳和其他器官的发育中。因此，整个诱导链开始于原肠顶（初级诱导者）的作用。由于在神经板的不同部位形成特异区域性的次级诱导者，这样由来自各个次级诱导者起始的诱导链形成该区所特有的器官。

12.3　反应组织

胚胎诱导在任何系统中至少具有两个部分：一个是组织产生诱导刺激；另一个是组织能接受刺激并对它起反应，后者称为反应组织。反应组织在胚胎诱导作用中也具有它的特异性。

1. 感受性

反应组织或细胞必须具有感受性才能对诱导者或组织者的刺激起反应。如在早期原肠胚中植入的胚孔背唇能在胚胎的任何地方诱导外胚层形成神经板和胚轴。然而，当移植胚孔背唇到一个神经胚的预定表皮下，它将不再引起新的神经板的形成，这说明随着胚胎年龄的增加，外胚层失去了它们的反应能力。反应组织以一种特异方式对诱导刺激起反应的能力称为感受性(Competence)。故感受性总是和特殊的刺激及相应的反应有关。感受性本身是一种分化的表现型，它从空间和时间上区别细胞。感受性和潜能(Potency)的含义不同。两者的区别是感受性能通过试验进行研究分析，而潜能则不能通过实验分析，但在发育一段时间后能从所观察到的结构反映出来。感受性有初级感受性和次级感受性之分。前者是指尚未决定的外胚层所具有的感受性；后者是指已经决定了的组织对刺激的感受性。对不同诱导刺激，如对神经化和中胚层化的反应能力，分别称为神经感受性和中胚层感受性。

(1) 感受性的时间模式

对美西螈的研究指出，在正常发育期间感受性可分为前后两个时期。前一时期是在适当的刺激后诱导外胚层产生前脑，而后一时期在相同的刺激下形成中脑和后脑。因此，外胚层产生前脑的感受性比产生中、后脑的感受性消失得早。当取不同发育时期胚胎的外胚层，将其放在使细胞产生亚溶解的条件下(如缺钙培养液)，结果产生"自动神经化"现象。同时发现甚至囊胚期的预定外胚层也出现神经化。而最强的神经化作用是在原肠形成早期，在神经胚开始以后就不再形成神经结构。根据上述实验结果可以认为，神经感受性的消失时间是在原肠胚晚期，但开始出现的时间尚无精确结论。

中胚层感受性也有时间的特点。由于在实验条件下能从预定外胚层诱导出中胚层。而在正常发育期间从神经板的后部发育出尾部中胚层，故认为外胚层具有中胚层的感受性。其反应的强度取决于外胚层的胚龄。早期原肠胚的外胚层反应能力较强，分化出脊索和肌肉等结构。晚期原肠胚的反应能力变化，只能分化出间质细胞和血细胞等。从神经胚切下脊索，把它移植到不同胚龄的原肠中观察其诱导效应。结果发现所诱导的神经结构随着胚龄的增加而减少，但中胚层的结构却增加。表明在活体内随着胚龄的增加，神经的感受性逐渐减弱，而中胚层的感受性加强，但在体外条件下，用相同的诱导者，外胚层的中胚层感受性丧失较快。

图 12-6 中，早期原肠胚时，将蝾螈预定神经外胚层移植到另一胚胎预定形成表皮区域，预定神经外胚层发育成表皮；而晚期神经胚进行同样移植，预定神经外胚层细胞形成神经组织，受体胚胎中能见到两个神经板。

(2) 感受性的区域模式

早期原肠胚的预定外胚层在初级感受性上不表现区域特异性。但随着发育的进展，不同区域的外胚层(预定表皮)表现出不同的感受性，如晶状体、平衡器和耳囊等。这些不同区域的感受性最初有相互重叠的部分，但随着发育逐渐局限于一定的区域。这仅限于次级感受性的范围内。

(3) 感受性的种间差异

由于两栖类动物不同种的外胚层的感受性存在差异而产生不同的甚至互相矛盾的诱导结

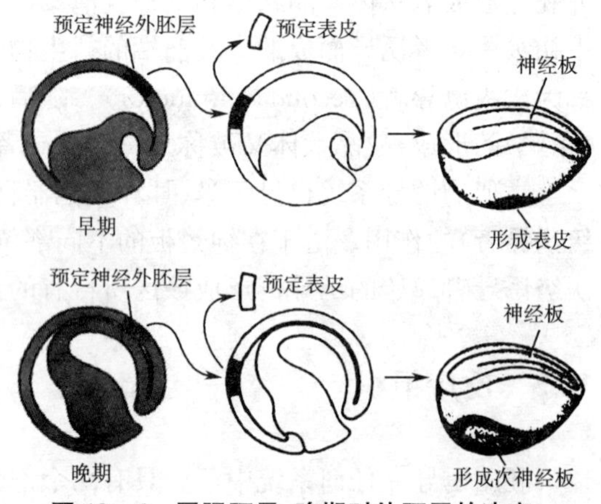

图 12-6 原肠胚早、晚期时外胚层的决定

果。如无尾类和有尾类对杀死的诱导者的感受性不同,无尾类没有感受性,而有尾类则有感受性。

(4) 遗传因子

感受性受遗传的控制。如口部的表皮在蝾螈是形成平衡器,而蛙类是形成吸盘。在两栖动物中的一个经典移植实验:从青蛙囊胚中取一块尚未决定的、未来将形成腹部表皮的组织移植到蝾螈未来的口腔区。这块蛙组织整合到宿主口腔区并按照其新的位置形成了口腔组织。但是,它是按照青蛙细胞的遗传潜力形成的是青蛙的口腔组织(角质牙、吸盘),而不是蝾螈的口腔组织(本质牙、平衡器)(图 6 - 41)。反之,若将蝾螈胚胎的外胚层移植到蛙胚的未来口区,则被诱导为平衡器。该实验表明诱导产生的类型受反应组织遗传因子的制约,其感受性有种的特异性;同时表明诱导作用可跨越种的界限。

2. 自动神经化现象

自动神经化是在没有诱导组织或不具诱导活性的化学物质存在的情况下,外胚层移植块出现神经化的现象。当用生理盐水长时间处理外胚层时,将引起部分细胞解体,同时未解体的细胞出现神经化。因此,认为这可能是部分解体的细胞释放出诱导刺激物影响未解体的细胞,引起它的神经化。其他非生理条件(如高 pH、缺钙和低渗等)及某些有毒因子(如氨、尿素和二氧化碳等)和机械损伤等均可引起自动神经化。同时还发现,所产生的神经化与“亚致死细胞溶解”的程度成比例,活细胞与不可逆的溶解细胞越接近,则神经化的趋势越大。对于细胞释放大分子来说,形态上的变化并不是必需的。用抗补体处理细胞后,可见 RNA 颗粒通过“看来是完整的”细胞膜消失在介质中。因此,产生自动神经化的机制可能是从受损伤细胞释放出活性因子对存活细胞产生诱导作用的结果。

3. 自动中胚层化现象

外胚层细胞除自动神经化外,还有自动中胚层化现象。如用锂处理外胚层并结合解离(Dissociation),可从外胚层分化出肌肉、前肾和血细胞等中胚层的结构。这可能是由于外胚层中存在一种弱的中胚层化倾向,只有在锂抑制了其神经化的倾向以后,中胚层化才能表现出来。

12.4 诱导因子的鉴别

通常,诱导的证据是从移植研究推演出来的。在实验中,诱导的信号分子是难以被人们鉴别出的。移植实验中发现,当宿主组织接触移植组织,其反应是发育出一种结构。如果不接触就不会出现该结构。虽然这种实验曾经做了许多次,但这种诱导信号的鉴定却十分困难。

能诱导原肠胚外胚层形成一定的结构,并具有区域性诱导效应的移植组织称为异源诱导者(Heterogeneousinductor)。它们虽不是组织者,却具有与组织者相当的形态发生效应,而且无种的特异性。它们包括许多成体和幼体的多种组织。但其中发生诱导作用的信号分子的量是极少的,故必须要有大量的组织才能提取到可进行化学分析的微量诱导物。尽管有这些不利的情况,但在果蝇和非洲爪蟾方面已取得重要进展。

1924 年,科学界注意到两栖类原肠胚背唇的令人惊讶的诱导能力。把一片囊胚的背唇插到裹胚的其他部位,它会组织周围的细胞形成一额外的原肠,并形成第二体轴。这一发现激发了一场鉴别这种诱导因子的研究竞赛。事实上,两栖类诱导因子是异常的难以捕捉的,直到 1987 年才第一次被分离到。

在寻找诱导因子的工作中，采用适宜的生物检测方法起了决定性的作用。对动物帽的分析研究，就经历了很大的周折。动物帽从囊胚的动物半球切除出来，维持在细胞培养液里。几十年来进行分析的动物帽都是取自蝾螈的囊胚。从供体胚胎的其他部位切除下一片原肠胚组织——被认为是诱导因子，贴在动物帽上。另一种方法是将动物帽浸在含有可能是诱导因子的缓冲液里，接触一段时间后或孵育一段时间后，在显微镜下观察动物帽，看是否有复杂的结构和分化的细胞出现。在分离处理过的动物帽中，甚至眼睛或脑子的结构也能够被鉴别出来。因此，这工作一开始是大有希望的。然而搜索诱导子，特别是要搜索神经诱导因子很快就受到很大的打击，因为发现用任何一种培养条件都能诱导出神经组织。这种效应后来被称为"自动神经化作用(蝾螈囊胚具有)"。因此，对神经诱导因子的搜索工作，陷入了陷阱。

经过了极大量的搜索工作，最后，当用取自于爪蟾的动物帽进行试验时，幸运出现了。实验发现，爪蟾的外胚层和动物帽没有自动神经化的作用，也没有发育成肌肉细胞、血细胞、脊索细胞等的中胚层细胞。因此，最后的搜索诱导子的研究途径就从这一巧合开始的，从爪蟾囊胚切割来的动物帽在体外培养。当培养基中含有培养哺乳动物的某些生长因子时，动物帽分化出现神经管和神经细胞，该因子被命名为"神经化因子"。而当培养基中含有培养哺乳动物的另一些生长因子时，动物帽分化成中胚层(图 12－7)。其中，FGF(成纤维生长因子)和TGF β(转分化生长因子 β)显示了诱导的特性。

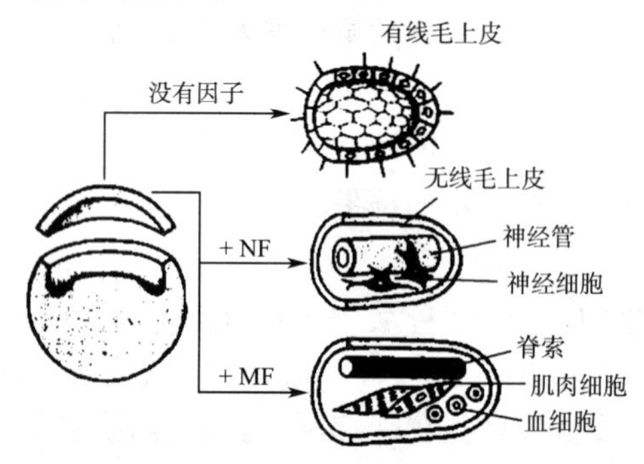

图 12－7 利用两栖动物分析溯定抽提物或纯化因子的诱导潜能

[从囊胚中移走未决定的动物极帽，并暴露在含已知因子的溶液中。顶端：帽在缺少诱导因子时形成有绒毛的空球；如果诱导因子在溶液中出现，外胚层将形成一个包绕神经细胞或中胚层细胞的表皮上皮。其中，神经化因子(NF)或中胚层化因子(MF)是抽提自异源组织(如从别的物种抽提)或自源组织(如来自与动物极帽相同的物种)]

同时，另一条研究途径也在进行，但比较艰难，从大量孵化的鸡蛋和其他生物来源中，提取到了中胚层诱导物质，并用从爪蟾囊胚切割来的动物帽进行了检测和纯化。当不存在此因子时，动物帽发育成纤维上皮；当用微量的这一因子处理动物帽时，它形成中胚层，如肌肉。又一种相似的物质叫做 XTC－MIF，是在培养的早期爪蟾细胞系的上清液中发现的，实验证明了这两种物质彼此相关，并与已知的生长因子 TGF β 有关，属于同一种蛋白家族。这种蛋白家族中，诱导中胚层的成员现称之为活化素。

这些发现提示，诱导子搜索应该首先检测一下其他已知的"生长因子"的诱导特征，并且应该在两栖类里用分子探针搜寻一下相似的分子。这些经验为之后探寻发育机理的进一步研究奠定了基础，并触发了其他学科的快速发展。

在对于具有诱导作用的信号因子的搜索研究中，由于作为异源诱导者的移植组织来源广，组织量多，取材方便，可提纯较多的具有诱导活性的化学物质，便于深入研究它们对细胞分化所起的作用。为从分子水平研究胚胎诱导和细胞分化奠定了基础。研究发现,异源诱导者在对预定外胚层中诱导出的组织的分化范围远远超过正常发育中外胚层的分化,包括大多数由中胚层和内胚层分化的组织。

在早期胚胎中的诱导效应中,具有诱导作用的信号因子可分为以下两类。

(1) 植物极化因子,包括中胚层诱导。主要形成中胚层的结构,如肌肉、脊索等。此类物质如来源于豚鼠的骨髓。

(2) 神经化因子,诱导前脑、中脑、后脑和脊髓,如来源于豚鼠肝及蛙卵和胚胎。

第13章 诱导区域特异差异的产生

通过对异源诱导者的研究证明，神经诱导的区域性受一种多重梯度的支配。如豚鼠的骨髓只诱导中胚层的结构，而豚鼠的肝诱导前脑的结构。但当将两者混合植入早期原肠胚的囊胚腔中，这种混合物将诱导所有正常的前脑、后脑、脊髓和躯干部中胚层的结构(图 13-1)。关于发育期间差异的产生原因，如胚胎的前部发育出头而尾则在后面的部位形成，越来越多的实验证据表明，来自身体某一部位的信号，其最终导致的作用与身体区域特异性的存在相关。对此，在发育决定的过程中，什么东西确定是发育成脑还是发育成躯干(脊髓或脊索)，是发育成心肌还是发育成躯干的肌肉，目前至少已提出四个方面的可能性。

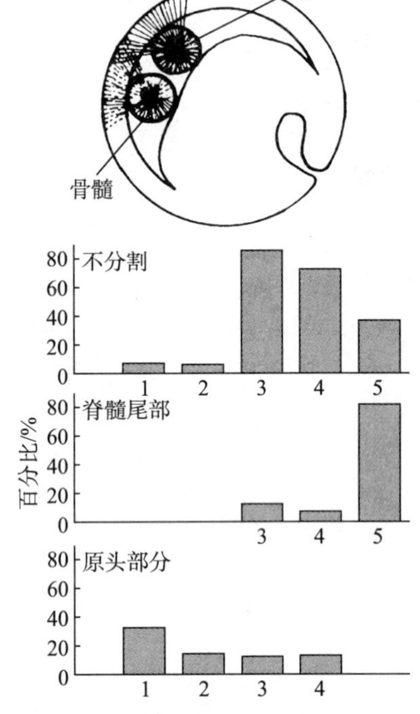

图 13-1 异源诱导者豚鼠肝(神经化诱导者)和豚鼠骨髓(中胚层化诱导者)植入蝾螈囊胚腔产生的双梯度诱导学说

1—前脑、眼、鼻和平衡棒；2—非特异的脑；3—后脑、耳泡；4—头部肌肉；5—躯干部器官、脊索、体节和脊髓

(1) 与局部起作用的物质的性质有关

身体的不同部位上，起作用的因子可能是相似的，但并不完全相同。它们可能属于同一个蛋白质家族，但不同成员各自以区域特异的模式表达。例如，在脊椎动物中有几种相似的 hedgehog 基因，它们呈不同的空间模式表达。banded hedgehog 在整个神经板和体节的生皮节表达；cephalic hedgehog 在头部的外胚层和内胚层的结构中表达；而 sonic hedgehog 在脊索和肢芽中表达。

(2) 与局部地区组织反应力不同有关

由于局部地区组织细胞历史原因，同一信号分子的不同受体反应可能不同。

(3) 与作用因子的浓度梯度有关

这种因子可能形成一浓度梯度，而不是在空间上浓度一致。例如活化素刺激不同类型的细胞的发育正是依赖于它的局部浓度。

(4) 与局部地区诱导因子混合物的成分比例的变化有关

就像药物治疗中混合物成分的比例不同可能有不同的药效一样。

实验表明，胚胎诱导中邻近组织的相互作用根据其性质也可分为两种类型：容许的相互作用和指令的相互作用。

(1) 容许的相互作用(Permissiveinteraction)

在这里反应组织含有所有要表达的潜能，它只需要一个环境允许它表达这些特性。虽然它的表达需要某些刺激，但这不能改变它的后生型发育方向。如许多组织的发育需要一种固体的、含有纤连蛋白和层粘连蛋白的基质。纤连蛋白和层粘连蛋白只是刺激细胞的发育，但并不改变产生的细胞的类型。

(2) 指令的相互作用(Instructiveinteraction)

这种相互作用改变反应组织的细胞类型。在这里反应组织的发育潜能不稳定，其发育方向和过程取决于接受的诱导刺激的类型。如在脊索诱导神经管的底板细胞的形成中，所有的神经管细胞都能对脊索的信号起反应，但只有那些邻近脊索的细胞被诱导。这些被诱导的细胞接收信号后表达一组不同于它们在未与脊索接触时表达的基因。

而细胞组织对一种特定的刺激是以一种特异方式产生反应的。已经知道：在早期原肠胚中，埋植到囊胚腔内的背唇只要遇到外胚层，就能诱导形成新神经板和次生胚轴。但是，随着胚胎年龄增加，外胚层逐渐失去反应能力；至晚期神经胚时，在预定表皮下面埋植背唇已不能诱导形成新神经板。因此，晚期神经胚外胚层不能对背唇诱导产生反应，但却又能对其他"新"诱导者发生反应，且这种反应能力限定于特定区域。

同时，一种组织也可以对另外好几种组织产生诱导作用。组织者既对中胚层有诱导作用，又对外胚层有诱导作用。来自脊索的 sonic hedgehog 不仅诱导形成神经管底板，而且与来自底板的 sonic hedgehog 一起诱导腹面中央肌节成为形成软骨的生骨节。

13.1　同一信号分子在不同区域的不同作用

由果蝇的基因 hedgehog 编码的信号分子和由脊椎动物的相应基因 sonic hedgehog 编码的信号分子在各自生物体中的作用，反映了同一类基因编码的信号分子在不同有机体及其器官中具有不同的作用。

在果蝇胚胎中，hedgehog 基因在不同的细胞带和区域表达：首先，hedgehog 在副体节的前部边缘的含有 ENGRAILED 转录因子的细胞核里表达。HEDGEHOG 是一种跨膜蛋白，出入临近的细胞，这些细胞感受 HEDGEHOG 因子，转而发出 WINGLESS 信号，WINGLESS 向外扩散被邻近细胞膜上的受体结合。邻近散发出 HEDGEHOG 和 WINGLESS 的细胞彼此刺激继续发出信号和维持它们自己的基因的表达程序。(果蝇囊胚的 hedgehog 基因，在特定区域显示 HEDGEHOG 蛋白是一种膜蛋白。有它存在的细胞才表达 engrailed 基因编码的转录因子。暴露的 HEDGEHOG 蛋白与邻近细胞膜上与其相匹配的膜蛋白相互作用，这种作用发生在副体节的边界上，如图 13-2 所示)

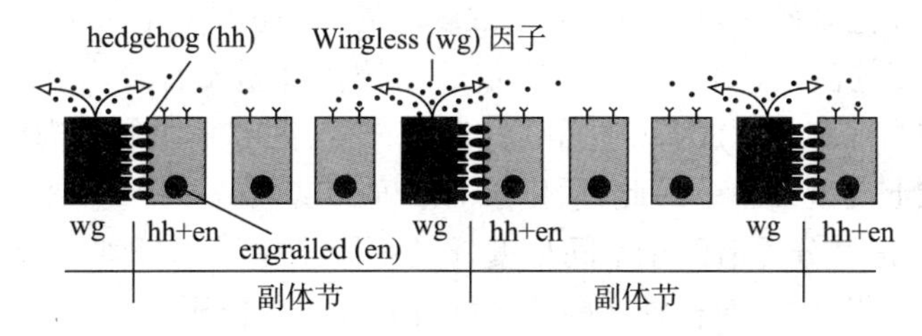

图 13-2　果蝇囊胚的 hedgehog 基因

而在果蝇幼虫的其他区域，如器官原基中，产生了另外一种 HEDGEHOG。这种产物从细胞表面脱落，不仅作为一种信号分子，而且是一种蛋白裂解酶，把自己裂解成两种成分，一种留在膜上，另一种从膜上游离下来。后者借扩散作用，也作为信号分子与远处的靶目标接触。HEDGEHOG 用此种方式而用于短距离和远距离的通信。

在脊椎动物中，HEDGEHOG 也用于短距离和远距离的通信。

脊椎动物 sonic hedgehog 在上胚孔唇的细胞内卷后在其衍生物脊索上表达，脊索将 SONIC HEDGEHOG 蛋白作为诱导因子，以接触的方式诱导神经管。神经管最腹面的中线上的细胞对这种因子反应而产生了底板。在神经管中，诱导的底板继续产生 HEDGEHOG，这一信号刺激底板两侧运动神经元的发育。

SONIC HEDGEHOG 的溶解成分以扩散的方式到达体节。在体节里，SONIC HEDGEHOG 信号诱导生骨节细胞从体节上皮壁脱落，向信号发出处迁移，并包围了脊索，构成脊椎(脊椎动物中由 sonic hedgehog 基因编码的蛋白可能以与膜相关联的形式出现，或以与细胞表面脱离的形式而扩散在周围的空隙里。然后到达远处的靶细胞。SONIC HEDGEHOG 直接由脊索提供给邻近的神经管，诱导神经管底板的形成；然后底板也产生 SONIC HEDGEHOG，诱导神经母细胞分化成运动神经元；SONIC HEDGEHOG 由脊索释放到其周围，诱导生骨节细胞从体节脱离开来，迁移到脊索的周围，形成脊椎体。如图 13-3 所示)。

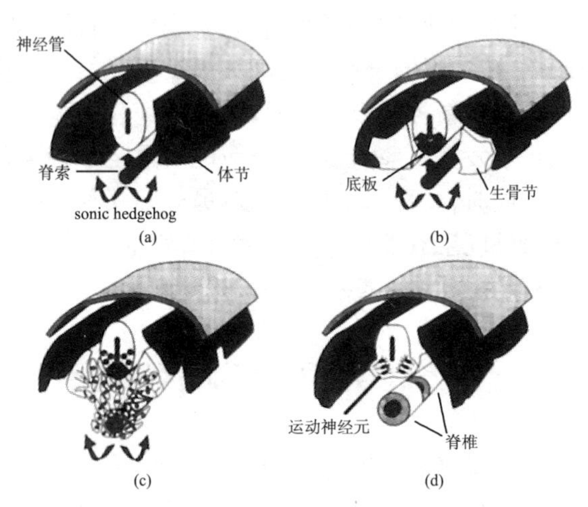

图 13-3 脊椎动物中的 hedgehog 基因

而在脊椎动物中的鸡胚的肢形成中，SONIC HEDGEHOG 又具有着多种功能。当 SONIC HEDGEHOG 在鸡胚的肢芽后部的边界上表达时，该处会发出一种称为 ZPA 的信号。但若把表达 hedgehog 的细胞移植到肢芽的前端，就形成了额外的趾。

13.2 信号分子的浓度梯度作用

诱导作用的信号分子具有借助于空间浓度的不同，通过局部作用于细胞分化的空间作用模式。如 1 区成形素浓度高，则决定了细胞类型或结构 A；在 2 区成形素的低浓度，则决定了细胞类型或结构 B。

有几种诱导因子，在早期胚胎不但作用于附近区域，而且也对自己所在区域(细胞)的模式形成起作用。细胞分化途径受到了诱导因子浓度起的作用影响。这一点已被动物帽实验所证明。当暴露于高浓度的活化素 B 中时，未决定的动物帽细胞发育成内胚层细胞；中间浓度的活化素 B 引起动物帽细胞分化成背部中胚层，如由脊索、体节来源的肌肉细胞；很低浓度的活化素 B 使它们形成上皮型细胞。因此，活化素的浓度梯度也是一种诱导作用。

在胚胎诱导中，信号分子借助于空间浓度梯度不同来指导局部细胞分化成不同类型。如神经结构出现神经管前脑、后脑和脊柱尾部区域特异性诱导作用。

13.3 诱导作用中的形态发生场——诱导因子的比例混合区域

在器官发生阶段，一个组织区域的发育潜能受制于该区域形成的形态发生场。而形态发生场是指一种区域，该区域细胞能共同协作形成一独特的结构或一套结构。换句话说，形态发生场好像是信号物质“诱导者”、“成形素”或“信号分子”起作用的区域，也即由一群诱导者、信号物质成比例混合的诱导作用区域。

形态发生场并且又能被分成几个亚区，如在脊椎动物躯干体壁上的前肢芽发源处一圆形区可作为形态发生场的一个典型例子。该区域又分为中央圆形区和以后将变为肩带骨的外侧环形区，其内区（中央圆形区）注定要发育为游离肢（参见图 14－5）；而在肢芽（游离肢区域）上又存在第二个形态发生场，是手场，它又分为掌和指的不同亚区。

形态发生场决定发育的潜能。这些潜能不一定完全与发育的命运一致。通常形态发生场最初比决定形成一特殊器官的区域要大。形态发生场具有调节能力，当把它切成两半，每半个都将产生完整的结构，虽然只有一半大小。

这种再分区、空间限制和发育限制的过程是细胞自我组织、定型过程中的模式形成的共有现象。器官形成的整个过程就是由一连串这种现象组成的。

第14章 生物模式形成

*14.1 形态发生场模型

模式形成是发育生物学的中心问题，是关于细胞在空间上有秩序地分化，从而引起结构有序排列。复杂的模式是许多相互作用的分子和细胞协同作用的结果。模式形成十分复杂，常常超越我们直观想象的能力。曾经提出几个简单的模式形成模型。这些模型可用计算机模拟。以下叙述两个简单的有历史意义的模型作为例子。

1. Wolpert 的位置信息

一种发散源释放出可溶性的物质为信号，即假设的成形素 S。这种成形素 S 的浓度随着与发源地的距离的加大而减少。从发源地到终末处形成一连续浓度梯度。成形素的发源地，位于细胞带的一端。另一端则为下游，成形素在该处消失。在这种结构里，在平衡的条件下，浓度沿着细胞带呈线状下降；或者若沿着此条带所有的细胞消减成形素 S，此种情况下，成形素 S 的浓度呈指数下降。最终，成形素 S 的浓度梯度提供了位置信息，细胞能通过感知局部成形素 S 的浓度，从而确定自己在该梯度的位置。因此，在此梯度上的细胞通过与其位置（结合细胞自身的历史因素）相应的行为来诠释位置信息（图 14－1）。

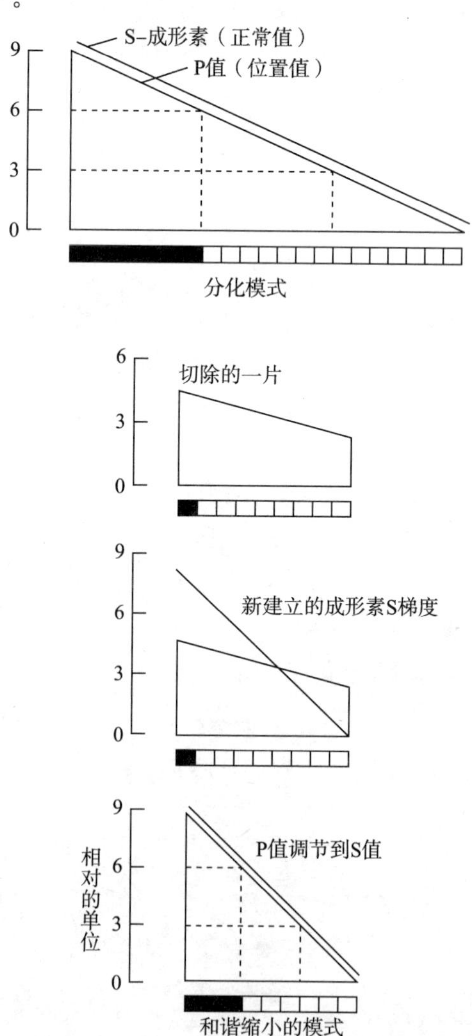

图 14－1 位置信息诠释

此外，成形素 S 的梯度主要是一种指标，是用来调节位置值 P 的第二梯度。P－位置值是一种相对稳定的（细胞）组织特性，在需要的情况下（譬如再生的过程中），它用于位置记忆（在 S－梯度的坐标中所应占的位置）。而 S 的浓度梯度的图形（如在胚胎发育期状态下的值域）又决定了 P 梯度（如同时处于胚胎发育期状态下 S－值域中的 P－位置值所属细胞组织）的形状。若将 S－梯度（胚胎发育期数值阈）比喻为某一构象，则 P－值反映了构成这一构象的比例位置。因此，（譬如在某一部位再生的过程中）当 S 的发源地（胚胎发育期组织者位置）被取消，S 下降到当前阈值（在胚胎发育期状态下的值域）时，当前 P

值(再生位置细胞组织)自动调节(恢复胚胎发育期所应处 S-梯度比例位置),细胞获得了当前 P 值后又开始重新散发 S,从而协调相互部位的当前 P 值(以当前 P 值信号浓度为基础,按原比例缩小 S-浓度梯度图形的模式)。因此,S 和 P 值都与模式形成有关。最后,如在某一阈值之上细胞会以变成深色来反应,如在某一阈值之下细胞会以变成白色来反应,则当 S 和 P 值调整成一个模型时,细胞分离成深色和白色不同的两个群体。

但这一假设并不能解释第一次梯度是如何建立的,它也不能说明没有 S 变化时,P 值为什么和如何调节的机制。

2. 反应扩散模型

反应扩散模型最初的目的是要解释在原来是均一的或是杂乱的条件下,模式产生的机制。关于产生有秩序的模式和不同的细胞能从最初在遗传上完全一致的细胞群产生出来的假设,主要由数学家和物理学家提出来。反应扩散模型的基本观念是形态发生场,在场中发生若干个生物化学反应,产生了化学物质(通常叫做成形素)的分布前模式,细胞将按照这些化学物质的模式进行决定和分化。

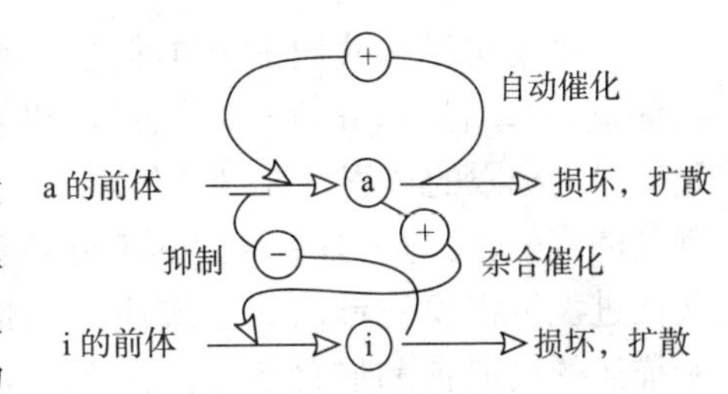

图 14-2　反应扩散系统

最简单的一种反应扩散模型是通过至少两种物质的相互作用所产生的产物反馈到自己的产物及其他的产物,从而产生一稳定的、有差别的浓度模式。由此提出的反应扩散的基本模式(图 14-2,图 14-3)中,一种激活剂 a 的产生是自动催化的事件。通过非线性放大的过程,a 前体的存在产生越来越多的 a,并由于 a 的代谢又引起 a 的爆发性增加;i 前体的存在产生了 i;因而 a 向周围的扩散由于抑制剂 i 的产生而受到制约。最早 i 与 a 是混杂在一起的,抑制剂 i 的产生限制了 a 的产生。再者,这两种物质的扩散能力不同,激活剂 a 扩散慢只扩散一短距离,而抑制剂 i 的扩散快并扩散至远处,由于这些特性,i 的存在使 a 的浓度增加只能达到一定程度,a 在第一个峰的边界外侧不能再产生 a 的自动催化了。因此,i 阻止了第二个 a 峰的产生(侧面抑制)。

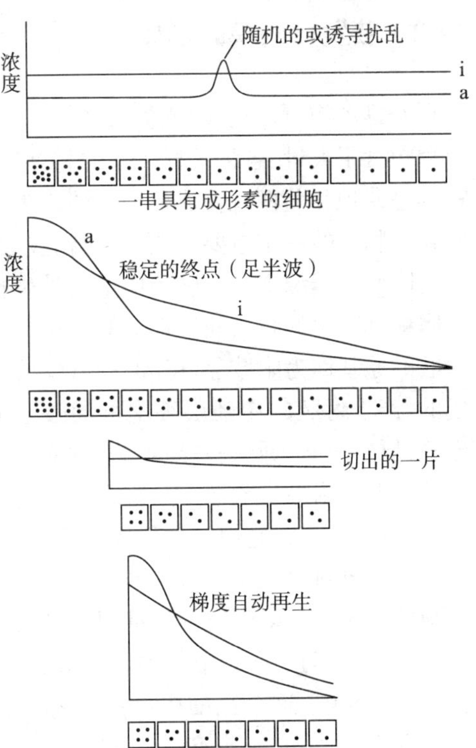

图 14-3　反应扩散的基本模式

两种物质的这种时空行为(在时间和空间中的行为)可用两个部分微分方程来描述。根据这种微分方程,计算机通过选择适当的参数(产物的基本产率、衰败率、扩散常数、场的大小)进行模拟。如果需要的话,借以引进更多的相互作用的物质,许多模式便可以用计算机来模拟。例如,保持稳定的梯度,并且在用实验干扰后还可再生。分节的结构如脊椎、条纹的模式,或分枝的模式等,都已经用计算机十分精确地模拟出来,就像我们在自然界所见到的那样。在这些模式中就分节的模式来看,如果抑制剂分布的范围比场的长度小,而在抑制区之外仍有相对高水平的激活剂,启始一个新的自我促进的激活剂高峰时就产生分节的模式。现在，许多模式已经用计算机模拟成功，如软体动物的外壳。然而，像最近所提出来的如上述模型一样简单的化学反应，但用实验的方法却还没有被证明，很可能反应扩散模式描述了某些一般的原则，如自我促进(自动催化)是比较适当，但不是真正的机制。

3. 扩展和替代模式

模式形成可能是多种的物理力学和化学作用的，以及由可动的细胞的活动所引起的结果。因此也曾设计了多种模式来解释(图 14-4)，其中包括机械的和机械化学模式。

许多模式都有共同的基本特性。它们都包含自我促进(自动催化，正反馈)的过程，以及限制到达自我促进的极限的过程。在到达极限之前，可能通过抑制剂的产生、底物或细胞类型的消除或饱和来限制自我促进。生物模式形成的模式使人回忆起生态学中所描述的被捕食和捕食者之间的关系，和流行病、人或基因传播的条件模式。

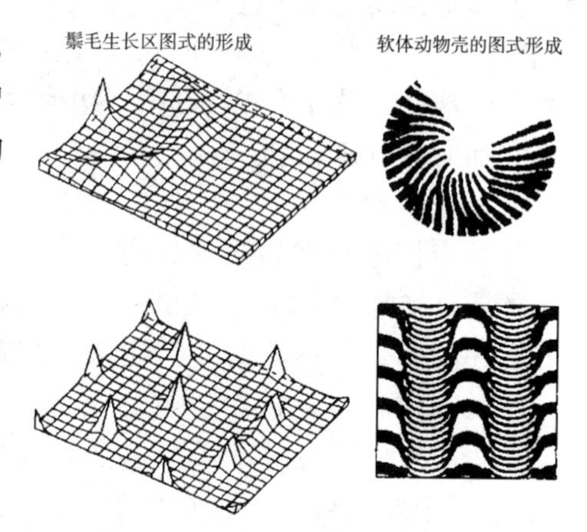

图 14-4 利用扩散和替代模式计算模拟模式形成

14.2 肢发育的模式形成

脊椎动物、鸟类和两栖类附肢的发育在发育生物学中是一个重要的精彩部分，附肢的发育过程包含了大量、各种各样诱导的相互作用。由于在幼体期的两栖类的附肢损伤后能够再生，特别是蝾螈和美西螈在成体期仍能再生出完整的附肢，因此对附肢的发育和再生的研究成为发育生物学的一个重要课题，而对附肢发育模式形成的研究更远远超过附肢发育本身的研究。

附肢在起源上是由胚胎体壁向外生长形成的，主要是由来自侧板中胚层的体节部分和体节腹侧部产生的疏松间质形成的中央核，以及位于外部的，来自外胚层的表皮两大部分组成。附肢的原基称为附肢芽(Limb Bud)。附肢的基本成分(骨骼、肌肉和结缔组织)是由中胚层形成的，产生附肢的中胚层细胞可通过不同的实验方式进行鉴别：①除去一组细胞，并观察在缺少它们的情况下附肢是否发育；②移植一组细胞到一个新的位置，观察它们是否形成一个新的附肢；③用染料或放射性前体标记一组细胞，观察被标记细胞的后代参与附肢发育的情况。通过以上不同的实验，许多动物胚胎中的预定附肢区已被定位。在图 14-5 中，这个盘的中央部分标记出侧板中胚层细胞，通常它指定产生附肢本身。与其邻近细胞是那些将形成周围的躯干组织和肩带的细胞。这两个区域通常包括经典的附肢盘。

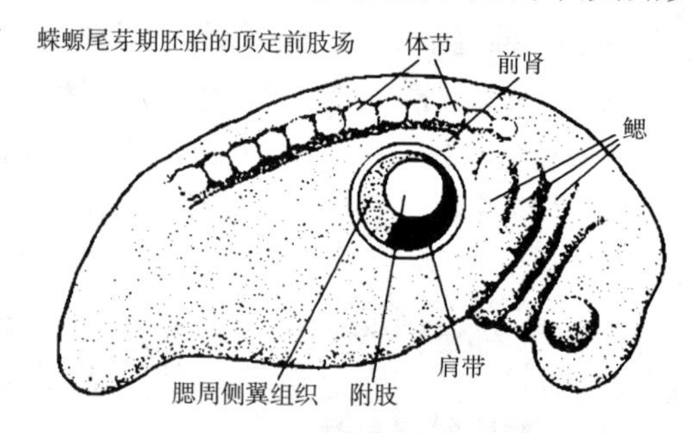

图 14-5 中央区含有将发育成游离前肢的细胞
(围绕着游离前肢的细胞是那些将形成周围的躯干组织和肩带的细胞。在这些区域外边的细胞通常并不包括在前肢中，但如果将中央的组织除去时，它能调节形成附肢)

实验证明，如果将中央的“附肢盘”区除去，将由围绕此区的其他细胞形成附肢。如果将周围的细胞一起除去，将没有附肢的发育。这个大区包括了能形成一个附肢的所有细胞，称为附肢场(Limb Field)。在这个场中细胞的位置和命运被特化为具有相同的边界。附肢场起初具有调节失去或增加部分附肢的能力。在尾芽期的美西螈中，任何半个附肢盘被移植到一个新的位置时，都能再生出整个附肢。这种潜能在下述实验中得到证明：当垂直地将附肢盘分成两半或更多的部分后，用薄的障碍物放在它们之间以防止彼此重新愈合，结果被分隔的每一部分都能发育成一个完整的附肢。因此认为附肢场可能代表一个"调和等能系统"（Harmonious Equipotential System），其中的每个细胞都能被指令形成附肢的任一部分。

在对附肢发育模式形成的研究中，鸟类的翅芽特别容易进行实验操作，能很容易从骨骼成分的格式中得知扰乱模式形成过程的结果。附肢结构较为复杂的，它具有的许多不对称的部分，都是由体壁中胚层和外部的表皮共同形成的，如鸟类的肢骨是由最近（靠近体壁）的肱骨、中部的一块桡骨和一块尺骨、腕骨和远端的指（趾）骨组成（图 14－6）。起初这些结构都是软骨，最后大多数软骨被骨代替。在肢中每一块骨和肌肉的位置都被精密地组织在一起。鸟类的肢的三维结构中，翅有三个极性轴：①近-远轴（P－D 轴，从肩到指）；②前-后轴（A－P 轴，从第二指到第四指，第一指和第五指在翅中消失了）；③背-腹轴（D－V 轴，从内侧到外侧）。虽然肢在这三个基本轴上是不对称的，但左肢总是与右肢呈镜面对称。附肢发育中三个轴的建立具有各自的时间性，它们可能是按下列顺序决定的：近-远轴、背-腹轴和前-后轴。

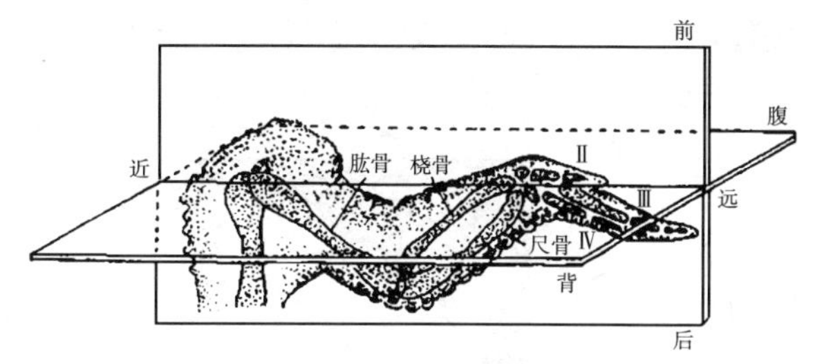

图 14－6　鸡胚的肢的三维结构

（肢在这三个基本轴上是不对称的。前-后轴上从Ⅱ、Ⅲ、Ⅳ排序，Ⅰ和Ⅴ指在翅中消失了）

1. 近-远轴的发育

肢芽发育时沿近-远轴展开空间模式。

肢早期发育的第一个迹象是体节中胚层细胞沿胚胎长轴的增殖，逐渐在表皮的下面形成厚的细胞团。这个增厚部分的细胞从附肢场的侧板中胚层（肢骨骼的前体）和体节中胚层（附肢的肌肉前体）分离出来，并转变成一团间质细胞。这些间质细胞向侧面迁移到侧板中胚层和表皮之间，很快就牢固地贴附于表皮的内表面（图 14－7）。

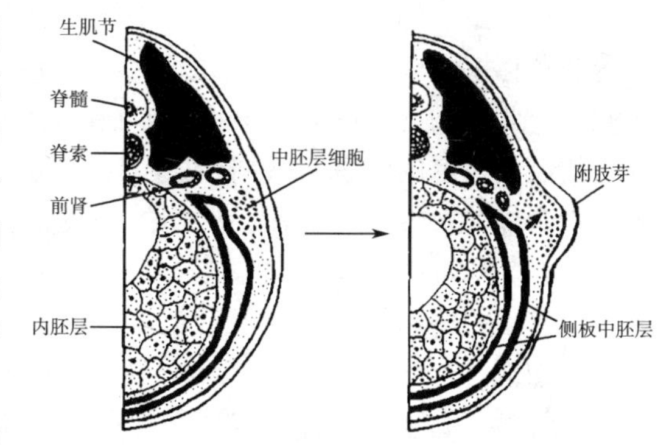

图 14－7　两栖类胚胎中附肢由中胚层起源

覆盖在间质细胞团表面的表皮变得稍微增厚并向外突出。这个包含有覆盖在外面的增厚的上皮和被包裹在内部的间质细胞团的突出物增大并变为肢芽。鸟类和哺乳类中胚层诱导肢芽顶端的前、后边缘的外胚层细胞伸长，形成一个增厚的特殊结构，称为顶外胚层嵴（Apical Ectodermal Ridge，AER）（图 14－8）。附肢芽在顶端通过未分化的间质细胞的持续增殖而伸长。顶外胚层嵴产生 FGF－2 等生长因子并分泌到间质细胞群之下。移去顶端外胚层嵴，伸展生长停止。因此，附肢的向外生长涉及 AER 和侧板中胚层间持续的相互作用，AER 的存在对位于该嵴下方的间质细胞群的持续增殖是必需的。如果切除 3d 鸡胚翅芽的 AER，则 AER 不能再生，其下面的间质细胞停止分裂。此时虽然附肢的靠近体侧部分能正常发育，但其远侧部分不能形成。AER 释放着一种生长因子的信号，它刺激其相邻的间质细胞的分裂形成渐进带(Progress Zone),而信号作用范围决定了渐进带(间质细胞增殖区)的区域范围。附肢伸展期间的顶外胚层嵴离体侧伸展,当体侧间持续增殖的间质细胞离开了伸展中顶外胚层嵴释放的生长因子的信号范围后,近体侧细胞则停止增殖。或者说一旦细胞被推离渐进带区域则该细胞的位置信息就被固定了,结果,附肢结构的分化则是以一种离体侧从近到远的方向进行的:在鸡翅中最早离开进展带的细胞停止增殖形成上臂-肱骨,之后一批细胞形成下臂-尺骨和桡骨,第三批细胞形成腕骨,而最后一批细胞形成指骨。与此同时,预定肌细胞前体聚集在软骨周围以形成肌肉群体。

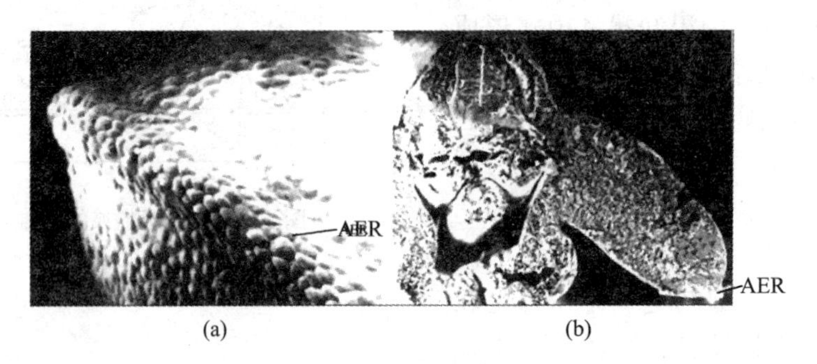

(a) (b)

图 14-8 顶外胚层嵴(AER)

(a)鸡早期具有 AER 的前肢扫描电镜照片;(b)4d 鸡胚过肢芽的扫描电镜照片,在肢芽远端可见 AER

研究发现,附肢内中胚层细胞的命运是由它们在渐进带的区域中保留多长时间决定的:在渐进带中细胞持续增殖,那些首先被推离渐进带的细胞脱离 AER 的影响,将形成附肢最近端的成分;而那些在渐进带中保持较长时期的细胞,将形成附肢较远端的成分。不同的实验也表明了附肢的生长具有这种内定的时间程序。当用年幼的早期分化中的区域的肢芽移植到较年长的已分化至后期的肢芽的截桩上,即使截桩上此时已含有可形成肱骨的细胞群,年轻肢芽仍按照自己的已被内定的程序,开始形成肱骨。中期的进展带以形成尺骨和桡骨来继续其程序。后期的进展带移植到年轻的截桩上(移去幼嫩的肢芽进展带后,只加几个移植到截桩上),被移去的幼嫩的肢芽进展带就没有机会去提供尺骨和桡骨的细胞,整个肢就失去尺骨和桡骨(图 14-9)。

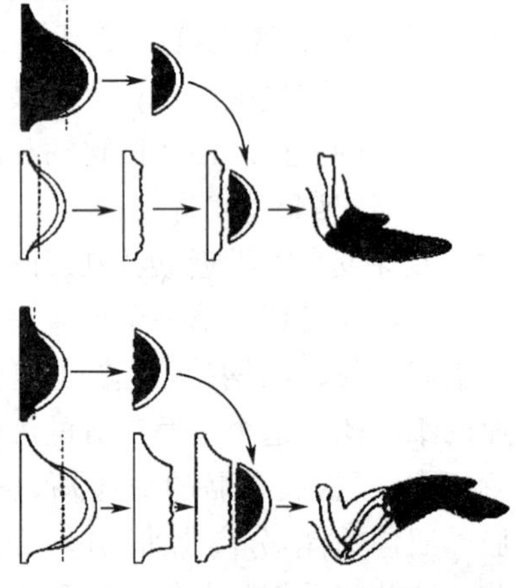

图 14-9 鸡的翅芽实验

翅芽生长时模式沿着近-远轴形成。一移植片取自翅芽的帽状区即顶嵴,移植到另一翅芽的截桩上,它全然不管截桩的模式成分是缺还是已形成而继续它自己的发育程序

尽管对肢的生长具有内定的时间程序的本质目前还不清楚,但是有证据表明是一种基因控制的机制:在生长着的肢芽内,一系列同源异形框基因连续地被激活,在远-近轴模式决定的过程中,连续地把不同的位置值指派给细胞。这些位置值可以为两栖类提供模式形成所需的信息,使截肢再生。

2. 芽的外侧至内侧的背-腹轴的分化

在鸡翅发育中,鸡在孵化后第三天胚胎的侧面就出现了肢芽,而肢芽的背-腹轴的组成部分则是由早期的鸡胚胎的预定肢芽区域的外胚层决定,沿背-腹轴有一清晰的图式(图 14-10),并在背-腹轴之间发育形成顶外胚层嵴。

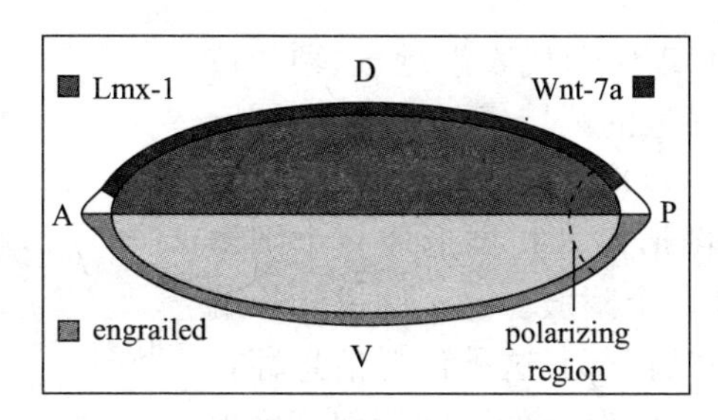

图 14-10 外胚层控制发育中肢的背-腹轴图式的形成

3. 第二指至第四指的前-后轴发育程序

附肢芽前-后轴的极性，是在肢芽能识别之前就已经被特化了。一些实验认为，前-后轴是由年幼肢芽和体壁后部连接处的一小团中胚层细胞特化的。当年幼肢芽的这团组织被移植到另一肢芽前侧的位置时，形成翅内指的数目会加倍。而加倍后额外一组指的结构与正常发育指的结构呈镜面对称。中胚层的这个区域被称为极化活动区(Zone of Polarizing Activity, ZPA)。

由于试验发现，第二指至第四指的发育程序是由信号分子的发散源 ZPA 所决定。肢芽的后边缘(我们的手在该处将出现小指)，即靠近肢芽和体壁后面的连接处的一小组细胞是一种或多种信号分子的分泌源。为了解释肢的发育曾提出过两种假说。

一种是“ZPA 可扩散形态发生子模型(ZPA Diffusible Morphogen Model)”。由于极化活动在肢芽后部边缘的特定区域最高，并由此向周围逐渐减弱。它随发育的进展变弱。该理论认为前-后模式形成的机制是一种梯度：一群同源的细胞被指令通过一种可溶分子浓度的方式起作用。ZPA 组织通过分泌一种可溶性形态发生子起作用，此物质从 ZPA 向外扩散由肢芽后端向前端形成一种浓度梯度。因此那些靠近 ZPA 的细胞处于高浓度区，而较远的细胞处于相对低浓度区。这一假说得到一系列实验的支持，在实验中用不透性障碍物将肢芽前部和后部隔开，则前部的结构不能形成。这被解释为 ZPA 分泌一种形态发生子在肢芽中形成前后的梯度，前部结构不能形成是因为不能接收到形态发生子。ZPA 极性活动由于从 ZPA 移植到前部边缘的细胞数量的减少而变弱。多年来视黄酸(Retinoic Acid，或 Vitamin A Acid)被认为是一种由 ZPA 分泌的内源形态发生子。在视黄酸中浸泡过的念珠能代替 ZPA，像 ZPA 一样诱导出镜面对称的颠倒的前-后轴极性。然而，近年的研究证明，在 ZPA 中的视黄酸含量似乎并没有高到足以激活对视黄酸敏感的基因的程度，因此在理论上视黄酸并不像是 ZPA 的活性成分。

另一种是“极性坐标模型(the Polar Coordinate Model)”。此模型理论认为模式不是由可扩散分子形成的，而是由在细胞膜上固定的、可改变细胞特性的分子产生的。通过比较大量附肢发育和再生实验的结果提出的极性坐标模型，认为每个细胞具有一个圆周值(从 0 到 12)和一个放射值(从 A 到 E)，用此来解释在发育和再生的附肢中，相邻细胞的表面对附肢前-后轴模式的形成极其重要。当将肢芽前部和后部的细胞并列时，产生的附肢常常具有超数的两套或三套指(趾)的结构。

1976 年 French 等提出的极性坐标模型认为，附肢细胞具有它们的位置信息。此位置信息假设是沿极性坐标特化的。在这样的系统中，一个细胞的位置是由两个值(Value)决定的：圆周值和放射值。圆周值(1～12)是按时钟表面一样的圆圈排列的。这些数值将特指在前-后轴(“9”侧方向代表“前”，“3” 侧方向代表“后”)和背-腹轴(“12”侧方向代表“背”，“6” 侧方向代表“腹”)上的位置。放射值(A～E)代表沿近-远轴的位置,最外侧的圆圈(A)代表最近的区域,而最内侧的圆圈(E)代表最远的部分(图 14-11)。

图中二维的同心圆的图形向外扩展形成一个圆锥形,可以更直观立体地描述一个附肢。这个圆锥的顶端代表“指”部,而其底部代表“肩”部。这种位置信息存在于附肢的发育与再生中,已假设有几种规则管理正确模式的形成。

(1) 插入规则(Intecalation Rule)

如果一些具有不同圆周的或放射的位置值的细胞,通过移植或伤口愈合被带到一起,然后开始细胞分裂,而这种细胞生长对再生失去的位置值是必需的。此为插入过程。如前面提到的,附肢的中间值(挠骨和尺骨)被除去,它们将再生以补充失去的附肢部分。

如果圆周的位置值丧失,插入将通过较短的,而不是较长的两条路线发生。即如果位置值 12 和 3 彼此相对,则将形成 1 和 2,而不是形成 11、10、9、8、7、6、5 和 4。这是最短插入规则(Shortest Intecalation)(图 14-12)。

(2) 远端化规则

一个截断附肢的再生总是产生切断处远端的部分。这一结果意味着细胞的生长仅仅再生较远端的位置值。极性坐标模型也预示这是怎样发生的。在截肢以后,伤口将被从边缘来的表皮愈合,伤口表面被从边缘向中央迁移的真皮的成纤维细胞封闭。这将引起那些具有不同圆周位置值的真皮成纤维细胞彼此相对。插入发生,产生复制以前存在的细胞的圆周位置值的新细胞。

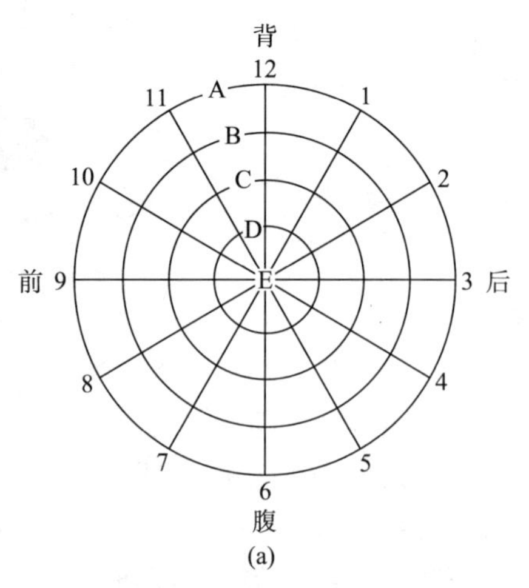

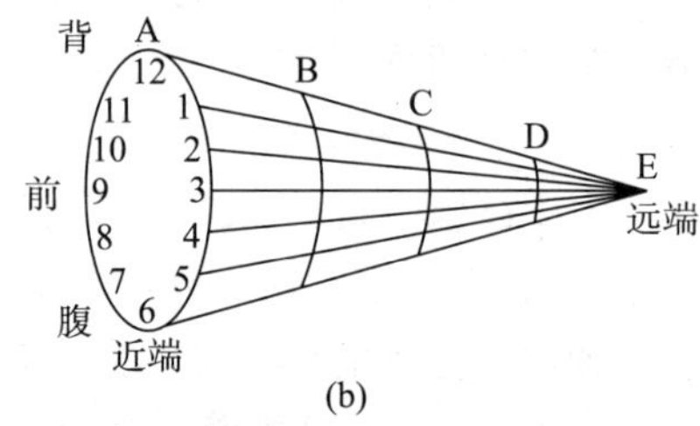

图 14-11 极性坐标模型认为细胞具有的圆周值(1～12)特化为前-后轴和背-腹轴(a);放射值(A～E)特化为近-远轴(b);(a)中的二维同心圆图形可表示为将一个时钟表面向外扩展形成一个三维的圆锥形,来描绘出近-远轴

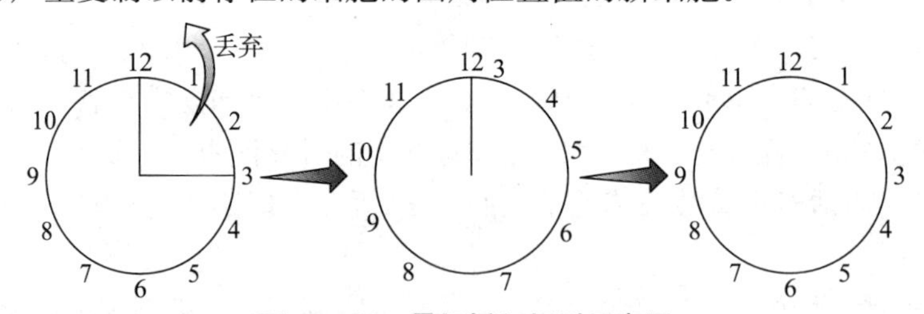

图 14-12 最短插入规则示意图

此模型认为,相同的圆周位置值无法被复制。所以新细胞只能从近-远轴的水平上在较远端来接收一个位置值。这被称为远端化规则(Disralization Rule)。因此,在 A-水平的截肢,再生的新细胞具有 B-水平的位置值。远端化的过程一直持续到最远端的位置值被再生为止(图 14-13)。

支持远端化规则的证据发现于各种通过实验诱导再生的附肢中。如果将蝾螈的附肢芽基切除,经旋转后再连接到自己的断肢残桩上或是对侧位置的附肢残桩上,有超数量的附肢再生。这些超数量的附肢明显是在两个轴之间最大的中断位点形成的。即在一个断肢残桩上,移植一个经旋转的芽基,在两者的位置值间的关系中,如果 D-V 轴(背-腹轴)是不匹配的,则 A-P 轴(前-后轴)是匹配的。由于插入的规则,在 D-V 轴位置值相对的地点应当复制一个

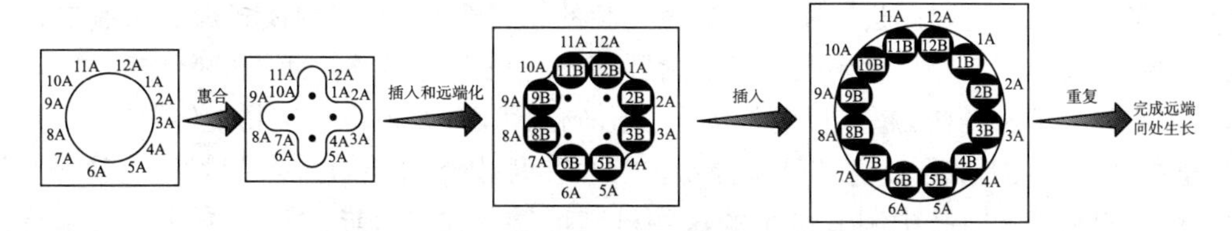

图 14-13 从一创伤表面向远端生长的模型

(截肢除去模式的 B、C、D、E 水平部分，留下 A 部分，圆圈代表伤口边缘。伤口愈合时，产生的不同的圆周值的插入由星型号表示。新细胞具有的位置值与以前存在的相邻细胞相等，但在离远端的 B-水平上。随之，B-水平的插入被齐整。这种过程被不断重复，直至最远端 E-水平位置值细胞被再生)

完全的圆周值。图 14-14 中模型可预示由不匹配的前-后轴或背-腹轴产生超数目附肢的数目和位置。此图所示一个左腿的芽基被旋转后移植到右腿的残桩上，所以其 D-V(背-腹)轴处于最大的不对称处。其圆周值沿每个圆圈排列。圆圈间数目是由在受体和移植物相对的位置值间最短的插入路线产生的位置值。在轴不匹配的位点，最短的插入路线可取两个方向之一，由此产生一个圆周的位置值。这些圆圈相当于一个断肢的伤口表面。除了从芽基向外生长外，在这两点产生远端的向外生长。因此，由于插入能产生不匹配位置值的完全的圆圈，可以期望在每个这样的位点产生远的生长。而蝾螈的附肢芽基切除的再生实验表明也完全符合这个结果(图 14-15)。

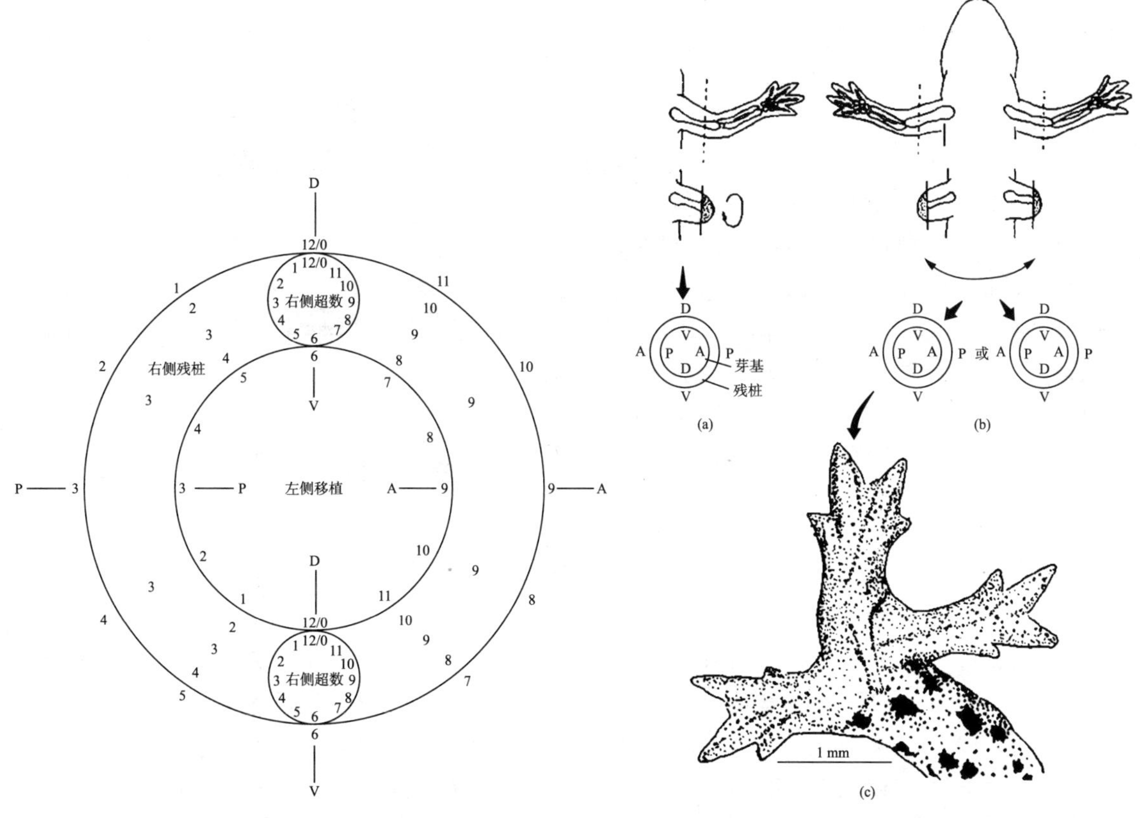

图 14-14 极性坐标模型

图 14-15 将附肢芽基切除，置于一残桩上，使它们的轴不匹配

(a)两个轴都不匹配；(b)前-后轴不匹配，或是背-腹轴不匹配；(c)这些圆圈位置值的不匹配，常常产生超数目的附肢

在有尾类和无尾类之间进行镶嵌的移植实验的结果表明，类似的模式形成机制在这两种不同的动物中起作用。如果无尾类爪蟾的附肢芽被移植到有尾类美西螈的断肢残桩上，并使它们的圆周位置值相匹配，超数目的指则不能形成。然而，如果将移植物旋转，使 A－P 轴不匹配，超数目的指就形成了。这些结果提示，在四足动物附肢中存在一种模式机制基本上是相同的。而在四足动物附肢中调节再生的这些机制可能与在发育期间调节模式的机制是相同的。再生不仅模仿胚胎附肢的发育，而且再生的和发育的附肢组织能相互作用形成一个正常的附肢。如移植一个蝾螈的幼体的附肢芽到再生的芽基残桩上，当它们的轴是合适地匹配的，则产生一个正常的附肢；而当它们的轴是不匹配的，正如在再生的芽基和残桩实验中观察到的，它们形成超数目的指。因此，对再生的和发育的系统研究可能阐明在这两种情况下模式形成的相同控制。这些基本原则对其他发育系统中的模式形成也许是通用的。

4. 同源基因在附肢发育中的作用

附肢发育研究认为，附肢是通过特异基因在特定细胞中的表达决定的。在肢芽的前-后轴极性和指的特性的决定中，同源基因可用于解释发育中的现象。研究表明，附肢中的位置信息能特化指的数目，它独立于特化指的类型的信息。当分离出发育中附肢的间质，然后用其外胚层壳将它重新包裹，由于搅乱了间质中的前后信息，重组的附肢芽能形成附肢样的结构，但它们的指缺少任何可识别的特性。

附肢芽后边缘的 ZPA 信号由强到弱的梯度决定了每个指的顺序和特征。如果移植另外一片带有 ZPA 信号浓度与后边缘的一致的组织到前边缘带（此处正常情况下的 ZPA 信号浓度是低的），它引发另外一套指的出现，（在移植处与肢芽的后边缘原处）产生的指的模式呈镜像倍增或Ⅳ、Ⅲ、Ⅱ、Ⅱ、Ⅲ、Ⅳ样指或Ⅳ、Ⅲ、Ⅲ、Ⅳ样指。而将一种多孔珠子用视黄酸（RA）浸泡后再移植到前面边沿带诱导指呈镜像倍增，就跟 ZPA 所诱导的一样。图 14－16 显示的鸡的翅芽实验中，翅芽生长时模式沿着 A－P 轴（前-后轴）形成。①指的类型和它们的顺序是在极化活性带（ZPA）的影响下被决定，ZPA 位于翅芽的后面边缘；②把另一供体翅芽后面的组织（后面边缘）移植到宿主翅芽的前面边缘，结果引起指呈镜像倍增（两处都生出同样的指）；③一塑料珠用视黄酸浸泡模拟移植 ZPA 的作用，结果可以按照由 ZPA 或移植的塑料珠子各自所释放出来的成形素的浓度梯度（曲线表示）来解释。在一定的阈值浓度之上（平行线表示），细胞相应地形成Ⅱ、Ⅲ或Ⅳ指。

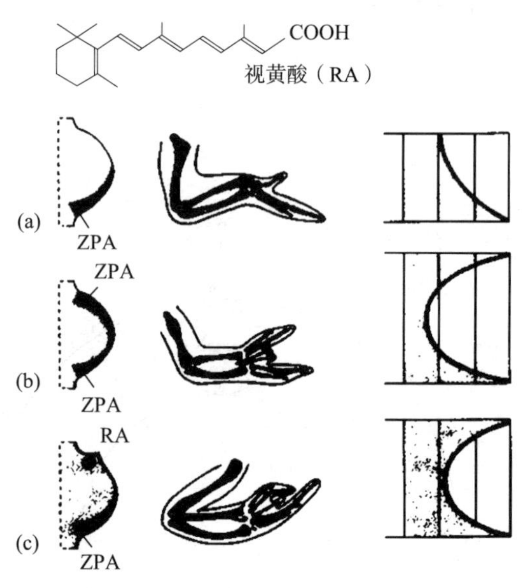

图 14－16 鸡的翅芽生长实验：模式沿着前-后轴形成

实验发现，视黄酸（RA）在有尾类蝾螈附肢的再生期间，对附肢的模式形成具有相同的显著影响。如果将成体蝾螈的附肢截断，然后将蝾螈浸泡于视黄酸溶液中，再生的附肢也具有在 P－D 轴（近-远轴）上复制的成分。不管附肢是在哪种水平上截肢的，一个完全的附肢（包括肱骨、桡骨、尺骨、腕骨和指骨）能从残桩上长出。如果一个附肢经腕部截断，一个包括肱骨、桡骨、尺骨、腕骨和指骨的完全的附肢将从截肢断面的远端向外生长。视黄酸明显地重新设定了芽基中细胞的位置信息，重新设定的范围依赖于视黄酸的浓度，或处理时间的长度。图

14－17 表明了通过桡骨和尺骨截肢及经增加浓度的视黄酸棕榈盐(视黄酸的衍生物)处理的蝾螈附肢的再生实验。图上的虚线标记截肢的平面；A：对照，表示肱骨(h)、桡骨(r)、尺骨(u)、8 块腕骨(c)和 4 块指骨；B：中等剂量的浓度时，诱导产生了被截掉的桡骨、尺骨的另一半之后，随后再复制桡骨、尺骨、8 块腕骨和 4 块指骨；C：高剂量的浓度时，一个完全的、从肱骨开始的附肢从截肢的平面形成。显然，在视黄酸较低的浓度时，近端化的程度减小，所以当一个附肢从腕部截断，并浸泡于较低浓度的中剂量视黄酸中时，在断肢残桩上只能发育出桡骨和尺骨，而不是近端的肱骨。

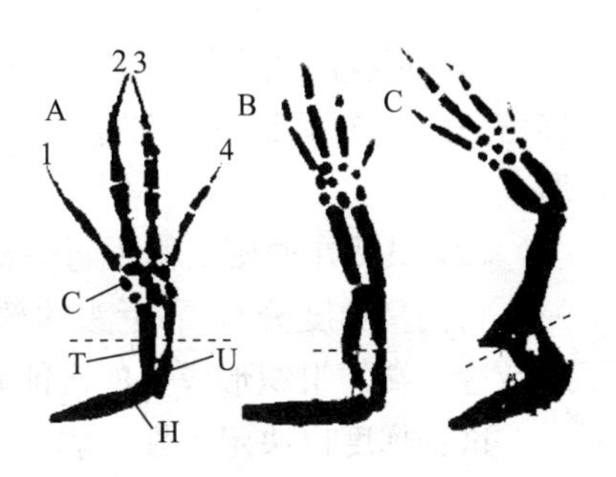

图 14－17　视黄酸处理蝾螈附肢的再生实验

视黄酸在成体蝾螈中影响 P－D 轴(前-后轴)，在发育期间的蛙和蟾蜍中影响其 P－D(前-后轴)和 A－P 轴(近-远轴)的改变。如果蝌蚪的腿浸于高浓度的视黄酸中后，从截断的位置再生出两个完全的附肢(P－D 轴复制)，它们是镜面对称的。视黄酸的研究已经证明，它在鸡、蝾螈和蛙中产生相同的反应。跨越种的界限，模式形成的机制可能是相似的，而视黄酸是唯一知道能重新设定模式的外部因素。

然而，至少在两栖类中这类视黄酸(RA)分子的梯度尚未检测到，并且大量的实验也表明，虽然用视黄酸(RA)浸泡过的多孔珠引起肢芽的前面边沿区的细胞获得了 ZPA 细胞的特征，但是，用人为诱导的 ZPA 细胞所散发的天然信号却不是 RA 本身，而是引发了一系列次级事件。进一步实验显示，SONIC HEDGEHOG 可能是作为一种天然的信号在 ZPA 部位表达，而且这些分泌 SONIC HEDGEHOG 的细胞能代替 ZPA 的极化活性带，并能引发以后发生一连串的信号物质(FGF－4 和 BMP 等多肽生长因子)的释放。另一方面，在肢芽发育中，sonic hedgehog 的表达较晚，因此，它的表达可以被解释为是已启动的一系列事件中的中间事件，这一系列事件大概是由 RA 或 FGF 家族的某些成员所调节。

在附肢发育和再生的模式中，RA 是否是初级信号？如果能确定视黄酸在细胞水平上的作用，这对于了解在发育和再生中附肢的模式形成机理，也许具有重大价值。诚然，RA 的许多形态发生作用都已经很明显。在许多成虫盘的发育中，RA 影响细胞的增殖、模式形成和细胞的分化。根据它的这些作用推测，它可能与类固醇激素一样是通过刺激基因的表达来发生作用的(正如 RA 可引起中枢神经系统区域化一样)。

14.3　水螅与昆虫模式中的位置信息与位置记忆

1. 水螅模式

淡水水螅不但在胚胎发育时需要位置信息，而且在后期的生命过程中也需要。由于损伤，身体遭到破坏的事件对于这些没有外壳保护的躯体柔软的动物是很容易发生的。因此，它们需要干细胞来更新其身体或再生取代其身体的某部分。这些都需要位置信息来指导。

水螅体不管在什么部位横切一分为二，下面断片总是在其上端长出头，而上面断片总是在其下端长出足。如果我们在不同水平横切，将可以看到一团没有头和足的中间段组织，具有形成头和足的潜能。为什么形成头和足的潜能在中间胃区不表达呢？

传统的观点认为，分配到头部的除了组织能力外还有抑制活性(这与已知的植物的顶端显性现象相似)。用实验的方法曾显示模式形成的控制系统有下列特征。

(1) 现存的头有抑制另外一个潜在的竞争性的头的形成,但有促进另一端形成足的作用。移植另外一个头到柱状体会引起超数量的脚的形成。但移植额外的足不会引起额外头的形成。

(2) 虽然在原则上躯干每一部位都具有形成头和足的能力,但是,这种能力的分布并不均一。它们呈梯度分布,靠近头的部位形成头部结构的能力较强,形成足的能力较弱。反之,靠近足这一端的组织形成头的潜能较低,但形成足的潜能较高。

这种梯度也决定极性。躯干的横断片,不管从上、中还是下段,形成头的潜能总是上端最大,而形成足的潜能总是下端最大。沿着躯干的相对位置值可以按下面两种方法来测定。

(1) 分散重聚集

一片从躯干取来的组织分散成单个细胞再重聚集,这些细胞重排成新的结构。在这种凝集块占据最靠近动物头的部位的细胞将形成头的结构,如触手;而位于靠近足的位置的细胞将形成足。在水螅的分散细胞试验中(图 6－8),从高低两个不同水平的水螅柱状身体上切下来两个片段,分别分散成单细胞,并集合两类单细胞分别制备成高部位-凝集块与低部位-凝集块,再将两类凝集块排列组合成两种凝集组织:高部位-凝集块＋低部位-凝集块＋高部位-凝集块、低部位-凝集块＋高部位-凝集块＋低部位-凝集块。结果在两组织生长中,触手都由来自相对具有最高位置值的高部位-凝集块细胞优先形成。

由此可见,分散的细胞保存它们以前所在位置的记忆,新形成的结构是细胞以前在身体上所获得的相对位置信息作用的结果。位置记忆以极性形式显示,极性是由一标量——位置值的斜度所决定的。即细胞在新位置所显示的倾向-极性,是由新位置与原先所在位置的差值所决定的。

(2) 移植

切取一片供体水螅体壁组织(非头部位或足部位)移植到宿主水螅体壁组织中(图 14－18),当切取部位与移植部位具有同样的位置值时,这片组织只保留其原来的特性发育生长;当其周围的位置值中度改变时,这片组织将顺应新的信号,选择新邻居的个性(位置依赖的行为)。但是,在位置值明显不同的环境中,它们表现出奇妙的行为,即完全改变了它们自己原先所在部位时的状态(非头或足)。在位置值明显较低的环境中,这片组织竟形成异位头(显示了头-极性);而在位置值明显高的环境下,这片组织竟形成异位足(显示了足-极性)。显然,形成异位头和足的频率反映了位置值的不同标量和程度。

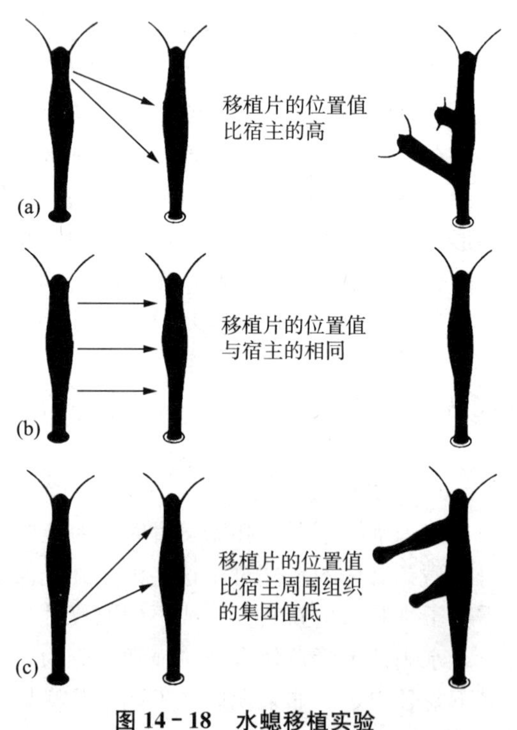

图 14－18 水螅移植实验

就像模式控制机制一样,位置信息和位置记忆的分子基础现在还有待进一步研究清楚。但曾经提出了下面两个理论来解释这些结果。

(1) 一种理论认为:成形素的梯度提供了位置信息。在头部,头的激活因子起主导作用;在躯干部位,则是头的抑制因子起主导作用。这两种成形素主要在头部产生,而在躯干部位被破坏。此外身体上也存在有由足的激活因子和抑制因子组成的一相对应的镜像对立系统。位置值是反映了的成形素的浓度。

(2) 另一种理论认为:头是显性的竞争者,使有限的资源为其所用,故头会通过吸引前体细胞(如神经母细胞),特别是通过结合或去除促进头部发育的激素因子,来抑制其他头的发育,同时又促进脚的形成。头部形成所需的因子可能是在胃区产生,并通过组织间隙分布到全身。辅助受体收集这些因子可能是位置值的一种功能。在身体上部的细胞配备有许多受体,因此,能结合大量的因子,它们将形成头。而在身体下部的细胞只具有少数或没有受体,在竞争这些因子时不起作用,因此,它们将形成脚。在再生时,环境中的这些结合因子的数量与新表达的(再生的)受体的数量之间会形成自动调节反馈环,将恢复受体补体(受体的母体-再生组织)的梯度(使恢复该场域原来组织发生时受体与激素因子对应的梯度)。

2. 昆虫模式——附肢的插入

当位置记忆表达的时候,位置值在脊椎动物和昆虫的肢的形成中也起作用。在昆虫腿上,用实验的方法嫁接断肢可中断昆虫腿中原来位置值的连续性。譬如,用实验的方法切断昆虫的一条腿,移去该腿中间的一片组织,把该腿远端的一部分移植到该腿残留的截桩上,或从另外一个昆虫的腿上取来一片组织按正确的方向插入或按错误的方向插入。在上述任何一种情况下,具有不同位置值的细胞之间发生对抗也都会引起腿结构的插入(生长),但不同位置值的细胞之间的不协调则将刺激细胞增殖。缺失的位置值被分配到加入的腿的结构里,直到缺失的位置值全部补上,且位置值不再中断。实验设计(如下)甚至可以迫使昆虫插入一片极性相反的组织。

图 14-19 所示的是昆虫腿缺少部分的插入实验:在昆虫腿上移去其中一节后再重新接起以造成新接处的位置值的不同;或在昆虫腿上移去距远端较近一节后再从另一供体昆虫的腿上移取距远端一较长的部分代替,重新接起以造成新接处的位置值的不同。当蜕皮的时候位置值的不同诱导腿的片段(新生组织)的插入。在一次或几次蜕皮之后,插入的片段将使邻近(接口处)的位置值不再中断。示意如下,图 14-19(a):将一条昆虫腿 123456 截肢后再连接成 126;图 14-19(b):将两条昆虫腿 123456 截肢后再两者连接成 123452。注意在(b)中插入的片段的极性组织是倒的。

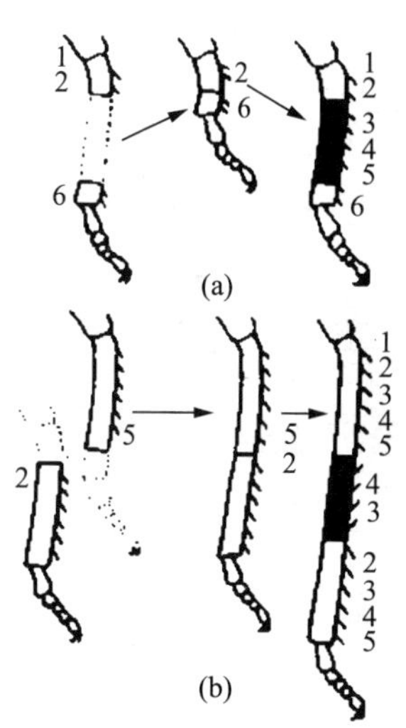

图 14-19　昆虫腿缺少部分的插入实验

14.4　周期性模式的建立

由多个重复单位组成的模式在有机体内是很常见的。水螅和珊瑚的群体等都排列成(重复)规律性的模式。周期性重复的模式在环节动物中呈分节状,在脊椎动物中表现为许多分节的单位,如体节、脊神经节。重复的单位包括鳞片、羽毛和毛发。周期性重复模式形成的机制可以设想为下列三种机制或三者共同作用的结果。

(1) 时间的节律转化成空间周期的模式

在生长系统内部的摆动器(内部的钟摆)引发了新单位规律地间隔产生。这种摆动器可能与细胞周期或内部的生物钟的节奏有关。如图 14-20(a)所示,真菌 Neurospora 的孢子形成分生孢子的发育就是一例。新的分生孢子每隔一天增加一个(生理节奏)。最后,在一定的时间间隔形成一个个新的结构。

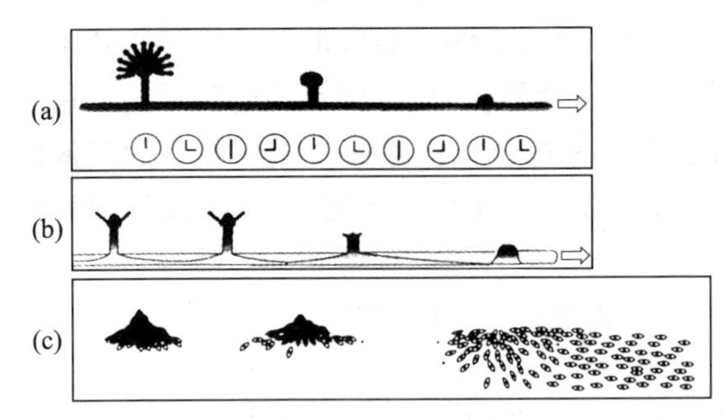

图 14-20 周期性重复模式形成

(2) 侧向抑制

现(已)存的结构是抑制信号的发源地。当(抑制)信号扩散到附近的区域时,它们的浓度由于酶降解、自发消亡或被稀释而随着距离的增加而下降。在抑制信号范围之外,新的结构是自发形成的,或者是由外部的刺激所诱导的。

如图 14-20(b)所示,在水螅集群中,水螅与水螅之间的间隙是由来源于现(已)存的水螅的抑制影响所决定。抑制的影响随距离而降低。这种抑制影响可能是由现(已)存的水螅散发到生殖根去的物质所调节。另外,抑制也可能由于水螅所接受的某因子的耗尽和从生殖根移走而受影响。

(3) 通过耗尽腾出空间

这种机制是通过一个发育着的结构用尽基本的材料或掺入了不可取代的前体细胞而实现的。在正形成的结构周围的材料和细胞均已被耗尽时,但在更远一点的部位这种材料或前体细胞仍然可以有。因而,在更远一点的部位可以形成另一个同样的结构。这种类型的周期性重复模式在盘基网柄菌属阿米巴的竞争凝集和类似的多细胞凝集中可以找到。

如图 14-20(c)所示,以盘基网柄菌细胞(部分)为例,凝集块的空间大小取决于凝集块附近细胞的消耗程度。凝集块可散发出吸引信号分子。凝集块之间的距离取决于有足够浓度的化学吸引信号作用的范围。超过凝集块中心的信号作用范围,新的凝集中心由定距细胞自动激活而形成。

细胞分化的基因调控

细胞分化就是由一种相同的细胞类型经过细胞分裂后逐渐在形态、结构和功能上产生不同细胞类群的过程。

从分子水平看，细胞从简单、原始的状态到复杂化、异样化方向发展的过程，是细胞通过分裂产生具有稳定性差异的结构和功能的结果。而各种细胞具有的稳定性差异的结构和功能则是由于各种细胞内含有不同的生化物质(如水晶体细胞含有晶体蛋白，红细胞含有血红蛋白，肌细胞含有肌动蛋白和肌球蛋白等)，而这些专一性的生化物质的合成则是通过细胞内一定基因在一定的时期的选择性表达实现的。因此，基因调控是细胞分化的核心问题。

在多细胞生物体内，每个细胞都具有一定的性状，是细胞特定基因型在一定的环境条件下的表现，称为细胞表型(Cell Phenotype)。根据细胞表型可将细胞分为三类：全能细胞(Totapotent Cell)、多潜能细胞(Ploripotent Cell)和分化细胞(Differentiated Cell)。全能细胞，指它能够产生有机体的全部细胞表型，它可以产生一个完整的有机体，它的全套基因信息都可以表达，如受精卵、有些动物的早期分裂球等。多潜能细胞的基因表达受到了一定的限制，表现出其发育潜能具有一定局限性，仅能分化成为特定范围内的细胞。如多潜能性生血干细胞仅能分化成为淋巴细胞、单核细胞、粒细胞等。多潜能细胞后代的发育命运在一定程度上已被限定，它们即使在不同的环境条件下也表现出某些相同的细胞表型。分化细胞是由多潜能细胞通过一系列分裂和分化发育成的特殊细胞表型。它们合成细胞特异性蛋白或具有特殊功能性的细胞器，有丝分裂的频率明显降低，甚至最终完全停止细胞分裂。细胞分化的过程是从全能细胞向多潜能细胞转化并再向分化细胞转化的发展过程，这也是细胞内的基因发生选择性表达的结果。分化细胞一般仅有5%～10%的基因表达，除了合成细胞生长、代谢必需的产物之外，主要是细胞特异性产物的合成。

细胞分化的过程中，基因表达的调控机制是很复杂的。不同基因具有不同的调控机制，而有些相同的基因在不同的组织或不同的发育时期的调控机制也可以不同。细胞分化正是这些不同种类基因之间及同类基因表现的不同调控方式的这种基因差异性表达的结果。胚胎发育中细胞分化的过程，或从一个卵细胞至受精卵后发育发展成一个多细胞有机个体的细胞基因差异性的表达过程，是受制于内环境与外环境两个方面影响的结果。细胞内环境的差异影响细胞核基因的表达，如在早期胚胎发育的卵裂阶段，由于卵质的不均匀分布，卵裂的结果所产生的分裂球(细胞)存在不同的细胞内环境，引起胚胎细胞核基因的差异表达。细胞外环境的影响使细胞接收了不同的位置信息，如在胚胎发育早期不同的胚胎细胞位于不同的区域，受到不同的外界环境的影响，邻近细胞产生的各种胞外信号分子包括远离细胞的产物(细胞因子、激素等信号分子)，通过细胞间的信号传导(Signaling)间接影响细胞核基因的表达，如卵细胞的发育环境对卵内部胞域的发育限定。

第15章 胚胎发育的基因调控系统

胚胎不但要产生不同类型的细胞，而且要由这些细胞构成功能性的组织和器官并形成有序空间结构的形体模式(Body Plan)。如人的手臂和腿，都由肌细胞、骨细胞和皮肤细胞等多种细胞构成，这些同样的细胞在手臂和腿的形成过程中却被构成具有显著差异的有序空间结构。在动物胚胎发育中，最初形体模式的形成主要涉及胚轴形成及其一系列相关的细胞分化过程。而胚轴形成是在一系列基因多层次、网络性的调控下完成的。

在果蝇中，果蝇形体模式形成是沿前-后轴和背-腹轴进行的。经过多年的研究工作，现已分离出三类控制发育的基因(图6-24，图15-1)：母源效应基因、分节基因(缺口基因、成对控制基因、体节极性基因)、同源异形基因。在果蝇最初的发育中，由母源影响基因构成位置信息的基本网络，激活合子基因的表达，控制果蝇形体模式建立。

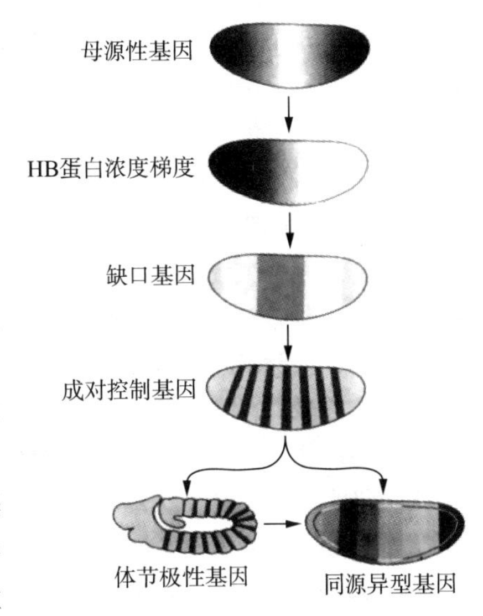

图15-1　果蝇中控制胚胎模式形成的主导基因时间表达顺序

黑色条纹表示编码蛋白质的基因分布

15.1　果蝇胚胎的极性

沿前-后轴，果蝇胚胎和幼虫显示有规律的分节，由于这些分节属于3个解剖区，又可从前到后分为头节、3个胸节和8个腹节。在幼虫的两末端又特化为前面的原头和后端的尾节(图6-22，图11-4)。

参照图15-1，由调节胚胎前端结构与后端结构形成的BICOID(BCD)、HUNCHBACK(HB)、NANOS(NOS)、CAUDAL(CDL)这4个非常重要的母源影响基因的蛋白质产物——形态发生素调节首先表达的合子基因，即缺口基因(Gapgene)的表达。缺口基因表达区呈带状约相当于3个体节的宽度，表达区之间有部分重叠。缺口基因的蛋白质产物的不同浓度的区域启动成对控制基因(Pair-rulegene)的表达，为与前-后轴垂直的7条表达带。成对控制基因的带状表达区将胚胎沿前-后轴划分成周期性的单位。成对控制基因蛋白质产物激活体节极性基因的转录，体节极性基因(Segment Polarity Gene)的表达产物进一步将胚胎划分为14个体节。同时，缺口基因、成对控制基因，以及体节极性基因的蛋白质产物，共同调节同源异形基因(Homeotic Gene)的表达，而后者的表达产物则决定每个体节的发育命运。

15.2 躯体坐标的建立——母体效应基因

果蝇体轴决定是在某些基因影响下发生的，这些基因是母性（含母本）基因而非胚胎（母本与父本融合）本身的基因，基因产物成为建立这些坐标的基础。当雌性突变体产的卵所孵出的胚胎没有明显的身体分界或分界位置不对时（即使这些卵外观看似正常），遗传分析揭示是母体的突变遗传表型而非胚胎遗传型导致这种结果。

在母体器官卵巢管中的滋养细胞或滤泡细胞中活跃地编码的产物，以包裹着 RNP（核糖体蛋白）粒子的 mRNA 形式经通道进入卵子内，并在卵子受精后被翻译成蛋白质。这些由母源信息决定的蛋白质不直接参与胚胎构建，而是形成形态原梯度，即形态生成素梯度。形态生成素作为一种在发散源被释放出的可溶性的物质信号，其浓度随着与发源地的距离的加大而减少，而从发源地到终末处形成了一连续浓度梯度。形态生成素的浓度梯度提供着位置信息，细胞能通过感知局部形态生成素的浓度，从而确定自己在该梯度的位置。因此，在此梯度上的细胞通过与其位置相应的行为来诠释这种位置信息。由此，形态生成素梯度介导着整个卵空间分成不同命运的亚空间。

动物早期胚胎发育是由储存在受精卵内的母源性 mRNAs 和蛋白质控制的。母体效应基因表达的产物（形态发生素）决定体轴形成，诱导合子缺口基因的表达（卵受精后才能表达的胚胎基因称为合子基因）。有 4 组母体效应基因群与果蝇胚轴形成有关，其中决定胚胎前-后轴的基因有 3 组基因群，为第一类；另一组基因群决定胚胎的背-腹轴，为第二类。

1. 影响前-后极性的基因群

bicoid（bcd）的前端系统基因群。

nanos（nos）的后端系统基因群。

torso 和 caudal 的末端系统基因群。

卵空间前端系统与后端系统（图 6－23）在控制图式形成中形成协作作用。

（1）前端 BICOID（BCD）蛋白浓度梯度

卵空间前端的 bicoid（bcd）基因对于前端结构的决定起关键的作用。当 BICOID 蛋白的浓度达到一定临界值即开始启动 hunchback 基因的转录。遗传学实验结果表明，BICOID 蛋白梯度提供的位置信息，当卵前部 BICOID 蛋白浓度增加时，果蝇幼虫的头和胸的边缘都向后移，头和胸的相对大小也增加。高浓度 BICOID 蛋白启动了基因能特异性地增大头和胸的位置及尺寸，而低浓度的 BICOID 蛋白引起幼虫的头和胸的位置及尺寸边缘都向前移而缩小（图 15－2）。图式形成系统利用浓度阈值来定义身体区域的边界线。这可能与 hunchback 基因的启动子与 BICOID 蛋白的结合能力对基因表达所具有的影响有关。hunchback 基因转录起始位点上游 300bP 的序列中含有 6 个 BICOID 蛋白结合位点，其中 3 个强结合位点，3 个弱结合位点。将 BICOID 强结合位点与 lacZ 报告基因相连接，可指导 lacZ 报告基因在胚胎前部大部分区域表达，其表达区域与野生型 hunchback 基因类似。但 BICOID 弱结合位点只能指导 lacZ 报告基因在胚胎前部较小的区域内表达。增加结合位点的数目可增加基因的表达水平，表达区域却很少向后延伸。这说明亲和力低的启动子需要高浓度 BICOID 蛋白激活且只能指导该基因在前部较小的区域内表达，而只需要较低浓度的 BICOID 蛋白就可激活亲和力高的启动子，同时可指导该基因在较大区域内表达。不同靶基因的启动子与 BICOID 蛋白具有不同的亲和力，BICOID 蛋白的浓度梯度可以特异性地同时一起启动不同的基因的表达，从而将胚胎划分为不同的区域(btd、ems、otd 基因很可能也是 BICOID 蛋白的靶基因)。由 BICOID 蛋白启动表达的合子基因 hunchback 在合胞体胚盘阶段开始翻译,表达区域主要位于胚胎前部,合子基因产物 HB 蛋白与母源性产物形态发生素 HUNCHBACK(HB)共存,此时 HB 蛋白从前向后即形成一种浓度梯度。

综合上述,已知母源性 hb mRNA 是在卵子发生过程中转录的母体效应基因产物,在卵子中是均匀分布的。除此之外,卵存在自身的缺口基因 hb。hb 在合胞体胚盘阶段开始翻译,表达区域主要位于胚胎前部,HB 蛋白从前向后也形成一种浓度梯度。hb 基因的表达受到 BCD 蛋白浓度梯度的控制,只有 BCD 蛋白的浓度达到一定临界值才能启动合子基因 hb 的转录。

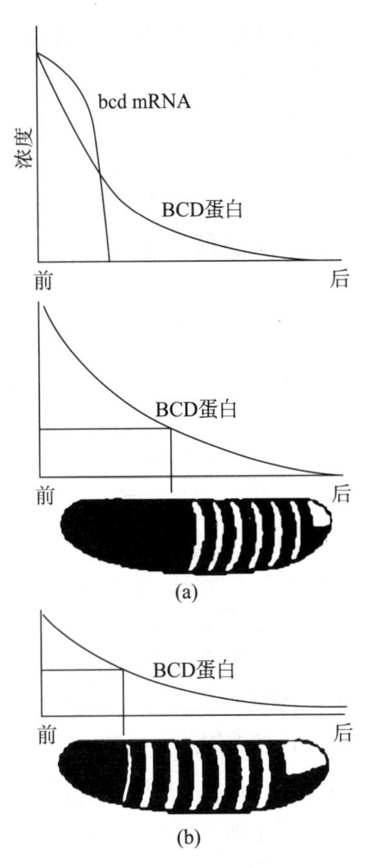

图 15-2 (a)果蝇卵前部 BCD 蛋白高浓度,幼虫头胸的边缘后移,位置和尺寸增大;(b)低浓度 BCD 蛋白引起头胸尺寸边缘前移缩小

(2) 后端 NANOS 蛋白和 CAUDAL 蛋白浓度梯度

卵空间后端系统在控制图式形成中起的作用与前端系统有相似之处。决定胚胎后端图式的最初信息也是母体效应基因转录产物。在卵子发生过程中,nanos mRNA 在卵室前端的滋养细胞中转录,通过转运定位到卵子后极。后端系统并不像 BICOID 蛋白那样起指导性的作用,这些 mRNA 的产物不能直接调节合子基因的表达,而是通过抑制一种转录因子的翻译来进行调节。后端系统约有 10 个基因,其中起核心作用的是 nanos。其编码产物 NANOS(NOS)蛋白活性从后向前弥散,形成一种与 BICOID 蛋白梯度相反的浓度梯度。但是,NANOS 蛋白本身并不能直接调节合子基因的表达,它的功能只是通过抑制在胚胎后端区域的母源性 hunchback mRNA 的翻译而作为转录抑制因子(Transcription Repressor)来实现的,可能是在 RNA 水平进行的,而分布在胚胎后部的母源性 hb mRNA 的随之被降解可能也与此有关。在卵子发生过程中转录的母体效应基因的产物 hb mRNA 在卵子中是均匀分布的,在卵裂阶段 HB 蛋白开始合成,分布在胚胎后部的母源性 hb mRNA 的翻译被 NOS 蛋白的浓度梯度所抑制,而在前部的 BICOID 蛋白的浓度梯度则可以激活合子的 hunchback 基因的表达。结果 HB 蛋白的分布区域被限制于胚胎前部分的$\frac{2}{3}$处。HB 蛋白含有 6 个锌指结构,可以与 DNA 结合。它可能直接抑制 knirps 和 giant 基因的表达,从而抑制腹部的形成。

(3) 末端 TORSO 信号途径

如果前端和后端系统都失活,果蝇胚胎仍可产生某些前后图式,形成具有两个尾节的胚胎。这说明还存在第三个与前-后轴确立有关的系统。末端系统包括约 10 个母体效应基因。这个系统基因的失活会导致胚胎前端原头区和后端尾节缺失。末端系统的作用方式与前两个系统完全不同。在这一系统中起关键作用的是 torso(tor)基因。对 torso 基因的序列分析表明,这个基因编码一种跨膜酪氨酸激酶受体(Receptor Tyrosine Kinase,RTK)。TOR 蛋白在整个合胞体胚胎的表面表达(图 15-3),其 NH_2 -基端序列位于细胞膜外,COOH -基端位于膜内，当胚胎前、后末端细胞外存在某种信号分子（配体）时可使TOR特异性活化，最终导致胚胎前、后末端细胞命运的特化。

RTK的活化通常需要一种配体与其受体结合部位相结合。大量实验表明，torsolike(tsl)基因可能编码这一配体。tsl基因突变会产生与tor失活突变相似的表型。在卵子发生过程中，tsl在两组特异性滤泡细胞中表达，即位于卵子前极的边缘细胞和卵室后端与卵子后极相对的极性滤泡细胞。TSL蛋白被分泌到卵子两极处的围卵隙中，可能通过与卵黄膜的结合而维系在两极区域，直到TOR蛋白表达，TSL才被释放。由于TOR蛋白过量，TSL不会扩散到末端区以外，从而保证tor基因只在末端区被活化。配体与TOR结合后，引起TOR蛋白分子自我磷酸化，经过一系列信号传递，最终激活靶基因合子缺口基因huckebein(hkb)与tailless(tll)在末端区的表达。这两个基因均编码转录调节因子，它们还可进一步调节其他基因的表达，进一步能介导身体末端结构、顶节和尾节的形成。

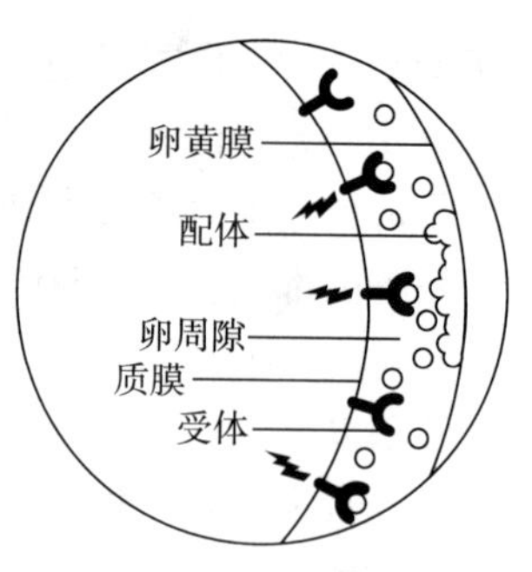

图15-3 控制果蝇胚胎末端分化的tor基因

（卵子发生中，tor基因编码的受体蛋白在卵子的质膜上表达，但其配体在卵子前、后的极性滤泡细胞中表达并通过与卵黄膜的结合而维持在两极区域。受精后配体被释放出来并穿过卵黄膜进入围卵隙。由于TOR蛋白的过量，保证了tor基因在末端区被活化）

同源异形框基因caudal(cdl)也与特化尾节有关。母源性产物caudal(cdl)的mRNA最初也是均匀分布于整个卵质内，BICOID蛋白能抑制caudal(cdl)的mRNA的翻译。在BICOID蛋白活性从前到后降低的浓度梯度作用下形成DORSAL蛋白从后到前降低的浓度梯度。DORSAL蛋白介导腹部体节发育而影响了背-腹极性。

综上所述，通过前端、后端、末端系统的这一系列调节过程，胚胎前-后轴才得以形成。

2. 影响背-腹极性的基因——dorsal(dl)与toll基因

在bicoid(bcd)、nanos(nos)、torso和caudal，以及dorsal(dl)和toll这4组母体效应基因中，背-腹系统最为复杂，涉及约20个基因。其中dorsal等基因的突变会导致胚胎背部化，即产生具有背部结构而没有腹部结构的胚胎；与此相反，cactus等基因的突变则引起胚胎腹部化，产生只具有腹部结构的胚胎。

背-腹系统的作用方式与末端系统torso(tor)基因的作用方式有相似之处，通过一种局部分布的信号分子，即定位于卵子腹侧卵黄膜上的配体与分布于腹侧卵子膜上的受体结合而激活，进而调节合子基因的表达。而它对合子靶基因表达的调节方式则又与前端系统bicoid相似，通过一种转录因子的浓度梯度来完成。

dorsal基因产物是这一信号传导途径的最后一个环节，母源性dl的产物dl的mRNA和DL蛋白在卵子中是均匀分布的。当果蝇胚胎发育到第9次细胞核分裂之后，细胞核迁移到达合胞体胚盘的外周皮质层，在胚胎腹侧DL蛋白开始往核内聚集，但在背侧DL蛋白仍位于胞质中，从而使DL蛋白在细胞核内的分布沿背-腹轴形成一种浓度梯度（图15-4）。这一调控机制完全发生在DL蛋白向核中定位的过程中。DL蛋白在细胞内的总浓度沿背-腹轴仍然是均一的（这在有丝分裂中DL蛋白由核中释放时尤为清楚）。cactus基因与DL蛋白能否进入细胞核这一调控过程有关，当其编码产物CACTUS与DL蛋白结合时，DL蛋白不能进入细胞核。

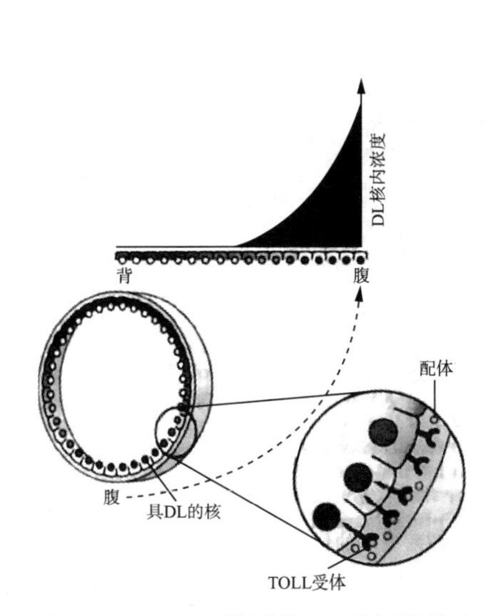

图 15-4　TOLL 激活使 DL 在细胞核内沿背-腹轴形成浓度梯度

toll 是一种膜受体蛋白，仅在腹侧被受精后存在于卵周隙内的配体激活，通过信号传导激活 DL 蛋白进入附近细胞核，形成 DL 蛋白在细胞核内从腹侧向背侧的浓度梯度。

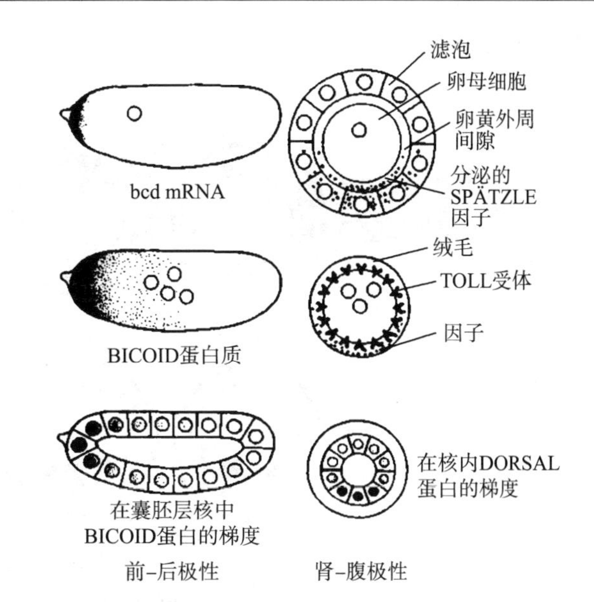

图 15-5　TOLL 介导 DL 在胞核内沿背-腹轴形成浓度梯度

（母源 toll 给整个卵细胞提供跨膜受体。近卵腹侧的母源基因产物 SPÄTZLE 的片段作为配体与卵腹侧的 TOLL 受体结合而使之活化，激发细胞内信号传导而产生一种蛋白酶，将未受精时卵细胞质中的 DL 蛋白与 CACTUS 蛋白结合的复合体中的 CACTUS 蛋白降解，从而释放出 DL 蛋白，并介导 DL 进入细胞核并形成累积梯度）

母源基因 toll 在这一系统中具有相当重要的作用。toll 除具有前面描述的 torso 基因的作用外，母源 toll 信使用于给卵细胞提供跨膜受体蛋白，在合胞体胚盘阶段，toll 基因编码的 TOLL 蛋白在整个细胞膜表面表达。而 TOLL 受体蛋白的配体分子也是母源性产物，是母源效应基因 spätzle 编码蛋白的一个裂解片断。SPÄTZLE 蛋白是由卵室腹侧的特异性滤泡细胞产生的，在胚胎发育早期被释放后定位于卵子的腹侧（而背侧没有）的卵周隙中。因此，只有腹侧的 TOLL 受体蛋白能找到配基而与之结合并使之活化（图 15-5）。TOLL 被激活后可激发一系列细胞内信号传导，并涉及信号传导途径中其他母体效应基因如 pelle，tube 基因编码的蛋白的作用，最终通过产生一种蛋白酶释放进细胞质中，将细胞质中的 DL 蛋白与 CACTUS 蛋白结合的复合体中的 CACTUS 蛋白降解，DL 蛋白被释放出，并经过实现蛋白自身的磷酸化后而进入细胞核，从而形成 DL 蛋白在细胞核内从腹侧向背侧的浓度梯度。

细胞核内的 DL 蛋白的浓度梯度通过对下游靶基因的调控，控制沿背-腹轴产生区域特异性的位置信息。这种浓度梯度在腹侧组织中可活化合子基因 twist（tws）和 snail（sna）的表达，同时抑制 dpp 和 zen 基因的表达，进而指导腹部结构的发育。dpp 和 zen 基因在胚胎背侧表达，指导背部结构的发育。zen 基因启动子中的一个抑制因子含有 DL 结合位点，twist 基因上游序列同样含有 DL 结合位点。但是 DL 蛋白与 ZEN 抑制因子的结合能力比与 twist 上游序列的结合能力强得多，因此，zen 基因与 DL 蛋白亲和力高。在较低的 DL 浓度下 zen 基因表达被抑制，而 twist 基因的激活则需要较高浓度的 DL 蛋白。这说明 DL 蛋白浓度至少存在两个阈值，当核中没有 DL 蛋白时，dpp 和 zen 基因表达；当 DL 蛋白浓度达到第一个阈值时，dpp 和 zen 被抑制，而 tws 和 sna 不能被激活；当 DL 蛋白浓度达到第二个阈值时，dpp 和 zen 仍被抑制，tws 和 sna 则被激活。由此，进而引起多个基因的活化或抑制，从而控制胚胎背-腹轴的形成。在细胞核中 DL 蛋白累积梯度的最高浓度是在胚胎腹侧的细胞核中，胚胎此处即产生了腹侧结构(图 15-6)。

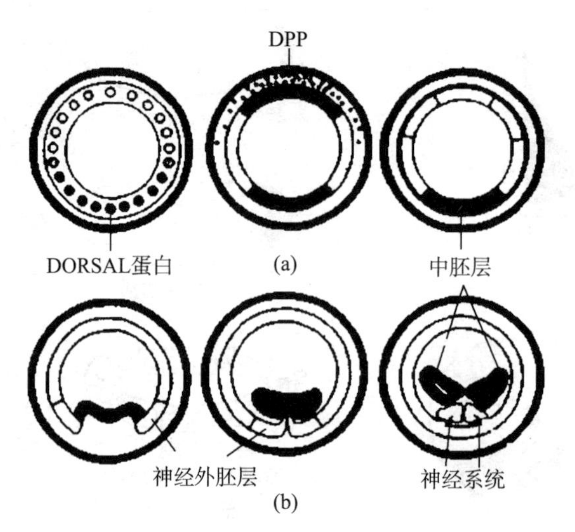

图 15-6 果蝇胚胎背-腹模式和原肠形成

横切面从左到右:(a)表示 DL 蛋白的分配,DPP 因子的结构域表达和分泌情况、沿背-腹轴的命运图谱;(b)表示原肠形成:原沟形成、中胚层内陷(深色)和未来神经系统(白色)内陷

在胚胎的囊胚层中缺乏 DL 蛋白的细胞中 dpp 基因表达,编码 DPP(DECAPENTAPLEGIC)因子。细胞外卵黄周隙中的 DPP 从背侧向腹侧形成的浓度梯度及细胞核内 DORSAL 梯度共同帮助把细胞囊胚层再分成几个不同命运的区域:沿腹中线是未来中胚层的地方;双侧是神经外胚层带,将形成神经系统;靠背外侧是背外胚层,将来形成幼虫表皮。

15.3 影响身体分节的合子基因——分节基因

沿主轴来看,节肢动物(包括昆虫)的身体是由重复的组件组成的。这些组件是组织和结构单位,它们最终成为可见的体节。当母源效应基因编码的转录因子启动了合子的基因,即分节基因的表达时,开始了这些体节的建立。

分节基因的功能是把早期胚胎沿前-后轴分为一系列重复的体节原基。分节基因的突变可使胚胎缺失某些体节或体节的某些部分。根据分节基因的突变表型及作用方式可分为三类:①缺口或缝隙基因;②成对控制基因;③体节极性基因和同源异形基因。这三类基因的调控是逐级进行的。首先由母体效应基因控制缺口基因的活化;其次缺口基因之间互相调节彼此的转录且共同调节成对控制基因的表达;成对控制基因之间相互作用,把胚体分隔成为一系列重复的体节,并进一步控制体节极性基因的表达;然后,缺口基因、成对控制基因和体节极性基因再共同调控同源异形基因的表达。所以,胚盘末期的每一个体节原基都具有其独特基因表达的组合,从而决定每个体节的特征。

分节是在合胞体囊胚层中分步发生的。在胚胎上可见的体节沟真正形成之前,基因表达带表达中先逆着未来可见的体节向前移动半个体节而先形成一个个副体节。副体节是指由胚胎的一系列中胚层加厚和外胚层沟分隔而形成的区域。由于外胚层沟将胚胎分为 14 个副体节区域,这些区域通常与当时基因活性区域一致,但与晚期胚胎、幼虫或成体的可见体节并不一致,每一副体节包含前一真正体节的后半部和后一真正体节的前半部(图 15-7)。14 个副体节是在原肠作用后一个短暂的时期内能观察到的,由副体节到体节的分化有一个过渡时期。

最初在合胞体囊胚层中，在 14 个副体节区域产生之前，当胚胎细胞刚开始生产它们自身的 mRNA 和蛋白质时，其中有许多新蛋白质是作为基因调控因子发生作用。这些因子并不沿身体均匀表达，而是空间上被限制在表达区内。开始，这些区带很宽，随着表达的产物变少，区带的数量在增加。

1. 缺口基因

缺口基因的表达区域即是开始时这些较宽的区域(图 15－1)，每个区域的宽度约相当于 3 个体节，表达区之间有部分重叠。当缺口基因突变时胚胎缺失相应的区域。缺口基因直接受母体效应基因的调控，最初通常在整个胚胎中部有较弱的表达，然后随着卵裂的进行逐渐变成一些不连续的区域，如 hb 基因在第 1～3、13～14 副体节前部表达；krüppel(kr)基因在第 4～6 副体节的后部表达；knirps(kni)基因在第 7～12 副体节表达。缺口基因的表达最初由母体效应基因启动，但其表达图式的维持可能依赖于缺口基因之间的相互作用。例如 hb 基因的表达受 BCD 蛋白的激活而受 NOS 蛋白的抑制，在它们的相互作用下确定 hb 基因在胚胎前部的表达区域；kr 基因同样受到母体效应基因产物的调控，但调节方式不同，BCD 蛋白、NOS 蛋白及 TOR 蛋白均可抑制 kr 基因表达。在 bcd 突变的胚胎中，kr 基因的表达区域一直到达胚胎前端，当 bcd、nanos 及 torso 均失活时，kr 基因在全部细胞中部表达。在胚胎中部 BCD 蛋白、NOS 蛋白的浓度及 TOR 活性均很低，所以 kr 基因能够表达。这些基因最初的表达图式通过不同缺口基因之间的相互作用得到进一步的调节和稳定。如 kr 基因的表达在其表达区域的前端界线处受到 HB 蛋白的负调控，在后端界线处受到 KNI 蛋白的负调控。如果 kr 基因缺失，hb 基因的表达则一直延续到原来 kr 基因的表达区域。这种边界性的抑制作用可能是这些基因产物间的直接作用。这些基因全部都编码转录调节因子，而且它们相互调节又具有高度的特异性。一种基因产物可以与其他多种基因的启动子结合，如 KR 蛋白既能与 hb 的启动子结合而抑制其表达，又能与 kni 基因的启动子结合而调节其转录。tailless 基因的蛋白质产物也识别 kni 的启动子并抑制该基因转录。而 hb 基因产物还可以识别自己的启动子，说明 HB 蛋白也可调节自身的表达。

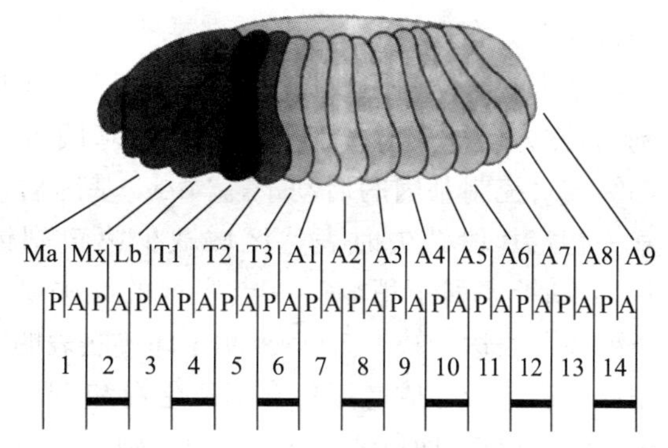

图 15－7　果蝇胚胎的体节与副体节

[图中 A 和 P 分别表示体节的一后半部和一前半部。晚期胚胎和幼体的每一个体节由前一副体节的后半部与后一副体节的前半部构成。Mb、Mx、Lb 为头部的 3 个体节；T1、T2、T3 为胸部的 3 个体节；A1～A9 为腹部的体节。1～14 为 14 个副体节。成对控制基因 ftz 的表达带区域(黑色条纹)正好与 7 个偶数副体节的位置一致]

2. 成对控制基因

成对控制基因的表达区域以两个体节为单位并具有周期性，在相互间隔的一个副体节中表达。成对控制基因的表达是胚胎出现分节的最早标志，它们在细胞化胚盘期第 13 次核分裂时开始表达：表达是沿前-后轴形成一系列斑马纹状的条带，即每隔一个副体节表达一条条纹，以 7 条条纹图式表达。这些基因的功能是把缺口基因确定的区域进一步分成副体节，正好把胚胎分为预定体节。如 fushi tarazu(ftz)和 even skipped(eve)基因在细胞化胚盘阶段的表达区域均为 7 条带，fushi tarazu 在奇数副体节表达，而 even skipped 在偶数副体节表达，它们的位置正好互补，所以 ftz 和 eve 基因共形成 14 条表达带(图 15－8)。

但是，并不是每个副体节的所有细胞都表达相同的成对控制基因，实际上，同一副体节中的每一排细胞都可能具有与其相邻一排细胞不同的独特的基因表达组合，均是缺口基因产物的特异性分布所导致。例如，有三个基因直接受到缺口基因的这种调控，即 hairy、even skipped 和 runt 基因，称为初级成对控制基因。缺口基因可以识别初级成对控制基因的启动子。当 eve 基因启动子的某一特定片段缺失时表达区域缺少第 7 副体节条带，启动子序列中稍靠后一点序列的缺失则使第 2 条副体节表达带缺失。DNA 酶Ⅰ印迹法表明第 2 条副体节表达带形成区域包含 KR 蛋白和 HB 蛋白各三个结合位点，而负责 eve 基因第 3 副体节条带形成的区域则包含 20 个 HB 蛋白结合位点，但没有 KR 蛋白结合位点。

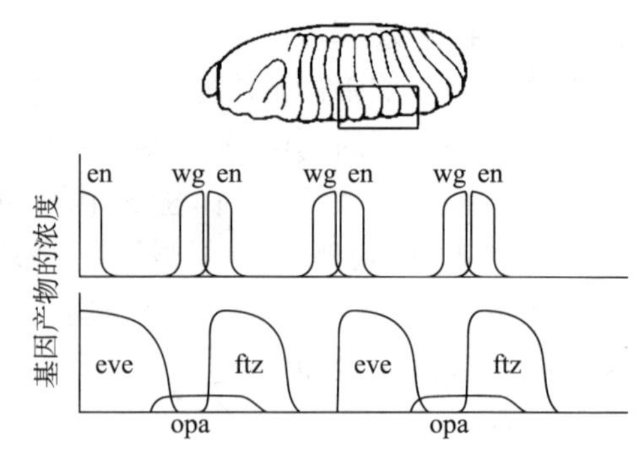

图 15－8 成对控制基因 fushi tarazu(ftz)和 even skipped(eve)基因及体节极化基因 engrailed(en)、wingless(wg)的表达模式（eve 和 ftz 是交替性表达；en 和 wg 的边沿标示两个副体节的界限。最后体节的边界定位于所设的 en 的条纹之后。图中显示了它们之间的相互关系。当细胞包含很高数目的 EVE 或 FTZ 蛋白时，en 基因进行表达，当这两个基因都不活化时，wg 基因进行转录）

缺口基因的作用机制尚待进一步搞清楚。实验显示，当 HB、KR 和 KNI 蛋白都缺失时，成对控制基因 hairy 在整个胚胎中都表达，不呈副体节条纹状区域表达图式。说明在这种情况下，带间区域原来被抑制的 hairy 基因被激活了。如果在成对控制基因表达图式形成的时期向胚胎注射蛋白质合成抑制剂也可获得类似的结果。这些证据表明缺口蛋白对成对控制基因表达起抑制作用。但也有实验表明缺口基因既可在一定的带区活化基因表达，又可同时抑制其他表达带区的形成。hairy 启动子中不同区域负责不同副体节带区的形成。如果将分离纯化的 hairy 启动子区片段与 LacZ 报道基因连接，再导入果蝇缺口基因突变的胚胎中研究其表达，结果发现 KR 蛋白既可活化第 5 副体节条带的基因形成表达带但同时又抑制了第 6 副体节条带形成；而 KNI 蛋白则既可活化第 6 副体节条带的基因形成表达带同时又抑制了第 7 副体节条带的形成。因此，可能正如第 6 条带的形成可能需要 KR 和 KNI 蛋白的相互作用，第 7 条带的形成则也需要 TAILLESS 等蛋白的作用。

3. 体节极化基因

在细胞囊胚期，体节极化基因把不同体节再分成更小的条纹。体节极化基因在每一体节的特定区域细胞中表达。在前副体节中间划分最后的、可见的体节分界线中，有几个基因起了作用：engrailed(en)、wingless(wg)、hedgehog(hh)和 patched(ptc)。en 和 wg 基因是最重要的体节极性基因，en 基因在每一副体节最前端的一列细胞中表达，wg 基因的表达区域刚好位于 en 基因表达带之前，即每一副体节的最后一列细胞。由此，这两个基因表达区域的界线正好确立副体节的界线。en 和 wg 的激活受到成对控制基因 ftz 和 eve 等基因的调控。ftz 和 eve 等基因均含有同源异形基因框，都编码转录调节因子，这是调节 en 和 wg 基因表达的基础。en 基因在 FTZ 和 EVE 的浓度达到一定阈值之上时才能被激活，而 wg 基因的活化可低于这一阈值，但如果只有 FTZ 和 EVE 还不能启动 en 和 wg 基因的表达，在此过程中还需要成对控制基因 paired(prd)和 oddpaired(opa)的作用。prd 基因最初的表达呈 7 条较宽的条带，但很快就变成 14 条窄的条带，正好与 en 和 wg 基因表达区域一致。虽然 prd 基因在每个副体节界线处均表达，但只在与 eve 的表达区域一致的区域起作用。所以在 prd 基因表达而且 EVE 的浓度较高的区域 en 基因被激活；而在 prd 基因表达而且 EVE 和 FTZ 的浓度均较低的区域 wg 基因被激活。opa 基因可能与 prd 基因具有类似的表达图式，而其功能区域可能与 prd 互补。在 opa 表达和 FTZ 浓度高的区域激活 en 基因表达，而在 opa 表达和 FTZ 浓度低的区域激活 wg 基因(图 15－8)。

在原肠作用开始时 en 和 wg 的表达已经开始，但在原肠作用过程中成对控制基因的表达量减少。en 和 wg 表达的维持相互依赖于对方的基因活性，wg 基因只在 en 基因表达区相邻的一列细胞中维持表达，而 en 基因在 wg 基因表达区之后的 1～2 列细胞中表达。在每个副体节边界处表达两种基因的细胞之间的相互作用是十分复杂的，大部分体节极性基因在这个过程中起作用。最终的显示结果是，成对控制基因的 eve 与 ftz(一对)、prd 与 opa(一对)呈交替性表达且成对互补。在 prd 基因表达而且 EVE 的浓度较高的区域，体节极化基因 en 被激活，形成了每一奇数副体节的前部区域；在 opa 表达而且 FTZ 浓度高的区域，体节极化基因 en 也被激活，则形成了每一偶数副体节的前部区域；在 opa 基因表达而且 eve 与 ftz 基因弱表达使 EVE 和 FTZ 的浓度均形成较低的区域，体节极化基因 wg 被激活，则形成了每一奇数副体节的后部区域；而在 prd 基因表达而且 eve 与 ftz 基因弱表达使 EVE 和 FTZ 的浓度均形成较低的区域，wg 基因也被激活，则形成了每一偶数副体节的后部区域。

果蝇胚胎早期发育中的副体节与晚期胚胎、幼体和成体中的真正体节间有一定的关系。由于成对控制基因在早期胚胎的每两个副体节中呈条纹状表达，而体节极性选择性基因 en 在每个副体节的前部区域表达，wg 基因则在每个副体节的后部区域表达，en 与 wg 基因最终划定了副体节的前、后的界限。而副体节的前区生成了晚期胚胎和幼体每个可见的体节的后区，即 en 基因是在每个真正体节的预定后部区域表达，而 wg 基因是在每个真正体节的预定前部区域表达。

其中，wg 基因编码的是一种分泌性蛋白，WG 蛋白没有被整合到细胞核内，而是作为一个信号分子从产地细胞中释放出，可能直接介导对 en 基因表达的维持；而表达 en 基因的细胞也同时表达 hedgehog 基因，hh 基因与 wg 基因一样编码的是一种分泌性蛋白，HH 蛋白出现区域与 EN 蛋白出现区域一致，但 HH 蛋白暴露于这些细胞表面，显示给相邻的表达 WG 蛋白的细胞，受此信号刺激，相邻细胞反过来又继续散发 WG 蛋白。因此，在每个副体节边界处的这些相邻细胞表达两种基因的作用过程最终表现为 en 基因的表达依赖于 wg 基因，wg 基因编码一种分泌性蛋白，直接介导了 en 基因表达的维持；而 wg 基因的表达维持却是由 hedgehog 基因介导，hh 基因也编码一种分泌性蛋白，表达区域与 en 基因一致。当 hh 基因突变时，wg 基因表达缺失(与 en 基因失活的情况相似)。wg 基因与 hedgehog 基因的表达维持相互稳定且牵制。

在胚胎以后的发育中，由 WG 蛋白与 EN 蛋白预定着前后界限的体节进一步特化，分化产生具有特殊功能的附属物，如由特定体节发育成翅或肢等。前端腹侧三个体节融合形成头部，其余体节形成胸部和腹部。

4. 同源异形选择者基因

含有同源异形框结构的这类特殊基因的存在是通过一些引人注目的突变而得以揭示出的。同源异形基因与含有同源异形框结构的基因并不是同一概念。同源异形基因含有同源异形框结构，但含有同源异形框的基因并不全都是同源异形基因。典型的同源异形基因不参与基本躯干的构建，也不参与体节和肢芽的完善。准确地说，同源异形基因的作用是确保某一体节或肢芽具有群体表征的典型特点的一致性。研究表明，同源异形基因在后生动物门进化中起到了非常关键的作用。不仅这些基因的同源异形框中的核苷酸序列，而且它们在基因组中的排列，都有惊人的保守性。这类基因被喻名为“同源”，可能指源出于同渊源的祖先，具有确保生物的群体表征具有某种“一致性”的作用。从正常发育着的某一生物的个体而言，在一特定位置的器官正常发育应长出一条腿，那就是一条腿，不会在腿的关节位置长出像嘴一样的组织，除非基因突变；从体节个体而言，则每一指定的体节要么一致发育成具双翅的中胸要么一致发育成具平衡器的后胸；从昆虫群体而言，则每一昆虫的同一位置体节具有“一致的群体表征”。

果蝇大部分同源异形选择者基因都位于同一个的第 3 号染色体上相邻的两个区域，其中一区域称为触角足复合体(Antennapedia Complex，Antp - C)，另一个区域是双胸复合体(Bithorax Complex，BX - C)，这两个复合体统称为同源异形复合体(Homeotic Gene Complex，HOM - C)。HOM - C 是由 8 个基因构成的 2 个基因簇。

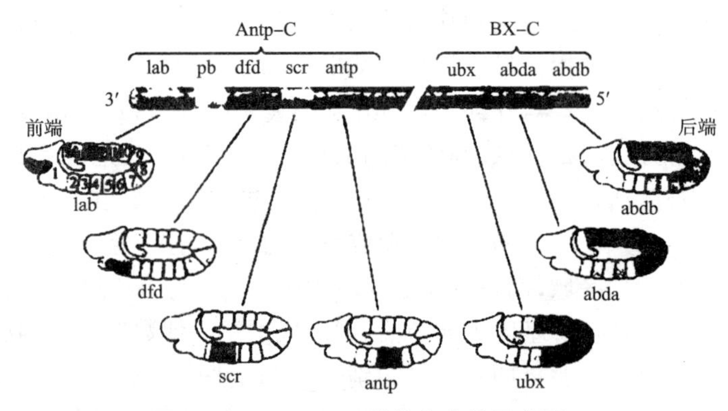

图 15 - 9 HOM - C 结构和表达示意图

在其中 1 个基因簇 Antp - C 中，从 3′末端到 5′末端依次为 lab、pb、dfd、scr、antp 5 个基因。在另一个基因簇 BX - C 中，从 3′末端到 5′末端依次为 ubx、abdA 和 abdB 3 个基因(图 15 - 9)。还有一个同源异形选择者基因 caudal 在 HOM - C 区之外。果蝇的 bicoid，zen，ftz 基因也都位于 HOM - C 区之内，虽然都是含有同源异形框的基因，但 bicoid，zen 是母体效应基因，ftz 是分节基因，都不是同源异形基因或同源异形选择者基因。

在 Antp - C 中的 lab，pb，dfd 基因参与头部体节的特化，scr，antp 基因决定胸部体节的特征，其中 pb 基因似乎只是在成体中起作用，当它缺失时，口的下唇被转化形成肢。在 BX - C 中的 ubx 与胸部第三体节的分化相关，abdA 和 abdB 负责腹部体节的分化。在 HOM - C 区之外的同源异形选择者基因 caudal 与尾节的发育有关。

同源异形选择者基因的突变可引起同源异形现象。例如，在承受翅的中胸需要触角足基因 antennapedia。但在 Antp 基因的显性突变体中，使该基因在头部和胸部同样表达而使头部的成虫盘被特化为胸部的成虫盘，所以头部长出了肢而不是触角；而 Antp 基因的隐性突变体中由于使 Antp 基因在第二胸节中不表达，结果第二胸节原来长肢的部位长出了触角。与此类似，通过近交收集几种同源异形突变的果蝇突变体中，当 ubx 缺失时，原来以平衡器为结构特征的第三胸节转化为另一个第二胸节，形成具有 4 个翅的果蝇(图 15 - 10)。平衡棒转变成翅膀又重新建立了果蝇进化中属原始的四翅昆虫的返祖现象。同源异形选择者基因的异位表达也会引起同源异形转化现象。

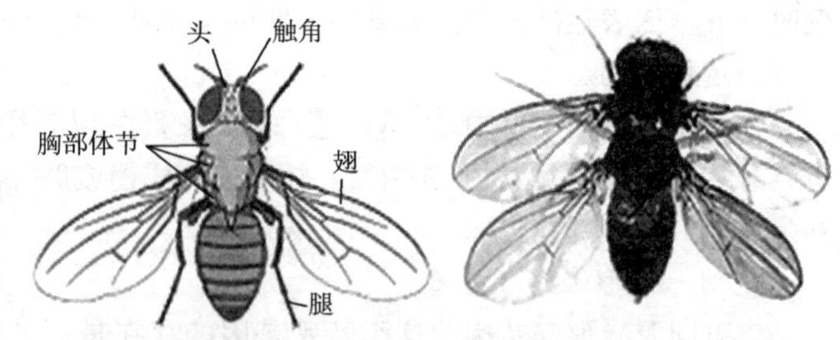

图 15 - 10 基因突变使第三胸节长出属于第二胸节的翅膀

在同源异形选择者基因的表达图式中，每个基因在胚胎的特定区域内表达，在中枢神经系统中的表达特别强烈，除 pb 基因外(只是在成体中起作用)，HOM - C 基因的表达图式与相应基因在染色体上的排列次序呈现一种线形关系，它们在染色体上的直线排列次序是从第 3 号染色体上的某一区域的 3′末端开始向 5′末端依次排列为 lab,pb,dfd,scr,antp,ubx,abdA 和 abdB 共 8 个基因,越靠近 3′末端的基因的表达区域也越靠近前端,而 5′末端的基因的表达区域则靠近后端,大致反映了它们表达上沿果蝇身体从头向后移动的时间和空间顺序(图 15－6)。

同源异形选择者基因表达图式的建立受成对控制基因和缺口基因的调控。在 ftz 基因失活突变的胚胎中,scr,antp,ubx 基因的转录水平比正常胚胎明显降低。与此相反,FTZ 蛋白对 dfd 基因的转录具有负调控作用,正常情况下 ftz 基因的前端表达带正好形成 dfd 基因的后端表达区的界线,而在 ftz 基因失活突变的胚胎中,dfd 基因的后端表达界线向后延伸。另外还有一些成对控制基因如 eve、odd 等也可以激活 dfd 基因表达。成对控制基因不能单独确立同源异形选择者基因的表达区域,否则同源异形选择者基因沿前-后轴也应该呈现出间隔性的表达图式。但由于同源异形选择者基因通常在连续的体节中表达,缺口基因可能在其表达界线的确立过程中起作用,如在胚胎中部区域 kr 基因表达呈现出高浓度的 KR 蛋白就可增强 antp 的转录而抑制 abdB 的表达,而 knirps 基因对 antp 和 abdB 两个基因都有抑制作用。

果蝇的 HOM－C 基因在胚盘阶段被活化后,在大部分胚胎发育时期一直持续表达。由于分节基因的表达是短暂的,HOM－C 基因表达的维持由三种机制调控:第一种是自我调节机制:部分 HOM－C 基因的产物可以自动调节其本身的表达,如 dfd,ubx 基因的启动子中都包含有结合其自身产物的序列。第二种是相互调节机制:HOM－C 基因的表达区域多相互重叠,它们表达的精确调控可能需要这些基因的相互作用,位于表达区域靠后的基因可能部分和全部抑制表达区域靠前的基因,如 BX－C 基因均可抑制 Antp－C 基因的表达,ABD－A 蛋白可部分抑制 ubx 基因的表达。第三种机制是正向和负向调控系统:HOM－C 基因的表达还具有复杂的正向和负向调控系统。POLYCOMB(PC)族蛋白和 TRITHORAX(TRX)族蛋白可稳定 HOM－C 基因的表达。PC 家族至少包括 11 个基因,其产物作为一组反式负调控因子调节 HOM－C 基因的表达。这些基因的突变可导致许多 HOM－C 基因的错误表达。PC 族蛋白可通过在适当区域抑制基因的表达而维持其表达界线。如 PC 蛋白可同时维持 antp,ubx,abdA 和 abdB 的前端界线,这种蛋白沿前-后轴是均匀分布的,当 HOM－C 基因处于不活跃状态时,PC 蛋白可与染色质上 HOM－C 特异性区域结合,但在 HOM－C 基因处于活跃状态时,PC 蛋白则不能与之结合。PC 蛋白可能是通过改变染色质的结构而抑制基因表达的。而 trx 基因编码一种正向调控因子,通过 RNA 不同剪切方式使其至少可以形成三种不同的产物。多种 HOM－C 基因的表达均需要 TRX 蛋白的作用。TRX 可以形成锌指样结构与 DNA 结合,TRX 蛋白对不同 HOM－C 基因的调控效应相当复杂,具有组织、副体节和启动子的特异性。此外,这种调节也需要其他因子的共同作用。

HOM－C 基因的结构是十分复杂的,有些基因具有多个启动子和多个转录启始位点,antp 基因有两种转录产物,其中一种在另一种转录本的一个内含子中启始转录。第一个启动子可被 KR 蛋白激活而被 UBX 蛋白抑制,第二个启动子可被 HB 和 FTZ 蛋白激活而被 OSKAR 蛋白抑制。虽然从这两个启动子产生的蛋白质产物是相同的,由于存在两个启动子就可使 antp 基因在不同的细胞中表达。第一个启动子为背侧胸节的发育所必需,而第二个启动子为腹侧胸节(肢)的发育及胚胎生存所必需。有的 HOM－C 基因可以通过不同的 RNA 剪切方式形成相关的一组蛋白质。此外,HOM－C 基因的另一个重要特征是都含有一段 180 bp 的保守序列,称为同源异形框(Homeobox)。其他重要的发育调节基因如 bcd、ftz、eve 也含有同源异形框。含有同源异形框的基因统称为同源异形框基因(Homeobox Gene)。由同源异形框编码的同源异形结构域(Homeodomain)可形成与DNA特异性结合的螺旋-转角-螺旋结构,同源异形结构域对于决定整个蛋白质的调节专一性起重要作用。如果把dfd基因编码的DFD蛋白含有同源异形结构域的66个氨基酸用UBX蛋白的相应序列替代,结果嵌合蛋白不再具有DFD蛋白的调节功能,却可以调节antp基因的转录,而antp基因是UBX蛋白的靶基因之一。如对ANTP与SCR、ANTP与UBX蛋白同源异形结构域进行同样的互换实验,结果同样揭示了同源异形结构域的重要意义。研究发现,同源异形框结构域广泛地存在于许多真核生物调节基因中,如动物、植物,甚至真菌中。由于这些基因编码的蛋白质都具有一个特异性结构域与DNA结合的结合区,即同源框顺序的螺旋-转角-螺旋结构区,这些蛋白质反过来能作为转录因子控制其他下游基因:在早期胚胎发育中,基因活性的等级串联被启动,早期表达的基因启动或关闭其下面待表达的下游基因。

综上所述,在果蝇胚胎早期发育机制中,胚胎的前-后轴和背-腹轴分别独立地由母体效应基因产物决定。这些母体效应基因主要编码转录因子,它们的产物通常形成一种浓度梯度并产生特异的位置信息,以进一步激活一系列合子基因的表达。随着这些基因的表达,胚胎被分成不同的区域。每个区域表达特异性基因的组合,沿前-后轴形成间隔性的图式,即体节的前体形式。此时每一条带的基因活性是由局部分布的蛋白质因子决定的。最后,每一体节通过HOM-C基因的特异性表达而确定其特征。

研究指明,一方面同一基因可能在各个不同发育过程中都在起作用。如果蝇中,wg基因对于果蝇幼虫外胚层的分化、中肠的图式形成、头部的发育、中枢神经系统部分神经元的发育等都具有重要的作用,而且成体的许多结构,如翅、肢、触角、眼等的发育也需要这个基因的作用,是多功能基因。另一方面,越来越多的证据表明不同物种之间图式形成的机制有着惊人的相似性。如果蝇的许多发育调节基因在脊椎动物中都找到了同源基因,并且许多同源基因在脊椎动物的发育过程中也起着类似作用。研究发现,在脊椎动物中有多个基因与果蝇的一个基因同源而构成了基因家族,进而大大增加了其复杂性。

第16章 胚胎细胞的基因调控程式

受精卵发育为新个体，是受一系列基因调控的，这些基因在发育过程中，按照时间、空间顺序启动和关闭，并通过自身编码的产物进行互相间的协调，对胚胎细胞的生长和分化进行调节。

转录因子(Transcription Factor)是起正调控(激活)作用的“反式(作用于其他基因)”作用因子。转录因子是转录起始过程中RNA聚合酶所需的辅助因子。真核生物基因在无转录因子时处于不表达状态，RNA聚合酶自身无法启动基因转录，只有当转录因子结合在其识别的DNA序列上后，基因才开始表达。

基因编码的产物是一种DNA结合蛋白，即转录因子，它激活下游基因的转录，能够识别基因的启动子、增强子，并与之结合控制该基因转录的DNA结合蛋白。通过对许多转录因子的分析，发现它们都有一个与DNA(基因)结合的特殊区域。这些特征，使胚胎细胞中基因的调控具有一定的形式。

16.1 选择者基因——主导基因

细胞分化的细胞命运决定过程中，存在着选择者基因，指导发育分化的途径。这些基因常常是调节附属基因组合的主导基因，是指导和行使发育基本功能的基因，如MyoDl。有许多主导基因，又称选择者基因，它们编码的蛋白质具有“反式激活”基因的调节作用，即它们能打开位于其他染色体上的基因。这些遥控蛋白质能够与受其指挥的(下属)基因的上游调控序列相结合而实现长距离的调控作用。由于DNA结合的活性具有决定(自身)基因是否(能)转录(通过RNA聚合酶、通过mRNA翻译蛋白)某种信使的作用，因此这些调控蛋白也归为转录因子一类。随着这些因子(调控蛋白)结合到下属基因的启动子区上，有些基因则被激活，另一些则被阻遏。受控基因的启动子区及自身上游的调控序列称之为基因调节结构域(或者称为应答元件Response Element即RE，或者简称为xyz框)。

基因调节结构域的几种主要类型如下。

(1) 同源异形结构域(α螺旋-回折-α螺旋HLH)

通过对大量的果蝇突变株的研究，人们发现一套在果蝇体节发育中起关键作用的基因群，称为同源异形基因(Homeotic Gene)。它们的突变可使身体的一部分结构转变成为相似或相关的另一部分结构，即产生同源异形现象(Homeosis)，产生这种现象的突变称为同源异形突变(Homeotic Mutation)，导致同源异形突变的基因就称为同源异形基因。同时，因其在基因表达调控中的主导作用又称homeotic selector gene。这些基因都含有一段高度保守的由180bp组成的DNA序列，称为同源异形框，一般叫做HOM序列(由于含有同源异形框的基因除了同源异形基因之外，还有一些不产生同源异形现象的基因，但统称为同源异形框基因，亦称为Hox基因)。

同源异形框编码的60～70个氨基酸组成的结构，又称为同源异形结构域(Homeodomain)。表现出一种转弯的α螺旋-回折-α螺旋或HLH结构(又称为α螺旋-转弯-α螺旋模式)，近羧基端的α螺旋可延伸到所识别的DNA双螺旋的主沟内结合，而氨基端与DNA的小沟结合。但并不是所有的DNA都适合。如同一把钥匙对一把锁，具有同源异形域的结构的蛋白质如钥匙，所调控DNA的序列如同锁。换言之，同源异形域的结构能够识别它所控制的基因的启动子中特异的序列，即所谓应答元件(RE元件)。同源异形域的小差异与应答元件的差异合起来确保一把钥匙对一把锁。拐弯的HLH像钥匙一样与DNA的大沟相吻合，同源异形域的小差异(或同源异形域蛋白质的许多变异型)与不同的启动区结合，可以用分子地址的标签来比喻它们的"一对一"功能。胚胎中不同种类的细胞以有规则的空间模式产生。模式形成通常因卵的不对称性而始，并通过胚胎内细胞与细胞之间的相互作用而继续并放大。与模式的形式相一致的空间信号为细胞提供位置信息。一个细胞所记忆的这类信息的总和称之为位价。换言之，胚胎细胞在决定某一分化程式之前，即已被其所在区域规定了：获得了反映其在体内位置的生化地址标签。一个细胞的位价将指导其后模式形成过程中的行为，即对后来的位置信号的应答方式，与相邻细胞相互作用的方式，以及它及其子代对分化方式开放的最终范围等。例如，在脊椎动物中，远在细胞分化的详细模式被决定之前，前、后肢芽中的细胞获得不同的位置信息，因而前、后肢芽细胞的内在性状是不等价的。

最初在果蝇突变株的研究中发现的同源异形框至今已成为了这一大类相关基因的范例。这一大类相关基因中，有些与果蝇的HOM基因有广泛的序列同源性，另外一些则差异很大，但均具有编码HLH结构域的同源异形框。

同源异形框即是指这一种具有高度保守(高度相似)的DNA基本序列。含同源异形框的这类特殊基因便称为同源异形框基因，它们由于均含有同源异形框，既存在着共同所具有的高度保守(同源)的DNA基本序列，也存在着具有各自差异的异型域。同源异形框基因为其所编码的蛋白质提供了一种称为同源异形域的结构。这使其所编码的蛋白质既能够辨识自身所控制的下属基因又能识别下游基因中启动子的各自特异序列。同源异形框的存在，使胚胎发育过程中不同类型细胞组织的分化形成具有了时、空方式。

(2) 碱性螺旋-回折-螺旋(bHLH)

粗看起来，bHLH在结构上与HLH同源异形域没什么差别。但必须有两个bHLH结构域，形成一种二聚体(通常为两个相似但不相同的结构域之间的异二聚体——两个不同的遥控蛋白)，这一二聚体结合到各自的基因启动子区或增强子区，才能对基因进行控制。

具有bHLH结构的遍在蛋白与正调控蛋白形成异二聚体，能激活它所识别的基因进行转录；遍在蛋白与负调控蛋白(沉默子)形成异二聚体后为抑制剂，对相同基因的表达有抑制作用。

最熟悉的具bHLH同源异形结构域的转录因子的例子就是成肌细胞决定的(MyoDl/myogenin)基因家族成员。MyoD基因家族的蛋白与E12或E47(均是遍在蛋白)形成的复合物可活跃地促进肌发生，但与Id蛋白的复合物却抑制肌肉的发育。因Id蛋白中也含有bHLH结构，但缺乏与DNA结合的碱性氨基酸区域，它与MyoD基因家族的蛋白、E12或E47结合后会干扰后者与DNA的结合能力。

(3) Pax结构域

另一些控制发育事件的基因具有一种Pax基本序列，这种序列由相应基因的paired序列编码。控制眼睛发育的主导基因Pax-6即为其中的一种，即小鼠small eye基因(sey)。

(4) 锌指结构域

果蝇中,起确定躯体基本框架作用的蛋白质有 30 多种。其中大部分,但并不是全部,具备同源异形域。一些对基因起调节作用的转录因子具有锌指结构域,如体节形成基因 bunchback 编码的蛋白质。锌指结构域是一种常出现在 DNA 结合蛋白中的结构基元,是由一个含有大约 30 个氨基酸的环和一个与环上的 4 个 Cys 或 2 个 Cys 和 2 个 His 配位的 Zn^{2+} 构成,形成的结构像手指状(图 16-1)。

图 16-1　锌指结构域

类固醇激素家族的受体就属于具有锌指结构域的蛋白质。该受体族的成员非常相似。也就是说,它们的序列有高度的同源性。该受体家族不仅包括类固醇激素受体,而且包括甲状腺素、维甲酸和维生素 D3 的受体。有趣的是,所有这些激素既能用来调节新陈代谢,又可用来调控发育。这些受体一旦装载上配体(激素)后,就向细胞核内运动,变为控制基因表达的转录因子。配体结合区上的差异能使这些受体与不同的激素相结合,锌指结构域中的小差异使它们能结合到不同的启动子区,从而调控不同组的下属基因。

(5) 转录因子的其他结构域

所有已知的 DNA 结构域基本序列,均是用于控制发育的转录因子。

有一些转录因子除了有一个同源异形结构域以外,还有另一个与 DNA 结合的区域。这一 DNA 结合区与同源异形结构域一起共同组成 POU 域(同源异形域+POU 特异区=POU 域)(图 16-2)。POU 特异区最先在 PIT-1、OCT-2、UNC-86 等蛋白中发现,故称 POU 家族转录因子。PIT-1(垂体特异因子,参与生长激素、促乳素等基因的激活)是控制催乳素基因的因子,催乳素也参与控制两栖类的变态;OCT-2(B 细胞特异蛋白)能激活免疫球蛋白基因;UNC-86(线虫蛋白)参与线虫神经细胞的发育。

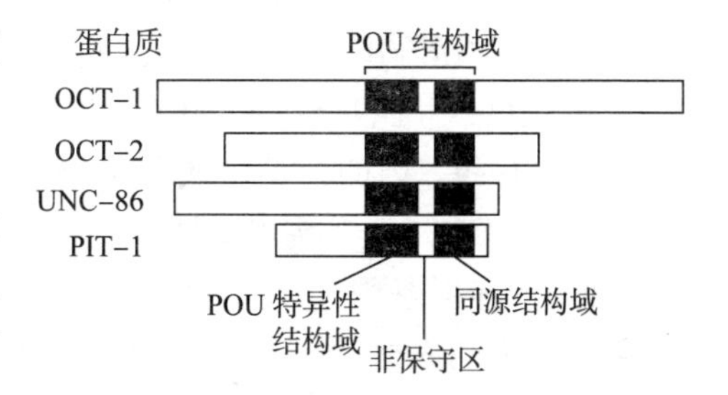

图 16-2　POU 结构域示意图及 POU 结构域在 POU 蛋白中的位置

另外一些,如哺乳动物的睾丸决定因子 TDF 含有一个高迁移群蛋白质 HMG 的 DNA 结合域。

16.2　基因的表达模式

(1) 上述几种主要类型的基因调节结构域,反映出在发育的基因控制过程中存在了一个梯级原理:控制发育的重要决定基因是通过控制一组组的下属及附属基因而起作用。

(2) 基因具有的特定的调节结构域,是控制下属基因的关键,也使自身成为受控基因。因为基因自身所编码的蛋白质,其作为转录因子的作用,不仅能控制其他基因,也能自催化调节自身。

细胞分裂中,DNA 复制时,转录因子脱开,分裂后,被分配到子细胞中的转录因子再回到各自细胞核中搜索其本身基因的 E 框——调节结构域,加促自身的合成。细胞由于这种正反馈效应,使子细胞依然维持决定状态。细胞的这种特性,称为细胞遗传。

(3) 基因家族的相似效应(遗传冗余)

MyoD1 是成肌细胞决定基因 1-主导基因,将成体中成肌细胞终末分化所需的其他附属基因统归在它控制之下。研究发现,MyoD1 的突变,不导致成肌细胞缺失。进一步研究表明,MyoD1、myf-5、MRF-4、myogenin 均属生肌选择者基因家族,呈现出高度的序列相似性。4 种基因编码的转录因子都含有与 DNA 结合的 bHLH 结构域,都能启动肌肉分化的程序。

生物体内的一种关键基因,存有若干个可互相替换的、相似的基因。这种现象称为遗传冗余。

但有时关键的基因只有一个,没有遗传冗余。如在 MyoD1、myf-5、MRF-4、myogenin 生肌选择者基因家族中,而 Myogenin 在成肌细胞发育后期融合成肌管并开始构建其收缩机构时的功能是唯一的。

(4) 在同一细胞(组织)中,同源异形基因能表达诱导细胞(组织)形成某种结构,而该结构又会表达另一些同源异形基因。

如同源异形框基因 goosecoid 应在两栖类原肠期 Spemann 组织者区域及鸟类和哺乳类的亨森氏结中表达。然而,当该同源异形基因在异位表达时,例如,将 goosecoid mRNA 注射到错误的地方,能赋予受体细胞获得胚孔唇的诱导能力,而使受体细胞得到胚孔唇的功能,使这些在两栖类原肠期表达 goosecoid 的受体细胞向内卷,并开始组织另一个次级体轴的发育。

同时,被诱导出的结构再表达另一些同源异形基因,在被诱导出的次级结构背中线中表达 Hox-A、Hox-B、Hox-C、Hox-D 复合体,然后又分离形成次级脊索结构。

(5) 有些基因的活动模式并不局限于某种细胞类型(与 MyoD1 之类的基因相反),而是涉及不同的组织,如同源异形基因。Hox-D 这一组基因在脊髓、体节和肢芽中均表达(图 16-3),而这些结构会包括未来的表皮(自肢芽)、神经细胞(自脊髓)、软骨和肌肉组织(自体节和肢芽)。图 16-3 中,在小鼠肢芽沿前-后轴,肢芽的后部边沿处已建立有一个发生 Hox-D 表达波的中心。该中心与鸡胚中的编制肢芽的 ZPA 极化活性区的中心相接近,但并不是 HOX-D 同一蛋白弥散,而是 HOX-D 系列蛋白表达域的空间展开。HOX-D9 蛋白质波首先从一点发生,再向前部边沿展开,接着出现 HOX-D10 蛋白质波。但该波传播的距离较短,达不到前部边沿。HOX-D11 和 HOX-D12 蛋白的表达域传播更短,而 HOX-D13 蛋白到最后仍然局限在开始的一小点上。在前部边缘处植入一个珠子让它释放出视黄酸,可以诱导在 Hox-D 波开始表达处建立一个次生中心。同样,在小鼠肢芽沿远-近轴,Hox-A 这一组基因在这里也有一种类似的时空表达模式,但 Hox-A 基因的表达域传播的距离越来越短。

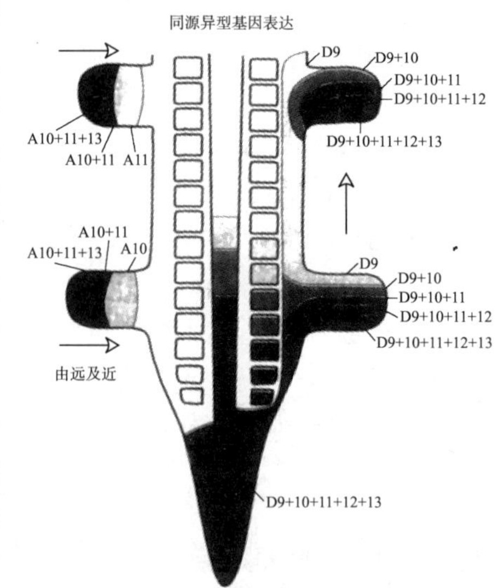

图 16-3 小鼠胚胎中 Hox-A 和 Hox-D 基因的表达图式

编号最小的基因最先表达,编号最大的基因最后表达。Hox-A 系列的表达波均从远侧边沿开始,往近端方向展开。同样,Hox-D 的表达波始于最后部区域,而往前部方向展开

Hox-D 这一组基因的实例表明,其表达模式不仅涉及不同的组织,也涉及躯体的各个部

位。如 Hox - D13 不仅在尾部沿躯体主轴表达，而且，也在正在生出的肢芽中表达。不可能将一个完整的结构归因于某一个基因。迄今已查明的各种基因，如同源异形基因，不仅在按形态学标准看作同源的结构中表达，而且，也在若干非同源的器官中表达。

综上所述，身体某一部位特性不是通过单个主导基因的活动，而是通过各个主基因活性特有的组合来确定的。

16.3 基因的作用网络

控制发育的基因形成相互作用网络：一些基因会通过正反馈(自催化)或负反馈来激活或遏止其活性状态；主导基因激活后打开别的基因；一些基因则会由一种胞内的侧抑制(侧抑制指 A 点的兴奋反应会削弱邻近 B 点的兴奋反应度)关闭；与受控制基因的启动子区和增强子区相作用的转录因子往往不只是一种，而是若干种。这些转录因子的各种协同作用使最终基因的活性或被提高，或被降低。

如肌细胞决定基因 MyoD1 和 myf - 5 及果蝇的体节基因 fushi tarazu，会通过正反馈环(自催化)来提高和稳定其活性状态；另一些基因则会通过负反馈来终止它们的活性。有些情况下，主导基因通过顺式激活的异催化来打开别的基因，而另一些基因则被一种胞内的侧向抑制(周期性模式)关闭。

而且，与受控制基因的启动子区和增强子区相作用的转录因子往往不只是一种，如有些基因的激素效应元件可被一个甲状腺素受体和一个皮质醇受体形成的异二聚体所占据。各种转录因子沿着基因的控制区一步一步地聚集可以协同提高受调节基因的活性，或者，它们可抵消彼此的影响而降低该基因的活性。

控制发育的基因，彼此形成相互作用的网络。这些网络的不同区域化、各基因表达方式及基因间相互作用的这种有层次的多样化协调活动，使不同系列的选择基因在身体的不同区域，能以不同的时空模式产生影响，导致有限数量的基因能以精确和一致的方式创造出身体的各个部分、各种组织和细胞类型的高度多样性。

从组合方式的角度来类比，例如钢琴只不过有 88 个键，但通过变化琴的时空活动，可演奏出无穷的音乐。而以总数有 5 000(线虫)、50 000(果蝇)、100 000(人)种基因，就可能有无穷无尽的组合多样性。

第17章 细胞的分化

细胞分化的本质是细胞获得并产生了一系列差异蛋白质而成为不同类型细胞，这是细胞命运决定过程中胞核内基因的差异表达的结果。大量的实验证据表明同一有机体的多种细胞具有完全相同的一套基因结构，即基因组相同。只是在发育过程中不同的细胞利用了基因组中不同的基因或基因表达的不同调控机制，结果导致各类细胞合成其特有的蛋白。这些具有相同基因结构的细胞正是由于基因表达受到这些复杂的调控，不同组织细胞发生差别基因转录，合成组织专一性产物，出现细胞形态和功能的分化。

我们知道多细胞有机体具有许多形态、功能和生物化学组成不同的细胞，如血红蛋白是红细胞中特有的蛋白质，晶体蛋白则仅存在于晶状体细胞中；神经视网膜细胞具有远距离传导电脉冲的能力而其临近的色素视网膜细胞却无此能力但能合成色素颗粒。在神经视网膜的分化过程中，单个的视网膜成神经细胞前体能产生至少三种类型的神经元或两种神经元和一种神经胶质细胞，神经视网膜发育成不同类型神经元的分层排列(图 17－1)。这些层包括最外侧对光和颜色敏感的感光细胞、视杆和视锥，内侧的神经节细胞、双极中间神经元(处于中间，传递神经冲动从视杆和视锥到神经节细胞)、水平地传递神经冲动的无长突神经元和水平神经元，以及为了保持视网膜的完整性，中间含有大量的神经胶质。

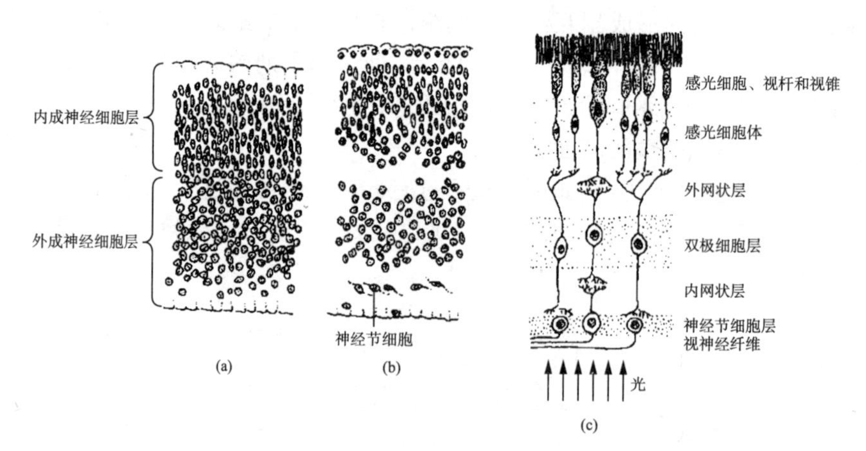

图 17－1　在发育期间视网膜神经元分类成不同功能的各层

(a)在视网膜中成神经细胞开始分离；(b)在成体的视网膜中三层神经元和它们间的突触层；(c)在视网膜中主要的神经元通道的功能图解。光穿越各层直到被感光细胞接收，感光细胞的轴突与双极神经元形成突触连接，后者将神经冲动传递到神经节细胞，神经节细胞的轴突集合形成视神经进入脑中

包括这些神经视网膜，所有不同的细胞却都来自一个共同的始祖细胞——受精卵。

17.1　基因组等同

大量的胚胎学、遗传学、生物化学和分子生物学的实验证据表明，多细胞有机体中所具有的不同的形态、功能和生物化学组成的细胞，它们与受精卵携带相同的遗传信息和具有相同的基因结构，或者说这些细胞的基因组相同。

(1) 遗传学证据：同一个体细胞的染色体和基因组相同

遗传学的研究早就显示，果蝇幼虫的许多细胞中有一种多线染色体。这种多线染色体DNA可经历多次复制而不进行有丝分裂，形成512条、1 024条，甚至更多条平行的DNA双螺旋结构，因此遗传学家在光学显微镜下可清楚地观察和研究多线染色体。他们发现这些染色体上有许多特征性的条带，果蝇的单倍体基因组约有5 150个不同的条带，在整个幼虫期和成体的不同组织细胞中染色体的数目是相同的，染色体上条带的图形也保持不变。Judd和Young(1973)与Swanson等(1981)认为这些染色体上条带的数目与果蝇基因的数目有明显的相关性。此后，大量的实验证据表明从同一个体不同组织细胞提取的DNA是一致的，进一步说明不同组织细胞的基因组相同。

(2) 胚胎学证据：已分化的细胞仍然具有发育成为其他细胞的潜能

对此，胚胎学的研究很早也提供了许多证据。1892年Driesch用无钙海水分离2-细胞、4-细胞、8-细胞、和16-细胞期的海胆胚胎，发现每个单独的卵裂球都可以发育成为正常的胚胎。这表明海胆的早期分裂球是全能性的。尽管在正常发育的胚胎中，一个早期分裂球只能产生胚胎的一部分组织，却具有发育成为一个完整有机体的潜在能力。由此说明海胆早期分裂球的细胞核内具有分化产生其他各种细胞类型的基因。1914年Spemann用发环限定蝾螈受精卵的实验证明蝾螈32-细胞期卵裂球的核并未失去发育成为完整个体的潜能。后来他还发现如果将蝾螈原肠胚早期细胞移植到其他胚胎区域，这些细胞的预定命运可以发生改变而分化成为其他类型的细胞。人们在关于发育命运已经决定的细胞或已分化的细胞是否还仍然具有其他细胞发育的潜在能力的问题上获得了更进一步的实验证据。

首先是转决定(Transdetermination)实验的证据。刚孵出的果蝇幼虫大约由10 000个细胞构成，其中有两类明显不同的细胞群，即含有多线染色体的大多数细胞和约1 000个不具有多线染色体的细胞。前一类细胞迅速生长使体积增大到原来的150倍左右。后一类是不具有多线染色体的二倍体细胞，它们呈簇状分布在整个果蝇幼虫体内，我们称这些呈簇状的未分化细胞团为成虫盘(Imaginaldiscs)。成虫盘细胞在整个幼虫生长期一直处于分裂状况，到变态期(Meta-morphogenesis)由于激素的影响幼虫细胞退化，同时成虫盘细胞受信号刺激后分化成为成虫细胞，构成成虫的组织器官。幼虫的成虫盘细胞是已决定的细胞，若将一个幼虫的眼成虫盘细胞移植到另一个受体幼虫的腹部，变态后由受体幼虫发育成的果蝇腹部就会长出一只多余的眼睛。若将幼虫的成虫盘细胞移植到成虫体内则不发生细胞分化，但是这些成虫盘细胞可继续进行分裂，并且可以再通过移植到其他成虫体内继续培养、增殖。如果将它们再移植回变态期幼虫体内原来的位置则又能按原来已决定的命运进行分化。这说明已决定细胞的发育命运是比较稳定的。另一方面成虫盘细胞虽然是已决定的细胞，但它们的发育命运有时也是可以改变的，例如触角成虫盘经过多次移植之后部分触角成虫盘细胞分化形成成体果蝇的腿、翅或嘴。我们把这种成虫盘细胞未按其已决定的命运分化成为一定的器官而分化成为成体其他器官的现象称为转决定。处于转决定状态的细胞与处于决定状态的细胞一样也是相对稳定的，而且其稳定性可以通过成虫盘细胞的多次分裂进行遗传。转决定的现象说明发育命运已经决定的细胞仍然具有分化成为其他细胞的潜能。

另一方面的实验证据是转化(Metaplasia)。蝾螈眼再生的研究表明已分化的细胞也仍然具有分化成为其他细胞的潜能。在正常的蝾螈胚胎发育中，晶状体由神经外胚层诱导其表面的上皮细胞产生。如果将晶状体原基移掉，其腹侧虹膜细胞可再生新的晶状体。如果将蝾螈胚胎视网膜原基移掉，色素视网膜细胞可再生新的视网膜。这种由已分化的细胞转化为其他细胞类型的现象称为转化。

(3) 分子生物学证据：不同组织的细胞具有完全相同的核基因组 DNA

分子生物学的研究结果为基因组相同提供了更准确的证据。人们利用核酸分子杂交的方法表明有机体的不同组织细胞都拥有量和序列完全相同的核基因组 DNA。对小鼠多种细胞核 DNA 的分析进一步表明，用各种不同小鼠细胞的单链 DNA 可同样有效地抑制具有放射性标记的小鼠单链 DNA 探针与小鼠胚胎基因组的杂交。采用原位杂交(Nsituhy Bridization)技术进一步显示，许多已分化细胞仍然含有不表达的其他组织专一性基因。已知只有雌性成体果蝇卵巢细胞和脂肪细胞具有合成卵黄蛋白的功能，而果蝇唾液腺细胞并不合成卵黄蛋白，但在果蝇唾液腺细胞的基因组中却同样具有编码卵黄蛋白的基因，而且这种基因在体外一定条件下仍然可以合成卵黄蛋白。

总之，这些遗传学、胚胎学和分子生物学的证据均说明，一般情况下同一有机体的不同细胞，无论是已决定的细胞或已分化的细胞都与未分化细胞的核相同，它们的细胞核都具有全部发育的潜能，都具有相同的全套基因结构，也就是说它们的基因组相同。在分化细胞中未利用的基因于某些特定的条件下也可以被激活并表达合成其他细胞所特有的蛋白质。1975 年 Weiss 等利用细胞融合的方法获得一种具有两个细胞核的细胞，在适当的条件下，融合细胞的两个细胞核同时进入减数分裂，并最终形成一个含有两个亲代细胞染色体的杂交核。在多数情况下，杂交体不具有亲代细胞的分化特征。将一个四倍体的大鼠肝肿瘤细胞和一个二倍体的小鼠成纤维细胞融合，获得一种含有四倍体大鼠肝肿瘤细胞染色体和二倍体成纤维细胞染色体的杂交体。这种融合细胞具有产生大鼠肝细胞特异性白蛋白、醛缩酶和 TAT 等的能力，但也能产生小鼠肝细胞特异性白蛋白、醛缩酶和 TAT 等。在通常情况下，小鼠成纤维细胞不表达肝细胞的这些特异性产物。上述实验结果说明，在小鼠成纤维细胞的基因组内也具有肝细胞特异性表达的基因，而且只要有适当的条件这些基因也可以表达。在细胞分化过程中基因组具有稳定性，一般没有不可逆转的遗传变化发生。这与动物发育的普遍规律是符合的。

17.2 体细胞核潜能的发育全能性

不同细胞的核基因组相同，大量的证据也表明，随着细胞分化的进行，核的发育潜能又逐渐被限定。胚胎学家将不同发育时期两栖类胚胎细胞的核作为供体移植到去核卵中，结果可使发育开始而进行正常卵裂。1952 年 Briggs 和 1960 年 King 是最早用豹蛙(Ranapipiens)成功地进行核移植实验的科学家。他们将未分化的囊胚期细胞核移植进激活的去核卵(图 17-2)，结果有 60%的移植核能够指导正常卵裂形成囊胚，这其中的 80%～85%继续发育形成正常二倍体的蝌蚪。这表明这些囊胚期细胞的核具有指导全部发育的潜能。但进一步的实验发现，用原肠胚早期内胚层的细胞核为供体进行核移植时，只有 50%的胚胎能够进行正常发育成为蝌蚪；若用神经胚内胚层细胞核为供体就仅有 10%以下的胚胎能够正常发育。

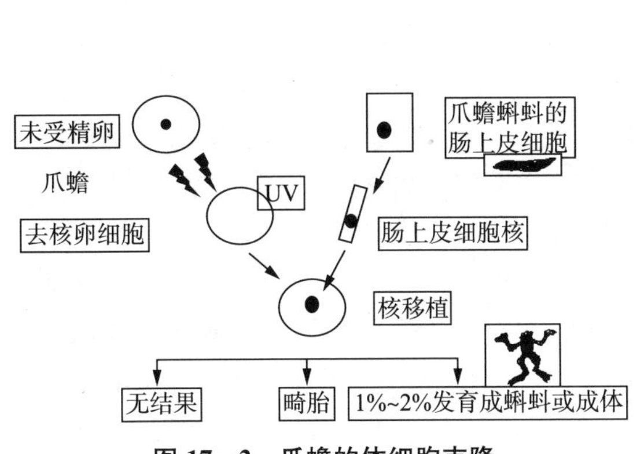

图 17－2　爪蟾的体细胞克隆

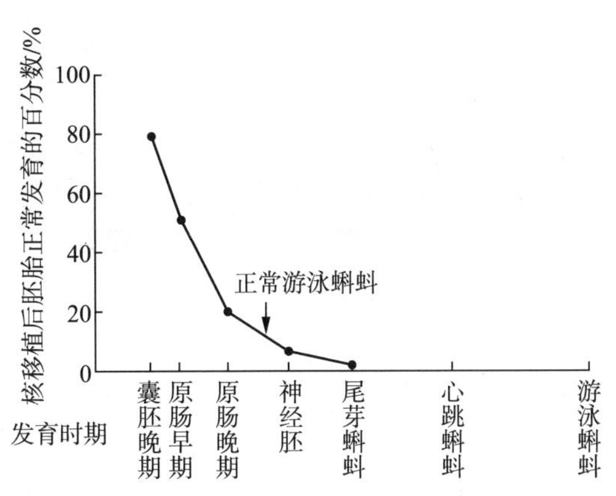

图 17－3　豹蛙不同发育时期的供体核获得成功核移植胚胎发育的时期和百分数

发育的时期越晚，体细胞核指导发育成蝌蚪的百分数越小(图 17－3)。其他学者以不同发育时期的细胞核作为供体进行核移植实验也表明，尽管多数囊胚期细胞的核可指导发育进行至蝌蚪，但是发育稍后期的细胞核指导发育至蝌蚪的能力明显降低。用尾芽期蝌蚪的体细胞核作为供体移植时，不能指导正常的发育，但是尾芽期蝌蚪生殖细胞的核能够指导正常的发育。由此可见，随着个体发育的进行体细胞核指导发育的潜能被越来越限定，似乎丧失了指导完全发育的能力。体细胞核潜能的限定是稳定的且具有一定的组织特异性。采用具有组织特异性的原肠胚后期内胚层细胞核为供体时似乎易于形成内胚层细胞，指导发育成为外胚层和中胚层细胞的能力已受到限制。同样外胚层细胞核也出现类似发育潜能的丢失，如用外胚层细胞核为供体进行移核实验，产生发育异常的蝌蚪可具有正常的神经分化但是缺乏内胚层结构。在发育过程中体细胞核潜能的限定是一个普遍的规律。

关于分化细胞核潜能限定的观点长期以来存在着争议。有些学者认为在分化细胞核的移植实验中很多情况下不能获得正常发育胚胎的原因，主要是由于核移植的方法使分化细胞核突然进入了一个高频率分裂的陌生胞质环境，因此容易引起染色体断裂。而染色体异常的现象在许多克隆的蝌蚪细胞中确实也观察到。若将其实验技术稍微改变，先通过核克隆使移植核逐渐地适应这种环境，即使用已分化细胞核作为供体也可以获得发育正常的蝌蚪。这表明很多分化细胞的核仍然是全能的。1966 年 Gurdon 的核移植研究结果不仅与 Briggs 相同，而且发现经过核克隆的蝌蚪肠上皮细胞核有的可以产生蝌蚪的神经元、红细胞等其他类型的细胞，甚至有些蝌蚪可发育成为有生育能力的成体。这充分说明了核的全能性。但是有些学者对 Gurdon 的实验进行了批评，他们认为有以下两方面问题。首先，Gurdon 所采用的供体核不能保证其中没有混入原生殖细胞的核，因为原生殖细胞在迁移过程中要经过和停留在肠上皮附近，也有可能被作为实验的供体核的来源。其次，实验采用的蝌蚪肠上皮细胞还不能代表已完全分化的细胞。为了证明他们自己的结果是正确的，1975 年 Gurdon 及其合作者进一步用完全分化的成蛙蹼上皮细胞核进行核移植实验也获得了少数正常发育的神经胚。将这种供体核经过一系列的移植还可以获得大量的蝌蚪，但是这些蝌蚪都在可饲养期之前死亡。用淋巴细胞核进行类似实验也遇到同样的发育阻断现象。我国著名实验胚胎学家童第周等从 20 世纪 60 年代开始进行细胞核移植的研究，在鱼类亚科、科和目间进行过一系列的核移植实验。另一方面也有用已分化细胞核进行移植而获得成功发育的证据。已知红细胞是一种高度分化的细胞，红细胞核 DNA 已停止复制，也不再合成 mRNA。如果把红细胞的核移植到激活的去核卵内可以恢复DNA复制,开始正常发育并产生正常的游泳蝌蚪。另外皮肤细胞、红细胞等这些完全分化的细胞中许多无用的基因,在适当的条件下可以被重新激活并合成蝌蚪的神经、胃、心脏等细胞的特异性产物,这些细胞的核可指导有机体近乎于全部细胞类型的分化。

总之,从两栖类克隆实验结果的分析可归纳出以下结论。首先,伴随发育的进行有机体的体细胞存在着普遍的核潜能限定的现象,这种限定是确定的,而且具有供体核的特异性。其次,很明显分化细胞核基因组具有产生蝌蚪全部细胞类型的潜能。尽管关于分化细胞核具有全能性的问题长期以来存在激烈的争论,但是大量研究结果证明,许多分化细胞核具有全部发育的潜能,这一点是毫无疑问的。1997年克隆羊Dolly的诞生对于说明体细胞核发育的全能性具有特别重要的意义。这是人类首次成功地用哺乳动物体细胞——成年母羊乳腺上皮细胞核为供体,经过多次核移植而获得的后代。随后克隆猴、克隆牛、克隆羊等一系列克隆动物的研究也获得了成功。获得克隆哺乳动物的技术中,移植的供体核都来源于成体动物的体细胞。这些研究成果进一步说明,绝大多数动物细胞的核都具有潜在的全能性。

17.3 基因组失去等同

有机体绝大多数细胞的核DNA保持相对稳定。在已分化细胞中不表达的基因仍然存在而且还具有潜在的全能性,保持着基因组的等同。但在有些特殊的细胞中,发现了其基因组开始发生改变,出现基因组失去等同的不可逆现象。

1. 淋巴细胞分化中的不可逆基因重组

产生于动物体内骨髓、胸腺、淋巴结处的淋巴细胞(图17-4),在它们分化过程中发生免疫球蛋白基因重排(Generearrangement)使基因组发生了改变。

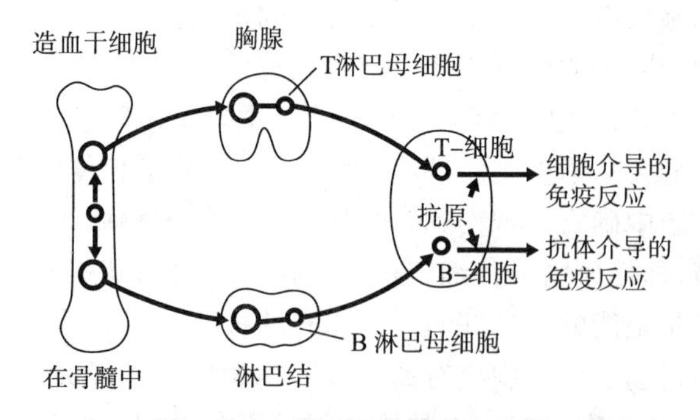

图17-4 淋巴细胞的产生途径

(所有淋巴母细胞均产生于骨髓中,并定型走生成淋巴细胞之路,淋巴细胞随血流离开骨髓,并在胸腺或淋巴结中克隆。经过胸腺的淋巴母细胞变成T-细胞,而经过淋巴结的淋巴母细胞变成B-细胞。成熟的T-细胞和B-细胞又再进入血流,并在其他淋巴结或脾脏中克隆,或迁移寻找外来抗原)

B淋巴细胞是受到抗原刺激后能产生抗体的细胞。根据克隆选择学说的观点,有机体内本来就存在能识别各种抗原的B淋巴细胞克隆。每个B淋巴细胞表面都具有能识别一种特异性抗原的受体,每一个细胞产生的抗体分子仅能识别一种抗原并与之结合,一旦细胞表面抗原受体与特异性抗原结合,B淋巴细胞就开始迅速分裂、分化成为分泌抗体的浆细胞。另一方面,也只有与特异性抗原结合的B淋巴细胞才能分裂和分化。因此,在受到抗原刺激以前,抗体分子已获得其特异性。这种抗体对特异性抗原的选择机制涉及B淋巴细胞分化过程中新基因的产生。

抗体分子由两对多肽亚基组成，含有两条完全相同的重链和两条完全相同的轻链(图17-5)。抗体分子中的每条肽链又分为可变区和恒定区，重链可变区由重链氨基端的氨基酸组成，轻链可变区由轻链氨基端的氨基酸组成，可变区的结构决定抗体分子的特异性。恒定区由羧基端氨基酸组成，决定抗体分子的其他性质，如重链恒定区负责将分子固定在B淋巴细胞的质膜上。编码抗体分子四条肽链的基因都是由一些DNA片段组成的。编码轻链的基因含有DNA三个片段。

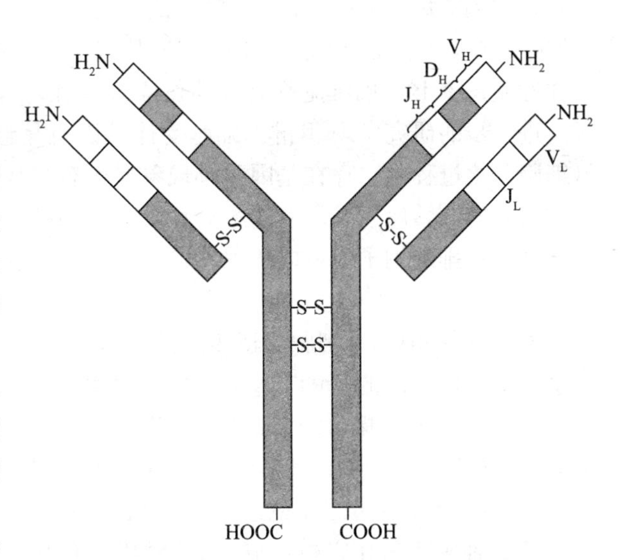

图17-5　免疫球蛋白分子结构示意图

(免疫球蛋白分子由两条完全相同的重链和两条完全相同的轻链构成，链间以二硫键相连。重链和轻链又分别由可变区和恒定区构成)

第一个是V片段，负责编码轻链可变区氨基端的97个氨基酸，大约有300种不同序列的V片段；第二个是J片段，负责编码轻链可变区最后的15～17个氨基酸，有4～5个不同序列的J片段；第三个是C片段，负责编码轻链恒定区。在B细胞分化过程中，一个V片段和一个J片段经过移动和剪接形成轻链可变区基因，即经过基因重排，其结果丢失了有些DNA片段(图17-6)。编码重链的基因含有四个片段：约有200种不同序列的V片段，负责编码重链可变区氨基端的97个氨基酸；10～15种不同序列的D片段，编码3～14个氨基酸；四个不同序列的J片段，编码可变区最后的15～17个氨基酸；一个C片段编码重链恒定区。编码重链可变区的基因是由一个V片段、一个D片段和一个J片段经过基因重排而形成的。在所利用的这三个片段之间的一些DNA片段在基因重排中被丢失。基因重排的结果是原来胚胎细胞基因组中不相连的DNA片段，通过剪接去掉一些DNA片段，剩下的这些不同的短的DNA序列，则通过重组酶而随机编排，重新组装形成抗体轻链可变区基因和重链可变区基因。此外，在B淋巴细胞分化过程中恒定区基因发生类型转换(Classswitching)。重链恒定区基因家族包括μ、γ、α和ε基因。B淋巴细胞受到抗原刺激后分化成为分泌抗体的浆细胞，淋巴细胞开始分化时产生的抗体仅具有分泌前相同的Cμ恒定区，由靠近重链可变区基因的第一个恒定区基因片段编码，

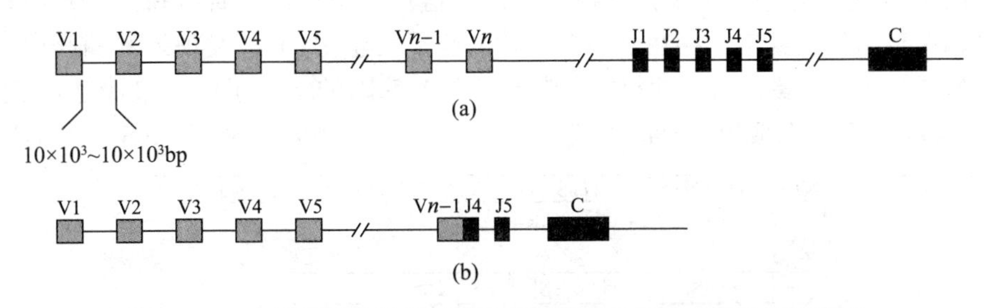

图17-6　B淋巴细胞发育过程中免疫球蛋白轻链基因重排示意图

(a)表示原来的免疫球蛋白轻链基因的结构；(b)表示抗体合成的B淋巴细胞中免疫球蛋白轻链基因的结构。在细胞分化过程中，一个V片段和一个J片段经过剪接形成轻链可变区基因，并移到恒定区C片段附近

由 Cμ 恒定区负责抗体分子在质膜上的固定。随着抗体的继续合成和分泌，恒定区基因的类型发生转换，可能变成 Cγ 或者 Cα、Cε 基因。由于可变区基因重排和恒定区基因类型转换的多样性使每个 B 淋巴细胞都具有其独特的基因组，能够合成特异性抗体。

进一步的研究发现 T 淋巴细胞受体基因也是经历类似的基因重排而产生的。另外在酵母细胞分化过程中也存在基因重排现象。还有些基因的改变是由于转座子(Transposon)的插入所引起的。转座子是可以迁移的片段，插入基因组中可以给细胞带来新的信息。但从淋巴细胞基因重排的例子中可以认识到，这些遗传信息的改变是细胞分化的结果而不是细胞分化的原因。

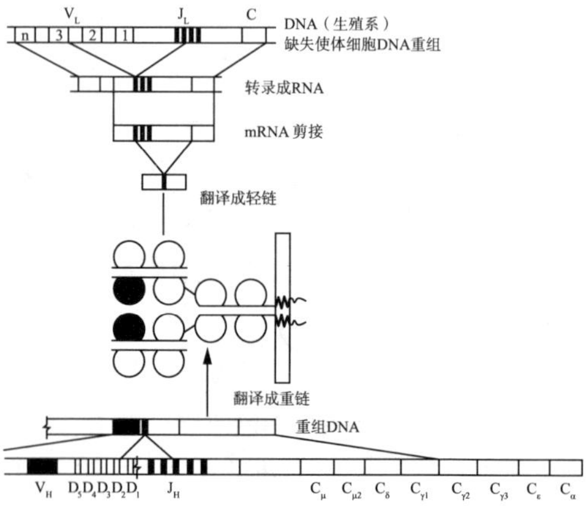

由此，这些淋巴母细胞是遗传上的“赌徒”，它们总是试图将不同的短的 DNA 序列随机编排成受体或抗体的可变区，以增加适合于识别和结合未知外来抗原的机会(图 17－7)。每种 B 或 T 淋巴细胞都进行着不同的随机组合的尝试。结果，T 淋巴母细胞迁移并定位在胸腺；B 淋巴母细胞则在骨髓停留一段时间。不管淋巴母细胞位于何处，它们总要学会识别“自己”和“异己”。严格的反向选择杀死那些其受体与自身分子结合的淋巴母细胞。只结合异己分子的那部分细胞存活下来，并因此具有了识别外来物质的潜能。存活的淋巴细胞迁移至全身，在其他地方如脾和淋巴结等处克隆增殖，最终发育成 T－细胞或产生抗体的 B 淋巴细胞。

图 17－7　抗体产生过程中的体细胞重组

(从 V、J 和 C 片段中选择三个 DNA 片段，并把它们连接到一个编码抗体轻链的嵌合基因上。同样选择另一簇的 V、D、J 和 C 片段，并与编码抗体重链的嵌合基因连接在一起。在每一个淋巴母细胞中，V、J 和 D 成分都是被随机选择构建一个不同的抗原-结合区。通过体细胞重组，一旦在 DNA 水平上已筛选出一个特异组合，那么，这个特异组合就会被保留在这些特殊的淋巴母细胞以及它们的后代中。在抗体的产生中会产生这些变异，是因为剪接位点不是精确定义的)

2. 基因扩增导致基因组成的量的变化

在胚胎发育的某特定时期，某特殊基因被选择性复制出许多拷贝的现象称为基因扩增(Geneamplification)。早在 20 世纪 60 年代 Brown 和 Dawid 对非洲爪蟾(Xenopus)卵母细胞核糖体 RNA 基因(r－DNA)扩增就进行了研究。卵母细胞的基因扩增从变态期开始，一直延续到卵母细胞成熟之前。经过基因扩增，减数分裂前的卵母细胞中 r－DNA 已达到体细胞的 2×10^5 倍。这些扩增的基因都位于染色体之外形成许多小颗粒，从电子显微镜下观察到核仁增加。这种情况可以一直维持到蝌蚪时期。此后发现 r－DNA 扩增的现象广泛存在于许多动物的卵子发生中，另外发现果蝇编码卵壳蛋白的基因也有基因扩增的现象。对于两栖类核糖体 RNA 基因的结构了解得最清楚，位于核仁组织者区的核糖体 DNA 以成串重复的形式排列(图 17－8)。18S、5.8S 和 28S 三种 rRNA 基因

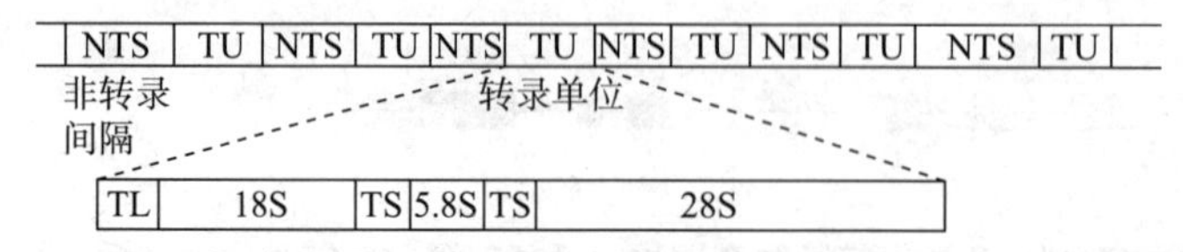

图 17－8　两栖类 18S、5.8S 和 28S 三种核糖体 RNA 的基因结构示意图

(Tu 为转录单位；NTS 为非转录间隔；TS 为转录单位中的间隔；TL 为前导序列；18S、5.8S 和 28S 分别为 18S、5.8S 和 28S 三种核糖体 rRNA 的基因

连在一起，构成一个大的核糖体 RNA 基因转录单位。这种单位在 DNA 链上串联重复约 5 000 次。每个转录单位具有一个 5′的前导序列，此后依次是 18S rRNA 基因的编码序列、转录间隔、5.8S rRNA 基因、转录间隔、28S rRNA 基因。在这些基因之间没有内含子，以整个转录单位转录成为一个 40S rRNA 前体，再由后者产生三种 rRNA。

关于核糖体 RNA 基因扩增的机制已有不少研究。在每个爪蟾二倍体细胞中这种大核糖体 RNA 基因有两个同源区，每个同源区大约包括 450 个转录单位的拷贝，它们之间由非转录区间隔分开。染色体上核糖体 RNA 基因的转录单位都是一致的，但非转录间隔区的长短不一样，即使在同一条染色体上也不一样。从理论上计算，在 DNA 已经复制后的二倍体卵母细胞中应该包括 4×450 个编码核糖体 RNA 的基因。但是事实上发现的核糖体 RNA 基因的拷贝达到上百万个之多，核仁的数目也不是 4 个而是数千个。这些位于核外的核仁与核内进行有丝分裂的染色体也不相连。用同位素标记的 28S 核糖体 RNA 为探针与卵母细胞和体细胞 DNA 进行原位杂交，可见卵母细胞核糖体 RNA 基因扩增了 1 500 倍。若按正常情况下每个核包含 450 个基因拷贝计算，也就是说在爪蟾卵母细胞中有 6.8×10^5 个大核糖体 RNA 前体。

通过基因扩增可转录产生大量的 RNA，但是基因扩增并不是普遍现象。关于基因扩增的机制还不能完全阐明，但是有一点可以肯定即将扩增的基因首先要脱离染色体，然后才能复制出大量的 DNA。关于核糖体基因结构形成的机制，一般认为可以用许多病毒基因复制的滚环模型来解释。也就是说卵母细胞的一个核糖体基因以某种方式发生改变，使染色体形成环状，从环的缺口处向两个方向进行复制，形成核糖体基因拷贝和这些基因拷贝之间的间隔序列。用电子显微镜研究基因扩增也观察到染色体外核仁区有典型的封闭环，也支持用滚环模型解释基因扩增的机制。

两栖类卵母细胞中进行基因扩增的核糖体 RNA 基因是第一批分离和纯化出的基因，也是在电子显微镜下首先观察到其转录过程的几个基因。这些基因在卵母细胞有丝分裂中期大量转录成 rRNA。在电镜下可以看到转录从“染色质树”的小端开始进行，直到大核糖体 RNA 前体形成。在 DNA 链和 RNA 转录连接处有个 RNA 聚合酶分子，这些大转录复合物中 RNA 长约 7 200 bp，与核糖体前体的大小基本吻合。同时也能观察到在转录单位之间的非转录间隔。

果蝇卵子合成卵壳蛋白期间，编码卵壳蛋白的基因也经历基因扩增。卵壳蛋白在卵巢滤泡细胞中合成。在卵壳蛋白基因表达之前，滤泡细胞的基因组 DNA 经历超量 DNA 合成，使之达到单倍体 DNA 的 16 倍。通过这个过程使卵壳蛋白基因被选择性地增加复制。这种基因扩增的现象在其他组织中尚未检测到，仅见于果蝇卵巢滤泡细胞且只发生在基因组 DNA 的特殊区域。这些特殊区域的特点是有几个分支，每个分支都包含扩增的卵壳蛋白基因。在这种情况下发生的基因扩增，这些基因 DNA 仍然与染色体相连。

3. 基因组的扩增

可能只是在某些基因的表达中存在选择性基因扩增的机制，许多大量表达的基因并不采用选择性基因扩增的机制。比如，在红细胞的发育过程中，血红蛋白的合成量一直维持在红细胞蛋白合成总量的 98%，但是并不存在血红蛋白基因选择性扩增的机制。同样，在毛虫的丝腺中有大量丝蛋白纤维产物，但是丝纤维蛋白基因并不经历选择性基因扩增，而是丝腺细胞的整个基因组在多线期进行的基因扩增。

通过多倍体和多线体扩增完整基因组的现象是常见的。多倍体指某些个体的染色体的多次复制，使得在细胞中存在四套或更多套染色体，而不是通常二倍体细胞中的两套染色体。哺乳动物发育中营养原细胞和肝细胞的基因组是通过多倍体扩增的，这些细胞的代谢极其活跃，多倍体可能有益于连续产生大量的酶。

而多线体则指的是通过内复制来增大某一染色体，即染色体上的DNA多次复制，而新产生的染色体并不分开，只是紧密结合在一起形成DNA束。在果蝇发育过程中卵巢中的营养细胞变成多倍体，而唾液腺细胞和马尔皮基氏管细胞则变成多线体。

果蝇幼虫的唾液腺和马氏管中存在多线染色体。唾液腺染色体不断地进行自我复制而不分开，经过许多次的复制形成约1 000～4 000拷贝的染色体丝，合起来达5mm宽，400mm长，比普通中期相染色体大得多(约100～150倍)，称为多线染色体。这表明整个染色体组已发生了某些不可逆的扩增。

4. 遗传物质(染色体)的丢失

与上述情况相反，一些细胞则丢失染色质或完整的染色体而不是扩增遗传物质。一个经典的例子是马蛔虫(Ascarimegalocephala)，Theodor Boveri研究了其早期胚胎发育并发现染色体控制发育的重要性。其中有这样一种奇特的现象：单倍体的卵子只有两条染色体，体细胞中的另外两条染色体由精子提供。然而，即使是这仅有的四条染色体对体细胞而言都太多，细胞分裂时只有生殖细胞得到了全长的完整染色体，而体细胞中的染色体是部分染色体片段，约占80%以上的染色质丢失了，因此不再具备完整的基因组，这种现象称为染色质消减(Chromosomediminution)(图17-9)。所以仅有生殖系的细胞具有一整套完整的基因组结构，迄今为止仍不知道是否丢失的只是配子发生所需的基因或仅仅是非编码的DNA。

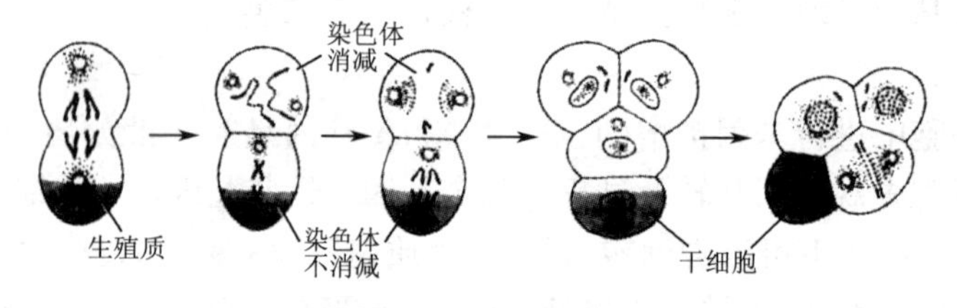

图17-9 染色质消减

另外，又如瘿蝇(Myaetioladestructor)受精后开始的卵裂只进行细胞核分裂，细胞质并不分裂。当细胞核分裂至16个的时候，其中14个核的染色体中有32条不能向纺锤体极移动并在以后消失，仅保留8条染色体。拥有这些核的细胞不具有完整的基因组DNA，将分化产生瘿蝇成体的体细胞，而拥有其余两个核的细胞后代发育成为生殖细胞。

在一些例子中完整的染色体或完整核都可丢失。在摇蚊中，许多细胞核丢失了最初40条染色体中的38条。更有名的一些丢失完整细胞核的例子包括哺乳动物(除骆驼外)红细胞及皮肤、羽毛和毛发的角化细胞。

17.4 基因缄默

上述基因组遗传信息发生改变的现象仅仅存在于某些特殊细胞中，而有机体绝大多数分化细胞的核DNA仍然保持相对稳定，它们的基因组相同。由于分化细胞仍然含有同样的基因组，只有通过一系列复杂的基因表达的调控，才能使不同的细胞产生不同的蛋白质。

早在20世纪20年代，遗传学家和胚胎学家就发现他们研究的许多问题都涉及如何解释生物发育中遗传性状的改变和遗传潜能的变化，遗传学和胚胎学的研究有共同的研究目标。

为此，大家都集中精力研究细胞核和细胞质的相互关系。1894年Driesch提出关于细胞核和细胞质相互关系的假说，认为在细胞中细胞核含有发育的遗传信息和具有遗传的潜能，细胞质能够激活细胞核的遗传信息，使后者产生新的产物；而这些新的产物进入细胞质后，能够再对细胞核起作用。由于核质相互作用的结果引起细胞分化，此后，1934年Moagen在此假说的基础上进一步指出：受精卵内本来就存在卵质的不均匀分布现象，在卵裂过程中每个子细胞核与不同区域的卵质结合形成子细胞。由于细胞质不相同，各子细胞中所激活的核基因也不同，而且各种新的基因产物又分别影响细胞质的成分，进一步再影响细胞核内基因的表达。这样就出现一系列细胞核和细胞质的相互作用并且最终导致细胞分化。直到20世纪60年代以后上述假说才有了充分的实验证据。

随着分子生物学的建立和发展，分子生物学与遗传学的相互渗透，有关真核生物基因表达的控制机制了解得越来越深入，现在我们知道DNA分子中携带着两种遗传信息：一种是负责编码蛋白质氨基酸组成的结构基因DNA序列；另一种是编码基因选择性表达调控的DNA序列，成为基因组中的大部分DNA序列。蛋白质参与和调控细胞的一切代谢活动，而确定蛋白质的结构和合成时间、空间次序性的信息均由特定的DNA序列编码。基因表达就是遗传信息的转录和翻译。生物的个体发育由内置的遗传程序控制，即遗传信息的表达按内置的时间、空间发生变化。生物的发育还会随着环境的变化而发生改变。

其中，存在着几种机制可导致基因永久缄默，如DNA甲基化和异染色质化都可使基因缄默，而且这种失活状态又可通过细胞分裂传到子细胞。

1. DNA甲基化导致父系和母系的基因组印记

DNA甲基化（DNA Methylation）是指生物体在DNA甲基转移酶（DNA Methyltransferase，DNMT）的催化下，以S-腺苷甲硫氨酸（SAM）为甲基供体，将甲基转移到特定的碱基上的过程。DNA甲基化可以发生在腺嘌呤的N-6位、胞嘧啶的N-4位、鸟嘌呤的N-7位或胞嘧啶的C-5位等。但在哺乳动物中，DNA甲基化主要发生在5′-CpG-3′的C上（C与G是碱基；p是磷酸根），生成5-甲基胞嘧啶（5mC）（图17-10）。

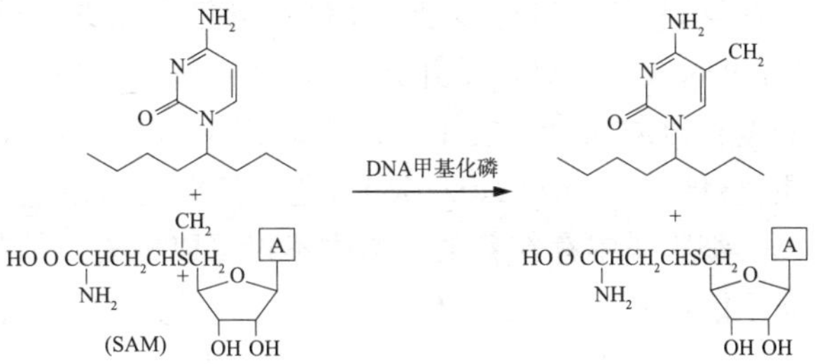

图17-10 DNA甲基化反应

哺乳动物中，CpG序列在基因组中出现的频率仅有1%，远低于基因组中的其他双核苷酸序列。但在基因组的某些区域中，CpG序列密度很高，可以达到均值的5倍以上，成为鸟嘌呤和胞嘧啶的富集区，形成所谓的CpG岛。通常，CpG岛大约含有500多个碱基。在哺乳动物基因组中约有4万个CpG岛，而且只有CpG岛的胞嘧啶能够被甲基化。因此，人类的CpG以两种形式存在，一种分散于DNA中，另一种是CpG结构高度聚集的CpG岛。在正常组织里，70%～90%的散在的CpG是被甲基修饰的，而CpG岛则是非甲基化的。这种DNA修饰方式并没有改变基因序列，但是它调控了基因的表达。DNA甲基化可能使基因沉默化，进而使其失去功能。

健康人基因组中，CpG岛中的CpG位点通常处于非甲基化状态，而在CpG岛外的CpG位点则通常是甲基化的。这种甲基化的形式在细胞分裂的过程中能够稳定地保留。当肿瘤发生时，抑癌基因CpG岛以外的CpG序列非甲基化程度增加，而CpG岛中的CpG则呈高度甲基化状态，以致染色体螺旋程度增加及抑癌基因表达的丢失。

因此，真核生物 DNA 中，通过甲基转移酶加接一甲基基团后的 5′-胞嘧啶可转变成 5′-甲基胞嘧啶(用 C′表示)。这种甲基化只在 CpG(胞-鸟)核苷酸对上发生，即序列：—C′—G—，—G——C′—。

以上序列能使甲基转移酶复制甲基化模式，致使两个子细胞均有同样的甲基化形式，且甲基化形式能够遗传。但是，甲基化并非所有生物体都有，也有一些生物体内不存在 DNA 甲基化作用。例如，果蝇 DNA 均不被甲基化。

在哺乳动物配子发育过程中，甲基化形式(大部分)会被除掉，然后 DNA 重新被甲基化。精子 DNA 甲基化程度比卵细胞 DNA 的要高。但由于受精过后甲基化形式还保持着，对来自父系和来自母系的基因，转录作用就不相同，从而导致显现父系与母系的基因组(遗传)印记。

DNA 甲基化是最早发现的修饰途径之一，大量研究表明，DNA 甲基化能引起染色质结构、DNA 构象、DNA 稳定性及 DNA 与蛋白质相互作用方式的改变，从而控制基因表达，在维持正常细胞功能、遗传印记、胚胎发育及人类肿瘤发生中起着重要作用。随着对甲基化研究的不断深入，各种各样的甲基化检测方法被开发出来以满足不同类型研究的要求。这些方法概括起来可分为三类：基因组整体水平的甲基化检测、基因特异位点甲基化的检测和新甲基化位点的寻找。

2. 异染色质化

真核生物的 DNA 主要集中存在于细胞核内，并与蛋白质结合，构成以核小体为基本单位的染色质(Chromatin)结构。染色质可根据在细胞分裂间期折叠压缩的状况分成异染色质(Heterochromatin)和常染色质(Euchromatin)。染色质结构发生变化是基因转录的前提。

异染色质存在组成型和兼性型两种类型：组成型异染色质 DNA 序列的折叠组装状况始终不发生改变，即在各种细胞中，在整个细胞周期内都处于凝聚状态，如着丝粒、端粒、核仁形成区等，故从不进行转录。兼性型异染色质在某些情况下 DNA 序列折叠压缩的状况可以发生改变，成为常染色质并具有转录活性；而在另一些情况下，即在某些特定的细胞中，或在一定的发育时期和生理条件下又可凝聚，转变成为异染色质失去转录活性。这个现象称为异染色质化(Heterochromatization)，这本身也是真核生物的一种表达调控的途径。

细胞质中存在着某些物质不仅可以使染色体削减，而且在哺乳动物中，细胞质某些调节物质也能使两条 X 染色体中的一条异染色质化。只有一条 X 染色体具有活性，这些使得雌、雄动物之间虽然 X 染色体的数量不同，但 X 染色体上基因产物的剂量是平衡的，这个过程就称为剂量补偿(Dosage Conpensation)。剂量补偿作用是使具有两份或两份以上的基因量的个体与只具有一份基因量的个体的基因表现趋于一致的遗传效应。

我们知道正常的男性是 XY，而正常的女性是 XX。在正常女性的细胞核中有一团高度凝聚的染色质，而在正常男性的细胞核中都没有，它就是失活的 X 染色体。1949 年 L.Barr 首先发现它。因此它被命名为巴氏小体(Barr Body)。在正常的 XX 个体中有两条 XX 染色体，而在它们的体细胞中有一个巴氏小体(图 17 - 11)。在正常 XY 个体中只有一条 X 染色体和一条 Y 染色体，而没有巴氏小体。在带有多条 X 染色体的个体中，只有一条 X 染色体是有活性的。巴氏小体的数目为 X 染色体的条数减 1($nx-1$)。1961 年 Mary Lyon 提出了莱昂假说(Lyon Hypothesiis)解释了巴氏小体的概念。她提出巴氏小体是一个失活(或大部分失活)的 X 染色体。她的假设解释了带有 X 染色体畸变的个体为什么能得以幸存。其主要论点如下：①巴氏小体是一个失活的 X 染色体，失活的过程就称为莱昂化(lyonization)；②在哺乳动物中，雌雄个体细胞中的两个 X 染色体中有一个 X 染色体在受精后的第 16 天(受精卵增殖到

5 000～6 000，植入子宫壁时）失活；③两条X染色体中哪一条失活是随机的；④X染色体失活后，细胞继续分裂形成的克隆中，此条染色体都是失活的；⑤生殖细胞形成时失活的X染色体可得到恢复。

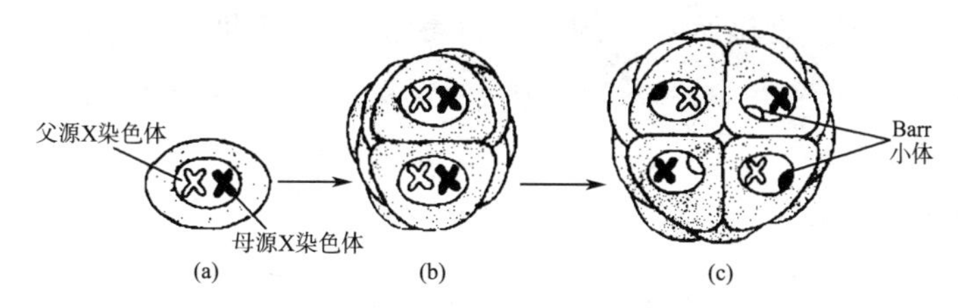

图17-11　X染色体的随机失活

(a)合子具有两个不同来源的X染色体；(b)在早期卵裂阶段，所有的细胞中两个X染色体均具有活性；(c)在胚胎发育的某个时期，所有细胞的一个X染色体发生随机失活

她进行了下面两个实验。第一个实验是根据控制毛色的基因位于X染色体上进行设计，采用一种黑/白毛色杂合的雌性小鼠进行研究，这种杂合雌性小鼠是毛色嵌合体，即呈现出一块黑毛、一块白毛的现象。这种杂合小鼠本身就间接地证明了她的假说：在胚胎发育的某一阶段黑色毛控制基因或白色毛控制基因所在的X染色体产生随机失活。其后代细胞不是具有黑色毛控制基因的X染色体失活，就是具有白色毛控制基因的X染色体失活，但不可能同时表现两种毛色存在的情况。为了进一步弄清X染色体在发育过程中失活的具体时间，她又进行了第二个实验。她将上述黑白毛色嵌合小鼠囊胚期的胚胎细胞，移植到另一种黄毛色纯合子雌鼠的胚胎中，再把这种胚胎放回母鼠子宫内使之发育成为幼鼠。如果移植的胚胎细胞在寄主体内发生X染色体失活现象，则幼鼠的毛色应该是两种颜色，如果不是黄/白色毛相间，就应该是黄/黑色毛相间的嵌合体，而不会是黄/黑/白色毛三种颜色。如果被移植的囊胚细胞不发生X染色体失活，幼鼠的毛色应该是三种颜色的嵌合体。研究的结果发现，在3.5d以前将黑/白小鼠囊胚细胞移植进黄小鼠寄生胚胎产生三色鼠；但于3.5d以后进行移植却发育成为两色鼠。这个实验证明了在小鼠中X染色体发生失活的时间大约在胚胎发育3.5d。

此外，X-连锁的6-磷酸葡糖脱氧酶（G-6-PD）的测定也为莱昂假设提供了有力证据。女性虽然有两条X染色体，但其G-6-PD活性和男性的相同，表明其X染色体的总量有一半是失活的，这正好说明了剂量补偿作用。虽然大量的证据表明了莱昂假设的正确性，但仍存在一些问题。比如既然女人只有一条X染色体是有活性的，那么XXX和XO的女性也只有一条X染色体有活性，那么为什么会出现异常呢？1974年Lyon又提出了新莱昂假说，认为X染色体的失活是部分片段的失活，这就能很好地解释以上的矛盾。现在已经查明在失活的X染色体上决定一种血型的Xg基因就仍然保持着活性。

异染色质所包含的蛋白质具有一种所谓染色质组织修饰域。由于具有这种结构域，蛋白质在整个染色体上与按一定距离反复出现的DNA重复序列相结合。蛋白质通过聚集靠近在一起，而使DNA折叠压缩。异染色质化是在卵细胞分裂几次之后发生的。它是一个随机的过程。因此，哺乳动物所有的雌性都相当于一种细胞克隆的嵌合体：有些克隆是父系X染色体沉默，有一些则是母系X染色体失活而变为巴氏小体。经过这种随机事件后，在DNA复制后，分裂球的子细胞完全转变为异染色质的总是同一个X染色体。结果，可能在一些细胞群（细胞克隆）中，是母系的X染色体沉默；而在另一些细胞群中是父系的X染色体沉默。

常染色质变成异染色质会阻断或妨碍转录，但DNA的复制和染色体的加倍照样进行。子细胞承袭（遗传）了异染色质化的模式。

果蝇 polycomb 基因所编码的 POLYCOMB 蛋白质就类似于这种 DNA 固缩蛋白质，因而可广泛地使基因在发育中缄默。例如，在身体的前部，它可抑制腹部的同源异形基因的表达。polycomb 基因缺失可导致胸部体节转变为腹部体节。

上述例子显示，异染色质化所导致的基因沉默被认为有助于持久而且可遗传地决定与分化。

17.5 细胞遗传

当细胞注定要走向某一特殊的发育路线时，某些基因进入状态并根据需要准备传递它们的信息，而另一些要变成永远缄默。有证据表明，细胞程序化的决定过程常发生在细胞周期 S 期的 DNA 复制之前不久或期间。在另一些情况下，细胞程序化过程不依赖于细胞周期，经过很长的一段时间之后逐步进行。一般来说，被决定了的细胞（如成肌细胞、成神经细胞、成红细胞等）还需经过几次复制才开始进入终末分化，细胞特异的蛋白质合成程序才完全实现。

这种已定向（特化、决定）的细胞依然能够分裂，并可将决定的状态传递到子细胞。“细胞遗传”是指具有决定状态的细胞克隆的现象。各种各样继代培养的细胞系证实了决定状态普遍具有可遗传性。将果蝇的器官芽人为地分成小片段并进行再生，已经繁育到一些克隆，如果蝇成虫盘的再生（图 17－12）。又如从某些成肌细胞已生长出无数的子代。但若撤去生长因子，这些成肌细胞则融合变成肌肉纤维。

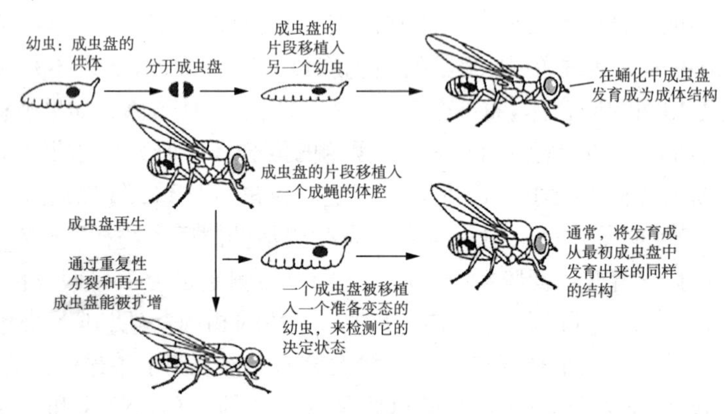

图 17－12 果蝇成虫盘的再生

以下所列的是细胞遗传的一些可能的机制。

(1) 自催化的自身激活

若干主导基因编码的蛋白质迁移到细胞核内，不仅激活其下属基因，而且激活其基因本身。由于这类转录因子在细胞质中的核糖体合成，因而，也存在于细胞质中，它们与两个子细胞共存亡。分配到子细胞的这些因子通过正反馈而增加其本身的形成。因此，补偿了因细胞分裂而引起的稀释。这种持之以恒的自我放大，除了 MyoD1（成肌细胞决定基因 1）这个例子外，还有果蝇中 HOM 复合体之 fushi tarazu 和 Ultrabithorax（Ubx）小系统。这两个系统尤其可以说明生长中的器官芽决定状态具有可遗传性。哺乳动物的性别决定基因 sry 也保持其本身的这种表达。

(2) 异染色质化

该过程包括了自我加强（自催化）的亚过程，但这种亚过程的结果不是激活，而是基因长时间的沉默(指靠近沉默区的基因在进入转录活性状态时被影响的过程)。子代细胞发生的DNA 复制后完全转变为异染色质的总是同一个 X 染色体。

(3) 甲基化

生物体的 DNA 若被甲基化,则该过程也有助于基因发生某种持久进入转录状态(或受阻状态)的变化。甲基转移酶能复制此甲基化模式而使子细胞均有同样的甲基化形式。

17.6　终末分化

胚胎细胞经历了一个称作决定的阶段。在这一阶段中,细胞虽然还没有显示出特定的形态特征,但是内部已经发生了向这一方向分化的特定变化。同一来源的细胞逐渐经历了各自特有的形态结构、生理功能和生化特征的变化过程,在空间上细胞之间出现差异,在时间上同一细胞和它以前的状态有所不同。细胞从化学分化逐步到形态、功能分化的变化过程中,经过多次细胞分裂(分化),最终进入终末分化(Terminal Cell Differentiation),丧失了分裂能力。

经过多次细胞分裂(分化),细胞最终获得特异性分子基础、特异性形状及功能,并丧失了分裂能力的状态,称为终末分化。也即指由定向干细胞最终形成特化细胞类型的过程称为终末分化(图 17-13)。

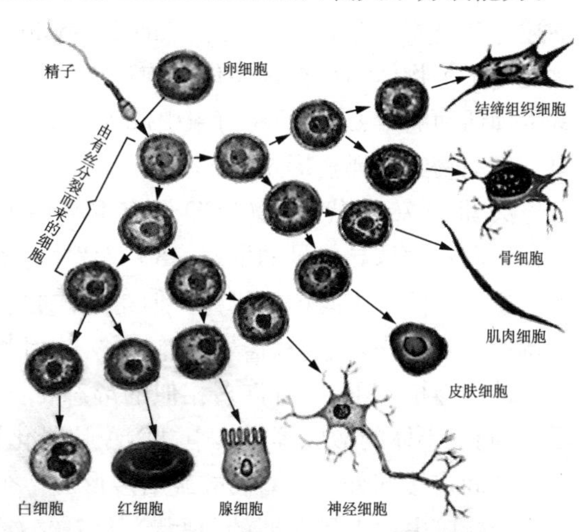

图 17-13　卵细胞最终形成特化细胞类型的过程

“终末分化”简单地说就是最后定型的意思,细胞进入终末分化后,形成执行特定功能的成熟细胞,不再分裂,譬如运输氧气的红细胞、成熟表皮细胞、神经元等都是终末分化细胞。进入终末分化的细胞,又称终末细胞,或称不育细胞、不分裂细胞。

细胞分化过程中各种细胞内合成了不同的专一蛋白质,而这正是通过细胞内特定的基因的选择性表达实现的。

17.7　程序化细胞死亡

细胞死亡是生物体的一种常见现象。一般来讲,细胞死亡可分为两种类型:细胞坏死(Necrosis)和细胞程序化死亡(Programmed Cell Death ,PCD)。细胞坏死是细胞在遭受极度刺激时引起的细胞死亡,以原生质膜的破裂为特征,造成细胞内含物的炎性泄漏,是一种非正常死亡。细胞程序化死亡是一种主动的、生理性的细胞死亡过程。

在动物中,已发现两种易辨认的细胞程序化死亡类型,细胞凋亡(Apoptosis)和细胞质的细胞死亡(Cytoplasmic Cell Death,CCD)。细胞凋亡表现为早期染色质浓缩在核边缘、细胞浓缩、完整细胞器可保留到细胞死亡的晚期,最终形成凋亡小体,并伴随 DNA 片段化等。细胞质的细胞死亡(CCD),核初期无变化,但是细胞质发生大量的变化并伴随大型自噬泡的形成,随后细胞器被吸收,染色质浓缩,形成寡聚核小体的 DNA 片段。

程序化细胞死亡常为单个散在分布的细胞。从形态学上观察,早期出现的染色质固缩,常聚集于核膜，呈境界分明的颗粒状或新月形小体，细胞浆浓缩。继后胞核和细胞外形皱褶，核裂解，质膜包绕其裂解碎片，细胞膜突出形成质膜小泡(即细胞“出泡”现象)，脱落后形成凋亡小体，凋亡小体内可保留完整的细胞器和致密的染色质。组织中的凋亡小体很快被巨噬细胞或邻近细胞吞噬，摄取消化。因此不出现明显的炎细胞浸出(图 17 - 14)。

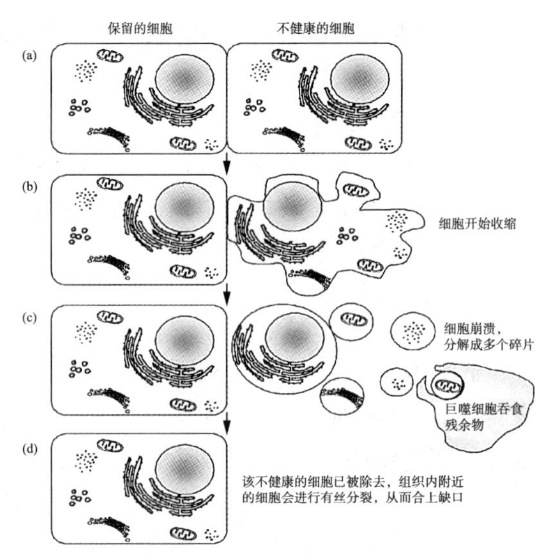

图 17 - 14 细胞程序化死亡

对于“细胞程序化死亡”这个概念的最初来源，多数研究者认为是由 Kerr 等早在 1972 年提出的。Kerr 等在研究青蛙尾巴退化时，发现了一种既不同于细胞衰老死亡又不同于坏死的细胞死亡方式，即细胞凋亡，并从形态学上详细描述了其特征。然而，1961 年 Carl Leopold 首次提出了植物体内存在程序化细胞死亡的过程，并阐述了程序化细胞死亡的形式及对植物正常生理活动的重要性，但一直未引起人们的注意。这比 Kerr 等提出的“细胞凋亡”术语来描述第一例动物细胞死亡形态早 11 年。

20 世纪 70 年代，植物 PCD 研究主要集中在死亡的细胞学、接近死亡的细胞的生化特性及存活和死亡诱导信号的发现。80 年代集中在细胞死亡的基因研究。90 年代则倾向于细胞死亡途径中信号中间体的研究。但是，直到近年来研究的进一步深入，发现它的发生机制由基因调控，并与细胞识别和信号传递有关，才引起人们的广泛重视。

动物与植物 PCD 有许多相似的形态特征，如，细胞浓缩、染色质边缘化、核浓缩、DNA 片段化、凋亡小体的形成等。其中，DNA 片段化被认为是最主要的凋亡特征，细胞凋亡出现时核小体之间连接部分——双股螺旋断裂形成多个 180～200bp 的寡核苷酸碎片，在含溴化乙淀的琼脂糖凝胶电泳上呈典型的“梯状”条带。这一过程是激活的钙离子依赖的核酸内切酶介导的。目前对细胞凋亡的研究逐渐深入，研究方法已从细胞水平进入分子水平。虽然植物中没有巨噬细胞和嗜中性细胞，它不像动物细胞能够自我吞噬死亡细胞，但是，2001 年 Jones 发现了植物细胞中重要的细胞器——液泡在 PCD 中发挥着巨大的作用。受细胞自身调节而不是代谢下降的结果，液泡发生裂解，液泡膜破裂，释放许多水解酶，引起细胞死亡。

在脊椎动物中，70%以上的潜在成神经细胞在神经系统发育的特定阶段死亡，尤其是那些不能与其靶细胞正确相连的细胞。淋巴细胞的程序化死亡是确保免疫系统识别自己和异己成分的一个重要部分。数以百万计的淋巴细胞、免疫系统中未来的 B 细胞和 T 细胞通过 DNA 片段随机重排的方式产生大量不同的抗原受体(抗体)。这种方式不仅理应产生可使受体结合外来抗原的淋巴细胞，而且产生结合自身分子的自身反应淋巴细胞。由于免疫系统有很强的攻击性，因此，这些自身反应淋巴细胞不被清除的话会造成致命的危害。大部分人体自身反应淋巴细胞在出生时已被清除。由于重组后紧接着清除，免疫系统才能更可靠地识别外来物质。在人体胚胎发育中，四肢的发育也是一个很好的例子(图 17 - 15)：胚胎长到第 5 周时出现扁盘状的肢体萌芽，手指和脚趾之间的蹼消失，四肢才能顺利形成其最终形态。在动物发育过程中，细胞凋亡的例子还有如从蝌蚪到蛙的变态发育；高等哺乳类动物指间蹼的消失；眼睛中玻璃体和晶状体的细胞死亡，是眼睛对光通透重要的一步。

因此，对于成熟的个体，细胞凋亡是必不可少的，其作用为：细胞数目和组织大小的控制、组织的更新（如鼻的嗅表皮）、免疫系统对丧失功能的或是有潜在危险的细胞进行选择和清除、清除坏变的细胞、赋予中枢神经系统可塑性（研究人员发现在胚胎期激活的小鼠 bcl－2 基因会阻止神经细胞的细胞凋亡过程。出生的小鼠脑部神经元数量因此比正常的小鼠多，容积变大。但在测试中显得比正常小鼠迟钝）、对生殖细胞进行选择（大约 95％的生殖细胞会在其成熟之前通过细胞凋亡被清除）等。而在植物发育过程中，在 Jones 于 2001 年提出的关于植物的 PCD 研究（研究分为三个部分：终端分化、植物衰老和病害抵抗）中认为细胞死亡在植物发育中具有以下作用：衰老使营养物质得以再次循环；在形态建成中发挥作用，如通气组织和木质部的形成，抵抗病原物侵入等。

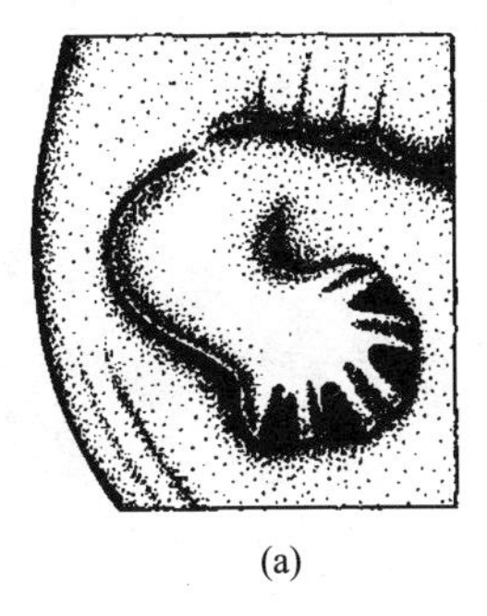
(a)

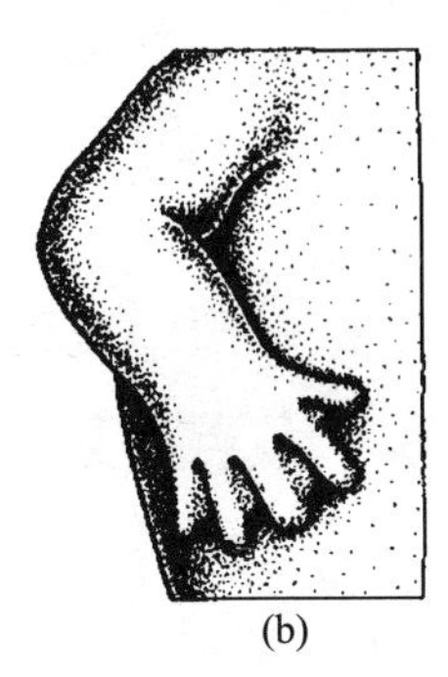
(b)

图 17－15　人胚手掌分离中程序化细胞死亡

(a)41 天时胚胎在手掌（黑色）区域开始细胞死亡；(b)51 天时胚胎中这一区域的手指分离还不完全，直到 56 天才完全分开

因此，在动物与植物发育过程中，程序化细胞死亡是正常发育的一部分，是其发育过程中的必经之路。

线虫以其有机体中细胞数是一个不变的定数而著称，在多细胞有机体中，一些细胞在胚胎发育早期就死亡，尤其是在神经系统的发育过程中。线虫中的程序化的细胞死亡是由两个基因（ced－3，ced－4）启动的。这两个基因中的任何一个功能缺失突变均能使正常程序化死亡的细胞存活。

正如人体免疫系统反应中肾上腺皮质产生的甾类激素，尤其是皮质醇和皮质酮促进胸腺的 T 淋巴细胞集体自杀，细胞的产生和死亡保证了我们身体全体细胞群体的生存。目前我们在程序化细胞死亡的领域中正进行着深入的研究，如在细胞凋亡与癌症发生和各种自体免疫性疾病之间的关系方面，希望通过激发癌变细胞的细胞凋亡来达到消除癌症的目的。而细胞凋亡在神经退化性疾病如阿尔茨海默病、亨廷顿舞蹈病、帕金森病、肌肉萎缩性侧索硬化症中所扮演的角色，也是目前人们热衷的研究领域。

形态发生

——细胞运动

几十亿年以来，细胞一直是一股能相互合作的力量，它们构成了持久的集群(如“复合管水母”的单细胞集群)。集群中许多单细胞渐渐特化为不同类型的特定细胞，致力于完成与其他细胞的合作。这些特定的细胞专职于完成不同的任务，如获取营养或排泄废物，它们的行为能得到相互间的协调。

从单细胞到多细胞是生物从低级向高级发展的一个重要过程，代表了生物进化史上一个极为重要的阶段。关于多细胞生命的进化，一直以来都是进化生物学家争论的焦点之一。细胞聚集在一起，为集群的生存相互合作——多细胞集群表现出这种多细胞特性，已经在自然界中经历了持续的进化，从而演变成为了今天的多细胞生物的世界。

为了能更好地了解这一从单细胞向多细胞演化的过程，2012 年美国明尼苏达大学进化生物学家 Michael Travisano，带领其博士后 Will Ratcliff 等进行了深入研究后发表了题为“Experimental evolution of multicellularity”的文章。他们首先让单细胞酿酒酵母(Saccharomyces Cerevisiae)生活在一种特殊环境中，在这种环境中，多细胞集群被研究人员认为是一种适应性的性状。Ratcliff 博士表示，“我们进行了显微观察，发现这些细胞能形成集群，这一集群具有多细胞生命的特性。”

当单细胞酿酒酵母生活在这种特殊环境中，在 60d 的快速定居选择中，全部实验酵母种群都以多个附着细胞的雪花样集群为主，这是由在细胞分裂之后仍然相互黏着的细胞形成的。这种集群显示出了几种多细胞性状，包括通过产生雪花样子代集群的多细胞“生殖芽”进行繁殖及一个幼年阶段的出现。当定居选择的强度发生变化的时候，雪花酵母通过在多细胞层次而非单细胞层次上对变化进行了适应，这表明整个细胞集群作为一个整体进行进化。研究人员还发现集群内部的劳动分工的进化：大多数细胞仍然活着并能进行繁殖，但是少部分细胞进行了程序化细胞死亡，或者说细胞凋亡。凋亡的细胞起到了多细胞集群中的断裂点的作用，让雪花酵母调控它们产生的后代的数量和尺寸。这些发现提示多细胞复杂性的关键特性可以在一种单细胞真核细胞中容易地进化出来。

Whitehead 生物医学研究所的进化生物学家 Mansi Srivastava 赞赏地说，“这项研究证明了多细胞化能如此快速地进行……从那些化石记录中，我们了解到无论何时进化成多细胞的这个过程都是一个漫长的时期，而这项研究表明这个过程其实很快。”

越来越多的胚胎学研究试图揭示，通过这个进化速度可能比此前认为得更快的生物进化过程最终形成的多细胞生物个体，胚胎发育中的多个细胞如何竞先涌往集群(生物)的方式和路径。

第18章 细胞运动形成

胚胎发育研究显示，细胞分裂和分化的结果出现了许多细胞的不同分子组成与不同形状结构，并继而又引起这些各具类型的细胞发生联合而产生组织和器官。当细胞联合起来时，细胞的数量、大小和单个细胞的形状最后将决定整个联合体的形状。与植物的发育不同，动物胚胎通过细胞内的收缩、微丝的收缩和黏着力及广泛的移位、迁移而主动造型。动物胚胎的形态发生就是通过细胞活跃地黏着和迁移而形成的。

细胞运动(Cell Motility)是生命进化的最重要成果之一。原始的细胞可能是不能主动地运动的，它们漂浮在周围的液体环境中，代谢物靠扩散作用在细胞内分布。但是随着细胞体积的增大及功能越来越复杂，细胞内形成了负责物质流动的转运系统。这些系统同时也构成了细胞的运动器，使细胞能够转移到更适合其生长的地点。因此，细胞运动尤其对于多细胞生物的存活是必需的。如没有能运动的精子，卵就不能受精，甚至每个细胞的分裂都需要某些细胞部件的运动，没有细胞的运动和细胞形状的改变胚胎就不能形成。

细胞运动(或细胞迁移)，是指细胞本身的形态变化和细胞质流动。即细胞在接收到迁移信号或感受到某些物质的浓度梯度后而产生移动。在此过程中细胞不断重复着向前方伸出突足，然后牵拉胞体的循环过程。

细胞运动的表现形式多种多样，从染色体分离到纤毛、鞭毛的摆动，从细胞形状的改变到位置的迁移。然而，所有的细胞运动都和细胞内的细胞骨架体系(尤其是微丝、微管和中间纤维)的变化有关，并同时需要 ATP 和动力蛋白(Motor Protein)，后者分解 ATP，所释放的能量驱使细胞运动。

细胞骨架(Cytoskeleton)是真核细胞中由蛋白质聚合而成的三维的纤维状网架体系。最初，人们认为细胞质中的基质是均质无结构的，但许多重要的生命现象，诸如细胞运动及细胞形态的维持等，难以得到解释。1928 年，Klotzoff 提出了细胞骨架的原始概念。但以往电镜制样一般采用锇酸或高锰酸钾在低温(0～4℃)固定细胞，而细胞骨架却会在低温下解聚。直到 1963 年，采用戊二醛常温固定方法，在细胞中发现微管后，才逐渐认识到细胞骨架的存在。细胞骨架包括微丝、微管和中间纤维[已发现在真核细胞的细胞核中存在另一骨架体系，即核骨架-核纤层体系。核骨架或核基质(Nuclear Matrix)、核纤层(Nuclear Lamina)与中间纤维在结构上相互连接，形成贯穿于细胞核和细胞质的网架体系](图 18－1)。微管(Microtububle)是 Shanterback 于 1963 年首先在动物细胞中发现的一种真核细胞特有的细胞器。它是细胞骨架纤维中最粗的一种，由于它在保持细胞特定形态和参与细胞的运动方面起着重要的作用，被看作是细胞的骨骼系统。微管作为一种动态结构，能很快地组装和去组装，因而在细胞中呈现

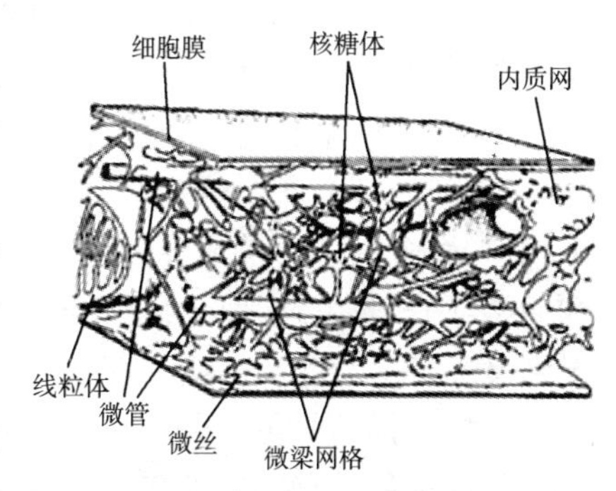

图 18－1　细胞结构立体图

了各种形态和排列方式，以适应变动的细胞质状态和完成它们的各种功能(如细胞形态变化)等。微管蛋白是构成微管的主要蛋白(一类酸性蛋白)，并与其他蛋白共同组装成中心粒、基体、鞭毛、纤毛等特定结构。其中，微管装配是按照特定方式进行的，先由微管蛋白二聚体 α、β 头尾相接形成环状核心，再经过侧面增加二聚体扩展成螺旋带，当加宽到 13 条原纤维时即合拢成一段微管，新的二聚体再不断加到这段微管的端点，使之延长。在一定条件下，微管一段发生装配使微管延长，而另一段发生去装配，使微管缩短，表现出明显的极性装配。细胞内微管装配过程中，微管组织中心起着重要的作用，它包括中心体、基体、着丝点(动粒)。而微丝(Microfilament)则是普遍存在于真核细胞中的一种实心骨架纤维，直径约为 7nm，可成束或弥散分布于细胞质中，它与微管共同构成细胞的支架。微丝的基本成分是肌动蛋白，由它组成的纤维与细胞内各种微丝结合蛋白相互作用，行使着微丝的各种功能。微丝是由肌动蛋白单体头尾相接形成的纤维状的多聚体。近年来认为微丝是由一条肌动蛋白单链形成的右手螺旋。在大多数非肌肉细胞中，微丝是一种动态结构，在一定条件下，不断进行组装和解聚，并与细胞形态维持及细胞运动有关。肌动蛋白可以在体外装配成微丝，在 Mg^{2+} 和高浓度的 K^+ 或 Na^+ 溶液的诱导下，从 G-肌动蛋白装配成纤维状的 F-肌动蛋白，在含 ATP 和 Ca^{2+} 及很低浓度的 Na^+ 或 K^+ 溶液中，微丝趋向于解聚。细胞骨架中的中间纤维 (Intermediate Filament, IF)又称为中等纤维或中丝，因直径介于微管和微丝之间而得名。它的化学成分、种类复杂，结构独特，对解聚微管(秋水仙素)和抑制微丝(细胞松弛素 B)的药物均不敏感，是广泛存在于真核细胞的第三种骨架成分。尽管构成中间纤维的成分复杂，但它们具有相似的基本结构，即在中间纤维蛋白分子肽链中部都有一个约 310 个氨基酸残基的 α 螺旋杆状区，其长度和氨基酸组成非常保守。主要由微丝、微管和中间纤维组成的细胞骨架，是真核细胞借以维持其基本形态的重要结构，它通常也被认为是广义上细胞器的一种。细胞骨架不仅在维持细胞形态，承受外力、保持细胞内部结构的有序性方面起重要作用，而且还参与许多重要的生命活动，如，在细胞分裂中细胞骨架牵引染色体分离，在细胞物质运输中，各类小泡和细胞器可沿着细胞骨架定向转运；在肌肉细胞中，细胞骨架和它的结合蛋白组成动力系统；在白细胞(白血球)的迁移、精子的游动、神经细胞轴突和树突的伸展等方面都与细胞骨架有关。另外，在植物细胞中细胞骨架指导细胞壁的合成。真核细胞中由蛋白质聚合成的三维纤维状网架内纤维和微管的分布和性质是多样的，它们可使细胞基质稳定，且还发现核糖体或一些酶与细胞骨架相连，表明了细胞骨架也是细胞过程的参与者。

当细胞在一个周期性的运动过程中，所有的细胞运动方式都不是随机进行的，而是受到精密的调控，在特定的时间特定的部位产生。一方面，细胞受到各种信号的调节，决定其运动的方向，运动着的细胞的一个显著特点就是具有极性，亦即有前后之分，当细胞的运动方向改变时，就在新的方向产生伪足。另一方面，细胞骨架(微管和微丝)为细胞内物质流动、运输提供了轨道，微管微丝的组装、动力蛋白的运动都具有方向性。而在运动方向细胞前端部分"突出"和后端部分"收缩"中肌动蛋白纤维的多聚化驱动细胞向前"突出"时，这些纤维的空间组织情况则又决定了"突出"结构的性状。比如，尖刺状的丝状伪足中包含长束状的肌动蛋白纤维，而片状的板状伪足中包含分支状的肌动蛋白纤维。

与位置移动有关的细胞运动方式大体上可分为：①局部性的、近距离的移动；②整体性的、远距离的移动。如胚胎内单个细胞或一群细胞发生位置迁徙，形成原始器官；吞噬细胞具有趋向性，能主动搜寻侵入体内的病原微生物，保护宿主抵御感染等。另一方面，肿瘤扩散也是由于癌细胞的运动功能失去控制而造成的。

如按微细结构和收缩性蛋白质的种类进行分类，则细胞运动又可分为如下三类：①鞭毛蛋白系统。细菌的鞭毛是由球状蛋白质的鞭毛蛋白所构成的直径为 12～21nm 的螺旋状细管，它不含 ATP 酶；②微管蛋白系。除细菌以外，动植物细胞的鞭毛和纤毛基本上具有同样的结构，由球状蛋白质的微管蛋白构成的直径约为 20～25nm 的微管，进行规律地排列着，在这种微管上还附着具有 ATP 酶活性的单宁蛋白；③肌动蛋白-肌球蛋白系。肌球蛋白与肌动蛋白相互作用水解 ATP 产生力。肌动蛋白和肌球蛋白参与着变形虫、白细胞、黏菌的变形体及平滑肌和横纹肌等的运动。肌动蛋白以直径约 8nm 的微丝广泛地分布在这些细胞中，在横纹肌中，以细丝的形式存在于 I 带，但在其他细胞中，则以由几十条到几百条纤维组成的束存在于原生质的表层部位；而具有 ATP 酶活性的肌球蛋白，在横纹肌中是以直径约 15nm 的粗丝形式存在于 A 带，但在其他细胞中，其存在的形态则是更小的聚合体。

18.1　细胞内运动

细胞内的运动是细胞运动中最复杂微妙的方式。

1. *细胞质流动*

在体积较大的圆柱状藻类植物如丽藻(Nitella)和轮藻(Chara)中很容易观察到细胞质流动(Cytoplasmic Streaming)，即细胞质以大约 4.5mm/min 的速率进行快速环流。细胞代谢物主要通过胞质环流来实现在细胞内的扩散，这对于植物细胞和阿米巴等体积较大的细胞尤为重要。研究发现，胞质流动的速率从细胞中央(0)到细胞壁(最大)逐渐增大，说明驱动细胞质流动的力量位于细胞膜。在细胞质中有成束的微丝存在并与环流方向平行。

2. *膜泡运输*

细胞内常见的而且很重要的运输形式是以生物膜将所要运输的物质包装起来，形成膜泡在细胞内移行运输。这些包装膜可以源自细胞膜、内质网膜及高尔基复合体的膜囊等，分别运输不同的内容物。膜泡运输不仅把某些物质从甲地运至乙地，同时也说明细胞内各种膜性结构的动态关系及膜的相互移行现象，这对于树立细胞整体性的观点和理解细胞活动是很重要的。

胞吞作用与微丝密切相关。在将要形成吞噬体的细胞膜下方，微丝明显增多。在吞噬体形成过程中，微丝集中在其周围，一旦吞噬泡完全形成，微丝即迅速消失。胞吐作用可能与微丝、微管有关。

3. *物质运输*

神经元是一种具有特别形状的细胞，其轴突可长达数米。由于核糖体只存在于神经元的胞体和树突中，因此，在胞体中合成的蛋白质、神经递质、小分子物质及线粒体等膜性结构都必须沿轴突运输到神经末梢；同理，一些物质也要运回胞体，在胞体内被破坏或重新组装；有些病毒或毒素进入外周后，也可沿轴突到达胞体。这些发生在轴突内的物质运输称为轴突运输(Axonal Transport)。目前已知，轴突运输是沿着微管提供的轨道进行的。

许多两栖类的皮肤和许多鱼类的鳞片含有特化的色素细胞。在神经和肌肉的控制下，这些细胞中的色素颗粒可以在几秒钟内迅速地分布到细胞各处，从而使皮肤颜色变深；又能很快地运回到细胞中心，而使皮肤颜色变浅。观察表明，微管为这一过程提供了运输轨道。

4. *染色体分离*

在周期细胞的有丝分裂期，染色体在细胞内剧烈运动。中期时染色体排列组装在赤道板上,后期姊妹染色单体分离移向细胞的两极。染色体的这种运动对于其正确分离,保证遗传稳定性具有重要意义。生殖细胞在减数分裂产生配子的过程中也要进行染色体分离。

18.2 细胞的变形

并非所有的细胞都会产生位置的移动。事实上,体内大多数细胞的位置是相对固定不变的,但是它们仍然能表现出十分活跃的形态改变。例如,肌纤维收缩、顶体反应、神经元轴突生长、细胞表面突起(微绒毛、伪足等)、细胞分裂中的胞质分裂(Cytokinesis)等。细胞骨架能维持细胞的形状,却又不仅仅是一个被动的支架,而是非常复杂的动态网络,不断组装(聚合)和去组装(解聚),使细胞能适应其功能状态发生形状改变及其他运动方式。

当形态发生时,某些细胞的移动是微丝收缩的结果,如神经板形成神经沟、胰脏的开始隆起和原肠的形成等。参与这些形态建成的细胞顶端,都有一圈微丝纤维束,当微丝收缩时,使平板内陷或外突而形成沟或束。有的形态建成运动与微管的作用密切相关。例如当精细胞形成精子时,细胞核伸得很长,与此同时,细胞中出现有大量规则排列的微管与细胞核相互缠绕在一起。

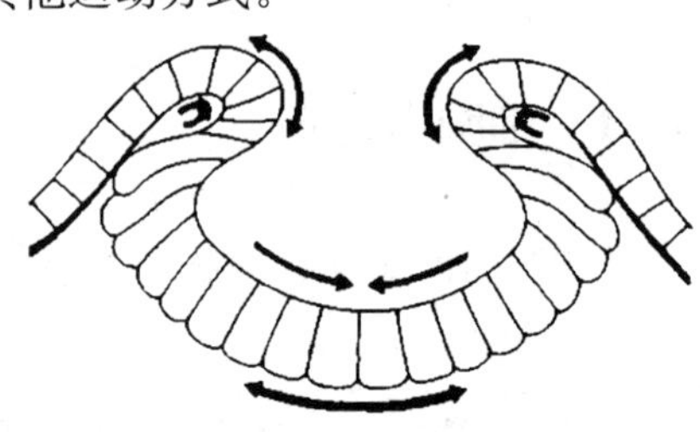

图 18-2 神经板弯曲

(细胞的一侧扩展,另一侧收缩。此外,在形态形成过程中细胞发生滑行而形成神经管)

当原肠内陷及类似地由上皮层产生形状的过程中,细胞一侧(如基部一侧)的表面延展扩大,而在相对侧缩减(图 18-2)。通过这种协调的过程,上皮层产生弯曲的机会,导致形成折叠或内陷。动物细胞的顶端表面可以借助肌动蛋白或肌球蛋白纤维束的收缩而变狭窄。这些肌动蛋白和肌球蛋白纤维在细胞的下面与黏着带强有力地黏着。

18.3 位移运动

细胞的位置迁移是各部位协调运动的结果。利用特殊的显微照相技术和计算机程序,已能够重建细胞在移动过程中的三维形状,了解细胞运动的主要特点。细胞的移动有快慢之分,如成纤维细胞属于慢速移动的细胞,而如白细胞是快速移动的细胞。

1. 成纤维细胞的运动

成纤维细胞的运动模式如图 18-3 所示。首先是细胞膜在朝运动方向的前端突起,形成线状足(Filopodia)或片状足(Lamellipodia),该过程伴有肌动蛋白在细胞前缘聚合组装,并交联成束状或网状结构。关于细胞膜突起的机制,目前存在三种假说:①肌动蛋白丝组装所产生的推动力驱使细胞膜向前伸展,与顶体反应及胞内菌的运动机理相同;②质膜作为肌球蛋白Ⅰ的“货物”,由后者携带沿着肌动蛋白骨架向前“爬动”;③片状足中的细胞骨架成分在渗透压的作用下体积膨胀,引起细胞膜伸展。

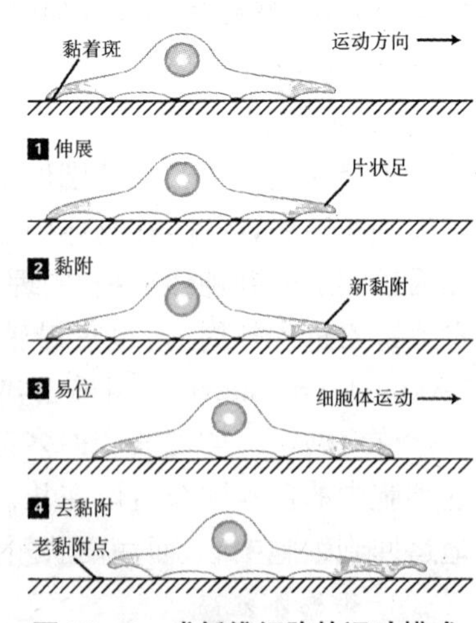

图 18-3 成纤维细胞的运动模式

随着细胞膜的伸展及细胞骨架的组装,成纤维细胞的线状足和片状足与其附着的基底介质紧密结合，在细胞腹面形成黏着斑(Adhesion Plague)。黏着斑有两方面作用：一是将细胞固定在基底上；二是防止细胞回缩。黏着斑形成后，细胞的绝大部分内容物向前移动，具体细节还不清楚，细胞骨架可能作为一个整体(细胞核及其他细胞器被包裹于其中)被推(或拉)向细胞的前端。最后，细胞的尾部也被拉向细胞前方，但通常会留下很小一部分细胞仍黏附于基底面上。

2. 白细胞运动

白细胞运动的基本过程与其他细胞的移动相似，先是细胞膜伸向细胞前方形成宽大的伪足，当伪足与基底接触后。伪足迅速被流入的细胞质充满，最后细胞的尾部被拉向细胞体。但是，与成纤维细胞相比，其移动速度更快，因此必须具备更强有力的机制驱使细胞膜和细胞质向前移动。

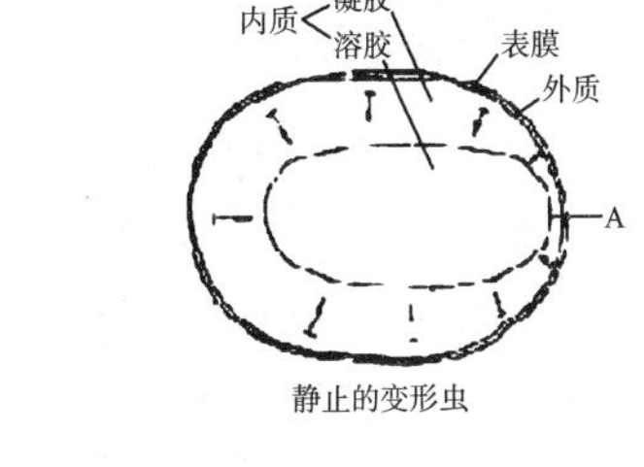

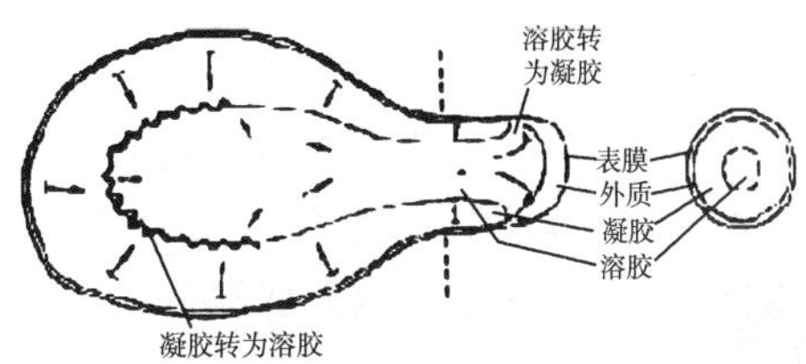

图 18-4 变形

(内质从半液态的溶胶转化为半固态的凝胶，凝胶有收缩性，它对溶胶生产微压，于是溶胶便向最薄弱的地方流去，并形成伪足。因此伪足像个凝胶管，溶胶被迫向管子流去。溶胶达到凝胶管前端接近表膜处就转化为凝胶。在后部收缩的凝胶又转化为新的溶胶)

快速移动的细胞的运动特点是可见伪足伸长和细胞质流动，并伴有皮质区细胞骨架(微丝)在“凝”、“溶”两种状态之间不停转换(图 18-4)，从而引起皮质区细胞质的黏度发生改变。在细胞中央的胞浆(内浆，Endoplasm)是液态(溶)的，能快速流进细胞前端的伪足中。在伪足皮质区内，前纤维蛋白(Profilin)促进肌动蛋白聚合，α-辅肌动蛋白等则使肌动蛋白丝交联成凝胶样的网络结构，细胞浆的黏度升高，伪足外浆(Ectoplasm)成为凝胶。在细胞向前爬动时，处于细胞尾部皮质区的外浆从凝胶转变为溶胶，直至到达细胞的前端。外浆从凝胶转变为溶胶的过程通过断裂蛋白(如凝溶胶蛋白)切割肌动蛋白丝而实现。即在凝胶状态时蛋白质分子伸展开形成网状；形成溶胶时蛋白质分子呈折叠卷曲，形成可溶性的紧密分子。细胞质在凝、溶状态间的转换循环只有在细胞迁移过程中才发生，与肌动蛋白和肌球蛋白的相互作用有密切关系。

18.4 阿米巴运动

细胞的阿米巴运动，是指细胞具有的像原生动物阿米巴(Amoeba)样(图 18-5)的运动方式。当阿米巴附着在固体的表面移动时，在前进方向的一端，细胞伸出一个或数个大小不等的伪足(Pseudopodium)，一部分细胞质就移进这些伪足，同时后面的原生质也随着收缩前进。应该指出，如果细胞不附着于固体表面的话，虽然仍可有伪足伸出，但细胞不能前进。这说明，细胞进行阿米巴样运动需要“附着点”。

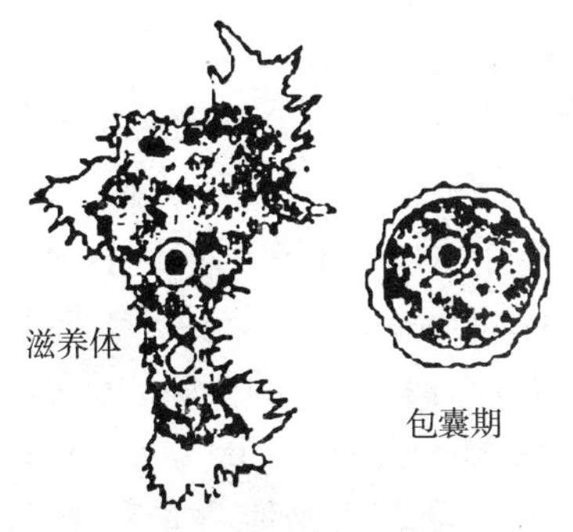

图 18-5 滋养体体表有多个棘状突起，称棘状伪足。包囊期呈圆形，外壁皱缩

胚胎发育中，原肠形成是从植物极开始的。如海胆的胚胎细胞在植物极迁移进囊胚腔。小分裂球的子代裂球解除了与其邻近的细胞的连接，与囊胚上皮层脱离，迁入囊胚腔。大的分裂球的子代裂球在一定部位再聚集，共同构成幼虫的骨骼。

海胆和两栖类的原肠胚，位于原肠顶部的细胞保持上皮型，伸出伪足执行领航的功能。

在原肠形成过程中，原肠顶部的细胞沿着上面的外胚层滑行，诱导它形成中枢神经系统，一层FN(纤维连接蛋白)作为润滑剂覆盖在外胚层之上。透明的胚胎有一优点是其内部许多自由游走的细胞清晰可见，如在鱼的胚胎里所看到的下层细胞，这种阿米巴的行为在鱼类的胚盘和哺乳动物的囊胚都能看到，这些细胞通过原条内卷到深层，散布在囊胚腔(下胚腔)形成轴中胚层(脊索中胚层)(图18-6)。

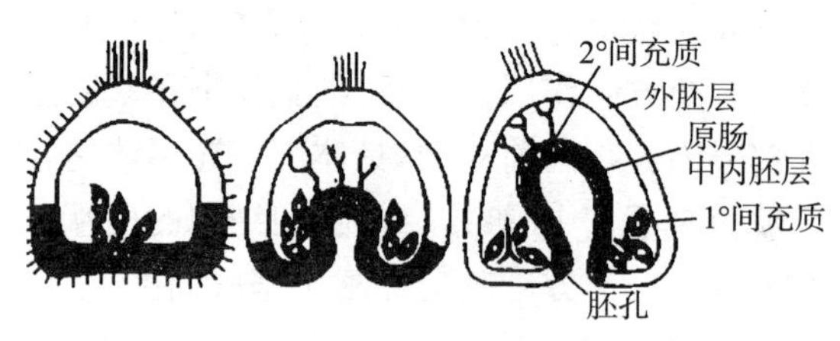

图18-6 原肠形成

(小分裂球子代迁移脱离相邻细胞的黏附，像阿米巴虫样一个个移入囊胚腔生成原始间充质。原肠顶端细胞上的叶状假足转变成丝状假足伸长移动，指引正在延伸的原肠顶端)

脊椎动物的神经嵴细胞出现特别广泛的迁移活动，原生殖细胞也进行广泛的迁移。

然而，将哺乳动物的成纤维细胞进行体外培养，也可以看到另一种细胞移动方式，即细胞膜表面变皱，形成若干波动式的褶皱和较长的突起。细胞的移动是靠这些褶皱和突起不断交替地与固体表面相接触的褶皱运动。在细胞移动时，原生质也跟着流动，但仅局限于细胞的边缘区，而不像阿米巴运动那样是在细胞的中央部位。

18.5 细胞运动的调控

所有的细胞运动方式都不是随机进行的，而是受到精密的调控，在特定的时间、特定的部位发生。如前所述，细胞骨架(微管和微丝)为细胞内物质流动和膜泡运输提供了轨道；微管微丝的组装、动力蛋白的运动都具有方向性。另一方面，细胞受到各种信号的调节，决定其运动的方向。运动着的细胞的一个显著特点就是具有极性，亦即有前后之分，当细胞的运动方向改变时，就在新的方向产生伪足。

1. G蛋白的作用

处于静息状态的成纤维细胞接受生长因子的刺激后，便开始生长分裂：首先(立即)聚合肌动蛋白细丝，引起细胞前端的膜产生变皱运动，随后通过形成张力丝紧密黏附于基底层。已经有证据表明，生长因子激活了G蛋白相关的信号传递途径，其中对两种Ras相关的G蛋白(Rac和Rho)的研究较多。目前的观点认为Rac能激活PIP2代谢途径，引起细胞移动的早期事件(肌动蛋白聚合，膜变皱等)；而Rho激活酪氨酸激酶，引起细胞运动的后期事件(张力丝、黏着斑形成等)。Rac对Rho具有调节作用。

2. 细胞外分子的趋化作用

在某些情况下，细胞外的化学分子能指引细胞的运动方向。有时，细胞运动由基底层上不溶于水的分子指引；有时，细胞能感应外界的可溶性分子，并朝该分子泳动，即具有趋化性(Chemotaxis)。许多分子都可以作为趋化因子，包括糖、肽、细胞代谢物、细胞壁和膜脂等。例如，网柄菌属(Dictyostelium)阿米巴趋向高浓度的cAMP运动；白细胞趋向由细菌分泌的三肽Met-Leu-Phe运动，进而吞噬细菌。所有趋化分子的作用机制相似，即趋化分子结合细胞表面受体，激活G蛋白介导的信号传递系统，然后通过激活或抑制肌动蛋白结合蛋白影响细胞骨架的结构。

3. Ca^{2+}梯度

细胞前后趋化分子的浓度差很小，细胞如何感应这么小的浓度差呢？研究发现，在含有趋化分子梯度的溶液中,运动细胞的胞浆中 Ca^{2+} 的分布也具有梯度,即在细胞前部 Ca^{2+} 浓度最低,在后部 Ca^{2+} 浓度最高。当改变细胞外趋化分子的浓度梯度时,细胞内 Ca^{2+} 的梯度分布也随之发生改变,在趋化分子浓度高的一侧 Ca^{2+} 浓度最低。而后细胞改变运动方向,按照新的 Ca^{2+} 浓度梯度运动。可见 Ca^{2+} 梯度决定了细胞的趋化性。

许多肌动蛋白结合蛋白都受 Ca^{2+} 浓度调节,如肌球蛋白Ⅰ和Ⅱ、凝溶胶蛋白(Gelsolin)、毛缘蛋白(Fimbrin)和 α-辅肌动蛋白(α-actinin)等。因此 Ca^{2+} 可以调节细胞在运动中的凝-溶转换(Gel-sol Transition),细胞前部的低 Ca^{2+} 环境有利于形成肌动蛋白网络,后部高 Ca^{2+} 则导致肌动蛋白网络解聚形成溶胶。

18.6 细胞的黏着

进一步的实验研究显示了形态发生中细胞在调控下通过细胞黏着而活跃地进行的运动、迁移过程。

1. 细胞的黏着力在改变着细胞的相对位置

一滴油在亲水的基质上收缩成一圆球状,而在疏水基质的表面则形成一张扩展的薄膜,一滴水在不同的条件下表现这两种相反的行为。同样,细胞的黏着和排斥是受物理的力,如水的张力的影响。张力是几种表面力作用的结果。此外,静电和离子交换的特性又影响黏着力和排斥力的强度。细胞能改变与邻近细胞的疏水或亲水的相互作用的程度,譬如它们可能以插入膜蛋白而使膜表面糖酰化(Glycosylation)或去糖酰化。在原肠形成过程中,作用在界面上的机械力对内胚层、中胚层和外胚层彼此相依滑行是十分重要的。甚至当细胞不活跃移动时,细胞层也能完全以这种黏着力和内聚力来完成滑行,并在其他细胞层上扩展。因此,降低表面张力、减小表面能量也能对凝集块里不同来源的细胞分离的过程起一定作用。

当脊椎动物胚胎发育时,聚集的细胞群以类似液体一样漫延开来的方式运动。根据差异黏着理论,这些移动是由细胞黏着所产生的组织表面张力所驱使和引导,其方式也如表面张力一样。在不能相混合的液体之间,低表面张力的液体总是扩展在它的对手之上。测量细胞群的表面张力的微型仪表已经设计出来,所测得的值与凝集块上的细胞的行为相吻合。具有高表面张力的细胞总是被具有低表面张力的细胞所包裹。例如肢芽的中胚层(张力 20.1×10^{-3} N/m)被肝细胞包裹(肝细胞的表面张力为 4.6×10^{-3} N/m),而肝细胞依次又被神经视网膜细胞(1.6×10^{-3} N/m)包裹。动物胚胎中,一细胞群在其他细胞表面差异扩展是胚胎形态发生中常见的方法。

2. 特异的黏附因子

特异的黏附因子即调节细胞间的物理黏附,重要地还同时介导细胞的识别。

动物细胞膜上装备了蛋白和糖蛋白,它们中的某些分子调节细胞集团中细胞之间的物理黏附,它们与邻近细胞的相应的表面分子形成非共价键。

此外,这些细胞黏附因子在细胞识别中也起作用。特异的细胞黏附分子(CAMs)与其他细胞或基质结合。结合可以是一致的 CAMs 之间的同型结合,也可以是不同的 CAMs 之间的异型结合。现在已经鉴别出五种 CAMs。

1) 钙依赖黏附蛋白

钙依赖黏附蛋白,仅仅在有 Ca^{+2} 存在的情况下才参加同型结合。移去周围组织中的钙离子,细胞之间的相互黏着就破坏,细胞就散开。这种类型的钙依赖黏附因子包括:上皮钙依赖黏附蛋白和神经钙依赖黏附蛋白(N－CAM)。不同类型的钙依赖黏附分子引起和有利于凝结块中不同的细胞发生分类(图 18－7)。

2) 免疫球蛋白超家族的黏附因子

这种超家族的黏附因子,包括神经细胞黏附因子N－CAMs(N－CAMs 中有一个是最早发现的细胞黏附因子),N－CAMs 是在神经细胞表面发现的,包括神经胶质细胞。但在其他细胞表面也有发现,特别是在胚胎发育时期。N－CAMs 是糖蛋白,含有唾液酸残基。它们锚着于细胞膜上(图 18－8),通过跨膜区或通过一个聚糖桥与膜上的磷脂肌醇结合。所有的N－CAMs 中的有些序列与免疫球蛋白相似,也就是说,与 B 淋巴细胞和 T 淋巴细胞的抗原受体和抗体及与主要的组织相容性复合体(MHC)相似。通常是同型结合,一个细胞的 CAMs 与邻近细胞的同样的CAMs 结合,它们的结合不需要 Ca^{2+}。

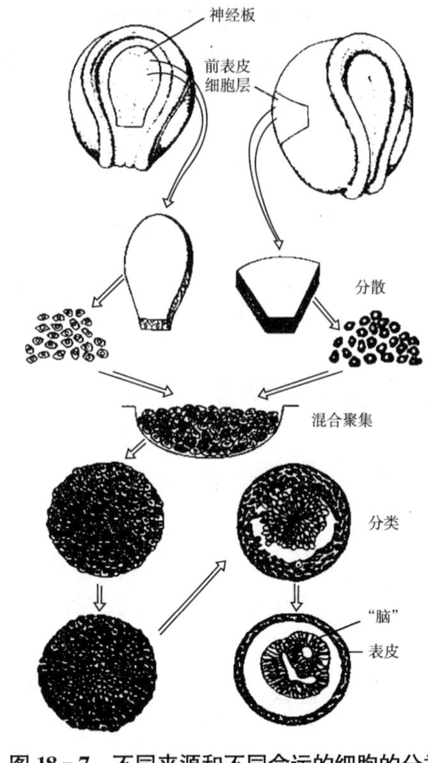

图 18－7 不同来源和不同命运的细胞的分类

(细胞聚集之后,前表皮细胞形成一外侧的表皮层。由神经板来源的细胞形成一空心体样的神经管和脑)

3) 整联蛋白

整联蛋白是一种杂合二聚体,它的两个亚基并入细胞膜,用整联蛋白的方法,细胞不仅与其他细胞建立接触,而且也与细胞外基质 ECM 相接触(图 18－9)。

4) 选择素和凝集素

选择素在血细胞表面和脉管系统的内皮细胞表面发现,选择素也是凝集素。意思是它们能结合某些寡糖或糖蛋白的碳水化合物那一半。一般来讲,植物凝集素和选择素,特别是选择素,都是蛋白,但它们识别和结合碳水化合物,因而是杂合型。通过在血细胞和毛细血管的内皮细胞之间的异型相互作用,淋巴细胞和巨噬细胞能与血管壁建立接触,并留在血管壁上。

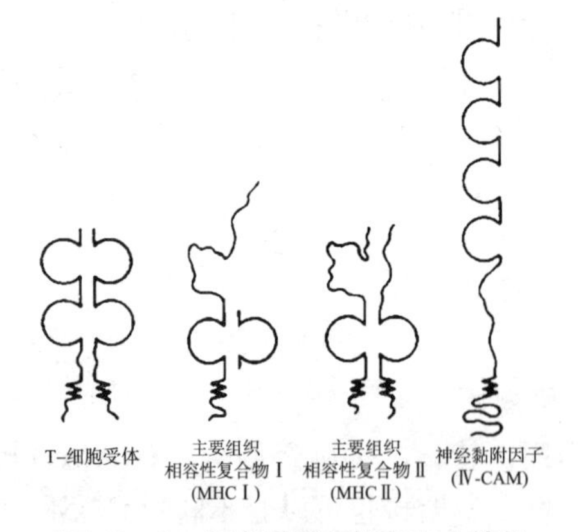

图 18－8 免疫球蛋白超家族中某些锚着于细胞膜的成员

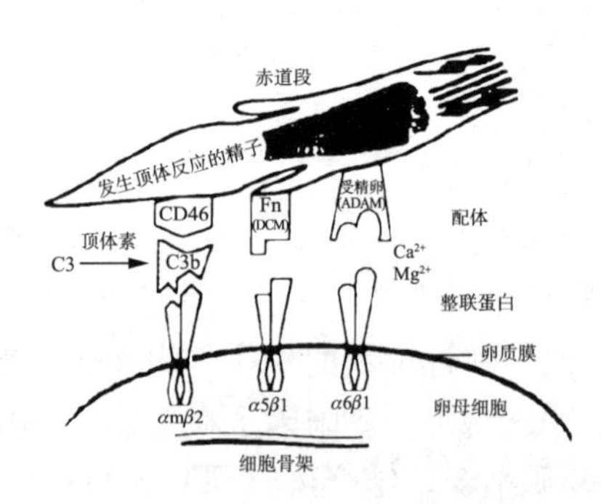

图 18－9 整联蛋白作用示意图

5) 葡萄糖酰化转移酶

这些是位于细胞的外表面的单糖转移酶,被认为是调节细胞可逆地接触。譬如,半乳糖酰化转移酶锚着在细胞的质膜里，能使半乳糖附着在位于邻近细胞表面的受体分子上，只要周围的介质里没有半乳糖，这种酶-受体桥即调节细胞黏附。在有半乳糖时，这种糖被转移到受体上，酶和受体的结合被解离。小鼠精子与卵子透明带的相互作用就是这种作用机制。

上述这些细胞黏附因子所具有的调节细胞吸附与介导细胞的识别的双重作用，在动物发育过程中调节着许多重要的事件，例如：

(a) 介导细胞间永久地相互吸附，或附着在细胞外基质上或促使彼此脱离。

(b) 在组织之间产生边界和促使分节，例如，细胞群再分成若干重复的单位。

(c) 准备形成细胞的连接。

(d) 像信号分子那样起作用。

(e) 引导神经母细胞的迁移和神经突起的外长。

18.7　鞭毛、纤毛摆动

鞭毛和纤毛都是某些细胞表面的特化结构，具有运动功能(图 18－10，图 18－11)。纤毛和鞭毛都含有一个规则排列的由微管相互连接形成的骨架，称为轴丝(Axoneme)。鞭毛和纤毛并无绝对界限，一般把少而长者称为鞭毛，短而多者称为纤毛。鞭毛和纤毛在运动方式上是不同的，鞭毛因其长度可达 150μm 且数量较少，呈波浪式摆动。而纤毛因其长度较短，平均长度为 5～10μm，故其运动的方式比较复杂且没有规则。

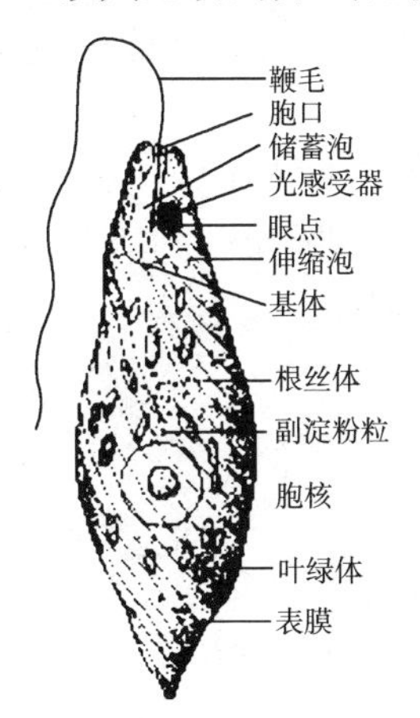

图 18－10　眼虫的鞭毛结构

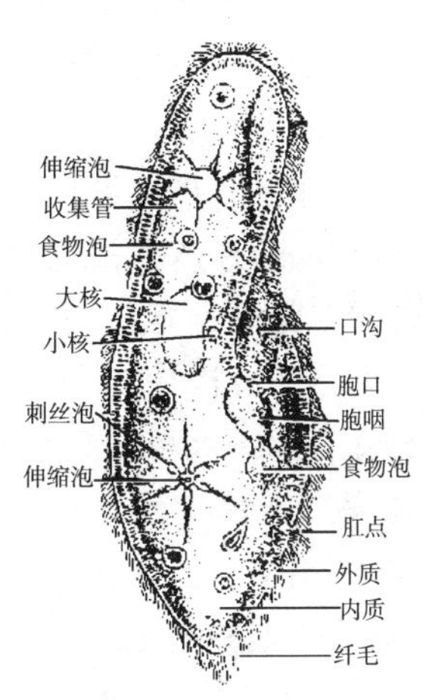

图 18－11　大草履虫的纤毛

在单细胞生物中，细胞可以依赖某些特化的细胞结构做运动。鞭毛和纤毛有两个主要的功能：第一是帮助细胞锚定在一个地方，使自己不易移动；第二是使细胞在液体介质中运动。如细菌的鞭毛运动、草履虫等的纤毛运动，细胞通过纤毛、鞭毛的摆动在液态环境中移动其体位。高等动物精子的运动，也基本上属于这一类。

而在多细胞动物中，纤毛摆动有时不能引起细胞本身在位置上的移动，但可以起到运送物质的作用。例如，哺乳类的输卵管内摆动的纤毛能将卵细胞推向子宫的方向；人体气管的纤毛上皮细胞凭借纤毛的摆动，可使混悬在液体中的固体颗粒在细胞表面运行。

第19章 细胞的迁移——重组合

在动物发育过程中,发生着广泛的细胞迁移。如生殖细胞和外周神经系统的细胞均起源于迁移的前体。动物胚胎,特别是脊椎动物的胚胎,就像一座座充满旅游者的城市。在半透明的鱼类胚胎中,可以清楚看见游走细胞在蠕动攀爬。在鸟类和哺乳动物胚盘中,中间“皮层”细胞并不形成一个皮层或连续的胚层,而是像阿米巴虫一样爬行,集居在外胚层和内胚层之间(图6-56)。当体节裂开时,生骨节和生皮节的细胞迁出。而在这些之中,原生殖细胞、血细胞和神经嵴细胞迁移的距离是特别长的,因而最具典型性。

19.1 原生殖细胞的大规模迁移

通常,原生殖细胞并不产生于生殖腺中。果蝇中,最初形成的是将要成为生殖细胞的干细胞。在更早期阶段还没有出现任何生殖腺的迹象时,此干细胞被称为极细胞,位于卵子的后极。在原肠胚形成期,极细胞随着后肠内卷进入胚胎内部(图6-21)。此后,它们离开肠道,活跃地迁进发育中的卵巢管。

多数脊椎动物原肠胚期的原始生殖细胞分布于肠道、卵黄囊或尿囊基部的内胚层细胞间,在发育中借变形运动或进入血流而沿肠壁迁移,或进入背肠系膜,最终到达正在发育的生殖嵴处,并和生殖嵴的中胚层细胞共同组成睾丸或卵巢。

如在爪蟾卵子植物极中可发现局部的“生殖质”,这种生殖质中包括富含RNA的颗粒,可以通过荧光染色看到。这些颗粒与原生殖细胞的前体相粘连。故而可以通过荧光标记追踪原生殖细胞的整个迁移过程。它们首先出现在腹部的原肠腔,从此处像阿米巴虫一样沿着肠系膜(肠道通过此上皮韧带悬浮于体腔中)迁移。最后原生殖细胞进入将要发育成生殖腺的生殖嵴(图19-1)。

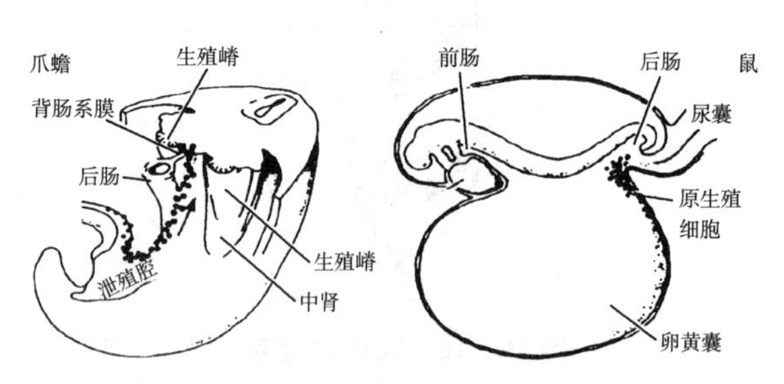

图19-1 爪蟾、鼠的原生殖细胞迁移

爪蟾中的这种含有可以通过荧光进行追踪的RNA的颗粒,在蝾螈、鸟类、哺乳动物等动物类群中并不存在。因此,追踪哺乳动物等这些动物的生殖细胞前体的迁移路径,就要用到其他的标记物,例如连接到生殖系特异的细胞表面分子上的单克隆抗体。

在鸟类中,在神经胚形成期,沿着胚盘边缘的新月形内胚层区域(生殖新月),可以观察到原生殖细胞。它们通过血流以完成远距离迁移而到达胚胎中的最终位置。在这方面,它们的行为与淋巴细胞和巨噬细胞相类似。

而在小鼠胚胎中,原生殖细胞首先于胚外中胚层被观察到,接着它们出现在尿囊区域(图19-1),并沿着尿囊和肠道向生殖嵴移动。

19.2　血细胞的迁移

血细胞在造血器官或组织中产生，发育成熟或接近成熟时才迁移到血液中。哺乳纲和鸟纲动物在个体发生过程中，造血器官有卵黄囊、肝、脾、胸腺和骨髓(鸟类还有腔上囊)。

脊椎动物中，圆口纲七鳃鳗和鱼纲软骨鱼的造血器官主要是脾脏；硬骨鱼造血的中心有的转移到肾，但脾仍起一定的作用。骨髓最早出现在无尾两栖纲动物(如青蛙)的管状骨中，成为主要造血器官，它的脾的造血功能退居次要地位，只在幼体肾仍有适应功能；爬行动物的造血器官是骨髓和脾脏，其中蜥蜴以骨髓造血为主，鳖的脾脏和骨髓都具有产生红细胞的功能。动物及人体的血细胞不断地更新，同时各种血细胞的数量却相当恒定，这是由血细胞生成、释放、存活、清除或死亡之间通过一系列的动态平衡来保持的。

血细胞起源于胚胎期中胚层的间充质细胞。胚胎期的造血过程大致可分三个阶段：卵黄囊造血期、肝造血期和骨髓造血期。

人类胚胎发育至第 13～15 天开始造血。在卵黄囊壁和连接蒂的胚外中胚层(图19－2)中，出现由间充质细胞聚集形成的细胞团、细胞索，叫血岛(图 19－3)。血岛周边的细胞变扁，分化为内皮细胞，内皮细胞围成内皮管即原始血管。血岛中央的游离细胞分化成为原始血细胞，即造血干细胞。内皮管不断向外出芽延伸，与相邻血岛形成的内皮管互相融合通连，逐渐形成一个丛状分布的内皮管网。与此同时，在体蒂和绒毛膜的中胚层内也以同样方式形成内皮管网。约在胚胎第 18～20 天左右，胚体各处的间充质内出现裂隙，裂隙周围的间充质细胞变扁，围成内皮管，它们也以出芽方式与邻近的内皮管融合通连，逐渐形成胚体内的内皮管网。第 3 周末，胚外和胚内的内皮管网经过体蒂彼此沟通。起初形成的是一个弥散的内皮管网，分布于胚体内外的间充质中。此后，其中有的内皮管因相互融合及血液汇流而增粗，有的则因血流减少而萎缩或消失。这样便逐渐形成原始心血管系统并开始血液循环(图 19－4)。这时的血管在结构上还分不出动脉和静脉，但可以根据它们将来的归属及与心脏发生的关系而命名。

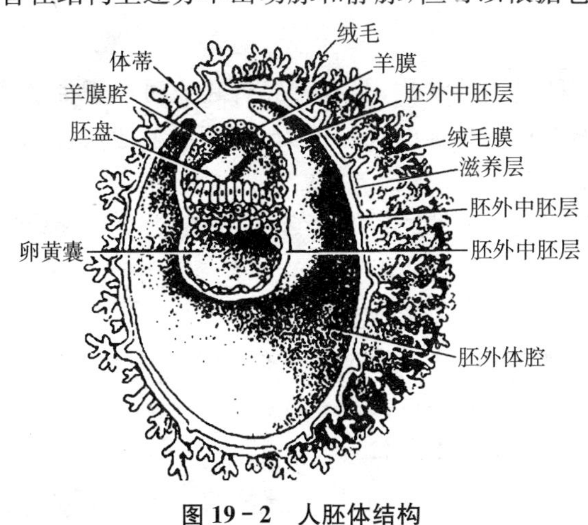

图 19－2　人胚体结构

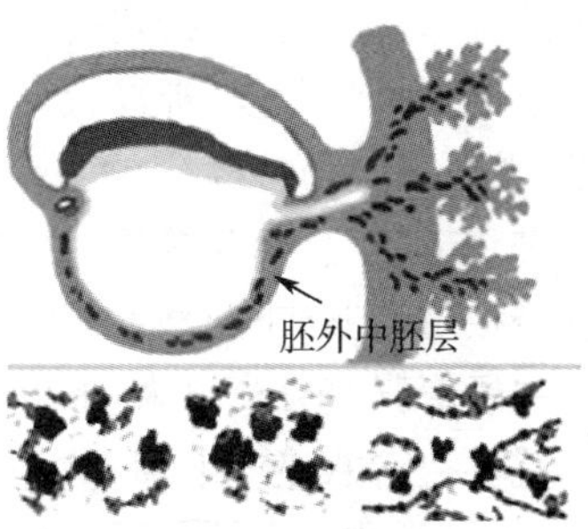

胚外中胚层

图 19－3　血岛形成

人类胚胎发育至第 6 周末，由血岛发生的造血干细胞通过胚体血液循环进入肝脏。肝脏原基中开始出现位于血窦外的造血灶。约在第 11 周，肝造血功能达到高峰，新形成的血细胞穿过血窦壁进入血液中。约在第 12 周，脾也开始造血，产生红细胞、粒细胞和淋巴细胞等。脾造红细胞的功能持续到出生之前，造淋巴细胞的功能则保持终身。

人类胚胎发育至第8周至第4个月，随全身长骨的骨化，造血干细胞迁入骨髓，开始了骨髓造血期。肝、脾等的造血功能退居次要位置。骨髓不仅产生红细胞、粒细胞、巨核细胞-血小板、单核巨噬细胞和B淋巴细胞（鸟的B淋巴细胞在腔上囊生成），而且还保存着一定数量的造血干细胞。这些功能持续终生。出生后，骨髓成为人体的主要造血器官。成年人具有造血功能的红骨髓主要分布在颅骨、椎骨、肋骨、骨盆、长骨的近端等部位。肝、脾在出生后的造血功能基本消失，但在某些病理状况下，如严重贫血等，仍能产生红细胞和粒细胞。这种现象叫做髓外造血。在这个阶段一些淋巴器官如胸腺、脾、淋巴结等仍具有产生淋巴细胞的功能。淋巴结造淋巴细胞的功能持续终生。

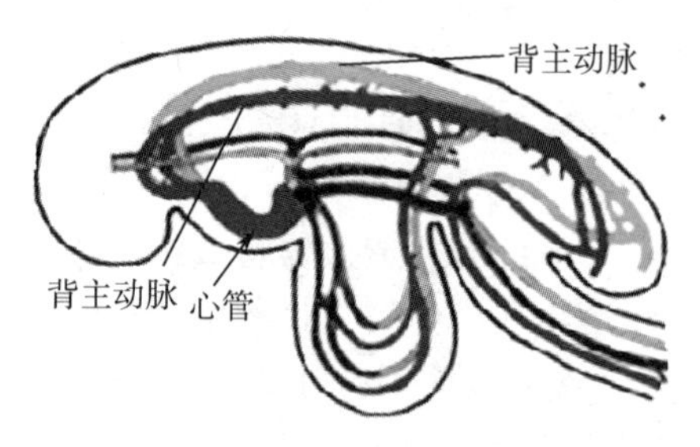

图19-4 胚胎早期血液循环的建立

骨髓有复杂和丰富的血管系统，营养动脉分支进入髓腔后，形成毛细血管床，毛细血管注入管腔膨大的静脉窦，再汇集成集合窦，最后进入中心静脉。静脉窦与集合窦统称为骨髓血窦。血窦内是成熟的血细胞，血窦之间主要是活跃的造血干细胞。血窦的壁由一层内皮细胞所组成，平时窦壁无孔，仅在血细胞穿过内皮细胞时暂时形成孔隙。这样，成熟的血细胞在骨髓内通过"髓血屏障"释放入血循环中。

胚胎期时三个造血阶段不是截然分开，而是互相交替此消彼长的，各类血细胞形成的顺序分别是：红细胞、粒细胞、巨核细胞、淋巴细胞和单核细胞。在骨髓中，当造血干细胞分裂时，它先变成不成熟的红细胞、白细胞或血小板生成细胞（巨核细胞），然后，不成熟的细胞继续分裂，进一步成熟，最终成为红细胞、白细胞或血小板。血细胞的生成根据机体的需要来调控，当机体组织氧含量减少或红细胞数量减少时，肾脏会产生并释放促红素，促红素刺激骨髓产生更多的红细胞。发生感染时，骨髓则产生更多的白细胞，而机体出血时，骨髓血小板生成增加。

19.3 神经嵴细胞的迁移

神经嵴细胞是脊椎动物胚胎发育中的一种过渡性结构，是在神经管建成时位于神经管和表皮之间的一条纵向的细胞带。神经嵴的细胞具有很强的迁移能力，它们逐渐地迁移到胚胎一定部位，分化为各种特定的细胞和组织。

早期原肠胚阶段，神经板形成时，神经嵴细胞位于神经板的边沿，继而隆起为神经褶的主要部分（图19-5）。随着两侧神经褶进一步隆起，相互接近，并自前而后逐渐融合。当原来板状的神经板内卷形成神经管及神经管从外胚层脱离时，神经嵴细胞从神经管背壁分离出来，形成一长条略有起状的细胞带，同神经管及覆盖它的表皮细胞有明显的区别。这些细胞既不整合入神经管，也不被吞入外胚层；而是从神经管两外侧形成两条纵行的细胞带。以后细胞带又逐渐集中并断裂成若干个细胞团，由此发育成神经节。此外，还有一部分离开，开始迁移到躯体的各个区域，并分化成大量不同类型的细胞、组织和器官。

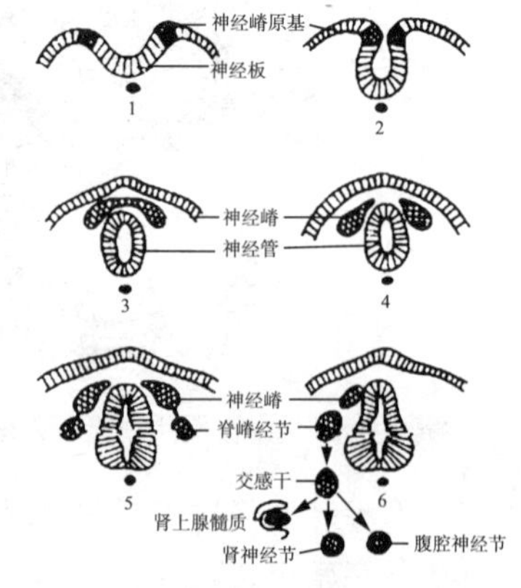

图19-5 神经嵴的形成与分化

神经嵴的形成及其细胞迁移是按自前而后的顺序进行的。发育至某一阶段时，同一胚胎前后不同部位的神经嵴形成和细胞迁移则处于不同的阶段。如鸡胚发育第2天，神经褶刚刚在胚体后端融合时，头部神经嵴已形成并开始细胞迁移了，躯干部神经嵴虽然形成但细胞迁移尚未开始。而蛙类，头部神经嵴细胞迁移开始于神经褶形成之时，但躯干部嵴细胞的迁移直到神经管关闭或闭合以后才开始。

1. 迁移路线

神经嵴细胞的迁移可以根据嵴细胞的显著形态学特征的连续切片上进行观察；也可用移植、活体染色和同位素示踪的方法追踪嵴细胞的迁移、定位和最终分化命运。

（1）头部神经嵴

头部神经嵴主要产生面部的结构，上下颌、牙齿和面部肌肉群均由这些细胞定位后分化形成；后脑沿其前后轴分节成为菱脑节。

在神经褶形成时到神经管形成之后，头部的嵴细胞即向侧腹方迁移，它们在咽囊与咽囊之间结队而行，形同一股股的细胞流。迁移到第1和第2咽囊之间的细胞，形成舌弓；再后的细胞形成1～4鳃弓；眼前方的嵴细胞则参与颅骨的形成。头部的神经嵴细胞还形成色素细胞和头部间叶细胞，一部分脑神经节（包括Ⅴ、Ⅶ、Ⅷ、Ⅸ、Ⅹ）也是由神经嵴细胞和头部外胚层增厚的基板混合组成的。两栖类的齿乳突也由神经嵴细胞发育而成。

（2）躯干部神经嵴

躯干部的神经嵴细胞主要参与周围神经系统的形成，并发育为色素细胞。当神经嵴在神经管背方形成之后，嵴细胞便沿着神经管向左右分开，沿两条路径迁移（图19-6）。

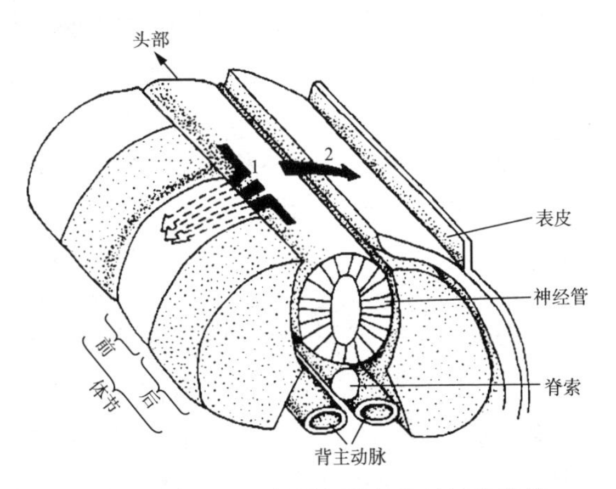

图19-6　鸡胚躯干部神经嵴细胞的迁移路线

1—腹侧部路线；2—背侧部路线

①腹侧部途径

沿这条路线迁移的神经嵴细胞，通过体节的前部向腹侧伸展，分化为感觉神经元、交感神经元和肾上腺髓质细胞和施万细胞。

体节后部相邻的细胞沿神经管向前或向后移动到它们所在的或相邻的体节的前部集中，与原来位于体节前部的神经嵴细胞结合在一起。其中大部分细胞在从这里开始的沿生肌节与生骨节之间的裂缝进行的迁移中，即停留在神经管（脊髓）两侧聚积成致密的细胞团，成为脊神经节的原基。另一些继续迁移更远的距离，聚集到背主动脉两侧形成交感神经节的原基；而沿此同一路线迁移的神经嵴细胞又聚集并形成肾上腺髓质中分泌肾上腺素的细胞，参与肾上腺髓部的建造。其他的神经嵴细胞（颈部和骶部处的神经嵴细胞则会沿着身体纵轴移到肠壁）进入肠道的肌肉层，形成肠肌丛神经网。

②背侧部途径

另一部分神经嵴细胞从胚胎的外胚层下面（沿表皮下方）穿过，从中央背区移动到皮肤的最腹部。它们分别沿途分布于体节后部、生皮节和外胚层之间。这部分细胞分化形成为各种色素细胞，如黄色素细胞、浅棕色色素细胞、银色素细胞和黑色素细胞。这些嵴细胞以分散的迁移方式在真皮中迁移到胚胎各处，当时并不显示色素细胞的特征，直到相当晚的发育阶段才有所表现（图19-7）。

2. 神经嵴细胞迁移的机制

神经嵴细胞并不是在体内随意迁移的，而是遵循精确的路线迁移。实验证明，当相连的神经管和神经嵴被颠倒时，神经嵴细胞继续向外迁出，然而它们是向背侧而不是向腹侧移动，这表明它们遵循由神经管引导的定向移动。另外，当神经嵴细胞或它们的衍生物被植入受体正常的神经嵴细胞迁移路线上时，它们将沿着这条路线迁移；而当被植入其他类型的胚胎细胞中时，它们将停留在原处不迁移。这表明神经嵴细胞能识别胚胎中的一些途径，并沿着它们迁移。

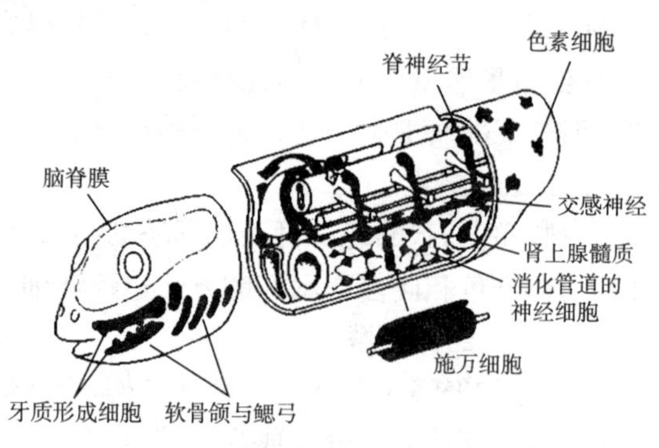

图 19－7 神经嵴细胞的迁移路线及当它们到达目的地后，由神经嵴细胞的后代细胞所形成的细胞或组织

神经嵴细胞的迁移好像是受迁移路线表面的基质控制的。最明显的证据采自蝾螈突变体的研究。这种突变体可以形成神经嵴，但神经嵴细胞不能沿背侧部途径迁移。所以在其胚胎中除了神经管背部以外其他地方看不到色素细胞，神经管背部的色素细胞最后也将退化。当野生型的神经嵴被移植到突变体的胚胎中时，这些神经嵴细胞不能迁移；而当突变体的神经嵴被移植到野生型的胚胎中时，它们的细胞能正常迁移，在突变体胚胎内神经嵴细胞不能迁移的原因不在于细胞本身，而是由于细胞所处的环境。如果将取自突变体皮肤表皮下的细胞外基质转移到膜的微载体上，并把它们植入神经嵴细胞开始迁移前的突变体和野生型胚胎的神经嵴附近，微载体本身及含有取自突变体细胞外基质的微载体，均不引起突变体或野生型的神经嵴细胞的迁移，然而，含有取自野生型的细胞外基质的微载体可刺激突变体和野生型的神经嵴细胞的迁移，此结果表明，细胞外基质在实现神经嵴细胞迁移中起重要作用。

细胞外基质含有大量不同的各种成分，对于是哪种成分在神经嵴细胞的迁移中起主要作用尚存在许多争论。但普遍认为，迁移的起始依赖于神经嵴细胞彼此的粘连和神经嵴细胞与细胞外基质间粘连趋势间的平衡。当神经嵴细胞与基质间的粘连趋势大于神经嵴细胞间的粘连趋势时，神经嵴细胞将开始迁移。有实验证据表明，在神经嵴细胞开始迁移时，两种因子相互作用：当基质变得容易与细胞结合时，细胞与细胞的粘连减小。引起这种减小的原因是神经嵴细胞表面特异神经细胞黏着分子的消失。分子免疫探针实验证明，适宜神经嵴细胞迁移的细胞外基质成分是许多混合的分子，如纤连蛋白（Fibroneetin）、层粘连蛋白（Laminin）、肌腱蛋白（Tenascin）、各种胶原（Collagen）分子和一些糖蛋白（Proteoglycan）。在不同的物种中，神经嵴细胞可能具有不同的迁移要求，即使在同一胚胎的不同部位也是如此。所以要找出哪一种分子是神经嵴细胞迁移所必需的，是一个极其困难的课题，需要进行精心的设计。通过制备神经嵴细胞结合的细胞外基质分子的抗体，并把它们注入鸡胚神经嵴细胞迁移经过的一定区域，结果发现头区神经嵴细胞的迁移路线被极大地改变，而躯干部神经嵴细胞的迁移路线没有明显的改变。其他的细胞外基质成分，如透明质酸（Hyaluronic Acid）被认为可引起细胞游离空间的形成，因而使神经嵴细胞容易进入其中。据报道，透明质酸链作为神经嵴细胞和基质间的连接可在两者间看到，将透明质酸注入胚胎中可改变神经嵴细胞的迁移路线。

另外，通过移植实验证明，当较老的神经嵴细胞被植入一个较年幼的胚胎中时，较老的细胞能迁移到神经嵴细胞所占据的所有区域中。然而，反过来将较年幼的神经嵴细胞植入较老的胚胎中时，大多数神经嵴细胞被限定在原位，形成背神经节。这些结果提示，神经嵴细胞在迁移过程中可能改变它们已经过的路线，使其他神经嵴细胞不能利用这条相同的路线；或者随着体节的进一步发育，已消除了这些路线。同时也提示，将要形成最远端组织(如交感神经节)的神经嵴细胞首先离开神经嵴迁移。最近已在鸡胚中用活体染色的方法证实了上述推测。

3. 影响神经嵴细胞多能性的因素

神经嵴细胞一个最大的特点是它们的多能性(Pluripotentiality)。它们是一个具有明显可塑性的细胞群，能产生各种类型的结构。

那么，这些广泛迁移游走的、未定性的细胞是怎样被引导、定位到它们各自不同的目的地的？又是如何分化成各种特异细胞类型的？关于这些问题正是"神经嵴细胞迁移"最吸引人们的地方。

关于神经嵴细胞迁移、定位、分化成各种特异细胞类型的程序问题有两种对立假设。一种假设认为神经嵴细胞在它们的发源地，就被决定了其今后的命运。那些错过了由其发育程序所预定的靶位点的细胞将自杀。而那些找到其目的地的细胞将通过细胞分裂而扩增。第二种观点坚持神经嵴细胞起初是多潜能的，并没有被规定明确的工作。只有当它们停止迁移时，它们才担负起明确的任务。这两种假设都有其支持的证据。实验发现，一方面，即使在发源地的神经嵴细胞也并不都是相同的。其中只有头部和颈部的神经嵴细胞具有形成软骨和硬骨的潜能。而若头部的神经嵴细胞被去除，或为躯干的神经嵴细胞所替换，那么就没有头部特异的骨架元件形成。另一方面，前部神经嵴细胞被移入胸部，它们将与其新的位置相适应，而长成脊神经节和交感神经节。此外，通过观察许多被标记的细胞的迁移路线发现，在躯干区胸部的神经嵴细胞确实是多潜能的。很明显，随着细胞向靶位点迁移，它们的多能性逐渐被限定而接近其最终命运，而且只有当它们到达其最终目的地时，才明确其决定。通过这些实验的综合，逐渐证明影响神经嵴细胞多能性表达的一些因素。

(1) 在胚胎内的位置

一个神经嵴细胞根据它在胚胎内的不同位置，可分化出几种不同类型的细胞。例如，由颈部的神经嵴细胞形成副交感神经元，产生乙酰胆碱作为其神经递质；而由胸部的神经嵴细胞形成交感神经元，产生去甲肾上腺素。但是，当将它们换位移植时，原来胸部的神经嵴细胞形成副交感神经节中的乙酰胆碱能神经元；而原来颈部的神经嵴细胞形成交感神经节中的肾上腺素能神经元。此后发现，在迁移前来自颈部和胸部两者的神经嵴细胞都具有合成乙酰胆碱和去甲肾上腺素的酶类。另外，在正常情况下不产生神经元的神经嵴细胞在一定的条件下能产生神经元。在正常情况下，中脑区的神经嵴细胞迁移到眼内，与色素视网膜相互作用形成巩膜的软骨细胞。但是如果将这个区域的神经嵴移植到躯干部，它们能形成感觉神经节的神经元、肾上腺髓质细胞、神经胶质细胞和施万细胞。

(2) 生长因子

随着神经嵴细胞的迁移，它们的潜能逐渐受到限制。由移植实验提示，许多神经嵴来源的、形成背根神经节中的感觉神经元的细胞，不能形成感觉神经节的自主神经元。这些细胞分化的机制可能涉及对生长因子的不同要求。感觉神经元的前体似乎要求一种由神经管本身产生的生长因子。如果将一层薄的不渗透膜插入神经管和预定背根神经节之间，神经节就不能形成。对背根神经节的这种影响，可通过向载体膜上附加一些神经管的提取物或脑源的神经营养因子(一种来自神经管的蛋白质)防止其发生。那些定型的神经嵴细胞形成交感神经节不需要这种生长因子。相反地，它们的分化似乎要求一种碱性成纤维细胞生长因子的刺激作用。

(3) 细胞外基质

细胞外基质的类型对于蝾螈神经嵴细胞的分化是重要的。如将美西螈的神经嵴细胞培养于表皮下的基质上，它们将变成黑色素细胞。然而，同样的神经嵴细胞培养于背根神经节区域的基质上，它们发育成神经元。

（4）激素

鸡胚中那些迁移到肾上腺髓质区的神经嵴细胞能向两个方向分化。这些细胞通常分化为去甲肾上腺素能交感神经元。然而，如果这些神经嵴细胞被给以肾上腺皮质细胞分泌的糖皮质激素(Glucocorticoid)，它们将分化为肾上腺髓质细胞。

4. 神经嵴细胞的衍生物

广泛迁移的神经嵴细胞到达目的地后，在躯体的各个区域分化产生大量不同类型的细胞或组织。

（1）皮肤、羽毛和毛发中的色素细胞，包括黑色或灰色色素细胞。

（2）背根神经节的神经细胞，一旦发育完全，它们将来自体表感觉器官、肌梭，或其他体细胞的信息传递给脊神经。

（3）自主植物性神经细胞，这些细胞的核周质位于中枢神经系统以外。属于植物性系统的有头部的副交感神经节，例如睫状神经节、脊柱旁交感神经链、腹腔神经节和消化道周围的神经网(肠肌丛)。

（4）产生激素的成神经细胞衍生细胞，例如肾上腺髓质中的肾上腺素生产者和消化道的神经内分泌细胞，如那些产生缩胆囊素的细胞。

（5）外周神经胶质细胞，以及伴随神经突起的胶质细胞。例如施万细胞包裹并隔离较长的外周轴突。

（6）头部的脑膜。

（7）鱼类的背鳍。

（8）颚和咽的软骨元件，如咽部和前肠区域中的鳃弓，以及它们的衍生物——内耳传导声音的元件：砧骨、锤骨、镫骨及喉和气管的骨架。

（9）生牙质的牙乳头(产生类骨样物质)。

（10）显然，在头部的神经嵴细胞的子细胞还参与了面部硬骨的形成。但是，一些学者倾向于将成骨的外胚层间质细胞划分为独立的细胞类型。

第20章 神经系统发生

20.1 神经系统

人的神经系统是众多有组织的神经细胞(神经元)的集合体,是调节人和动物体内各种器官活动以适应内、外环境变化全部神经装置的总称。

神经元的形态与功能多种多样,但结构上大致都可分成胞体(Soma)和突起(Neurite)两部分。突起又分树突(Dendrite)和轴突(Axon)两种。轴突往往很长,由细胞的轴丘(Axon Hillock)分出,其直径均匀,开始一段称为始段,离开细胞体若干距离后始获得髓鞘,成为神经纤维。习惯上把神经纤维分为有髓纤维与无髓纤维两种,实际上所谓无髓纤维也有一薄层髓鞘,并非完全无髓鞘(图 20-1)。

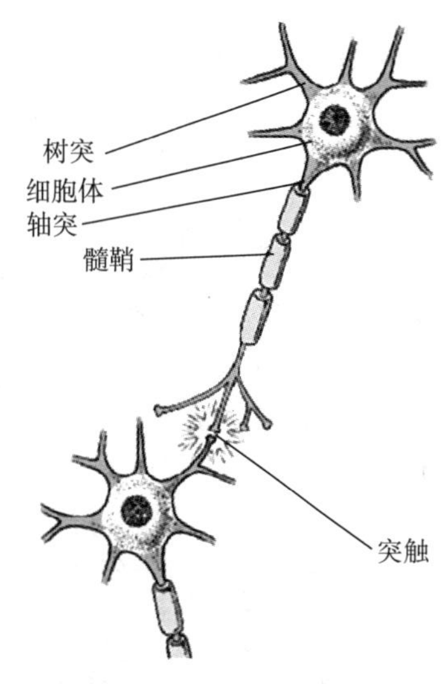

图 20-1 神经细胞结构

人的神经系统约含 1000 亿个神经元、数量更多的神经纤维及其之间庞大的复杂的联系,使神经系统具有复杂的功能。脊椎动物和人的神经系统可分为两部分:中枢神经系统,包括脑和脊髓;外周神经系统,包括外周神经和神经节。其中神经节是功能相同的神经元细胞体在中枢以外的周围部位集合而成的结节状构造。在神经节内,节前神经元的轴突与节后神经元组成突触。神经节通过神经纤维与脑、脊髓相联系。由节内神经细胞发出的纤维分布到身体有关部分,称节后纤维。中枢神经通过周围神经与人体其他各个器官、系统发生极其广泛复杂的联系,从而形成神经系统。

神经系统的主要组成成分来源于神经胚时期的三个部分:神经管、神经嵴和外胚层板。

20.2 神经管和神经嵴的发生和早期分化

人胚第 3 周初,在脊索的诱导下,出现了由神经外胚层构成的神经板(图 20-2)。随着脊索的延长,神经板也逐渐长大并形成神经沟。在相当于中部体节的平面上,神经沟首先愈合成管,愈合过程向头、尾两端进展,最后在头尾两端各有一开口,分别称为前神经孔和后神经孔。胚胎第 25 天左右,前神经孔闭合,第 27 天左右,后神经孔闭合,完整的神经管形成。神经管的前段膨大,衍化为脑;后段较细,衍化为脊髓。

在由神经沟愈合为神经管的过程中,神经沟边缘与表面外胚层相延续的一部分神经外胚层细胞游离出来,形成左右两条与神经管平行的细胞索,位于表面外胚层的下方,神经管的背外侧,称为神经嵴。神经嵴分化为周围神经系统的神经节和神经胶质细胞、肾上腺髓质的嗜铬细胞、黑色素细胞、滤泡旁细胞、颈动脉体Ⅰ型细胞等。另外，神经嵴近头部段的部分细胞还可变为间充质细胞，并由此分化为头颈部的部分骨、软骨、肌肉及结缔组织。因此，这部分神经嵴组织又称为中外胚层。

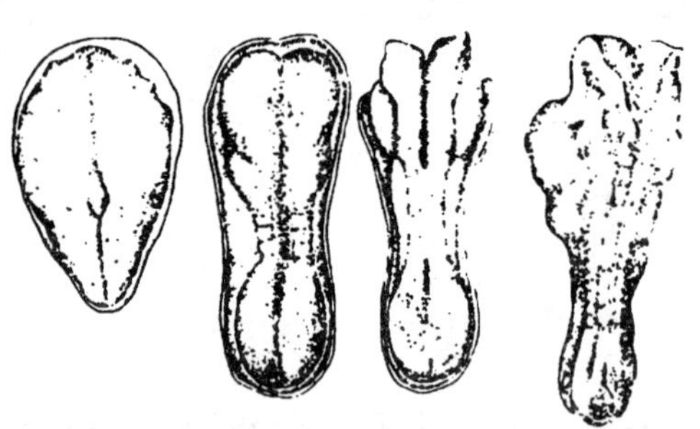

图 20-2 神经管形成

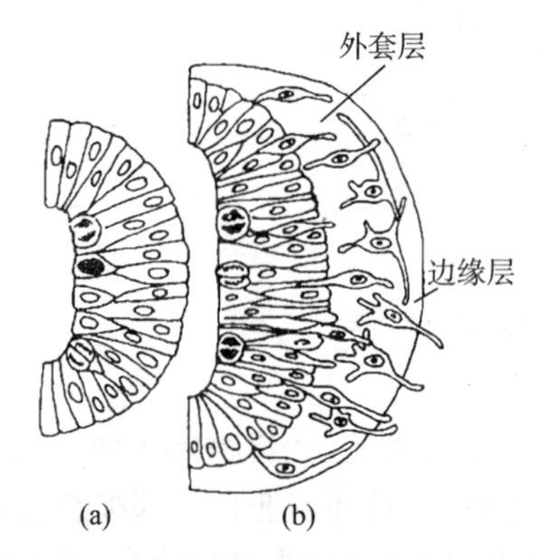

图 20-3 中枢神经系统发育的两个时期

(a)神经管最初是一层假复层柱状上皮；(b)细胞停止所有的有丝分裂活动后，迁移到外套层。此后这些细胞产生轴突，轴突被包以髓鞘，因而产生第三层-边缘层。

神经板由单层柱状上皮构成，称为神经上皮。当神经管形成后，管壁变为假复层柱状上皮。假复层柱状上皮由柱状细胞(C)、梭形细胞(F)和锥体细胞(P)等组成，有些还有杯状细胞(G)。各种细胞高矮不同，细胞核位置深浅不一，形似复层，但这些细胞都附于基膜，实为单层，故称为假复层(图 20-3)。上皮的基膜较厚，称为外界膜。神经上皮细胞不断分裂增殖，部分细胞迁至神经上皮的外周，成为成神经细胞。之后，神经上皮细胞又分化出成神经胶质细胞，也迁至神经上皮的外周。于是，在神经上皮的外周由成神经细胞和成胶质细胞构成一层新细胞层，称为外套层(Mantle Layer)。原来的神经上皮停止分化后，变成一层立方形矮柱状细胞，称为室管膜层(Ependymal Layer)。外套层的成神经细胞起初为圆球形，很快长出突起，突起逐渐增长并伸至外套层外周，形成一层新的结构，称为边缘层(Marginal Layer)。由于停止分裂后的细胞不断加入聚集，外套层逐渐增厚。在外套层中，随着成神经细胞的分化，外套层中的成胶质细胞也分化为星形胶质细胞和少突胶质细胞，并有部分细胞进入边缘层。边缘层起初含有神经上皮细胞基部的突起，后来外套层中神经细胞的突起和神经系统其他部分细胞生长的突起也侵入此层。当神经管分化为脊髓后，此层增厚。外套层含有细胞体，组织学染色较深，通常被称为灰质(Grey Matter)，而含轴突和树突的边缘层不容易着色，通常呈白色，因此被称为白质(White Matter)。

作为神经管衬里的室管膜细胞能产生神经元和神经胶质细胞的前体。研究认为，神经细胞和神经胶质细胞的前体细胞的分化是由它们进入的环境决定的。当细胞处于外套层中时，成神经胶质细胞与幼稚的神经元之间没有明显的形态学差别。当细胞开始迁移时，将来的神经元不再具有细胞分裂的能力，而神经胶质细胞有此能力，并在有机体中能持续进行分裂。空管膜中的神经胶质细胞在其迁移前就已决定了。

成神经细胞(神经元)不再分裂增殖，起初为圆形，称为无极成神经细胞，以后发生两个突起，成为双极成神经细胞。双极成神经细胞朝向神经管腔一侧的突起退化消失，成为单极成神经细胞；伸向边缘层的一个突起迅速增长，形成原始轴突。单极成神经细胞内侧端又形成若干短突起，成为原始树突，于是成为多极成神经细胞(图 20-4)。在神经元的发生过程中，最初生成的神经细胞的数目远比以后存留的数目多，那些未能与靶细胞或靶组织建立连接的神经元都在一定时间死亡。这说明神经元的存活与其靶细胞或靶组织密切相关。近年来的研究发现，神经细胞的存活及其突起的发生主要受靶细胞和靶组织产生的神经营养因子的调控，如神经生长因子(NGF)、成纤维细胞生长因子(FGF)、表皮生长因子(EGF)、类胰岛素生长因子(IGF)等。大量神经元的生理性死亡，与这些细胞不能获得靶细胞或靶组织释放的这类神经营养因子密切相关。

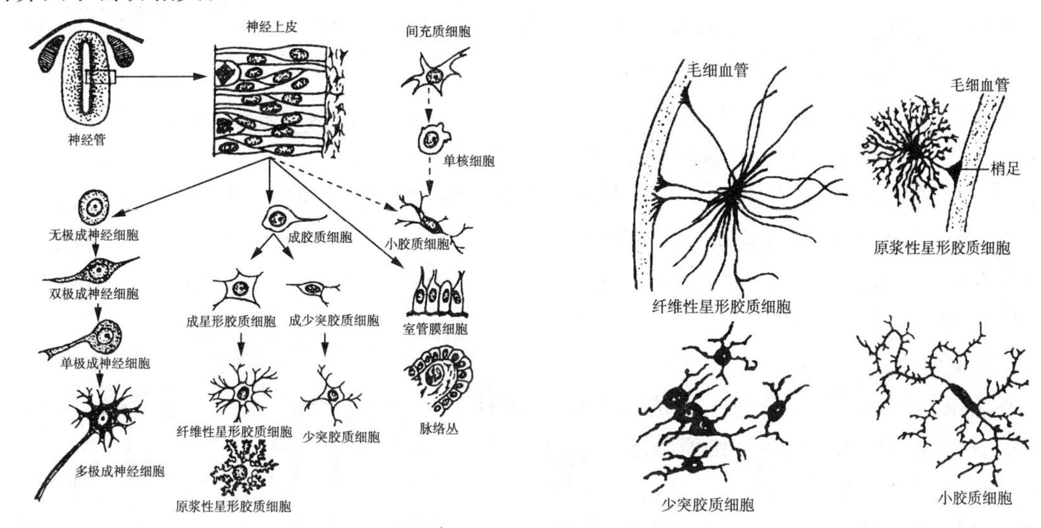

图 20－4　神经上皮细胞的分化　　**图 20－5　胶质细胞**

中枢神经系统中还有一类细胞，即神经胶质细胞(Neuroglial Cell)，简称为胶质细胞(图 20－5)，是广泛分布于中枢神经系统内的除了神经元以外的所有细胞，具有支持、滋养神经元的作用，也有吸收和调节某些活性物质的功能。胶质细胞虽有突起，但不具轴突，也不产生动作电位。神经胶质细胞有分裂的能力，还能够吞噬因损伤而解体破碎的神经元，并能修补填充、形成瘢痕。大脑和小脑发育中细胞构筑的形成都有赖胶质细胞作前导，提供原初的框架结构。神经轴突再生过程必须有胶质细胞的导引才能成功。神经胶质细胞数量为神经元的10～50 倍，而总体积与神经元总体积相差无几(神经元约占 45%，神经胶质细胞约占 50%)。胶质细胞的发生晚于神经细胞。成胶质细胞首先分化为各类胶质细胞前体细胞，即成星形胶质细胞和成少突胶质细胞。然后，成星形胶质细胞分化为原浆性和纤维性星形胶质细胞，成少突胶质细胞分化为少突胶质细胞。对于小胶质细胞的起源，有人认为来源于神经管周围的间充质细胞，更多人认为来源于血液中的单核细胞。神经胶质细胞始终保持分裂增殖能力。

20.3　中枢神经系统

中枢神经系统是神经系统的主要部分，包括脑和脊髓。脑位于颅腔内，脊髓位于椎管内，其位置在体内的中轴。中枢神经系统内许多神经纤维因有髓鞘的，它们聚集在一起时，眼观呈白色，称白质。而神经细胞体集中的部位是由大量神经细胞体和树突上大量突触组成的，眼观呈灰色，称灰质。在中枢神经系统内由功能相同的神经细胞体集聚组成的，具有明确范围的灰质团块被称为神经核。在脑和脊髓的左、右两侧之间有许多彼此相互连合的纤维，其中最粗大的是大脑两半球之间的胼胝体。这许多错综走行的神经纤维连接组成成分内大量神经细胞聚集在一起，有机地构成网络或回路。

从胚胎背侧的神经管发育而成的中枢神经系统，脊髓还保留着原来神经管的模式，灰质居中央管的周围，而白质围于灰质的表面(图 20－6)。脊髓的背侧部分由胚胎时期神经管的翼板发展而成，主要接受感受器的传入信息。腹侧部分由基板发育而成，其功能是运动性的。脑干的颅神经核的位置按其感觉、运动的性质，基本上与脊髓的排列方式相似，但由于脑室的形状变化，不如脊髓那样明显而整齐。脑干中的一些既非感觉又非运动性的神经核，如红核、下橄榄核等，则位于脑干的不同部分。由于脑室及众多的神经束和传导束的出现，脑干的构造比脊髓要复杂得多。大脑及小脑的灰质转而主要迁移分布于表层，分别称为大脑皮层和小脑皮层；而白质则进入深层。

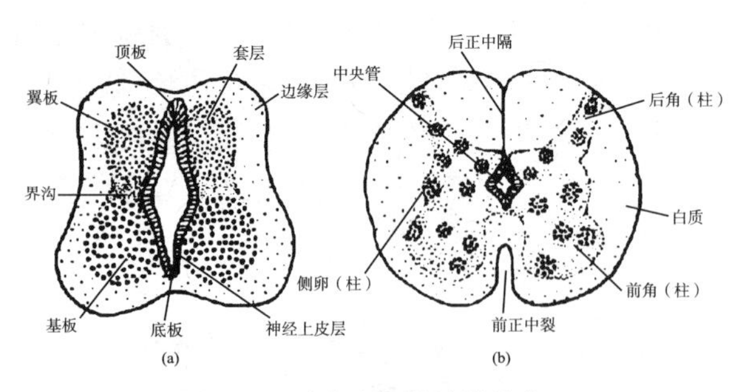

图 20－6　脑壁与脊髓的演化

1. 脑的发生

胚胎第 4 周末，神经管头段形成三个膨大，即脑泡，由前向后分别为前脑泡、中脑泡和菱脑泡(图 20－7)。至第 5 周时，前脑泡的头端向两侧膨大，形成左、右两个端脑，以后演变为大脑两半球，而前脑泡的尾端则形成间脑。中脑泡变化不大，演变为中脑，菱脑泡演变为头侧的后脑和尾侧的末脑，后脑演变为脑桥和小脑，末脑演变为延髓。

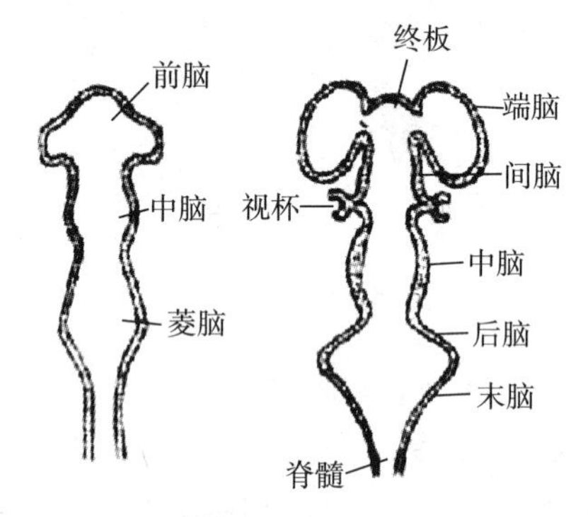

图 20－7　脑的发生

随着脑泡的形成和演变，神经管的管腔也演变为各部位的脑室。前脑泡的腔演变为左、右两个侧脑室和间脑中的第三脑室；中脑泡的腔很小，形成狭窄的中脑导水管；菱脑泡的腔演变为宽大的第四脑室。

脑壁的演化与脊髓相似，其侧壁上的神经上皮细胞增生并向侧迁移，分化为成神经细胞和成胶质细胞，形成套层。由于套层的增厚，使侧壁分成了翼板和基板。端脑和间脑的侧壁大部分形成翼板，基板甚小。端脑套层中的大部分都迁至外表面，形成大脑皮质；少部分细胞聚集成团，形成神经核。中脑、后脑和末脑中的套层细胞多聚集成细胞团或细胞柱，形成各种神经核。翼板中的神经核多为感觉中继核，基板中的神经核多为运动核。

大脑皮质由端脑套层的成神经细胞迁移和分化而成。大脑皮质的种系发生分三个阶段，最早出现的是原皮质，继之出现旧皮质，最晚出现的是新皮质。人类大脑皮质的发生过程重演了皮质的种系发生。海马和齿状回是最早出现的皮质结构，相当于种系发生中的原皮质，与嗅觉传导有关。胚胎第 7 周时，在纹状体的外侧，大量成神经细胞聚集并分化，形成梨状皮质，相当于种系发生中的旧皮质，也与嗅觉传导有关。旧皮质出现不久，神经上皮细胞分裂增殖、分批分期地迁至表层并分化为神经细胞，形成了新皮质，这是大脑皮质中出现最晚、面积最大的部分。由于成神经细胞分批分期地产生和迁移，因而皮质中的神经细胞呈层状排列。越早产生和迁移的细胞，其位置越深，越晚产生和迁移的细胞，其位置越表浅，即越靠近皮质表层。胎儿出生时，新皮质已形成 6 层结构。原皮质和旧皮质的分层无一定规律性，有的分层不明显，有的分为 3 层。

小脑起源于后脑翼板背侧部的菱唇。左、右两菱唇在中线融合，形成小脑板，这就是小脑的始基。起初，小脑板由神经上皮、套层和边缘层组成。之后，神经上皮细胞增殖并通过套层迁至小脑板的外表面，形成了外颗粒层。这层细胞仍然保持分裂增殖的能力，在小脑表面形成一个细胞增殖区，使小脑表面迅速扩大并产生皱褶，形成小脑叶片。

最终形成的通常所见的标准脑的五部分及其功能如下。

(1) 前脑

① 端脑(大脑半球、新大脑皮质)：嗅觉、对视、听(觉)器官接收的信息作出判断(在低等脊椎动物中由中脑实施本功能)。

② 间脑(丘脑)：视听传导的中继站，是沿脊髓传递的信息进入大脑半球的门户。

上丘脑和下丘脑：a. 基本植物性功能的高层调控者；b. 内环境稳定、睡眠和警觉的控制中心；c. 神经和激素系统的连接点。为适应 c 功能，上丘脑背部形成松果体，下丘脑腹侧垂体漏斗扩大而形成垂体后叶(神经垂体)。另外，从咽腔顶部(而不是从脑生成)的结构完成了垂体的构建，突起形成拉特克囊，形成垂体前叶(腺垂体)。最终垂体由两部分构成：①下丘脑腹侧突起形成的神经垂体；②咽顶部突起形成的腺垂体。

(2) 中脑：在非哺乳脊椎动物中形成视觉信息处理中心(视叶)；在哺乳动物中则仅是视听反射的中继站。

(3) 后脑

① 小脑：复杂运动的协调者。

② 后脑(延髓、延脑)：植物性功能的反射和控制中心。

后脑最初形成多个重复的部分，即菱脑节，它们与由神经嵴细胞发育而来的脑神经节相连。第一神经节与偶数序的菱脑节相连，而奇数序的菱脑节只在发育后期才与神经节相连。

脑被一些主要感觉器官包围着，这些感觉器官在远距离定位和复杂行为控制中起重要作用。

① 眼完全由脑衍生出来。在间脑和中脑交界处，视泡向周边突出。晶状体基板，一个由邻近细胞，特别是眼球细胞诱导而形成的外胚层增厚部分，不断完善着晶状体。这个增厚的部分不断分离下来形成晶体，而侧面的外胚层形成透明的角膜。

② 内陷并与脑接触的外胚层基板也形成了两种重要的感觉器官和一种重要的内分泌腺。成对的鼻基板形成鼻部嗅觉上皮，视基板则形成内耳的前庭器官，包括膜质的迷路和耳蜗。在脑的各个侧面，视基板内陷，分离形成视泡。每个视泡都进行复杂发育变化，直到它们能感觉弧性及线性的加速度，具有平衡感和听觉。

2. 脊髓的发生

脊髓位于脊椎骨组成的椎管内，上端与颅内的延髓相连，下端呈圆锥形随个体发育而有所不同，成人脊髓终止于第一腰椎下缘或第二腰椎上部(初生儿则平第三腰椎)。脊髓的末端变细，称为脊髓圆柱。自脊髓圆柱向下延为细长的终丝，它已是无神经组织的细丛，在第二骶椎水平为硬脊膜包裹，向下止于尾骨的背面(临床上作腰椎穿刺或腰椎麻醉时，多在第3～4或第4～5腰椎之间进行，因为在此处穿刺不会损伤脊髓)。

脊髓两旁发出许多成对的神经(脊神经)分布到全身皮肤、肌肉和内脏器官。脊髓是周围神经与脑之间的通路。在脊髓中进行的神经活动，主要是按节段进行的反射性活动，但脊椎动物的许多活动都带有整体性，这有赖于脑与脊髓之间的联系来完成。脊髓则是许多简单反射活动的初级中枢。脊柱外伤时，常会有脊髓损伤。严重的脊髓损伤可引起下肢瘫痪、大小便失禁等。

在胚胎3个月以前，脊髓节段和椎管节段的长度大概相等，所有脊神经根几乎都呈直角伸向相应的椎间孔走出。从胚胎第4个月起，脊柱增长比脊髓快，脊柱逐渐超越脊髓向尾端延伸，而脊髓的生长速度比脊柱缓慢，脊髓节段长度渐渐短于椎管的相对应的节段，但其上端连接脑处位置是固定的。结果使脊髓节段的位置由上向下逐渐高出相应的椎骨节段。由于脊髓节段分布的脊神经均在胚胎早期形成，并已从相应节段的椎间管孔穿出，因此当脊髓位置相对上移后，脊髓颈段以下的脊神经根便越来越斜向尾侧，要向下斜行一段才能与相对应的椎间管节段孔相连。因此，腰、骶、尾段的脊神经根则在椎管内垂直下行，围绕终丝并与之共同形成马尾与尾骨相连(图20-8)。

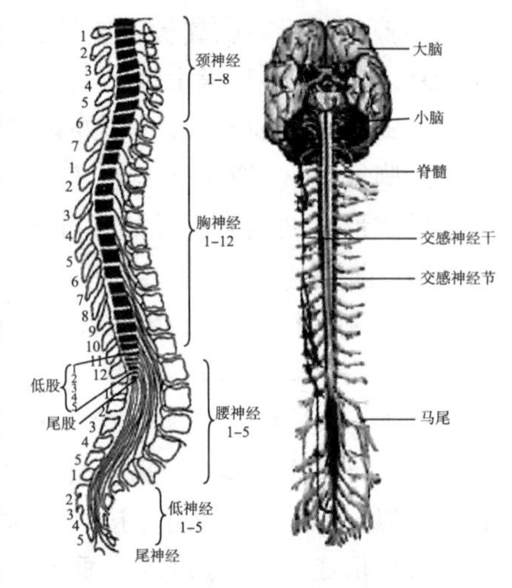

图20-8 脊髓的发生

脊髓是由神经管的下段分化而成的。神经管的下段管腔衍化为脊髓中央管，套层分化为脊髓的灰质，边缘层分化为白质。神经管的两侧壁由于套层中成神经细胞和成胶质细胞的增生而迅速增厚，腹侧部增厚形成左、右两个基板(Basal Plate)，背侧部增厚形成左、右两个翼板(Alar Plate)。神经管的顶壁和底壁都薄而窄，分别形成顶板和底板。由于基板和翼板的增厚，在神经管的内表面出现了左、右两条纵沟，称为界沟(图20-6)。

由于成神经细胞和成胶质细胞的增多，左、右两基板向腹侧突出，致使在两者之间形成了一条纵行的深沟，位居脊髓的腹侧正中，称为前正中裂。同样，左右两翼板也增大，但主要是向内侧推移并在中线愈合，致使神经管的背侧份消失。左右两翼板在中线的融合处形成一膈膜，称为后正中隔。基板形成脊髓灰质的前角(或前柱)，其中的成神经细胞分化为躯体运动神经元。翼板形成脊髓灰质后角(或后柱)，其中的神经细胞分化为中间神经元。若干成神经细胞聚集于基板和翼板之间，形成脊髓侧角(成侧柱)，其内的成神经细胞分化为内脏传出神经元。至此，神经管的尾端分化成脊髓，神经管周围的间充质分化成脊膜。

因此，脊髓表面出现有6条纵沟，前面正中的较深沟——前正中裂与后面正中的较浅沟——后正中隔的前后正中两条纵沟把脊髓分为对称的两半。在前正中裂和后正中隔的两侧，分别有成对的前外侧沟和后外侧沟。在前后外侧沟内有成排的脊神经根丝出入，是由位于前灰柱的前柱细胞发出运动神经纤维形成的，出前外侧沟的根丝形成31对前根(腹根)，入后外侧沟的根丝形成31对由感觉神经形成的后根(背根)。在后根上有膨大的脊神经节。前后根在椎间孔处汇合成1条脊神经，由椎间孔走出椎管(图20-10、图20-11、图20-12)。

由于交感神经和部分副交感神经发源于脊髓侧角和相当于侧角的部位，因此脊髓是部分内脏反射活动的初级中枢。

3. 垂体和松果体的发生

(1) 垂体的发生

垂体是由两个截然不同的原基共同发育而成的。腺垂体来自拉特克囊，神经垂体来自神经垂体芽。胚胎发育至第3周，口凹顶的外胚层上皮向背侧下陷，形成一囊状突起，称为拉特克囊。稍后，间脑的底部神经外胚层向腹侧突出，形成一漏斗状突起，称为神经垂体芽。拉特克囊和神经垂体芽逐渐增长并相互接近。至第2个月末，拉特克囊的根部退化消失，其远端长大并与神经垂体芽相贴。之后，囊的前壁迅速增大，形成垂体前叶。从垂体前叶向上长出一结节状突起并包绕漏斗柄，形成垂体的结节部(图 20－9)。囊的后壁生长缓慢，形成垂体的中间部。囊腔大部消失，只残留一小的裂隙。神经垂体芽的远端膨大，形成神经垂体；其起始部变细，形成漏斗柄。腺垂体中分化出多种腺细胞，神经垂体主要由神经纤维(神经纤维是套有髓鞘的神经元轴突)和神经胶质细胞构成。

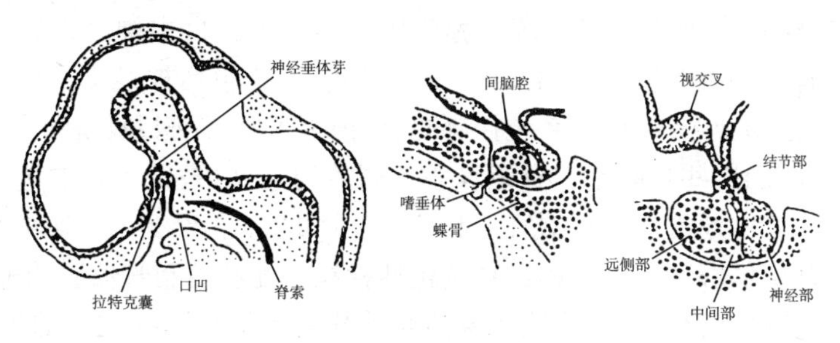

图 20－9　垂体的发生

(2) 松果体的发生

胚胎第 7 周，间脑顶部向背侧突出，形成一囊状突起，是松果体原基。囊壁细胞增生，囊腔消失，形成一实质性松果样器官，即松果体。其中的松果体细胞和神经胶质细胞均由神经上皮分化而来。松果体是由神经管发生的内分泌腺，其活动直接受光照影响，是种系发生保留下来的重要特征，能分泌重要活性物质，在神经信号与激素信号之间执行神经-激素转换器功能。

20.4　外周神经系统

神经系统分为中枢神经系统和外周神经系统，上述中枢神经系统被分为大脑和脊髓两部分。而外周神经系统，也称为周围神经系统，是神经系统的外周部分，它一端与中枢神经系统的脑或脊髓相连，另一端通过各种末梢装置与机体其他器官、系统相联系。周围神经系统同脑相连的部分叫做脑神经，共 12 对。周围神经系统与脊髓相连的部分叫做脊神经，由脊椎两侧的椎间孔发出，分为前、后两支，分管颈部以下身体相关部位的感觉和运动。它共有 31 对：8 对颈神经、12 对胸神经、5 对腰神经、5 对骶神经、1 对尾神经(图 20－8)。

根据其功能的不同，外周神经系统又可分为传入神经和传出神经两种：传入神经(也叫做

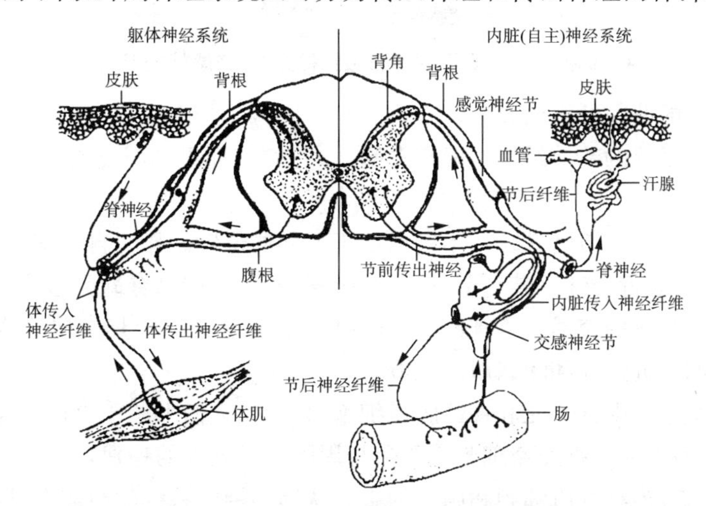

图 20－10　周围神经系统中躯体神经系统和自主神经系统的各种成分

感觉神经)是将外周感受器上发生的神经冲动传到中枢的神经纤维;传出神经(也叫做运动神经)是将中枢发出的神经冲动传至外周效应器的神经纤维。传出神经又可根据其支配对象而进一步分为支配骨骼肌的躯体运动神经和支配内脏器官的植物性神经。

通常情况下,我们将外周神经系统按其所联系的不同器官,分为躯体神经系统和自主神经系统两大类(图 20-10)。躯体神经系统又称为体神经系统。自主神经系统又称为植物性神经系统,分为交感神经和副交感神经两部分。自主神经系统包括神经支配到内脏器官和各种腺体的平滑肌上的运动神经纤维,此系统控制心脏、内脏器官、汗腺、眼肌和发囊的功能。因为由自主神经系统控制的这些功能是在意识水平下调节的,所以被认为是非随意的控制。交感和副交感神经系统,它们通常在同一器官上起拮抗作用的,如神经支配心脏的交感神经增加心跳,而副交感神经却降低心率。而体神经系统包括神经支配和控制骨骼肌的神经元,这个系统则被认为是随意的控制。自主神经系统和体神经系统两者都含两种类型的神经元:感觉或传入神经元和运动或传出神经元。感觉纤维携带从周围环境得到的感觉,如痛觉、触觉和自体感觉,从背侧进入脊髓并与灰质中的神经元形成突触。这些感觉神经元的细胞体位于脊髓之外并聚集成神经节的结构。因为感觉神经突起通过背根神经进入脊髓,所以其神经节称为背根或感觉神经节(图 20-11)。感觉神经节沿脊髓长度呈周期性排列。感觉神经从周围获得的信息在中枢神经系统内通过复杂的途径整合,加工后的信息再向外传递到肌肉或腺体。这些信息是通过运动或传出神经元传递的。在体神经系统中运动神经元的细胞体位于脊髓腹部的灰质中,其纤维伸出脊髓形成脊神经的腹根。这些纤维直接在相应的横纹肌上形成突触。自主神经系统的运动神经比较复杂,其神经支配要求两种神经元的连续连接。第一种神经元的细胞体位于神经管腹部,通过背根伸出,并在第二种神经元的细胞体上形成突触;后者在平滑肌或腺体上形成突触。第二种神经元的细胞体也形成神经节。因此,起源于神经管的第一类神经纤维称为节前神经纤维,第二类称为节后神经纤维。

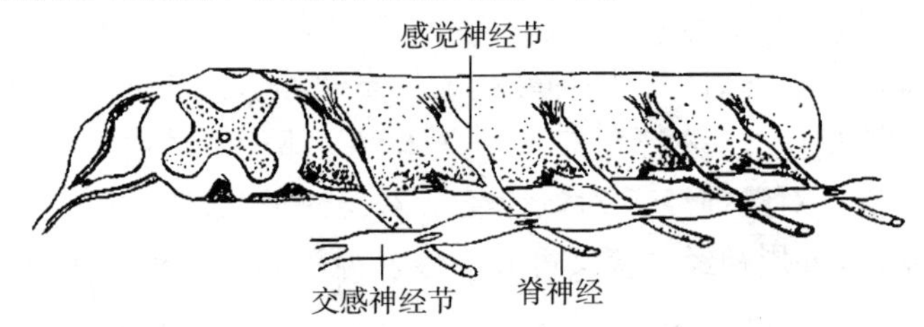

图 20-11　躯干部神经管的表面观示意感觉神经节、交感神经节、脊神经之间关系

交感神经系统的节前纤维由脊髓产生,它们与体神经系统的感觉纤维和运动纤维形成脊神经。副交感神经系统的节前纤维一般来自脑干,它们与那里的感觉纤维和运动纤维一起形成脑神经。

自主神经系统的神经节因其功能不同而处于不同的位置。作为自主交感神经系统的神经纤维,其细胞体集中靠近脊髓的神经节,称为交感神经节,它们沿脊髓旁边形成链状,并与感觉神经节相间排列。形成副交感自主神经系统的神经节靠近或位于其支配的器官中,如睫状体神经节位于眼后部靠近虹膜和睫状肌的地方。

周围神经系统也是由神经元和神经胶质细胞组成的,它们来源于中枢神经系统、神经嵴和外胚层板。其中,躯干部的神经嵴细胞主要参与周围神经系统的构建,形成感觉神经节的神经元、肾上腺髓质细胞、神经胶质细胞和施万细胞。从周围神经系统的组成上可以看出其发育比中枢神经系统要复杂得多。

1. 神经节的发生

神经节是功能相同的神经元细胞体在中枢以外的周围部位集合而成的结节状构造。表面包有一层结缔组织膜,其中含血管、神经和脂肪细胞。被膜和周围神经的外膜、神经束膜连在一起,并深入神经节内形成神经节中的网状支架。由节内神经细胞发出的纤维分布到身体有关部分,称为节后纤维。神经节起源于神经嵴(图 19－5)。神经嵴细胞向两侧迁移,分列于神经管的背外侧并聚集成细胞团,分化为脑神经节和脊神经节。这些神经节均属感觉神经节。神经嵴细胞首先分化为成神经细胞和神经胶质细胞,再由成神经细胞分化为感觉神经细胞。神经胶质细胞包绕在神经元胞体的周围。神经节周围的间充质分化为结缔组织的被膜,包绕整个神经节。

2. 周围神经的发生

周围神经由感觉神经纤维和运动神经纤维构成,神经纤维是由神经元的突起和施万细胞构成。施万细胞是由神经嵴细胞分化而成的,并与发生中的轴突或周围突同步增殖和迁移。施万细胞与突起相贴处凹陷,形成一条深沟,沟内包埋着轴突。当沟完全包绕轴突时,施万细胞与轴突间形成一扁系膜。在有髓神经纤维中,此系膜不断增长并不断环绕轴突,于是在轴突外周形成了由多层细胞膜环绕而成的髓鞘。在无髓神经纤维中,一个施万细胞与多条轴突相贴,并形成多条深沟包绕轴突,也形成扁平系膜,但系膜不环绕,故不形成髓鞘。

感觉神经纤维中的突起是感觉神经节细胞的周围突;躯体运动神经纤维中的突起是脑干及脊髓灰质前角运动神经元的轴突;内脏运动神经的节前纤维中的突起是脊髓灰质侧角和脑干内脏运动核中神经元的轴突,节后纤维则是植物神经节细胞的轴突。

20.5 外胚层板

除神经管和神经嵴细胞之外,神经元还有一个重要的来源,即一些增厚的外胚层区,称为外胚层板(Ectodermal Placode)。外胚层板仅发现于头部和那些变为柱状上皮的外胚层区。外胚层板包括胚胎最前端的嗅基板和后端的听基板(图 20－12)。嗅基板将产生嗅觉感受器的嗅上皮。嗅上皮的神经元分化为双极神经元,其周围树突被特化为检测与其上方嗅黏膜上皮接触的空气中的分子,中央轴突向内伸入嗅球。听基板将产生内耳的感觉上皮和听神经节或螺旋神经节及前庭神经节的神经元。这些神经节细胞最后也变为双极神经元,具有一个终止于毛细胞的周围树突和一个投射到脑干的中央轴突。另外,一系列小的基板,如鳃上基板和中间基板,像听基板一样产生脑感觉神经节中的一些神经元。三叉神经节、舌咽神经节和迷走神经节的一些神经元也起源于外胚层板。

由基板产生的细胞均分化为神经元,而神经嵴细胞则分化为神经元或是神经胶质细胞。

20.6 神经嵴细胞的迁移命运的决定

迁移中的神经嵴细胞的命运的最后决定都经过了一系列的"二选一"的过程:

神经嵴细胞 → 非成神经细胞 / 成神经细胞
成神经细胞 → 传感神经系统 / 自主性细胞
自主性细胞 → 副交感神经系统 / 交感神经系统

神经嵴细胞在明显表达各自的表型之前就广泛地迁移并精确地在胚胎各处定位,这一事实引起人们极大的兴趣并提出许多假想。神经嵴细胞的迁移完全是任意的,还是存在着优先

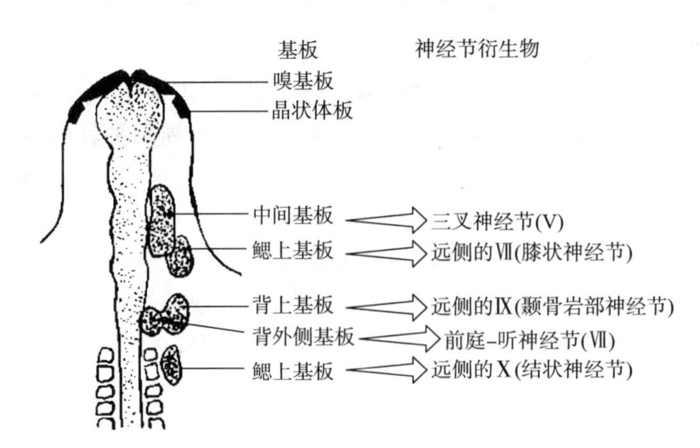

图 20-12 2d 鸡胚头部外胚层板的位置及其在成体中的衍生物

选择的途径？如果有优先的通路，是什么因素在迁移的路上设置地形的界限？在什么条件下，起初聚集在神经嵴上的细胞开始分散到整个胚胎，什么时候，在什么条件下这些细胞就停止迁移并准确地在胚胎定位？事实上，这些问题都是发育的普遍性问题中的一些特定的例子，关系到渐进的决定过程在细胞水平的性质和机制，形态发生过程的细胞基础和机制，以及细胞基因表达的机制。

已经观察到，神经嵴细胞离开神经管背部后直线地从它们的发源地迁移开，无论神经嵴是处于正常的位置还是在某种不正常的环境中都是如此。例如，即使当神经管与其相连的嵴被背腹颠倒放置于胚胎中，细胞迁移的方向与神经管的背腹方位仍能保持正常的相关，仍然有两条细胞流，以神经管为基准大都是一条向腹面、一条向侧面，所以早期神经嵴细胞迁移的定向是以某种方式依赖于神经管的。也许是由于神经管以某种形式的“接触引导”造成的。另一方面，早期嵴细胞迁移的最基本的趋势是离开它们的发源地而不管它们的环境方位。因此，迁移的方向看来是不依赖细胞迁移中的组织环境的。对于嵴细胞的迁移现象已有一些假说性的解释，例如化学浓度等级说、接触抑制说及细胞与细胞之间相互亲和力改变说等，但都没有足够的证据。

神经嵴细胞的分节迁移现象与中胚层组织的存在状态有关。例如，人为地除去生肌节或使生肌节排列紊乱，则脊神经节不能按节排列。在离体培养条件下，神经嵴细胞在均匀的基质中均匀地散开。当把以^{3}H-胸腺嘧啶核苷标记的神经管（连同神经嵴）在原位倒置时，迁移入正常分节的肌节间叶细胞中的标记嵴细胞呈分节分布。如果把标记的神经管移植到侧部不分节的间叶细胞中，标记嵴细胞则呈分散状分布。这些都表明，分节的中胚层构造决定神经嵴细胞的分节分布。当然，也不能忽视神经管可能起某种促进作用。如在标记神经嵴细胞迁移到肌节间叶之后，再将肌节间叶（连同迁入的嵴细胞）移植到绒毛尿囊膜上，标记的嵴细胞保持分散状态而不聚集；如果在做上述手术时，连同神经管一起移植到绒毛尿囊膜上，则标记的嵴细胞聚合形成神经节。

从神经嵴细胞迁移的顺序及其未来的分化命运来看，形成肠壁色素细胞和交感神经节神经母细胞的嵴细胞最早迁移，而后来迁出的嵴细胞大都定位在神经管两侧肌节间叶中，并发育为脊神经节（一部分形成神经鞘细胞）。

神经嵴细胞的基因表达在很大程度上依赖于其周围的位置环境条件。例如，把头部神经褶（包括神经嵴细胞）和前肠内胚层一起培养能发育成软骨，而单独培养或与其他组织（包括神经板、脊索、中肠或侧部中胚层）混合培养则不能形成软骨。在整体条件下，鳃软骨的排列、数目和大小也都与咽囊内胚层的存在状态相关联。这表明前肠内胚层对头部神经嵴细胞基因的表达有重要作用。

鹌鹑胚和鸡胚的移植实验更进一步证明神经嵴细胞最终到达的位置对它们基因表达的重要影响。已经知道，通往肠道的副交感神经节的神经母细胞和肾上腺髓部的嗜酪细胞合成的神经递质不同，前者合成胆碱能的而后者合成肾上腺能的。即通常来源于颈神经嵴细胞的副交感神经细胞产生乙酰胆碱递质；而胸神经嵴细胞产生肾上腺交感神经节，产生肾上腺素。在鹌鹑胚和鸡胚的移植实验中若在分化前将这些细胞互换，根据鹌鹑胚和鸡胚细胞核染色反应明显的差别，可以发现，原先的颈神经嵴细胞会在胸部生长并产生肾上腺素，而原先的胸神经嵴细胞则能在副交感神经分布的区域产生乙酰胆碱。

对于神经嵴的发生，神经嵴细胞的迁移、定位和正常发育命运已有详细的形态描述和实验分析，并已初步提示神经嵴细胞发育的多潜能性同时受细胞来源(即起始的细胞系和位点)、它们迁移时所受的环境影响、靶位置的状况等因素的影响。这些因素对神经嵴细胞迁移、定位和表型表达均具有重要作用。

20.7　中枢神经系统构建过程中的细胞迁移

在中枢神经系统的构建过程中，也存在着广泛的细胞迁移。当神经管在头部形成脑，在躯干部形成脊髓时，业已存在的成神经细胞首先必须扩增。在神经管上，有丝分裂发生在靠近中央脊髓和沿着脑室边缘的地方(那里的营养补充是最好的)，但这里并不是神经元分布最密集的区域。未成熟神经元从其诞生地向周边迁移：在脑部，它们形成外周皮层；在脊髓，它们向腹侧边缘移动。这些细胞最终形成运动神经元，它们外伸的轴突则被收拢成脊神经的腹根。

在神经系统层状结构的发育中，神经细胞是沿着神经胶质细胞伸出的、辐射状排列的突起迁移的。这些突起被称为辐射纤维(Radial Fiber)，它们从室管层伸向软脑膜表面。电镜研究发现，在大脑皮层中神经细胞的迁移一直紧紧地贴附于辐射状排列的神经胶质细胞的突起上(图 20-13)。成神经细胞分别沿着从中央管和脑室生出的胶质纤维活跃移动，同时担任前导作用。

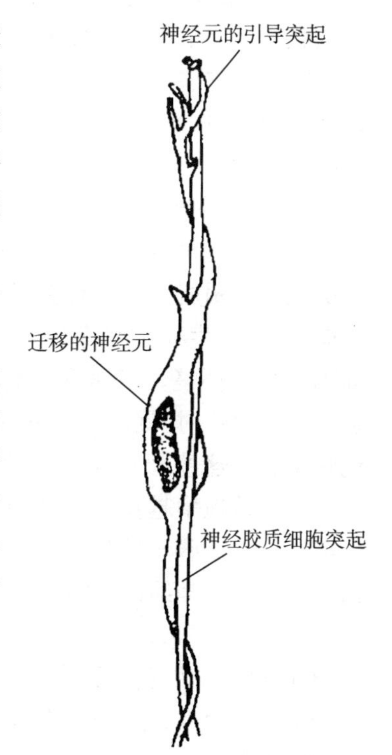

图 20-13　大脑皮层中迁移的双极细胞与神经胶质细胞辐射状突起之间的关系

20.8　神经连接的自组过程

为了正确地执行传递和加工信息的功能，神经系统依赖神经元之间及神经元与外围靶器官之间形成高度特异的相互连接。显然，这种高度特异的连接要求在发育期间有一种高度精密的控制机制。在发育初期，当神经元完成了组织形态发生和迁移到其合适的位置后，还需构筑它们的轴突和树突，并形成两者及其与其他非神经细胞之间的连接，以执行其功能。

人脑在胚胎发育过程中以每分钟 250 000 个神经细胞的速度生长，最终神经细胞的数量将达到千亿。每个神经细胞都以突触连接方式与约100个神经细胞建立联系。所有这些连接都经过DNA的详细编码显然是不可能的，因为整个基因组的储存量相比之下显然太小了。

无序成分之间相互作用从而形成高度有序的结构，这种现象叫做自组，它正是神经连接模式化的基础。因此，脑发育是依赖于神经元与神经胶质细胞、神经元与胞外基质支持组织，以及神经元之间的相互作用。遗传信息使相互作用的细胞产生信号分子，构建信号受体，从而组成一个能触发足够反应的信号传递系统。

成神经细胞在它们迁移到终点时进入最后分化。细胞一端成为一个输入区接收信息的树突；另一端特化成输出信息的轴突。树突和轴突必须向其靶方向(例如感觉细胞、其他神经细胞、肌肉细胞或其他效应细胞)生长并由成神经细胞之间相互建立突触连接而形成神经纤维束。

1. 生长锥

在生长中的树突和轴突顶部是一个形似多指手掌的特殊结构，即生长锥(树突和轴突顶部的感受器)。神经元轴突和树突生长的末端被称为生长锥(Growthcone)，它是一种高度能动的细胞结构特化形式，呈薄扁平膜状，伸出一些细长的丝状伪足作为其延伸部分。这些丝状伪足以6～10μm/s的速度伸展和收缩。在薄膜和丝状伪足的下面有许多微棘。免疫细胞化学的研究证明它们是肌动蛋白。在生长锥中含有许多小泡，它们可能是新合成的膜。轴突中含有的微管和神经微丝部分地伸展到生长锥中，但并不伸展到丝状伪足和生长锥的中央部位。生长锥从细胞体伸出后，几乎完全被与细胞环境的相互作用所引导。对组织培养中生长轴突的研究发现，生长锥好像用其丝状伪足探索它周围的细胞环境。当遇到不利情况时缩回；当遇到有利地带时，就停留下来，而轴突将沿这个地带生长。这些丝足如“手指”一般，它们使生长锥能有效地攀越基质，穿过围绕的组织，接近最终目标。这些丝足有膜相关受体作为分子触角。丝足不断伸缩以探明四周环境，起到“探路者”的作用(图20-14)。

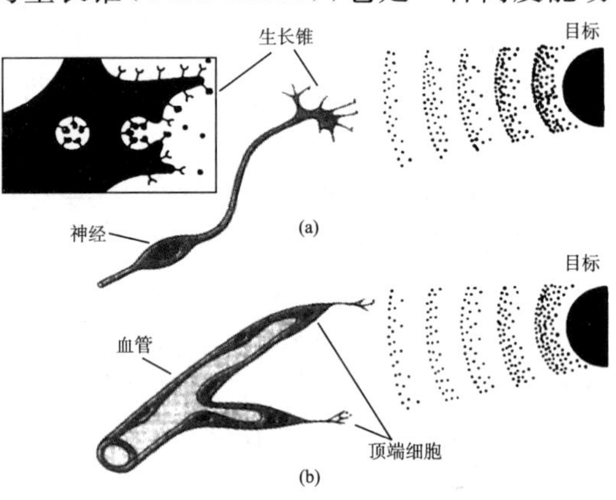

图20-14 生长中的神经纤维和血管被一些可扩散物质引导

(a)一个交感神经元的轴突正在凭借其顶端生长锥的感受器寻找方向。靶位置分泌出化学诱导物质——神经生长因子；(b)血管顶端细胞也具有丝足和感受器用以探测方向。靶位置释放血管生成因子

2. 先驱神经纤维

在神经的轴突生长期间，神经轴突向其将来所支配的表皮和肌肉等组织中延伸时，其最初开始延伸的少数神经纤维称为先驱神经纤维。先驱神经纤维的生长锥在其与末梢组织中的靶细胞接触之前，它在组织环境中不断伸长，这个时期称为先驱期。先驱神经纤维与靶细胞一经结合，则后续的神经纤维的顶端便附着于先驱神经纤维上，并沿着先驱神经纤维伸长到达靶细胞(称为应用期)。这样的一束纤维伴随末梢组织发育而出现的移动再进一步伸长(称为曳网期)，最终完成神经通路。先驱神经纤维处在其他神经纤维前边，成为引路的向导。由于是在发育早期，当先驱神经纤维的生长锥到达靶组织时，它穿越的距离相对较短，所经过的胚胎组织环境相对来说是不复杂的。到发育晚期，随后的神经纤维与先驱神经纤维结合成束，共同进入靶组织。现已证明，在某些情况下，当其他神经纤维到达靶组织时，先驱神经元已死亡。然

而,如果以某种方式阻止这一先驱神经元的分化,其他神经纤维将不能到达它们的靶组织。

3. 轴突生长的引导

各种各样的外部因素影响轴突生长的路线。在动物体内,轴突要经过长距离的生长,绕过其他神经元,交叉穿越其他神经通道,最后准确到达其支配的靶组织。这种精确的生长过程依赖于某些因素对轴突生长的引导。

(1) 触向性

触向性(Stereotropism)是指轴突倾向于沿着一定的表面生长。这是一种机械的影响生长的因子。早期组织培养的研究表明,在培养皿中轴突倾向于沿着划痕或伸展的胞质凝块生长;通道、褶皱和沟纹是促进或限制神经生长的物理因素。并由此提出轴突沿着室管膜神经胶质细胞表面穿过神经上皮产生基质生长。

(2) 基质的粘连性

实验表明,轴突与某些物质的粘连比另外一些强,而且它们沿着可粘连的物质生长比沿着不粘连的物质要好。例如,在体外培养时生长的轴突沿粘连物质(如多聚赖氨酸、层粘连蛋白等)涂抹的方格或条纹生长,并完全避开粘连性低的区域。而细胞外基质中的另一类分子,如氨基葡聚糖在体外却阻碍轴突的生长。

各类轴突间选择的粘连可能是由于细胞膜上互补的识别分子的结果,如前边提到的细胞黏着分子。

(3) 向电性

轴突引导的早期理论提示,轴突的生长方向可能受电场的影响,称为向电性(Galvanotropism)。现已发现,在发育的胚胎和再生的附肢中存在电势梯度,生长的轴突对这种电场具敏感性,这种电场被认为是由局部发电的细胞膜泵产生的,并已测到高达 100mV 的电场。对培养中生长的轴突施加一个几毫伏的电场,可以影响到轴突的生长过程,这些轴突将向阴极生长,但要有相当大的电场才能产生这样明显的影响。在活体内对轴突生长产生如此明显作用的可能性极小。

(4) 向化性

另一个被普遍接受的假说是,轴突的生长是根据化学的线索运行的,称为向化性(Chemotropism)。此假说认为,神经元根据靶组织释放物质的扩散梯度运动,向高浓度的向性物质区生长,最终到达其源头(神经元的靶组织)。向性物质是由靶组织释放的,它吸引生长的轴突,而且是细胞存活所必需的,能刺激细胞的代谢作用。

正确区别这种向性物质是非常重要的。第一,一种可扩散的化学定向因子是在靶组织中产生的,并释放到细胞外的基质中;第二,它能影响轴突生长的方向,尤其是轴突在向靶组织生长的过程中对其梯度起反应;第三,这种物质一定在适当的时间存在,即在轴突向靶区生长期间和轴突完成接触之前,此因子的产物浓度应当最高。

对轴突生长的影响的最好证据来自神经生长因子(NGF)。第一,它是一种可溶性蛋白质,是在交感神经轴突的靶组织中产生的,能极大提高交感神经和来自背根神经节轴突的生长;第二,神经生长因子梯度能影响生长的轴突所采取的路线。在体外培养的情况下,对神经生长因子敏感的神经元轴突,将选择性地向含有神经生长因子溶液的毛细管处生长(图20-15)。

关于神经生长因子作为一种可扩散的向化性因子的想法,受到了 1987 年 Davies 等实验的挑战。他们测定了神经生长因子在发育期间表达的时间过程,结果发现神经生长因子直到靶组织被感觉神经元接触以后才由靶组织大量产生，这与预期的结果相反。另外，神经生长因子的受体也是直到生长的轴突到达靶组织以后才在神经元上检测到。这种时间的分析提示，在引导生长的轴突到达其靶区的过程中，靶组织产生的神经生长因子可能只起极小的作用。它更像是作为一种营养因子，在神经元形成接触之后维持这些神经元的存活。

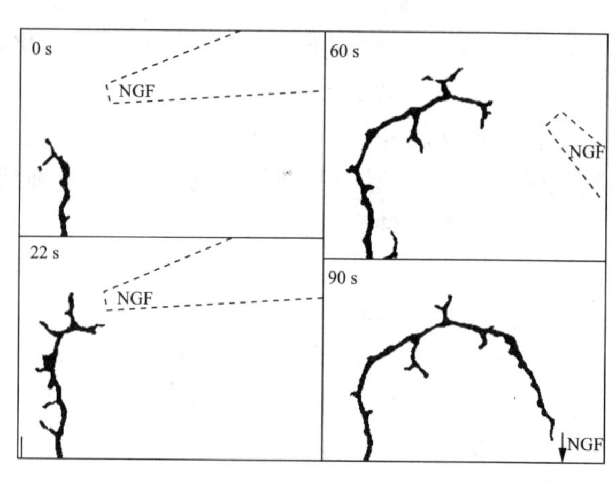

图 20 - 15　神经生长因子的诱向影响

(图示一个背根神经节细胞神经突起的远端对从毛细管(虚线)扩散出的神经生长因子的反应。左上方表示持续时间。实验后 90s，神经突起伸长了 108μm，并从起初生长方向旋转了 160°)

"神经生长因子(NGF)"(1987 年被发现)是第一类被确认能诱导轴突上的生长锥向其远程靶位置移动的信号分子。它是由靶位置分泌的糖蛋白，作用于未成熟的脊神经元和交感神经元上；它是一类引导生长锥移动的分子，从而决定神经突触的延伸方向。这种延伸方向由 NGF 的浓度梯度决定。实验显示，若在生长锥附近微量注射 NGF，延伸即向注射有 NGF 的位置靠近。

NGF 与生长锥膜上受体结合，经过一系列信号传递过程，直到被(神经元细胞)胞饮作用吞噬，然后被逆向运输至神经元的主干-核周质。被吞噬的 NGF 为那些成功到达正确位置的神经元的存活提供了条件。

目前，已知有若干 NGF 的亚型和类 NGF 因子，它们对于种类繁多的神经细胞，实际上是在低浓度下高效作用的信号分子。

因此，即使向化性物质是由靶组织产生和释放的，它们也只能在短距离内影响轴突的生长过程。因而可以肯定，可扩散物质的梯度不像是在超过数毫米以上的长距离中影响轴突生长的原因。

(5) 生长路线的标记

正如 NGF，作为水溶性的短程信号分子，当上亿神经突触等待与各自特定靶位点结合时，并不能提供精确的远距离方向调节。

在对培养皿中各种底物上生长的神经细胞进行长期观察后发现，它们表现出类似迁移中的神经嵴细胞的行为。正在伸长的神经元轴突上的生长锥，利用培养皿内的胞外基质中所含物理和化学信息作为线索，并感觉相邻细胞的分子表面结构来调整自身前进方向，在此过程中，生长锥显得更趋向那些可紧密贴附的底物，而避开那些带有明显排斥性质的区域。同时，观察发现大多数轴突最初的生长是高度定向的和高度特异的，即使当它们离靶区相对很远时也是如此。如运动和感觉神经元沿着高度固定的路线生长到附肢中。由此也提出轴突是沿着在其生长路线上存在的化学标记物运动的假说。生长路线的标记假说认为，轴突是沿着在其生长路线上存在的化学标记物运动的；不同的神经元具有不同的标记物；在位置上具有的生物化学特性的不同将标记不同的路线。

这一假说得到一些实验证据的支持，即轴突的确显示出对一定物质的优先选择。如果将 7d 鸡胚的背根神经节培养于涂有神经生长因子的方格基质上时，这些感觉神经元的神经突起优先分布于富含神经生长因子的基质上，而避开不含神经生长因子的区域。而用 17d 鸡胚的背根神经节做同样的实验时，却表现出不同的生长模式：神经元伸出的突起同样地通过含有和不含神经生长因子的区域生长。这些结果表明，轴突可能沿着神经生长因子标记的路线生长，但在发育的不同时期对同样标记的路线表现出不同的选择。另外，在昆虫神经轴突生长的研究中发现，轴突不仅沿着预定的路线生长，而且与一些可辨认的细胞接触。因而将这些可辨认的细胞作为轴突生长的"路标"。虽然轴突并不与这些细胞形成真正的接触，但在蝗虫中，生长到附肢的感觉神经的轴突在除去作为"路标"的细胞后，轴突就不能正常地生长。

(6) 多重引导的线索

但是，神经生长的某些方面好像并不与标记的路线一致。例如，轴突常常从它们的正常路线上转移，但最后仍然能到达靶区。因此有理由认为，有许多的因子在引导轴突从它们的起点到达靶区的过程中起作用，这是一种综合的相互作用。

许多因子综合的相互作用引导生长轴突到达靶区。神经元轴突有时沿错误路线生长，但最后仍能到达特定靶区。从几个体节产生的运动神经元从脊髓生出时混合在一起，形成脊神经，在到达一个丛后它们沿不同路线分道扬镳，到达单个肌肉上。

在神经细胞生长、迁移的路径上，多种分子信号和胶质帮助先驱神经纤维标识路径使其与靶目标连接。这其中，细胞黏附分子(CAMs)具有特殊的意义。细胞表面和黏着分子高度多样化，与其调节精确接触导向的功能相适应。

在活体中，先驱神经纤维被发送出来，留下可以让后生神经纤维延续的轨迹，这个过程促进神经纤维束的连续生长。生长锥产生蛋白酶可能对这个过程有所帮助，这些酶可将"障碍物"降解，并在胞外基质中消化周围物质而形成通道。

先驱神经纤维发出导向轨迹(容许途径而非指令性途径)后，后继神经纤维的生长锥黏附其上，或与其他已黏附上的纤维相连。但只有生长锥可以自由移动，神经纤维上其他部位是没有运动能力的。这种多条没有运动能力的纤维互相粘连在一起，而细胞黏着分子的作用则类似于胶水。成束蛋白就是一种已知的细胞黏着分子，互相平行的纤维束就是神经。

4. 最终目的地的识别

在简单的鱼类和爬行类动物中，如果沿着连接脑和眼的视觉纤维观察，我们可以看到纤维束在其末端分开了，成束的轴索彼此互相分离，轴突终止在中脑视顶盖的特定神经元。在胚胎发育时，轴索从视网膜中生出并沿先驱神经胶质纤维进入脑内(图 20－13)，先驱神经纤维引导轴索进入一个特定终点区域，但这个区域并不是该轴突的靶细胞位置。在到达视顶盖之前，视网膜轴索选择搜索的区域，并依据其在视网膜的源位点选择好靶细胞位置，这样视顶盖每个部分都会与视网膜的一个特定区域相连。这个互相对应的过程就是"视网膜-视顶盖系统"工程(图 20－16)。在图 20－16(a)中，发自左眼和右眼的视觉神经在主要视觉通路汇合。每只眼的左半侧提供的信息被输入脑左侧，视网膜右半侧提供的信息被输入脑右侧。被侧漆体神经阻断的视觉通路终止于视皮层，在那里信息集中到被称为眼优势柱的交替皮层神经区：第一柱收集左眼传来的信息，第二柱负责右眼相应部位传来的信息，并不断交替。最终，视野中每一个点都能被两眼同时看到。而此时，两眼收集的信息则到达皮层神经区里两个相邻的位置。在图 20－16(b)中，通过实验将青蛙的眼球转动，摘除眼球，旋转后重新植入体内。视神经再生进入脑中并与视网膜重新建立连接。假如眼球被转动 180°，青蛙的世界将是颠倒的世界，如果有一只飞虫在其上方，它却将舌头伸向下方。

为分析视网膜神经的行为，可想象视网膜前体细胞被放置于覆盖有小的一条条路石的木屑上。这些小的路石是来自视盖不同区域的膜小泡；相应地，神经前体细胞也来自于视网膜的

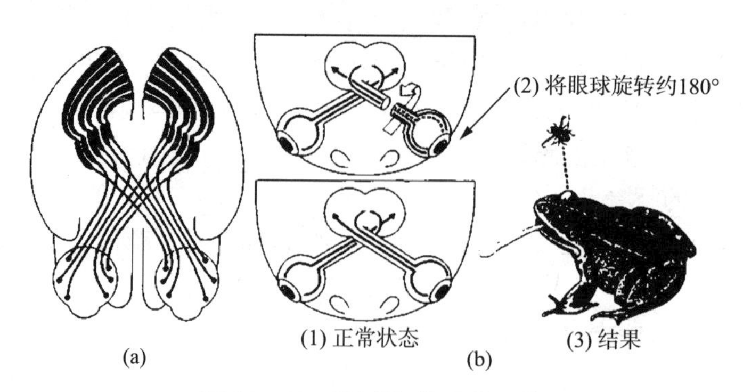

图 20-16 视网膜-视顶盖系统

(a)左眼和右眼的视觉神经在主要视觉通路汇合;(b)将青蛙的眼球转动实验

特定区域。业已证明靶细胞的膜具有一种吸引力,而非靶细胞的膜具有排斥力。但是,对于一个特定的轴突来说,它是如何发现视盖上这一小的特殊区域的呢?

在有关低等脊椎动物视网膜-视顶盖系统的研究中,鱼和蛙的视觉系统提供了进行这种研究的优越性,因为它们的视神经在损伤后能够再生(而在哺乳动物的视神经损伤后,不能选择性再生)。研究发现,在损伤视神经后,视网膜投射再生模式中有一种选择性。当视神经被切断而视网膜保持完整时,再生的视神经纤维能在顶盖中重建它们正常的局部地域投射。然而,当视神经被切断和部分视网膜被破坏时,来自视网膜剩余部分的神经纤维有选择地再生到这些纤维正常应当分布的顶盖部分。因此,1963 年 Sperry 提出了化学亲和性假说(the Chemoaffinity Hypothesis)。Sperry 认为,选择性连接的建立是因为突触前和突触后两部分具有相互识别和粘连的互补分子标记。

该理论假定靶细胞带有特异的表面分子,视顶盖上有一个可被生长锥"读懂"的"地图"。但由于神经细胞多达上亿,并非每个细胞都有其特定的分子标记,而是各个区域、亚区域和最终目标上带有复合标记。这样的标记能引导生长锥一步步接近最终目标,减少搜索时间。

除了蛋白质的氨基酸顺序外,大部分用到的分子多样性也以糖蛋白和糖脂(唾液糖脂,神经节苷脂)组成的碳水化合物形式出现。大自然确实利用这些表面分子的复杂性和多样性来标记路径和靶位,但细胞表面标记的位置信息大概不会很精确,可能在后来过程中需要校正。

哺乳动物的人脑轴索首先到达视交叉,在这里选择继续生长的方向。从视网膜嗅觉部位来的神经纤维必须到交叉另一侧的视觉部,而从颞侧来的神经纤维必须继续直进到同侧(图 20-16)。如果一切顺利,轴索就进入侧漆体,从这里,其他神经元要自己寻找到达视觉皮层的路线了。

总之,在生长的轴突到达其靶区以后,它们扩展开并找到各自特异的靶区位点,形成局部地域有序投射(Topographically Ordered Projection)。通常,局部地域有序投射图形的建立涉及轴突生长的特异性,因为它存在于神经末梢区域,轴突在保持最邻近相互关系的基础上与靶细胞建立联系。但在视觉系统中的研究表明,这种解释不能说明终末有序模式形成的原因。虽然在视神经中存在某种局部地域有序投射,但正确连接的形成并不依赖于这种投射。因为在某些物种中,神经轴突的局部地域有序投射起初并不是精确的,但发育后期的连接却是精确的。另外,在低等脊椎动物(鱼类和两栖类)视神经投射再生的研究表明,即使有个别轴突偏离它们正常的路线时,这种有序的投射仍可形成。因此认为,有序连接的建立是轴突和它们的靶组织间的相互作用的结果,即局部地域有序投射的建立是与突触连接的形成同时发生的。

问题依然没有解决：神经元究竟如何寻找正确路线并识别靶位置呢？

5. 被阻断的神经元能够重新发现其靶位置

以青蛙或鱼为实验材料的著名实验探讨了神经元连接及大脑怎样理解从眼睛传递过来的动作电位问题。这些研究显示，在损伤蛙或金鱼的视网膜、视神经或中脑顶盖后，动物存活一段时间后再生的视神经轴突仍会准确无误地走向以前的靶区并形成突触连接。

显然，如图 20－16 所示，切断视神经，取出眼球并转动约 180°，然后重新植入。因为仅失去轴索末梢的神经元可以再生，视网膜轴突长回视顶盖，但是，它们仍与其原来位置而非新的位置建立恰当连接。这样一来，视网膜神经元与眼球被转动前它们与之连接的地方重新连接，由于：①原先的连接重新建立；②大脑主要根据它们在视网膜上的起源来判断视觉信息；③眼球被转动，但大脑并没有得到相应的信息。因此，青蛙看到的所有东西都是倒置的。举例来说，青蛙看到一只在其上方的苍蝇，而在它眼里，这只苍蝇是在它下方的，于是青蛙向下方做捕捉动作。

可以做一个人类方面的简单的实验：戴上三棱镜做的眼镜，整个世界就会是上下颠倒的。但人类大脑的高容量能使我们通过经验将看到的倒置世界“调整”过来，虽然这个过程需长达数星期。

6. 神经元连接的修正-多余和不正确的神经元连接被去除

在幼年动物中，视网膜-视顶盖传输起初是模糊而不精确的。两栖类、鱼类和鸟类的视网膜轴索最初广泛分枝，甚至在临近轴突的区域内形成突触。这个区域最初由多层神经元支配，而后通过去除多余和错误的连接加以调整。

运动神经元的神经对骨骼肌的支配是研究修正现象的很好体系。在发育过程中，普遍存在着许多根轴索与一根肌肉纤维形成突触连接（图 20－17）。在胚胎中，中枢神经系统传递动作电位来检测肌肉。轴突和轴突分支只有连接正确并经常有规律地传递动作电位时才能生存。在生存斗争中，突触之间的生存斗争是显而易见的，有证据表明，由突触分泌的传递因子抑制一些未使用的突触的生存。另一方面，肌肉纤维在突触连接处分泌另外一种“生存因子”，与 NGF 的营养功能类似，由活跃的肌纤维分泌的生存因子，被运动神经元的前突触膜吸收，通过逆向运输释放到细胞中。只有正确连接的神经元才能生存，不能建立或保持连接的神经元通过细胞程序化死亡而被去除。

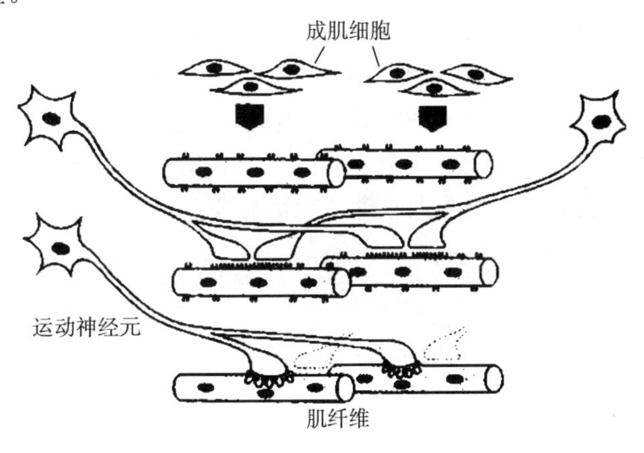

图 20－17　正确的突触连接

（成肌细胞融合形成多核的横纹肌纤维。起初，纤维受几个运动神经元的神经支配，在竞争过程中消除不正确连接。不常用的突触消失、死亡。只有那些正确连接的且经常使用的突触存活下来）

7. 连接模式的更新建立

在出生后，神经元还有可能根据经验建立起新的连接，塑造起新的连接模式。

没有任何鸟类、哺乳动物或人类在出生时，其大脑中的连接就已经完成且终身不变；正相反，哺乳动物大脑皮层的大部分突触连接在出生后，在视觉输入和触觉经历的影响下建立起来的；主要通路是在出生前建立的。当一只小猫出生时，来自视网膜的轴突到达膝状体，接着从漆状体出发到达视觉皮层。大脑任一半球的皮质区域都接受从双眼输入的信息，但皮质结构本身仍在构建中，而且，只有在输入的视觉信息影响下才能完成。

用一个不同寻常的方法可以观察到出生后在皮质输入区视觉通路及经验改变的过程。将染料或其他方法标记的小分子物质注射入眼球，标记物被视网膜神经元吸收并传送到大脑。令人吃惊的是，标记物竟然穿过膝状体中的突触并最终到达视觉皮层(大脑)。

在人类和其他几种哺乳动物的视觉皮层中，从左视网膜鼻侧而来的输入信息与要到达右视网膜的鼻侧的输入轴突相交换；反之亦然。因此，传递视野中同一部分的信息的输入轴突是紧挨着的。出生时，各种输入信息必须进入神经网络加以判断，只有在出生后才能产生能完成这些任务的神经元并组成网络。起初，临近的输入交错覆盖皮质区域。出生后几周，左右眼部分开始分界，而在很大程度相互分离。在一些哺乳动物中，视觉控制区位于皮质左右眼交叉的位置。

发育神经生物学中几个引起大家极大兴趣的实验是由 Hubel 和 Wiesel 于 1963 年完成的。新生小猫的右眼睑被缝合上三个月后，右眼则失去功能。为保持张开的左眼视觉控制区，右眼相应的视觉控制区减小。神经连接既不是基因组直接编码的，也不是自主和独立自组产生的。只有经验可以加强和巩固活跃连接并消除"沉默"的突触。

新的刺激能建立活跃的突触连接。与此同时，通过神经元连接的修正机制多余和不正确的神经元连接被去除。

8. 神经元的持续分化

有一个关于鸟类印迹机制的流行假说。在短暂的后胎生时期，当小鸟学习到一些长期甚至终生要接触的关键视觉及听觉刺激时，一些新的突触建立并加强，另一些则被消除。

因此，不断地刺激能促进神经元的持续分化，而长期记忆可能是依靠连续的神经元分化。

鸟类和哺乳动物的一生中业已存在的神经元不断发出和废弃一些神经突触，有规律地、经常地使用(视觉、听觉、触觉等)会强化和巩固现存的突触。突触的精确连接、恢复和重塑被认为与相应的学习及长期的记忆有关。

发育阶段的若干重要事件

第21章 激　素

激素是指由特定激素腺体产生、释放的，通过血液、淋巴等循环液体分布全身到其作用位点的痕迹量信号分子。激素不像旁分泌细胞所分泌的活性因子只与旁邻细胞的相应受体结合从而调控旁邻细胞的生长和功能，激素是随体液循环流动的，而且浓度恒定，到达许多远距离靶目标，启动并协调那里的许多组织和器官的重新调整，而使机体的活动更适应于内外环境的变化。激素的作用机制是通过与细胞膜上或细胞质中的专一性受体蛋白结合而将信息传入细胞，引起细胞内发生一系列相应的连锁变化，最后表达出其生理效应。

21.1　信号传播——细胞通信和细胞间的相互作用

细胞通信是指在多细胞生物的细胞社会中，细胞间或细胞内通过高度精确和高效地发送与接收信息的通信机制，引起快速的放大的细胞生理反应，导致发生一系列细胞生理活动来协调各组织活动，以对外界环境作出综合反应的细胞行为。

在细胞通信中，由信号发射细胞发出信号(接触和产生信号分子)，由信号接收细胞——靶细胞来探测信号，其通过接收分子(受体蛋白)的识别，最后作出应答。细胞间有三种通信方式：①通过信号分子；②通过相邻细胞间表面分子的黏着或连接；③通过细胞与细胞外基质的黏着(图 21-1)。在这三种方式中，第一种不需要细胞的直接接触，完全靠配体与受体的接触传递信息，后两种都需要通过细胞的接触。所以可将细胞通信的方式分为两大类：①不依赖于细胞接触的细胞通信；②依赖于细胞接触的细胞通信(图 21-2)。

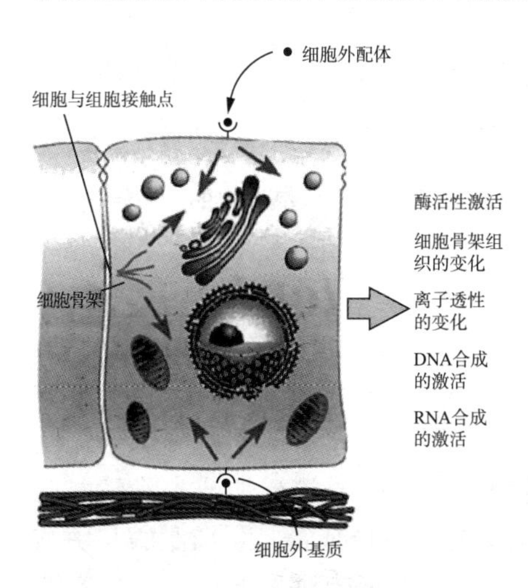

图 21-1　细胞间的三种通信方式

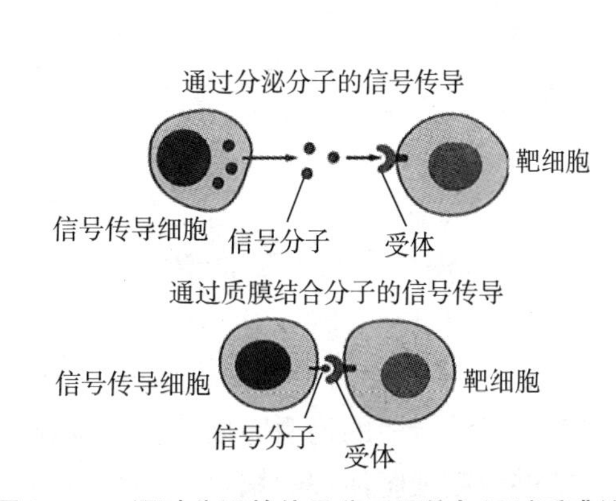

图 21-2　通过分泌的信号分子通信与通过质膜结合的信号分子通信的比较

细胞通信的两个最主要的反应过程是:信号传导与信号转导。细胞通信的信息是通过信号分子来传递的,信号分子作为同细胞受体结合并传递信息的分子,它本身并不直接作为信息,它的基本功能只是提供一个正确的构型及与受体结合的能力,而将细胞外信息传递到细胞内的过程称为信号传导,它强调信号的产生、分泌与传送,即信号分子(第一信使)从细胞中释放出来,然后进行传递,完成一种传递承接的作用。

信号分子如同一把钥匙将打开细胞表面的受体锁,而一旦信号分子这把钥匙打开了细胞表面的受体锁,细胞就要作出应答。由于细胞自身就是一个社会,有各种不同的结构和功能体系,外来信号应由哪种功能体系来应答?因此,强调信号的接收与接收后信号转换的方式、途径和结果,包括细胞外信号(配体)与细胞表面受体相互作用,使其转变为细胞内信号,并进一步发生胞内信号(第二信使)传递的级联反应等,即信号的识别、转移与转换,将一种信号转化成另外的信号,并引起应答。这一过程就称为信号转导。

信号转导途径有两个层次,第一层次的含义是指将外部信号转换成内部信号的途径,存在着两种方式:一种是通过 G 蛋白偶联方式,即信号分子同表面受体结合后激活 G 蛋白,再由 G 蛋白激活效应物,效应物产生细胞内信号;第二种是结合的配体激活受体的酶活性,然后由激活的酶去激活产生细胞内信号的效应物(图 8-5、图 21-3)。

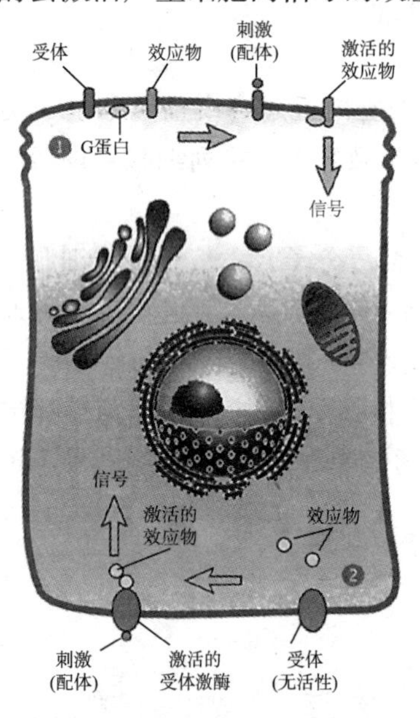

图 21-3 信号转导的两种途径

(途径①:结合配体激活 G 蛋白,然后由 G 蛋白激活效应物产生信号;途径②:结合配体激活受体的酶活性,然后由激活的受体酶激活产生信号的效应物)

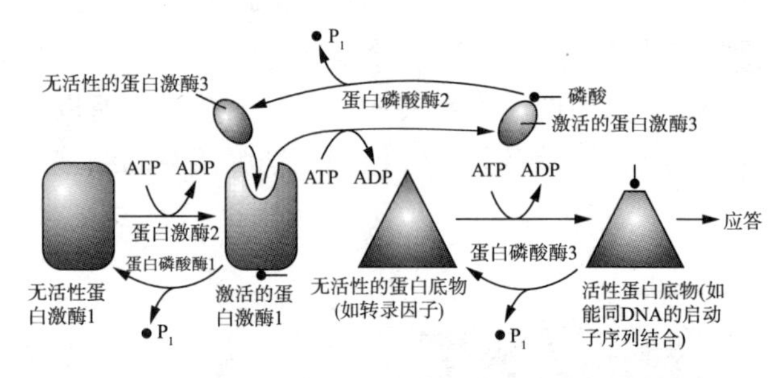

图 21-4 由蛋白激酶和蛋白磷酸酶构成的信号转导途径

还有第二层次的含义是指外部信号转换成内部信号后再从哪个途径引起应答。由于细胞内各种不同的生化反应途径都是由一系列不同的蛋白和酶组成的,执行着不同的生理生化功能。各途径中上游蛋白对下游蛋白活性的调节(激活或抑制)主要是通过添加或去除磷酸基团,从而改变下游蛋白的构型完成的。所以,构成生化反应途径的主要成员是蛋白激酶和磷酸酶,它们能够引起细胞活性的快速变化又迅速恢复(图 21-4)。而细胞对外部信号的应答通常是综合性反应,包括基因表达的变化、酶活性的变化、细胞骨架构型的变化、通透性的变化、DNA 合成的变化、细胞死亡程序的变化等。这些变化并非都是由一种信号引起的,通常要几种信号结合起来才能产生较复杂的反应，而且通过信号的不同组合产生不同的反应。细胞在信号应答中的每一种最终表现又都是受体接受了一套相关的细胞外信号并作出综合应答的结果。从细胞表面受体接收外部信号到最后作出综合性应答，不仅是一个信号转导过程，更重要的是将信号进行逐步放大的过程。最终，细胞表面受体蛋白将细胞外信号转变为细胞内信号，经信号级联放大、分散和调节产生了综合性的细胞应答（图 21－5）。

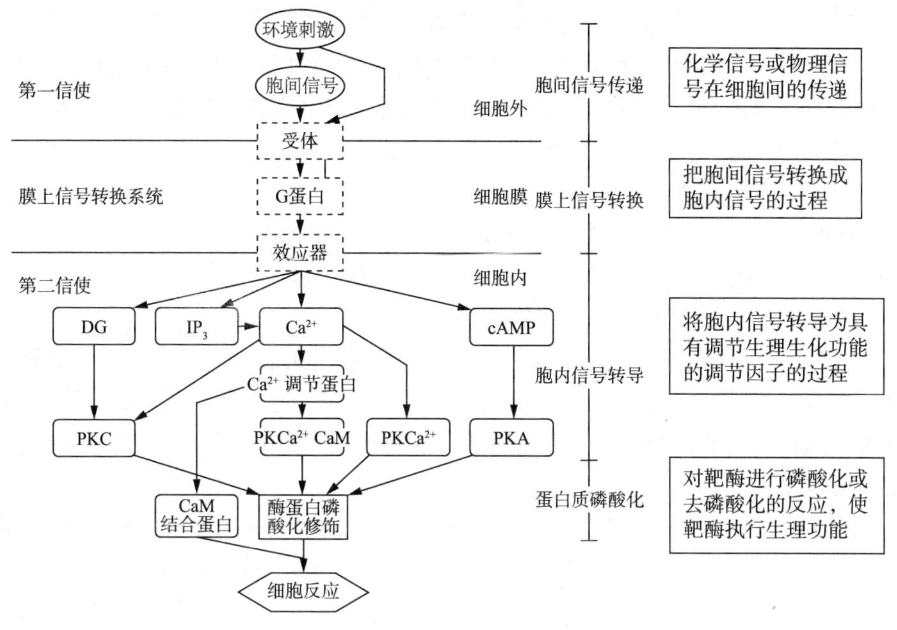

图 21－5　信号转导的过程

许多复杂的生命过程，诸如细胞分化的时空秩序、细胞迁移的指导、由几种类型细胞组成的某一结构的造型等，这些都需要细胞间的通信和细胞间的相互作用与协调。有许多分子被用于传递信号。

如果相邻细胞的细胞膜通过缝隙连接（管道穿膜通道）进行接触，则一些离子和极性小分子，如 Ca^{2+}、IP_3（三磷酸肌醇）、cAMP 和 cGMP，能从一个细胞扩散到另一个细胞。

低极性的小分子可直接通过细胞膜扩散，如 CO_2 和 NH_3（一般被认为在通信中没有作用）。几个已经明确确定的信号分子也是直接通过细胞膜扩散的。例如，花生四烯酸是一种跨膜细胞信号分子，它是在信号转导系统中通过甘油二酯或磷脂酰胆碱的裂解产生的。许多花生四烯酸的代谢物，如前列腺素、白细胞三烯和羟基脂肪酸统称为类花生酸，这些释放到细胞外间隙，并可能具有特异的、局部行使信号分子的功能。这些分子可能通过细胞间隙渗入或穿过邻近细胞的膜，它们也可能被具有膜相关受体的邻近细胞检出。

关于低相对分子质量、非肽类分子对于胚胎发生的重要性还远没有被大量研究，因为这些分子通常很不稳定，并极难跟踪。

一般认为，较大的、非极性的、亲脂性分子，如视黄酸、甲状腺素和类固醇激素，能自由穿过细胞膜并与细胞质内的受体结合。脂类信号分子的亲脂性使其可以渗入细胞膜。然而，亲脂性却阻碍了分子从膜上分离下来，并扩散入水相中。因此，细胞质中的受体可能从细胞膜上收集脂类信号分子。

21.2 信号分子

信号分子是指生物体内的某些化学分子，如蛋白质、多肽、氨基酸衍生物、核苷酸、胆固醇、脂肪酸衍生物及可溶解的气体分子等。根据信号分子的溶解性可分为水溶性信息和脂溶性信息。前者作用于细胞表面受体，后者则能穿过细胞质膜作用于胞质溶胶或细胞核中的受体。而前者又被称为动态信号分子，如肽类，可溶于细胞间质中进行短距离与远距离扩散传播；后者被称为静态信号分子，如脂蛋白等，它们锚定在细胞膜上与靶细胞相互识别发生作用。

在多细胞动物发育程序中，每一个细胞都注定要受到一系列信号的作用，这些信号以不同的排列组合方式决定细胞可能进入哪一条途径，是增殖还是保持静止，是继续生存还是死亡。在组织和器官的形成中，一系列信号分子控制着发育的各种事件。

由于极少量的生物信号分子就非常有效，故它们仅以痕量存在。目前，人们鉴定出来的这类信号分子的数量在逐渐地增加。某些细胞体外培养生长时，向培养基中释放"生长因子"，其中含有大量可溶性信号分子。这些可溶性信号分子经鉴别大多是含 100～500 个氨基酸的多肽。而分子生物学工具的运用大大促进了信号分子的分离、定性和扩增。利用这些新的生物物理学技术，例如，核磁共振色谱分析用原子轰击靶分子所获得的片断，也从中鉴定出了大量各式各样的肽类和脂类物质。

将多肽的氨基酸序列进行分析，与各种数据库所储存的已知多肽序列相比较，经常发现新发现的多肽的序列与已知的多肽有部分或者完全相同，而同一因子或者同一多肽家族中密切相关的因子的实际作用却可能截然不同。如胰岛素这种调节血液中葡萄糖水平的激素，以及胰岛素样生长因子(Insulin-like Growth Factor，IGF)均发现在胚胎中存在，甚至在胰脏的胰岛细胞形成之前就已经存在了。因此认为从成体中提取到的许多因子很可能参与了器官发育的控制。

这些生物信号分子至少有三种分类系统，分别基于其生物学功能、作用方式和信号作用范围、信号分子的化学性质来分类。

1. *按生物学功能分类*

虽然，人们通常会在生物学功能上来区别与分类一些生物信号分子。但是实际上这一分类有不足之处。因为，特定信号分子的生物学作用是依赖于其局部浓度、释放的时间、它所作用的细胞类型和细胞对该分子的敏感性的，它们在不同条件下往往有不尽相同的表现。而科学家们又往往根据惯例和猜想来决定一种因子属于哪一类。例如，两栖类胚胎中发现的信号分子，不论其功能如何，按惯例都叫做"诱导素"；研究生物模式形成的学者一般称之为"成形素"；植物学家则习惯于把信号分子均称为"激素"。所有这些分子能被划分为下列几种功能类型。

(1) 决定因子：决定单个细胞或者群体细胞的命运和定型，包括诱导素(Inducer)和成形素(Morphogens)。成形素参与生物形态建成，应用于形态发生领域细胞分化的空间顺序。诱导素由细胞释放后，作用于邻近细胞。

(2) 生长因子和细胞因子：介导增殖。

(3) 分化因子：启动终末分化。

2. *按作用方式和信号作用范围分类*

内分泌因子：由内分泌细胞分泌的物质分子进入血液循环运送至远处的、广泛区域的靶细胞，发挥调节作用，包括红细胞生成素。也如胰岛素和胰岛素样生长因子在早期胚胎中仅起局部作用，但一旦胎儿或新生儿的胰岛和肝脏开始发挥作用后，就释放到血液里发挥作用。这类物质分子称为激素。

旁分泌因子：由内分泌细胞分泌的物质分子进入组织液，弥散至周边邻近的靶细胞，调节其机能，此方式称为旁分泌，从旁分泌发挥其局部调节作用的内分泌细胞称为旁分泌细胞。旁分泌细胞分泌的信号分子经组织液弥散至邻近的靶细胞，故又称为局部激素。该因子是扩散到细胞间隙起作用的，如血小板源性生长因子（Platelet Derived Growth Factor，PDGF），在损伤的血管和组织再生时起作用。

自分泌因子：由内分泌细胞分泌的物质分子在局部扩散调节邻近细胞同时又能反馈作用于分泌细胞自身。分泌细胞自身也具有受体，能接收它们自己产生的信号，这些信号既能起刺激作用也可以作为抑制信号，导致释放该因子的细胞分裂或继续发出信号。如前列腺素（Prostaglandin，PG）是由前列腺合成分泌的脂肪酸衍生物（主要是由花生四烯酸合成的），它不仅能够控制邻近细胞的活性，也能作用于合成前列腺素的细胞自身。又如转化生长因子（Transforming Growth Factor，TGF）的自分泌刺激能够促进肿瘤发育。

3. 按信号分子的化学性质分类

目前所鉴定出来的信号分子大多是多肽，通过比较它们的氨基酸序列发现了许多蛋白家族。每一家族内，多肽分子的序列相同或相似。例如，在胚胎中，已发现下列信号分子家族。

（1）表皮生长因子家族：包括表皮生长因子（Epidermal Growth Factor，EGF）、角化细胞生长因子（Keratinocyte Growth Factor，KGF）、转化生长因子 α（TGFα）。它们能促进上皮细胞、成纤维细胞增殖，促进血管形成，加速伤口愈合，促进肿瘤生长等。

EGF 分子是一个含 53 个氨基区的多肽，其作用是刺激表皮组织的增殖和扩展。分泌 EGF 的细胞的外表面上具有 EGF 前体分子，该前体分子含数个 EGF 结构域，蛋白酶像切面包片一样，将 EGF 从前体分子上一个一个地切下来。无脊椎动物中几个重要的发育信号分子也属于 EGF 家族，包括果蝇的 notch 基因和 delta 基因的产物。这些基因编码的蛋白附着于细胞表面，起细胞黏附因子的作用，并在表皮和神经前体细胞分离中发挥功能。

（2）胰岛素家族：包括胰岛素样生长因子 IGF。胚胎发育结束以后，继续产生 IGF。出生后，该家族成员由肝脏产生，叫做促生长因子，垂体释放生长激素控制促生长因子从肝脏释放。生长激素和促生长因子能刺激幼体骨骼的生长。

（3）成纤维细胞生长因子（Fibroblast Growth Factor，FGF）家族：包括碱性成纤维细胞生长因子（basic Fibroblast Growth Factor，bFGF），这是两栖动物囊胚中作用较弱的中胚层诱导因子；酸性成纤维细胞生长因子（acid Fibroblast Growth Factor，aFGF），又叫做内皮细胞生长因子（Endothelial Cell Growth Factor，ECGF）。这一家族的成员是结合肝素的生长因子，能迅速结合到含有肝素的胞外基质中。

（4）血小板源性生长因子（PDGF）家族：因为血小板把它释放到血液中诱导凝血而得名。然而，PDGF 对胚胎发生也有作用，例如，它能促进平滑肌细胞和神经胶质细胞的生长。PDGF 由 A 链或者 B 链组成的同源二聚体或者异源二聚体（AA，AB 或者 BB）构成，胎儿出生后能介导幼体中损伤血管的再生。

（5）转化生长因子 β（TGFβ）家族：这个家族所有的成员都是二聚体糖蛋白，都与调节组织生长与分化有关。这些二聚体因子包括活化素和 Vg1，都是两栖类胚胎中强的中胚层诱导因子。该家族的某些成员还参与极体轴的建立和形态发生，如，爪蟾胚胎的活化素和果蝇的

DPP基因蛋白。也有破坏组织和器官的负调节生长因子。如性发育中的抗缪勒氏管因子(Anti-Mullerian Duct Factors,AMDF),又叫做缪勒氏管抑制物(Mullerian Inhibiting Substance,MIS)。AMDF属于TGFβ家族,该家族的其他成员仍有待发现。缪勒氏管是子宫、输卵管、阴道上段的胚胎原基。在男性,MIS/AMDF由睾丸支持细胞产生,而在女性,MIS/AMDF由卵巢颗粒细胞产生。在男性,睾丸支持细胞分泌的MIS/AMDF促使缪勒氏管衰退,因此维持了男性生殖管道的正常发育。睾丸支持细胞从胚胎形成期开始分泌MIS/AMDF,此后贯彻终生。青春期后,MIS/AMDF的水平缓慢下降到一个相对较低的值。在女性,血清MIS/AMDF的水平非常低,直到更年期,循环MIS/AMDF都维持在一个相对较低的水平。

21.3 信号扩散传导方式

一般习惯按信号扩散传导的距离与方式,将信号分子区分为三种类型:局部介质、神经递质、激素(图21-6)。

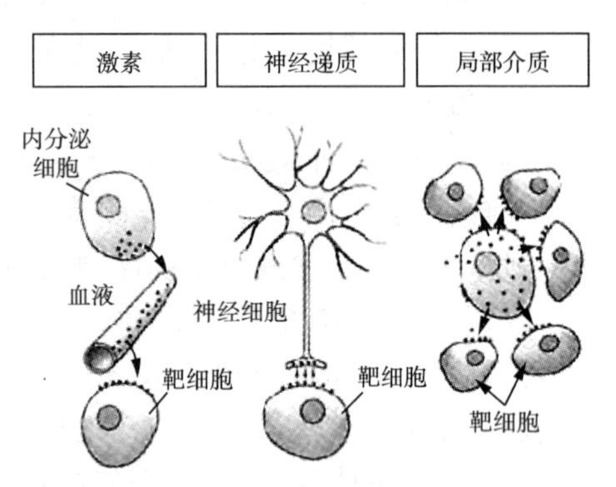

图21-6 三种不同类型的信号分子及其传导方式

局部介质:局部介质是由各种不同类型的细胞合成并分泌到细胞外液中的信号分子,它只能作用于周围的细胞。通常将这种信号传导称为旁分泌信号,以便与自分泌信号相区别。

神经递质:神经递质是由神经末梢释放出来的小分子物质,是神经元与靶细胞之间的化学信使。由于神经递质是神经细胞分泌的,所以这种信号又称为神经信号。

激素:激素是由内分泌腺和细胞(如肾上腺、睾丸、卵巢、胰腺、甲状腺、甲状旁腺和垂体)合成的化学信号分子。内分泌腺是人体内一些无输出分泌物导管的腺体。内分泌细胞从广义上说也是指具有特别明显分泌机能的细胞——单细胞腺而言。腺细胞(构成腺体的细胞)将其分泌物或分泌物的先驱物质在细胞内以单位膜包裹起来,称为分泌颗粒,借此以维持细胞质的原状稳定。内分泌腺的结构特点是腺细胞排列成索状、团状或围成泡状,不具有排送分泌物的导管,而毛细血管丰富。因此内分泌细胞分泌的物质分子通过血液循环输送作用于远距离处的特定细胞。也有少部分内分泌细胞的分泌物直接扩散于组织液而作用于邻近细胞,即为旁分泌。一种内分泌细胞基本上只分泌一种激素。以这种传导方式参与细胞通信的激素有三种类型:蛋白与肽类激素、类固醇激素、氨基酸衍生物激素。

然而,上述三种信号扩散的传导方式在细胞通信中均为不依赖于细胞接触的细胞通信过程,细胞通信是通过分泌的分子来传递进行的。

21.4 依赖于细胞接触的信号传导方式

依赖于细胞接触的细胞通信,是指通过细胞的接触,包括通过细胞黏着分子介导的细胞间黏着、细胞与细胞外基质的黏着、连接子(植物细胞为胞间连丝)介导的信号传导。

在通过细胞接触进行的通信中,信号分子位于细胞质膜上,两个细胞通过信号分子的接触传递信息(图 21-2)。与可扩散的信号分子相对的是静态信号分子,如糖蛋白信号分子,它锚定在具有信号传导功能的细胞膜上。只有邻近的靶细胞能感受到暴露在细胞表面上的这类信号分子的出现。糖蛋白能使邻近细胞进行相互识别,此外,还具有典型的黏合功能,能介导细胞间的物理黏附。因此,它们被叫做细胞黏附分子(Cell Adhesion Molecule,CAM)。

细胞黏附分子是参与细胞与细胞之间及细胞与细胞外基质之间相互作用的分子。细胞黏附指细胞间的黏附,是细胞间信息交流的一种形式。而信息交流的可溶递质称细胞黏附分子。

细胞黏附分子都是跨膜糖蛋白,是一类独立的分子结构,由三部分组成:①胞外区,肽链的N端部分,带有糖链,负责与配体的识别;②跨膜区,多为一次跨膜;③胞质区,肽链的C端部分,一般较小,或与质膜下的骨架成分直接相连,或与胞内的化学信号分子相连,以活化信号转导途径。多数细胞黏附分子的作用依赖于二价阳离子,如 Ca^{2+}、Mg^{2+}。细胞黏附分子的作用机制有三种模式:两相邻细胞表面的同种 CAM 分子间的相互识别与结合(亲同性黏附);两相邻细胞表面的不同种 CAM 分子间的相互识别与结合(亲异性黏附);两相邻细胞表面的相同 CAM 分子借细胞外的连接分子相互识别与结合。

例如,邻近细胞的相互作用通过膜相关的酶进行,膜锚定的糖基转移酶可以将存在于细胞外液的单糖转移到邻近细胞膜的受体分子上。添加糖分可能导致受体分子构象的改变,接着进一步激活信号转导通路(18.7 节)。

而有时,膜锚定的多肽可被暴露于邻近细胞外表的酶分解,这个多肽从前体上裂解下来,成为易扩散的、细胞间的信号分子。例如,表皮生长因子(EGF)即是从一个膜锚定的多肽前体分子裂解而成的,又如 SPATZLE 分子(图 6-25)。

21.5　激素

细胞间隙充满了液体,不同的具有信号功能的分子即被释放在其中,信号分子在细胞间隙中传播。如按照它们的生物学功能、释放的位点或传统习惯称谓,这些物质被叫做成形素、诱导子、生长因子、分化因子、组织激素或旁分泌激素、调节物、介导物、诱发物等。它们扩散的距离从几个纳米到几毫米,介导位置信息和局部诱导。一些因子也可能是化学吸引物,指导细胞的移动或生长,如神经生长因子(NGF),它引导交感神经的轴突和树突纤维的生长。

广义上,这些信号分子都是引起胞内外液体相互关联的化学物质。但狭义上,即现在一般是把动物体内的固定部位(一般在内分泌腺内)产生的而不经导管、直接分泌到血液中(图 21-7),并输送到体内各处使某些特定组织活动发生一定变化的化学物质,总称为激素。

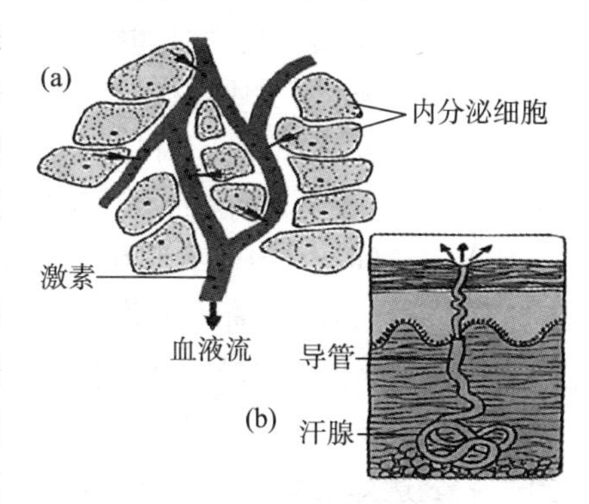

图 21-7　两种分泌方式

(a)激素直接进入周围血管;
(b)汗腺通过导管分泌出汗液

激素信号分子很适合协调广泛的生理发育过程,如变态过程和性发育(而不是介导位置信息或作为局部诱导剂)。但激素何时何地发挥其功能呢?激素又如何使得某一生物体中发生的变态发育和性发育的重组织和重调整在时间上同步化呢?

在动物生理学上,激素被定义为:由特定激素腺体产生、释放的,通过血液、淋巴等循环液体分布到全身的信号分子。因此,只有具备了相应激素受体的细胞才能够对特定激素信号发生反应。细胞如何对一种激素刺激发生反应是由该细胞预先的程序所决定的，即反应是细胞类型和个体功能的结果。各种细胞对同一激素的反应是不同的。而激素与不同类型细胞受体的结合是特异性的，因此，即使仅有少量激素释放也能引发广泛的反应，一种相同的激素执行着多种效应。

人体的内分泌腺(图 21－8)有垂体、甲状腺、胰岛、肾上腺、甲状旁腺、胸腺和性腺。此外，松果体和分布于胃肠道黏膜中的内分泌细胞，以及下丘脑的某些神经细胞，也具有内分泌的功能。只有当腺体自身与靶细胞受体的条件都发育成熟后才能实现作用，且激素是循环流动、浓度恒定的，因此它们不是像旁分泌激素那样传递位置信息，而作为时间触发信号。

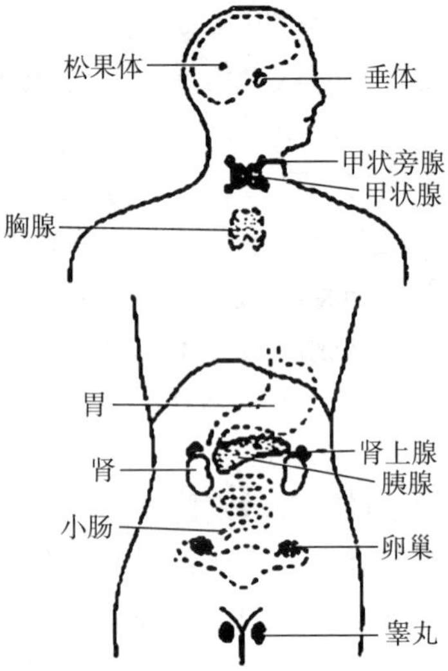

图 21－8 人体内分泌腺的位置

21.6 激素对早期发育的影响

激素还影响早期胚胎发育。当哺乳动物的胚胎植入母体子宫壁，母体与胎盘之间的接触建立后，母体激素就通过胎盘屏障的缝隙进入胎儿的血液，开始影响胚胎发育。母体激素对人胚胎和胎儿的影响可能具有重要作用。一般认为，母体应激激素，如肾上腺激素和皮质醇，能像性激素一样，进入胚胎。某些母亲患病时，产生雄性激素，尽管未使胎儿的遗传性别发生变化，却可能重新调整身体和胸的发育，使得女孩向男性方向发展。

早期胚胎甚至在激素腺体形成之前，胚胎就已经产生某些重要的激素。早在胚泡期，植入胚胎中的滋养层就产生孕酮，影响周围的母体组织，至少阻止它周围的组织发生月经期流血，而这种流血对胚胎是灾难性的。另外，胚胎产生几种促性腺多肽，使母体月经完全停止，为怀孕做准备。

用灵敏的分析方法显示，胚胎各部分存在某些激素和激素受体。如胰岛素、胰岛素样生长因子 IGF 在胰腺和胰岛形成之前就已经存在了。研究表明：在妊娠早期，孕激素调节子宫内膜及早孕蜕膜和绒毛发育及胚胎种植的促进都是通过 IGF 介导的，其作用的机制是增加细胞外基质的粘连，刺激滋养层细胞的侵入及迁移，促进胚胎早期种植。体外实验发现 IGF 能促进早期妊娠蜕膜和绒毛对葡萄糖和氨基酸的转运，且呈剂量依赖关系，这提示了胎循环建立之前，胚胎主要从周围环境摄取营养，可能通过了 IGF 的作用。

对 IGF 中的 IGF－Ⅰ和 IGF－Ⅱ的大量研究表明，IGF－Ⅰ和 IGF－Ⅱ能诱导分化或促进分化功能的表达。其精确的生物学效应取决于细胞发育的状态及其他激素或生长因子的存在。尤其是在不同的组织，不同生长发育期，IGF－Ⅰ和 IGF－Ⅱ的作用及水平有相当的差异。IGF－Ⅱ被称为出生前的主要生长因子，不需生长激素调节，在多种组织器官中表达。在胚胎发育期 IGF－Ⅱ mRNA 水平较 IGF－Ⅰ mRNA 要高得多，在胎儿肝脏、小肠、肾上腺等组织有高浓度的 IGF－Ⅱ mRNA，IGF－Ⅱ主要在胚胎发育，尤其在中枢神经系统的生长中起作用，但出生后表达却受到抑制。而 IGF－ImRNA 在肝、心、肾的表达出生后较出生前增加较多；而在肌肉、胃、睾丸等出生后较出生前明显下降；只在脑和肺中呈波浪式变化。IGF－I 主要提高蛋白质合成中氨基酸的利用率，抑制蛋白质降解，提高蛋白质的净增率；促进骨细胞和肌肉细胞的增殖，进而促进动物胚胎发育、骨骼和肌肉的生长与修复。研究证实，IGFs 分泌不足会导致胎儿宫内发育迟缓。

21.7 激素系统的生理结构等级

形态学、生理学、生物化学研究揭示，所有动物的激素系统无论是同源的还是趋同进化来的，都发现有明显相似的等级化组织，如昆虫和脊椎动物之间的相似控制等级：

大脑信号→神经分泌细胞(下丘脑)→神经血器官(垂体前叶、垂体后叶)→二级激素腺体(甲状腺、肾上腺、性腺等)→体内循环系统→终末靶目标

大脑起着非常重要的作用。因为在控制变态发育和性发育时，大脑必须综合环境信息，并对日照时间、当前的温度和性伙伴的存在等信息加以整合。

神经分泌细胞(分泌内分泌信号)联系着神经系统和内分泌系统。这些细胞通过突触接收神经系统的命令，反过来发出内分泌信号。脊椎动物的神经分泌细胞位于下丘脑-垂体(图21-9)。

在脊椎动物的激素系统中，下丘脑与脑下垂体组成了一个完整的神经内分泌功能系统，称下丘脑-垂体系统。该系统可分为两部分：下丘脑-腺垂体系统与下丘脑-神经垂体系统。

下丘脑-腺垂体之间的血管系统是下丘脑调节腺垂体的主要神经体液途径。垂体血液来自垂体上动脉和垂体下动脉。上动脉来自脑基底动脉环，下动脉来自颈内动脉。上动脉进入垂体后，在垂体内形成一个特殊的门脉，即垂体门脉系统。垂体上动脉在下丘脑正中隆起和漏斗柄处分支吻合成毛细血管网，形成门脉的第一级毛细血管丛；第一级毛细血管丛又汇合若干长短不等的静脉血管，沿垂体柄下行至腺垂体的腺细胞之间形成丰富的血窦，构成第二级毛细血管丛。由下丘脑基底部促垂体区的某些肽能神经元产生和分泌的神经激素经神经轴突转运到中隆区，并可通过两级的毛细血管丛及门静脉运至腺垂体细胞，这里血液与腺细胞间只隔一层窦壁内皮细胞及窦周间隙，因此激素易于透过血液而作用于腺垂体，引起腺垂体有关激素分泌，而实现丘脑下部对腺垂体的调节。而垂体下动脉则进入了神经垂体，也分成毛细血管丛。但下丘脑的视上核和室旁核有神经纤维下行到神经垂体，构成下丘脑-垂体束，所合成的激素沿垂体束纤维的轴浆直接运输到神经垂体贮存，当神经冲动传来时便由神经垂体释放入血。故把神经垂体看作下丘脑的延伸部分，组成下丘脑-神经垂体系动。

神经-血器官即指由神经垂体和腺垂体两部分组成的漏斗部分。其中，腺垂体称为垂体前叶，分泌一系列蛋白质和多肽激素，如促甲状腺激素(TSH)、促肾上腺皮质激素(ACTH)、促黄体生成激素(LH)、促卵泡成熟激素(FSH)、催产素(PRL)、生长激素(GH)、促黑激素(MSH)、促脂解素(LPH)、内啡肽等。这些从腺体分泌出的微量激素进入血液循环，被输送到二级激素腺体诸如甲状腺、肾上腺皮质、性腺等外周内分泌腺体及乳腺、骨骼、肌肉等器官，分别刺激相应靶腺产生和分泌特异的激素及调节机体和组织的生长等功能。而神经垂体又称垂体后叶，因通过神经纤维束与下丘脑直接相连而得名，分泌催产素与加压素。这两种激素是由下丘脑的神经性分泌核团——视上核(主要合成分泌加压素)与室旁核(主要合成分泌催产素)所产生的，经神经轴突运到垂体后叶的神经末梢处贮存，当受到生理刺激后才从该处释放进入血液循环。神经-血器官中的神经垂体和腺垂体，它们的机能及与下丘脑的关系各不相同，是各自独立的两个内分泌腺。神经垂体不含腺细胞，故不能合成激素，只是贮存与释放激素的场所。腺垂体是非常重要的内分泌腺，但其分泌各激素的活动并不自主，分别受控于下丘脑激素。在这调控过程中，靶腺激素在血液中的水平过高，垂体细胞还可能分泌一些化学物质以调节神经纤维的活动的激素的释放。反过来也能减弱垂体或与下丘脑的分泌活动。因此，下丘脑、垂体与靶腺之间，层层控制，相互制约，组成一个闭环的反馈系统，而垂体激素起到承上启

下的作用。

因此,下丘脑-神经垂体系统,是神经的直接联系系统,下丘脑视上核和室旁核的神经内分泌细胞所分泌的肽类神经激素可以通过轴浆流动方式,经轴突直接到达神经垂体,并贮存于此。如图 21-9 所示,下丘脑视上核的神经内分泌细胞所分泌的抗利尿激素-加压素,经神经纤维直接运送进入神经垂体贮存。当机体饮水不足或食物过咸时,经神经垂体释放抗利尿激素,作用于肾小管和集合管,提高远曲小管和集合管对水的通透性,促进水的吸收,是尿液浓缩和稀释的关键性调节激素。抗利尿素分泌若超过生理剂量,可导致小动脉平滑肌收缩,血压升高(故又称加压素)。

下丘脑-腺垂体系统是神经与体液的联系系统,是下丘脑促垂体区的肽能神经元通过所分泌的肽类神经激素(释放激素和释放抑制激素),经垂体门脉系统转运到腺垂体,从而调节相应的腺垂体激素的分泌。如图 21-9 所示,分泌调控激素的下丘脑神经元,如合成分泌促甲状腺激素释放激素,经垂体门脉系统到达腺垂体细胞,刺激腺垂体合成促甲状腺激素。若将动物垂体切除后,动物体内的促甲状腺激素将会减少。促甲状腺激素的减少反馈到下丘脑,又刺激下丘脑立刻分泌并释放促甲状腺激素释放激素,来刺激腺垂体释放促甲状腺激素。当促甲状腺激素的减少不会得到缓解,下丘脑将会一直释放促甲状腺激素释放激素,导致动物体液中促甲状腺激素释放激素的增加。

脊椎动物的下丘脑-垂体系统,在昆虫中则位于间脑-心侧体-咽侧体(图 22-1)。

在昆虫中,昆虫脑既是神经中枢,又具有分泌激素的功能。无头幼虫、无头蛹或无脑蛹能生活很长时间,不取食,不爬动,但能呼吸,背血管仍能有规律地搏动。如果将别的昆虫的脑移植入这些无头幼虫或无脑蛹的体内,不管移植的部分在身体何处,过了一段时间,这些无头幼虫或无脑蛹又可恢复发育。将脑磨碎,或将脑的活性物质抽提出来,再注射入无头幼虫或无脑蛹体内,这些无头幼虫或无脑蛹也能恢复发育。显然昆虫脑具有分泌激素的功能。

昆虫脑神经分泌细胞在脑内的分布有一定规律,依据它们的位置可分为间脑中部神经细胞,背神经分泌细胞,腹神经分泌细胞,背侧神经分泌细胞等。脑神经分泌细胞分泌许多颗粒,或称脑激素。

脑神经分泌细胞在受到内外环境因子刺激后才开始周期性的分泌活动。吸血蝽要饱餐一顿后才进行生长蜕皮活动。当其吸入大量血液后,腹部充分膨大伸展,产生一种向心的刺激信号,促进脑神经分泌细胞活动。如果不让吸血蝽获得食物,它的脑神经分泌细胞能保持静息状态几个月而不活动。切断吸血蝽前胸神经索,让它饱餐一顿。虽然腹部能膨大伸展,但腹部膨大的信号不能传递到脑,神经分泌细胞不活动,脑激素很少,前胸腺不能活动,蜕皮激素含量也非常少,因而不能蜕皮。

除食物外,光线也是非常重要的刺激因素。光照时间长短对昆虫感觉器官产生的长光照或短光照的刺激效应,经传递入脑,也可影响神经分泌活动,如在一些鳞翅目昆虫,当光照周期长达 16 小时以上时,甚至可影响其滞育状态。脑神经分泌细胞正是在内外环境因子激动或抑制下,周期性释放激素,从而影响蜕皮激素的周期活动,以调节昆虫的周期性生长发育和蜕皮。

昆虫的脑分泌颗粒(脑激素)经过心侧体神经输送到心侧体,从心侧体再释放到体液中,也有部分通过心侧体轴突输入咽侧体。而脑神经分泌细胞的轴索也直接伸入咽侧体中。心侧体是脑神经分泌物质的贮藏器。鳞翅目的咽侧体也是脑激素的接受器,植入的咽侧体有激活前胸腺的作用,咽侧体的提取物也具有促前胸腺的功能。此外,昆虫的脑分泌颗粒还经由逆走神经输入背血管的管壁区,然后直接渗入血液中。

心侧体接受脑激素-促前胸腺激素，由心侧体贮存并释放的促前胸腺激素能激发前胸腺分泌蜕皮激素，控制昆虫幼期的脱皮作用。因此，昆虫的心侧体只有贮存和释放激素的功能。而咽侧体则是能接受脑激素，并能合成分泌保幼激素以控制昆虫变态和蜕皮的内分泌腺体。咽侧体分泌的保幼激素是多种倍半萜类的总称，现已知有5种保幼激素，即JH0、ISOJH0、JHI、JHⅡ和JHⅢ。在同一种昆虫中的咽侧体分泌细胞可能只分泌一种保幼激素。保幼激素的主要功能是抑制"成虫器官芽"的生长和分化，从而使虫体保持幼期状态。保幼激素也有刺激前胸腺的作用，即在昆虫幼期保幼激素存在的情况下，前胸腺不会退化。

动物的激素系统即具有这种生理结构等级，产生肽类激素的神经分泌细胞将其轴突末端的内容物释放入神经-血器官，再由其发出控制激素以调节二级激素腺体的活动，如脊椎动物的胸腺、昆虫的前胸腺。二级激素腺体释放的激素到达机体的终末靶目标。并且，等级间级级控制制约，组成了一个反馈系统(图21-10、图22-3)。

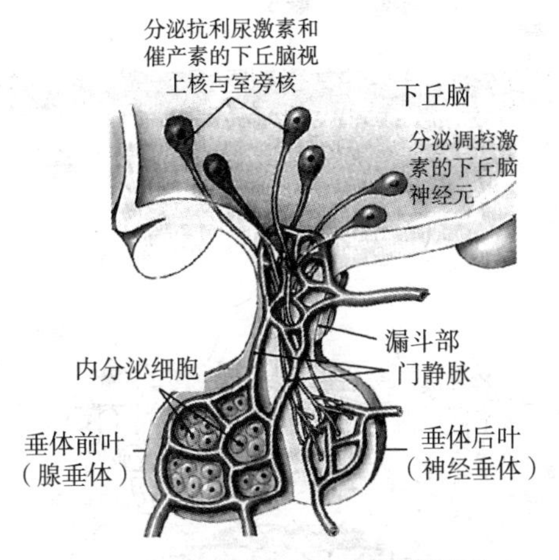

图21-9　脑、下丘脑、垂体的联系

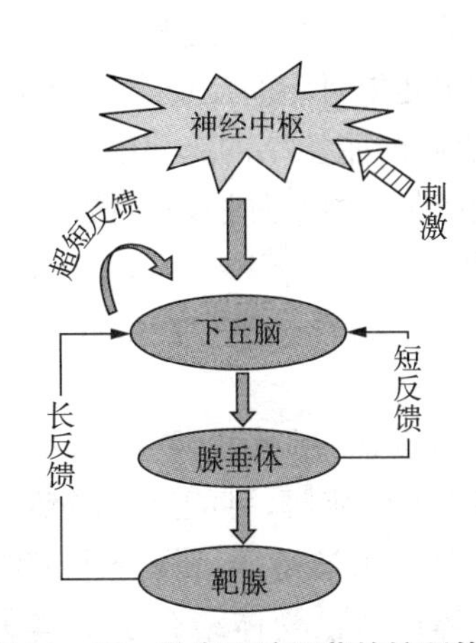

图21-10　激素系统调节的控制等级

21.8　激素的作用机制

激素按化学结构大体分为以下四类。

第一类为类固醇，如肾上腺皮质激素、性激素。

第二类为氨基酸衍生物，有甲状腺素、肾上腺髓质激素、松果体激素等。

第三类激素的结构为肽与蛋白质，如下丘脑激素、垂体激素、胃肠激素、降钙素等。

第四类为脂肪酸衍生物，如前列腺素。

无论如何分类，各类信号分子，通常启动的是相同的信号传导系统。

1. 肽类激素

可溶性的肽类激素触发的通常是由膜结合的信号传导级联反应(图21-3～图21-5)。多肽信号由膜结合受体接收，通过信号传导途径，信号被扩大，并进入细胞不同的部分。信号传导系统主要有以下几类。

(1) 具有胞内酪氨酸激酶活性的跨膜受体

该系统被信号分子如EGF、TGFα、PDGF、胰岛素、IGF等激活。受体被相应配体(胞外信号分子)占据时，两个受体就结合形成二聚体，将ATP的磷酸偶联到对方受体胞内结构域的酪氨酸残基上，互相磷酸化而激活，这一过程叫做自磷酸化。而且，活化的受体可以反过来使更加广泛的胞内靶分子磷酸化。此外，酶和调节因子，如磷脂酶 γ，能附着到二聚体受体的磷酸化结构域。反过来，磷脂酶 γ 切割膜结合的磷脂产生第二信使，如二酰基甘油。

（2）具有丝氨酸/苏氨酸激酶活性的胞内跨膜受体

配体占据功能性受体而形成异聚体。这类受体的配体有 TGFβ 家族，包括活化素和 DPP 等诱导因子。

（3）cAMP 信号传导系统

（4）PI－PKC 信号传导系统

该系统曾在 8.7 节“PI－PKC 信号传导系统”中介绍过，它参与各种各样的反应，包括受精时卵子的激活、抗原激活 B 淋巴细胞、从原肠顶部发出神经化信号诱导脊椎动物中枢神经系统的产生，两栖类变态发育时促胸腺激素（TSH）对胸腺的刺激。

由于细胞往往装配了许多的受体和相应的信号传导系统，这些系统之间的相互作用使得可能的反应大大增加。例如，附着有磷脂酶 γ 的跨膜酪氨酸激酶受体能产生二酰基甘油，从而激活 PI 信号传导途径支路。

2. 附着于胞内受体的脂溶性信号载体

固醇类激素、视黄酸、胸腺激素能穿透脂溶性的细胞膜，可能迅速激活膜结合的酶及离子通道。信号分子最终被胞质受体结合。受体结合了配体进入细胞核，结合到特定的结合位点——它们所控制基因的调节区。配体结合受体，与其他的受体形成二聚体（同源二聚体或者异源二聚体），从而作为控制基因活性的转录因子起作用（图 21－11）。

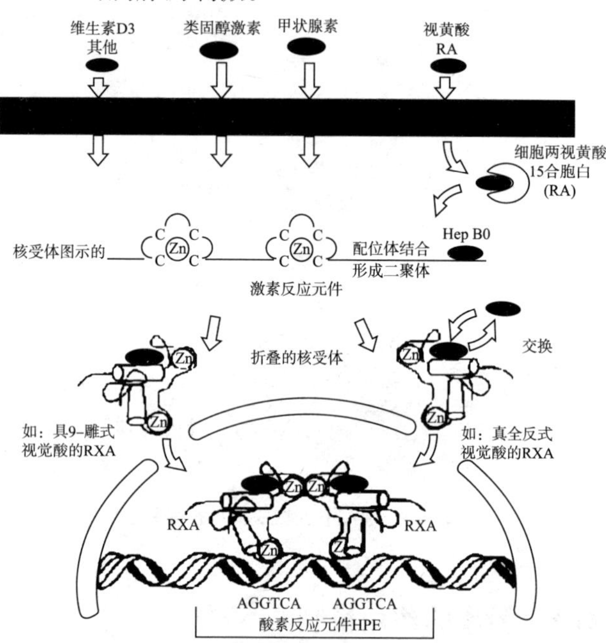

图 21－11　附着于胞内受体的脂溶性信号载体

（脂溶性信号分子能激活膜上结合的酶及离子通道而穿透脂膜，被胞质受体结合进入细胞核，结合到其所控基因调节区起转录因子作用）

第22章 变　　态

大多数生活在海底的海洋无脊椎动物能产生浮游生活的幼虫。在浮游生活的这一时期，这些幼虫以其他浮游生物为食，然后寻找瞬时的适合于成体生活的环境固着下来。具浮游幼虫的无脊椎动物包括棘皮动物海胆的长腕幼虫；环节动物多毛纲的担轮幼虫(沙虫、管虫等)；软体动物的面盘幼虫；帚虫动物的福轮幼虫(一种细长蛹虫状固着生活的动物)；甲壳虫的无节幼虫(虾、蟹、藤壶)及被囊动物蝌蚪样的幼虫。浮游的幼虫经过变态和固着发育成成虫。变态中幼虫特有的构造形式常常是与某种功能相联系的。如海胆的长腕幼虫能在海洋中随洋流移动，而成年的海胆营固着的生活方式。蝴蝶和蛾的幼虫是为摄食而特化的，具有口器，而它们的成虫是为飞翔和繁殖而特化的，成虫通常缺少口器。昆虫和两栖动物经变态后的新表型往往生活在与幼虫不同的新环境中，或至少利用的营养源与幼虫不同。两栖动物是最早登陆的脊椎动物，它们大部分的时间均在陆地生活，但大多数现存的两栖动物都要回到水中进行繁殖。它们的幼体在水中生活，以藻类和水生植物为食；而成体则在陆地生活，是肉食性动物。与两栖动物相似，昆虫的幼虫和成虫的食物也是不一样的。显然，通过变态，不仅成体的形态结构得以建立，同时其生理特性、行为、活动方式和生态表现与幼虫期有明显的不同。不同物种，变态的发生均有一些统一的规律：①幼体的一些特殊结构被放弃(如毛虫的腹足、蝌蚪的鳃和尾)；②适应性调整一些组织并保留到成体时期(如神经系统、外分泌器官)；③成体特有结构的发育(如昆虫的翅膀、两栖动物的肺)。

变态，是指由特异的激素(时间触发信号)经血液循环而远距离调控靶细胞或组织进行分化和发育的过程。在变态期间，发育过程被特异的激素重新激活，整个有机体发生巨大变化，为自己准备新的生活方式。由于极微量的激素就足以完成它的功能，所以要从组织中分离却是极其困难的，激素控制发育引起细胞分化的研究分析也主要集中于发育明显的变态中。变态中的变化不仅是形态结构的变化，而且在生化分子水平发生明显的变化。

22.1 昆虫的变态

变态是昆虫类的一个重要生物学特点，不仅这类动物的胚后发育、生长和性成熟都完成于变态期，而且其历史发展过程亦由变态的各个环节反映出来。不少种类昆虫的变态期占其生命周期的绝大部分时间。

昆虫和其他节肢动物在生长和发育的一定阶段要产生蜕皮。节肢动物外表被覆一层不具伸展性的表皮，这层表皮必须周期性地蜕掉，并重新更换以便生长和身体形态的转变。每次蜕皮时，真皮与旧表皮分离，旧表皮被部分溶解，然后膨胀，发生皱褶，在旧皮下分泌出一层柔软的新皮。当旧皮蜕去时，通过压缩体液产生静水压使真皮和具弹性的新皮一起伸展。

昆虫通过变态从幼虫转变成成虫。昆虫的变态有多种形式，主要表现如下。

1. 半变态

半变态是一种不经过蛹期的变态形式，故又称为简单变态，或不完全变态。少数低等的昆虫种类，如衣鱼、跳虫和双尾虫等的幼体虽经历多次蜕皮，但不具明显的幼虫期而是直接发育。这种变态又称为原变态，可归于简单变态。

简单变态模式的特点就是幼虫经过一至数次蜕皮后直接化为成虫。许多直翅类和半翅类的昆虫，如蝗虫和臭虫等属于半变态的模式。它们经历一种渐进的变态，成虫的器官基本上是随着每次蜕皮逐渐长大而成，不但各期幼虫之间很少有形态上的差别，甚至在末期幼虫和成虫之间亦无重大差别(图 6 - 25)。在变态过程中成体器官的形成无任何明显的不连续性。翅、生殖器官和其他成体构造的原基在孵化时就已存在，它们随着每次蜕皮变得更成熟。在最后一次蜕皮后形成具翅的和性成熟的昆虫成体。半变态昆虫的幼虫形式统称为若虫，其两次蜕皮的间期称为龄期，处于龄期中的若虫也可称为龄虫。蜉蝣和蜻蜓等的若虫皆为水生，以鳃为呼吸器官，故特称为稚虫。当稚虫羽化时，有些幼虫的器官退化消失，有的被保留下来。大多数半变态昆虫的末期幼虫的翅芽不具任何功能，唯独蜉蝣类动物的该期幼虫的翅具有飞翔的功能，因而称这种末期幼虫为亚成虫(Subimago)。

进行简单变态发育的昆虫有无翅昆虫(无翅亚纲)、草地跳跃昆虫(直翅目)、蟑螂(蜚蠊目)、白蚁(等翅目)、虫蠼螋(革翅目)、蜉蝣(蜉蝣目)、蜻蜓(蜻蜓目)、臭虫(半翅目)、吸虱(虱目)和蝉(同翅目)。

2. 全变态

在双翅类、鞘翅类和鳞翅类昆虫，如蝇、甲虫、蛾和蝴蝶中，其发育在幼虫和成虫期之间有一个明显突然转变的蛹期，称为全变态。新生的幼虫(蛆、蛴螬和毛虫)随着它们的长大经历一系列的蜕皮。新孵出的昆虫幼虫被一个硬的角皮(Cuticle)覆盖着。为了长大，它们必须产生一个新的较大的角皮，并蜕去旧的。因此，这些昆虫的胚后发育是由连续的蜕皮组成的。尽管在变为成虫前蜕皮的次数是因种而异的，但环境的因素会增加或减少蜕皮的次数。最后一期龄虫称为蛹前龄虫。在此之前，幼虫以生长作为主要特征。蛹前龄虫经过一次变态蜕皮，变成蛹。此过程称为蛹化(Pupation)。蛹并不摄食，它们依靠幼虫消化的食物作为能量来源。在蛹的角皮中发生从幼虫到成虫的转变。此时幼虫旧身体的大部分被系统地破坏，许多幼虫的器官被放弃并被吞噬细胞所吸收，随之新成虫的器官由未分化的细胞群——成虫盘发育产生。这是一个名副其实的脱胎换骨的时期。在经过这些剧烈的变化后发育为成虫，它经历最后一次蜕皮，成虫蜕皮(Imaginalmolt)产生一个成熟的昆虫。此过程称为羽化(Eclosion)。蛹化和羽化是全变态过程中两次最重要的蜕皮。

在果蝇中具有 10 对主要的、重建整个成体(除腹部)的成虫盘和 1 个形成生殖结构的生殖盘(图 6 - 26)。腹部表皮是由一小组位于幼虫肠的区域，称为成组织细胞(Histoblasts)的成虫细胞和其他一些成组织细胞团形成的，后者位于整个幼虫中，它们将来形成成虫的内脏器官。

进行完全变态发育的昆虫有金眼虫和蚁狮(脉翅目)；茶蝇(毛翅目)；蛾和蝴蝶(鳞翅目)；真蝇和蚊子(双翅目)；蚤(管翅目)；甲壳虫(鞘翅目)和黄蜂、蚂蚁、蜜蜂(膜翅目)。

22.2 两栖类的变态

两栖类在系统发生中是作为脊椎动物从水生到陆栖过渡的联系类型，因此两栖类的变态通常是与那些使水生的幼虫准备成为陆栖生活成体的变化相联系的。这些变化不仅是外部形态的变化，而且包括内部重新改建神经系统、消化系统和生殖系统等，同时也引起肝脏的酶、血红蛋白和视网膜色素发育的成熟。

两栖类的变态因其进化发展和水平的不同，以及生活环境的差异，在所属各目动物之间表现一些不同的变化。但总的规律是由具尾的幼体形态过渡为成体的形态。在无尾目变态期间经历了更显著的、肉眼可见的明显变化，而且几乎每个器官都是修饰改造的对象。从蝌蚪后肢芽出现开始进入前变态期(Prometamor Phosis)。在后肢发育基本完善后开始前肢的发育，在四肢生出后，进入变态顶峰期(Metamorphic Climax)。在此期间，蝌蚪的尾被不断分解，吸收，逐渐变短，最后完全消失。同时一些细微结构及其内部结构也经历了剧烈的变化。

比如蛙，变态过程中这些性状的丢失和获得都是在几周内逐渐持续进行的，没有静止阶段，蝌蚪在运动和捕食过程中逐渐变成了成体(图 6 - 39)。

由于运动方式由水中游动转变为陆地用腿跳跃，在前变态时下肢出现；在变态顶极阶段蝌蚪从鳃腔中伸出隐藏的前肢，然后逐渐吸收尾部。与此同时，感觉器官发生较大的变化，随着幼体(蝌蚪)用于检测低频水波和水流状况的侧线感觉系统退化，眼和耳的结构发生一系列变化。眼球更加突出并移向背部，形成瞬膜和眼睑。蟾蜍、蝌蚪分离的内、外角膜在变态初期后肢发育晚期，前肢出现前，首先在正对晶状体的中央部位开始愈合，在完成变态时全部愈合，并从此失去了诱导皮肤移植片转变为透明角膜的能力，眼中的色素也发生变化。蝌蚪像淡水鱼一样，视网膜中主要的感光色素是视紫质(Prophyropsin，视蛋白＋视网膜 A2 分子)，在成体中变为视紫红质(Rhodopsin，视蛋白＋视网膜 A1 分子)，一种陆生脊椎动物所特有的感光色素。耳也经历了进一步的分化，中耳发育，鼓膜成为蛙和蟾蜍所特有的。当肺形成时，内鳃被吸收消失，鳃弓退化，肺发育增大，肌肉和软骨进一步地发育，以便将空气泵入和泵出肺。

呼吸方式的改变伴随着循环系统的变化，主动脉弓和一些大血管被改造，成红细胞中合成了一种与氧亲和力较低的血红蛋白新亚类，这一情况是随着成红细胞生成器官由肾改为脾和骨髓而出现的。蝌蚪的血红蛋白比成体的结合氧要快一些，释放氧慢一些。而蝌蚪的血红蛋白结合氧是不依赖 pH 的，而蛙的血红蛋白(像大多数其他脊椎动物的血红蛋白一样)显示出与氧的结合随 pH 的升高而增加。

同时，皮肤的结构也随之发生变化，为防止干燥，成蛙皮肤由致密的角蛋白构成，其中有散在的丰富的黏液腺，形成皮肤腺。皮肤变得坚韧以适应陆栖生活，并有眼睑保护眼睛。用于撕裂植物的角质牙脱落，口加宽，颚肌和舌肌发达，以适应从撕裂植物到扑食飞虫的摄食活动的改变，特有的较大的消化管变短，肠胃适于食肉习性。

在变态过程中，肝和肾装备了一套新的从二氧化碳和氨产生尿素所需的酶系统，它们在肝中构成尿素循环。蝌蚪像大多数淡水鱼一样是排氨的，是通过扩散将氨释放到水中的排氨排泄。而成体的蛙像大多数陆生脊椎动物那样，是排尿的。即由氨代谢转变为尿代谢，是将氨转变为尿素而通过排尿素排泄的。尿素和氨都溶于水，但尿素的毒性更大。尿素生成后可暂时储存于血液中，然后由肾排出。以排出同量含氨废物为准，与排氨法相比排尿可以减少水分损失，有利于陆上生活。

22.3 昆虫与两栖类变态的激素调控

变态时机体的这些变化都是由激素信号诱导同步发生的。与所有激素控制的事件一样，不同的器官和组织在发育的不同阶段对变化着的激素信号的反应也不一样。

1. 昆虫变态的激素控制

昆虫变态的激素控制由1934年Wigglesworth的著名实验所证实。Wigglesworth研究一种吸血蝽(Rhodnius Prolixus),它在经历明显的变态前有5个龄期。在实验中将一个吸血蝽1龄幼虫的头部切除后,将其颈部与一个蜕皮的5龄幼虫的头部相连时,小的1龄幼虫发育出成虫的角皮、身体结构和生殖器。Wigglesworth证明,靠近昆虫脑的咽侧体(Corpora Allata)产生一种激素,它抑制进行变态的倾向。如果从一个3龄幼虫中除去咽侧体,下一次蜕皮幼虫将变为一个早熟的成虫。相反,如果将从4龄幼虫中取下的咽侧体植入另一个5龄幼虫中,这种幼虫将蜕皮成为特别大的"6龄"幼虫,而不是变为成虫。

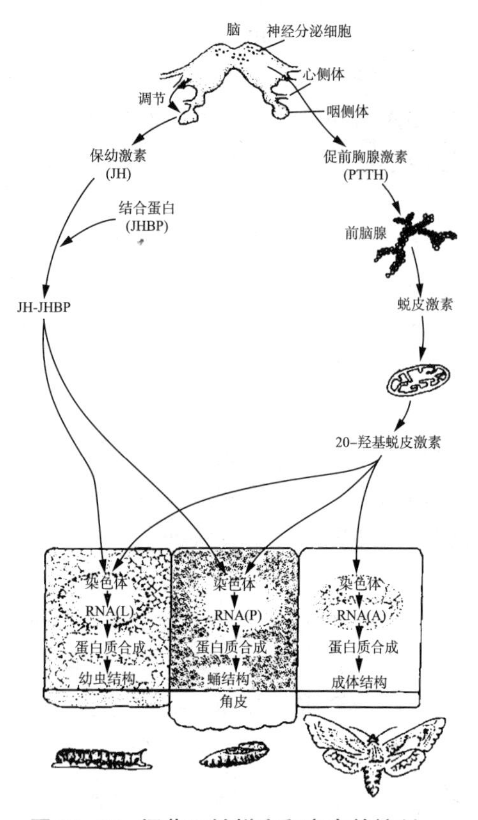

图22-1 烟草天蛾蜕皮和变态的控制

与昆虫变态直接相关的激素主要有两大类:一类是由心侧体贮存并释放的脑激素-促前胸腺激素以调控前胸腺分泌的蜕皮激素(Molting Hormone),它负责幼虫新壳的泌成和硬化、蛹化、蛹壳形成及与蜕皮相关的生长和分化等。另一类是由咽侧体分泌的保幼激素(Juvenile Hormone),它主要抑制上述蜕皮激素负责的各种活动,协调控制蜕皮的特征发育。虽然激素控制昆虫变态的详细机制在种间是不同的,但激素作用的一般模式通常是非常相似的。昆虫的变态是由脑神经分泌的肽激素所控制的,并由上述蜕皮激素和保幼激素两类激素调节的(图22-1)。

蜕皮过程是在脑中起始的,脑中的神经分泌细胞在对神经的、激素的和环境的因子起反应中释放促前胸腺激素(Prothoracicotropic Hormone,PTTH)。PTTH是一类相对分子质量约40 000的肽激素,它刺激前胸腺产生蜕皮激素,但蜕皮激素并不是一种活性激素,它只是一种激素原(Prohormone),必须转变为一种活性形式才具有活性功能,这种转变是在如脂肪体那样的周围组织的线粒体或微体中,由含血红素(亚铁原卟啉)的氧化酶完成的。在此过程中,蜕皮激素被转变为有活性的20-羟基蜕皮激素。每次蜕皮是由一次或多次20-羟基蜕皮激素的波动引起的。对一个幼虫的一次蜕皮来说,第一次波动是在幼虫的血淋巴(血)中产生20-羟基蜕皮激素的小的升高,并诱发细胞定型的变化。第二个大的20-羟基蜕皮激素的波动引起一些与蜕皮相联系的分化事件。由这些波动产生的20-羟基蜕皮激素决定和刺激表皮细胞合成一些消化和重新利用角皮成分的酶。在某些情况下,环境条件能控制蜕皮过程。如天蚕蛾(Hyalophora Cecropia)在蛹形成以后PTTH的分泌停止。蛹在整个冬季保持这种暂停状态,称为滞育。如果不暴露于冷的天气,滞育将无限期延长。然而,一旦在冷的环境中暴露两周,当再转回到温暖的环境时,蛹便开始蜕皮。

在昆虫变态中,第二个主要的激素是保幼激素。在幼虫中,保幼激素是由咽侧体分泌的。咽侧体的分泌细胞在幼虫蜕皮时是有活性的,但在变态蜕皮期间是无活性的。这种激素可防止变态。只要保幼激素存在,20-羟基蜕皮激素激起的蜕皮导致一个新的幼虫龄期。在最后一次龄期，从脑到咽侧体的中间神经元抑制咽侧体产生保幼激素，同时体内对已存在的保幼激素的降解能力增加。这两种机制引起保幼激素的水平下降到一关键的阈值以下。这又激发从脑中释放PTTH。反过来，PTTH刺激前胸腺分泌小量的蜕皮激素，在相对缺少保幼激素的情况下，产生的20-羟基蜕皮激素决定细胞向蛹发育。在随后发生的蜕皮使幼虫转变到蛹。在蛹形成期间，咽侧体并不释放任何保幼激素，而20-羟基蜕皮激素刺激产生的蛹最后变为成虫。如果从幼虫中除去咽侧体，将使幼虫提前变态为较小的蛹或小的成虫(图22-2)。而注入外源的保幼激素到最后龄期的幼虫中，能诱发出一次额外的幼虫蜕皮，从而延缓幼虫的蜕皮期。因此只有在缺少保幼激素并接受20-羟基蜕皮激素的情况下，幼虫才能变态为成虫。其分子基础包含新基因产物的转录。实验证明，在缺少保幼激素的情况下，20-羟基蜕皮激素诱导从晚期的胀泡(多线染色体中一些特异的带变得膨大，如灯刷染色体)产生的蛋白质的合成。在起初的20-羟基蜕皮激素波动期间，当保幼激素存在时早期的胀泡像通常那样产生，但晚期的胀泡被抑制。

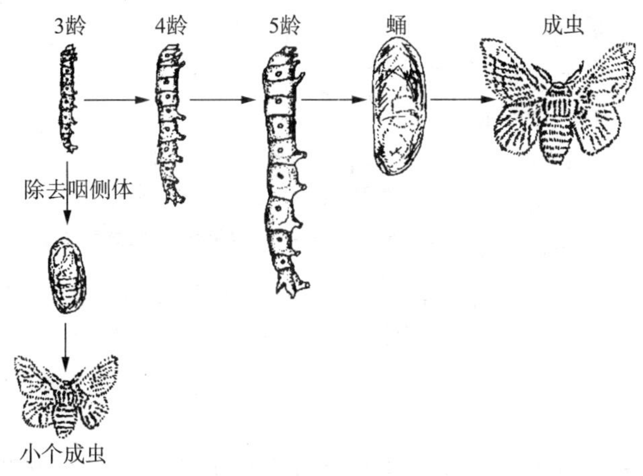

图22-2 在3龄阶段去咽侧体引起天蚕蛾的提前变态，而不继续蜕皮经过5龄阶段，幼虫直接开始蛹化

幼虫在成虫后，成虫体中又恢复分泌保幼激素，但这时的激素是作为促性腺激素，刺激性腺的发育。

2. *两栖类变态的激素控制*

有关两栖类变态由激素控制的研究始自20世纪初。最先由1912年Gurdernatch发现，用羊的甲状腺组织喂养蝌蚪可引起提前或加快变态。此后另外一些实验的结果证明，如果切除早期蝌蚪的甲状腺原基，则这些蝌蚪永远不会变态，而是发育成大的蝌蚪，如果蝌蚪的生活环境严重缺碘，变态也不能进行。这表明甲状腺和碘在两栖类变态中起重要的作用。

现已证明，两栖类变态期间发生的形形色色的变化，都是由甲状腺分泌的激素：甲状腺素(Thyroxinne，T4)和三碘甲腺原氨酸(Thiiodothyroxinne，T3)引起的。T3是极活跃的一种激素，它以比T4低得多的浓度，在切除甲状腺的蝌蚪中引起变态的变化。在有尾类和无尾类中，幼体期甲状腺只产生少量的T3和T4。尽管在幼虫发育后期浓度持续增加，但终究达不到使幼体进入变态所需的水平，这是因为在垂体分泌的催乳激素(Luteotropic Hormone，LTH)的作用下，抑制了甲状腺激素的作用。催乳激素是一种幼虫生长激素，促进幼虫的生长，但它又通过抑制甲状腺激素而抑制两栖类的变态。在变态期间，甲状腺激素T3和T4的浓度增加，在变态初期仅约4～26n mol/L，到变态顶峰期其浓度高达26～3264n mol/L。甲状腺激素在发育晚期被催乳激素所抑制，而引起成体动物返回水中产卵。但注射甲状腺激素将使成体动物返回到陆上。

T3 的释放处于下丘脑合成的激素的控制之下。在幼虫变态前的生长期，脑的这一部分是发育不完全的，所以下丘脑对腺垂体不产生控制。在缺少下丘脑的调节时，神经垂体分泌高水平的催乳素，而腺垂体很少或不分泌促甲状腺激素（Thyroid Stimulatine Hormone，TSH）。因此，T3 的水平是低的，而催乳素的水平是高的。随着下丘脑的发育，它分泌的促甲状腺素释放激素（Thytotropin - Releasing Hormone，TRH）引起垂体中 TSH 水平的升高，TSH 的升高又引起甲状腺增加 T3 和甲状素的合成。因此，由甲状腺分泌的 T3 的浓度逐渐增加，直到变态的第一批变化（初变态期）出现（图 22 - 3）。T3 水平的升高也刺激垂体的正中窿起进一步发育，它调节 TRH 流向腺垂体。这是在 T3 生成中由 T3 的增多引起的一种正反馈作用。另外，下丘脑开始分泌催乳素释放抑制因子（Prolactin Release Inhibiting Factor，PRIF），抑制垂体合成催乳素。因此，T3 对催乳素的比率就大大增加，这导致变态的顶峰期。此时与变态相关的大多数发育事件发生。变态对甲状腺的影响是它部分的退化，另外高水平的 T3 可能对 TSH 或 TRH 产生一种抑制的影响。上述这种相互作用的方式，使与变态相关的各种激素的合成和分泌得到不断的新的平衡。

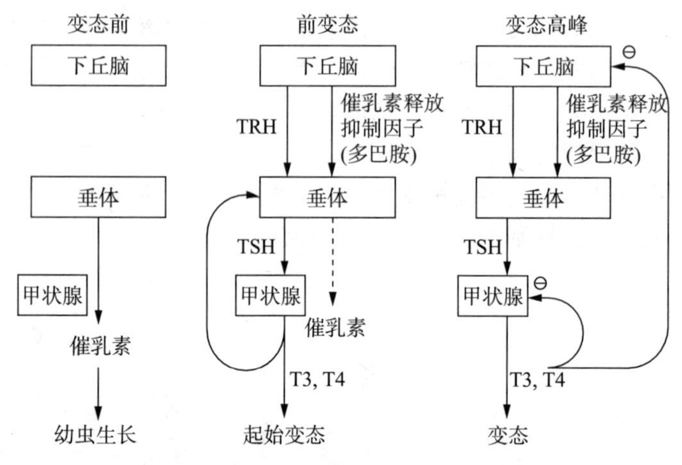

图 22 - 3 在无尾类变态的不同时期：下丘脑-垂体-甲状腺系统

而垂体前叶（腺垂体）分泌的这种促乳激素的功能与昆虫中保幼激素类似，防止变态的提前发生。另外，该激素还有其他的调节作用，在哺乳动物中，与其名称相符地促进乳汁的分泌；它还作为催乳激素（LTH），与促黄体生成激素（LH）不同，刺激卵泡转变成黄体。

两栖类的变态过程实际上是甲状腺受垂体和下丘脑的抑制和反抑制间不断出现新平衡的过程，不管甲状腺激素和催乳素是在高水平或是低水平上进行，变态总是受正、负两种因素的动态平衡所调控的。身体的不同器官对激素的刺激产生不同的反应。相同的刺激，在不同的激素浓度，或不同量的积累的情况下，将引起某些组织退化，而引起另一些组织发育和分化。

综上所述，在两栖动物和昆虫间，激素调控的变态有很多相似之处。两栖动物和昆虫中的激素双重调控的原理已经清楚。一些激素促进生长但抑制向成体表型的转化；另一些激素则能促进这一转化。激素的分泌受大脑神经细胞的控制。神经分泌细胞释放的神经激素能控制其下属的激素腺体释放控制发育的激素。

在两栖动物中，信号起始于下丘脑产生的神经激素，它作为一种释放因子刺激垂体前叶释放促甲状腺激素（TSH）。这种多肽激素将信号传导到甲状腺，使甲状腺释放最终的变态诱发激素——甲状腺素 T3（三碘甲腺原氨酸）。如果在蝌蚪中加入 T3 激素则会引起早熟变态，形成小蛙；相反，用一种甲状腺阻断药物则会使变态延迟，形成巨型钝口螈样的蝌蚪。而在昆虫中，信号链起始于神经激素 PTTH：前胸腺向性激素。这种多肽神经激素由咽侧体释放，它作为一种促腺激素刺激前胸腺释放蜕皮激素。蜕皮激素在靶组织中转化成有活性的蜕皮甾酮，即 20 -羟蜕皮激素。昆虫变态起始前就存在有蜕皮激素，在幼虫时，每一次的蜕皮都是由蜕皮激素释放引起的，但因有保幼激素的作用，防止了幼虫形成蛹。

显然，甲状腺素和蜕皮激素都是变态发育所必需的激素。但是，这两种激素分子结构很不相同：甲状腺素是酪氨酸衍生物，而蜕皮激素属于甾类激素家族。因此，两者的作用机制应是不同的。然而，人们发现这两种激素及另一种化学结构完全不同的物质——视黄酸都能与同一种胞内受体结合，这种受体具锌指结构，可与DNA结合(图21-11)。当这种受体与不同的配基结合后，就可以成为一种转录因子控制基因表达。

果蝇多线染色体膨泡的变化模式可反映蜕皮激素的转录活性。人们经仔细研究发现变态的每一步，每一种组织的形成都有相应的一种特殊的染色体膨泡模式。

不同组织对激素的反应也不一致。例如，当用实验的方法将蝌蚪的肢芽移植到尾部时，除非在变态开始时就用甲状腺素刺激，否则肢芽就不生长。在变态时，虽然腿成虫盘和尾都受同样浓度的激素刺激，但腿芽保持并生长出来，而尾却退化了。

除上述所说的相同之处外，两栖动物和昆虫的变态发育也还存在着一些不同的地方。在昆虫中，旧皮的蜕掉和新皮的获得不仅受蜕皮激素和保幼激素的控制，而且还受其他神经激素的调节。如孵化激素能引发与蜕皮相关的行为；而鞣化激素的作用能使蜕皮后的新表皮变硬。

22.4 变态的环境因素

昆虫的变态发育受到环境植物中的类激素的影响。一种植物虫Pyrrhocoris Apterus的现象说明了植物生化和昆虫发育之间的微妙关系。当人们把这种虫子从欧洲带到美国实验室时惊奇地发现这种虫子在美国不能发生变态，幼虫继续蜕皮直到长成巨型幼虫而死。对此人们进行了系统的研究，最后疑点集中到饲养盘的衬纸上。人们发现养在欧洲纸上，包括英国著名杂志《自然》所用的纸，虫子能发生变态。但养在美国纸上，包括与《自然》水平相当的美国杂志《科学》所用的纸，虫子则不能变态。原来美国纸是用枞胶树制造的，这种北美树能产生一种类似保幼激素的化合物，干扰了虫子的变态发育。

现在已经发现很多植物都能产生自然杀虫剂干扰昆虫的激素系统。一些紫苑科的植物能产生早熟激素，使一些半变态昆虫的咽侧体枯竭，导致保幼激素水平过早降低，变态提前发生，但产生的小成虫是无生育能力的。印度Azadirachta Indica树和类似的非洲树种能合成很多类萜化合物，统称为Azadirachtin，它们能干扰蜕皮过程使成虫发育受阻，或使产卵力和孵化力降低，从而杀死一大类有害昆虫。这些化合物包括很多其他类萜物质，其中有甾醇样四-三萜；戊-三萜和双萜，还有其他一些非类萜物质。它们均通过干扰蜕皮激素介导的发育过程发挥杀虫作用。另外还有很多化合物能抑制昆虫的摄食活动。

无尾目生物的变态发育时常会受到外界因素的诱导，幼虫到成虫的生态转变反映了当时的环境状况。海洋固着生活的动物的浮游幼虫在自由生活时必须寻找一个适合固着生活的环境，因为一旦固着后就不能再改变选择了。通常一些特殊的化学信息能促进固着并诱发变态。例如，附着于植物体的动物幼虫会寻找植物产生的化学信号，像水螅附着的藻能产生一种诱发变态的杂环化合物。而更有趣的是很多诱发变态的物质是由覆在动物栖息地上的细菌所产生的。例如，从水螅自然栖息地上分离出的一些细菌能诱发水螅幼虫发生变态。类似地，海胆的变态也是由成虫所吃的一种物质上的细菌诱发的。

昆虫和两栖动物的变态是其发育的必经阶段，而且主要是由内源激素诱发的。但变态发生的时期甚至精确的发生时间(如蜉蝣)则必须和环境条件协调，如气温和日照长度等。

很多昆虫的生活史有一段静止(滞育)期,滞育有利于昆虫渡过不良环境,如寒冷和炎热。为协调内源发育进程和外界环境的影响,昆虫通过神经系统调控激素系统的活动,因此感觉信息也可用于变态的诱发信号。

昆虫已经提供了与环境、激素系统和发育偶联机制的证据。例如,海生摇蚊从蛹中孵化出来的时间在阴历某月特定的几天,与春潮周期相关。蜕皮激素参与了这一物种的时间程序性控制,以使孵化过程同步进行。而一些蝴蝶(如 Araschnia 等)每年能出现两种很不相同的颜色,称为季节多型性。春天从滞育蛹中孵化出来的(Araschnialevana)蝴蝶翅膀的颜色是红色;但是,夏天从非滞育蛹中孵化出来的蝴蝶翅膀是黑白花纹的。对蜕皮信号反应的改变使翅膀的颜色也相应地发生了变化。

第23章 动物的性别决定

生物为了生命的顽强延续、优秀基因的绵延流传，在生物与生物之间的接触中出现了融合、配合，以增强生物自身的变异能力、环境适应性。生物与生物之间融合的可能性出现在无穷多的生物形式的过程中，通过自然选择，渐渐出现了生物的性别分化。

个体性别决定的机制自古以来一直是胚胎学研究的一个重大课题。但在很长一段时期内人们认为环境中的热量和营养在性别决定中发生了尤为重要的作用。这种观点直到1900年重新发现孟德尔学说和1902年麦克朗重新发现性染色体之前一直作为性别决定的主要科学理论。

1891年德国的细胞学家亨金(Henking)曾经用半翅目的昆虫蝽做实验，发现减数分裂中雄体细胞含11对染色体和一条不配对的单条染色体，在第一次减数分裂时，它移向一极，亨金无以为名，就称其为"X"染色体。后来在其他物种的雄体中也发现了"X"染色体。1900年麦克朗等就发现了决定性别的染色体。他们采用的材料多为蚱蜢和其他直翅目昆虫。1902年麦克朗发现了一种特殊的染色体，称为副染色体(Accessory Chromosome)。在受精时，它决定昆虫的性别。1906年威尔逊(Wilson)观察到另一种半翅目昆虫(Proteror)的雌体有6对染色体，而雄性只有5对，另外加一条不配对的染色体，威尔逊称其为X染色体，其实雌性有一对性染色体，雄性为XO型。1905年斯蒂文斯(Stevens)发现拟步行虫属(Tenebrio Molitor)中的一种甲虫雌雄个体的染色体数目是相同的，但在雄性中有一对是异源的，大小不同，其中有一条雌性中也有，但是是成对的；另一条雌性中怎么也找不到，斯蒂文斯就称之为Y染色体。在黑腹果蝇中也发现了相同的情况，果蝇共有4对染色体，在雄性中有一对是异形的染色体。1914年塞勒(Seiler)证明了在雄蛾中染色体都是同形的，而在雌蛾中有一对异形染色体。他们根据异形染色体的存在，同时发现它们与性别的相关性，证明了性染色体。即发现在昆虫中雌性具有XX性染色体和雄性具有XY或XO性染色体的相互关系，表明特异的核成分负责性别表现型的发育。因此，多年积累的证据表明性别决定是通过核的遗传产生的，而不是由于环境的偶然事件。今天，我们发现环境的和内在的机制两者能在不同物种的性别决定中起作用。

Correus根据孟德尔学说的知识假设，如果作为某种性别决定的因子，雄性是杂合的(Heterozygous)，雌性是纯合的(Homozygous)，那么可以实现大多数物种的性别比率为1∶1。

23.1 哺乳动物性腺的发育

所有其他的器官原基通常只能分化为一种器官类型，如肺原基只能变为肺，肝原基只能发育成肝。然而性腺原基却具有两种正常选择，当它分化时，它能发育为卵巢(Ovav)，或精巢(Testis)。性腺原基采取分化的类型决定了机体将来性别的发育。在做出这一决定之前，哺乳动物性腺发育先通过一个未分化时期，此时的性腺既不具有雌性的特点，也不具有雄性的特点。人类性腺原基在妊娠 4 周时出现于中间的中胚层，直到第 7 周之前一直处于未分化状态。在性腺未分化时期，生殖嵴上皮增生进入其上方的疏松结缔组织中（图 23－1）。此上皮层形成生殖索（Sex Cords）。在人类妊娠第 6 周时，它将包围在迁入性腺的生殖细胞周围。在 XX 和 XY 两种性腺中，生殖索保持与上皮连接。

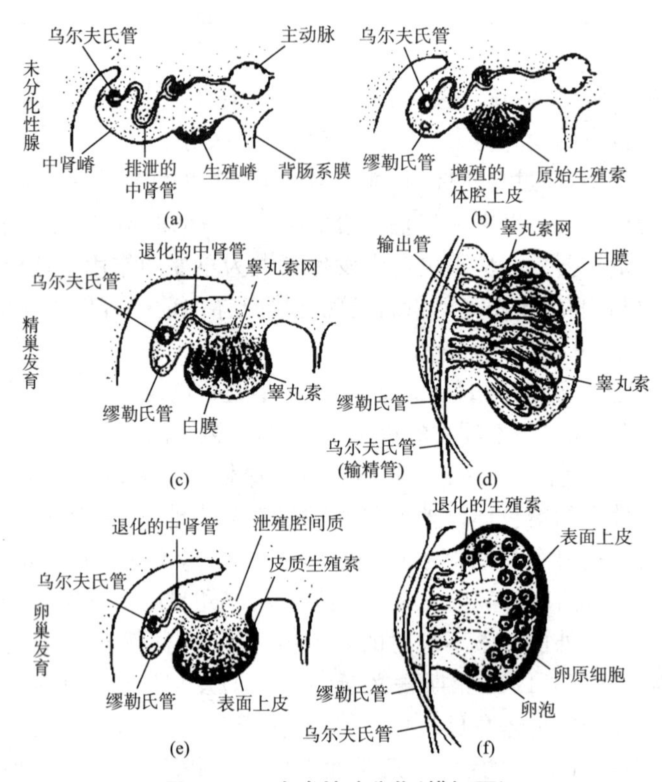

图 23－1　人类性腺分化（横切面）

(a)4 周胚胎的生殖嵴；(b)6 周未分化性腺的生殖嵴，示原始生殖索；(c)8 周胚胎睾丸的发育，生殖索失去与皮质上皮的连接发育为睾丸网；(d)16 周睾丸索与睾丸索网相连于乌尔夫氏管；(e)8 周人胚中随着原始生殖索的退化，卵巢发育；(f)20 周人类卵巢并不与乌尔夫氏管连接，而新生的皮质生殖索围绕着已迁入生殖嵴的生殖细胞

如果胎儿是 XY，那么生殖索到妊娠第 8 周一直在持续增殖，并向深处延伸到结缔组织中。这些生殖索彼此愈合，形成内部的生殖索网和在最远端较细的睾丸索网。最后睾丸索失去与表面上皮的连接，并被一层厚的细胞外基质——白膜隔开。生殖细胞处于睾丸的生殖索中。在胎儿和童年期这些生殖索一直是实心的，然而到青春期变成中空的，形成生精小管，此时生殖细胞开始精子形成。精子通过与输出管连接的睾丸索网从睾丸内部被运送出去。这些输出管是中肾的残余物，它们将睾丸索连接到乌尔夫氏管（Wolffian Doct）。乌尔夫氏管通常是中肾的收集管，在雄性分化形成输精管，精子通过输精管进入泄殖腔并排出体外。在胎儿发育时期，睾丸中的间质细胞已分化为睾丸间质细胞，它们能分泌睾酮。睾丸索的细胞分化为支持细胞，它们为精子提供营养和分泌抗乌尔夫氏管的激素。

雌性的生殖细胞位于靠近性腺的外表面，在 XX 性腺中，起初的生殖索退化，不像雄性的生殖索继续增殖。很快上皮产生一组新的生殖索，它并不深入基质中，而是停留在性腺的外表面（皮质）的附近。因此，它们称为皮质生殖索（Cortical Sex Cord）。这些生殖索断裂成簇，每个簇围绕着一个生殖细胞。此时生殖细胞将变为卵，围绕的上皮生殖索将分化为颗粒细胞，而卵巢间质细胞分化为卵泡膜细胞(Thecal Cell)。卵泡膜细胞和颗粒细胞共同形成卵泡,围绕着生殖细胞,它们能分泌类固醇激素。每个卵泡只含有一个生殖细胞。雌性的缪勒氏管(Mullerian Duct)保持完整并分化为输卵管、子宫、子宫颈和上阴道。乌尔夫氏管因为丧失了睾酮的影响而退化。

哺乳动物生殖系统发育的概况如图 23-2 所示。在胚胎发育的早期,XX 和 XY 个体的性腺并不显现多少的差异。性腺既有雌性生殖细胞的潜能,又有雄性生殖细胞的潜能。聚集在性腺皮质中的原始生殖细胞在此处成为卵原细胞,而在中间髓质部位聚集的原始生殖细胞在此处就成为精原细胞。接下来,性腺的进一步发育就取决于睾丸酮的存在与否。睾丸酮是一种必需的雄激素,它的存在可触发雄性的发育,它的缺乏可使性腺接着发育成为雌性。这一阶段,雌性和雄性的发育开始有所偏离。

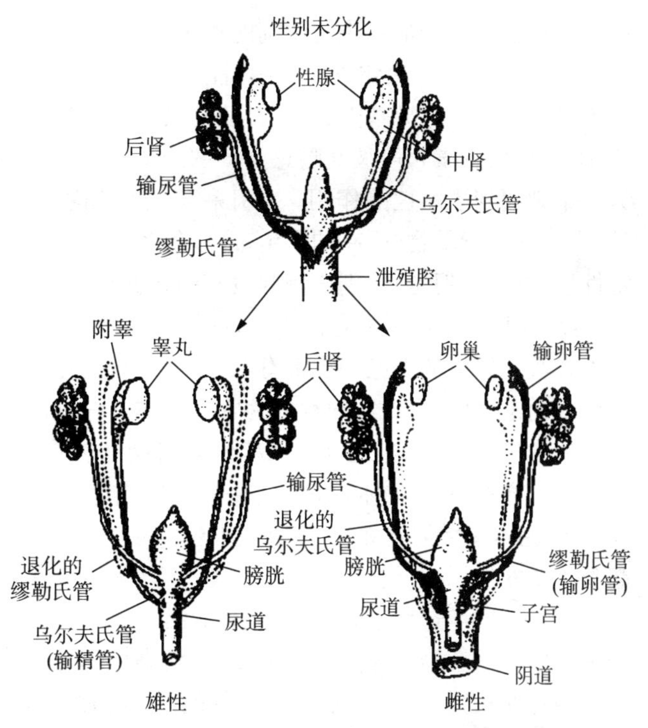

图 23-2　哺乳动物性腺及其生殖管道发育的概况

(在未分化的性腺中乌尔夫氏管与缪勒氏管两者都存在。乌尔夫氏管的区域性发育取决于它们遇到的间质。下部的乌尔夫氏管正常应发育形成附睾,如果它与上部(精囊)的乌尔夫氏管的间质共同培养,将发育为精囊组织)

23.2　哺乳动物性别的决定

哺乳动物染色体的性别决定。

(1) 初级性别决定

初级性别决定涉及性腺的决定。哺乳动物性别决定严格地是由染色体决定的,通常不受环境的影响。与全部以有丝分裂为基础的无性繁殖不同,有性繁殖所具有的两种特性使其有了新颖的遗传组合:①两种遗传性不同的细胞(配子)以受精的形式融合;②减数分裂。这是通常发生在准备受精时的一个过程,它可以使各个染色体和基因进行重新排列,以使得所产生的后代逐一表现出基因的新组合,而使其能承受得起自然选择的考验。

人类正常的性发育中,每一个体基本上都赋予了两性潜能,并具有发育成雌性和雄性所需要的几乎所有的基因(否则,一个母亲就不可能将从她父亲那里获得的"雄性"基因传递给她的儿子们,而父亲也就不可能将从他母亲那里获得的"雌性"基因传递给他的女儿们)。而在所有的生物体中,除了形成性腺和性器官所需要的整套基因外,还有重要的决定性"主导基因",才能决定这两套(雌雄)基因中的哪一套实际被用于形成一个体的性别。当一个决定性主导基因的存在仅仅对后代性别有一半的贡献,这就叫做"基因型性别决定";而当由于受到环境的影响而使不同的"主导基因"激活,这就称之为环境性别决定。在动物范畴里(植物中也有类似的情况),已认识到两种最终决定性别的模式。

① 在环境性别决定的模式中,性别的决定仅仅是受精后,如性伴侣体温或当时的状态等外界条件影响到主导基因的激活,从而决定了选择的方向。例如,某些多毛纲环节动物可借助化学信号(信息素),使彼此随意流动的两个个体偶然地相遇,最终一个扮演了雄性的角色,而另一个则起到了雌性的作用。在几种无脊椎动物中已发现了这种环境性别决定的现象。而且,在鱼和爬行动物(所有的鳄鱼,许多龟和一些蜥蜴)中也有这种现象。尽管已表明有环境决定性别的现象,但是,性别比例并没有明显偏离,为 1∶1。

② 在基因型性别决定模式中,性别的决定是由受精时的偶然性而完成的。以人为例,所有人在其二倍体的细胞中携带有 2×23=46(条)染色体,这些染色体中的 2×22 条在雌性和雄性之间是难以区分的,故称之为常染色体。雌性除 44 条常染色体外,还有另外两条同源性很高的染色体,即 X 染色体。而雄性则有两条在形态学上有差异的染色体,一条是与存在于雌性中一样的 X 染色体,而另一条是与 X 染色体有明显差异的染色体,命名为 Y 染色体。X 和 Y 染色体又常常被称为"性决定染色体"。只有位于 Y 染色体上的一个基因在决定性别时起着重要的作用。

在精子发生过程中,当发生减数分裂时,23 对染色体中的一半就被包裹到一个未来的精子细胞中。这套染色体除包括了 22 个常染色体外,还包括了 X 或 Y 染色体。结果,50%的精细胞碰巧就获得了 X 染色体,而另外的 50%精细胞就获得了 Y 染色体。在卵子发生过程中,所有未来的卵子除获得 22 个常染色体外,都有 X 染色体。从概念角度来说,无论是携带 X 染色体还是携带 Y 染色体的精子都有可能使卵子受精。携带 Y 染色体的精子在向卵子游动时的速度略快于携带 X 染色体的精子。因此,就有了雄性∶雌性=105∶100 的比例。研究表明,这种染色体或基因的分配在动物界已知的各种基因型性别决定类型中是最普遍的一种。

精卵融合后,雌性的性染色体为 XX,而雄性的性染色体为 XY。Y 染色体携带一个 sry 基因,它编码精巢决定因子,这个因子组织性腺发育为精巢,而非卵巢。如果精子既不含 X 染色体,也不含 Y 染色体(XO 型),那么此受精卵产生的个体形成纤维性(Fibrous)生殖腺,它既不形成精子,也不形成卵子。因此第二个 X 或 Y 染色体对形成性腺和保持其功能是必需的。哺乳动物的 Y 染色体对其性别决定是一个关键因子,一个具有 5 个 X 染色体和 1 个 Y 染色体的人(XXXXXY)将是雄性;而只具有一个 X 染色体,而不具有第二个 X 或 Y 染色体的人发育为雌性,并开始形成卵巢,但卵巢呈条索状纤维组织,无原始卵泡,也没有卵子。

(2) 次级性别决定

次级性别决定涉及性腺之外的身体表现型。一个雄性哺乳动物具有阴茎、精囊、前列腺和常见性别特异的个体大小、声带软骨和肌肉系统;而雌性哺乳动物具有阴道、子宫颈、子宫、输卵管、乳腺和常有性别特异的个体大小、声带软骨和肌肉系统。上述第二性征通常是由性腺分泌的激素决定的。如果在缺少性腺的情况下,则产生雌性的表现型。如将幼兔未分化前的性腺除去,结果产生的兔子都是雌性,不管它们是 XX,还是 XY。所有产生的兔子都具有输卵管、子宫和阴道,而缺少阴茎和雄性的次级结构。

在哺乳动物性别决定的过程中,如果没有 Y 染色体存在,性腺原基发育为卵巢。由卵巢产生的雌激素能使缪勒氏管发育为阴道、子宫颈、子宫和输卵管。如果 Y 染色体存在使乌尔夫氏管形成精巢,它可以分泌两种主要的激素:第一种是抗缪勒氏管激素(Anti - Mullerian Duct Hormone,TMH,通常称为抗缪勒氏激素;或 MIS,缪勒氏抑制物质),它将破坏那些形成子宫、子宫颈、输卵管和阴道上部的组织;第二种激素为睾酮,它雄性化胎儿,刺激阴茎、阴囊和雄性解剖学的其他部分的发育，同时抑制乳腺原基的发育（图 23－3）。因此，除非由于胎儿睾丸分泌的两种激素的影响变为雄性，否则个体具有雌性的表现型。

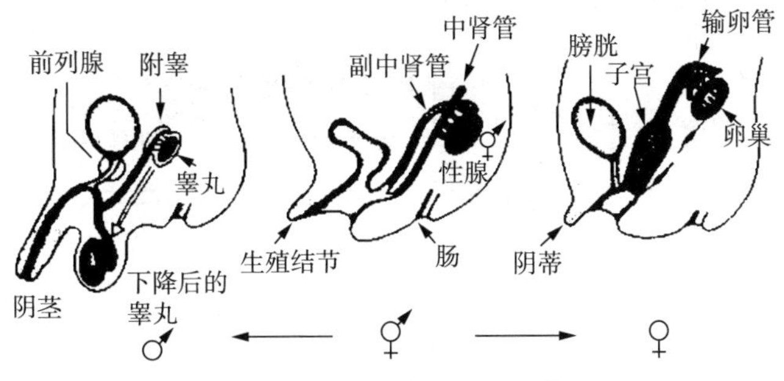

图 23－3　人第一性器官的发育

［雌性发育的分歧阶段：雄性的副中肾管（缪勒氏管）退化，中肾管（乌尔夫氏管）成为输精管，中肾转化成附睾。雌性的副中肾管变大成为输卵管和子宫，而中肾管退化。外生殖器的发育也是从一个普通的、界限不分明的阶段开始的］

23.3　哺乳动物性别决定的 Y 染色体基因

既然所有的卵子都有一个 X 染色体，那么，性别的遗传性基础就依赖于精子细胞的表型。研究发现，在小鼠和人类，一部分 Y 染色体的存在对起始睾丸的发育是必需的，由未分化性腺分化为睾丸的路线好像是依赖于上皮生殖索细胞中 Y 染色体基因的表达，这是通过由 XX 和 XY 卵裂球制备镶嵌小鼠证明的。当这种 XX/XY 镶嵌鼠制成时，它们通常是不育的雄性。这些小鼠睾丸的睾丸间质细胞是由 XX 和 XY 细胞组成的（表明 XX 细胞能形成睾丸的结构），但支持细胞几乎全是由 XY 胚胎产生的。因此，睾丸分化中关联的事件好像是在支持细胞系中 Y 染色体性别决定基因的表达。

Y 染色体之所以具有如此重要的决定权是由于它携带有一个主导基因 sry（sex－determining region of the Y）。sry 激活产生的产物是睾丸决定因子 TDF（Testis－Determining Factor，TDF）。作为转录因子，TDF 含有一个 HMG box 的 DNA 结合区域，可指导激活次级基因的活动。一个只含 sry 而不携带其他基因的 14kb DNA 片段足以使得 XX 小鼠胚胎发育成雄性特性，似乎是单一基因最终决定一个个体将会是雄性或雌性。但这并不是说，在实现性别的过程中就不涉及其他基因，而是指一个特殊的基因活性就可以倾斜这一平衡。

人类的 sry 基因位于 Y 染色体的短臂上，一个个体出生时具有 Y 染色体的短臂，但无长臂，为雄性；而一个个体出生时具有 Y 染色体的长臂，但无短臂，则为雌性。异常性别的发育可能是孩子的父亲已发生了一些问题所致，如在精子发生减数分裂的过程中，sry 基因也许从 Y 易位至 X 染色体（X 和 Y 之间的交换很少发生）。可是如果一个精子携带有与 X 连锁的 sry 在游动时获胜，使一个卵子受精，那么看似正常的 XX 胚胎会发育成雄性特征。在已知的少数几个由于这样的交换而造成的事例中，生殖器不能完全正常地发育，这种人无生育能力。这表明，若要保证雄性分化就需要另一个与 Y 连锁的 sry 基因。

另外，一个携带有缺陷的 sry 基因的 XY 胚胎将会发育成为雌性，因为雌性的发育是一个欠缺（缺少 sry 激活）过程，这种现象被认为是性转换。这种发育产生的雌性的体细胞缺乏巴氏小体（第二条 X 染色体失活），这种巴氏小体是正常雌性细胞的特征。

在哺乳动物中，Y染色体基因在性发育过程中导致一系列的事件发生在动物出生前(图23-4)。在XY型胚胎中，位于(性腺)皮质的原始生殖细胞在TDF的影响下萎缩，而TDF的合成依赖于sry，这时的性腺就发育成为睾丸。

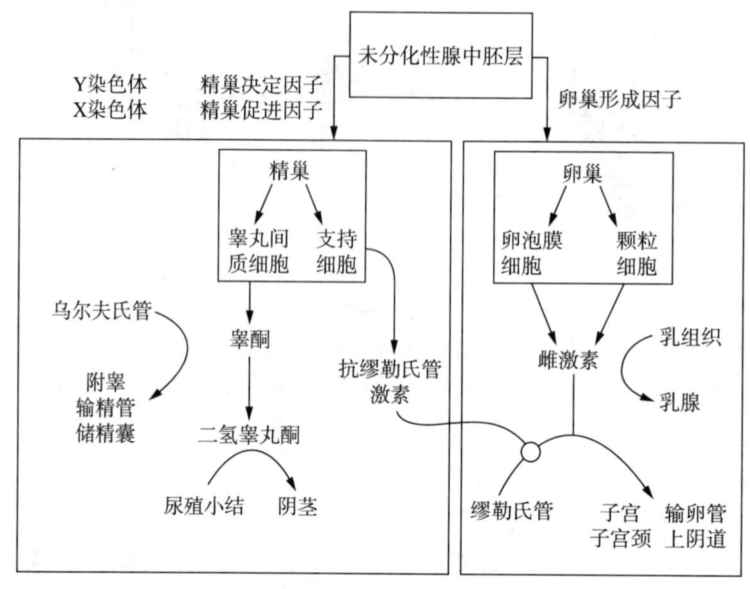

图23-4 导致性别表现型形成的一系列事件

(当Y染色体存在时，未分化性腺转变为精巢，精巢细胞分泌的激素引起身体向雄性的方向分化；在缺少Y染色体时，卵巢基因活动并形成卵巢，发育为雌性的表现型)

(1) 中部髓质发育成为睾丸索:这些索将变成空腔，成为产生精子的曲精小管。

(2) 支持细胞分化成为足细胞:这些细胞产生激素抗缪勒氏管因子。

(3) 间质细胞发育成睾丸间质细胞，这些细胞开始产生性激素睾酮。

而在XX型胚胎中，sry基因不存在或缺陷时，性腺就发育成为卵巢。

(1) 皮质的原始生殖细胞停止有丝分裂，成为卵母细胞进入减数分裂。雌性卵巢中的减数分裂早在胚胎发育的第12周就开始了。相比之下，雄性精母细胞的减数分裂直至青春期才开始减数分裂。

(2) 支持细胞承担了卵泡细胞的功能，将卵母细胞包围起来。

(3) 类固醇前体细胞(间质细胞)发育成卵泡膜细胞，产生雌性激素雌二醇及相关的雌激素。

睾酮的存在即触发雄性性腺的进一步发育，它的缺乏使性腺发育成为雌性。性器官内外的发育都是从一个区别不分明的基质开始的。初始性腺有两种不同的管状通道:缪勒氏管(或称副中肾管，可生长成为输卵管)，与乌尔夫氏管(或称中肾管，具有成为输精管并输送精子的潜能)。外生殖器最初在形态学上也没有什么区别。Y染色体的作用同时使动物产生生理性性别。在孕鼠生产前很短的时间给其注射睾酮，XY和XX后代在行为上都像雄性。为了易于交配，正常情况下，雌性啮齿动物会表现出一种称为脊柱前凸的行为。雄鼠抬起头部和臀部，使背部拱起，并将尾巴移至一侧。产前接触过睾丸酮的雌性则不表现出通常的雌性性行为，而是表现出雄性典型的交配行为。在其他哺乳动物中也观察到类似的现象。激素对胎儿的影响通常发生在生产前很短的时间，但这一时期在有些种类的动物中可延长至出生后。在大白鼠中激素会影响视觉区域细胞核的性别二型性。雄性与雌性大脑的发育是不同的，这种不同的发育决定了以后生活中不同的行为。

最近的一份报告声称，在遗传性的雄性转变为雌性的个体中，发现了一个“雌性”的脑结构。然而，性别特征的行为不仅仅由基因和激素所决定，环境的影响也是重要的因素（如鸟禽常被人们选作研究对象，以弄清大脑精细结构中性别特异性的差异。鸟类出生时其大脑的发育不一定终止。经过细致的考察，发现在两性之间伴随着雄性鸟发声的发育，依赖睾丸酮的微小体有着季节性的环境影响差异）。

在人类，称作青春期的这一最后性成熟过程中发生了很多的转换。“年幼”的软骨元件被骨化，许多新的结构或功能开始发育，其集合名词就是第二性特征。这些变化也是一个逐步发育的过程。人类存在的激素，两栖类的催乳激素和昆虫的保幼激素都会防止性早熟。当这些激素的产生一旦停止，脑垂体就会发出信息增加促性腺激素 FSH（促滤泡素）和 LH（促黄体生成激素，也被认为是促间质细胞激素）的数量。这种现象既发生在男性身上，也发生在女性身上。促性腺激素的刺激，使性腺分别增加了睾丸酮和雌激素的产生。这些类固醇激素的主要作用是触发精子发生和卵母细胞的成熟。

23.4　果蝇的性别决定

哺乳动物和昆虫（如果蝇）都用性别决定的 XX/XY 系统，但它们的机制非常不同。果蝇早期胚胎中的性指数（Sex Index）X∶A——X 染色体的条数和常染色体组数之比决定了性别的分化。性指数使转录因子具有特殊的浓度。而这种特殊的浓度充当了主调节基因的开关。当开关打开时 RNA 能正常剪切而产生下一步调节的活性转录因子，从而激活雌性特异基因，使胚胎发育为雌体；若开关是关闭的，那么因剪接的方式不同选择性地产生了另一种转录，它能激活性特异基因，使胚胎发育为雄体。

如果在二倍体的细胞（1X∶2A）中只有一个 X 染色体则为雄性；如果在二倍体细胞（2X∶2A）中存在两个 X 染色体则为雌性。XO 果蝇是不育的雄性。即：XX/AA＝1 是雌性；X/AA ＝0.5 是雄性（Y 无作用）。

雄性成熟果蝇的 Y 染色体只是在精子发生过程与精子发生有关，尚未发现它在性别决定中有任何功能。X/O 型的果蝇可以发育为雄体，Y 染色体在体细胞中可以丢弃，但在初级精母细胞中都处于活跃状态，X/O 雄蝇精子发生受到严重的干扰，产生的精子无活动能力。

果蝇的性别决定是细胞自主的，并不受到激素的介导。在 XX 胚胎中（卵的 X 与携带 X 的精子融合的合子），若有丝分裂不完全（染色体不分离），所产生的 XO 细胞和它所有的后裔都成为有雌性外表的雄性（而相应的 XXX 细胞的后裔就成为“超雌性”）。果蝇和其他昆虫个体由雌性和雄性细胞嵌合所构成，这种个体称作雌雄嵌体或雌雄嵌合体。由于与脊椎动物不同，昆虫没有激素节制 X 染色体数目上的差异，来确保一种始终如一的表型。因此，具有异常 XX/AAA 比例的个体就会发育成为遗传均一的细胞，但却有中间性别生物外貌的中间性别表型。

可见，果蝇中性别决定是通过平衡 X 染色体上的雌性决定因子和常染色体上的雌性决定因子实现的。在每一个体细胞中，若把与 X 连锁的编码适当因子的基因叫做分子，而位于常染色体编码适当因子的基因叫做分母（即 X/AA、XX/AA）。当在雌性有两个 X 染色体存在（并同时激活）时，就会产生较多的分子蛋白（与哺乳动物中两个 X 染色体中一条随机失活的“剂量补偿”现象不同）。当分子蛋白占优势时，激活主导基因 sxl（sxe－lethal gene，性别-致死基因)的表达。SXL 蛋白指导一连串生化事件的发生。

研究发现,在果蝇囊胚形成前或形成时,sxl 基因是性别决定的总开关。sxl 基因有早期和晚期两个启动子(PL 和 PE)和 8 个外显子,在第 2 个外显子中有翻译的起始密码子 AUG,而在第 3 个和第 8 个外显子中有终止密码子 UGA。早期启动子是调节型的,由母体效应基因,分子、分母因子共同调控。这个启动子开始的转录是选择性的,即可以跳过第 3 个外显子,这样也就避免了中途的终止密码子,使翻译可以一直达到最后一个外显子中的 UGA,产生有活性的 SXL 蛋白(350aa 组成)。囊胚形成后 X∶A 转录因子和母体效应基因的产物已不复存在,PL 已再也不能被激活,而晚期启动子 PE 是组成型表达的,无需母体基因及分子、分母因子的调控激活,所以可在两种性别的囊胚形成后开始表达。SXL 蛋白含有一定浓度的碱性氨基酸,是一种 RNA -结合蛋白,它可以改变晚期启动子产生的“sxl 初始转录本”的剪接,在雌果蝇中由于已存在早期启动子合成的 sxl,因此可以对晚期启动子的 mRNA 进行适当剪接,从而能产生有活性的 sxl,这就是 sxl 的自我调节的功能。这样 sxl 的活性在雌体中得到了维持。

雄体(X∶A=0.5)其 sxl 早期启动子无法被激活,也就不能产生 SXL 蛋白,而晚期启动子虽能启动,但初始转录物就不能得到 sxl 的适当剪接,第 3 个外显子也被转录,这样在起始点不远的位点就出现了终止密码,这便是雄性特异性的 mRNA,只能产生一个很短没有功能的 SXL 多肽。

因此,在 XX 果蝇中,sxl 基因存在着丰富的异性特异性剪切过程,使得 sxl 基因得以活化,从而产生了相应的雌性特异性蛋白产物来激活其他的性别控制基因。在这些性别控制基因的作用下,果蝇性别就朝着雌性的方向分化。但在 XY 果蝇中,由于 SXL 蛋白达不到足够的水平,使得 sxl 基因的剪切过程处于一种欠缺状态,其 sxl 基因是非活性的,因此果蝇性别就朝着雄性化方向发展。

由于生殖细胞是在移动到卵巢和精巢后才分化为卵子和精子,sxl 基因正是决定生殖细胞性别的“开关”(此前科学界曾普遍认为,生殖细胞的性别由两个因素决定,一个是由体细胞形成的卵巢或精巢的特定环境,另一个是细胞内部的机制)。若抑制 sxl 基因的表达,原始生殖细胞就会朝着精子的方向发育;反之,这个基因如果得到表达,原始生殖细胞会向着卵细胞的方向发育。哪怕是雄性果蝇的原始生殖细胞,如果 sxl 基因得到充分表达,也会发育成卵原细胞,移植到果蝇雌性卵巢后会继续发育成有效的卵细胞。因此果蝇的生殖细胞的性别是由自身决定的。

而哺乳动物中的情形正相反:Y 染色体含有一个雄性决定基因,雌性的发育则是在该基因缺失时的一种欠缺性选择。

23.5 动物其他性别决定方式

性染色体决定性别除了 XY/XX 型性别决定外,还有 ZW/ZO 型性别决定,此类型普遍存在于鸟类、蝶类和蛾类的鳞翅目昆虫,某些鱼类、某些两栖类及某些爬行类也属于该类型。这种形式与 XY 型相反,两个 Z 染色体决定该个体为雄性;含有一个 Z 染色体与一个 W 染色体的个体为雌性。在配子发生时,体细胞内有两个相同的 Z 性染色体,仅产生一种含 Z 性染色体的精子。即精子只有一种,含有 Z 性染色体。体细胞内含有 Z 和 W 两种性染色体的,产生两种卵子,一种只含 Z 性染色体,一种只含 W 性染色体,两者各占一半。如家蚕有 28 对染色体,其中一对决定性别的性染色体在雌蚕为 ZW,在雄蚕为 ZZ。受精卵发育成的个体雌雄比约为 1∶1。在 ZO 型性别决定中，雄性为同配性别，体细胞内有两条相同的 Z 染色体，仅产生一种只含 Z 染色体的精子。雌性为异配性别，体细胞内仅含一条 Z 染色体而无 W 染色体，产生两种卵子，一种含有一条 Z 染色体，一种不含性染色体，两者各占一半。受精卵有两种类型，ZZ 型为雄性，ZO 型为雌性，雌雄比例约为 1∶1。

另外，两栖、爬行类的性别决定又会受到温度的影响。某些蛙类虽然具有 XX 和 XY 型，但如果让它们的蝌蚪在 20℃下发育，雌雄比例大约为 1∶1，如在 30℃下发育，则无论其具有的性染色体如何都发育成雄蛙。研究表明在两栖、爬行甚至某些鱼类中也存在 sry 基因的同源基因，称为 sox 基因(都具有一个高度保守的基因序列"HMG - box"，编码 SOX 蛋白，在胚胎发育过程中起重要作用)，也许由于这些动物进化地位较低，其 sox 基因可能在进化上还未进一步发育成熟，在性别决定中还尚未起到主导作用。

也有生物的性别是由多基因决定的，即指性染色体 X 和 Y 包含主要的雌性和雄性决定基因，在常染色体上还含有次要的性别决定基因，性别不仅仅由性染色体决定。通常，常染色体基因保持平衡，使性别决定依照性染色体机制进行，但在某些个体，常染色体可能重新组合，导致某一性别的常染色体因素过剩，使性染色体机制无效，如雌雄异体动物。剑尾鱼、青鳉、搏鱼和多种罗非鱼等的雌雄异体鱼类均属于这种类型的性别决定，它们的性别决定包含多个基因，当决定雄性的基因总量超过决定雌性基因的总量时，合子将是雄性，反之亦然。在鱼类中，性反转的现象也较常见。在一定条件下，动物的雌雄个体相互转化的现象称为性反转。如黄鳝的性腺，从胚胎到性成熟是卵巢，只能产生卵子。产卵后的卵巢慢慢转化为精巢，只产生精子。所以，每条黄鳝一生中都要经过雌雄两个阶段。成熟的雌剑尾鱼会出其不意地变成雄鱼，老的雌鳗鱼有时转变成雄鱼，又如尼罗河罗非鱼、大鳞副泥鳅等。在这些由基因控制性别的种类中，又可分为 XX/XY 决定型、ZZ/ZW 决定型等，大鳞副泥鳅就是 ZZ/ZW 决定型的。大量研究表明，外源激素可起到性逆转作用，用甾类激素在性腺分化的关键时期处理幼体，可得到单性或原发单性种群。从动物的种类看，成年的鱼和蛙能在激素或其他因素影响下转变性别，鸡也有"牝鸡司晨"现象，且可用激素使性未分化的鸡胚转变性别。早在 2000 多年前的《汉书》中就有母鸡司晨的记载。哺乳类包括人在内成体均不能转变性别，但在胚胎尚未性分化时如给以性激素可使胚胎发生雌雄同体现象。其原因一方面是由于进化上的不同，但更主要的是鱼和蛙及雌鸡和鸡胚内部都存在着性别转化的物质条件——生殖腺存在着尚未分化的部分，所以在条件适宜时可以转变性别，而雄鸡和成年哺乳类则无此构造，在两性尚未分化以前的哺乳类胚胎是否有可能转变，尚需进一步研究。

自然界中还有许许多多生物却是无性染色体的。研究发现，这些生物的性别主要是由环境条件决定的，比如对大多数鱼类而言，水温、盐度等条件就决定了它们的性别分化。这些生物的性别决定更是多样化的，完全由其在发育生活史中的早期阶段的某个时期的温度、光照或营养状况等环境条件来决定的。如蚁类和蜜蜂等由染色体的单双倍数来决定性别的膜翅目昆虫就属于此种类型，蜜蜂的雄蜂由未受精的卵发育而成，只具有单倍的染色体数。雌蜂由受精卵发育而来，具有双倍的染色体数。营养条件的差异决定了雌蜂是发育成可育的蜂皇还是不育的工蜂。若整个幼虫期以蜂王浆为食，幼虫发育成体大的蜂皇。若幼虫期仅食 1～2d 蜂王浆，则发育成体小的工蜂。许多线虫也是靠营养条件的好坏来决定性别的，它们一般在性别未分化的幼龄期侵入寄主体内，低感染率时营养条件好，发育成的成体基本上都是雌性，而高感染率时，营养条件差，发育成的成体通常都是雄性的。又如大多数龟类也是无性染色体的，研究发现其性别决定与温度有关，如乌龟卵在 20～27℃条件下孵出的个体为雄性，在 30～35℃

时为雌性。有少数龟类的卵如鳄龟科的啮龟卵在 20℃的低温和 30℃的高温条件下孵出的子代全为雌龟，在 20～30℃的中间温度孵化，则子代全为雌龟。鳄类在 30℃及以下温度孵化则全为雌性，32℃时雄性则占 85％，雌性仅占 15％，且孵化时在第 2 周到第 3 周的温度是胚胎的性别决定期。我国特产的活化石扬子鳄是靠光照强弱来实现性别决定的。巢穴建于潮湿阴暗的弱光处可孵化出较多雌鳄，巢穴建于阳光曝晒处，则可产生较多的雄性。许多寄生的甲壳类以幼虫到达寄主的先后顺序来决定性别。先到达寄主的个体长得较大，发育为雌体，后到达寄主的个体长得较小，发育成雄性。Stegophryxus 是寄生在寄居蟹 Pagurus 上的，幼虫附着在寄主腹部的发育成雌体，而落在雌体身上的幼虫发育成雄性，雄性和雌性相比，个体很小，以后一直生活在配偶的育囊中，经实验，将第一个落在寄主上预计发育成雌体的幼虫放在另外的雌体身上后，结果发育为雄体。又有些海洋动物的性别是取决于幼虫固着的地点。如虫益，成熟雌虫产卵在海里，其受精卵在海水中漂游，如果落在海底则发育为雌虫益，因刚发育的幼虫没有性分化，之后自由生活的幼虫发育成雌虫。但是受精卵如果有机会落到雌虫的口吻上，性别未分化的幼虫就会发育成雄虫。如果把已经落在雌虫口吻上的幼虫移去，让其继续自由生活，就发育成中间性，畸形程度则由其呆在雌虫口吻上时间的长短决定。

自然界中性别决定除以上介绍的染色体决定和环境影响的决定之外，还存在大量的性别决定的多样性。比如依赖位置性别决定的拖鞋样蜗牛(Sllpper snail)，它们在群体中的位置影响它们的性别决定。

第24章 再生和更新

生物体的整体或器官因创伤而发生部分丢失，在剩余部分的基础上又生长出与丢失部分在形态和功能上相同的结构，这一修复过程称为再生(Regeneration)。再生(或更新)的过程，是细胞对抗功能丢失和自身死亡的过程。没有连续的再生，生命将很快终止。

再生，意为生产新的。在这种意义上，生物体在所有水平上，包括大分子水平上都能发生再生。随着时间的推移，蛋白质发生了不可逆的变性，必须由新合成的蛋白质代替。如果关键酶不更新的话，其功能将慢慢地丧失，最终导致细胞死亡。实验表明，现存分子的更新和由此产生的返幼，是在细胞分裂过程中发生的常规事件。分裂介导的返幼，使得单细胞原生生物可以永生。而已发生成体终末分化的细胞由于不能分裂，便面临着迟早的死亡。有丝分裂导致的返幼可以补充或者替代有性生殖产生的返幼。

24.1 再生的几种重要形式

生物学里的再生是指生物体对失去的结构重新自我修复和替代的过程。动物中如水螅的身体碎片能再生成完整的机体；日常所见的伤口愈合，或骨折后重新接合也是再生的实例。一般把再生分为生理性再生和病理性再生。如鸟类羽毛的脱换、红血细胞的新旧交替等为生理性再生；病理性再生是因损伤而引起的再生，如上述伤口愈合或骨折后重新接合的再生，或名补偿再生。再生能力在植物和低等动物之间特别明显，如插枝可以培养成整株植物，低等动物如果失去一个器官还能再长出一个新的同样器官，例如龙虾失去一只螯还可以重新再生出来，切除蝾螈的一条腿，它可以再生出新腿来。

1. 生理性再生

生理性再生是指在生理过程中，有些细胞、组织不断老化、消耗，由新生的同种细胞不断补充，始终保持着原有的结构和功能，维持着机体的完整与稳定。例如，表皮的表层角化细胞经常脱落，而表皮的基底细胞不断地增生、分化，予以补充；消化道黏膜上皮约1～2d就更新一次；子宫内膜周期性脱落，又由基底部细胞增生加以恢复；红细胞平均寿命为120d，白细胞的寿命长短不一，短的如中性粒细胞，只存活1～3d，因此不断地从淋巴造血器官输出大量新生的细胞进行补充。

以细胞更新的方式，用以替代老的或损伤的细胞。这类再生多见于许多有机体，但在短寿的小动物如线虫可能没有这类再生。在人体内就存在大量“细胞更新”含义上的再生，如果不能反复更新现存的短寿细胞，如血细胞，人将只能活几个星期。

2. 修复性再生

这类再生是指机体的部分或全部器官组织缺损后发生的再生。

有机体的各种组织有不同的再生能力，这是在动物长期进化过程中形成的。一般来说，低等动物组织的再生能力比高等动物强，分化低的组织比分化高的组织再生能力强，平常容易遭受损伤的组织及在生理条件下经常更新的组织，有较强的再生能力。反之，则再生能力较弱或缺乏。

许多无脊椎动物都以修复性再生方式来替代失去的部分组织或身体，如壁虎的尾、蝾螈的肢、螃蟹的足，在失去后又可重新形成，海参可以形成全部内脏，水螅、蚯蚓、涡虫等低等动物的每一段都可以形成一个完整的个体等（图24-1）。海绵、腔肠动物、涡虫纲的再生能力是最为惊人的，这也许揭示出，再生能力反映了这些有机体进化上的"原始"位置。然而，却又不尽其然。例如涡虫纲中的 Mesostoma 就不能再生。线虫身体的组织并不比涡虫复杂，涡虫的再生能力极强，而线虫再生能力却较低。线虫和海鞘在胚胎发生时基因调节的能力低，一般认为，它们是发育的镶嵌型中的原始型。但是，成体海鞘与线虫不同的是，其再生能力很强。因此，有机体修复和补充身体各部分的能力与其在系统发育的等级之间似乎又并无直接的、必然的联系。

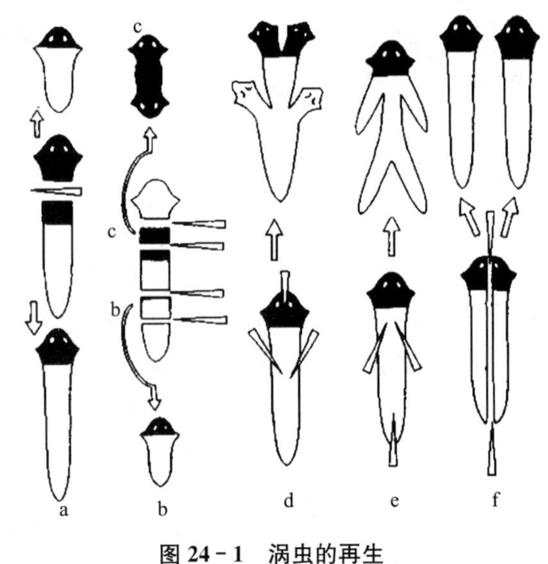

图 24-1 涡虫的再生

节肢动物只有蜕皮时才能够修复不完整的腿（如昆虫腿缺少部分的插入）。有尾两栖动物（水蜥、蝾螈）即使变态发育后也保留了显著的再生能力。它们切断的肢体、失去的尾巴、去除的眼睛晶状体，都能够再生。

大自然并非总是完美无缺，有时会产生有缺陷的器官。再生器官发育生成与去除前的原来的器官不同，这种现象叫做异形形成。例如，虾的眼柄切除后，原位长出一根触角，异形形成是种返祖现象。

自体切割，即有机体部分身体的自残和脱落（如蜥蜴的尾巴、节肢动物的腿）以逃避天敌。实际上，这是陆生动物中的个别现象，是陆生动物中较为稀有的、突出的修复性再生。

3. 无性繁殖

无性繁殖也是一种再生，是天然存在的有机体的克隆。自我克隆通过几条途径来实现，如分裂（各种涡虫及环节动物）、出芽（水螅），或者多细胞被囊体（如海绵的芽球、苔藓虫的休眠芽）等。

24.2 再生的机制

再生过程是发育生物学中最难以琢磨的现象，提出了许多问题。其中包括：①机体如何意识到丢失了身体的一部分？哪一部分丢失了？这一部分丢失了多少？这就产生了再生如何起始，如何控制的问题。②替代物来自何处？是由剩余的原胚胎细胞衍生而来，还是来自永远分裂的干细胞，或是已经分化的细胞转分化的结果？③原结构的重建是通过现存细胞的补充和重新组织（变形再生），还是通过伤口处一些细胞增殖替代了缺失的结构而复原（新建再生）实现的呢？

人们通过人工实验诱导条件下的特殊现象，了解在再生与重建过程中反映的多细胞群体令人惊讶的自我组织能力。如胚胎(如海胆囊胚)、切下的器官(如两栖动物的尾巴,芽期幼虫的眼睛),甚至整个动物被小心地分离为单个细胞时,从细胞悬液中制备出的重聚体几乎能彻底地重建原结构(如水螅)。实验揭示出,实际上,真正的再生是转分化、细胞迁移和细胞增殖的结合,而不是极端纯粹的细胞补充或者纯粹的细胞增殖。

后生动物进化树的树干部,有几群动物拥有强大的再生能力,如海绵、腔肠动物及大多数涡虫纲动物。高再生能力的典范是水螅。从 1735 年开始,以水螅为材料做的再生研究遍及实验发育生物学的各个领域。如从水螅身体的中间部分切下$\frac{1}{20}$体长的环形体柱,这个切下的环形体柱将在其上末端产生头,而在下末端产生尾。水螅甚至能被彻底地解离为单个细胞,从乳状的悬浮液中,可以发现团聚的细胞组成的无定形块,根据重聚团块的大小,在几天或几星期不等的时间里,能重新组织产生一个或多个完整的水螅。这一由细胞的阿米巴运动、内胚层和外胚层细胞的互相选择,共同完成的惊人的自我组织过程,被称为重建。

1. 修复性再生、重建和模式控制

水螅的高再生能力基于:①细胞分化状态的可塑性;②淡水水螅独有的特征。正常生长过程中,水螅不断地更换现存的所有细胞,因此,必定有模式控制系统的作用贯穿其一生。这个系统必须监视新老细胞的替换:这种替换必须在量上平衡,在位置上受到调节,即发生于正确的地方。这个控制体系的重要参数就是:位置值的梯度,这种梯度保证形成头的能力在柱状身体近头的区域更高些,这样,新头将始终在被切片段更靠近原来头部的一端产生,而在相对的一端将产生尾部(图 14-18)。

当用移植的办法,将具有截然不同位置值的细胞靠近并使其互相接触时,就会观察到显著的反应。在接触处,可能形成头或者形成尾;随后,会形成身体其他丢失的部分,直到连续的位置值变得完整而平滑。例如,如果将近头值为 8 的片段与近尾值为 2 的片段相接触,就会插入 7、6、5、4、3 等区域。

位置值也适用于昆虫的成虫盘和腿。为了替换被截掉的腿,半变态发育的昆虫将会延长蜕皮期。如果切掉腿的中段,将腿的末端移植到残干上,使不同的位置值接触,这种接触会刺激细胞增殖,再生丢失的部分,并插入正确的位置,使原来不连续的位置值平滑起来(图 14-19)。这些发现说明,组成细胞表面的分子隐含了可以被邻近细胞识别的位置值。

涡虫类具有眼睛、脑及较复杂的内部组织。虽然结构复杂,一些涡虫(例如,涡虫属、杜氏扁平虫属和多目涡虫属等的一些成员)的再生能力却与水螅相当,切除后的重建模式也遵循相似的规律。

涡虫可以被横切或者纵切,切下的每一部分都能再生丢失的部分。切割后,在切割表面形成芽基,失去的部分就从芽基上长出来,但剩余部分重建时体积缩小。侧切将导致多长一个头或多长一个尾。朝向前方的三角形切块形成头,而朝向后方的三角形块则发育成尾。从身体前部横切两次,切下的很窄的小片段可能在前后切割表面都形成头,这是因为位置值的内部梯度不够大,因此,难以启动形成后部芽基。如果有切割时间的差别就能及时地抑制后切口上形成头(图 24-1)。

在探讨动物再生的模式控制时,常使用到“梯度”“位置值”和“插入”等术语来加以解释。然而,进一步的问题是,动物高再生能力的基础是什么?

2. 干细胞与转分化

过去,人们假想“低等动物”拥有“胚性储留细胞”,又叫做成体未分化细胞。作为多功能干细胞，成体未分化细胞被认为能产生任何一种细胞，并能提供任一缺失的细胞型。实际上，在海绵、水螅纲、涡虫纲、被裹动物和脊椎动物，甚至人体内均发现有多能干细胞。

水螅的间质子细胞叫做I细胞，存在于上皮细胞的间质空隙中，其衍生物有神经细胞、刺细胞、某些腺细胞及配子。与哺乳动物极不相同的是，水螅甚至能更新神经细胞，这一独特的能力是水螅可以永生的基础。水螅能选择性地使间质干细胞消失，结果是，神经细胞和刺细胞最终消失。令人惊奇的是，无神经的水螅能存活。它们保持着再生活性而且能产生新的无神经水螅。

但是水螅并不能从多能I细胞产生所有类型的细胞。形成管状体柱的内胚层和外胚层上皮细胞均起源于它们本身的细胞类型。消化体柱内，即使分化的表皮细胞也具有分裂能力。体柱中间的分化状态并非不能增殖：增殖能力仅在头部和足部消失。另一方面，分化状态是可变的。表皮细胞逐渐地从消化区向头脚部替换，到达目的地后，细胞转化成触角的储蓄细胞、尾部的腺细胞。当然，在这些物种中，这种分化状态的可塑性大大有利于其高再生能力。

当水螅体柱的上皮肌肉细胞转变成足部上皮腺细胞时，这种变形可以视为分化状态的调节。而水母有一种令人称奇的转分化天赋，从钟型伞帽下分离到的横纹肌肉细胞能去分化，去分化的肌肉细胞恢复了分裂能力，能产生多种类型细胞，包括神经细胞和生殖细胞（图 24 - 2）。

3. 动物单个体细胞的克隆

园艺业和农业植物育种时，那些不能通过天然无性繁殖或者嫁接培育的植物可以由分离出的单个体细胞进行克隆。切下韧皮部或叶子的小片，以酶法去除细胞壁使之分离成单个细胞，产生的原生质接种到含有营养和生长激素的培养基中。细胞在合适的培养基中分裂产生未分化的、无组织的细胞团聚块，叫做愈伤组织。奇怪的是，在这种无生殖细胞或者无受精的状态下，愈伤组织能形成胚。将胚状体接种在琼脂上就能发育成小植物，这个植物能生长、开花，最终还能产生种子。

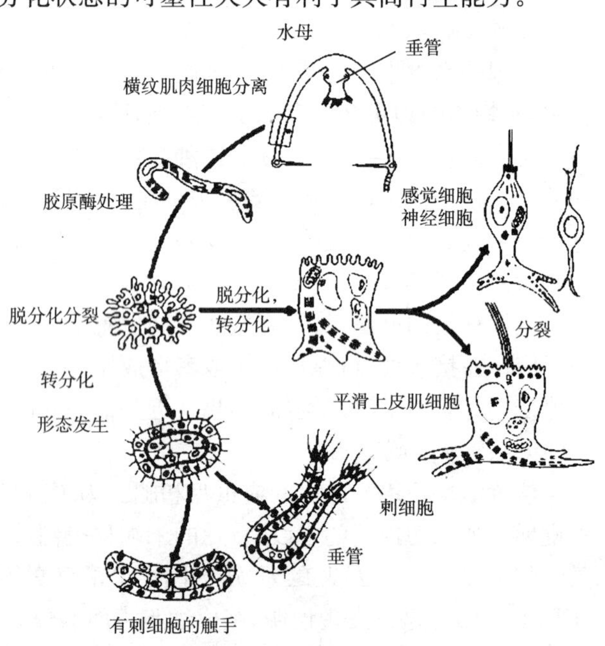

图 24 - 2　转分化

［图中记述了水母的横纹肌肉细胞的转分化及产生其他类型细胞的能力。从伞下分离横纹肌肉细胞，以胶原酶处理（除去使细胞稳定的胞外基质），或用肿瘤促进剂使得黏附不稳定。这些细胞去稳定后，发育成大量各样的其他类型细胞，并可组织起来，形成水母的器官，如触手或者垂管］

但是，在分离出来的动物细胞上却并未获得类似的成功，在至今实验中，动物体细胞尚不能发育（克隆）成完整的动物。水螅纲（水母）横纹肌肉细胞的转分化提示了在这些有机体中，有一种与上述植物育种方法相类似的克隆机制。目前这种研究尚有待深入。

24.3　脊椎动物的修复再生和转分化

脊椎动物中，哺乳动物的修复再生能力最弱，除肝外，其他部分只具有组织水平的修复能力。哺乳动物在截肢后不能再生完全修复。但有的器官仍具有较强的修复潜能。有资料表明，鼠肝在切除大部分后仍能再生恢复原状。新生负鼠(Didelphis)在截肢前埋入一片脑组织，仍可再生。幼儿指尖(远端指间关节以下)如果截去，只要不缝合皮肤，则仍可通过修复再生出指尖，并能长出指纹和新的指甲。甚至还发现，哺乳动物脑组织在创伤条件下，神经细胞可发生有丝分裂。值得注意的是，胎儿皮肤创伤可以达到无瘢痕修复。进一步深入研究哺乳动物细胞分化、组织修复的机制和激发再生修复潜能，有着很重要的实际意义。

大体看来，各种生物的修复再生能力并不相同。在脊椎动物中，鸟类和两栖类动物的附肢发育则包含了大量的、各种各样诱导的相互作用。由于在幼体期两栖类的附肢损伤后能够再生，特别是有尾类的蝾螈和美西螈在成体期仍能再生出完整的附肢，因此对鸟类和两栖类动物的附肢的再生的研究成为了解包括哺乳动物在内的动物再生发育模式与机制的重要研究领域。

1. 两栖类肢体的再生

早在 200 多年前，科学家就发现许多后生动物具有组织器官的再生能力。如有尾两栖动物(蜥蜴和蝾螈等)的幼虫就能够完全重建被切除的肢体，并终身保持这种能力。幼虫的肢体有时会被池塘里的各种捕食动物咬掉，交配期的成体也可能发生这种情况。无尾两栖类(青蛙和蟾蜍)的早期幼虫能补齐肢芽，但随着年龄增长，其再生潜能逐渐降低，变态发育后就完全消失了。对此，许多生物学家对以蝾螈为代表的两栖类成年个体肢体进行人工截肢后能够再生的过程和机理进行了深入的研究。

将两栖类的肢体截除一部分之后，创伤的修复从伤口边缘表皮扩展并覆盖切口表面开始。1～2d 内创口周边的表皮细胞向创口表面迁移，覆盖创口形成单细胞层表皮，即伤口愈合。表皮细胞增殖，产生一个多层的细胞团，在截断附肢的顶端形成一个圆锥状的膨大。这个结构称为顶端外胚层帽 apical ectodermal cap(其特性和功能类似于正常发育的肢芽顶端外胚层嵴 apical ectodermal ridge，图 14－8)。在截断附肢后不久，创伤处出现发炎反应。发炎反应消失后，表皮下面形成瘢痕组织。此时，在残留附肢中出现大片的组织溶解，创伤表面下的区域释放胶原酶，使已存在组织的细胞相继失去已分化的特征，彼此之间及彼此与细胞外基质之间分离，形成松散的间质。因此，以前的软骨、骨和结缔组织(肌细胞、神经髓鞘等)的细胞都呈现胚胎期间质细胞的形态而成为间质细胞，即使在电镜下观察也彼此一样，这个过程称为去分化(Dedifferentiation)。在前一阶段形成的瘢痕组织也解离出细胞。这些去分化的细胞在顶外胚层帽下形成一堆积突起，随之出现了组织破坏的程度在渐渐减弱，细胞增殖中的附肢也包含了一个上皮-间质系统，形成具有间充质细胞的非特征性形状的细胞团叫做再生胚基(Regeneration Blastema，其特性和功能类似于正常发育的肢芽顶端外胚层嵴)。它与许多胚胎器官的分化系统极其相似。此时再生胚基间质细胞迅速分裂增生、再分化，产生新的附肢结构，逐渐形成失去的肢体结构[图 24－3(a)]。

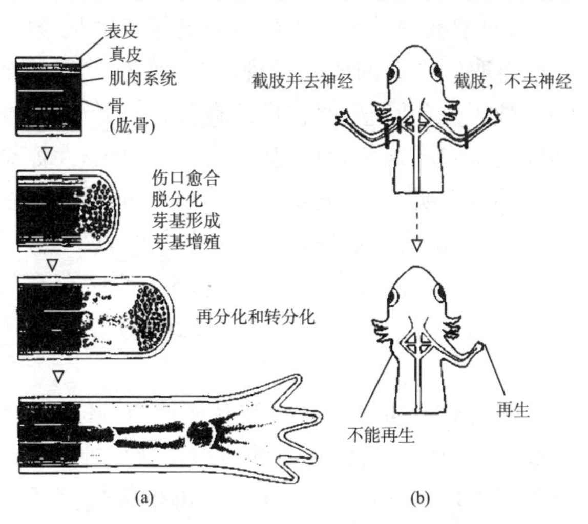

图 24－3　肢端再生

(a)伤口愈合，多种类型细胞去分化形成芽基、增殖、模式形成及分化产生再分化前肢；(b)当臂神经被完全切除时不发生再生(左)；而有神经的前肢能够再生(右)

在再生胚基中第一个分化的组织是软骨。它首先出现于残存骨的尖端，并在其远端生长，逐渐附加使其完整恢复。此后恰如在正常胚胎附肢向外生长中那样，较远端的骨成分出现。当软骨完成其重建后，再生的软骨进行骨化。肌肉形成包括软骨周围肌肉的重新出现和残存肌肉末端的增生。血管在重建的早期不明显，但此后它们从断肢残桩延伸到再生的胚基中，最后形成与原来血管分布相同的模式。许多神经在截肢时被切断，在截肢后很快神经纤维长入伤口处，并重建成原来的神经支配模式。神经在控制附肢再生中起重要的作用[图 24－3(b)]。

再生胚基细胞来源于组织破坏期间断肢残桩组织的局部去分化细胞。胚基细胞的另一个来源可能是在截肢的影响下从身体其他部位来的储备细胞，再生所需的细胞必须由接近截肢位点的区域供给和增生。研究已知局部的细胞支持再生，然而，其中哪些细胞将分化为不同的附肢组织？这些已分化的细胞会失去它们特有的性质，增殖并只根据它以前的分化状态重新分化吗？已分化的细胞真的能去分化为能形成各种不同细胞的多潜能干细胞吗？真的存在保持了胚胎时多潜能性质，能形成附肢的各种不同分化细胞的储备细胞吗？

有研究显示，通过去分化产生的间质细胞的分化潜能是有限的，大多只能重新分化为原来类型的细胞，如肌细胞去分化后产生的间质细胞能再分化为肌细胞而不能分化为软骨或表皮，血管内皮细胞去分化后产生的间质细胞只能再分化为血管内皮软骨细胞，皮肤细胞去分化后可分化为软骨细胞但不能分化为肌细胞。

脊椎动物前肢从近端(离躯体最近的一端)到远端(离躯体最远的一端)可依次分为肩区、臂区、前臂区、腕区、掌指区。蝾螈肢体截肢后再生过程中最奇妙的现象是，再生只重新长出被截除的所有区域，而不会长出未被截除的区域。例如，从臂区截肢，则会依次再生出截口以外的肢体部分，包括前臂区、腕区、掌指区。如果从腕区截肢，则再生出掌指区。显然，肢体沿着近-远轴线存在着特殊的位置信息，这种位置信息可以被肢体自身所识别。例如，肢体上的胚基若含有一块肱骨，就不会再形成一块肱骨，也不会过早形成指。即是新的位置值以有序的方式排列，这样，从 0(肱骨)到 10(指)的顺序就是完整的和正确的。然而，肢体有表皮细胞、骨细胞、软骨细胞、肌细胞、血管细胞、神经细胞等，它们承载了位置信息吗？现有的研究发现，并非所有类型的细胞都承载了位置信息，如软骨细胞含有位置信息，而神经髓鞘细胞不含位置信息。但是，一个令人惊奇的实验结果表明，这种复杂的发育程序也可被重新设置：当以视黄酸处理被截前臂的胚基时，该处胚基细胞的位置值被设置为零，肢干忽略了业已存在的肱骨、桡骨、尺骨而形成一只从肱骨到指尖的完整手臂(图 24－4)。

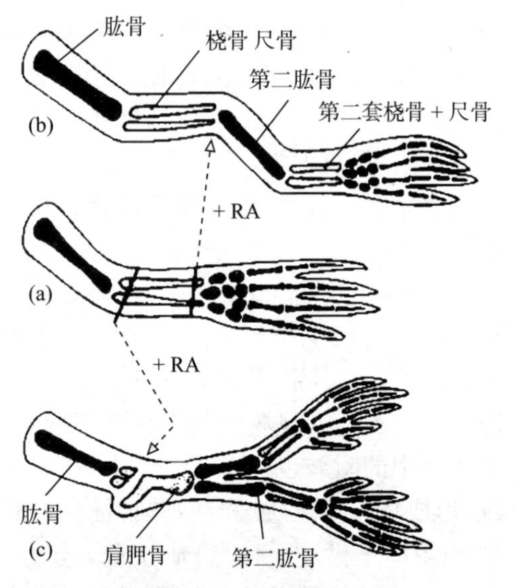

图 24－4 视黄酸对两栖类肢端再生的影响

(a)将正常的前肢切断；(b)如果切断的肢体在含视黄酸的溶液中浸过，芽基重新开始生成肱骨，其下是前肢的其他部分；(c)如果切断的肢体被高浓度视黄酸处理后，位置值重新设置到最低值，于是肢芽重新形成肩，并分支产生两个互为镜像的前肢

与胚胎发生时出现的肢芽相比，从胚芽基形成的肢体却依赖于神经细胞的存在。缺少神经供应的肢干不能再生[图 24－3(b)]。再生促进因子的来源是神经组织，其中有一种已被鉴定为神经胶质生长因子。

研究表明，从不同区域截肢后长出的再生胚基细胞的黏附特性是不同的。如将腕部再生胚基移植到臂区截口上，再生肢体的臂部至腕部的细胞主要来自受体(臂区截口内)细胞，而掌指区细胞来自于移植的腕部再生胚基细胞，说明受体细胞和供体细胞缺少亲和性；将近端再生胚基和远端再生胚基取出放在一起离体培养，近端再生胚基组织将会去包裹远端再生胚基组织，说明两者的黏附性是不同的。不同位置的再生胚基细胞的黏附性不同，可能只是位置信息的翻译产物。人们认为，位置值基于同源异形框基因(HOM/Hox 基因)的表达模式，编码于细胞膜上具有细胞黏附分子(CAMs)的细胞中。视黄酸可能影响 Hox 基因和 CAMs 两者的表达模式。研究发现，用维生素 A 的代谢产物视黄酸处理再生胚基，可以改变其位置信息，使远端再生胚基长出重复的近端肢体结构。然而，迄今没有发现视黄酸在肢体内沿近-远轴线的不均匀分布，无法确定它是否是内在的位置信息载体。有人鉴定出一个在蝾螈肢体再生中受视黄酸正向调控的基因 Prod1/CD59，它编码一种细胞表面蛋白，其分布从近端向远端的分布从高到低；在近端再生胚基的远端区域过量表达 Prod1 的细胞，其子代细胞不出现在远端的掌指区，而是出现在更近端的结构中，说明其过量表达改变了细胞的近远端特性。然而，目前还缺乏精细的实验，去证明改变 Prod1 的表达量可以改变整个再生胚基的再生能力。在再生胚基中转录因子 Meis1a 和 Meis2a 的表达也受视黄酸的调控，抑制它们在腕部再生胚基中的表达，用视黄酸处理后不能再诱导近端肢体结构的形成，说明它们也可以调控再生胚基的近远端特性。但是，迄今尚不能确定 Prod1 和 Meis1a/Meis2a 是否直接提供了再生胚基的位置信息，或者它们只不过是再生胚基位置信息的接收者和翻译者。因此，继续寻找提供肢体位置信息的关键分子，进而弄清在肢体再生过程中其激活的信号调控网络等，对于哺乳动物器官再生的研究具有重要意义。

2. 转分化与组织转化

长期以来，人们普遍认为在哺乳动物体内只有胚胎干细胞(ES 细胞)才能分化产生不同胚层的各类细胞，成体组织干细胞的分化潜能受到一定限制，只能向其所在胚层的某些或某类细胞进行分化，不能跨胚层或跨系分化，而终末分化细胞在正常情况下是不能逆转其表型的。近几年来，许多研究人员发现了大量细胞表型发生改变的例子，如成体神经干细胞和造血干细胞各自并不仅限于形成中枢神经细胞和血细胞，它们也能分化为肝细胞、肠细胞、心肌和骨骼肌细胞。不但成体干细胞可以产生不同胚层分化细胞，在某种情况下已分化的细胞也能通过去分化改变其表型，这就是现在备受关注和争议的一种现象——转分化(Transdifferentiation)。一种类型的细胞或组织由于某些因素的作用转变成另外一种类型的正常细胞或组织的变化过程，称作转分化。

在脊椎动物中观察到一种类型的分化细胞转化为另一种分化细胞的经典实例则是沃尔夫晶状体再生。将蝾螈等的成体或幼体的晶状体全部摘除时，虹膜的上缘部位可长出晶状体。1891 年 V.Colucci 在蝾螈眼球的修复再生研究中首先对此作了简单的记述，但后来 1894 年 G.Wolff 摘除蝾螈的晶体，从实验上证明可从虹膜的上缘部位出现晶体再生，所以称为沃耳夫氏(Wolff)晶体再生(图 24-5)。水蜥和蝾螈的胚胎发育中，表皮下面的眼杯释放信号，诱导表皮产生晶状体，若随后将晶状体摘除，就会从背面的虹膜长出新的晶状体，而不是从表皮长出。但是，一旦把这样形成的晶体完全摘除，由于巨噬细胞的积极吞食功能，虹膜上缘的色素上皮细胞便会失去大量的色素而进行繁殖，形成由一层上皮所组成的小泡——晶体泡(Lens Vesicle)。这种晶体泡发育生长，从后极依次分化为晶体纤维，不久就成为无论在构造上，还是功能上与正常晶体都没有差异的晶状体。而虹膜是视杯和脑的衍生物，由一种含黑色素的平滑肌细胞组成。因此变形之初是去分化：黑素体和肌纤维丢失，细胞分裂，然后分化成为能够产生晶状体蛋白的晶状体细胞。现在已知由这种色素上皮形成晶体的动物，除两栖类的无尾类外，还有一部分鱼类和鸡胚等。晶体再生作为细胞分化转换的典型例子而受到重视，目前人们正利用蝾螈和鸡胚针对转分化的机理展开研究。

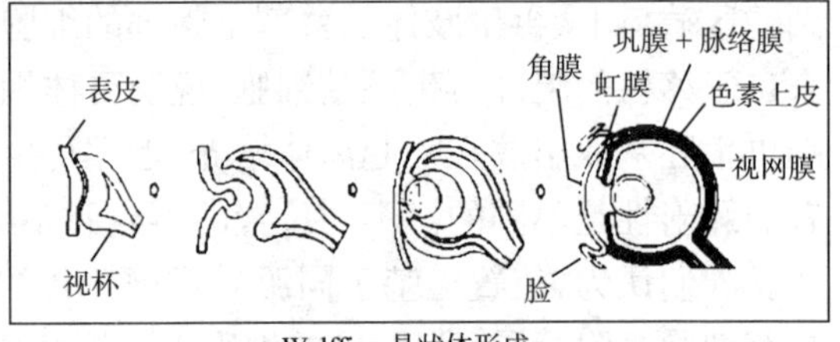

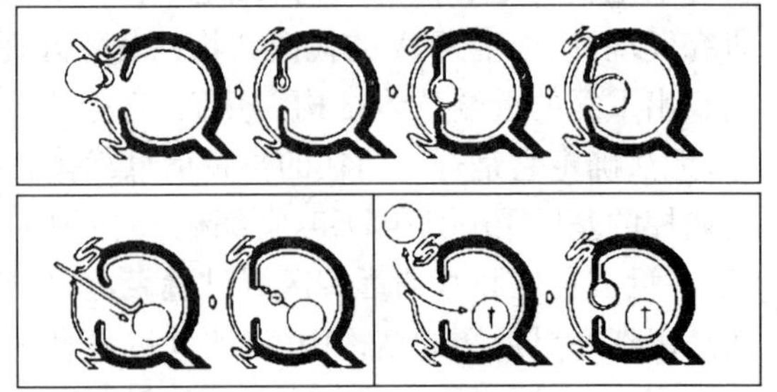

图 24-5 沃耳夫氏晶状体再生

(上：晶状体的正常发育过程。视杯接触到表皮，诱导晶状体基板发生基板内陷，从表皮分离，分化形成透明的晶状体。中：外科手术摘除晶状体，新晶状体不是从表皮生成，而是从虹膜的背缘发生。虹膜由平滑肌组成，经转分化变成晶状体。下：移入眼球的晶状体能抑制晶状体再生；若移入前预先热处理杀死眼球，移入的晶状体就不再阻断晶状体再生)

研究中发现，一些过去认为的已终末分化的细胞具有改变其表型的能力。例如，在胚胎发育过程中来源于同一胚层的胰腺和肝脏，而在一定条件下两者的细胞可互相转化。采取多种实验条件，用去除铜元素的饲料喂养小鼠一段时间后，再在饲料中重新加入铜元素，在小鼠残留的胰腺导管中出现肝细胞。此外在胰岛中过量表达角质细胞生长因子的转基因小鼠胰腺中出现肝细胞。这种相互转化的能力可能反映了胰腺和肝脏发育上的密切关系：它们都是从内胚层的同一区域发育而来的。研究还发现了在体外胰腺细胞转分化成为肝脏细胞的例子，方法是将胰腺细胞系或胚胎胰芽用合成糖皮质激素地塞米松和致癌素 M(白细胞介素-6 家族成员)处理，转分化细胞表达一系列肝脏特有的蛋白，包括转铁蛋白、运甲状腺素蛋白、白蛋白和 6-磷酸葡萄糖酶。又如，G8 肌细胞系在含有白三烯、地塞米松和胰岛素的培养基中培养，在转录因子 C/EBPα 和过氧化物酶体-增殖因子激活受体(PPAR)-γ 的诱导下转分化为脂肪细胞。另外一个肌细胞系 C2C12，在用显性失活的转录因子 TCF4 转染后能转化为脂肪细胞，这些细胞能产生液体脂肪珠并表达脂肪细胞特有的脂肪酸结合蛋白。实验中发现，在培养液中加入终浓度为 0.25～1ng/mL 的转化因子 TGF-β1，大约有 0.01%～0.03%的血管内皮细胞发生从内皮到间充质的转分化，生成平滑肌细胞。

目前转分化过程的理论基础已经部分得到阐明。从受精卵开始细胞就会根据外界的信号做出一系列的决定来使它们的发育受到严格限定。组织专一性干细胞发育方向的局限性是由它们所处的微环境决定的。当个体细胞进入新的组织中时，不同组织的细胞或许能够提供新信号解除这些限制，少量细胞可能实现转分化，向其他细胞系发展。通常转分化发生在这样的组织之间，即它们的原基在胚胎形成的初始阶段位置相互毗连，如肝脏和胰腺在胚胎发育时期处在内胚层中的相邻区域，仅一个或几个转录因子的表达与否或表达量的差异就使它们的发育方向有所不同。如图 24-6 所示，在正常发育中，假设组织 A 和 B 在胚胎阶段源自同一个单细胞层。在该局部区域中达到激活 X 基因阈值量的成形素具诱导 X 基因活化的作用，并促使形成组织 A(假设 X 是调控许多基因的转录因子)，而成形素量未达到激活 X 基因阈值的区域则形成组织 B。出生后当微环境的改变或体内突变造成 A 组织中的一个或多个细胞的 X 基因失去活性，将产生转化灶，形成组织 B。

在分子水平上，转分化一定发生在关键发育基因表达改变的基础之上。这些基因决定胚胎各个区域发育为成体的不同部分。在正常发育过程中，这些基因的特定组合在各自的胚胎

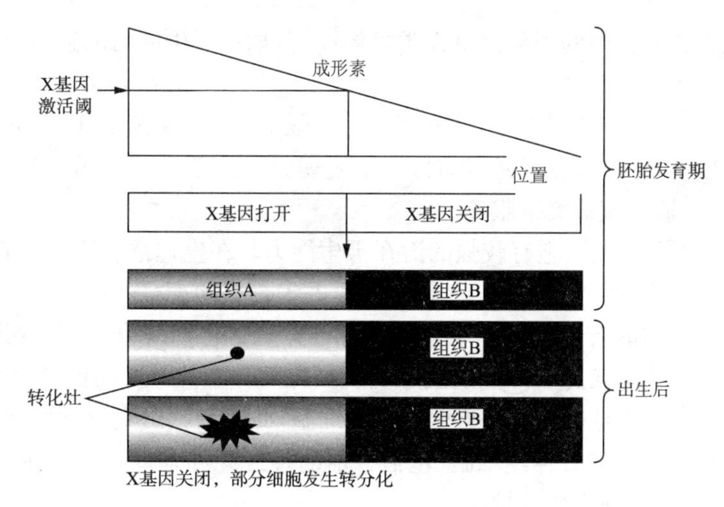

图 24-6　转分化的理论模式图

区域中被诱导信号激活，它们的表达产物转录因子调控下一级的基因，并导致不同组织的形成。决定转分化的部分关键基因已经找到：如 LETF C/EBP β 具有使胰腺细胞转分化成肝细胞的作用，Pdx1 具有使肝脏细胞转分化成胰腺细胞的作用；C/EBP α 和(PPAR)-γ 具有促使肌细胞转化成脂肪细胞的作用。

有人认为转分化并不真正存在，而是两种细胞发生融合造成的假象，在体外培养体系，骨髓细胞和其他细胞融合，融合的骨髓细胞继承了其他细胞的表型特征。但研究表明，在实验中采用荧光原位杂交(Fluorescence In Situ Hybridization，FISH)方法进行染色体倍数分析，发现由骨髓干细胞转分化为心肌细胞的染色体数目并未增加，排除了细胞发生融合的可能，这说明转分化是自然界中确实存在的现象。

转分化是一个全新的研究领域，它在正常的胚胎发育、组织修复的发生中起着重要的作用，理解转分化的分子基础有助于揭示发育机制，有助于人类在组织器官修复与重建等方面开辟广阔的前景。

24.4　再生与干细胞

除少数生物如海绵和水螅外，多细胞动物包括人在内，不能更新所有类型的细胞。而在多细胞有机体组织中的细胞，按存活期限长短不同可划分为两类，即干细胞和功能细胞。干细胞在整个一生都保持分裂能力而存活；功能细胞，即体细胞则在多次分裂后失去分裂能力经终末分化后便衰老死亡。细胞死亡是细胞衰老的结果，是细胞生命现象的终止，导致有机体的最终死亡。因此，在有机体的衰老、病患、损伤的修复或康复过程中，凭借有机体自身拥有的自然再生能力，由细胞再生使受损细胞、组织和器官达到修复与重建，让已衰老受损的细胞和丧失机能的组织和器官再生，一直是生物学和临床医学面临的重大难题。

要让机体组织再生，就必须让构成机体组织的细胞重新分裂、增殖，构筑细胞的支撑组织。长期以来，生物学家便对蝾螈等动物身体受损部位的再生能力产生了极大的兴趣，再生机体组织的构造目前已经在遗传基因和蛋白质等的分子水平上得到解释。通过对再生机体组织的研究发现，蝾螈和水螅的身体和人的骨骼及肝脏等，能以大致相同的构造实现再生。不管是前者还是后者，干细胞都在机体组织的再生中起到重要的作用。

再生是生物界普遍存在的现象。就人类机体而言，如按再生能力的强弱，长期以来认为人体细胞分为以下三类。

(1) 不稳定性细胞。这是指一大类再生能力很强的细胞。在生理情况下，这类细胞就像新陈代谢一样周期性更换。病理性损伤时，常常表现为再生性修复。属于此类细胞的有表皮细胞、呼吸道和消化道黏膜被覆细胞等。

(2) 稳定性细胞。这类细胞有较强的潜在再生能力。在生理情况下是处在细胞周期的静止期(G0)，不增殖。但是当受到损伤或刺激时，即进入合成前期(G1)，开始分裂增生，参与再生修复。属于此类细胞的有各种腺体及腺样器官的实质细胞，如消化道、泌尿道和生殖道等黏膜腺体，肝、胰、涎腺、内分泌腺、汗腺、皮脂腺实质细胞及肾小管上皮细胞等。

(3) 永久性细胞。这是指不具有再生能力的细胞，此类细胞出生后即脱离细胞周期，永久停止有丝分裂。属于此类的有神经细胞(包括中枢的神经元和外周的节细胞)、心肌细胞和骨骼肌细胞，一旦损伤破坏则永久性缺失。

关于再生的研究有着十分悠久的历史，是一个既古老但又年轻的科学领域。在细胞学说的基础上，人们对生物界进行了更深入的研究，继而发现受精卵细胞具有全能性，整个生物体都是在这样一个细胞的基础上分化出来的。并知卵细胞在受精后 5～7d 发育成囊胚，囊胚内含有 100 多个胚胎干细胞。20 世纪 30 年代，生物学家发现，青蛙的胚胎细胞还可以在人为因素的控制下进行定向分化。这种细胞存在于青蛙原肠胚的外胚层中，在适当刺激下可分化成表皮、神经和中胚层中的细胞。

20 世纪的第二次世界大战后，这一时期是干细胞研究进入迅速发展的重要时期。由于原子弹爆炸造成的放射性损害，造血障碍成为一项亟需研究的项目，人们对将骨髓从一个个体移植到另一个体而产生完整的血液再造过程进行研究。20 世纪 50 年代，美国华盛顿大学的医学家多纳尔·托马斯发现骨髓中具有一些能分化为血细胞的“母细胞”，他把它们称作“干细胞”。1956 年，托马斯完成了世界上第一例骨髓移植手术，这也是世界上第一例干细胞移植手术。1967 年托马斯发表了一篇重要的关于干细胞研究的论文，详细阐述了骨髓中干细胞的造血原理、骨髓移植过程、干细胞对造血功能障碍患者的作用。此后，干细胞研究引起各国生物学家和医学家的重视，干细胞移植研究迅速在世界各国开展。

除了骨髓，研究人员还在脾脏中发现了造血干细胞，并发现在体内一些经常更新的组织，如血液、皮肤和肠道黏膜上皮中也存在着干细胞。它们能不断地提供分化细胞用以补充组织中衰老死亡或受损的细胞。1981 年英国剑桥大学的 Evans 和 Kanfman 成功地从小鼠延迟着床的囊胚中分离获得了小鼠的内细胞团细胞并建立了胚胎干细胞系。1988 年，人类胚胎干细胞的分离首次获得成功。1998 年威斯康星大学的 Thomson 等分离人的内细胞团细胞并成功建立了人的胚胎干细胞系，Gearhart 等从人的原始生殖细胞中建立了胚胎生殖细胞系。随后诱导胚胎干细胞生成神经细胞、造血细胞、肌肉细胞、胰岛细胞等的研究，带动了世界范围内的干细胞研究热潮。现已发现在人体几乎所有组织中都能找到成体干细胞，包括皮肤、毛囊、脂肪组织、脑、肌肉等。特殊条件下，成体干细胞甚至具有转分化也称“横向分化”(Transdifferentiation)及去分化(Dedifferentiation)的能力。有关成体神经、肌肉、造血等不同部位的成体干细胞跨胚层“横向分化”而产生肝、肾、肺、肠、心、神经及骨骼肌等各种细胞类型的研究报道频繁出现。

2009 年英国科学家报道发现了一种“NAG”的蛋白质，它可以帮助蝾螈再生严重受损的肢体。它由神经和皮肤细胞分泌，在“制造”被称之为“胚基”的一组不成熟细胞过程中发挥重要作用，使胚基能够再生出缺失的肢体，即便在残端下的神经严重受损时也是如此。在正常情况下，残端的存在会阻止肢体再生。

蝾螈能够通过将细胞变成与“原始版”无差别的干细胞的方式实现肢体再生，干细胞随后发育成成熟的组织。此项研究清楚地解释了与胚基形成和肢体再生有关的分子信号，它能够最终允许科学家为非再生肢体的细胞编制类似的程序。它可能帮助解释哺乳动物为什么限制了再生能力，能引导再生研究的深入，从而帮助人类利用自身健康组织干细胞来修复病损组织，在体外培育所需的细胞、组织甚至是器官，用来修复患者体内损坏的组织器官。

第25章 生与死

25.1 生命永存的基础

生命永存的基础是细胞永久的分裂能力。早在1881年，遗传学说的先驱者魏斯曼就指出了细胞死亡与多细胞现象的进化之间存有联系。魏斯曼认为，单细胞生物个体生命的终结不存在衰老程序，因为每个细胞同时也是生殖细胞，保持着永久分裂能力，因此单细胞生物是永生的。因此，衰老和凋亡并非是生命固有的特性，而仅是多细胞进化过程中与发育密不可分的事件。只有多细胞生物体才会因老化-衰老的过程而面临死亡。

原生动物个体生命的终结中没有衰老过程，每一个体又是确保种族延续的生殖细胞。多细胞生物则不然，生殖细胞与体细胞出现了分离。生殖细胞承载个体生殖，而体细胞专注于一些功能，来完成生命的一切功能：有的去分泌酶和开发最大的食物来源；另外一些则使感觉功能尽量完善以探索环境、辨别危险或寻找机会。生殖细胞的潜能与体细胞特殊功能的特化使得相互分工承担来增进机体的竞存力，这是单细胞生物无法比拟的。但也正由于多细胞生物出现了生殖细胞和体细胞的分化，使得执行特定功能的体细胞因终末分化而丧失了分裂能力。丧失分裂能力则面临无法更新而导致死亡，永久的分裂是细胞永生的前提。

一度认为高等动物的组织细胞只要离体培养后，就能像原生生物一样“长生不老”。实验发现，一些哺乳类动物的组织细胞在离体培养条件下，确实能无限制地繁殖下去。但它们此时已变成了向肿瘤方向转化的非正常细胞。它们的核型出现变异，当移植到同一纯系个体时可能成为肿瘤。正常的哺乳类细胞离体培养时，通常不超过50代，细胞生活力便减退而死亡。取自年轻动物的细胞要比取自老年动物的细胞在离体培养时可繁殖更多的代数。这可能意味着哺乳类正常细胞的寿命似乎是受本身遗传限定的，无论在体内或体外细胞繁殖均不会超过一定的代数。

多细胞生物体是一个高度组织化的系统，细胞特化程度越高，部分对整体性的依赖程度就会越大。对于高等动物，当要害器官（如大脑和心脏）停止功能活动时，无论其余部分如何健康，机体内这种相互依存的完整性遭到了严重破坏，都不可避免地趋向死亡。而对于如水螅等低等动物或植物，组织细胞的特化程度相应较低，部分对整体性的依赖程度较低。当它们个体的大部分丧失时，可由永生性干细胞产生替代细胞来取代，从这剩余的小部分仍可再生出一个新个体。

显然，唯独保持分裂能力的干细胞才会永生。

25.2 分子、细胞及机体衰老的原因

在多细胞生物中，终末分化后的细胞类型含有特定的蛋白质成分，细胞内的DNA是蛋白

质的合成所需的信息源，它们每时每刻都可能受到损伤，如与水分子的热碰撞、电离和紫外光的照射、有威胁的氧自由基等造成蛋白变性、DNA突变或信息不可逆的丢失。因细胞失去了分裂更新，使生物体对DNA损伤修复能力有限，这些损伤造成组织器官功能的减弱，以至丧失，造成有机体的衰老，在一定程度上限制了生物体的寿命。

1. 蛋白质的衰老

有生物活性的酶及其他蛋白质是处于一种亚稳态，这在它们合成时，有时是借助分子伴侣产生的。但是，如热能、溶质的离子强度和pH的改变，或与自由基碰撞等诸多的影响，可使一种蛋白质的亚稳态跌进更低的能位：变性。变性的蛋白质毫无用处，如果细胞代谢或发育程序需要有新合成的蛋白质来取代，但终末分化的细胞很难替换其所有的蛋白质。如心肌细胞如何能因替换它的收缩装置而在交替之间不致中断律动？大脑中的神经细胞如何能在替换更新中保持它繁杂的树突轴突与数以百计的突触之间的联结？还有，面临大量的其他神经细胞的竞争，这些更新中的神经细胞能全部获得构建自身所必需的养料吗？这些都是有机体在衰老中难以解决的复杂问题。

2. 遗传信息稳定性的极限

更重要的是，蛋白质替换的限制根源于DNA的状态。DNA是蛋白质合成所需要的信息源，机体中DNA本身会受到损伤，如与水分子的热碰撞、电离和紫外光的照射、有威胁的氧自由基等都将造成DNA的突变和信息不可逆的丧失。一个人每天因照射造成DNA链的断裂而损失大约5 000嘌呤碱基(A或G)，并且有100个胞嘧啶碱基变成尿嘧啶(胞嘧啶自发脱氨即成为尿嘧啶)。出生之后，当成神经细胞停止了增殖分裂，由于蛋白质的衰老，则使渐渐受到损伤的DNA修复所需的酶也在这些细胞中渐渐消失。

DNA具有多种修复机制，只要DNA双链当中的一条还完整，并可作为正确碱基序列的模板，这些机制就能起作用。DNA损伤的缺陷要得到完全校正，只有整个基因组复制时才能实现。这也就是一次又一次分裂才使得该细胞能够永生的重要原因。在哺乳动物中，DNA修复的能力与种的平均寿命有一种相关性。

此外，在细胞社会自然选择会铲除出错的细胞，这或许就是在生殖系中为何有如此多的细胞遭到灭亡的缘故，也许只是具有完整的遗传信息的细胞才能存活下来。而对于具有完整DNA遗传信息的细胞，又必须先要通过有丝分裂进行持续的扩增，才能在自然选择中被保留下来。但终末分化了的细胞已失去了分裂扩增能力，而使DNA遗传信息的修复无法进行。

3. 在细胞和个体机体水平上损伤的积累

现已查明了许多与衰老有关的不可逆转的变化及累积性缺陷。例如：

(1) 由于抗氧化物酶活性的下降，使得机体中的氧自由基及氧反应性物质积累而引起许多生物分子的损伤。由于氧化性伤害，细胞骨架受伤及许多的酶失去活性，导致所有生理功能和再生过程下降。

(2) 胸腺的退化及有功能的淋巴细胞的消失，使得机体对传染病病菌的抗御和杀伤能力降低。

(3) 在软骨、真皮和血管中，胞外基质的黏蛋白和结构蛋白(特别是己糖醛酸弹性纤维)分解，容易出现骨骼失水、皮肤和软骨皱缩而失去弹性，容易导致动脉粥样硬化，即血管沉积形成薄壳状物的蚀斑，由此引起血压过高和机体的机械张力增高。

(4) 由呼吸衰弱的缺陷引起心脏细胞累积的损伤，使得心脏变得衰弱。

(5) 由肾组织细胞衰老引起肾血流和肾小球过滤作用降低，使得肾的效率逐年以1%的速度下降。

(6) 人类脑中的神经细胞每天凋谢而无可替换,使得患阿尔兹默病的病症的程度渐渐加深。这是一种进行性发展的致死性神经退行性疾病,也是每个人都存有的状况,只不过程度随年龄增长,人脑的机能和效率减低,表现为认知和记忆功能不断恶化,日常生活能力进行性减退,并有各种神经精神症状和行为障碍。

上述机体渐渐出现的不可逆现象,仅后两项就使人类的最长寿命限制在100岁左右。

25.3 生存年限与"老年基因"

虽然在分子、细胞和个体水平上发现了许多引起不可逆衰老的原因,但仍然存在着一个问题,为什么生存年限(寿限)是生物物种特异的。而其中有些生物(如人类),老化和衰老发生得较为缓慢,而另一些生物(如蜉蝣和鲑鱼)衰老和死亡却来得突然与急促。水螅能长生不老,而线虫存活3个星期。哺乳动物在生存周期性动物当中存活期限是较长的。哺乳动物的最高寿命与个体的大小有一定的相关性。个体小的哺乳动物,其能耗和代谢周转高,心搏快,与生活方式较缓慢的大动物比,它到达生命终点要提早些。在灵长类,一般也依循个体的大小,生命期限有一个数量级的摆动:

狨	15年
松鼠猴	21年
猕猴	29年
长臂猿	32年
狒狒	36年
大猩猩	40年
黑猩猩	45年
猩猩	50年
人	120年

在这种相关性的表面现象中,可能还隐藏着更多的奥秘。衰老也许具有遗传的基因背景。在如像真菌、植物,甚至人类等众多的生物中,过早的衰老原因目前尚待进一步探明。在人类,已经知道有若干种疾病为机体早衰的遗传性疾病。这些疾病导致过早的老化和死亡,如成人早衰症(Progeria Adultorurn,即 Werner 综合征),平均到39岁就出现衰老现象,到47岁即死亡。患婴幼早衰症(Progeria Infantorurn,即 Huntchinson - Gilford 综合征)的小孩早在一岁就变得明显衰老,12~18岁即夭折,常常是因为心脏病发作,之前则表现出皮肤起皱、白发及老年人的其他表征。

总之,自然界的生物千千万万,每一种生物各有其特定的寿限,这是在长期进化过程中形成的。一般来说,低等生物的寿限较短,而高等生物的寿限较长。各个物种将以不同的寿限特性遗传给后代,并且代代相传,形成了该种特定的寿限类型。自然死亡就是生物活到种的特定寿限而死亡。因此,寿限的遗传性成为各种生物死亡的内在因素。

25.4 生物遗传的某种自杀程序

凋亡,即程序化细胞死亡,早在胚胎发生时就开始出现于某些细胞(如手的发育)。之后的许多细胞，如血液细胞，在一次细胞分裂后降生的数天或数星期就死亡。由于血液细胞等短寿细胞还能得到干细胞的替身来替换，而不可替换的细胞则受限于生存时限。

早已发现，在培养基中培养的细胞群体低于临界密度就会出现死亡。进一步的研究结果有可能对这些现象作出新的解释：大多数细胞只有在群体社会中才能活下去。与群体社会隔开的细胞则会自寻短见。研究发现，这种现象的真正原因是有存活因子的存在，细胞用它们来避免彼此打开自身的自杀程序。而只有在稠密的培养环境下，这些因子才积累到足以超出临界浓度的阈值而被彼此感知。

细胞的各种行为，包括基本的增殖、分化、死亡及一些特化行为如分泌、游走、收缩，都是在一定的生存环境刺激下实现的。对于一个细胞来说，它所能感知的环境信号不外乎两个方面：一是环境的固有参数如 pH、压力、温度等；二是来源于其他细胞的一些信号，这些信号或者是其他细胞分泌到环境中的一些特定的信号分子如激素、神经递质、细胞因子等，或者是其他细胞与该细胞的直接接触。显然，细胞之间是通过分泌信号分子或直接接触而相互实施调控（细胞通信）的。一种细胞具有一套特定的受体，可以对特定的信号组合作出反应，或者是分裂增殖，或者是分化，或者是一些特化的行为如收缩或分泌。通常情况下，细胞生存需要一套特定的信号组合，当这些生存信号被去除后，细胞内的一套“自杀程序”就会被活化，细胞最终走向凋亡。

继 1972 年 Kerr 等提出“细胞凋亡”现象之后，20 世纪 90 年代以色列魏茨曼科学研究院的研究人员进一步发现，程序性细胞死亡是由一组结合紧密的基因及各自的蛋白质所控制的一种复杂检查和系统平衡过程。这些基因的作用类似电脑程序控制环境中发出的指令，对涉及细胞功能的“如果、那么、另外”等信号作出反应。它们的蛋白质按指令首先试着去修复被损坏的 DNA，如果不成功，就会命令这个细胞自毁。一旦 DNA 修复与自毁都不成功，结果就会形成肿瘤。

根据已经获得的实验证据，人们提出了两种遗传编程的自毁机制。

(1) 线粒体 DNA 的程序化凋亡。这一机制已在一种属于子囊菌类丝状真菌的柄孢霉中得到证明。这种真菌是研究遗传决定的衰老的一种很受青睐的模式系统。它长成一种丝状网络（菌丝体），大多数野生型品系的寿命为 25d。通过细胞核的两种突变的协同作用可使老化得以克服，即使经过很长的营养生长期之后，这些突变体连续生长而不呈现衰老。必须指出的是，这些突变体所获得的永生性与细胞分裂持久性是有联系的。在野生的老化品系中，内在定时钟启动一些杀伤性基因的表达，从而引发一连串的分子事件来摧毁线粒体 DNA，由此而终止生物机体的生命。

(2) 细胞老化的端粒学说。即使有充分的食物供应，培养的细胞对连续不断的增殖常常表现出明显的厌倦，在活跃分裂一定次数之后，它们就感觉疲劳、停止分裂和死去。取自人类胎儿的细胞，分裂的次数可以到 50 次；取自 40 岁人的细胞可为 40 次；取自 80 岁老人的细胞则为 30 次。分裂速度的减小是与染色体端点的核苷酸的逐步丢失相关的。真核生物染色体具有特殊的结构端区，即所谓端粒。这种端粒区含有重复序列。比如在人体细胞中，它就是由数百个 AGGGTT 的重复序列组成。细胞每次分裂，都由一种特殊的酶即端粒酶负责将全部端粒重复序列加到子染色体上。但是，该酶总是只在配子细胞（和癌细胞）中存在，并不间断地持续工作。在一般体细胞中，端粒酶数量下降，端粒变得越来越短，染色体终于丢失的不仅是非编码的重复序列，而且还危及编码的基因。染色体一旦缩短到临界长度，细胞即会死亡。这种现象的发生对生命终结的影响关系还正在进一步深入的研究中。

25.5 死亡的生物学意义

在多细胞生物中，死亡已成为生命周期的一个不可分离的组成部分。通过选择和进化，程序性细胞死亡的程序已经出现并固定在基因组中。然而，自然界为什么存在生物的死亡？出现生物自然死亡的生物学意义究竟又是什么？

水螅生存了数百万年，从其生命复杂度的进展及对生态环境的更新方面影响甚微。有性生殖作为真核生物生生息息和进化的杰出手段，在大自然生命的长河中脱颖于世，使突变引入群体当中成为可能，从而使它们得以快速滋长蔓延。尤为重要的是，它促进了等位基因变型的广泛重组。有性生殖使生物体能为自然选择提供新的用之不竭的变种。在变化纷纭的生态中，它更追求于适应性、追求于生存的最佳状态，即使是在恒定的环境中。

生物物种是生物进化的单元，生物通过种内个体的繁殖、竞生，来维持种群的延续并更新；又通过个体的衰老死亡，维持自然的均衡。生物个体的死亡是自然界生物进化的自然法则，死亡在为新生命的竞发拓展空间。生与死的交替，意味着旧与新的更新。自然界里，生命个体发生的这种周而复始的生、死之绵延不止，才造就了壮阔无比的自然生态的多样性，也造就了人类自身。

内容提要

全书分为七(篇)部分,共 25 章。第一(篇)部分(第 1 章～第 4 章)主要阐述人类关于世界的理性认知中,一个个科学巨人的思想火花传递,汇成人类生命科学形成的历史脉络,展示由多个生命学科铸就的发育生物学学说的思想轨迹。第二(篇)部分(第 5 章～第 6 章),通过介绍几种经典的发育生物学模式生物及实验研究,相继引导出生物进化背景中关于多细胞生物胚胎发育的一些基本概念、规律、理论假说。第三(篇)部分(第 7 章～第 9 章),从配子发生、受精卵、细胞分化、胚体形成,对多细胞生物的胚胎发育进行系统概述。第四(篇)部分(第 10 章～第 14 章),通过信号分子、位置信息、胚胎诱导,阐述在多细胞生物模式建立过程中多细胞间的信号交流。第五(篇)部分(第 15 章～第 17 章),通过从分子水平揭示细胞分化的机制,阐述胚胎发育中的基因调控网络系统。第六(篇)部分(第 18 章～第 20 章),通过了解细胞运动、细胞迁移在神经系统发育过程中的作用机制,描述胚胎发育的形态发生过程。第七(篇)部分(第 21 章～第 25 章),通过了解激素作用机制、变态机制、性别决定、生物凋亡,描述在个体发育过程中若干重要的发育事件及研究。

本书适合于生命科学等专业或相关专业的本科生、研究生等的教学用书,也可供上述专业的科研人员参考。